Einführung in die geochemische und materialwissenschaftliche Analytik

Thomas Schirmer · Ursula Fittschen

Einführung in die geochemische und materialwissenschaftliche Analytik

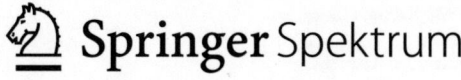

Thomas Schirmer
Institut für Endlagerforschung
TU-Clausthal
Clausthal-Zellerfeld, Deutschland

Ursula Fittschen
Institut für Anorganische und Analytische Chemie
TU-Clausthal
Clausthal-Zellerfeld, Deutschland

ISBN 978-3-662-67957-9 ISBN 978-3-662-67958-6 (eBook)
https://doi.org/10.1007/978-3-662-67958-6

Die Deutsche Nationalbibliothek verzeichnet diese Publikation in der Deutschen Nationalbibliografie; detaillierte bibliografische Daten sind im Internet über https://portal.dnb.de abrufbar.

© Springer-Verlag GmbH Deutschland, ein Teil von Springer Nature 2024

Das Werk einschließlich aller seiner Teile ist urheberrechtlich geschützt. Jede Verwertung, die nicht ausdrücklich vom Urheberrechtsgesetz zugelassen ist, bedarf der vorherigen Zustimmung des Verlags. Das gilt insbesondere für Vervielfältigungen, Bearbeitungen, Übersetzungen, Mikroverfilmungen und die Einspeicherung und Verarbeitung in elektronischen Systemen.
Die Wiedergabe von allgemein beschreibenden Bezeichnungen, Marken, Unternehmensnamen etc. in diesem Werk bedeutet nicht, dass diese frei durch jedermann benutzt werden dürfen. Die Berechtigung zur Benutzung unterliegt, auch ohne gesonderten Hinweis hierzu, den Regeln des Markenrechts. Die Rechte des jeweiligen Zeicheninhabers sind zu beachten.
Der Verlag, die Autoren und die Herausgeber gehen davon aus, dass die Angaben und Informationen in diesem Werk zum Zeitpunkt der Veröffentlichung vollständig und korrekt sind. Weder der Verlag noch die Autoren oder die Herausgeber übernehmen, ausdrücklich oder implizit, Gewähr für den Inhalt des Werkes, etwaige Fehler oder Äußerungen. Der Verlag bleibt im Hinblick auf geografische Zuordnungen und Gebietsbezeichnungen in veröffentlichten Karten und Institutionsadressen neutral.

Coverbild: Halit (weiß), Mg-oxychlorid (Nadeln) und Na-Wasserglas (grau). © TU Clausthal, Institut für Endlagerforschung

Planung/Lektorat: Simon Shah-Rohlfs
Springer Spektrum ist ein Imprint der eingetragenen Gesellschaft Springer-Verlag GmbH, DE und ist ein Teil von Springer Nature.
Die Anschrift der Gesellschaft ist: Heidelberger Platz 3, 14197 Berlin, Germany

Wenn Sie dieses Produkt entsorgen, geben Sie das Papier bitte zum Recycling.

Vorwort

Für fast jede Aufgabenstellung oder Forschungsarbeit in den Geowissenschaften (Geologie, Mineralogie, Lagerstättenkunde) und den Materialwissenschaften (Aufbereitung, Werkstofftechnik, Materialtechnik) spielt die Analyse der Eigenschaften der untersuchten Materialien eine wesentliche Rolle. Wichtige Teilbereiche der dafür benötigten Untersuchungsmethoden beschäftigen sich mit der Analyse der Elementgehalte und der Phasenbildung. Sich heutzutage in dem großen Angebot der unterschiedlichsten Analysetechniken zurechtzufinden und die für die gestellte Aufgabe richtige Methode zu finden, ist – vor allem am Anfang – sehr schwierig. Dieses Buch soll daher eine Einführung in einige weit verbreitete Verfahren und Methoden geben, die in den Geowissenschaften (und auch im technischen Bereich) Anwendung finden. Dafür stehen viele Methoden zur Verfügung. Diese beginnen mit weit verbreiteten und einfacheren gesamtchemischen Verfahren wie Röntgenfluoreszenzanalyse (RFA), Ionenchromatographie (IC) und Quadrupolmassenspektrometrie mit induktiv gekoppeltem Plasma ((Q)-ICP-MS) über Gitterparameter mit Pulver-Röntgendiffraktometrie (PRDA) bis hin zu ortsaufgelöster Analytik mit Elektronenstrahl-Mikroanalyse (ESMA). Das Buch besteht daher aus den folgenden Abschnitten:

- Probenahme und -aufbereitung
- Einfache nasschemische Verfahren
- Massenspektrometrie mit induktiv gekoppeltem Plasma („ICP-MS")
- ICP-MS mit Laserablation („LA-ICP-MS")
- Röntgenfluoreszenzanalyse („RFA")
- Pulver-Röntgendiffraktometrie („PRDA")
- Elektronenstrahl-Mikroanalyse („ESMA")

Mit dem Rüstzeug in diesem Buch sollte es dann möglich sein, grundlegende analytische Aufgabenstellungen im Bereich der (ortsaufgelösten) Haupt-, Neben- und Spurenelementanalytik und der Phasenanalyse zu bearbeiten. Die Verfahren werden grundlegend und mit praktischem Bezug vorgestellt. Einige verwandte Methoden werden dazu kurz behandelt. Weiterführende Betrachtungen sind der Spezialliteratur überlassen. Bei den vorgestellten Analysenverfahren handelt es sich um gesamtchemische („bulk chemistry"), phasenanalytische und ortsaufgelöste Verfahren für die Analyse der meisten Elemente in einem großen Konzentrationsbereich. Die Elemente können nach ihrer Häufigkeit unterschieden werden in:

- Hauptelemente (z. B. Na, Mg, Al, Si, S, P, Cl, K, Ca, Ti, Mn, Fe) mit Konzentrationen von 100–~5 Gew.%
- Nebenelemente (z. B. Li, V, Cr, Co, Ni, Cu, Zn, Br, Rb, Sr, Y, Zr, Cs, Ba, La, Ce, Pb) mit Konzentrationen 5–0,1 Gew%
- Spurenelemente (z. B. Ga, Ge, As, Se, „PGE" Ag, Cd, In, Sn, Sb, Te(s. u.), Hg, Tl, Bi) mit Konzentrationen von < 0,1 Gew.%

Dies gilt für Standardmaterialien wie häufige magmatische Gesteine (Basalt, Granit), Sedimentgesteine, unkontaminierte Böden und Wässer. In spezielleren Materialien wie Erzen können auch seltenere Elemente Hauptkomponente sein (z. B. Cu in $CuFeS_2$-Erz mit bis zu 34,6 Gew.% Cu).

Eine andere Eingruppierung der Elemente richtet sich eher nach deren Verhalten oder Auftreten:

- LILE (engl. „Large Ion Lithophile Elements"): Alkalielemente, Mg, Sr
- TM (engl. „Transition Metals"): Nebengruppenelemente des D-Blocks Sc – Zn
- Chalcophile El.: S, Cu, Zn, Ga, As, Se, Mo, Ag, Cd, In, Sb, Te, Hg, Tl, Pb, Bi
- Siderophile El: C, P, Fe, Co, Ni, Ge, Ru, Rh, Pd, Sn, Re, Os, Ir, Pt, Au
- REE (engl. „Rare Earth Elements"): Lanthanoide und Y (ev. Sc, Th, U)
- PGE (engl. „Platinum Group Metals"): Ru, Rh, Pa, Os, Ir, Pt
- HFSE (engl. „High Field Strength Elements"): Zr, Nb, Hf, Zr

Die Massenspektrometrie, in diesem Buch vertreten durch die ICP-MS ist gesamtchemisch oder ortsaufgelöst einsetzbar (z. B. Laserablation). Dies gilt auch für die RFA, die im normalen Spektrometer, bei der µ-RFA, der Transmissions-Röntgenfluoreszenzanalyse (TRFA) oder aber bei der ESMA eingesetzt wird. Die RDA ist ein Spezialfall, da mit dieser Methode keine chemischen Zusammensetzungen sondern Gitterabstände räumlich geordneter Strukturen (vor allem kristalline) analysiert werden. Diese Verfahren werden in den folgenden Kapiteln detaillierter dargestellt.

Weiterhin gibt das Buch eine Einführung in die Berechnung stöchiometrischer Formeln und der Ermittlung quantitativer Phasenzusammensetzungen. Aufgrund der hohen Relevanz für viele geowissenschaftliche und materialwissenschaftliche Aufgabenstellungen ist auch eine Einführung in die Betrachtung von Mehrkomponentensystemen enthalten.

Clausthal-Zellerfeld, Deutschland   Thomas Schirmer
                                                                     Ursula Fittschen

Inhaltsverzeichnis

Teil I   Probenahme und -präparation

1   Probenahme 3
   1.1   Vorbemerkungen 3
   1.2   Repräsentative Probe 4
   1.3   Probenahme 4

2   Probenzerkleinerung 9
   2.1   Vorzerkleinerung 10
   2.2   Probenteilung 11
   2.3   Feinzerkleinerung 12
        2.3.1   Die Mikronisiermühle 13
        2.3.2   Die Scheibenschwingmühle 14
        2.3.3   Die Kugelmühle 14
        2.3.4   Die Siebmühle 15
        2.3.5   Die „Kaffemühle" 15
        2.3.6   Manuelles Aufmahlen 16
        2.3.7   Die Mahldauer 16
        2.3.8   Siebtrennung 16

3   Präparation 19
   3.1   Schliffe 20
   3.2   Pulver und Feststoffe 21
        3.2.1   Presstabletten mit Herzog-Presse 21
        3.2.2   Präparationen für die PRDA 26
        3.2.3   Festproben für die RDA und RFA 32
   3.3   Schmelzaufschlüsse 33
        3.3.1   Hochtemperatur-Schmelzaufschluss 35
        3.3.2   Prozeduren für RFA-Schmelzaufschlüsse 43
        3.3.3   Dokimasie 48

3.4		Lösungsaufschlüsse	48
	3.4.1	Flüssigpräparation für die RFA	49
	3.4.2	Säure(druck)aufschlüsse	52
	3.4.3	Gasförmige Präparate	76
3.5		Probenkontamination	77
3.6		Experimente	77
	3.6.1	Sequenzielle Extraktion	77
	3.6.2	Sorption/Diffusion	78
3.7		Probenaufbewahrung	79

Teil II   Gesamtchemische Analytik

4   Quadrupolmassenspektrometrie 83

4.1		Messprinzip und Geräteaufbau	83
	4.1.1	Isotope der Elemente	84
	4.1.2	Grundprinzip	86
	4.1.3	Interferenzen	87
	4.1.4	Physikalische Interferenzen	93
	4.1.5	Matrixeffekte	93
	4.1.6	Entfernung von Interferenzen	94
	4.1.7	Nachweisgrenzen	98
	4.1.8	Übersicht über den Geräteaufbau	99
	4.1.9	Probenzuführungssystem	100
	4.1.10	Zerstäuber	100
	4.1.11	Sprühkammer	101
	4.1.12	Hydridgenerator	102
	4.1.13	Fließinjektionssysteme/Säulen	102
	4.1.14	Elektrothermische Verdampfung	103
	4.1.15	Desolvator	103
	4.1.16	Trocknung	103
	4.1.17	Anregung/Ionisierung	104
	4.1.18	Interface	104
	4.1.19	Ionenoptik	105
	4.1.20	Reaktions/Kollisionszellen	105
	4.1.21	Massenfilter	106
	4.1.22	Detektoren	106
	4.1.23	Kopplungen	107
	4.1.24	(Q)-ICP-MS-Chromatographie	108
	4.1.25	Elektrophorese	108
	4.1.26	Ortsaufgelöste Analytik	108
4.2		Zählraten und Messzeiten	110

4.3	Optimierung		111
	4.3.1	Argonflussraten	112
	4.3.2	Aerosolflussrate	113
	4.3.3	Induktionsspule	113
	4.3.4	Position der Fackel	113
	4.3.5	Probenzugangssystem	113
	4.3.6	Detektorkalibration	114
	4.3.7	Massenkalibration	114
	4.3.8	Dynamische Reaktionszelle (DRZ)	114
4.4	Aufschluss		115
4.5	Halbquantitative Auswertung eines Massenspektrums		115
4.6	Kalibration		115
	4.6.1	Einleitung	115
	4.6.2	Zwischenverdünnung und Kalibrationsstandards	116
	4.6.3	Interner Standard	117
4.7	Messung		117
	4.7.1	Messserie	117
	4.7.2	Memory Effekte	118
	4.7.3	Nachweisgrenzen/Optimierung	118
	4.7.4	Quantifizierung	119
	4.7.5	Anwendungsbeispiele	120
4.8	Verwandte Verfahren		121
	4.8.1	Weitere massenspektrometrische Verfahren	121
	4.8.2	Chromatographie	123
	4.8.3	Kapillarelektrophorese	123
	4.8.4	Voltammetrie	123
	4.8.5	Atomspektroskopie	124
	4.8.6	Atomabsorptionsspektroskopie (AAS)	124
	4.8.7	Atomemissionspektroskopie (AES)/Optische Emissionsspektrometrie (OES)	124
	4.8.8	Photometrie	125
5	**Röntgenfluoreszenzanalyse**		**127**
5.1	Messprinzip und Geräteaufbau		127
	5.1.1	Röntgenstrahlung	129
	5.1.2	Grundprinzip	130
	5.1.3	Entstehung/Erzeugung von Fluoreszenzlinien	130
	5.1.4	Chemische Verschiebung	135
	5.1.5	Massenabsorption	136
	5.1.6	Berechnung von MAKs	142
	5.1.7	Konkurrierende Prozesse	143
	5.1.8	Artefakte	145

		5.1.9	Das Spektrometer	146

- 5.1.9 Das Spektrometer ... 146
- 5.1.10 WDRFA ... 148
- 5.1.11 EDRFA ... 150
- 5.1.12 Anregung ... 152
- 5.1.13 Strahlungsmodifikation und Röntgenoptik ... 158
- 5.1.14 Detektion ... 167
- 5.1.15 Pulshöhenverteilung ... 174
- 5.1.16 Probenzufuhr ... 179
- 5.1.17 Zusammenfassung ... 181
- 5.2 Methodenentwicklung ... 183
  - 5.2.1 Messbereich ... 184
  - 5.2.2 Methodik ... 187
  - 5.2.3 Messbedingungen ... 188
  - 5.2.4 Signalkorrektur ... 189
  - 5.2.5 Kalibration ... 203
- 5.3 Spezialverfahren ... 212
  - 5.3.1 MRFA ... 212
  - 5.3.2 TRFA ... 217
  - 5.3.3 Kleinwinkel-RFA ... 240
- 5.4 Verwandte Verfahren ... 243
  - 5.4.1 Röntgenabsorptionsspektroskopie ... 243
  - 5.4.2 Röntgen-Computertomographie ... 250
  - 5.4.3 Partikelinduzierte Röngenemissionspektrometrie ... 251
  - 5.4.4 Elektronenspektroskopie ... 252
  - 5.4.5 Elektronenstrahl-Mikroanalyse ... 252
- 5.5 Analysenbeispiele ... 252
  - 5.5.1 Analyse von oxidischen Materialien ... 252
  - 5.5.2 Analyse von Legierungen ... 253
  - 5.5.3 Analyse von hydraulischem Zement nach C114 (Version ASTM C114 00 2000) ... 253
  - 5.5.4 Analyse heterogener Proben – Beispiel RoHS-Analytik mit RFA ... 255
  - 5.5.5 Flüssigkeitsanalyse – Beispiel Kraftstoffe/Öle ... 257
  - 5.5.6 Indirekte Li-Bestimmung ... 259
  - 5.5.7 Speziationsanalyse ... 259

6 Laborverfahren und Elementaranalytik ... 261
- 6.1 Fe(II)-Bestimmung ... 261
- 6.2 Elementaranalytik ... 263
- 6.3 Glühverlustbestimmung ... 263

Teil III   Phasenanalyse

7   Pulver-Röntgendiffraktionsanalyse (PRDA) 267
   7.1   Messprinzip, Geräteaufbau und Grundlagen 267
          7.1.1   Kristallographie 270
          7.1.2   Röntgenstrahlung 271
          7.1.3   Beugung 272
          7.1.4   Reziproker Raum 272
          7.1.5   Röntgenbeugung und Diffraktion 273
          7.1.6   Bragg'sches Gesetz 277
          7.1.7   Das Diffraktogramm 281
   7.2   Das Pulverdiffraktometer 283
          7.2.1   Anregung 285
          7.2.2   Strahlungsmodifikation und Röntgenoptik 287
   7.3   Detektion 290
   7.4   Methodenentwicklung und Auswertung 291
          7.4.1   Standardmessbedingungen 291
          7.4.2   Peaksuche 293
          7.4.3   Qualitative Auswertung 298
          7.4.4   Quantitative Auswertung 301
   7.5   Spezialverfahren 315
          7.5.1   Tonmineralanalyse 315
   7.6   Verwandte Verfahren 317
          7.6.1   Spannungsanalyse 318
          7.6.2   Texturanalyse 318
          7.6.3   Klein-/Weitwinkelstreuung 319
          7.6.4   Streifender Einfall 320
          7.6.5   Justierung und Wartung 320

8   Elektronenstrahl-Mikroanalyse (ESMA) 323
   8.1   Messprinzip, Geräteaufbau und Grundlagen 323
          8.1.1   Elektronenstrahlung 324
          8.1.2   Elektromagnetische Strahlung 325
          8.1.3   Grundprinzip 326
          8.1.4   Eindringtiefe 327
   8.2   Probenaufbereitung 329
          8.2.1   Schliffe 329
          8.2.2   Pulver 331
          8.2.3   FIB und GIS 331
          8.2.4   Beschichtung 332
   8.3   Die Elektronstrahlsonde 333
          8.3.1   Elektronenkanone 333

	8.3.2	Optisches Mikroskop	337
	8.3.3	Röntgenoptik/Detektion	337
	8.3.4	Elektronenoptik/Detektion	338
8.4	Chemische Analyse		339
	8.4.1	Chemische Ortsauflösung	339
	8.4.2	Elementverteilung	340
	8.4.3	Qualitative Analyse (EDRFA)	340
	8.4.4	Quantitative Analyse (WDRFA/EDRFA)	342
	8.4.5	Beschleunigungsspannung	344
	8.4.6	Matrixkorrektur	344
	8.4.7	Anregungsbedingungen	346
	8.4.8	Chemische Energieverschiebung	347
	8.4.9	Analyse weicher Röntgenstrahlung	348
8.5	Elektronenbilder		349
	8.5.1	Sekundärelektronenbilder (SE)	350
	8.5.2	Rückstreuelektronenbilder (BSE)	350
	8.5.3	Kombinationsbilder	351
8.6	Methodik		351
	8.6.1	Kalibration und Referenzmaterialien	351
	8.6.2	Grundeinstellungen	353
	8.6.3	Analyse	355
8.7	Datenauswertung		357
	8.7.1	Mineralformelberechnung	357
	8.7.2	Mineralbestand	358
	8.7.3	Analyse von Verbindungen mit leichten Elementen	362
8.8	Beispiele		365
	8.8.1	Geochemische Fragestellungen	365
	8.8.2	Petrologische Fragestellungen	368
	8.8.3	Materialanalytik	371
	8.8.4	Tailings	371
	8.8.5	Indium in Zinkblende	372
	8.8.6	Aufbereitung	372
8.9	Justierung und Wartung		373
8.10	Verwandte Verfahren		375
	8.10.1	Niederenergetische Röntgenemissionsspektroskopie	375
	8.10.2	Augerelektronenspektroskopie (AES)	375
	8.10.3	Röntgenphotoelektronenspektroskopie (R-PES, engl. XPS)	376
	8.10.4	Rasterelektronenmikroskopie (REM, engl. SEM)	377
	8.10.5	Transmissionselektronenmikroskopie (TEM)	378
	8.10.6	Energieverlust-Elektronenspektroskopie (EES, engl. EELS)	378
	8.10.7	Metastabile Einschlag-Elektronenmikroskopie oder -spektroskopie (MEEM, engl. MIEEM, MIES)	378

| | 8.10.8 | Kathodenlumineszenz (KL) | 379 |
| | 8.10.9 | Elektronenrückstreudiffraktion | 379 |

Teil IV Fehlerberechnung, Referenzen und Materialkunde

9 Auswertung und Überprüfung 383
    9.1 Konzentrationsangaben 383
    9.2 Stöchiometrische Umrechnungen 384
    9.3 Referenzmaterialien 385
    9.4 Interne Standards 386
    9.5 Methodenüberprüfung 386
        9.5.1 Genauigkeit – Reproduzierbarkeit 387
        9.5.2 Allgemeine Fehlerquellen 388
        9.5.3 Zählstatistischer Fehler 390
        9.5.4 Nachweisgrenze (NG) – Bestimmungsgrenze (BG) 391
        9.5.5 Fehlerfortpflanzung 392
        9.5.6 Monitor und Nachkalibration für die RFA 393
        9.5.7 Langzeitkontrolle der Kalibration 395
        9.5.8 Regressionsanalyse 396

10 Mehrkomponentensysteme 399
    10.1 Binäre Systeme 400
        10.1.1 Eutektisches System 400
        10.1.2 Eutektisches System mit begrenzter Mischbarkeit 401
        10.1.3 Binäres Mischkristallsystem 402
        10.1.4 Peritektische Reaktion 403
        10.1.5 Thermische Barriere 403
    10.2 Ternäre, quarternäre, quinäre Systeme 404

Teil V Anhang

11 Beispiele und Internetseiten 409
    11.1 Beispielapplikation Geowissenschaften 410
    11.2 Beispiele für Mineral-Identifikationskarten bei der RDA 424
    11.3 Messprogramme für die ESMA 426
    11.4 Internetseiten (Stand 2023) 426
        11.4.1 Periodensystem 426
        11.4.2 Literatur-/suche 426
        11.4.3 Referenzmaterialien 428
        11.4.4 Gesteine/Minerale/Strukturen 428

Literatur 431

Stichwortverzeichnis 449

Teil I
Probenahme und -präparation

Dieser Teil enthält Beschreibungen und Methoden zur Probenahme im Gelände, aber auch zur Herstellung von Präparaten wie Press- und Schmelztabletten für die RFA/RDA oder Säuredruckaufschlüssen für die Herstellung von Messlösungen für die ICP-MS.

Probenahme

Übersicht

1.1 Vorbemerkungen 3
1.2 Repräsentative Probe 4
1.3 Probenahme 4

1.1 Vorbemerkungen

Probenahme, -vorbereitung und -präparation sind die ersten Schritte bei der (geo-) chemischen Analyse. Fehler und Ungenauigkeiten bei dieser Vorbereitung ziehen sich durch alle weiteren Prozesse hindurch und können letztendlich zu einem nicht reproduzierbaren, ungenauen oder sogar falschen Analyseergebnis führen. Daher ist hier besondere Sorgfalt sehr wichtig. Die möglichen Fehler können sehr komplexer Natur sein und umfassen Probenmenge, -stabilität, -homogenität, -repräsentativität und -kontamination – nur um ein paar Beispiele zu nennen. Diese Fehler sind später bei Vorliegen des Analyseergebnisses eventuell nicht mehr nachzuvollziehen – im schlimmsten Fall werden sie nicht einmal bemerkt. Dies ist vor allem der Fall, wenn die zu erwartenden Konzentrationsbereiche stark schwanken oder unbekannt sind. Abhilfe schaffen kann hier der Einsatz internationaler Referenzmaterialien mit ähnlicher chemischer Zusammensetzung und Matrix oder die Zugabe von internen Standards über die Verluste oder Veränderungen im Verlauf der Probenpräparation (z. B. beim Säureaufschluss) korrigiert werden können.

1.2 Repräsentative Probe

Bei den meisten analytischen Aufgabenstellungen kann nur eine Stichprobe aus dem Gelände zur Analyse entnommen werden. So kann z. B. zur Untersuchung eines Granitplutons nur an verschiedenen repräsentativen Stellen Material entnommen werden – den ganzen Gesteinskörper von km^3-Größe aus dem Gelände mitzunehmen ist nicht möglich. Trotzdem muss die Probe repräsentativ für den zu beprobenden Bereich sein. Für petrologische Untersuchungen ist es meist wichtig, frisches (unverwittertes) Material zu entnehmen. Dies bedeutet, dass ein frischer Bruch erzeugt werden muss, aus dem dann eine Stichprobe zu entnehmen ist. Auch auf die Homogenität des Materials ist zu achten. Besonders Gesteinsmaterial ist hochgradig heterogen zusammengesetzt; es besteht aus verschiedenen Verbindungen (Phasen) oder ist geschichtet (z. B. bei Sedimentgestein), sodass Korngröße und -verteilung eine wichtige Rolle spielen. Bei Bilanzierungen kann sich bereits eine kleine Änderung der Elementkonzentrationen erheblich auf eine geochemische Interpretation auswirken. Vor Ort ist bereits festzulegen, wie die Probe zu lagern oder zu stabilisieren ist. Manche Parameter wie Eh- und pH-Wert sollten – wenn möglich – vor Ort bestimmt werden.

1.3 Probenahme

Am Anfang eines analytischen Konzepts sollte immer eine Übersicht über die Problemstellung stehen. Dies hilft bei der Vermeidung unnötiger Arbeiten oder verhindert Verluste. Häufig steht nur eine geringe Menge an Probenmaterial zur Verfügung, von dem sich nicht ohne Weiteres Ersatz beschaffen lässt. Beispiele sind Proben aus Tiefbohrungen, von Forschungsfahrten oder aus zeitlich aufwendigen Experimenten. Abb. 1.1 stellt beispielhaft die bei der chemischen Untersuchung einer Bodenkontamination durch Quecksilber notwendigen Problemstellungen, Überlegungen und Schritte übersichtlich dar.

Die Wichtigkeit der repräsentativen Probenahme zeigt sich bei der Bewertung/Bilanzierung großer Stoffmengen (z. B. Rohstoffe für Zement oder Stahl). Bei diesen großen Mengen können bereits kleine Abweichungen bei der Bestimmung der Elementparameter großen Einfluss auf den Preis (Bewertung, Güteklasse, Verwendbarkeit) haben. Es müssen also an verschiedenen Stellen Proben genommen werden (z. B. am Rand, unten und im Zentrum einer angelieferten Menge wegen der Sedimentationstrennung aufgrund Rüttelung während des Transportes). Wesentlich in diesem Zusammenhang ist erst einmal das Material: Flüssigkeit, Feststoff, Pulver ... Darüber hinaus sind folgende Überlegungen wichtig: Wie homogen ist das Material? Ist die Probenahme reproduzierbar? Welche Korngröße ist zu erwarten? Wie stabil sind die Komponenten (z. B.: Lagerung, sofortige Messung u. a.)? Wie aufwendig ist die Probenahme und -präparation und wer kann diese durchführen? Auch bei der Probenahme besteht die Gefahr der Kontamination, des Materialverlustes bei der Lagerung/Umfüllung oder der Änderung der Zusammensetzung

1.3 Probenahme

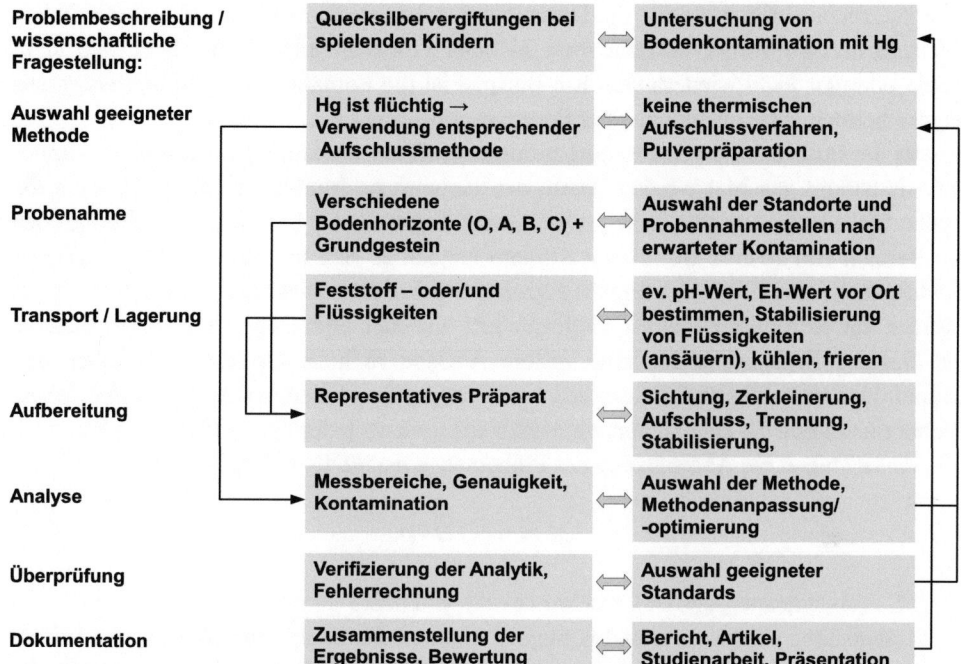

Abb. 1.1 Vorbereitungsschema für ein bestimmtes analytisches Problem am Beispiel der Analyse von Quecksilber im Boden

(Oxidation, Hydrolysierung, Fällung, Entgasung u. a.). In vielen Bereichen der Industrie gibt es daher Probenahmevorschriften, die auch in ISO-Normen (International Standards Organization) umgesetzt werden.

Wichtig ist auch die richtige Zeit und der richtige Ort der Probenahme. Bei Wasserproben spielen Tiefe und Jahreszeit eine Rolle, bei Beprobung von Produkten (mineralische Rohstoffe) eventuell die Liefer- oder Batchnummer. Es dürfen durch die Probenahme keine Kontaminationen oder Veränderungen der Proben entstehen. Aus PE-Flaschen (PE = Polyethylen) können Cd und As abgegeben werden (Weichmacher in Kunststoffen allgemein). Normale Gläser enthalten hohe Anteile an Alkalien. Auch die Probenahmegeräte müssen kontaminationsfrei sein. Weitere Vorkehrungen sind bei der Konservierung der Proben zu treffen. Hygroskopische Proben – z. B. mit Gehalten an *CaO* – müssen unter Luftabschluss gelagert werden, da sich anderenfalls vorhandenes *CaO* innerhalb von Tagen über $Ca(OH)_2$ in $CaCO_3$ umwandelt. Wasserproben müssen häufig mit Säure stabilisiert werden. Hier ist zu beachten, dass vorher eventuell Schwebstoffe herausgefiltert werden müssen, da diese sich in der Säure auflösen und das Messergebnis verfälschen. Darüber hinaus verändert sich die Chemie der Probe. Redoxsensitive Proben oder mikrobenhaltige Materialien müssen eventuell sofort eingefroren werden, um alle Prozesse in situ zu erhalten. Auch die für die Durchführung der benötigten Analytik erforderlichen Mengen müssen vorher bekannt sein. Manche Probenahmekampagne lässt sich nicht leicht oder gar nicht wiederholen. Ein Beispiel ist die Entnahme von Tiefenwässern aus Hydrothermalquellen während einer Forschungsmission.

Bei der Probenahme von Festkörpern muss auch auf die Homogenität und die Homogenisierbarkeit geachtet werden. Wenn die genommene Menge zu gering ist, kann die Probe nicht homogen sein. Ein grober Granit-Pegmatit hat beispielsweise Korngrößen im Bereich von 20 mm. Bei diesen Körnern handelt es sich um einzelne Mineralphasen (Feldspat, Quarz, Glimmer). Ein faustgroßes Stück dieses Materials enthält nur wenige Körner. Im extremsten Fall ist vielleicht nur eine der enthaltenen Phasen vorhanden. Ist dies nur Feldspat, würde eine spätere Analyse zu hohe Gehalte an Alkalien und Aluminium, zu wenig an Silizium und vielleicht gar kein Eisen und Magnesium ergeben. Daher richtet sich die Entnahmemenge unter anderem nach der Korngröße (siehe Tab. 1.1). Ein Ansatz bietet die Abschätzung der Probemenge nach DIN EN 932-1:

$$M = 6 \cdot \sqrt{D} \cdot \rho \tag{1.1}$$

(M: Probenmenge (kg), D: Größtkorn (mm), ρ: Dichte (g/cm^3)).

Flüssigkeiten sind weitgehend homogen, können aber auch Schwebstoffe und Mikroben enthalten und sind vergleichsweise reaktiv und instabil. Daher ist nach Filterung der Schwebstoffe und der Bestimmung von pH- und Eh-Wert eine Stabilisierung mit Säure (meist HNO_3) durchzuführen.

Ein besonderer Umstand bei der Beprobung von Regenereignissen ist die Unvorhersehbarkeit des Probenaufkommens. Dies erfordert die Konstruktion eines Regensammlers, der sich im optimalen Fall – mit einem geeigneten Sensor ausgestattet – bei Beginn des Regenereignisses öffnet und danach wieder schließt. Solche Konstruktionen können auch über einen Probenwechsler verfügen, der nach jedem ausgelösten Ereignis eine

Tab. 1.1 Abschätzung der Probenmenge

Größtkorn (mm)	Probenmenge (DIN EN 932-1) (kg)	klastische Sedimente	magmatisches Gefüge	Beispiele
0,002	0,7	Ton		Tonstein, Tonschiefer
0,063	3,9	Silt		Schluffstein
0,2	7	Feinsand		
0,63	12,4	Mittelsand		Sandstein
2	22,1	Grobsand		
6,3	39,2	Feinkies		Grauwacke
1	15,6		aphanitisch	Basalt
10	49,3		phanerisch	Granit
20	69,8		pegmatitisch	Granit-Pegmatit

Dichte 2,6 g/cm^3: 3 kg $\approx$ 10 cm Würfel

1.3 Probenahme

neue Flasche zuführt. Einfachere Konstruktionen können aus einer PE-Flasche (z. B. 5 l) und einem entsprechend großen Trichter aus dem gleichen Material bestehen. Der Nachteil dieser Methode ist, dass – da keine Rund-um-die-Uhr-Kontrolle möglich ist – die Auflösung einzelner Ereignisse begrenzt ist. Da das System offen ist, kann vor und nach einem Regenereignis atmosphärischer Staub eindringen und die Probe kontaminieren. Dies kann mit Spülen der Flasche vor und nach der Probenahme verhindert werden. Die genommene Probe ist sofort einzufrieren und dunkel zu lagern, um Algenwachstum und andere Alterationen zu vermeiden. Da die Probe neben dem Regenwasser auch atmosphärischen Staub und gröbere Partikel enthält, muss diese vor der Spurenelementanalyse noch gesäubert (Insekten/Pflanzenreste) und gefiltert werden (z. B. mit 0,1 μm). Für die Spurenelementanalyse ist die Probe mit 2 % HNO_3 anzusäuern.

Gase der Atmosphäre sowie technische Prozessgase werden in der Industrie routinemäßig auf Zusammensetzung und Verunreinigung analysiert und teilweise auch ständig mit In-situ-Verfahren kontrolliert. Eine sehr einfache Methode, ein definiertes Gasvolumen als Probe zu nehmen, ist die Gasmaus oder Gaswurst. Es handelt sich um einen Gasbehälter mit definiertem Volumen, der an beiden Enden über Ventile verfügt. Das Gas wird eine bestimmte Zeit angesaugt und die Ventile dann verschlossen. Die Probe wird später durch ein Septum oder über die Ventile entnommen. Zur Beprobung von wasserlöslichen Gasen kann auch eine Waschflasche (Impinger) verwendet werden. Zur schnellen Probenahme vor Ort können Adsorptionsröhrchen verwendet werden. Das Gas wird hier an ein Trägermaterial (z. B. Aktivkohle) adsorbiert. Die Ablösung geschieht durch Erhitzen oder Eluieren.

Die Probenahme von Aerosolen (0,002 bis 100 μm) erfolgt mit Membranfiltern oder Faserfiltern aus Glas oder PTFE (Polytetrafluorethylen, Teflon), wobei erstere eine geringe Aufnahmemenge haben und letztere über ein großes Aufnahmevermögen verfügen, aber ein großes Analysevolumen besitzen, welches bei der Bestimmung leichter Elemente mit oberflächensensitiven Verfahren wie der Röntgenfluoreszenzanalyse von Nachteil ist [101]. Filtermaterialien müssen bestimmte Kriterien erfüllen, wie z. B. chemische und thermische Resistenz, geringe Blindwerte, hohe Beladungskapazität und ausreichende mechanische Stabilität. Der Filter kann direkt analysiert oder aber komplett gelöst werden.

Einzelne Kornfraktionen können mit einem Kaskadenimpaktor fraktioniert werden. Hierbei handelt es sich um ein System von Düsen mit abnehmendem Durchmesser, durch welche sich schrittweise die Strömungsgeschwindigkeit erhöht. In diese Anordnung werden Filter zwischengeschaltet.

Probenzerkleinerung

2

Übersicht

2.1 Vorzerkleinerung... 10
2.2 Probenteilung 11
2.3 Feinzerkleinerung.. 12

Die Aufbereitung der Proben ist einer der grundlegendsten und zeitlich aufwendigsten Schritte auf dem Weg zu einem reproduzierbaren und korrekten Analyseergebnis. Fehler während der Präparation schleppen sich durch alle anderen Phasen hindurch und können alle nachfolgenden Arbeiten nutzlos machen. Bei vielen analytischen Verfahren hat die Probenaufbereitung den größten Anteil am Gesamtfehler. Je komplexer das Aufbereitungsverfahren, desto größer wird der potenzielle Fehler (Fehleraddition/-fortpflanzung). Alle Fehlerursachen können von Probe zu Probe bzw. Matrix zu Matrix unterschiedlich sein. Daher müssen für neue Proben zumeist Versuchsreihen entwickelt werden. Komplexe Verfahren benötigen mehr (und teureres) Equipment, verringern den Probendurchsatz und erfordern eventuell zusätzliches und speziell ausgebildetes Personal. Je größer die Anzahl an Aufbereitungsschritten, desto größer ist der sich akkumulierende Fehler.

Zur Messung an einem Analysegerät muss die Probe in einer bestimmten Form vorliegen. Mit am flexibelsten ist dabei die Röntgenfluoreszenzanalyse (RFA), die neben Flüssigkeiten (Aufschlüsse, Suspensionen, Laugen), Boratglas-Schmelztabletten auch mit Wachs gepresste Pulver oder sogar unveränderte Formen (Gläser, Legierungen) oder unregelmäßige Stücke (Gesteinsbruchstücke) zulässt, sofern diese über eine glatte Messoberfläche verfügen. Boratglastabletten sind auch für die Ablation mit einem Laserstrahl und nachfolgender Massenspektrometrie geeignet. Für ortsaufgelöste Untersuchungen mit Elektronenstrahl-Mikroanalyse (ESMA) ist eine äußerst fein polierte Messoberfläche erforderlich. Da gleichzeitig häufig polarisationsmikroskopische Untersuchungen nötig sind, ist der Dünnschliff – ein auf einen Glasträger aufgebrachtes auf z. B. 30 µm herunterpoliertes Gesteinsplättchen – eine häufige Präparation. Für viele Verfahren ist eine mehr oder weniger verdünnte Lösung oder Suspension erforderlich. Daher werden in diesem Fall verschiedene Lösungsaufschlüsse mit Säuren oder Alkalien durchgeführt. Aus solchen Flüssigkeiten können auch bestimmte Anteile ausgefällt und abgetrennt werden.

Bei sehr geringen Mengen an Probenmaterial kommen auch Substrate wie Filter, Filme, Klebstreifen (z. B. Forensik) zum Einsatz

Gasförmige Proben können an geeignete Sorbenten (z. B. Aktivkohle) gebunden werden.

2.1 Vorzerkleinerung

Zur Vorzerkleinerung großer Stücke stehen die Gesteinssäge oder -quetsche zur Verfügung. Diese vorzerkleinerten Stücke können dann in mehrere feste Plastiktüten verpackt manuell mit einem Hammer zerkleinert und danach in einem Backenbrecher weiter gebrochen werden (s. Abb. 2.1). Da die Backen des Backenbrechers abgerieben werden, können je nach Backenmaterial Kontaminationen mit Fe, Ni und Mn (Stahl) oder Co und W (Wolframcarbid) auftreten. Mit kleineren Tischbackenbrechern können gut auch geringere Probenmengen zerkleinert werden. Der Nachteil der Backenbrecher ist die relativ aufwendige und zum Teil nur unvollständig durchführbare Reinigung (Gefahr der Querkontamination). Evaporitmaterialien können das Material der Backen angreifen.

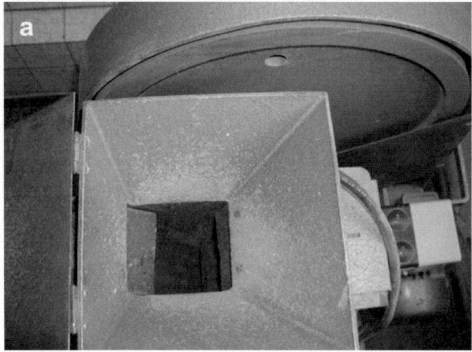 

Abb. 2.1 Backenbrecher (**a**), wassergekühlte Gesteinssäge (**b**)

2.2 Probenteilung

Das gewonnene, grob zerkleinerte Probenmaterial ist nun auf eine weiterzubearbeitende Menge zu reduzieren, da die folgenden Schritte wesentlich weniger Probenmaterial benötigen. Zur Gewährleistung von Reproduzierbarkeit und Homogenität dieser Stichprobe werden Probenteiler (s. Abb. 2.2), z. B. mit rotierenden Flaschen, eingesetzt.

Wenn aus einer Probe nur bestimmte Mineralverbindungen (z. B. Olivine, Magnetit) benötigt werden, kann einerseits eine manuelle Klassierung („Picken") unter dem Mikroskop erfolgen, zum anderen können magnetische Fraktionen auch mit einem Magnetscheider abgetrennt werden (s. Abb. 2.3). Andere Methoden sind die Dichte- oder Schweretrennung in Flüssigkeiten mit geeigneter Dichte oder die Flotation.

Sehr feine Fraktionen lassen sich nur mit Sedimentations- oder Zentrifugenverfahren abtrennen. Bei dem Pipettierverfahren wird die größenabhängige Absinkgeschwindigkeit feiner Partikel in Wasser genutzt. Dazu ist aus der Probe eine Suspension unter Zugabe eines Dispergierungsmittels, z. B. Na-Hexametaposphat, anzufertigen. Aus dieser wird in bestimmten Zeitabständen aus 20 cm unterhalb der Flüssigkeitsoberfläche mit einer Pipette eine Probe entnommen [269]. Eine Tabelle der Absinkzeiten ist in [151] veröffentlicht.

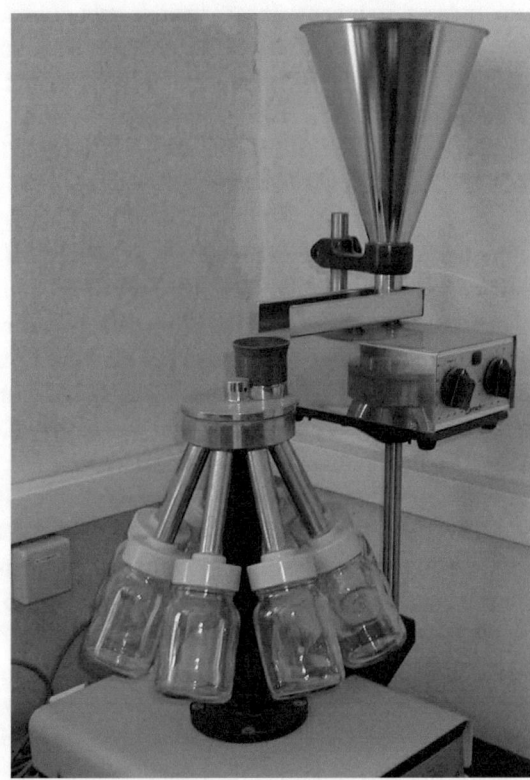

Abb. 2.2 Automatischer Probenteiler

Abb. 2.3 Frantz-Magnetscheider

Ein anderes Sedimentationsverfahren geht zurück auf A. Atterberg [13]. Dabei wird die Suspension in ein Sedimentationsrohr gegeben und geschüttelt. Nach festgelegten Zeiten wird die überstehende Suspension abgezogen und der Feststoff herausgefiltert.

2.3 Feinzerkleinerung

Um eine weitere Homogenisierung der Probe zu erreichen und auch die Reaktivität mit Aufschlussmitteln (z. B. Säuren) durch Erhöhung der Oberfläche zu verbessern bietet sich eine Aufmahlung der Probe an. Allgemein reicht eine Zerkleinerung auf < 125 µm, besser noch auf < 63 µm, aus. Bei diesem Prozess kommt es zu abrasivem Kontakt mit dem Material der Siebe und Mahlgeräte, und damit zu Kontamination der Probe mit Haupt-, Verunreinigungs-, und Legierungselementen dieser Materialien. Der Grad dieser Kontaminationen sollte mit Blindproben (z. B. reinem Bergkristallpulver) überprüft werden. Typische Kontaminanten sind: **W**, Ti, Nb, Co WC (Wolframcarbid), **Fe**, Cr, W (Cr-Stahl), **Zr**, Hf (Zirkonia) oder **Cu**, Zn, Ni (Messingsiebe) [99, 284]. W-Kontamination bis 150 ppm beispielsweise stört bei der Messung von Au mit RFA durch spektrale Interferenz von W-Linien auf $AuL\alpha$ (s. Abschn. 5).

Da beim Polieren von Achat häufig Pb verwendet wird, kann bei neuen Achatbauteilen (Kugeln, Ringe, Mörser) eine erhebliche Kontamination von Pb auftreten. Daher sollten neu angeschaffte Achatmühlen oder -mörser erst gereinigt werden. Die Korrosionsbeständigkeit und Stabilität aller Materialien, aus denen die Mühle besteht, muss bekannt sein, da Stäube des Probenmaterials überall in die Mühle eindringen können. Mühlen mit

2.3 Feinzerkleinerung

Baugruppen (Mahlringe usw.) aus Stahl korrodieren extrem schnell, wenn darin Evaporite gemahlen werden. Es gibt neben dem Mörser, zur manuellen Zerkleinerung, noch Mikronisiermühlen, Siebmühlen, Mörsermühlen, Schüttel-/Schwingmühlen, Fliehkraftkugelmühlen, Vibrationskugelmühlen, Scheibenschwingmühlen, und Planetenkugelmühlen.

2.3.1 Die Mikronisiermühle

Bei dieser Mahltechnik werden mittels einer Positioniervorrichtung 48 Mahlsteine in einen PVC-Becher gestapelt (s. Abb. 2.4). Danach wird die vorzerkleinerte Probe eingefüllt (etwa 3/4 Höhe). Es kann auch eine Suspension gemahlen werden. Der Becher wird dann horizontal in eine Schüttelvorrichtung eingespannt. Die Bewegung erfolgt um zwei Achsen: horizontal (Schüttelbewegung) und vertikal (Drehung; 40 oder 50 Hz). Die Aufmahlvorgänge werden normalerweise trocken durchgeführt. Suspensionen können verwendet werden, wenn sichergestellt ist, dass keine löslichen Phasen vorhanden sind. Außer Wasser können auch andere Flüssigkeiten verwendet werden. Dabei ist auf Reinheit (Alkohole enthalten Wasser) sowie Verwendbarkeit, Sicherheit, Arbeitsschutz (Benzin darf z. B. nicht verwendet werden) zu achten. Öle sind nur schlecht wieder zu entfernen und sind nicht in größeren Mengen verwendbar. Suspendierte Proben benötigen außerdem eine bestimmte Trocknungszeit. Um Verklumpung zu vermeiden, muss die Probe trocken vorliegen (z. B. getrocknet im Trockenschrank). Hygroskopische Proben sollten zwischen den einzelnen Schritten immer wieder getrocknet werden (Lagerung im Trockenschrank). Mahlsteine und -becher müssen zwischen den Mahlvorgängen gereinigt und getrocknet werden (Wasser/Druckluft). Zur Entfernung des Probematerials aus dem Becher dient ein Pinsel. Der Inhalt wird zusammen mit den Mahlsteinen auf ein Sieb geschüttet. Die Steine können über einen Mahlvorgang mit einem analytisch neutralen Pulver (z. B. Quarzsand)

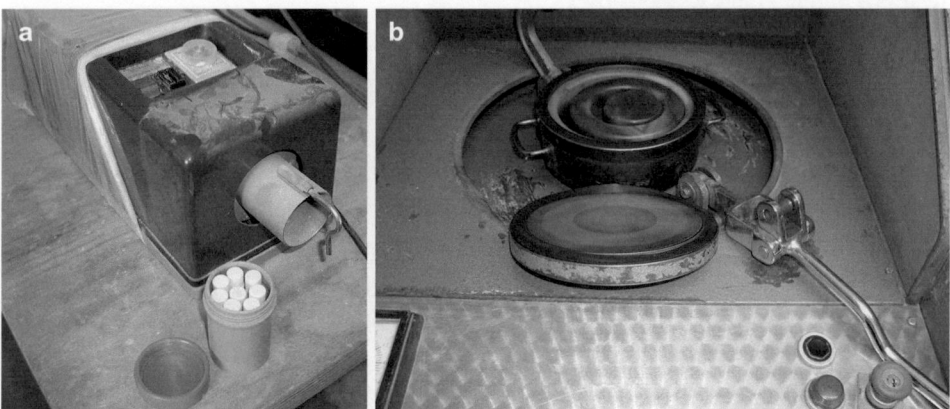

Abb. 2.4 Mikronisiermühle mit Mahlbecher und Mahlsteinen (**a**), Scheibenschwingmühle mit Mahlbecher und Achatringen (**b**)

gereinigt werden. Vorteile sind eine sehr gute Homogenisierung, keine Kontamination mit Metallen (Fe, Ni, Cr, W u. a. für Elementanalyse) und die geringe Probenmenge. Nachteile sind das geringe Fassungsvermögen (bei größeren Probenmengen), die aufwendige Reinigung („cross contamination"), eine längere Mahldauer und die eventuelle Kontamination mit Quarz oder Korund (z. B. bei der Phasenanalyse).

2.3.2 Die Scheibenschwingmühle

In dieser Mühle wird das Probenmaterial mittels horizontal rotierender Scheiben zerkleinert (s. Abb. 2.4). Füllhöhe ist hier etwa 3/4. Es darf kein Probenmaterial auf den Ringen/Scheiben liegen. Vorteile sind eine sehr gute Homogenisierung (allerdings nicht so gut wie bei der Mikronisiermühle) bei harten Proben und der relativ hohe Probendurchsatz. Die Nachteile sind die hohe Mindestfüllmenge und eine Kontamination mit Metall (Fe, Ni, Cr, W, Co u. a.) bei der Verwendung von Stahlringen und die Dichtigkeit (Suspensionen sind schwierig zu verarbeiten).

2.3.3 Die Kugelmühle

Diese Mühle zerkleinert das Probenmaterial mittels einzelner gegeneinander springender und reibender Kugeln (s. Abb. 2.5). Die Kugeln können aus Zirkonia, Stahl oder Wolframcarbid bestehen. Die Probenmengen sind ähnlich der Scheibenschwingmühle. Bei Salzen wird ein hoher Anteil an Feinstfraktion erzeugt, das Korngrößenspektrum ist nicht eng genug und es tritt Agglomeratbildung auf. Die im Vergleich mit den anderen Mühlentypen stärkere Erwärmung kann auch zu Zersetzung empfindlicher Phasen führen. Für die quantitative Phasenanalyse mittels RDA (z. B. Rietveld-Analytik) sind solche Proben nicht verwendbar. Vor der Verwendung solcher Mühlen sollte also erst eine entsprechende Testreihe durchgeführt werden.

Abb. 2.5 Kugelmühleneinsatz mit Mahlsteinen (**a**), Handmörser aus Achat (**b**)

2.3 Feinzerkleinerung

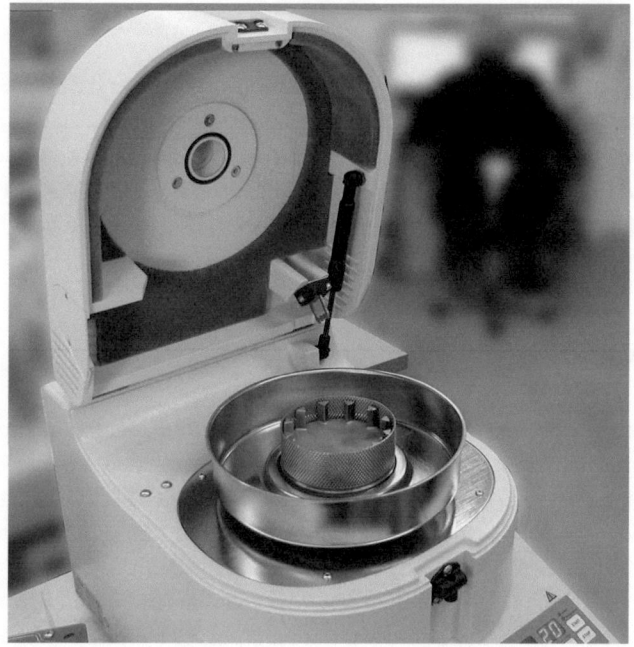

Abb. 2.6 Siebmühle

2.3.4 Die Siebmühle

Bei dieser Mahltechnik wird die Probe von einem horizontal rotierenden Sieb zerrieben (Abb. 2.6). Für die verschiedenen Korngrößen stehen verschiedene Siebeinsätze zur Verfügung. Dieser Mühlentyp hat einen ständigen Durchsatz von bis zu > 2000 kg/h (abhängig von der Lochung). Die Rotationsgeschwindigkeit kann für schwierige Proben vermindert werden (Agglomerate, klebrige bzw. hygroskopische Proben).

2.3.5 Die „Kaffemühle"

Weichere Minerale oder Gesteine können auch mit einer Kaffeemühle, bzw. mit einer Labormühle des gleichen Prinzips zermahlen werden. Diese Technik hat den Vorteil, dass Minerale, die normalerweise zur Verschmierung neigen, nach dem Prozess als frei fließendes Pulver vorliegen. Besonders für Tonminerale und andere Schichtsilikate ist diese Methode gut geeignet. Da die Proben mit schnell schwingenden Messern zerkleinert wird, ist die Gefahr der Kontamination (z. B. mit Fe, Ni oder Co u. a. bei Stahlmessern) relativ hoch.

2.3.6 Manuelles Aufmahlen

Das Probenmaterial wird mittels einer Reibschale (Porzellan/Achat) per Hand zerrieben (s. Abb. 2.5). Das erzeugte Pulver ist für erste Untersuchungen oder Übersichtsanalysen geeignet. Für eine genaue Quantifizierung und die Routineanalytik ist dieses Verfahren eher ungeeignet. Die Vorteile sind der geringe apparative Aufwand und die geringe benötigte Probenmenge. Nachteile sind der geringe Probendurchsatz, die hohe Inhomogenität und der Zeitaufwand.

2.3.7 Die Mahldauer

Beim Aufmahlen der Proben ist darauf zu achten, die Probe nicht zu „übermahlen". Eine zu geringe Korngröße führt bei der röntgendiffraktometrischen Untersuchung zu einer Verbreiterung der Peaks, was die Identifizierung (Peaklagen) und die Abschätzung der Peakhöhen und damit die Quantifizierung erschwert oder unmöglich macht. Wichtig ist auch, dass der Korngrößenbereich möglichst schmal ist. Schwierigkeiten ergeben sich hier, wenn die Härte der verschiedenen in dem Material enthaltenen Phasen sehr unterschiedlich ist. Größere und/oder härtere Körner in tonmineralhaltigen Proben werden häufig kaum zerkleinert, da die feinen Schichtsilikatpartikel wie ein Schmiermittel wirken. Befindet sich ein bestimmtes Element nur in solchen harten Körnern (z. B. Zr oder REE im Zirkon) kann dies zu erheblichen Minderbefunden führen. Ein Indiz für die ungenügende Aufmahlung (Homogenisierung) ist eine schlechte Statistik bei Mehrfachbestimmungen einer Probe. In einem solchen Fall kann die Probe zwischen mehreren Mahlschritten abgesiebt werden oder nachträglich manuell kontrolliert und bei Bedarf gemörsert werden. Eventuell sind zur Optimierung der Mahldauer bestimmter Materialien Messreihen zu erstellen.

2.3.8 Siebtrennung

Zur Abtrennung einzelner Korngrößenfraktionen oder zur Überprüfung der maximalen Korngröße (z. B.: < 125 µm) eines Probenpulvers dienen Siebe aus Nylon, Stahl oder Messing. Diese sind in verschiedenen Maschenweiten erhältlich und können in einen Siebturm (Abb. 2.7) eingespannt werden. Zur schnelleren Absiebung der feineren Fraktionen kann in das Sieb ein kleiner Mahlstein (z. B. von der Mikronisiermühle) gelegt werden. Auch dieser Schritt der Probenaufbereitung kann zu Kontamination führen.

Abb. 2.7 Siebturm mit Schüttelfrequenz- und Amplitudensteuerung

Präparation 3

Übersicht

3.1	Schliffe	20
3.2	Pulver und Feststoffe	21
3.3	Schmelzaufschlüsse	33
3.4	Lösungsaufschlüsse	48
3.5	Probenkontamination	77
3.6	Experimente	77
3.7	Probenaufbewahrung	79

Mit der Präparation wird das vorbereitete (zerkleinerte, gesiebte, abgetrennte) Probenmaterial für die Messung vorbereitet. Abhängig von der Methode oder dem eingesetzten Analysegerät sind unterschiedliche Verfahren erforderlich. Für die RFA werden normalerweise Schmelzaufschlüsse oder gepresste Pulver verwendet. Viele andere Messverfahren (AAS = Atomabsorptionsspektroskopie, ICP-MS = Massenspektrometrie mit induktiv gekoppeltem Plasma) benötigen Lösungen, was bedeutet, dass das Probenmaterial aufgeschlossen werden muss. Ortsaufgelöste Verfahren benötigen die Probe im unveränderten Verbund. In diesem Fall werden Dünn- oder Anschliffe angefertigt. Die Methoden zur Präparation sind vollständig zu dokumentieren, damit auch wechselndes Laborpersonal die Präparation auf die gleiche Weise fehlerfrei durchführen kann. Auch wenn die Präparation fehlerfrei durchgeführt wird, können sich bei Mehrfachbestimmungen deutliche Abweichungen der berechneten Konzentrationen ergeben (s. Abb. 9.2).

© Der/die Autor(en), exklusiv lizenziert an Springer-Verlag GmbH, DE,
ein Teil von Springer Nature 2024
T. Schirmer, U. Fittschen, *Einführung in die geochemische und materialwissenschaftliche Analytik*, https://doi.org/10.1007/978-3-662-67958-6_3

3.1 Schliffe

Für die quantitative ortsaufgelöste Analytik – z. B. mit Elektronenstrahl-Mikroanalyse (ESMA) – ist normalerweise eine sehr fein polierte und glatte Oberfläche erforderlich. Dazu wird ein Schliff benötigt. Da für viele Aufgabenstellungen und für das Auffinden der interessanten Bereiche für die Punktanalytik die Durchlichtmikroskopie eingesetzt wird, werden sehr häufig Dünnschliffe angefertigt (s. Abb. 3.1). Es handelt sich dabei um auf wenige 10er µm polierte Plättchen (meist 30 µm), die mittels eines Einbettungsmittels (z. B. Araldit®) auf ein Deckglas geklebt sind. Das für die optische Mikroskopie häufig zum Schutz der Oberfläche aufgeklebte Deckglas ist hier unbedingt wegzulassen. Dünnschliffe sind auch aus pulverförmigen Proben (z. B. Sand) herstellbar. Dazu wird das Pulver erst verfestigt, mit einem Bindemittel (z. B. Araldit®) stabilisiert und dann geschliffen.

Bei der Untersuchung der zumeist opaken Erzminerale oder bei Legierungen kommt auch ein Anschliff zum Einsatz, der sich gleichzeitig auch für die Auflichtmikroskopie eignet. Hier handelt es sich um ein kleines, wenige cm hohes Stück einer Probe, welches, eingebettet in Einbettungsmittel, an einer Seite anpoliert wird.

Auch hier muss mit dem Eintrag von Fremdsubstanzen (Kontaminationen) in die Probe gerechnet werden. Auf der Oberfläche – vor allem in den mit dem Einbettungsmittel gefüllten Poren – finden sich Reste der eingesetzten Schleif- oder Poliermaterialien (Korund, SiC, Blei, Diamant).

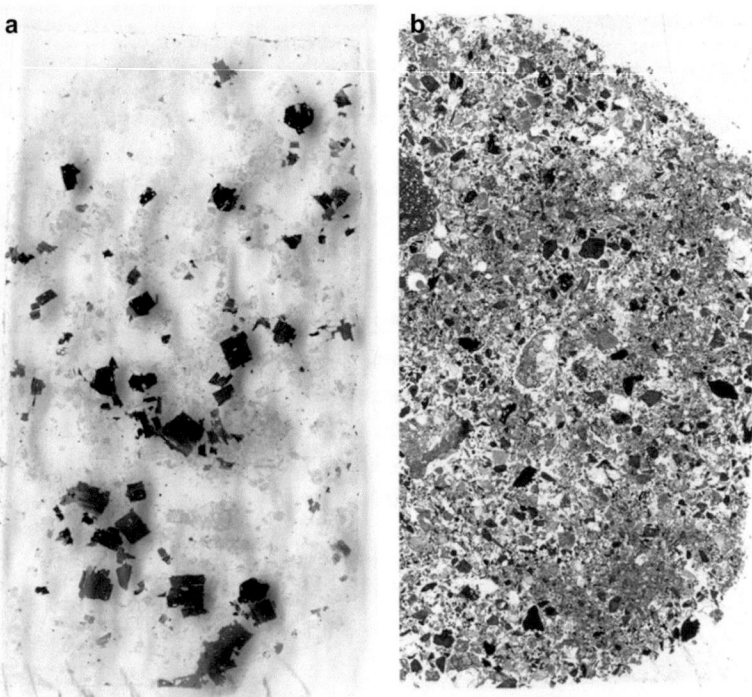

Abb. 3.1 Gesteinsdünnschliff mit hellen und dunklen Gemengteilen (**a**) und Streupräparatschliff eines Sandes (**b**)

3.2 Pulver und Feststoffe

Eine sehr einfache Methode, die keinen Aufschluss des Probenmaterials erfordert, ist die Herstellung einer Presstablette. Das gemahlene Pulver wird mit oder ohne Bindemittel solange gepresst, bis Verdichtungsgrad und Haltbarkeit für das Analyseverfahren ausreichend sind. Presstabletten können auch mit Einbettungsmittel (z. B. Araldit®) verfestigt, poliert und für oberflächenaufgelöste Verfahren wie die Elektronenstrahl-Mikroanalyse (ESMA) verwendet werden.

Für die gekoppelte Bestimmung von Phasen (z. B. „Freikalk" (CaO)) und Komponenten schwererer Elemente (z. B. Fe_2O_3) können ebenfalls Presstabletten verwendet werden, da hier Korngrößen- und mineralogischer Effekt (s. Kap. 5) nicht so zum Tragen kommen.

Mit gewissen Einschränkungen (Oberfläche, Größe) können auch ganze stückige Proben zur Messungen verwendet werden. Teilweise können diese geschnitten, geschliffen oder poliert werden.

3.2.1 Presstabletten mit Herzog-Presse

Das Verpressen des Probematerials mit einem Bindemittel zu einer Tablette ist wie die Herstellung von Schmelztabletten ein erprobtes Standardverfahren bei der RFA. Der Vorteil dieser Methode ist die Schnelligkeit, aber auch die bessere Empfindlichkeit durch geringere Verdünnung (Verhältnis Probe:Binder 5:1 bis 50:1) für schwere Elemente (~ ab Ti). Der Nachteil ist die mit der schlechteren Homogenisierung, dem Erhalt der Struktur (z. B. der Phasenzusammensetzung) und der schlechteren Oberfläche verbundene Ungenauigkeit – vor allem bei der Messung leichter Elemente (~ bis Ti).

Tabletten, die unter Normaldruck stabil aussehen, sind dies eventuell nicht im Hochvakuum des Spektrometers. Beim Zerplatzen von Tabletten kann das Spektrometer verunreinigt werden. Ist die Stabilität der Tablette nicht gewährleistet, kann – wie bei der Flüssigprobenanalyse – eine Folie zwischengelegt werden.

Das Probenpulver wird mittels einer Herzog-Presse unter Zugabe eines Bindemittels bei hohem Druck (z. B. 10–20 t) in einen Aluminiumhalter (Ø50 mm) oder einen Stahlring gepresst. Das Bindemittel kann Wachs oder gelöstes Acrylharz sein. Mit Presstabletten kann sowohl RDA wie auch RFA durchgeführt werden. In der Zementindustrie beispielsweise dient dieses Verfahren der gekoppelten Phasen- (u. a. Freikalk, CaO) und Elementbestimmung (u. a. Fe, Na, S). Aufgrund der geringeren Verdünnung können Presstabletten höhere Zählraten bei gleicher Konzentration des Elementes in der Probe liefern als Schmelztabletten. Dies kann man sich bei der Bestimmung schwerer Spurenelemente, bei denen Matrixeffekte keine so große Rolle spielen, zunutze machen. Der Nachteil von Presstabletten liegt in der im Vergleich mit einer Glasschmelze oder einer Lösung schlechteren Homogenisierbarkeit. Deshalb ist die Homogenisierung des Probengemisches vor dem Pressen extrem wichtig. Die Korngröße und die Art der chemischen Bindung der Elemente (Si z. B. im Quarz [leichte Matrix nur O] oder im Pyroxen [schwerere Matrix, neben O noch Mg oder Fe]) spielt eine Rolle. Dieser Korngrößeneffekt und der sogenannte mineralogische Effekt werden noch genauer erläutert.

Bei der Herstellung von Presstabletten muss zunächst der Mahlprozess optimiert werden (s. Kap. 2). Bei geringer Probenmenge oder schlecht kompaktierbaren Proben eignet sich eine Hinterfüllung mit Borsäure. Zu beachten ist die mindestens erforderliche Analysentiefe der zu messenden Elemente (s. Kap. 5). Eine Voraussage über das Verhalten der Zählraten einzelner Elemente im Zusammenhang mit der Mahldauer ist schwierig. Im Allgemeinen gilt, dass sich die Zählraten mit kleineren Korngrößen aufgrund der besseren Kompaktierung erhöhen und sich die Zählstatistik sich bei wiederholter Präparation generell verbessert.

Die relativen Zählratenunterschiede zwischen zwei Elementen hängen auch davon ab, wie schnell die Korngröße im Verlauf des Mahlvorgangs abnimmt (s. Abb. 3.2). Dies ist z. B. abhängig von der Härte der Komponente/Phase, in der das Element hauptsächlich enthalten ist. Verringert sich die Korngröße zweier Komponenten, können, abhängig vom Absorptionskoeffizienten, die Zählraten des einen Elements der ersten Komponente ansteigen und die eines zweiten Elementes der anderen abnehmen (effektivere Absorption der energieärmeren Strahlung). Es gibt auch spezielle Fälle, wenn sich bei dem Mahlvorgang eine Komponente als Hülle um die andere legt und diese damit maskiert (z. B. Tonminerale um Quarz).

Mahlhilfen erleichtern die Zerteilung der Probenkörner und Bindemittel verkleben die Körner; es entsteht eine stabile Tablette. Zur Vermeidung des Festklebens kann zwischen Probe und Presswerkzeugoberfläche eine Mylarfolie gelegt werden. Die Proben sind dann vorsichtig durch eine Drehbewegung zu entfernen oder die Folie vorsichtig abzuziehen.

Manche Zusätze wirken als Mahlhilfe und als Bindemittel (z. B. Herzog/Krupp Mahlhilfe). Elvacit®, eine acrylharzartige Verbindung, die sich als Lösung (z. B. 200 g/l) besonders effektiv einsetzen lässt, bildet eine sehr dünne Schicht um jedes Korn. Die Verdünnung der Probe ist geringer (2–4 % im Gegensatz zu 10 % bei Wachs).

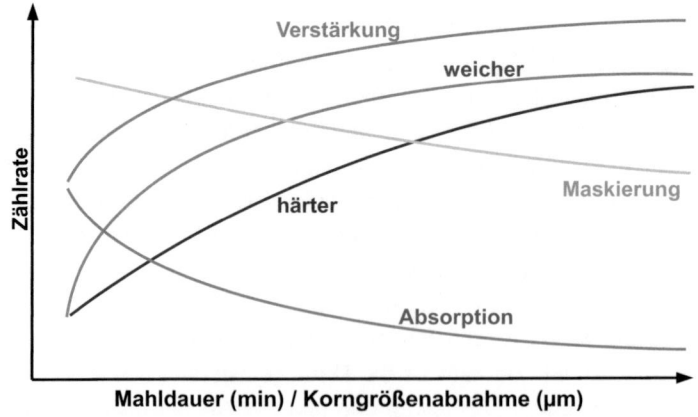

Abb. 3.2 Beziehung Zählrate – Mahldauer (nach [123])

3.2 Pulver und Feststoffe

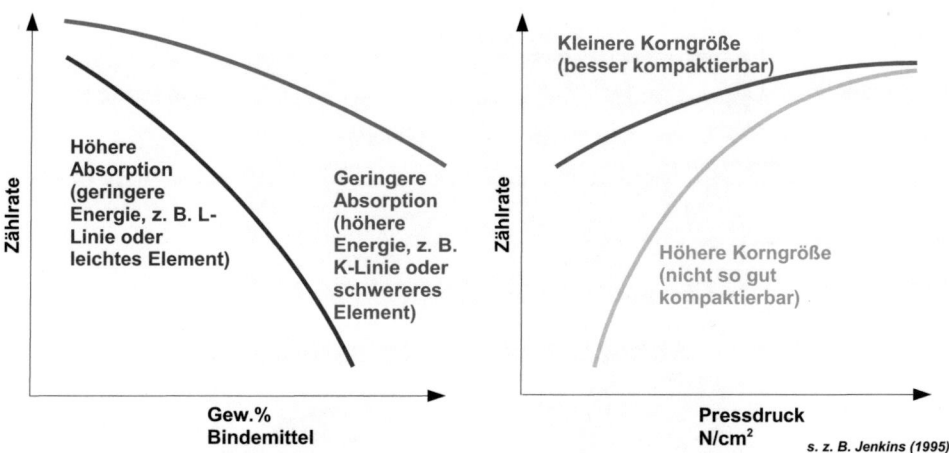

Abb. 3.3 Beziehung Bindemittel/Pressdruck – Zählrate, nach [123]

Alle Zusätze verdünnen die Probe (geringere Intensität/Absorption; leichte Matrix) und erhöhen den Untergrund (Mittlere Matrix; Primärstrahlstreuung). Auch der Pressdruck kann die Zählraten beeinflussen (s. Abb. 3.3).

Homogenität von Presstabletten Bei Presstabletten handelt es sich um verdichtete Pulvermischungen mit begrenzter Homogenität. Die Reproduzierbarkeit hängt dabei von der Verteilung der Elemente in den einzelnen (Phasen)körnern ab. Ein wesentliches Kriterium ist, ob ein Element gleichmäßig über alle Phasen verteilt (z. B. Si in silikatischen Gesteinen) oder in bestimmten Phasen stark angereichert ist (z. B. Lanthanoide in Monazit). So liefert die Analyse von Mg in einem hausinternen Basaltstandard an einer Presstablette deutliche Abweichungen vom Referenzwert (~5 statt 8,1 Gew. %). Eine mögliche Begründung ist die vergleichsweise hohe Anreicherung von Mg in Olivin und die damit punktuell inhomogene Verteilung.

Dieser sogenannte Korngrößeneffekt resultiert daraus, dass in zwei potenziellen Analysevolumina aufgrund unterschiedlicher Korngrößen verschiedene Teilvolumen der Phase 1 und der Phase 2 vorhanden sein können. Dieser Effekt lässt sich mit einer möglichst feinen Aufmahlung kompensieren (s. Abb. 3.4, oben).

Feinere Aufmahlung hilft allerdings nicht gegen den nächsten Effekt: Der mineralogische oder Phaseneffekt (s. Abb. 3.4, unten) resultiert aus der unterschiedlichen Zusammensetzung der beiden Phasen. Als Beispiel nehme man 2 Phasen mit der Zusammensetzung der XYO_2 (Phase A) und YO_2 (Phase B). Beide enthalten Element Y, aber nur eine das Element X. Wird nun in Phase A die charakteristische Strahlung des Elementes Y von Element X absorbiert, ist die Empfindlichkeit für Element Y in der einen Phase anders als in der anderen. Da aus dem analytischen Signal des RFA-Spektrums nicht herleitbar ist, aus welcher Phase die Strahlung des Elementes Y kommt, kann dieser Effekt nicht ohne Weiteres kompensiert werden (siehe z. B. [240] und enthaltene Referenzen).

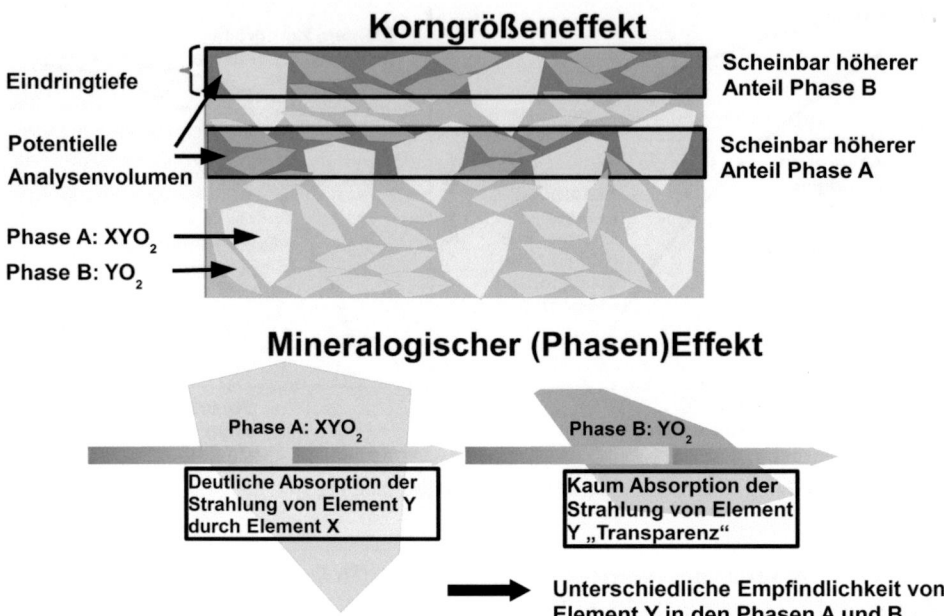

Abb. 3.4 Mineralogischer und Korngrößeneffekt

Für eine Optimierung der analytischen Richtigkeit ist also ein Referenzmaterial mit vergleichbarer Phasenzusammensetzung zur Kalibration zu verwenden. Internationale Referenzmaterialien sind in diesem speziellen Fall meist nicht geeignet.

In diesem Fall hilft nur die Erstellung einer Kalibration mit „hausinternen" bzw. „sekundären" Referenzmaterialien, deren Phasenzusammensetzungen der zu analysierenden Probe entsprechen. Die Referenzkonzentrationen der sekundären „hausinternen" Referenzmaterialien können mit anderen Methoden (z. B. Massenspektrometrie mit induktiv geoppeltem Plasma, ICP-MS) ermittelt werden. Prinzipiell ist es auch möglich, die Konzentrationen der internen Referenzmaterialien über eine Kalibration mit Schmelztabletten von internationalen Referenzmaterialien zu ermitteln. Damit ist es möglich, die hauseigenen Proben als Presstabletten zu messen. Die wesentlich kostenintensivere und aufwendigere (langsamere) Methode wäre die Erstellung von Schmelztabletten, die darüber hinaus den Nachteil hat, das flüchtige Elemente wie Schwefel oder Chlor nicht bestimmbar sind.

Standardprozedur mit Herzog-Presse

Eine Standardprozedur zur Herstellung von Presstabletten geht von 5 g Proben und 1 g Wachs aus. Diese Mischung wird in einem kleinen Plastikgefäß für 2 min gründlich homogenisiert. In die Aufnahmeöffnung der Herzog-Presse wird eine Probenkapsel aus Aluminium eingesetzt. In diese Kapsel ist zunächst die Hinterfüllung aus Borsäure bis zum Rand der Aluminiumkapsel einzufüllen. Darauf wird das Gemisch aus Probe und

3.2 Pulver und Feststoffe

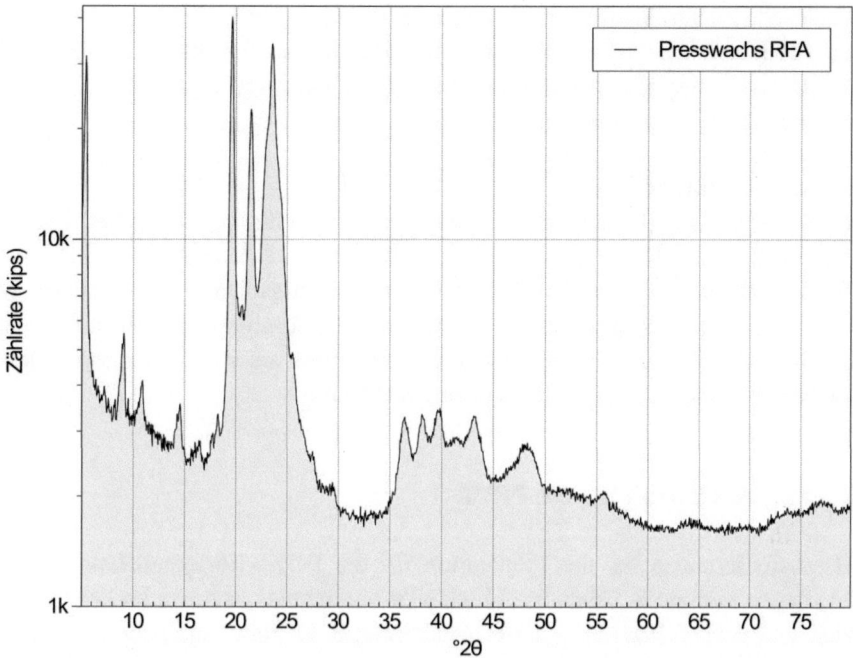

Abb. 3.5 Beugungspeaks einer Wachstablette, gepresst mit einer Herzog-Presse

Bindemittel gegeben. Nun wird für 20 s ein Pressdruck von 130 kN ausgeübt. Der Druck ist während des Pressvorgangs konstant zu halten. Bei anhaftenden Proben kann vor dem Pressen noch eine dünne Plastikfolie auf das Probengemisch gelegt werden. Für die RDA sind diese Präparate wenig geeignet, da das Bindemittel selbst Beugungseffekte produziert (s. Abb. 3.5).

Präparation geringer Probenmengen

Mit Presstabletten lassen sich unter Anwendung der semiquantitativen Analyse (Spektrenauswertung) auch geringe Probenmengen (wenige Körner), z. B. für forensische Fragestellungen analysieren. Dazu stellt man zunächst eine schwach vorgepresste Borsäuretablette her und streut anschließend die eventuell mit Wachs versetzten und – wenn möglich – gemahlenen Probenkörner auf. Danach wird die Probe dann mit 130 kN gepresst. Für eine bessere Oberfläche oder wenn das Probenmaterial am Stempel festklebt, kann eine Folie zwischengelegt werden (Mylar, PP u. a.). Besteht Verdacht, dass die Probe feucht oder hygroskopisch ist, kann vor der Messung auch eine Folie in den Probenbecher gelegt werden. Damit sind Röhrenfenster und Spektrometerinnenraum vor umherfliegenden Probenbestandteilen geschützt.

Besonders interessant ist die Präparation „forensischer" Proben; also Material, das in schwierig zu behandelnder Form vorliegt. Es handelt sich um unregelmäßig geformte

„Handstücke", Splitter, Körner oder Staub, zum Teil in geringsten Mengen. Die Möglichkeiten der Präparation sind die Aufbringung auf Klebstreifen, Einfüllen von Kleinpartikeln in Flüssigprobenhalter oder Abrasion auf Sandpapier bzw. Korundscheiben. Zu beachten ist, dass auch das Wachs selbst Beugungseffekte verursacht (s. Abb. 3.5).

Unverdichtete Pulver
Zur schnellen Messung pulverförmiger Proben sind RFA-Flüssigprobenbehälter verwendbar (siehe Abb. 5.29). Dabei muss sichergestellt sein, dass diese Behälter absolut dicht sind. Sollte Probenmaterial aus dem Behälter über Undichtigkeiten – z. B. in der Trennfolie – entweichen, kann das Spektrometer (z. B. Kristalle, Röntgenröhrenfenster) dauerhaft kontaminiert werden. Zu Messung unverdichteter Pulver muss das Messgerät über eine entsprechende Vorrichtung (z. B. He-System) verfügen.

3.2.2 Präparationen für die PRDA

Die Herausforderungen bei der Präparation für die Pulver-Röntgendiffraktionsanalyse (PRDA) liegen weniger in Vakuumstabilität oder Verdichtung, sondern im Erreichen einer räumlich statistischen Verteilung der Probenkörner. Bindemittel und andere Zusätze sind aufgrund der Gefahr von Eigenreflexen zu vermeiden.

Da die Anwendungen der RDA sehr vielfältig sind, gibt es auch eine große Anzahl verschiedener Präparationen (z. B. Abb. 3.6). Da dieses Buch sich vor allem mit der Pulverdiffraktometrie und mit entsprechenden Diffraktometern beschäftigt, wird der Augenmerk besonders auf diese Methode gerichtet.

Unregelmäßig geformte, stückige Proben können – bis zu einem Durchmesser von ~5 cm – natürlich ohne vorherige Präparation verwendet werden. Da die Methode sonst aber mit Pulvern arbeitet, müssen diese in irgendeiner Form in das Diffraktometer verbracht werden.

Die einfachste Möglichkeit, ein Pulver zu erzeugen, ist die manuelle Zerkleinerung in einem Mörser, meist aus Achat, aber auch aus Porzellan oder Aluminiumoxid. Dieses erfordert keinen apparativen Aufwand, hat aber den Nachteil der schlechteren Korngrößenverteilung, Homogenisierung und Reproduzierbarkeit. Die Peakintensitäten der resultierenden Diffraktogramme sind deutlich geringer und schwanken stärker von Probe zu Probe. Die Nachweisgrenze ist ebenfalls entsprechend schlechter. Daher ist diese Methode nur für schnelle Übersichtsanalysen geeignet. Zum Aufmahlen dienen sonst die bereits vorgestellten Mühlen (s. Kap. 2). Eine Übermahlung ist zu vermeiden, da ab einer bestimmten Feinheit des Pulvers eine starke Reflexverbreiterung eintreten kann.

Handstücke können direkt auf einem Stück Knete mittels einer Platte in einen Probenbecher gepresst werden, wobei auf einen genauen Abschluss der Probenoberfläche mit dem Probenhalter zu achten ist, um Winkelverschiebungen durch Höhenfehler (engl. „displacement") zu vermeiden.

3.2 Pulver und Feststoffe

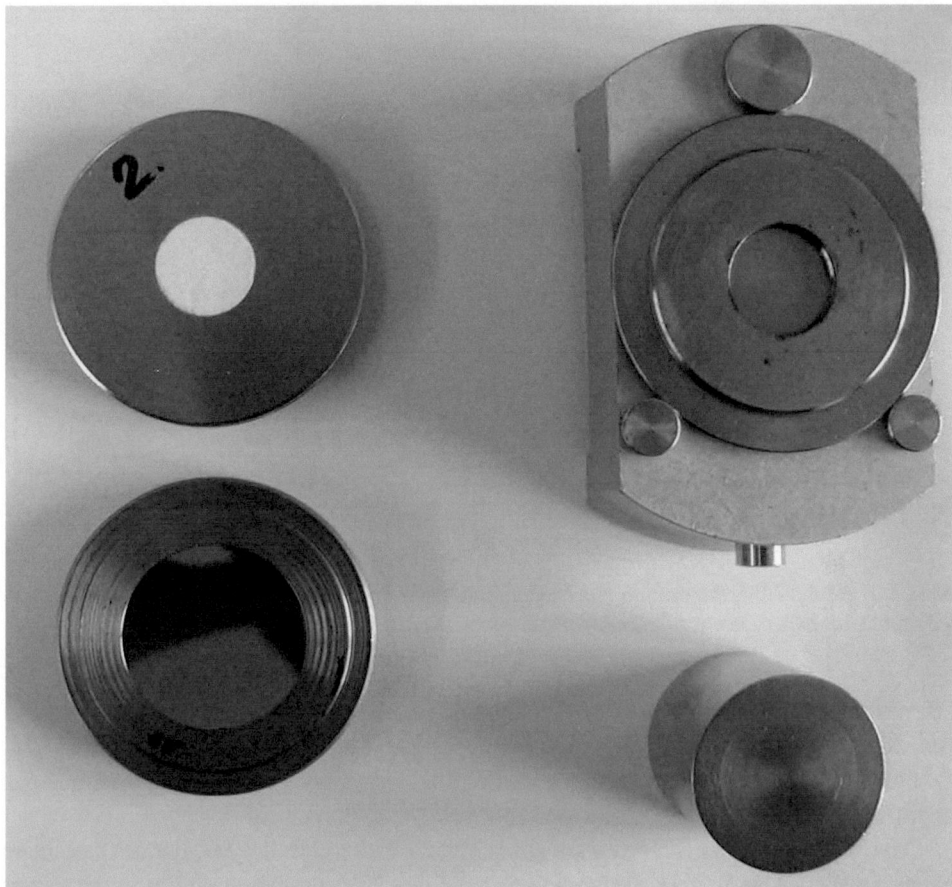

Abb. 3.6 Von links nach rechts: Backloadingpräparat (RDA) und Silizium-Einkristallhalter für Streupräparate (RDA), Presswerkzeug für Backloading-Präparate

Bei der Phasenbestimmung mit der PRDA ist zu beachten, dass lagig aufgebaute Mineralphasen (z. B. Schichtsilikate) durch den Druck bei der Herstellung gepresster Pulverpräparate eine Vorzugsorientierung erhalten. Damit sind die Hauptlinien (100, 200, ...) stark überrepräsentiert, während andere Linien, die zur Identifizierung oder Unterscheidung wesentlich sein können, stark geschwächt sind oder sogar fehlen. Eine Quantifizierung einer derart texturierten Probe ist schwierig.

Das bei der Herstellung von Tabletten für die RFA (s. Kap. 2) benötigte Presshilfsmittel kann darüber hinaus zusätzlich Linien erzeugen, welche analytisch wichtige Linien überdecken oder abnormal verstärken (z. B. Wachs – Quarz) (s. Abb. 3.7).

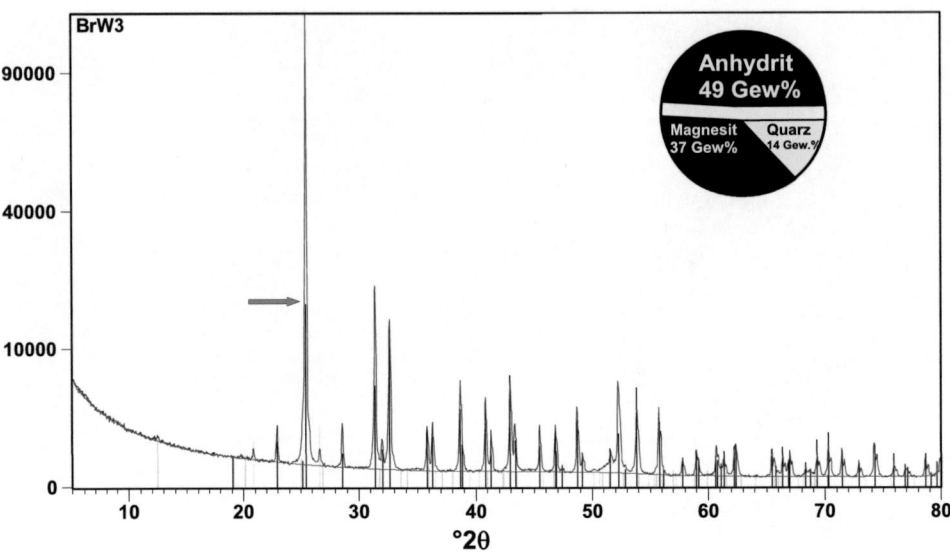

Abb. 3.7 Röntgendiffraktogramm einer anhydrithaltigen Presstablette. Die Hauptlinie ist im Vergleich mit der in der Datenbank (PDFs) abgelegten Intensität verstärkt (Pfeil)

„Backloading"-Präparate

Bei diesem sehr einfachen Verfahren wird, wie der Name bereits vermuten lässt, das Probenmaterial manuell von hinten mithilfe eines Stempels gepresst, wodurch auf der anderen Seite eine möglichst glatte Probenoberfläche entstehen soll.

Dazu wird ein flacher Stahlring auf einen Metallblock mit möglichst glatter Oberfläche eingespannt (s. Abb. 3.6). In die Vertiefung wird das Probenpulver gefüllt und mit einem Stempel eingepresst. Das überstehende Material wird mit einer Rasierklinge abgezogen. Dieser Vorgang wird solange wiederholt, bis das Probenpulver genügend verdichtet ist. Dann wird von oben der Träger aufgeklickt. Die Messoberfläche befindet sich auf der Unterseite. Diese Methode hat den Vorteil, dass das Probenmaterial nicht mit zusätzlichen Hilfsstoffen versetzt werden muss. Damit kommt es weder zu Verdünnung noch zu Kontamination. Auch hier besteht bei Mineralen mit Vorzugsorientierung die Gefahr der Stratifizierung (Einregelung) beim Pressvorgang (siehe auch Kap. 7). Die benötigte Probenmenge liegt bei 0,5–1 g. Eine Reduzierung der Probenmenge bis auf 125 mg oder sogar weniger ist durch Hinterfüllung mit Borsäure erreichbar. Aus Abb. 3.8 ist ersichtlich, dass auch bei 125 mg Probenmenge die Signale der Borsäure nicht erkennbar sind.

Streupräparate

Bei dieser Präparation wird Fett auf ein Plättchen aufgebracht und das Probenpulver aufgestreut. Das Fett selbst darf keine kristallinen Zusätze oder Stabilisatoren enthalten und sollte einen möglichst niedrigen Messuntergrund zeigen. Bewährt hat sich Sonnenblumenöl, einfache Vaseline ohne Zusatzstoffe oder Exsikkatorfett (s. Abb. 3.9). Die

3.2 Pulver und Feststoffe

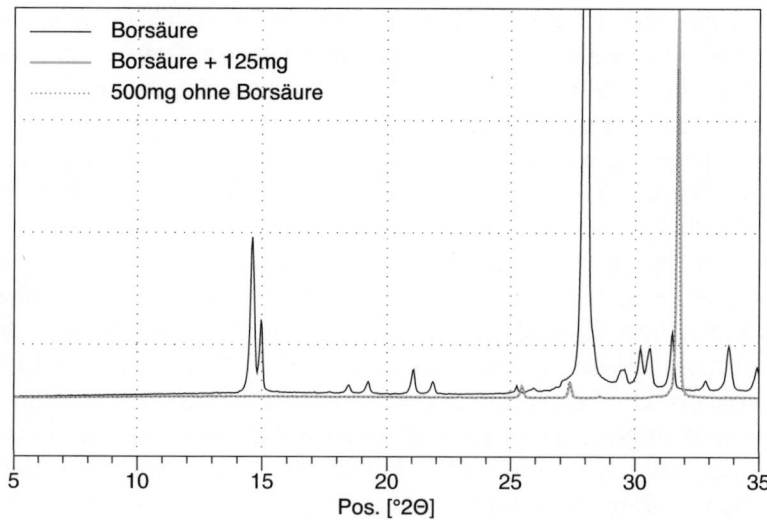

Abb. 3.8 Röntgendiffraktogramme von Backloading-Präparaten mit Borsäurehinterfüllung

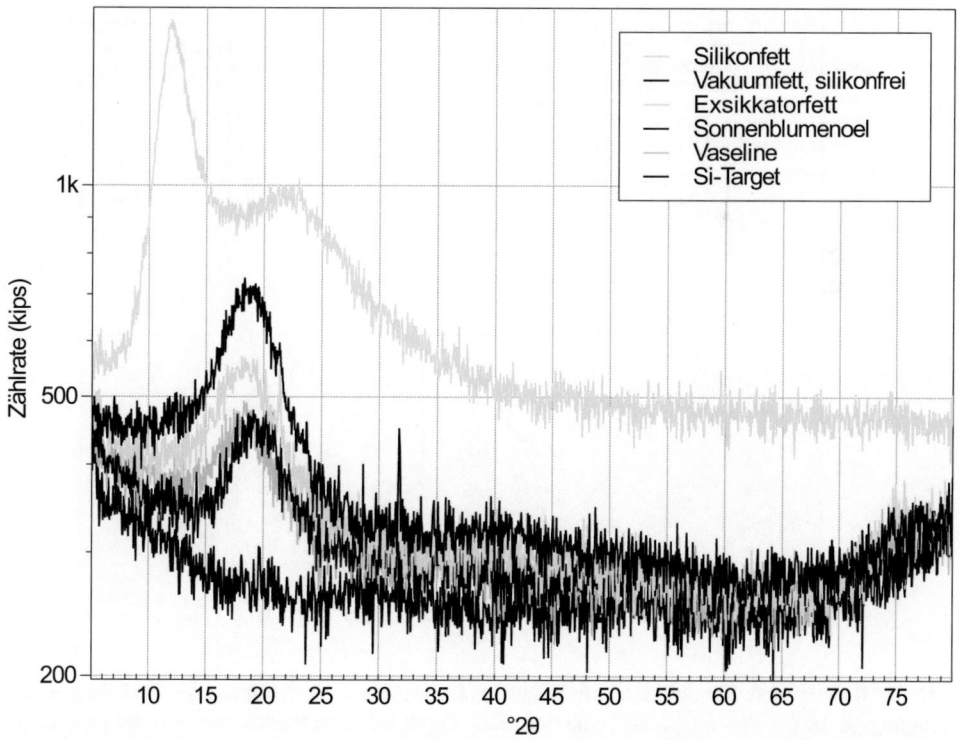

Abb. 3.9 Röntgendiffraktogramme verschiedener Fette. Nicht geeignet sind: Silikonfett, Vakuumfett; bedingt geeignet ist Exsikkatorfett; am besten geeignet sind Vaseline und Sonnenblumenöl

Fettschicht sollte dünn und etwas aufgeraut sein (z. B. Fingerabdruck). Dies verbessert die statistische Verteilung des Pulvers und verringert Textureffekte. Fette sollten nicht von der Probe aufgesogen werden (Silikonfett → Tonminerale) und eine entsprechende Temperaturstabilität aufweisen wie z. B. Exsikkatorfett.

Das Probenpulver kann auch aufgestreut und mit etwas Ethanol fixiert werden (vorsichtig aufsprühen!). Dabei ist zu beachten, dass manche Verbindungen (z. B. Evaporite) in Ethanol löslich sind.

Plättchen aus Plexiglas zeigen keine Eigenreflexe, dafür aber einen hohen Untergrund. Aluminium zeigt starke Eigenreflexe. Klebebänder oder Etiketten zeigen meistens einen hohen Untergrund und Eigenreflexe. Am besten geeignet sind Si-Plättchen, die schräg zu den kristallographischen Achsen geschnitten werden (Kosten: 600–1000 EUR/Stk., Quarz ist ebenfalls verwendbar). Streupräparate sind häufig weitgehend texturfrei, obwohl Mineralkörner mit starker Anisometrie (z. B. Tonmineralplättchen) eine deutliche Verstärkung der Basisreflexe zeigen. Eine dickere Fettschicht auf dem Träger kann hier Abhilfe schaffen. Streupräparate liefern aufgrund der geringeren Korndichte geringere Zählraten und zeigen zumeist auch einen ausgeprägteren Höhenfehler (verschobene Winkellagen, s. Abb. 3.10).

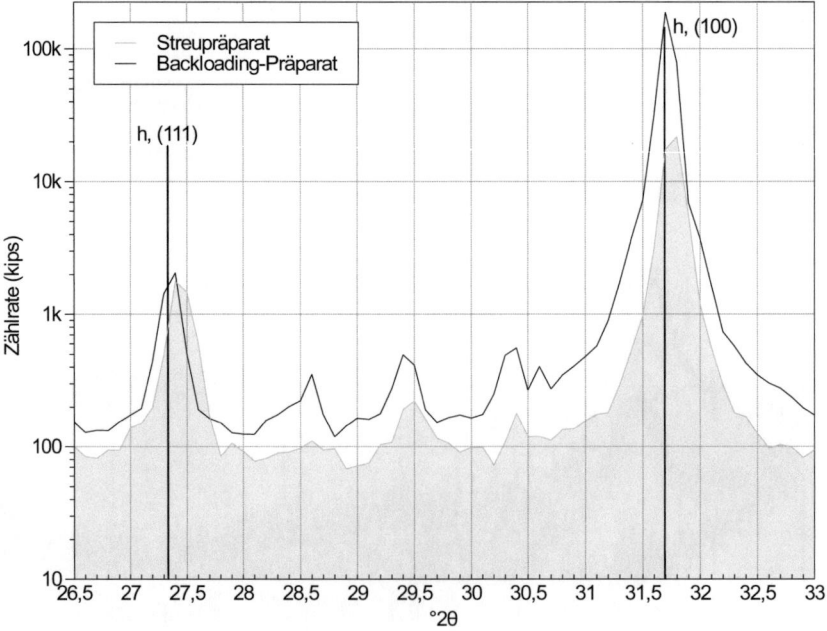

Abb. 3.10 Vergleich Streupräparat und Backloading-Präparat von Halit. Die Winkellagen der Beugungspeaks des Streupräparates stimmen nicht so gut mit dem Stickpattern aus der Datenbank (ICCD, pdf2, 00-005-0628) überein wie im Falle des Backloading-Präparates; die gemessenen Zählraten sind geringer. Im Gegensatz dazu passen die Verhältnisse zwischen den Peaks bei dem Streupräparat besser (kein Pressdruck – keine Textur)

Spezielle Präparation von Tonmineralen

Die Präparation von Tonmineralen ist besonders anspruchsvoll, da die Basispeaks vieler Tonminerale bei ähnlichen Beugungswinkeln auftreten. Um diese zu unterscheiden, sind Impregnationen, Aufsättigungen (z. B. mit Lithium) und Erhitzung erforderlich. Eine sehr umfangreiche und übersichtliche Beschreibung inklusive eines Flussdiagramms zur Abarbeitung der nötigen Identifikationsschritte ist von [271] als Webseite veröffentlicht. Ein paar grundlegende Schritte sind im Folgenden beschrieben.

1: Tropfpräparate (Texturpräparat): Hervorhebung der (001)-Reflexe bzw. der Basisreflexe
2: Glyzerin-/Glykol-gesättigte Präparate (Quellpräparat): quellfähig ↔ nicht quellfähig
3: Aufgeheizte Präparate (Dehydrierung, 500–550 °C): charakteristische Änderung bestimmter Reflexe: bei trioktaedrischen Chloriten wird d(060) nach der Erhitzung verstärkt (s. Kap. 7)

Tropfpräparate werden bei geringer Probenmenge für Tonminerale eingesetzt. Dabei werden ca. 50 mg Probe zum Dispergieren für 10 min in Ammoniaklösung geschüttelt. Die entstandene Suspension wird mit einer Pipette auf den Probenträger getropft. Das Präparat wird im Trockenschrank bei 50 °C getrocknet. Falls nötig ist das Präparat vor der Messung zur Vermeidung von Höhenfehlern (engl. „Displacement") glatt zu streichen. Die Probenoberfläche muss mit der Oberfläche des Probenträgers abschließen. Für analytische Zwecke kann das Mineral noch mit Glykol gesättigt oder auf 550 °C erhitzt werden. Über Zugabe von Glykol können die innerkristallin quellfähigen von den nichtquellfähigen Dreischicht(-Ton-)Mineralen getrennt werden (s. Tab. 3.1). Eine Erhitzung auf 550 °C dient zur Unterscheidung von Chlorit und Kaolinit. Tropfpräparate sind 100 %ige Texturpräparate.

Präparation von Evaporiten

Evaporitphasen sind aufgrund der Empfindlichkeit mit besonderer Vorsicht zu behandeln. Viele Verbindungen (z. B. Bischofit, $MgCl_2 \cdot 6H_2O$) sind stark hygroskopisch. Diese müssen zunächst getrocknet werden (z. B. bei 45 °C) und möglichst schnell analysiert werden, bevor die Wasseraufnahme aus der Umgebungsluft dazu führt, dass die Kristallstruktur aufgelöst wird. Ausgefällte Evaporitminerale aus Experimenten oder Eindunstungsbecken können über einen Filter gespült werden. Aufgrund der hohen Löslichkeit vieler Evaporitminerale bietet nur die Verwendung von Aceton die Sicherheit, dass nur die anhaftende Lösung entfernt wird. Ansonsten besteht die Gefahr der Auflösung der Probe mit sekundärer Fällung anderer Phasen. Das Auswaschen einer Probe mit Carnallit ($KMgCl_3 \cdot 6H_2O$), Kieserit ($MgSO_4 \cdot H_2O$) und Halit ($NaCl$) beispielsweise kann – selbst mit Ethanol – zur vollständigen Auflösung der Probe und Neubildung von Sylvin (KCl) führen.

Tab. 3.1 Quellbare und nichtquellbare Tonminerale

Nicht quellbar		Quellbar	
Dioktaedrische Zweischichtminerale			
Kaolinit	$Al_2Si_2O_5(OH)_4$	Halloysit	$Al_2Si_2O_5(OH)_4 \cdot 4H_2O$
Fireclay, Kaolinit b-disordered			
Dioktaedrische Dreischichtminerale			
Muskovit	$KAl_2Si_3AlO_{10}(OH)_2$	dioktaedrische Smektite (Montmorillonit-Serie)	
dioktaedrischer Illit (Hydromuskovit)		Montmorillonit	$(Al, Mg)_2Si_4O_{10}(OH)_2$ $(Na, Ca)_x \cdot nH_2O$
Glaukonit (Fe-haltiger 8Illit)		Beidellit	$Na_{0.5}Al_2Si_{3.5}Al_{0.5}O_{10}(OH)_2 \cdot nH_2O$
		Nontronit	$Na_{0.3}Fe_2(Si, Al)_{10}O_4(OH)_2 \cdot nH_2O$
		dioktaedrischer Vermicullit	$(Mg,Fe,Al)_3$ $Si_{2.75}Al_{1.25}O_{10} \cdot Mg_{0.33}(H_2O)_4$

3.2.3 Festproben für die RDA und RFA

Die Proben für die RFA können weiterhin auf sehr unterschiedliche Weise hergestellt werden. Gläser, viele Kunststoffe sowie Metalle und -legierungen (homogene Schmelzen) können direkt geschliffen und/oder poliert werden, wobei auf eine ebene und glatte Oberfläche zu achten ist. Weichmetalle können gepresst und niedrigschmelzende Elemente (z. B. Pb) aufgeschmolzen werden. Polymergranulate können z. B. mit erhöhter Temperatur gepresst werden. Grobe Stücke können geglättet, abgeschmirgelt und poliert und dann mit Knete in einem Probenhalter befestigt werden.

Kleinere Handstücke sind direkt analysierbar, wenn eine mehr oder weniger gerade und glatte Oberfläche vorhanden ist. Bei Bedarf ist durch Schleifen und Polieren eine entsprechende Oberfläche leicht herstellbar. Die Probe wird mit der Oberfläche nach oben in einen Aluminiumhalter auf ein Stück Knetgummi oder vergleichbares Material gelegt und angedrückt, sodass die Messoberfläche plan mit dem Rand des Trägers abschließt (Referenzhöhe). Zur Befestigung mit der Oberfläche nach oben gibt es Druckfedersysteme zum Einsetzen oder spezielle Hochvakuumknete, wie sie für die Rasterelektronenmikroskopie verwendet wird. Solche Proben sind mit RFA nur halbquantitativ analysierbar (siehe auch Abschn. 5.2, RFA).

Bei der RFA, die eine sehr oberflächensensitive Methode ist, ist eine Nachpräparation erforderlich, wenn Messoberflächen z. B. mit Fingern im Berührung gekommen sind. Die resultierende Schwefelkonzentration macht eine Spurenmessung von S (im 100er-ppm-Bereich) unmöglich. Bei Glas/Keramik kann eine Säuberung reichen. Das Lösungsmittel muss rein und vollständig entfernbar sein. Metallproben können poliert oder nachgeschliffen werden. Dies geschieht entweder manuell mit Sandpapier oder auf einer Schleifscheibe mit SiC, Korund- oder Diamantpaste (Polieren). Die Reste sind vollständig zu entfernen (Störelemente: Al, Zr, Si u. a.). Werden die Geräte nicht sorgfältig gereinigt, besteht die Gefahr der Querkontamination. Weichmetalle (Sn, Pb) können neu gepresst werden.

3.3 Schmelzaufschlüsse

Für Schmelzaufschlüssegibt es viele Methoden mit unterschiedlichen Schmelzmitteln. Weiterführende Lektüre zu diesem Thema bieten [22] und [103]. In diesem Buch werden vor allem Hochtemperatur-Schmelzaufschlüsse besprochen, die für die Röntgenfluoreszenzanalyse (RFA) als Standard gelten.

Bei Schmelzaufschlüssen sind Sauerstoffionen vergleichbar mit den H_3O^+- und OH^+-Ionen in wässrigen Lösungen. Dabei wirkt die Abspaltung von O^{2-} als Base und die Aufnahme von O^{2-} als Antibase. Es bilden sich korrespondierende Base-Antibase-Paare (s. Tab. 3.2). Die Stärke der Base hängt von der Flüchtigkeit der korrespondierenden Antibase (Lewis-Säure) ab. CO_3^{2-} ist eine starke Base, da die Antibase CO_2 als Gas das System verlässt. Quarz und viele Silikate lassen sich mit basischen Schmelzmitteln gut aufschließen, da sie als Antibase reagieren und Sauerstoff aufnehmen.

Falls erforderlich, kann dem Aufschluss noch Oxidationsmittel (KNO_3, Na_2O_2, NH_4NO_3) oder Reduktionsmittel (Kohlenstoff) zugesetzt werden [103].

Typische Aufschlussmittel sind Borsäure, Borate (z. B. Li, Na, K), Karbonate (z. B. Na), Pyrosulfate (z. B. K) und Hydroxide (z. B. K, s. Tab. 3.3). Aufschlüsse mit Lithiumtetra- oder -metaborat sind weitverbreitet (siehe auch Kap. 4, Massenspektrometrie mit induktiv gekoppeltem Plasma, ICP-MS) und gelten als Standardmethode. Prinzipiell können Präparate (Tabletten) aus Schmelzaufschlüssen mit Säure gelöst werden. Für Verfahren, bei denen Lösungen erforderlich sind (z. B. ICP-MS), sind solche Schmelzaufschlüsse aufgrund der Kontamination mit den Elementen des Schmelzmittels und der im Vergleich mit Säure(-Druck-)Aufschlüssen hohen Lösungskonzentration möglichst zu vermeiden.

Tab. 3.2 Base-Antibase-Paare. (Nach [103])

Grundlage	
Base ↔	Antibase
CO_3^{2-}	$O^{2-} + CO_2$
$2BO_2^-$	$O^{2-} + B_2O_3$
$4BO_2^-$	$O^{2-} + B_4O_7^{2-}$
$2SO_4^{2-}$	$O^{2-} + S_2O_7^{2-}$

Tab. 3.3 Häufig verwendete Schmelzmittel, nach [22, 56, 103, 227, 284]

Schmelzmittel	Schmelzpunkt (°C)	Tiegel	Dauer (min)	Verhältnis
Na_2CO_3	851	Pt, Ni	45–60	1:6–1:15
KOH	360	Ni, Fe, Ag, Zr	25–30	1:20
$K_2S_2O_7$	419	Pt, Qz	30	1:10–1:20
$Li_2B_4O_7$	917	Pt	15–20	1:6–1:10
$LiBO_2$	849	Pt	15–20	1:6–1:10
$Na_2B_4O_7$	742	Pt		
$LiPO_3$	650			
$NaPO_3$	616			
$Li_2B_4O_7$: $LiBO_2$				
12:22	~850	Pt	15–20	1:6–1:10
50:50	~870	Pt	15–20	1:6–1:10

Aufgelöste Li-Borat-Schmelztabletten führen zu Langzeitkontamination mit Li und B sowie zur Zerstörung von Glasbauteilen an Messgeräten, die bei der Messung direkt mit der Probe in Kontakt kommen, z. B. von Bauteilen der Plasmafackel bei der Massenspektrometrie mit induktivem Plasma (ICP-MS).

Schmelzaufschlüsse sind auch für die Gesamtanalyse mittels Laserablationsmassenspektrometrie (LA-ICP-MS) verwendbar. Es gelten aber ähnliche Einschränkungen wie für die Flüssigkeitsanalyse.

Elemente, die bei den zum Teil hohen Schmelztemperaturen flüchtig sind, sind nicht quantifizierbar oder gar nicht analysierbar. Neben H, C, N, S (ohne Oxidation zu Sulfat) und Halogenen sind dies vor allem leicht flüchtige Elemente wie Hg, As, Cd, Pb, Sb aber auch Elemente, die leicht flüchtige oxidische Verbindungen bilden wie Ru, Rh, Os und andere (z. B. [22]). Auch das Tiegelmaterial – selbst Platin – kann durch bestimmte Elemente angegriffen werden.

Als Tiegelmaterial kommt meist Pt (Pt/Au 95/5) auch mit Zr_2O_3- oder Y_2O_3-Kornstabilisierung für längere Lebensdauer zum Einsatz. Die Einsatztemperatur liegt maximal bei 1200 °C. Die Schmelztemperatur von Pt liegt bei 1773 °C. Pt lässt sich mit hoher Reinheit herstellen und besitzt eine hohe chemische Resistenz im oxidierenden Umfeld. Nicht stabil ist Pt im reduzierenden Umfeld, z. B. gegen die Elemente C, S, P, As, Se, Te, Bi, Si sowie Metalle, deren Legierungen und andere reduzierte Probenanteile (Sulfide, organischer Kohlenstoff). Pt ist nur bedingt säureresistent (nicht stabil gegen Königswasser!). Reduzierte sauerstoffarme Proben (z. B. Ferrolegierungen, meteoritisches Nickeleisen u. a.) können unter Schutzgas auch in Graphit- oder Glaskohlenstofftiegeln bearbeitet werden. Weiterhin können Keramik- (Al_2O_3, SiC), Quarz- aber auch Ni-,

3.3 Schmelzaufschlüsse

Fe-, Ag- oder Zr-Tiegel zum Einsatz kommen. Beim Einsatz aller dieser Materialien ist unbedingt die chemische Resistenz im Einsatz zu beachten. So ist Quarz z. B. nicht stabil gegen HF.

3.3.1 Hochtemperatur-Schmelzaufschluss

Übersicht

Viele Schmelzaufschlüsse werden bei vergleichsweise hohen Temperaturen (600–1200 °C) durchgeführt (s. Abb. 3.11). Als Beispiel sollen hier die bei der Röntgenfluoreszenzanalyse (RFA) eingesetzten Verfahren dienen. Für die Analyse mittels Röntgenfluoreszenzanalyse (RFA) wird ein Präparat mit maximaler Homogenität, (Vakuum-)Stabilität und möglichst glatter und ebener Oberfläche benötigt. Daher ist – neben Presstabletten – der Hochtemperatur-Schmelzaufschluss mit einem Glas als Endprodukt Standard. Im Gegensatz zu Presstabletten enthält Glas keine kristallinen Verbindungen und ist – im optimalen Fall – ähnlich homogen wie eine Lösung. Lösungen wiederum haben den Nachteil, dass die Konzentration der Messelemente meist sehr niedrig ist und aufgrund der Vakuuminstabilität im Messraum bei der RFA

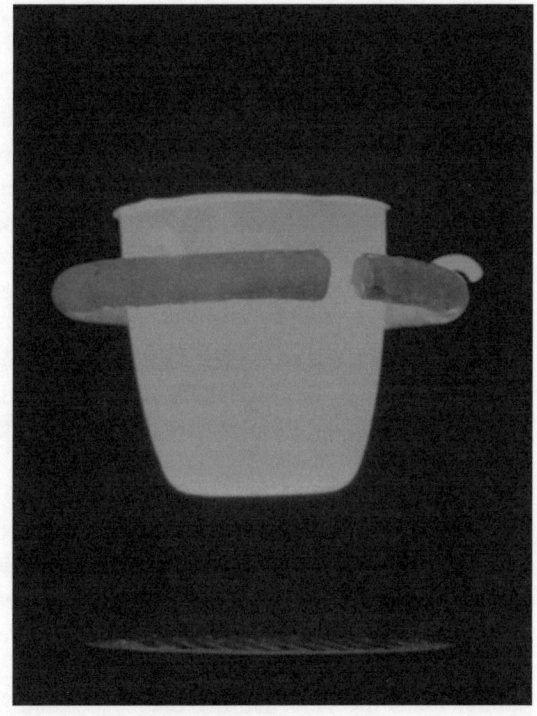

Abb. 3.11 Pt-Tiegel für Schmelztabletten während der Aufschmelzphase (~1100–1200 °C)

eine Normaldruckatmosphäre – z. B. mit He oder N_2 – benötigt wird, was zu stärkerer Absorption der niederenergetischen charakteristischen Röntgenstrahlung leichterer Elemente (< Na) führt.

Borat- und Phosphatschmelzen eignen sich besonders gut zur Herstellung von Schmelztabletten für die RFA, wobei Lithiumborat in den Varianten Lithiummetaborat ($LiBO_2$, LiM) und Lithiumtetraborat ($Li_2B_4O_7$, LiT) bei Weitem am häufigsten angewendet wird. Ein Vorteil dieser Methode ist, dass die Schmelzpunkte der Mischungen z. T. deutlich unter 1000 °C liegen und damit Aufschlusstemperaturen von < 1200 °C möglich sind. Abgesehen von eventuellen produktionsbedingten Verunreinigungen (z. B. REE) und Sauerstoff enthält Lithiumborat (bzw. eine Mischung $Li_2B_4O_7/LiBO_2$) keine Elemente, die mit der RFA routinemäßig gemessen werden. Mit Schmelzaufschlüssen dieser Art lassen sich in Pt-Tiegeln allerdings nur oxidische Materialien aufschließen; nichtoxidische Materialien wie Sulfide, Carbide und Metalle (Legierungen) sowie Nichtoxidkeramik oder Proben mit höheren Anteilen nichtoxidischer Phasen (z. B. Eisenmeteorite) müssen erst oxidiert (vorbehandelt) werden, um eine Zerstörung der Pt-Tiegel zu vermeiden.

Grundlage für die Herstellung nichtkristalliner Schmelzaufschlusspräparate auf Boratbasis ist das Glasbildungsvermögen von B_2O_3. Prinzipiell bildet sich ein Glas mit der generellen Formel A_mB_nO, wobei A die Glasbildner (Netzwerkbildner), hier B^{3+}, darstellt und B die anderen Elemente, z. B. Netzwerkwandler wie Li^+ [298]. Das Glas besteht aus einem unregelmäßigen Netzwerk von B_2O_3 mit kovalenten $B–O$- Bindungen. Aufgrund des offenen Netzwerkes können andere Atome leicht eingebaut werden. Dabei ist Li aufgrund der geringen Größe ein idealer Netzwerkwandler, da die Struktur des $B-O$ Netzwerkes nur wenig gestört wird (z. B. [161]). Bei richtigem Verhältnis von Probe zu Borat und den geeigneten Herstellungsbedingungen (Schmelztemperatur, Dauer, Abkühlungszeitraum) lässt sich leicht ein homogenes Glas herstellen. Das fertige Präparat ist meist eine runde Tablette mit einem Durchmesser von 30–40 mm und einer Dicke von 2–5 mm. Der Verdünnungsfaktor liegt bei Probe:Schmelzmittel = 1:6–1:20. Die infinite Dicke des Präparats für alle in der Probe zu messenden Elemente muss gewährleistet sein (s. Kap. 5)

Folgende Materialien dürfen nicht mit dieser Methode aufgeschlossen werden: radioaktive Substanzen, Explosivstoffe und Gifte. Vor dem Einsatz der Methode muss die Unbedenklichkeit der Probematerialien festgestellt werden.

Modifikationen

Zur Herstellung einer homogenen Glastablette ohne Kristallisate, die sich leicht und ohne zu zerspringen aus den empfindlichen Abgießschalen („Kokillen") entfernen lässt, sind verschiedene Optimierungen der Rezepturen über die Verhältnisse der eingesetzten Schmelzmittel und Zugabe verschiedener Reagenzien denkbar. Alle diese Zusätze ändern die chemische Zusammensetzung der Matrix und können damit die gemessenen Zählraten und die stark matrixabhängige Quantifizierung der Messelemente bei der RFA beeinflussen oder auch spektrale Interferenzen erzeugen. Die in den Zusätzen enthaltenen nichtflüchtigen Elemente können nicht mehr bestimmt werden. Dies sind neben Li und B, die bei der RFA normalerweise keine Rolle spielen, die Elemente Na, K, Sr, (I, Br) und bei Zusatz bzw. Verwendung von Metaphosphaten oder Disulfaten S und P.

Da Kalibrationen bei der RFA aufgrund der Matrixabhängigkeit zumeist mit einer hohen Anzahl an internationalen und oft teuren Referenzmaterialien durchzuführen sind, ist es gleich am Anfang von höchster Wichtigkeit, das verwendete Rezept für alle zu erwartenden mit der entsprechenden Kalibration zu messenden Probenarten zu testen und festzulegen. Ist die Kalibration mit einer bestimmten Schmelztablettenrezeptur fertiggestellt und ergibt sich dann eine notwendige Änderung der Rezeptur, ist die Kalibration möglicherweise auf die mit der modifizierten Rezeptur hergestellten Schmelztabletten nicht mehr anwendbar. Zwar bieten heutige Analyseprogramme die Möglichkeit der Nachkalibration mit einer Teilmenge der eingesetzten Kalibrationsproben, die Genauigkeit ist aber aller Wahrscheinlichkeit nach geringer.

Mit bestimmten Additiven können Aufschmelzvorgang, Viskosität und Haftverhalten der Probe optimiert werden (z. B. Anpassung des Li:B-Verhältnisses mit LiF oder Boroxid). LiF senkt auch die Schmelztemperatur, greift aber die Tiegel an. Antibenetzungsreagenzien verringern die Viskosität bzw. die Oberflächenbeschaffenheit der Schmelze/des Glases und erleichtern das spätere Ablösen des Glases von der Pt-Oberfläche der Kokille. Schwerelemente (als Oxide) können zur Verringerung von bestimmten Matrixeffekten (Absorption) hinzugefügt werden (Veränderung des mittleren Atomgewichtes der Probe), wobei aufgrund hoher Absorption (Dichte) die Messung leichter Elemente erschwert ist. Aufgrund fortschrittlicher Matrixkorrektur und leistungsfähiger Rechner ist dieses als „schwere Absorber" bezeichnete Verfahren heutzutage nicht mehr im Gebrauch.

Ein interner Standard ist ein Element, das in ganz bestimmter Menge der Probe hinzugefügt wird. Bei komplexeren Vorgängen können anhand der Zählrate des internen Standards Fehler bei Verdünnung oder Abweichungen bei der Zugabe von Additiven festgestellt werden Bei der ICP-MS wird der interne Standard zur Prüfung der Stabilität der Zählraten und der Kompensation (Herausrechnung) von Messabweichungen während der Messung verwendet (z. B. bei Änderung der Matrix der Probenlösung).

Schmelzmittel

Das Verhältnis von Probe zu Schmelzmittel ist so zu wählen, dass die Zählrate für die zu messenden Elemente ausreichend ist, die Probe vollständig in die Schmelze geht und sich eine homogene Tablette herstellen lässt, die beim Abkühlen nicht kristallisiert oder bricht. Die Schmelzdauer sollte ausreichen, um die Probe vollständig aufzuschmelzen. Bei instabilen Proben oder flüchtigen Elementen müssen Schmelzdauer und -temperatur optimiert werden. Das Gemisch aus Probe und Schmelzmittel muss vorher sehr gut homogenisiert werden. Manche Proben neigen sehr stark zur Kristallisation (z. B. kalkhaltige Materialien). Hier kann eine schnellere Abkühlung oder eine höhere Verdünnung helfen. Auch ein Wechsel des Schmelzmittels ist möglich. Vor allem Schmelztabletten Co-, Cr- und Cu-haltiger Proben neigen dazu, sehr fest an der Pt-Kokille zu haften. Möglichkeiten dies zu verhindern sind: schnellere Abkühlung, höhere Verdünnung oder Zugabe eines Antibenetzungsmittels.

Das Li:B-Verhältnis ist wichtig für die Effektivität der Aufschmelzung. Das Verhältnis Lithiummeta- zu -tetraborat bestimmt auch die Schmelztemperatur des Systems. „Saures" Schmelzmittel (kleineres Li:B, z. B. LiT) reagiert mit Alkali-/Erdalkalioxiden, „Basisches" Schmelzmittel (höheres Li:B) reagiert mit Al-, Si-Oxiden, Phosphaten, Sulfaten (z. B. LiM). So kann die Zugabe von 20–30 % Metaborat die Schmelzdauer für Al-Oxidhaltige erheblich herabsetzen. LiM allein ist allerdings nicht gut geeignet, da die Tabletten sehr stark zur Kristallisation neigen [56]. Daher werden Mixturen mit LiM:LiT von 22:12 und 50:50 diskutiert [284], wobei das 50:50-Gemisch als universellste Variante gilt [56]. Das Verhältnis 22:12 liegt relativ nahe am Eutektikum und hat eine Schmelztemperatur von etwa 850 °C. Die niedrigste Schmelztemperatur im reinen System Li–B–O von etwa 830 °C tritt am Eutektikum bei einem Verhältnis von 75:25 auf (s. Abb. 3.12). Mit der Variation des Verhältnisses von LiM:LiT kann also auch die Temperatur in einem Bereich von etwa 90 °C variiert werden. Höhere Konzentrationen an Elementen aus der Probe verändern ebenfalls die Eutektikumstemperatur.

Natriumtetraborat hat intermediäre (sauer-basische) Eigenschaften, die Gläser neigen nur wenig zur Kristallisation oder zum Zerspringen beim Abkühlen. Es ist aber sehr hygroskopisch und aufgrund hoher Gehalte anderer Alkali-/Erdalkalimetallen (K, Ca, Mg) nur für bestimmte Applikationen geeignet.

Natrium- oder Lithiummetaphosphat werden seltener eingesetzt, da die Tabletten ebenfalls hygroskopisch sind. Der Vorteil ist die Möglichkeit der Analyse von Bor. Bei Verwendung von Lithiummetaphosphat ist ein Antibenetzungsmittel erforderlich.

Die eingestellte Schmelztemperatur sollte 200 °C über der Schmelztemperatur des Schmelzmittels (bzw. Gemisches) liegen. Die Mixtur muss zur Homogenisierung während des Schmelzvorgangs regelmäßig geschwenkt werden. In Schmelzapparaturen geschieht dies meist automatisch.

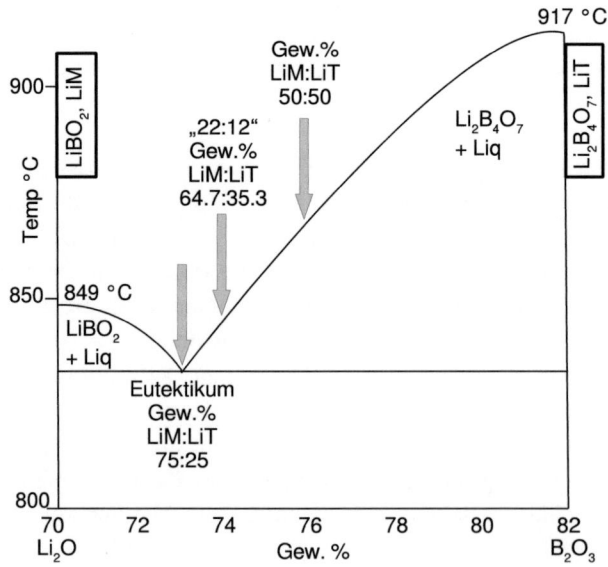

Abb. 3.12 System Li_2O–B_2O_3 im Bereich Lithiummeta-/-tetraborat. (Nach [227])

Es existieren kommerziell erhältliche Mixturen von Tetra- und Metaborat, die auch vorerhitzt (wasserfrei) sein können, sodass der Schmelzprozess effektiver wird, da kein Wasser mehr vorhanden ist, das erst verdampfen muss.

Verwendung von Oxidationsmitteln

Reduzierte Elemente können eine Legierung mit dem Platin des Tiegels bilden, welches bei Abkühlung den Tiegel zum Zerspringen bringen kann (Kosten ~1000 EUR, s. Tab. 3.4). Andere Elemente (z. B. S, $S_2^- \rightarrow SO_2$) wiederum können in reduzierter Form flüchtig sein und müssen daher am besten in die höchste Oxidationsstufe umgewandelt werden (S(VI): SO_4^{2-}, Sulfat). Ist die Probe nicht voll durchoxidiert, ist also ein Oxidationsmittel einzusetzen.

Verwendung als Oxidantien finden Nitrate von Ammonium, Li, Sr, K, und Na oder Karbonate von Li oder Na. Ammoniumnitrat ist deshalb gut geeignet, da es die Probe rückstandslos verlässt. Aufgrund der Entstehung von Stickoxiden ist allerdings ein Abzug oder eine entsprechende Absaugeinrichtung erforderlich. Mit organischen Substanzen besteht Explosionsgefahr. Die niedrige Zersetzungstemperatur bei < 170 °C birgt die Gefahr einer nicht vollständigen Oxidation. Lithiumnitrat kann ebenfalls verwendet werden, da Li mit der RFA nicht bestimmt wird. Zu beachten ist jedoch, dass sich dabei das Li:B-Verhältnis ändert und die Tablette dann sehr hygroskopisch ist. Der höhere Zersetzungspunkt von > 600 °C sorgt für eine effektivere Oxidation. Aufgrund des hohen Schmelzpunktes von 720 °C ist Lithiumkarbonat sehr effektiv, wenn hohe Temperaturen eingesetzt werden können (z. B. metallische Partikel in Meteoriten). Hier gilt das Gleiche wie für Lithiumnitrat.

Die Voroxidation der Probe kann getrennt in einem Muffelofen oder aber direkt als Oxidationsschritt bei der Herstellung der Tablette im Pt-Tiegel erfolgen. Ersterer Schritt ist sicherer und das Ergebnis kann nochmals kontrolliert werden (z. B. mittels Röntgendiffraktometrie, RDA). Der Kontakt der nichtoxidierten Probe mit den Tiegelwandungen bei der direkten Oxidation im Pt-Tiegel kann minimiert werden, indem zunächst das Schmelzmittel eingefüllt und darauf dann die Probe mit dem Oxidationsmittel ohne Kontakt mit dem Tiegelrand in der Mitte platziert wird (s. Abb. 3.13). Die Oxidation wird im ersten Schritt bei möglichst niedriger Temperatur durchgeführt. Die Zersetzungstemperatur des

Tab. 3.4 Platingifte. (Siehe [164])

Element	Reaktion
As	As$_2$Pt (Schmelzpunkt: 1500 °C), Eutektische Schmelze mit 72 % Pt bei 597 °C
Ag, Cu, Ni	Legierungsbildung
SiC	Legierungsbildung, Schmelzpunktverringerung, Anreicherung, Rissbildung (Kontakt mit SiC Labormaterialien vermeiden!)
C	Anreicherung, Rissbildung
P	Legierungsbildung, Schmelzpunktverringerung, Eutektische Schmelze bei 588 °C
Schwefel	Legierungsbildung, Schmelzpunktverringerung, Eutektische Schmelze bei 1240 °C

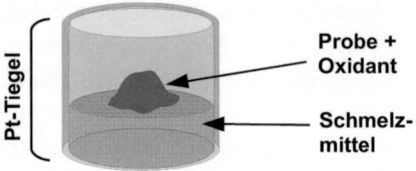

Abb. 3.13 Einfüllen von Proben mit reduzierenden Bestandteilen in den Pt-Tiegel

Oxidationsmittels ist zu beachten. Ammoniumnitrat, z. B., ist relativ flüchtig und verlässt bei unvollständiger Homogenisierung oder zu hoher Temperatur die Mischung zu schnell. Eine andere Methode schlägt [56] vor. Hier wird die Mixtur von Probe und Oxidant unten in den Tiegel eingefüllt und darauf das Schmelzmittel eingeschichtet. Falls erforderlich, wird als letztes noch ein Tropfen Antibenetzungsmittel aufgebracht.

Eine weitere, aufwendigere Methode, die maximalen Schutz der Tiegelwandung vor Korrosion bietet, ist die Vorpräparation des Tiegels mit einer Schicht aus LiT, beschrieben in [284] und etwas modifiziert in [56]. Das Innere des Tiegels wird zunächst mit reinem LiT gefüllt. Dieses ist dann bei rotierendem Tiegel zu schmelzen und abzukühlen, sodass sich eine Schicht aus LiT-Glas auf der Innenseite des Tiegels bildet. Eine Mischung aus Probe und Lithiumkarbonat (1:2,5) wird eingefüllt (gut homogenisieren!). Nach Glätten der Pulveroberfläche wird nochmals die gleiche Menge Lithiumkarbonat aufgeschichtet. Als Letztes kommt eine Schicht aus etwa der gleichen Menge B_2O_3. Die Mischung ist auf mittlerer Temperatur zu halten, bis die Oxidation erfolgt. Danach kann die normale Schmelzprozedur durchgeführt werden. Die Reaktionen bei der Oxidation können hochgradig exotherm verlaufen und den Tiegel zerstören – deshalb muss mit großer Vorsicht gearbeitet werden (z. B. Reaktionstest vorher). Karbonate reagieren – vergleichbar mit den Säureaufschlüssen – mit Gasbildung und können aufkochen.

Auf Wunsch können auch Mixturen von Oxidantien hergestellt werden. Dort ist zu beachten, dass aufgrund verschiedener Korngrößen und spezifischer Gewichte sich die Mixturen während der Oxidationsphase gravitativ trennen können. Dies führt zu nicht reproduzierbaren Ergebnissen. Die Oxidation ist ein eigener Schritt bei der Schmelztablettenherstellung und läuft bei der Temperatur der Zersetzung des Oxidationsmittels ab. Die Menge des Oxidants sollte mindestens das 4-fache der Menge des zu reduzierenden Materials betragen. Es ist zu beachten, dass die in den Additiven enthaltenen Elemente die spätere Bestimmung dieser unmöglich machen (z. B. Sr bei Verwendung von Strontiumnitrat).

Verwendung von Antibenetzungsmitteln

In bestimmten Fällen lässt sich die Schmelztablette nur schwer aus der Kokille entfernen. Abhilfe schafft hier die Zugabe iod- oder bromhaltiger Verbindungen mit K, Na, Cs oder NH_4, kristallinem Iod oder HBr, wobei auch hier beachtet werden muss, dass die enthaltenen nichtflüchtigen Elemente in der Probe nicht mehr analysierbar sind. NH_4I hinterlässt außer Iod keine Elemente in der Tablette, NH_4 kann allerdings mit Schwefel zu flüchtigem $(NH_4)_2S$ reagieren. Iod und Brom bilden mit Cu ebenfalls flüchtige

3.3 Schmelzaufschlüsse

Verbindungen, deren Schmelzpunkte bei 500–600 °C liegen. Das Antibenetzungsmittel wird in geringer Menge auf die Probe gegeben (z. B. NH_4I: 0.4 g/1 ml, 65 µl). Iod verlässt während des Schmelzprozesses zu 95 Gew.% die Probe; Brom ist nicht ganz so flüchtig, aber weniger effizient. Der Effekt beruht darauf, dass die großen negativ geladenen Anionen von Brom und Iod in der Boratschmelze unlöslich sind, sich auf der Oberfläche anreichern und damit den Kontakt der Schmelze mit der Oberfläche der Kokille verringern. Ein nachteiliger Effekt ist die starke Absorption niedrigenergetischer Röntgenfluoreszenzlinien aus der Probe an der Oberfläche der Tablette und Linienüberlagerungen von Br auf Al, Mg und Rb sowie von I auf Ba [284].

Eine weitere Methode, das Abgießverhalten und auch das Ablösungsverhalten der Schmelze bzw. der Tablette zu optimieren, ist die Zugabe eines Verflüssigers wie LiF. Zu beachten ist hier wieder die Änderung des Li:B-Verhältnisses und die Kontamination der Probe mit Fluor.

Tiegel und Kokillen

Die Tiegel und die Kokillen bestehen meist aus einer Pt/Au-Legierung, die für eine längere Lebensdauer kornstabilisiert sein kann und bis zu 1000 Einsätze verträgt. Kohlenstofftiegel werden für reduzierte Materialien eingesetzt, müssen aber aufgrund der erheblich geringeren Haltbarkeit nach 50–200 Einsätzen ausgetauscht werden. Beim Entfernen der Tablette darf die Kokille (die Schmelzform) nicht gebogen oder aufgeschlagen werden. Kokille und Tiegel sind nach Möglichkeit getrennt zu reinigen. Der Boden der Kokille ist die spätere Messfläche – Kratzer oder Verbiegung erhöhen aufgrund der Oberflächensensitivität der RFA die Ungenauigkeit der Messung und sind unbedingt zu vermeiden. Pt-Gerät darf niemals mit den Fingern berührt werden. Zum Umgang mit Pt-Geräten ist eine Spezialzange mit Platinschuhen anzuschaffen.

Die Tabletten dürfen nicht mit Gewalt aus der Kokille entfernt werden, da dies Verformungen des weichen Platins zur Folge hat. Sollte sich die Tablette nicht sofort aus der Kokille lösen und ist diese stabil genug (Dicke und Stabilität der Kokillen sind sehr unterschiedlich), kann diese in ein fusselfreies Papiertuch eingeschlagen und vorsichtig senkrecht aus wenigen cm Höhe auf eine ebene Oberfläche (Labortisch) fallen gelassen werden. Eine Berührung der Messoberfläche der Schmelztablette führt zu erheblichen Kontamination mit S, Na und C (Die RFA ist sehr oberflächenempfindlich).

Die Tiegel sind nach jeder Schmelze von allen Resten zu reinigen, um Querkontamination zu vermeiden. Die Reinigung der Tiegel und Kokillen ist am schonendsten mit 20 %iger Zitronensäure. Bei hartnäckigeren Verschmutzungen ist auch entweder HNO_3 oder HCL in einer Konzentration von 2 % verwendbar [284]. HNO_3 und HCL dürfen niemals als Gemisch (z. B. Königswasser) verwendet werden, da sofort die Oberfläche des Platins angegriffen wird! Effektiv ist auch eine Reinigungsschmelze mit dem verwendeten Schmelzmittel unter Zugabe eines Antibenetzungsmittels (z. B. KI). Bleibt der Tiegel nach allen Reinigungsversuchen blind, zeigt Verfärbungen oder Beläge, ist wahrscheinlich eine Reaktion mit dem Platin erfolgt. Ein solcher Tiegel sollte zur Aufarbeitung eingeschickt werden.

Schmelzgeräte

Wie oben erwähnt, genügt zur Herstellung der Tabletten prinzipiell ein entsprechender Ofen, z. B. ein Muffelofen, der in den entsprechenden Temperaturen arbeitet (in vielen Laboren bereits vorhanden). Mittlerweile gibt es jedoch auch eine Anzahl verschiedener mit Gas oder Induktion betriebener halbautomatischer oder automatischer Geräte. Dabei ist der Induktionsofen am teuersten in der Anschaffung (~10.000 EUR). Gasbrennersysteme können relativ billig sein (x*100 EUR). Induktionsöfen liefern die besten Resultate und sind einfach zu automatisieren.

Bei Öfen ist zu beachten, dass die Ausmauerung von den Li-haltigen Dämpfen aus der Schmelze angegriffen werden kann und mit der Zeit brüchig wird. Die Tiegel sollten daher immer mit einem Deckel abgedeckt sein.

Abkühlungsverhalten

Bei der Abkühlung der Tablette muss einerseits eine Kristallisation (zu langsame Abkühlung), andererseits eine hohe Verspannung des Glases (zu schnelle Abkühlung) vermieden werden (s. Abb. 3.14). Ist die Temperaturkurve zu flach und es kommt zur Kristallisierung, kann mittels aktiver Kühlung nachgeholfen werden. Ist die Abkühlung zu schnell, zerbricht die Tablette an auftretenden Spannungen. Zur Verhinderung der Kristallisierung kann auch ein anderes Schmelzmittel (mit niedrigerem Schmelzpunkt) verwendet werden.

Die Tablette ist normalerweise homogen und transparent. Schlieren, Kristallisate, Sprünge, Unregelmäßigkeiten der Messoberfläche oder eine milchig weiße, undurchsichtige Struktur weisen auf Inhomogenitäten, Spannungen, Kristallisationsprozesse oder

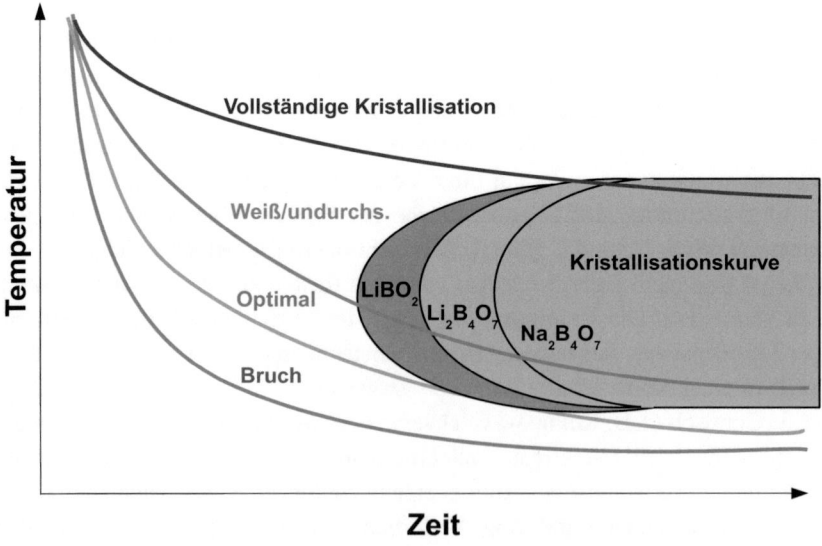

Abb. 3.14 Zeit-Temperatur-Kurve bei der Abkühlung von Schmelztabletten. (Siehe z. B. [123, 284])

eine verbogene bzw. fehlerhafte Abgießschale („Kokille") hin. Solche Tabletten liefern bestenfalls nichtreproduzierbare Ergebnisse, schlimmstenfalls werden diese während des Messvorgangs durch das Vakuum der Messkammer zerstört und kontaminieren das Messgerät.

Stabilität
Schmelztabletten sind im Allgemeinen bei trockener Lagerung (Exsikkator) für Jahre haltbar und wiederverwendbar. Auch das Neueinschmelzen alter Tabletten ist möglich. Dazu wurde eine Versuchsreihe mit einem basaltischen und einem granitischen Standard durchgeführt (s. Tab. 3.5 und 3.6).

Von den Hauptkomponenten zeigt nur SiO_2 eine geringfügig höhere Abweichung. Das eventuell zur erwartende Abdampfen der Alkalien war nicht zu beobachten.

Glühverluste
Viele geologische Materialien enthalten Verbindungen mit flüchtigen Bestandteilen – z. B. Tonminerale, Oxid-Hydroxide, Karbonate u. a. Die Herstellung der Tablette führt also zu einem Glühverlust (engl. „Loss On Ignition", LOI). Dieser entspricht dem Gesamtglühverlust, der mit anderen Methoden zu bestimmen ist. Enthält eine geochemische Kalibration alle Arten von Proben, inklusive der zu erwartenden flüchtigen Bestandteile, und werden die zu erwartenden Gesamtglühverluste in die Referenzdatenbank eingegeben, ist der zu erwartende Fehler bei der Berechnung der Konzentrationen inklusive der bei der RFA notwendigen Matrixkorrektur relativ gering. Die Ergebnisse aus der RFA berechnen sich dann zu ± 100 Gew.% abzüglich des LOI. Der Glühverlust ist dann in einem getrennten Schritt zu messen. Dieser kann in Gesamtheit bestimmt oder aber mit Ermittlung von z. B. $H_2O(-)$ (absorbiert), $H_2O(+)$ (strukturell gebunden als Wasser oder Hydroxylgruppe), $C_{carbonatisch}$, $C_{organisch}$ in die einzelnen Fraktionen aufgeteilt werden, was die Genauigkeit der Konzentrationsberechnung erhöht.

3.3.2 Prozeduren für RFA-Schmelzaufschlüsse

Eine gute Übersicht über die Herstellung von Schmelztabletten für die RFA liefern [284] und [56]. Ein paar grundlegende Betrachtungen sollen aber auch in diesem Buch vorgestellt werden.

Standardprozedur
Eine Standardprozedur für die Herstellung von Schmelztabletten mit Durchmesser 30 mm geologischer Materialien ohne nichtoxidierte Bestandteile geht von einer Einwaage von 0,6–0,8 g Probe und 3,6–4,8 g LiT (d. h. ein Verhältnis 1:6) aus. Das Gemisch wird in einem Porzellantiegel für ca. 2 min mit einem Glasstab gründlich homogenisiert. Die homogenisierte Mixtur wird in ersten Schmelzschritt für 4 min auf 1100 °C und danach in einem zweiten Schmelzschritt für 15 min auf 1300 °C erhitzt. Danach wird diese Mischung

Tab. 3.5 Ergebnisse der Wiedereinschmelztests für den Basaltstandard TUC-SIB. (orig): Original, (Re): Neueingeschmolzene Tablette, %DM: Prozentuale Differenz des Mittelwertes

		M (Re)	M (orig)	Ref SiB	Stabw (Re)	RelStabw (Re, %)	Stabw (orig)	RelStabw (orig, %)	DM ((Re)/Ref, %)	DM ((Orig)/Ref, %)	M ((Re)-M(Orig), %)	Gerätefehler (%RelStabw)
$\sum$		**98.6**	**98.2**	**98.6**	**0.38**	**0.39**	**0.37**	**0.38**	**−0.01**	**−0.39**	**0.37**	
Gew.%	SiO2	48.7	48.4	**48.69**	0.29	0.6	0.20	0.4	0.1	−0.5	0.3	0.09
	Al2O3	13.5	13.4	**13.50**	0.05	0.3	0.07	0.5	−0.2	−0.6	0.1	0.18
	Fe2O3	11.1	11.1	**11.15**	0.04	0.4	0.03	0.3	−0.3	−0.5	0.02	0.13
	CaO	8.5	8.5	**8.32**	0.03	0.4	0.02	0.3	1.6	1.7	−0.01	0.08
	MgO	8.1	8.1	**8.17**	0.04	0.5	0.05	0.6	−0.9	−1.1	0.02	0.23
	Na2O	3.7	3.7	**3.72**	0.02	0.5	0.02	0.5	0.0	−0.1	0.003	0.20
	TiO2	2.3	2.3	**2.36**	0.01	0.3	0.01	0.3	−2.6	−2.7	0.001	0.22
	K2O	1.8	1.8	**1.78**	0.01	0.6	0.01	0.5	−1.2	−1.2	−0.001	0.27
	P2O5	0.5	0.5	**0.52**	0.00	0.8	0.00	0.9	−1.2	−1.0	−0.001	1.26
	MnO	0.2	0.2	**0.18**	0.00	0.6	0.00	0.5	−0.9	−0.7	−0.0002	0.66
µg/g	Sr	801	805	**846**	2.44	0.3	2.52	0.3	−5.3	−4.9	−4.1	0.11
	Ba	633	629	**630**	11.52	1.8	10.66	1.7	0.5	−0.1	3.7	2.34
	Cr	272	270	**266**	3.70	1.4	3.48	1.3	2.2	1.5	1.7	1.50
	Ni	191	190	**186**	2.91	1.5	2.45	1.3	2.8	2.2	1.2	1.84
	Zr	189	192	**204**	1.76	0.9	2.39	1.2	−7.2	−5.8	−2.9	1.65
	V	179	176	**186**	7.02	3.9	5.66	3.2	−3.8	−5.1	2.6	3.50
	Zn	118	118	**124**	1.87	1.6	1.99	1.7	−4.8	−5.0	0.2	0.89
	Nb	63	64	**60**	1.73	2.7	1.12	1.8	5.0	6.1	−0.7	2.44
	Co	45	45	**45**	3.48	7.8	3.14	7.0	−0.2	0.2	−0.2	6.50
	Cu	43	40	**34**	1.59	3.7	2.22	5.5	25.2	18.3	2.3	4.68
	Rb	42	41	**42**	1.20	2.9	1.05	2.6	−0.5	−2.1	0.7	2.00
	Y	24	24	**21.0**	1.32	5.4	3.04	12.7	15.9	14.3	0.3	10.10
	Ga	21	19	**18**	2.74	13.0	2.28	12.1	16.7	4.3	2.2	10.81

3.3 Schmelzaufschlüsse

Tab. 3.6 Ergebnisse der Wiedereinschmelztests für den Granitstandard TUC-SIG. (orig): Original, (Re): Neueingeschmolzene Tablette, %DM: Prozentuale Differenz des Mittelwertes

	M (Re)	M (orig)	Ref SiG	Stabw (Re)	RelStabw (Re, %)	Stabw (orig)	RelStabw (orig, %)	DM ((Re)/Ref, %))	DM ((Orig)/Ref, %)	M ((Re)-M(Orig), %)
∑	**98.6**	**98.1**	**98.6**	**0.66**	**0.67**	**0.69**	**0.70**	**−0.03**	**−0.53**	**0.49**
SiO2	68.6	68.2	69	0.59	0.9	0.52	0.8	0.0	−0.6	0.4
Al2O3	15.0	15.0	**15.20**	0.08	0.5	0.11	0.7	−1.3	−1.6	0.0
K2O	4.8	4.8	**4.90**	0.03	0.5	0.03	0.5	−1.3	−1.3	−0.001
Na2O	3.3	3.3	**3.41**	0.02	0.5	0.01	0.4	−1.9	−2.1	0.007
Fe2O3	3.2	3.2	**3.13**	0.02	0.5	0.02	0.6	1.2	0.8	0.01
CaO	1.7	1.7	**1.71**	0.01	0.7	0.01	0.5	1.7	1.2	0.01
MgO	0.8	0.8	**0.83**	0.01	1.8	0.01	1.4	2.2	1.2	0.01
TiO2	0.5	0.5	**0.53**	0.01	1.0	0.01	1.0	2.1	1.9	0.001
P2O5	0.3	0.3	**0.32**	0.00	1.6	0.00	1.1	−2.9	−3.7	0.003
MnO	0.1	0.1	**0.05**	0.00	1.5	0.00	1.5	0.0	0.0	0.0000
Ba	772	782	**790**	12.27	1.6	17.09	2.2	−2.3	−1.0	−10.0
Sr	235	237	**206**	2.51	1.1	2.10	0.9	14.4	15.2	−1.7
Rb	227	230	**226**	1.63	0.7	1.43	0.6	0.4	1.9	−3.4
Zr	210	214	**219**	4.01	1.9	3.05	1.4	−4.1	−2.2	−4.2
Zn	71	71	**76**	1.10	1.6	1.49	2.1	−6.7	−6.2	−0.4
La	60	58	**54**	10.09	16.7	6.75	11.6	11.7	7.4	2.3
V	40	37	**41**	3.55	8.8	4.07	11.0	−0.7	−8.9	3.3
Pb	34	31	**33**	1.83	5.4	1.77	5.6	2.1	−5.2	2.4
Th	27	25	**31**	1.69	6.3	2.59	10.2	−13.5	−18.1	1.4
Y	24	27	**23**	1.52	6.4	2.46	9.3	3.9	15.2	−2.6
Ga	20	21	**22.5**	2.20	11.1	1.89	9.0	−12.0	−6.7	−1.2
Cu	14	13	**4.00**	2.00	14.3	2.44	18.5	250.0	230.0	0.8
Nb	13	15	**18**	0.84	6.3	1.52	10.1	−25.6	−16.1	−1.7

Gew.% (SiO2–MnO); µg/g (Ba–Nb)

in den Pt-Tiegel überführt und für 50 s abgekühlt. Es folgt ein letzter Schritt mit aktiver Kühlung (Pressluft) für 4 min. Diese Prozedur lässt sich in dieser Form nur in einem (halb-)automatischen Induktionsofen durchführen. Bei Verwendung eines Muffelofens oder einer Brennerkaskade ist die Methode entsprechend zu modifizieren.

Bei geringen Anteilen nichtoxidierter Verbindungen kann 1 g Ammoniumnitrat zugefügt werden. Dann ist in das Programm am Anfang ein 2–4-minütiger Oxidationsschritt bei 600 °C einzuschalten. Bei anhaftenden Schmelzen werden 65 µl in Wasser gelöstem NH_4I (0.4 g/1 ml $H_2O(Di)$) als Antibenetzungsmittel zugefügt.

Enthält die Probe höhere Anteile an schwer oxidierbaren Verbindungen (z. B. in Eisenmeteoriten) muss in einem getrennten Schritt eine Oxidation erfolgen. Dies kann in einem Muffelofen durchgeführt werden. Die Probe wird dazu mit einem Oxidanten (Lithiumnitrat oder -Karbonat) versetzt und bei einer gleichmäßigen Temperaturrampe bis dicht zum Schmelz- oder Zersetzungspunkt des Oxidanten für 1–4 h oxidiert. Der Erfolg dieser Prozedur ist mit RDA zu überprüfen. Das voll durchoxidierte Pulver kann dann normal weiterverarbeitet werden.

Diese Methode ist für die im Kapitel zur RFA vorgestellte Methode mit den Hauptkomponenten SiO_2, Al_2O_3, MnO, MgO, Na_2O, CaO, TiO_2, P_2O_5, K_2O, Fe_2O_3 und den Nebenkomponenten Ba, Ce, Co, Cr, Cu, La, Nb, Ni, Ga, Pb, Pr, Rb, Sr, Th, V, Y, Zr und Zn geeignet. Flüchtigere Elemente und andere Matrizes erfordern spezielle Anpassungen.

Sulfide

Erze enthalten häufig Sulfidverbindungen wie Zinkblende (ZnS), Galenit (PbS), Kupferkies ($CuFeS_2$) oder Pyrit (FeS_2). Sulfidische Verbindungen sind ein Platingift und Schwefel ist in reduzierter Form leicht in flüchtiges SO_2 oxidierbar. Es darf kein NH_4-haltiges Reagenz verwendet werden (Bildung von instabilem $(NH_4)_2S$).

Norrish und Thompson [188] schlagen eine Mischung von 0.66 g Probe, 1 g $NaNO_3$ und 6,8 g 12:22 Borat-Schmelzmittel (siehe Abschn. 3.3.1) vor, die zunächst bei 700 °C im Muffelofen für 10 min oxidiert wird (s. Abb. 3.15). Die Schmelze wird danach bei 1000–1050 °C für 6 min durchgeführt. Bei kupferhaltigen Materialien tritt jedoch eine deutliche Kontamination der Pt-Tiegel mit Cu von bis zu 1 Gew.% auf. Werden in der Probe höhere Mengen an Kupfer vermutet, sollte eine andere Prozedur ausgewählt werden.

Kupferhaltige Materialien

Kupfer kann in Erzen wie Kupferkies, aber auch gediegen vorliegen und hat eine sehr hohe Affinität zu Platin. Das Gleiche gilt in abgeschwächtem Maße auch für Ni, Co und Cr. Daher ist zunächst eine Schmelzprozedur zu wählen, die maximalen Schutz des Platins bei effizienter Oxidation garantiert. Die beste Möglichkeit ist hier die bereits in Abb. 3.13 dargestellte Methode mit einer vorher aufgebrachten Schutzschicht aus Schmelzmittel im Tiegel vor Beginn der Schmelzprozedur. Auch nach vollständiger Oxidation des Kupfers reagiert die kupferhaltige Schmelze mit dem Pt des Tiegels und bildet eine dünne

3.3 Schmelzaufschlüsse

Abb. 3.15 Muffelofen für Aufschlüsse bei höherer Temperatur

Schicht aus Kupfer auf der Pt-Oberfläche. Auf diese Reaktion werden die Probleme beim Herauslösen der Tablette aus der Kokille zurückgeführt [56]. Cu ist mit den I- oder Br-haltigen Antibenetzungsmitteln flüchtig. Alle diese Effekte lassen mit Zunahme des Lithiummetaboratanteils im Schmelzmittel nach. Claisse [56] empfiehlt daher eine möglichst hohe Menge an LiM einzusetzen – z. B. am Eutektikum bei 75 Gew.% LiM (s. Abb. 3.12).

Verdünnung
Bei hohen Gehalten bestimmter Elemente wie Cu, Co, Cr, oder Ni in silikathaltigen Proben (z. B. Chromite und andere Silikaterze) kann zusätzlich zu den bereits vorgestellten Methoden (Oxidation, Antibenetzung) eine Verdünnung vorgenommen werden. Eventuell ist dann kein Antibenetzungsmittel mehr erforderlich. Da Si ein wichtiges Hauptelement der Matrix ist, wird die Probe mit reinem Bergkristallpulver vermischt – z. B. im Verhältnis 1:4. Das Bergkristallpulver muss vorher genau analysiert werden, damit für die Korrekturrechnung die Gehalte anderer Elemente berücksichtigt werden können. Diese Schmelztablette kann entweder mit einer eigenen Kalibration oder aber mit einer Standardschmelztablettenkalibration (s. Kap. 5) analysiert werden.

3.3.3 Dokimasie

Die Bestimmung der Platingruppenelemente (PGE) Ru, Rh, Pd, Os, Ir, Pt, (Re) stellt aufgrund der zum Teil extrem niedrigen Konzentrationen eine besondere Herausforderung dar. Die Dokimasie basiert auf einer Anreicherung der PGE in eine bestimmte Phase. Die Anreicherung dieser Elemente in eine Nickelsulfidschmelze wird von [301] vorgestellt. Dabei wird die bei 640 °C geglühte Probe mit einer Mischung aus Natriumtetraborat, -karbonat, Kalziumfluorid und Quarzsand und einer Mischung aus Nickelpulver und Schwefel bei 1160 °C geschmolzen. Nach dem Abkühlen haben sich die PGE in einer Sulfidphase angereichert. Diese sulfidische Probe kann dann mit einem entsprechenden Säure(druck)aufschluss weiterbearbeitet werden.

3.4 Lösungsaufschlüsse

Bei vielen Messverfahren (z. B. ICP-MS/OES (OES = optische Emissionsspektroskopie), AAS, IC aber auch RFA) werden Lösungen benötigt. Im einfachsten Fall lassen sich die Proben direkt in destilliertem Wasser auflösen (Schüttelaufschluss, z. B. Evaporite). Ein solcher Schüttelaufschluss eignet sich für Evaporite, wenn der Anhydritanteil nicht zu hoch wird. Reine Anhydritproben sind mit dieser Art Aufschluss kaum noch in Lösung zu bringen.

Manche karbonatische und hydroxidische Materialien gehen bei Zimmertemperatur druckfrei mit Säure – beispielsweise mit HCl – in Lösung. Viele andere Materialien (Gesteine, Keramik, Legierungen) sind jedoch sehr widerstandsfähig. In diesem Fall kommen meist Gemische starker Mineralsäuren (Königswasser, HCl, HNO_3, HF, $HClO_4$ u. a.) zum Einsatz.

Bestimmte Elemente in Lösungen müssen stabilisiert werden (bspw. REE mit Weinsäure). Die Art der einzusetzenden Reagenzien hängt von der Probensubstanz ab. Silikate reagieren aufgrund der Bildung von SiF_4 sehr schnell mit HF, obwohl deren Säurestärke nicht sehr hoch ist.

Ein Mehrbefund bestimmter Elemente kann durch Kontamination an Probeflaschen, Reaktionstiegeln oder Arbeitsgeräten (z. B. Tiegelzangen), Reagenzien, Laborluft (z. B. Pb) oder sogar an das Personal auftreten. Zigarettenrauch enthält Cd, Kosmetika (z. B. Antischuppenarzneien) enthalten unter Anderem Se. An den Fingern befinden sich C, S, und Na.

Unvollständige Auflösung stabiler Verbindungen wie Zirkon, Spinell, Silikat, Sulfat sowie Abdampfen volatiler Hydride, Halogene, Halogenide, Oxide sowie die (sekundäre) Fällung unlöslicher Sulfate, Fluoride, Oxide führt zu Minderbefunden. Fällungen, Reste oder Elementverluste im Aufschluss können durch Zugabe geeigneter Substanzen (z. B. Oxidantien, Komplexbildner wie Weinsäure) vermieden werden. Eine Komplexierung ist bei der Stabilisierung von Elementen mit hoher Partikelreaktivität (HFSE) notwendig. Auch die Redoxkapazität der Messlösungen kann verändert werden (z. B. bei der Stabilisierung iodidhaltiger Lösungen).

3.4 Lösungsaufschlüsse

Zu beachten ist auch die Stabilität der mit den Reaktionsgemischen und Lösungen in Kontakt befindlichen Materialien (Tiegel, Probenflaschen, Abzugsräume). So muss für den Umgang mit Perchlorsäure ein spezieller Abzug installiert werden. Wichtig ist, dass manche Stoffe heftig oder exotherm – z. B. mit Säuren – reagieren. Daher müssen Aufschlüsse häufig in mehreren Schritten durchgeführt werden (z. B. Karbonat oder Organika). Bei der Herstellung von Schmelztabletten ist häufig auch ein Oxidationsschritt erforderlich, da Tiegelmaterialien durch reduzierte Spezies angegriffen werden (z. B. Pt durch C oder S).

Daher ist bei der Herstellung von Aufschlüssen jeglicher Art mit besonderer Vorsicht vorzugehen. Zu Toxizität, Reaktivität und anderen gefährlichen bzw. gesundheitsschädlichen Eigenschaften der verwendeten Chemikalien ist ein Register der im Labor verwendeten Substanzen anzulegen. Ebenso müssen die Reaktionen der in einem Aufschluss verwendeten Substanzgemische bekannt sein und entsprechende Sicherheitsprotokolle (Betriebsanweisungen) sind einzurichten.

3.4.1 Flüssigpräparation für die RFA

Flüssigkeiten und Aufschlüsse jeder Art können mit der RFA in speziellen Flüssigkeitsgefäßen analysiert werden, wobei die Messkammer mit einem geeigneten Gas (meist Helium, aber auch Stickstoff) zu fluten ist, um ein Aufkochen zu vermeiden. Besonders ist darauf zu achten, dass die verwendete Folie gegenüber dem Analyten stabil ist. Die Flüssigkeit ist zuvor von allen sich absetzenden Schwebstoffen zu befreien, da diese sich während der Messung am Boden absetzen und die Messung verfälschen. Zu beachten ist die geringe Eindringtiefe der Röntgenstrahlung.

Hochkonzentrierte Flüssigkeiten lassen sich auch auf einem Filterpapier eintrocknen. Eventuell hilft das Aufkonzentrieren auf einem Ionentauscher, auf Aktivkohle oder die Mitfällung (z. B. mit Zugabe von Eisensalzen). Das entstandene Material kann auch zur Herstellung einer Schmelztablette dienen. Bei Ölen sind eventuell die Verschleißmetalle herauszufiltern. Additive sollten mit Reinöl verdünnt werden. Andere organische Lösungen (Alkohole, Aldehyde, Lebensmittel, Körperflüssigkeiten ...) können direkt im Flüssigprobengefäß analysiert werden.

Unverfestigte Probenpulver sind prinzipiell ähnlich zu behandeln, wobei auch hier auf Homogenität geachtet werden muss. Für Flüssigkeiten oder unverdichtete Pulver gibt es spezielle Halter mit wegwerfbaren Plastikeinsätzen, die vor dem Befüllen zusammengesteckt werden. Zwischen die beiden Einsätze wird eine dünne Folie eingelegt. Der Boden (die Messoberfläche) wird dann durch diese Folie gebildet. Bei der Messung von Flüssigproben muss mit großer Vorsicht vorgegangen werden. Die spezielle Form der äußeren (Metall-)Halter selbst kann durch entsprechende Vorrichtungen erkannt werden, damit die Gerätesoftware verhindern kann, dass versehentlich Flüssigkeiten in Vakuum geladen werden. Für diesen Fall werden beispielsweise Lichtschranken eingesetzt, mit denen zwischen den verschieden geformten Haltern unterschieden werden kann.

Bei versehentlicher Messung unter Vakuum würde die Schutzfolie reißen und die Probe in das Spektrometer – vor allem auf das Röhrenfenster – gelangen. Je nach Zusammensetzung der Flüssigkeit kann dies dramatische Folgen haben. Öle, beispielsweise, verteilen sich im gesamten Innenraum und setzen darüber hinaus bei der Zersetzung durch hochenergetische Röntgenstrahlung noch Ruß frei. Eine Messung von Kohlenstoff ist danach ohne intensive (kost- und zeitaufwendige) Reinigung oder Austausch des Röhrenfensters, der Kristalle und der Detektorfenster kaum noch möglich. Das Gleiche gilt für andere Elemente, wenn diese in der Flüssigkeit enthalten sind. Auch Pulver kontaminieren bei einem Riss der Messfolie den Innenraum, sodass eine Reinigung notwendig wird. Das Gleiche gilt, wenn die Folie beim Zusammenstecken des Einsatzes einreißt. Dies passiert leicht – besonders bei extradünnen Folien – und ist schwer zu entdecken. Schlecht gespannte Folien mit Falten verschlechtern die analytische Reproduzierbarkeit und Genauigkeit.

Die Röntgenstrahlung muss die Folie durchdringen, um die Probe anregen zu können. Dabei werden natürlich auch die Elemente der Folie angeregt und es erscheinen die zugehörigen Analyselinien im Untergrund. Anteile an H, O und C (z. B. in Kohlenwasserstoffen) sind deshalb nicht mit RFA bestimmbar, sodass Probenanteile mit diesen Elementen als „Dunkle Matrix" bezeichnet werden. Bei hohen Anteilen an „Dunkler Matrix", also an mit RFA nicht standardmäßig bestimmten Elementen (H, C, N, O u. a.) (Lösungen, Öle, Polymere), muss die Eindringtiefe der Röntgenstrahlung in die Probe (infinite Dicke) in die Berechnung der Konzentrationen integriert werden. Auch die Folien zeigen Verunreinigungen mit Elementen, die bei der Analyse eventuell wichtig sind:

Polyester: Hostaphan®, Mylar® (Ca, P, Fe, Zn, Sb),
Polypropylen (PP): (Al, Ti, Fe, Cu, Si), Prolene® (Ca, P, Fe, Cu, Zr, Ti, Al)
Polyimide: Kapton® (kaum Kontamination)
Polycarbonat $C_{14}H_{10}O_4$: Etnom® (Si, Ca, P, Zn, Sb)

Die geringsten Verunreinigungen hat Kapton (Polyimid), das für Alkalien und starke Mineralsäuren aber nicht geeignet ist.

Je dünner die Folie, desto besser ist die Transmission; dabei muss natürlich beachtet werden, dass die Stabilität dünnerer Folien deutlich geringer ist. Bereits beim Montieren der Probengefäße können leicht Risse und Falten entstehen! Besonders bei Proben mit Partikeln (z. B. Pulver) können die Folien leicht von den Partikeln durchstoßen werden. Folien sind unterschiedlich resistent. Dies gilt besonders für Säuren und Alkalien (speziell für Kapton, aber auch für PP und Polyester). Bei organischen Verbindungen ist die Abschätzung nicht so einfach. Etnom, beispielsweise, ist resistent gegen aliphatische und aromatische KWs in Kraftstoffen.

Als Test auf Lecks oder Nichtresistenz sollte das Probengefäß mit der Folie nach Befüllen auf ein Stück saugfähiges weißes Papier gestellt werden. Nach einer gewissen Zeit zeigt sich, ob die Folie dicht bzw. resistent ist.

3.4 Lösungsaufschlüsse

Die Transmission der Folien ist unterschiedlich und hängt von Dicke und Material ab. Bei gleicher Dicke zeigt PP höhere Durchlässigkeit als Polyester (Mylar) und Kapton. Polyester, beispielsweise, ist aber widerstandsfähiger und lässt sich daher dünner anwenden.

Beispiele für Ausbeuten verschiedener Analyselinien:

Mylar 1,5 μm/Prolene 4 μm: > 90 % NaKα,
Mylar 2,5 μm/PP 6,0 μm: 60 % NaKα, 80 % AlKα, ~90 % SKα
Mylar 3,5 μm/Polycarbonat: 5 μm < 40 % NaKα, ~50 % Al Kα, ~80 % SKα
Mylar 6,0 μm/Kapton 7,5 μm: < 10 % NaKα, ~30 % AlKα, 60–70 % SKα

Die Probenlösung kann auch entsprechend verändert werden. Zunächst können Partikel, die ja Inhomogenitäten darstellen, herausgefiltert werden (Staub, Verschleißpartikel …). Dabei ist zu beachten, welche Korngröße methodenbedingt als Partikelfracht definiert wird. Wichtig: Das Filtrat ist prinzipiell ein Teil der Probe, und muss daher eventuell mit analysiert werden.

Wenn die Lösung sehr konzentriert ist, können Matrixeffekte durch Verdünnung minimiert werden (z. B. bei Ölen).

Durch Mitfällung können die Probe oder Teile davon in den festen Zustand überführt werden. Es ist eventuell möglich, bestimmte Elemente zu entfernen und getrennt zu messen (z. B. Matrixabtrennung (Na,K) bei sehr salzhaltigem Wasser wie hydrothermalen Tiefenlösungen). Auch durch Ionentauscher sind Elemente getrennt analysierbar. Prinzipiell ist es möglich, Flüssigkeiten einzudunsten und den Rückstand aufzuschließen (z. B. als Schmelztablette).

Die drei letzten Verfahren ermöglichen auch eine starke Aufkonzentration der Elemente und damit bessere Nachweisgrenzen. Wichtig ist die Erfassung der bei den Verfahren typischerweise auftretenden Kontaminationen oder der eventuell schwankenden und nicht vollständigen Ausbeute bzw. Flüchtigkeit der Komponenten/Elemente.

Bei sehr geringen Mengen (z. B. Forensik) können Proben auch auf Träger oder Filterpapier eingedunstet werden.

Bei der Zugabe von Additiven ändert sich das Absorptionsverhalten der Flüssigkeit. Der Anteil zugegebener Verbindungen sollte daher sehr genau eingehalten werden. Beispiel Säuren und Wasser: HNO_3 und Wasser verändern mit zunehmender Konzentration die Intensität gestreuter Röntgenstrahlung (Primärstrahl) kaum; $HClO_4$ und HCl dagegen zeigen eine deutliche Absorption mit zunehmender Konzentration (starker Matrixeffekt).

Die Matrix von Flüssigkeiten ist meist relativ leicht, daher ist die Probendicke eventuell nicht infinit. Dies bedeutet, dass die prinzipielle Austrittstiefe der angeregten Strahlung höher ist als die Probendicke. Hochenergetische Fluoreszenzlinien können – bei entsprechend schlechterer Nachweisgrenze – durch energieärmere ersetzt werden. Zum Erreichen einer mehr oder weniger konstanten Füllhöhe, kann die verwendete Probenmenge genau eingewogen werden.

3.4.2 Säure(druck)aufschlüsse

Überblick

Aufgrund von Azidität, Redoxeigenschaften und spezifischer chemischer Reaktivität sind Säuren und Gemische von Säuren sehr effiziente Lösungsmittel. Ziel eines Säure(druck)aufschlusses ist im optimalen Fall die vollständige Auflösung der Probe und die Überführung in eine Messlösung, die möglichst wenige für die Messung nicht relevante Ionen oder Moleküle enthält. Da während des Aufschlusses meist mit Gemischen verschiedener Säuren gearbeitet werden muss, ist das Gemisch am Ende der Aufschlussprozedur einzutrocknen („abzurauchen") und mit einer Säure aufzunehmen, die bei der Messung möglichst wenig Störungen verursacht und möglichst wenig Kontaminationen (u. a. Pb, Sb, Ba, Na) verursacht.

Die Arbeit mit hochkonzentrierten Mineralsäuren und Oxidanten wie konzentriertem H_2O_2 oder Br_2 und anderen reaktiven Chemikalien erfordert besondere Sorgfalt. Die Laborrichtlinien sind unbedingt einzuhalten (Kleidung, Materialien, Arbeitsplatz ...). Bei allen Säuren besteht die Gefahr starker Verätzungen bei Ingestion oder Inhalation der Dämpfe sowie bei Haut- oder Augenkontakt. Zusätzlich ist Fluorwasserstoffsäure („Flusssäure", HF) extrem giftig. Alle diese Eigenschaften können den Verlust des Sehvermögens, Lungenödeme oder Perforationen von Speiseröhre und Magen zur Folge haben und im ungünstigsten Fall zum Tod führen. Die Art der Reaktion der Probe mit den Säuren muss bekannt sein. Die Laboreinrichtungen (z. B. Abzüge) müssen entsprechend eingerichtet werden. So ist zur Arbeit mit Perchlorsäure ein Perchlorsäure-Abzugsystem mit nachgeschaltetem Gaswäscher einzurichten. Es besteht die Gefahr der Bildung von explosiven Perchloraten. Karbonate reagieren sofort und sehr heftig unter Bildung von CO_2. Dies erfordert die langsame, druckfreie Zugabe bis die Reaktion abklingt. Eventuell muss am Anfang mit verdünnten Säuren gearbeitet werden.

Am besten geeignet sind meist Gemische der anorganischen Säuren HCl, HNO_3, HF, $HClO_4$. Seltener zum Einsatz kommen H_2SO_4 H_3PO_4, HI und HBr – die ersten beiden Säuren sind aufgrund Kontamination, möglicher Molekülinterferenzen und des hohen Siedepunkts als Aufschlussmittel für die Spurenelementanalyse mit ICP-MS nicht sehr gut geeignet. Auch reduzierende organische Säuren wie Ameisensäure oder Oxalsäure sind als Aufschlussmittel geeignet. Bei Sulfiden wird hiermit die Bildung schwerlöslicher Sulfate vermieden. Allerdings besteht im reduzierenden Milieu die Gefahr der Bildung von Hydriden der Hydridbildner wie S, Te und Se. Als Oxidationsmittel kommt häufig H_2O_2, seltener Br_2 zum Einsatz.

Der Vorteil von Säuren ist die meist geringe benötigte Menge und die hohe erreichbare Reinheit gegenüber Feststoffen (z. B. Schmelzmittel). Für Säuren wie HNO_3 kann im Labor eine Destillationsanlage eingerichtet werden. Bei Säuren mit hohen Siedepunkten (z. B. Phosphorsäure, Schwefelsäure) ist dies nicht praktikabel.

Manche Reaktionen laufen bereits bei Normaltemperatur und -druck ab. Diese müssen vor der Hochdruckphase der Aufschlussmethode vollständig abgeschlossen sein, da es sonst zum „Abblasen" der geschlossenen Tiegel oder zur explosiven Zerstörung kommen kann. Sind die Reaktionen sehr heftig (z. B. bei Karbonaten) sind für diese Vorbehandlungsschritte verdünnte Reagenzien zu verwenden. Um ein Aufschäumen oder Verspritzen auszuschließen, sind die Reagenzien vorsichtig und in kleinen Mengen zuzugeben.

Die verwendeten Tiegel bestehen aus Polytetrafluorethylen (PTFE) – unter dem Handelsnamen Teflon® bekannt, oder Perfluoralkoxypolymer (PFA). Diese Materialien ist schwer benetzbar, chemisch weitgehend inert und vergleichsweise temperatur- und druckstabil. Die Temperaturen im geschlossenen Bereich bei teilummantelten Autoklaven liegen bei 180 °C und damit wesentlich höher als bei druckfreien Aufschlüssen. Dies erhöht die Effizienz des Aufschlussprozesses. Der Druck steigt bis auf etwa 3 bar – bei vollummantelten Hochdruckbomben („Tölg-Bomben") bei bis zu 250 °C auch auf bis zu 200 bar – an.

In der Geochemie ist normalerweise ein vollständiger Aufschluss erforderlich, da die genauen Konzentrationen aller Elemente für die meisten geochemischen Fragestellungen benötigt werden. Viele gesteinsbildende Minerale lassen sich mit Säure(druck)aufschlüssen in Lösung bringen. Jedoch sind einige vor allem akzessorisch auftretende Verbindungen sehr stabil gegen die meisten Säuregemische. Es handelt sich dabei um Oxide (Spinell, Chromit), einige Silikate (Zirkongruppe) und Sulfate (Baryt). Diese Phasen enthalten häufig deutlich erhöhte Konzentrationen an Spurenelementen wie „High Field Strength Elements" (HFSE): Hf; Lanthanoiden („Seltene Erden"): La bis Lu oder Platingruppenelemente (PGE), die für viele grundlegende geochemische Betrachtungen von fundamentaler Bedeutung sind.

Ist eine Verbindung in starken Säuren oder -gemischen nicht löslich, ist ein Schmelzaufschluss (z. B. mit Lithiumtetraborat) durchführbar. Die entstandene Schmelze kann dann leicht in HCl (bei Lithiumtetraborat) aufgelöst werden. Zu beachten ist dann aber, dass die Ionenkonzentration der Lösungen sehr hoch ist und bestimmte Elemente (Li, B bei Lithiumtetraborat) nicht messbar sind und das Gerät eventuell dauerhaft mit diesen Elementen kontaminiert ist.

Für den Druckaufschluss ist die richtige Säuremischung zu ermitteln. Vorher müssen Überlegungen zur Reaktion eines potenziellen Säuregemischs mit der Probe angestellt werden. Wie bereits erwähnt, ist besondere Vorsicht bei Materialien mit Gehalten an Karbonat oder Organik (vor allem bei der Verwendung von Perchlorsäure, $HClO_4$) geboten. In diesem Fall sollte die Reaktion erst offen und eventuell sogar mit verdünnter Säure (HNO_3 oder HCl) so lange durchgeführt werden, bis die zum Teil heftigen gasbildenden Reaktionen beendet sind. Zur sofortigen Auflösung bei der Reaktion mit HF mit Silikaten sekundär entstehender schwerlöslicher Fluoride ist ein Gemisch von $HClO_4$ und HF oder HNO_3 und HF im Verhältnis 1:1 einsetzbar.

Bei der Hydridtechnik wird meist die reduzierte Spezies des Elementes benötigt. Wird beispielsweise Se in einem oxidierenden Aufschluss in die sechswertige Form überführt, ist es in diesem Zusammenhang nicht mehr reaktiv. Hier sollte also ein HCl-haltiger, möglichst reduzierender Aufschluss verwendet werden.

Zum genauen Abmessen der Lösungen und der benötigten Säuren werden (Dosier-) Pipetten, Messkolben, -zylinder und eventuell Erlenmeyerkolben oder Bechergläser ver-

Abb. 3.16 Häufig verwendete Messgefäße (links); auch als Teflon- oder PE/PP-Version erhältlich, Messkolbenmeniskus (rechts)

wendet (s. Abb. 3.16). Da bei den meisten Aufschlüssen HF verwendet wird, ist der Einsatz von Glasgeräten unbedingt zu vermeiden. Um Fehler auszuschließen sollten nur entsprechende Gefäße aus Teflon, Polyethylen (PE) oder Polypropylen (PP) zum Einsatz kommen.

Nach dem vollständigen Abrauchen der Aufschlusssäuren und der Aufnahme des Residuums mit HNO_3 kann die Analytlösung auch in Glaskolben abgemessen werden. Am besten geeignet ist Quarzglas, da es so gut wie keine Kontamination an die Messlösung abgibt.

Eine andere Möglichkeit ist die direkte Einwaage der Aufschlusslösung, des zum Verdünnen benötigten Wassers und der Lösungen für den internen Standard oder zur Stabilisierung in die Probenflasche unter Verwendung von Pipetten (s. Abb. 3.17). Dieses Einwiegen ist genauer als das Ablesen des Meniskus am Eichstrich des Messkolbens (s. Abb. 3.16). Ebenfalls spart diese Methode einen eventuell kontaminierenden Schritt. Da das Plastikmaterial der Probenflaschen häufig mehr oder weniger milchig bzw. bedingt durchsichtig ist, hat diese Methode den Nachteil, dass eventuelle Niederschläge oder Reste nicht erkannt werden. Wird mit Lösungen verschiedener Dichte gearbeitet, ist Abwiegen die Methode der Wahl.

Die fertiggestellten Lösungen sollten so schnell wie möglich gemessen werden. Ist eine Lagerung erforderlich, sind manche Elemente durch Komplexierung zu stabilisieren. Für Nb und Ta können z. B. 0,5 Gew.% Weinsäure zugesetzt werden. Die Probenflaschen bestehen meist aus PE, PP, aber auch aus PTFE oder PFA. Iod sorbiert an die Plastikoberflächen, daher ist es hier besser, Glasflaschen zu verwenden. Iodhaltige Lösungen müssen mit einem Reduktionsmittel (z. B. 1 g/100 ml $NaSO_3$) stabilisiert werden, da dieses bei Oxidation flüchtig wird.

3.4 Lösungsaufschlüsse

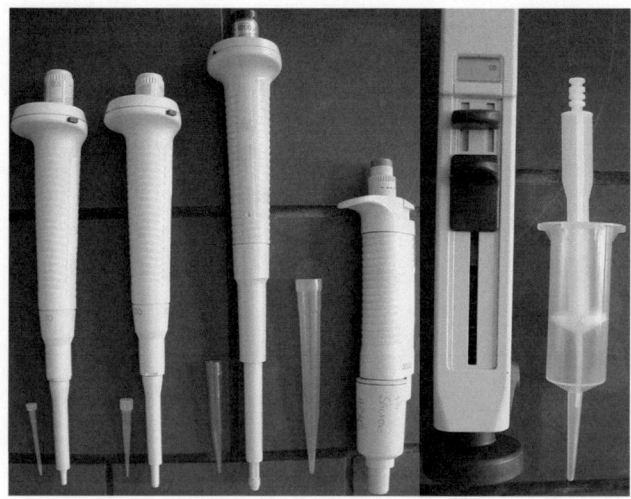

Abb. 3.17 Häufig verwendete Pipetten mit zugehörigen Spitzen; von links nach rechts: 0,5–10 µm, 10–100 µm, 100–1000 µm, 1000–5000 µm, Multidosierpipette (z. B. 1–25 ml)

In den folgenden Kapiteln werden häufig verwendete Säuren oder -gemische vorgestellt. Aufgrund von Korrosivität und Giftigkeit sind bei diesen Säuren immer die Laborvorschriften oder Betriebsanweisungen zu beachten.

Säuren haben besondere Eigenschaften derentwegen sie stark korrodierend wirken. Diese Eigenschaften werden einerseits durch die Säurestärke, aber auch durch spezifische chemische Reaktivität bestimmt.

Toxizität von Säuren

Säuren – vor allem in hoher Konzentration – sind rein aufgrund ihrer Azidität als hochgradig toxisch einzustufen (s. Tab. 3.7). Kontakt mit Säuren führt zur Zerstörung des betroffene Gewebes und kann zum Tod führen. Je nach Art des Kontaktes (Ingestion, Haut-, Augenkontakt) entstehen Schleimhautverätzungen, Erblindungen, Lungenödeme, Perforationen in Speiseröhre und Magen. Bei Ingestion haben starke Säuren prinzipiell den Tod zur Folge. Beim Verschütten entstehen Dämpfe, die zu Bewusstlosigkeit führen können. Arbeiten mit Säuren dürfen daher nur in speziell dafür ausgelegten Abzügen (z. B. Perchlorsäureabzug) durchgeführt werden. Entsprechende Schutzkleidung ist Vorschrift. Schwangere dürfen nicht mit konzentrierten Säuren (vor allem nicht mit $HClO_4$ und HF) arbeiten. Beim Vermischen mit Wasser oder instabilen Stoffen (Karbonat, Organika Metalle u. a.) und Erhitzen kann es zur heftigen Reaktionen unter Gasentstehung und Verspritzen führen. Es können explosive Stoffe (z. B. Perchlorate) oder Gase wie u. a. H_2, Cl_2, H_2S, SO_2, NO_x entstehen. Die Lagerung hat im speziellen, belüfteten Säureschrank zu erfolgen, strenge Einhaltung der Laborvorschriften ist absolute Gebot.

Dabei hängt die Gefährlichkeit von der Säurestärke, der chemischen Reaktivität (z. B. Oxidationskraft) und spezifischen metabolischen Reaktionen ab. So ist Perchlorsäure

Tab. 3.7 Einige Eigenschaften der für Säureaufschlüsse verwendeten Säure und Gemische. *[131], **[108], [49], ***[45]

Säure/Base-Paar	Siedepunkt (°C)**	Stärke (pKs)*	Ox/Red	Eigenschaften/Einsatzgebiet	Toxizität	Weitere Gefahren	Bezeichnung
HF/F^-	106 (38,2 %)	3,17	+/+	$SiO_2 + 6HF \rightarrow H_2SiF_6 + 2H_2O$/Silikate (im Gemisch)	Hochgiftig	Gasbildung	Flusssäure, Fluorwasserstoffsäure
HCl/Cl^-	57 (36 %)	−7	+/+	Reduzierend/Karbonate, Fe-Oxide (im Gemisch)	Stark ätzend	Gasbildung	Salzsäure
HI/I^-	127 (67 %)	−10	+++/+++	$SO_4^{2-} \rightarrow S^{2-}$ ***/schwerlösliche Sulfate und Oxide	Sehr stark ätzend	Gasbildung	Iodwasserstoffsäure
HNO_3/NO_3^-	120 (60 %)	−1,34	++/++	Oxidierend/Organik (im Gemisch)	Stark ätzend	Gasbildung, Explosiv	Salpetersäure
$HClO_4/ClO_4^-$	203 (72 %)	−10	+++/+++	Sehr aggressiv (Supersäure)/Organik, Silikate, Oxide (im Gemisch)	Sehr stark ätzend	Gasbildung, Explosiv	Perchlorsäure
H_2SO_4/HSO_4^-	279,6 (98 %)	−3	o/o	Hoher Siedepunkt/schwerlösliche Silikate (Zirkon, im Gemisch)	Stark ätzend	Gasbildung	Schwefelsäure
$H_3PO_4/H_2PO_4^-$	213 °C	2,13	o/o	Komplexbildung/Chromhaltige Erze (im Gemisch)	Ätzend	Gasbildung	Phosphorsäure
Gemische							
$HCl:HNO_3=3:1$	n.a.	n.a.	++/++	$HNO_3 + 3HCl \rightarrow NOCl + 2Cl + H_2O$/Silikate, Sulfide, Oxide (im Gemisch)	Sehr stark ätzend	Gasbildung	Königswasser
Oxidantien							
H_2O_2	n.a.	n.a.	++/++	$H_2O_2 \rightarrow H_2O + O_2$/Organik (im Gemisch)	Reizend	Gasbildung	Wasserstoffperoxid
Br_2	n.a.	n.a.	++/++	Oxidierend/Sulfide (im Gemisch)	Reizend	Gasbildung	Brom

3.4 Lösungsaufschlüsse

aufgrund der Oxidationskraft und der hohen Säurestärke als besonders gefährlich einzustufen. Noch gefährlicher – nicht wegen der Säurestärke, sondern wegen spezifischer körperlicher Vergiftungsprozesse – ist HF („Flusssäure", Fluorwasserstoffsäure). Neben den typischen Säureverletzungen wirkt HF als starkes Kontaktgift, das durch die Haut resorbiert, in tiefere Gewebeschichten eindringt und zu Hypokalzämie, Hypomagnesiämie, Hyperkaliämie führt. Dort wird auch die Knochensubstanz angegriffen. Eine handtellergroße Verätzung wirkt bei 40 %iger Flusssäure bereits in aller Regel durch resorptive Giftwirkung tödlich. Warnende Schmerzwirkung tritt erst mit einer Verzögerung von Stunden auf.

Säurestärke

Alle Säuren haben ätzende Eigenschaften, jedoch in unterschiedlicher Stärke (s. Tab. 3.7). In diesem Zusammenhang sind vor allem $HClO_4$ HBr und HI aber auch HCl zu nennen. Sie reagieren – zum Teil sehr heftig – mit unedlen Metallen, können H_2 freisetzen und reagieren intensiv mit Wasser und anderen Säuren. Niemals sollte Wasser auf Säure – vor allem konzentrierte – gegeben werden. Es können dabei abhängig von der Verbindung giftige Gase wie Chlor, flüchtige Chlorverbindungen, Stickoxide, Schwefeloxide und Schwefelwasserstoff entstehen.

Redoxvermögen

Säuren können sowohl oxidierend als auch reduzierend wirken. Besonders starke Oxidationsmittel sind $HClO_4$, HNO_3 und Königswasser. Die entstehenden Verbindungen (Nitrate, Perchlorate) sind brandfördernd bzw. explosiv. Als Oxidanten werden auch H_2O_2, seltener Br_2, eingesetzt, welche jedoch keine Säuren im eigentlichen Sinn darstellen. Schwefelsäure ist nichtoxidierend, wirkt darüber hinaus dehydratisierend, z. B. auf Kunststoffe. Stark reduzierend wirken vor allem HI und HBr, aber auch HCl. HI reduziert sogar schwerlösliche Sulfate, die in anderen Säuren oder -mischungen unlöslich sind. Mit der Wahl der Redoxeigenschaften ist auch die Speziation der Elemente kontrollierbar, z. B. die Verhinderung der Oxidation von gelöstem $SeIV$ zu $SeVI$ bei der Hydridanalytik.

Chemisches Reaktionsvermögen

Manche Säuren oder -gemische sind besonders effizient aufgrund spezifischer Reaktionen. Zu nennen ist hier die Reaktion von HF mit Silikaten (auch mit B, Ge, As, Sb, Se) und die Korrosivität von Königswasser aufgrund der Bildung von $NOCl$ und Cl_{nasc} (nasc: „nascendi": direkt gebildetes atomares Chlor, s. Tab. 3.7).

Darüber hinaus ist auch das Anion der Säure wichtig für die Reaktionen in der Messlösung während der einzelnen Schritte des Aufschlusses. In der Lösung befinden sich letztendlich u. a. Nitrat-, Perchlorat-, Chlorid-, Sulfat- und Fluoridionen. Darüber hinaus reagieren die Lösungen oxidierend oder reduzierend. Die verschiedenen Elemente in der Lösung reagieren mit diesen Ionen und je nach Reaktivität in lösliche, komplexierte, flüchtige oder unlösliche Verbindungen. Aufgrund der vielen beteiligten Anionen kann die Abschätzung der Reaktionen sehr kompliziert sein. Für die Messlösung sind flüchtige und/oder unlösliche Verbindungen meist unerwünscht. Ausnahmen sind die Hydridgeneration und die Kopräzipitation.

In reduzierenden HCl-Lösungen können sich leichtflüchtige Chloride (z. B. Ti, V, Mn, As) oder Hydride (As, Sb, Se, Te) bilden. Besonders geringe Löslichkeit in der resultierenden chlorhaltigen Lösung haben Cu(I), Ag(I) oder Pt(II). Chlorid kann aber auch als Komplexbildner verwendet werden, um Elemente in Lösung zu halten (z. B. $[PtCl_6]^{2-}$, $[AuCl_4]^-$).

In oxidierenden Säuren wie HNO_3 oder $HClO_4$ können sich flüchtige Oxide (Os, Rh) bilden; Nitrate sind sonst aber gut löslich (z. B. [219]), bis auf Sn(IV) und Sb(V) durch die Bildung von Oxidhydraten [22].

Die Verbindungen der Perchlorsäure (Perchlorate) sind ebenfalls gut löslich, bis auf die Verbindungen mit Rb, Cs und eventuell K [84].

Schwefelsäure hat einen sehr hohen Siedepunkt, daher fördert sie unter Druck bei schwerlöslichen Silikaten wie Zirkon die Reaktion mit HF. Die Löslichkeit der Verbindungen (Sulfate) – besonders bei Sr, Ba und Pb – ist meist deutlich geringer als von Verbindungen der anderen Säuren. Zum Auflösen sulfatischer Rückstände ist dann HI erforderlich. Schwefelsäure wirkt darüber hinaus dehydratisierend, z. B. auf Kunststoffe.

Die Verbindungen von HF (Fluoride) sind häufig nicht gut löslich. Flüchtige Verbindungen bilden sich neben B, Si, Ge, As, Sb, Se mit Ti(IV), Nb(V), Ta(V), V(V, IV).

Aufgrund des starken Reduktionsvermögens ist HI besonders geeignet, schwerlösliche Sulfate (Sr, Ba, Pb) und Oxide (z. B. Spinelle) aufzulösen.

Phosphorsäure wird wegen ihrer Eigenschaft zur Komplexbildung zur Auflösung von chromhaltigen Erzen eingesetzt [103].

Säuredestillation

Für alle Säuren, die für Aufschlüsse zur (Ultra-)Spurenanalytik verwendet werden, gibt es speziell gereinigte (Suprapur®) Säuren. Diese können aber schon in geringen Mengen sehr teuer sein. Daher kann die Einrichtung einer Destillation für Säuren, die in größerer Menge benötigt werden – z. B. HNO_3 – vorteilhaft sein. Die Destillation verläuft am besten nach dem „Sub-Boiling-Prinzip" (s. Abb. 3.18).

Aufkonzentrieren der Probe und Einstellen der Matrix

Die für den Säure(druck)aufschluss verwendeten Säuregemische dienen zum vollständigen Lösen der Probe – zur Messung sind diese Lösungen normalerweise aber nicht geeignet. Sie enthalten neben den Säuren selbst und Elementen aus der Probe alle möglichen Anionen (z. B. Nitrate, Perchlorate, Chloride oder Sulfate). Dadurch erhöht sich nicht nur der Anteil möglicher Molekülinterferenzen, sondern die Lösung kann korrodierend auf die Bauteile des Messgerätes (z. B. ICP-MS) wirken (z. B. Glasbauteile – HF). Daher wird die Aufschlusslösung in den meisten Fällen in eine Messlösung umgewandelt. Für diese Art der Umwandlung ist HNO_3 am besten geeignet, da diese nur Elemente enthält (H, N, O), die in der Atmosphäre oder im Wasser bereits enthalten sind, und

3.4 Lösungsaufschlüsse

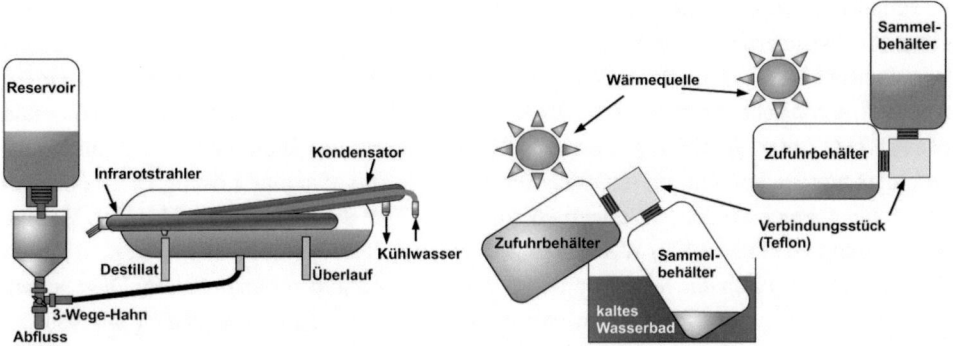

Abb. 3.18 Säuredestillation nach dem Sub-Boiling-Prinzip. (Nach [152])

sie in Suprapur®-Qualität einen besonders geringen Grad an Kontamination erreicht. Für die Umwandlung der Aufschlusslösung in die Messlösung sind zunächst die flüssigen Bestandteile der Lösung so weit möglich zu evaporieren – also „abzurauchen". Dieses darf nicht zur vollständigen Trockne geschehen, da dann schwerlösliche Oxide entstehen können. Die evaporierte Probe wird dann mit der entsprechenden Säure (z. B. HNO_3) versetzt – also „aufgenommen". Da in einem Schritt nicht alle Aufschlusssäuren entfernt werden können, ist dieser Schritt mehrmals zu wiederholen, sodass sichergestellt ist, dass die fertige Messlösung nur noch HNO_3 und Nitrate der Analyten enthält.

Für manche Messungen ist eine reduzierende chloridische Messlösung erforderlich. Dies gilt z. B. für die Hydridgeneration (Se, Te, As, Sb, Bi und Sn) oder die Säulentrennung mittels Ionentauschern wie Dowex® WX8, Silica18 oder Thiolgruppen (Thioglycolsäure), die sich zur Abtrennung von Se und Te eignen. Zur Bestimmung von I$^-$ muss die Lösung zusätzlich mit einem Reduktionsmittel (z. B. $NaSO_3$) stabilisiert werden.

Trennung durch Austauscherharze

Eine besonders effektive Methode, störende Elemente oder Matrix zu entfernen, ist die Abtrennung über Absorption/Desorption an funktionelle Gruppen an Molekülen, z. B. eines Harzes. Absorption und Desorption können über die Änderung des pH-Wertes gesteuert werden. Eine Methode ähnelt dem Prinzip der Ionenchromatographie. Zunächst wird die Säule mit hoher Säurekonzentration (z. B. 6N HCl) gereinigt. Im nächsten Schritt wird die Säurestärke so eingestellt, dass nach einer bestimmten Zeit der Analyt aufgefangen werden kann. Ein Beispiel für diese Methode ist die Trennung von ^{87}Rb und ^{87}Sr für die radiometrische Altersbestimmung. Andersherum kann auch die Matrix auf der Säule verbleiben und die Elemente oder Komplexe, die nicht mit dem Säulenmaterial interagieren unter der Säule aufgefangen und analysiert werden. Auch die Abtrennung verschiedener Elementgruppen über die Variation des pH-Wertes kommt zur Anwendung. In einem darauffolgenden Schritt kann die aufgefangene Lösung dann noch eingeengt und damit aufkonzentriert werden.

Eine Methode zur Anreicherung von Se und Te ist die Abtrennung der Matrix mittels eines Austauscherharzes, gefolgt von einer Eindunstung der Probenlösung. Bei dieser Vorgehensweise werden alle kationisch vorliegenden Elemente in dem Material sorbiert, während anionische Spezies, z. B. $H_2Se(IV)O_3$, $HSe(IV)O_3^-$ oder $Se(IV)O_3^-$ und $HSe(VI)O_4^-$ oder $Se(VI)O_4^{2-}$, ohne Interaktion durch die Säule laufen und unten aufgefangen werden können. Im nächsten Schritt ist die aufgefangene Lösung zu evaporieren und entsprechend wieder aufzunehmen (für die ICP-MS z. B. mit 2 % HNO_3). Bei der Verwendung von Dowex®50 WX8 ist die Lösung mit HNO_3 (0,5N) anzusetzen. Mit HCl (0,5N) wird vor allem das Se zum größten Teil auf der Säule zurückgehalten. Die anderen Elemente können dann in einem weiteren Schritt mit konzentrierter HCl (4N) von der Säule desorbiert werden.

Druckaufschlusssysteme

Da bei offenen Gefäßen bei Normaldruck die meisten Säuregemische aufkochen und relativ schnell evaporieren, wird der Säureaufschluss meist nach einer vorgeschalteten Reaktionsphase bei Normaldruck zum langsamen Abreagieren leichtlöslicher Verbindungen (Karbonate, Organik u. a.) im geschlossenen Gefäß bei erhöhter Temperatur und damit auch erhöhtem Druck durchgeführt. Eine einfache und billige Variante ist die Verwendung von Autoklaven in einem geeigneten Trockenschrank (s. Abb. 3.19). Aufgrund chemischer Stabilität gegenüber Säuren, geringer Benetzbarkeit und Kontamination, Gasdichtigkeit und vergleichsweise hoher Temperaturstabilität – auch bei Druckbelastung – sind Reaktionsgefäße aus Fluor-Kohlenstoff-Polymeren wie PTFE und PFA Standard. Obwohl die maximale Einsatztemperatur bei 220–260 °C liegt, sollten die Temperaturen im Material bei nicht vollständig umschlossenen Tiegeln (s. Abb. 3.20) unter Druckbelastung 160–180 °C nicht übersteigen, da anderenfalls Deformationen der Tiegel auftreten, die zu Undichtigkeiten („Abblasen") zwischen Tiegel und Deckel und damit Elementverlust, und

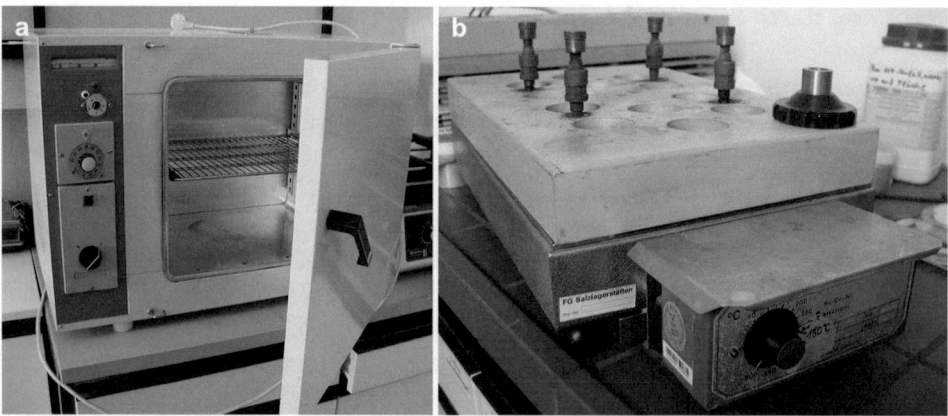

Abb. 3.19 Trockenschrank zum Aufheizen der Autoklaven (**a**), Abrauchbank mit Autoklavaufsatz (**b**)

3.4 Lösungsaufschlüsse

Abb. 3.20 Autoklavhalter und Teflontiegel mit Druckmanschette

Querkontamination führen können. Reaktionen mit Gasentwicklung (u. A. CO_2, SiF_4 ...) dürfen in der Hochdruckphase nicht auftreten, da die Autoklave dann durch den entstehenden Druck zerstört werden können.

Mikrowelle
Der Mikrowellenaufschluss hat in den letzten Jahren an Bedeutung gewonnen, sodass viele kommerziell erhältliche Systeme erhältlich sind. Der Vorteil der Mikrowellenanregung ist die bessere Energieübertragung direkt in die Aufschlusslösung und die damit höheren Arbeitstemperaturen bei geringerer Temperaturbelastung des Tiegelmaterials. Durch die extrem schnelle Aufheizung ist die Dauer der Aufschlüsse vergleichsweise kurz (z. T. $\ll 1$ h). Nachteile sind die Matrixabhängigkeit, die ungleichmäßige Aufheizung in Abhängigkeit von der Anzahl der Tiegel und der Verstärkung exothermer Reaktionen. Aufgrund dieser Umstände müssen Mikrowellenaufschlüsse aus Reproduzierbarkeits- und Sicherheitsgründen mit aufwendiger Sensorik zur Messung von Temperatur und Druck und rückgekoppelter Steuerung der Mikrowellenleistung ausgestattet sein. Die Druckbehälter sind zum Teil sicherheitshalber mit einer Durchschlagfolie versehen, bei deren Reißen jedoch eine Kontamination des Innenraums der Anlage erfolgt. Das Tiegelmaterial muss mikrowellentransparent sein. Mikrowellenanlagen sind relativ aufwendig und kostenintensiv in der Anschaffung.

Druckautoklaven – Autoklavensysteme
Autoklavensysteme existieren in verschiedenen Ausführungen mit einem chemisch inerten Reaktionsgefäß (Tiegel, PTFE oder PFA) und einer druckstabilen Ummantelung (z. B. Edelstahl, [148]). Diese druckstabile „Bombe" wird in eine geeignete Halterung eingespannt (s. Abb. 3.20). Diese Methode ist vergleichsweise einfach in der Anwendung

und wenig kostenintensiv. Ohne Verwendung von Druck- und Temperaturkontrolle besteht die Gefahr eines unkontrollierten Druckanstiegs der zur Zerstörung der Bombe führen kann. Die Befestigungsschrauben dürfen daher nicht zu fest angezogen werden, damit bei zu hohem Druck eine Druckentlastung („Abblasen") stattfinden kann. In diesem Fall besteht dann die Gefahr von Querkontamination. Zur Aufheizung kann im einfachsten Fall ein Heizschrank Verwendung finden. Dieser sollte im optimalen Fall über eine säurefeste Innenauskleidung verfügen und ist während des Aufschlusses unbedingt unter einem geeigneten Abzugssystem zu platzieren. Bei nicht säurefesten Schränken kommt es zu Korrosion und auf Dauer zur Zerstörung der Steuerelektronik. Der Vorteil von Heizschränken ist die im geschlossenen System sehr gleichmäßige Temperaturverteilung.

Eine andere Methode basiert auf der Verwendung von Heizbänken – mit oder ohne zusätzlichem Deckel –, in denen später die Lösungen direkt weiter verarbeitet werden können (z. B. „Abrauchen"). Ein Nachteil dieser Systeme ist die ungleichmäßigere Temperaturverteilung von „innen"- und „außen"-liegenden Tiegeln aufgrund des Kontaktes mit der kühleren Aussenluft – speziell im Luftstrom der Abzugsanlage. Mit modernen vollständig geschlossenen Druckautoklavensystemen sind Temperaturen von 240 °C bei entsprechend hohen Drücken (bis zu 200 bar) erreichbar. Mit dieser Methode sind auch sehr widerstandsfähige Verbindungen wie SiC aufzuschließen (z. B. [295]).

Königswasser-Auszug (z. B. DIN 38414)
Die Vorteile bei diesem druckfreien Verfahren sind einfache Anwendung, geringe Kosten und geringer technischer Aufwand. Da der Aufschluss bei niedriger Temperatur durchgeführt werden kann, lassen sich leichter lösliche und flüchtige Elemente wie Quecksilber analysieren. Ein Nachteil ist, dass es sich hier nicht um einen vollständigen Aufschluss handelt. Die Methode ist relativ langwierig und Silikate, Oxide u. a. werden nur teilweise gelöst. Eventuell ist Kontamination durch Glasgeräte möglich. Ob diese Variante für eine entsprechende Applikation oder die Bestimmung bestimmter Elemente geeignet ist, muss experimentell herausgefunden werden. Der Königswasser-Auszug spielt in der Geochemie normalerweise keine Rolle, da hier normalerweise die Gesamtchemie bezüglich der Spurenelemente benötigt wird, und sich viele der interessanten Elemente in schwerlöslichen, stabilen Phasen befinden (Zirkon, Spinell, Silikate, Oxide, Sulfate).

Gesamtaufschluss
Da in der Geochemie in den meisten Fällen die Konzentrationen aller Spurenelemente benötigt werden, ist ein kompletter Aufschluss der Probe erforderlich. Dies bedeutet eine vollständige Auflösung aller Bestandteile der Probe inklusive der Zerstörung der dabei entstehenden Sekundärverbindungen. Aufgrund der häufig hochgradig heterogenen Zusammensetzung der meisten geowissenschaftlichen Proben und der Vielfalt der enthaltenen und entstehenden Verbindungen, von denen nicht alle leicht löslich sind, stellt dies eine Herausforderung dar, die am Anfang eine gewisse Hartnäckigkeit und Experimentierfreudigkeit erfordert.

3.4 Lösungsaufschlüsse

Prinzipiell besteht ein Gesamtaufschluss aus mehreren Abschnitten, die jeweils auf den zu bearbeitenden Probentyp anzupassen sind. Dabei sind unter anderem auch die erwartete Speziation der Elemente und die Redoxverhältnisse zu beachten. Die folgenden Methoden sind mit einem einfachen Aufschlusssystem wie in Abb. 3.20 dargestellt, durchführbar. ***Achtung!: Der Umgang mit Säuren birgt die Gefahr lebensgefährlicher Verletzungen. In jedem Labor müssen für den Umgang mit Säuren Betriebsanweisungen vorliegen. Diese sind unbedingt einzuhalten. Des Weiteren muss vom Laborpersonal eine vor der Arbeit mit Säuren und Aufschlussgeräten eine Einweisung gegeben werden!***

Oxidierend mit Perchlorsäure Da Perchlorsäure besonders korrodierend ist und sich explosive, selbstentzündliche Verbindungen und Dämpfe bilden können, ist zur Durchführung dieses Aufschlusses ein spezieller für die Arbeit mit Perchlorsäure ausgelegter Abzug erforderlich.

Für karbonatfreie oxidierte Gesteine (z. B. Granit, Basalt u. a.) können bei einer Einwaage von 100 mg eines auf mindestens 125 µm (besser: 63 µm) gemahlenen Pulvers zunächst 4 ml eines 1:1 $HClO_4$-und-HF-Gemisches (Suprapur®) zum druckfreien Abreagieren der Silikate (~1 h) eingesetzt werden. Danach wird das abreagierte Gemisch für 18 h (am besten über Nacht) bei 180 °C im Ofen unter Druck in geeigneten Autoklaven aufgeschlossen. Die Aufschlusssäuren sind danach bei 140–160 °C zu evaporieren, wobei darauf zu achten ist, das Gemisch nicht komplett einzutrocknen. Ein Aufkochen (Verspritzen) ist unbedingt zu vermeiden. Beim Evaporieren der Perchlorsäure entsteht weißer Rauch; die Temperatur kann jetzt auf 180 °C hochgeregelt werden – der gesamte Vorgang dauert etwa 3 h. Danach wird das Gemisch durch dreimaliges Abrauchen bei 140–160 °C mit jeweils 3 ml HNO_3 (65 % Suprapur®) von Resten an Perchlorsäure und HF gereinigt. Dieser Vorgang dauert jeweils etwa 10–15 min. Im letzten Schritt werden zum Lösen gefällter Verbindungen die Tiegel etwa zu 3/4 mit 4 %iger HNO_3 gefüllt. In diesem Schritt können schon die für die ICP-MS benötigten internen Standards (z. B. 20 ppb Rh/Re und 200 ppb Be) zugegeben werden. Das Gemisch wird kurz erhitzt (Achtung: Blasenbildung) und über Nacht druckfrei aber mit geschlossenem Deckel bei 70–80 °C in der Abrauchbank gelassen. Am nächsten Tag wird die fertige Lösung auf 50 ml aufgefüllt. Dies kann direkt in den Probenflaschen auf der Waage oder aber erst in Messkolben (Quarz) geschehen. Ersteres ist genauer und einfacher, Letzteres gibt nochmals die Möglichkeit zu überprüfen, ob ungelöstes Material vorhanden ist. Ist dies der Fall, besteht die Möglichkeit, die Lösung noch mit Ultraschall zu behandeln und die Festpartikel auf kolloidale Größe zu zerkleinern. Sehr feine Partikel, die sich nicht oder sehr langsam absetzen, können normalerweise mit gröberen Zerstäubersystemen wie dem Meinhardt-System verarbeitet werden.

Da nicht alle Elemente in nitratischer Lösung gleichermaßen stabil sind, ist die Probe so schnell wie möglich zu messen.

Sind in den Proben Karbonate oder organische Bestandteile enthalten, kann ganz am Anfang noch ein Oxidationsschritt mit HNO_3 und H_2O_2 (4 ml, 1:1) durchgeführt werden. Aufgrund der Heftigkeit der Reaktion – vor allem mit Karbonat – ist die Säure sehr langsam zuzugeben. Eventuell muss mit verdünnter Säure gearbeitet werden. Das Gemisch wird dann vor dem nächsten Schritt erst abgeraucht.

Sind am Ende des Aufschlusses schwerlösliche Sulfate (z. B. als heller Niederschlag) übrig, können vor dem Abrauchen mit HNO_3 einige ml HI als Reduktionsmittel eingesetzt werden, welches vor dem letzten Schritt ebenfalls abzurauchen ist.

Reduzierend mit Salzsäure Dieser Aufschluss eignet sich für hochoxidierte eisenoxidhaltige Proben (z. B. „BIF", Banded Iron Formations) und Basalte. Der Aufschluss ist chloridisch und reduzierend, daher ist mit der Entstehung flüchtiger Hydride und Chloride zu rechnen. Die Durchführung ist mit dem HF, $HCLO_4$, (HNO_3, H_2O_2) vergleichbar. Auf 100 mg fein gemahlene Probe werden 1 ml HNO_3, 3 ml HCl (Königswasser) und 1 ml HF (Suprapur®) gegeben. Dieses Gemisch wird 1 h offen abreagiert. Danach wird ein Druckaufschluss bei 180 °C für 18 h durchgeführt. Die Aufschlusssäuren sind danach bei 140–160 °C zu evaporieren, wieder dreimal mit HNO_3 abzurauchen und über Nacht bei erhöhter Temperatur stehen zulassen. Das weitere Vorgehen entspricht dem des HF, $HCLO_4$, (HNO_3, H_2O_2) Aufschlusses. Bei geringen Anteilen an Metallen (z. B. in Basalten oder Meteoriten) kann ein zusätzlicher Schritt mit Königswasser nachgeschaltet werden.

Spezielle Methoden
Besondere Beachtung muss bei einem Gesamtaufschluss den schwerlöslichen oder instabilen/flüchtigen Verbindungen und Elementen geschenkt werden. Da die Reaktionen in den komplexen Säuregemischen sehr vielfältig sind, kann dieses Buch nur einen Einblick in diese Problematik geben. Bei Anwendung einer Aufschlussprozedur ist es zunächst wichtig, ein internationales oder ein mit verschiedenen Methode gut referenziertes hausinternes Referenzmaterial einzusetzen. Häufig liegt die Wiederfindungsrate – also die Differenz zwischen dem Listenwert und dem gemessenen Wert – deutlich unterhalb von 100 %. Analytische Artefakte (spektrale Interferenz, Untergrundsignal u. a.) sind bei dieser Betrachtung außer Acht zu lassen. Sind die gemessenen Werte zu hoch, kann eine Kontamination vorliegen; sind diese zu niedrig, können Unlöslichkeit, Evaporation, Fällung oder Sorption eine Rolle spielen. Viele Elemente sind primär schwer löslich oder bilden sekundär schwerlösliche Fällungsprodukte (s. Tab. 3.8), die aufgrund hoher Oberflächenaktivität zusätzlich noch die Gefahr der Sorption anderer Elemente bergen. Komponenten wie I^- und Elemente der Platingruppen (inkl. Au) sorbieren an Oberflächen der Plastikflaschen, sodass hier die Lagerung in Glasflaschen einen Vorteil bringt. Die HFSE-Elemente Nb und Ta können mit Weinsäure komplexiert und in Lösung gehalten werden.

Zirkon Das akzessorische Mineral Zirkon ($ZrSiO_4$) ist sehr stabil gegen die bisher beschriebenen Aufschlussprozeduren und bleibt daher oft als fast unsichtbarer Rückstand in der Aufschlusslösung zurück. Da neben Zr auch Hf und Lanthanoide in vergleichsweise hoher Konzentration enthalten sind, ist jedoch die vollständige Auflösung dieser

3.4 Lösungsaufschlüsse

Tab. 3.8 Schwerlösliche Verbindungen bei Säureaufschlüssen. (S. [216])

Primär		Sekundär ("Fische")	
Sulfid	As, Ag, Au, Bi, Cu, Ge, Hg, Mo, Pb, Pd, Pt, Sb, Se und Te	Fluorid	Lanth, Cr, In, Ca, Mg, Al (mit HF)
Sulfat	Pb, Ba, Sr, Ca	Sulfat	Pb, Ba, Sr, (Mn (III), Ag, Ca) bei H_2SO_4
einfache Oxide (Spinelle)	Al, Be, Cr, Fe, Ga, Nb, Mg, Sn, Ta, Ti, W, Zr	Chlorid	Ag, Bi (als BiOCl), Au, Cu(I)
komplexe Oxide (Silikate, Aluminate, Titanate, Chromate, Phosphate, Ferrate)	Al, Be, Co, Cr, Fe, Mg, Ni, REE, Ti, Zn, Zr	Perchlorat	Rb, Cs, K
Carbid, Nitrid	Si_3N_4, Sialon, SiC, BN	Nitrat	Pb ((Pb(OH)NO3), Bi (BiO(NO_3))
Sulfate	Sr, Ba, Pb	Iodat	Lanth, Sr, Ba, Pb,Hg, In, Y

Phase sehr wichtig. Feinkörnige Zirkone (z. B. in Basalt) lassen sich normalerweise mit dem beschriebenen oxidierenden Aufschluss zerstören. In anderen Fällen kann auf eine Prozedur zurückgegriffen werden, die von Kurt Hollocher [109] entwickelt wurde. Dort wird die Probe zunächst mit einem Überschuss an HF unter Druck bei ~180 °C für 12 h aufgeschlossen. Danach wird geprüft, ob alles gelöst ist und eventuell die Prozedur wiederholt. Die entstandene fluoridische Lösung wird dann unterhalb des Siedepunkts von HF (112 °C) evaporiert. Der Rest wird dann mit einer relativ großen Menge HNO_3 versetzt und erneut langsam abgeraucht. Auch titanhaltige Mineralphasen können mit dieser Methode relativ gut aufgeschlossen werden.

Häufig wird auch ein Aufschluss mit H_2SO_4 mit HF bei hohen Temperaturen empfohlen. Davon ist jedoch abzuraten, da H_2SO_4 schwer zu evaporieren ist und sich schwerlösliche Sulfate bilden, die nur mit einem sehr starken Reduktionsmittel wie HI zu zerstören sind.

Schwerlösliche Sulfate

Ba ist häufig als Sulfat, $BaSO_4$, gebunden. Da in vielen Gesteinen die Ba-Gehalte gering sind, tritt das Mineral Baryt (oder „Schwerspat") meist als Akzessorium auf; Es kann in Erzen (z. B. Sedimentär-Exhalativ: „SEDEX") aber auch in hohen Konzentrationen vorliegen. In die Kristallstruktur können größere Mengen Sr (Mischkristalle, Barytocoelestin) aber auch Lanthanoide eingebaut werden. Auch Anglesit, $PbSO_4$, und Coelestin, $SrSO_4$, ist in vielen Gesteinen verbreitet (z. B. als Verwitterungsbildung). Bei der Anwendung von H_2SO_4 fallen diese Sulfate sekundär aus (s. Abb. 3.8). Diese Verbindungen sind nur mit einem starken Reduktionsmittel wie HI löslich. Beim Abrauchen und Aufnehmen solcher Aufschlüsse ist die Bildung von Iodat zu vermeiden, da diese häufig nur gering löslich sind (z. B. bei Ba, Pb, Sr).

Schwerlösliche Oxide

In vielen Gesteinen – vor allem in oxidischen Erzen – treten einfache Oxide der Art XY_2O_4 (Spinelle) oder X_2O_3 (z B.: Al_2O_3). Diese sind häufig schwer löslich, enthalten aber wichtige Elemente wie Cr, Mn, Co und Ni. Häufig wird vorgeschlagen, H_3PO_4 als Lösungsmittel für den Säureaufschluss zu verwenden. Davon ist aber aufgrund der Kontamination und des hohen Siedepunkts abzuraten.

Eine andere Variante, mit der sich Gesteine mit Gehalten an Chromit (Chromiterze, Peridotite u. a.) auflösen lassen, wird von [15] vorgeschlagen und basiert auf der Verwendung eines Gemisches aus Königswasser und $HClO_4/HF$ im Verhältnis 1:1 (z. B. 6 ml /100 mg Probe). Die Prozedur wurde als Mikrowellenaufschluss entwickelt, lässt sich aber auch mit normalen Autoklaven im Heizschrank durchführen.

Dabei wird zunächst das Königswasser zugegeben, danach das $HClO_4/HF$-Gemisch. Nach Abklingen der ersten heftigen Reaktionen wird das Gemisch bei 180 °C für 18 h unter Druck aufgeschlossen und danach bis fast zur Trockne abgeraucht. Dieser Vorgang wird mit einem Gemisch Königswasser und $HClO_4$ im Verhältnis 1:1 wiederholt. Nach dem Abrauchen dieses Gemisches wird mit einem Gemisch aus 1,8 % HNO_3 und 0,2 % HCl 2–3 mal fast bis zur Trockne abgeraucht. Zum Aufnehmen ist ebenfalls das Gemisch 1,8 % HNO_3 und 0,2 % HCl zu verwenden. Der Anteil an Chloridionen dient zur Stabilisierung der chalkophilen Elemente; Ag ist in diesem Aufschluss nicht messbar ($AgCl$-Fällung). Die Bildung von unlöslichen Chloriden der chalkophilen Elemente durch zu starkes Eindampfen ist zu vermeiden. Da das Gemisch oxidierend ist, kann Os aufgrund der Bildung von volatilem OsO_4 nicht gemessen werden. Das Gleiche gilt prinzipiell auch für Ru, Re und V (s. Abschn. 3.9).

Sulfide

Wenn Sulfide mit den normalen, meist oxidierenden Aufschlüssen behandelt werden, bildet sich bei unvollständiger Oxidation Schwefel, sonst unlösliche Sulfate (siehe Abb. 3.22). Eine Möglichkeit der partiellen Oxidation von Sulfiden bietet NH_4NO_3, ein Oxidationsmittel, das auch bei der Herstellung von RFA-Borattabletten Verwendung findet. Aufgrund des Siedepunkts von NH_4NO_3 (210 °C) und der Bildung einer vergleichsweise zähen Schmelze, sind Teflontiegel eher ungeeignet. Duranglas kann aber zum Abrauchen des NH_4NO_3 verwendet werden. Bei diesem Aufschluss bilden sich anscheinend vergleichsweise wenig Sulfate, da entstehende Schwefelverbindungen (H_2S, SO_2 oder SO_3) in der NH_4NO_3-Schmelze schlecht löslich sind und daher in die Gasphase gehen. Allerdings ließen sich mit diesem Aufschluss bis jetzt nur einfache Sulfide wie $CuFeS_2$, ZnS, oder PbS aufschließen.

Eine andere Methode wird in [102] vorgeschlagen. Hier wird ein Gemisch aus Br_2 und HCl (1:3) bzw. Br_2, HCl und HNO_3 (1:3:3) vorgeschlagen. Für das Lösen eventueller Rückstände von Sb_2O_3 oder $SbOCl$ bzw. $PbSO_4$ ist HCl einsetzbar. Sind zusätzlich Chloride von Ag und PGE ausgefallen, kommt ein Gemisch aus HCl und HNO_3 zum Einsatz.

Sekundäre Niederschläge

Beim Herstellen von Säure(druck)aufschlüssen können sich durch den Einsatz der verschiedenen Säuren schwerlösliche Niederschläge bilden. Diese befinden sich dann in der letzten Stufe beim Abrauchen in der Lösung und verändern sich nicht mehr. Ein Hilfe zum Abschätzen, in welchen Wasser/Säure-Gemischen Probleme mit Ausfällungen auftreten können, ist die Löslichkeit der Elemente in den verschiedenen Säuren. Vorstellbar sind Verbindungen wie Sulfate von Pb, Ba oder Sr bei der Verwendung von Schwefelsäure oder verschiedene Fluoride (Al, Mg) bei der zum Aufschluss von Silikaten unvermeidlichen Verwendung von Flusssäure. Diese frisch gefällten Verbindungen sorbieren aufgrund ihrer hohen Partikelreaktivität die in der Probenlösung enthaltenen zu analysierenden Spurenelemente oder – wenn der Ionenradius passt – bauen diese Elemente in ihre Struktur ein. Die Abb. 3.21 demonstriert, dass in Abhängigkeit vom Chemismus verschiedene Fluoride als Rückstand in der Aufschlusslösung zurückbleiben.

Eine Aufstellung von Prozeduren zur Minimierung der Bildung sekundärer Niederschläge wie AlF_3 geben [59]. Ist in dem aufzuschließenden Material das Verhältnis $\frac{Ca+Mg}{Al} \sim 1$ (z. B. in Basalt), wird die Bildung von AlF_3 zugunsten von Mischfluoriden mit Ca und Mg unterdrückt. Den Untersuchungen zufolge kann in Mg- und Ca-armen Proben unlösliches AlF_3 durch Zugabe von Mg und Ca in das Aufschlussgemisch in leichter lösliche Mg-, Mg/Al- oder Ca,Mg,Al-Fluoride umgewandelt werden.

Beim Aufschluss von Proben mit großen Mengen an Sulfidverbindungen – z. B. Erze – können ebenfalls verschiedene schwerlösliche Verbindungen ausfallen, die zum Teil nicht eindeutig zu identifizieren sind. Die Abb. 3.22 zeigt das Diffraktogramm eines schwerlöslichen Niederschlags aus einer Aufschlusslösung eines Erzes mit hohen Anteilen an Sulfiden von Fe, Cu, Zn und Pb. Die höchste Übereinstimmung liefert die Karte eines Eisenhydroxysulfates, das aber bei den Bedingungen während des Aufschlusses aller Wahrscheinlichkeit nicht stabil ist. Würde das OH^- – wie bei Apatiten typisch – aufgrund des hohen Angebotes an Fluoridionen in der Aufschlusslösung durch F^- ausgetauscht, wäre das Ergebnis ein Eisenfluorosulfat. Es gibt ebenfalls einen Verdacht auf $Pb_2F_2(SO_4)$. Beide Verbindungen könnten unter den Bedingungen des Druckaufschlusses unlöslich sein.

Beim Reduzieren von Sulfat ($BaSO_4$, $PbSO_4$) mit HI können relativ schwerlösliche Iodate entstehen (s. Abb. 3.23).

Durch Verwendung von Säuregemischen oder einem Überangebot zum Erhalt des sauren Milieus kann die Bildung schwerlöslicher Verbindungen unterbunden werden. Durch vorsichtiges Abrauchen der für den Aufschluss verwendeten Säuren können Lösungen mit löslichen Verbindungen erzeugt werden. Hier bietet sich HNO_3 an, die besonders in der Massenspektrometrie (s. Kap. 4) auch aus anderem Grund vorteilhaft ist.

Volatile Verbindungen

Viele der Verbindungen, die bei Säuredruckaufschlüssen entstehen, sind volatil bzw. haben einen Schmelzpunkt dicht an den verwendeten Temperaturen. Einige dieser Verbindungen sind bereits in den vorangegangenen Kapiteln vorgestellt worden.

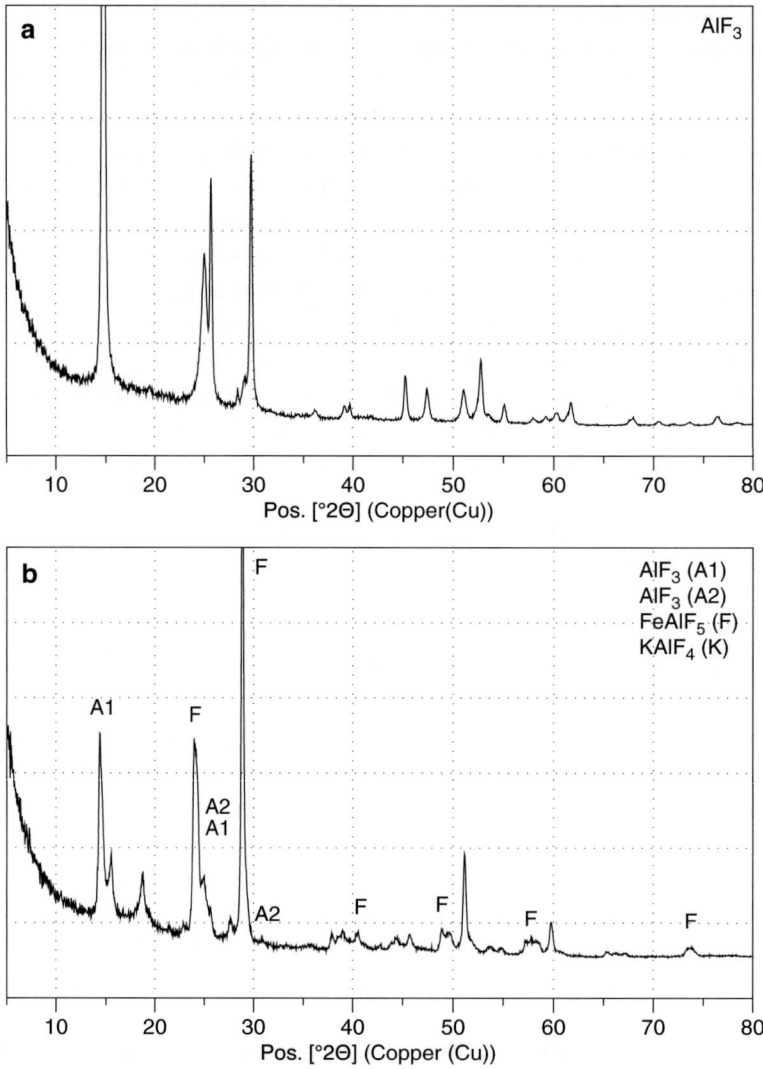

Abb. 3.21 PRDA verschiedener Rückstände aus Säuredruckaufschlüssen. (**a**) Anorthit, (**b**) Biotit

Für die in Tab. 3.9 vorgestellten Spurenelemente mit den flüchtigen Verbindungen der Säureanionen besteht die Gefahr der Volatisierung. Ob ein Element eventuell volatil reagiert, hängt einerseits von der primären Speziation im Probematerial ab – z. B. Se(IV) oder Se(VI) –, zum anderen von der „sekundären" Speziation während oder nach dem Säure(druck)aufschluss. Elemente wie Selen und Tellur gehen leicht in den (VI)- oder (IV)-Zustand über. Im (IV)-wertigen Zustand bilden diese Elemente volatile Hydride. In Aufschlüssen muss daher – wenn möglich – oxidierend gearbeitet werden, damit Se

3.4 Lösungsaufschlüsse

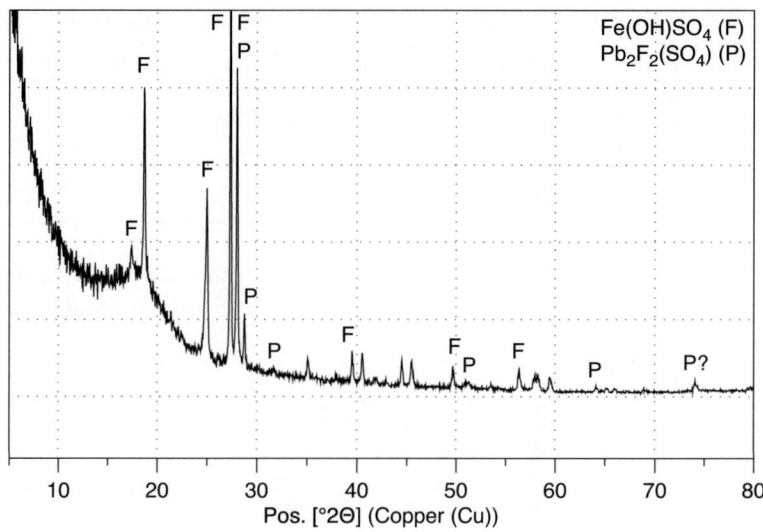

Abb. 3.22 PRDA eines Rückstandes aus einem Säuredruckaufschluss eines Erzes

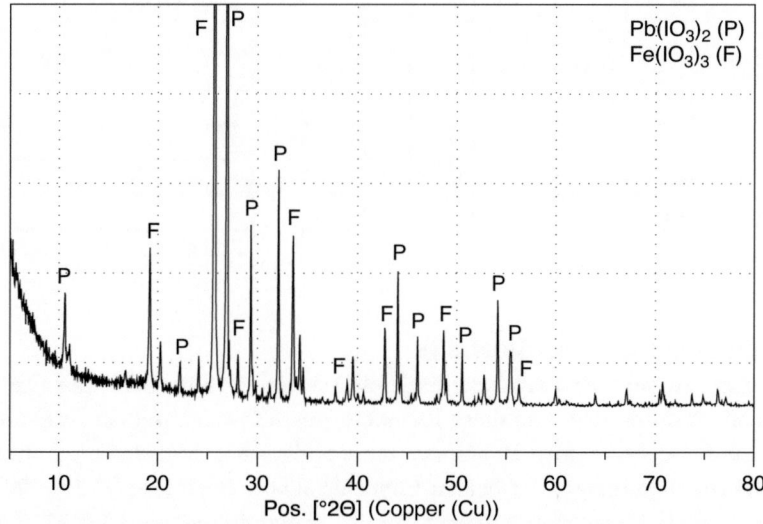

Abb. 3.23 PRDA eines Rückstandes einer Erzprobe mit hohen Gehalten an Pb und Ba (Baryt) nach Reaktion mit Iodwasserstoffsäure

und Te zurückbleiben. Viele Halogenverbindungen sind ebenfalls flüchtig, bzw. haben Schmelzpunkte um 300 °C (s. Tab. 3.9). Elemente wie Os reagieren bei starker Oxidation wiederum zu flüchtigen Oxiden. Hier ist ein reduzierenderes Milieu im Aufschluss zu verwenden. Zerfallen entstandene Verbindungen beim Abrauchen – z. B. Perchlorate – können sich wiederum die flüchtigen Oxide bilden.

Tab. 3.9 Auswahl volatiler Verbindungen ausgewählter Spurenelemente. (s. [216])

Element	NO_3^-	Cl^-	F^-	ClO_4^-	Br^-	I^-	O^{2-}	H^-	Bemerkungen
B		III	III		III				
V		IV	V			III	IV,V		V(VI)oxidsulfat, V(V)oxidchlorid
Zn		II							
Ga		III			III	III			
Ge		IV	IV		IV	IV			
As		III	III,V		III				Bildet leicht Hydride (AsIII)
Se		IV	IV,VI						Bildet leicht Hydride (SeIV)
Nb		V	V						
Mo		V	VI						
Ru	Meist Zersetzung			Meist Zersetzung			VIII	Volatil	
In						III			
Sn		IV			II/IV	IV			Bildet leicht Hydride (SnIV)
Sb		III,V	III,V		III	III			Bildet leicht Hydride (SbIII)
Te		IV	VI						Bildet leicht Hydride (Te(IV))
Ta		V	V						
W		V, VI	VI		V				WF_6, WOF_4
Re			VI				IV		
Os			V, VI				VIII		
Ir			V, VI						
Pt					II				
Hg		II	I		II	I,II			
Pb		IV							
Bi									Bildet leicht Hydride (BiIII)

Fallbeispiel: Trennung von Se und Te

Die massenspektrometrische Analyse der Elemente Selen (Se) und Tellur (Te) ist eine besondere Herausforderung. Um diese Elemente beispielsweise mit der weitverbreiteten Quadrupol-ICP-MS bestimmen zu können, muss einiges beachtet werden. Zum einen ist die erste Ionisierungsenergie der beiden Elemente relativ hoch (Se: 9,75 V, Te: 9,0 V), was zu einer relativ schlechten Ionisierbarkeit im Argonplasma (erste IE: 15,76 V) führt. 10 ppb Se liefern zum Beispiel nur wenige 1000 Impulse pro Sekunde (z. B. Elan 9000 DRC-e mit Meinhardt-Zerstäuber). Weiterhin gibt es auf den relevanten Massen starke Molekülinterferenzen (z. B. $^{40}Ar_2^+$ auf ^{80}Se), die nur mit einer zusätzlichen Reaktionszelle (engl. „DRC", Dynamic Reaction Cell) entfernt werden können.

Das eigentliche Problem stellen Interferenzen durch doppelt geladene Ionen der Lanthaniden Gd und Dy sowie Oxide von Ni und Zn dar, die sich nur durch eine Abtrennung der Matrix oder der Elemente selbst vermeiden lassen. Zusätzlich sind die Konzentrationen von Se und Te in den meisten (natürlichen) Materialien besonders gering. Die Instabilität

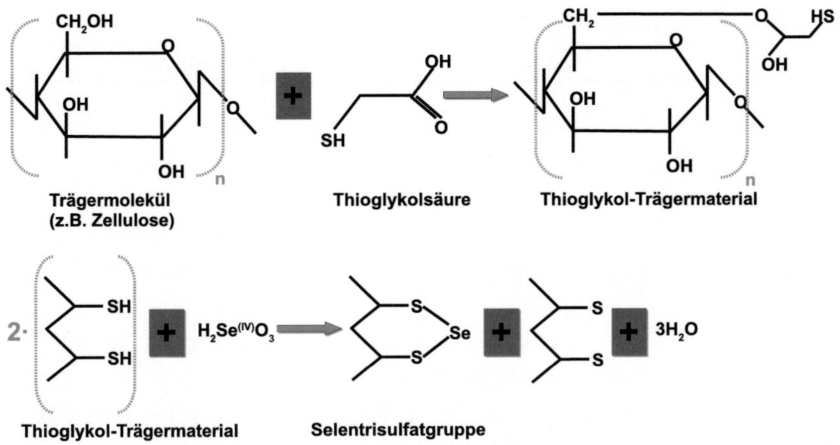

3.4 Lösungsaufschlüsse

Abb. 3.24 Reaktionsmodell zur Sorption von Se und Te an Thiolgruppen (nach [67])

besonders von Se in chloridischer Matrix bei Temperaturen oberhalb 80 °C begrenzt den Einsatz von Säuredruckaufschlüssen [156]. Eine Methode zur direkten Abtrennung von Se und Te ist der Einsatz von Säulen, die mit gemahlener Watte oder Zellulosepulvern gefüllt werden, die vorher mit Thiolgruppen konditioniert werden (z. B. [67, 186], Abb. 3.24). Ein anderer Ansatz ist die Abtrennung der Matrixelemente mit einem Kationentauscherharz (z. B. Dowex 50 WX8). Da die Elemente Se und Te in der reduzierten vierwertigen Form zu den Hydridbildnern gehören, ist der Einsatz eines Hydridgenerators möglich, jedoch gerätetechnisch deutlich aufwendiger. Prinzipiell stehen für Se die Massen 76, 77, 78, 80, 82 und für Te die Massen 124, 125, 126, 128 und 130 zur Verfügung. Letztendlich erweisen sich die Massen 80 für Se und 128 für Te als am besten geeignet. Die Masse 82 für Se kann ohne DRC gemessen werden, da in dem Bereich kaum störende Ar-Massen oder -Molekülionen vorhanden sind. In der Anwesenheit von Dy ist jedoch mit starken Interferenzen zu rechnen (^{164}Dy ist das häufigste Dy-Nuklid), und die Häufigkeit von ^{82}Se ist mit 8,72 % vergleichsweise gering. Vor der Messung müssen die Einstellungen des ICP-MS (DRC, Leistung (Plasmatemperatur), Linsenspannung, Zerstäuberfluss) gründlich optimiert werden.

Aufschluss für Se und Te Der erste Schritt bei Abtrennung von Se und Te ist der Aufschluss, in diesem Fall ein Säuredruckaufschluss. Bei einer unbekannten Probe muss häufig davon ausgegangen werden, dass Se und Te sowohl in der vierwertigen (IV) wie auch in der sechswertigen (VI) Form vorliegen. Da die beiden Elemente in der IV-Form aufgrund ihrer Eigenschaft als Hydridbildner vor allem in Anwesenheit von HCl flüchtig reagieren, kann es bei zu hoch gewählter Temperatur (> 80 °C) zu Minderbefunden kommen. Aus dem gleichen Grund sollten reduzierende Bedingungen (z. B. Verwendung von HCl) vermieden werden. Als Konsequenz verlängert sich die Dauer des Aufschlusses.

Tab. 3.10 Aufschlüsse zur Bestimmung von Se und Te

	Oxidierend	Reduzierend
$HClO_4$	1 ml	
HNO_3	3 ml	1 ml
HF	3 ml	1 ml
HCl	–	3 ml
Starttemperatur	80 °C	80 °C
Startdauer	1 h , offen	1 h , offen
Aufschlusstemperatur	16 h	16 h
Abrauchen	<80 °C (HF, HNO_3)	<80 °C (HF, HNO_3)
	< 120 °C ($HClO_4$)	–
	< 80 + 2 × 2 ml HNO_3	< 80 + 2 × 2 ml HNO_3
Aufnahme	0,5 N HNO3 (~2 %) Tiegel halb auffüllen, ~15 min kochen	0,5 N HNO_3 (~2 %) Tiegel halb auffüllen, ~15 min kochen
Probemenge	100 mg	100 mg
Lösungsmenge	100 ml	100 ml
Verdünnung	1:1000	1:1000
Fe-Ox, Mn-Krusten	–	+
Basalt	+	+
Boden, Ton(-stein)	+	–

In Tab. 3.10 sind zwei Ansätze für Säuredruckaufschlüsse aufgelistet. Damit SiF_4 und eventuell entstehendes CO_2 entweichen können, muss der Aufschluss am Anfang offen reagieren können. Besonders bei der Anwendung von HCl muss die Temperatur so niedrig wie möglich gehalten werden. Um das Abrauchen der $HClO_4$ in akzeptabler Zeit durchführbar zu machen, wird die Temperatur im letzten Abschnitt des oxidierenden Aufschlusses etwas angehoben. Wenn der Aufschluss funktioniert hat, ist dann auch von einer maximalen Oxidation von Se und Te auszugehen. Das beginnende Abrauchen der Perchlorsäure erkennt man an der deutlich zunehmenden Rauchentwicklung.

Trennung mit Sorption über Thiolgruppen Se und Te (As, Sb) können mithilfe von Thiolgruppen über die Bildung von Trisulfatgruppen an ein Träger(säulen)material sorbiert werden. Ein Reaktionsschema am Beispiel von Se ist in Abb. 3.24 dargestellt. Diese Reaktion gehen allerdings nur die vier(-IV)-wertigen Spezies der Elemente ein. Daher muss vor der Trennung gewährleistet sein, das enthaltene sechs(-VI)-wertige Spezies in die (IV)-Form reduziert werden. Nach Sorption mit Bildung von Trisulfatgruppen muss zur Desorption eine Reoxidation zur (VI)-Form erfolgen. Aufgrund dieses Verhaltens kann mit dieser Methode in unalterierten Lösungen, also nicht Lösungen aus Säure(druck)aufschlüssen, eine Speziestrennung (IV/VI) und -analyse durchgeführt werden.

3.4 Lösungsaufschlüsse

Zur Trennung von Se und Te mithilfe von Thiolgruppen muss zunächst ein organisches Trägermaterial entsprechend konditioniert werden. Sehr einfach, da leicht verfügbar, ist die Verwendung von handelsüblicher Watte. Vor der Verwendung sollte allerdings der Grad der Kontamination ermittelt werden. Auch aber Zellulosepulver ist verwendbar [67]. Zur Konditionierung ist zunächst eine Lösung aus Thioglykolsäure, Essigsäureanhydrid, Eisessig, konzentrierter Schwefelsäure und deionisiertem Wasser im Verhältnis 1:0,7:0,32:0,003:0,1 herzustellen [297]. Zu dieser Lösung wird dann das Trägermaterial hinzugegeben. Diese Mixtur muss dann für 4–5 Tage bei 40–50 °C im Wärmeschrank gelagert werden. Das konditionierte Material muss über einem Filter neutral gewaschen werden. Nach Trocknung bei 40–50 °C ist das Material in einer lichtundurchlässigen Flasche zu lagern. Wird Watte verwendet, kann die Oberflächenreaktivität durch Aufmahlen (z. B. in einer Kaffeemühle) erhöht werden. Als Säulen können 5 ml PE-Säulen zur Einmalverwendung dienen. Die Haltbarkeit liegt bei 3–4 Monaten. Vor dem Laden der Säule müssen Se(VI) und Te(VI) in der reduzierten Form vorliegen (s. o.). Im Fall der mit Säuredruckaufschluss gelösten Feststoffproben wird der Überrest nach dem Abrauchen daher nicht verdünnt (s. Tab. 3.10), sondern in einer verschließbaren Teflonflasche mit 10 ml 6N HCl versetzt und für 60 min unter regelmäßigem Schütteln gekocht.

Bevor die Probenlösungen auf die präparierte Säule gegeben werden können, ist der pH-Wert der Aufschlusslösungen einzustellen, da die Effektivität des Trennmaterials für Se pH-sensitiv ist. Aus Abb. 3.25 ist zu entnehmen, dass der dafür optimale pH-Wert wahrscheinlich etwa bei 3–4N HCl liegt, und dass in stark verdünnten Lösungen auch mit pH-Werten ab 1.5N HCl (97,7 % Ausbeute) gearbeitet werden kann, was den Verbrauch an Säure auf ein möglichst geringes Maß reduziert. In Lösungen mit hohem Salzgehalt muss der pH entsprechend angepasst werden (Testreihen). Für Tellur ist keine eindeutige

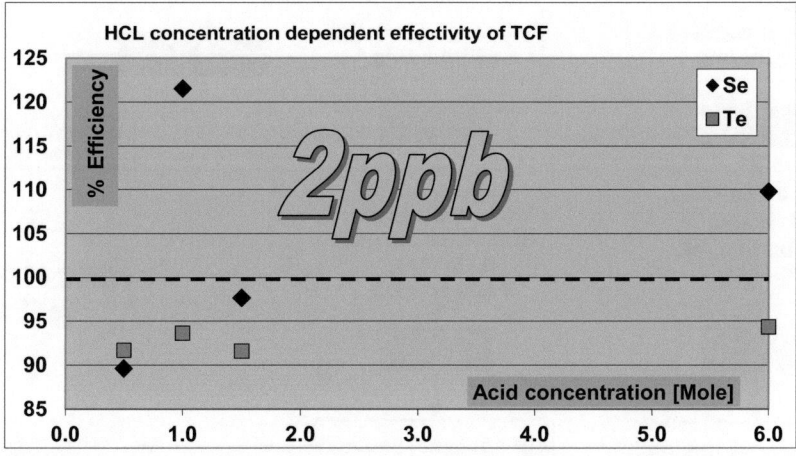

Abb. 3.25 Wiederfindungsrate für Se und Tellur nach Trennung an Thiolgruppen in einer matrixfreien 2 ppb Standardlösung nach Reduktion der Lösung mit verschiedenen HCl-Konzentrationen (zur Verfügung gestellt von T. Schirmer)

Abhängigkeit der Säuleneffektivität vom pH-Wert festzustellen. Die Ausbeute dieses Tests liegt bei etwa 92 %.

In Flüssigkeitsproben kann nicht nur der Gesamtgehalt, sondern auch das Verhältnis von (IV) zu (VI) bestimmt werden. Dazu wird die Lösung nach dem in Abb. 3.26 dargestellten Schema bearbeitet. Im Gegensatz zu Aufschlusslösungen kann mit einer geringeren Säurekonzentration gearbeitet werden, wenn ein geeignetes Reduktionsmittel verwendet wird [297]. Dies ist in sofern wichtig, da bei erforderlichen größeren Lösungsmengen für stark verdünnte Flüssigproben der Säureverbrauch unrealistisch hoch wird, oder die Probe vorher eingedunstet werden müsste. Dies erfordert zusätzliche Apparaturen (z. B. einen Verdampfungstrockner). Offenes Eindunsten führt zu starker Kontamination der Lösung mit Elementen aus der Laborluft (z. B. Pb)

Die maximal auf 1,5N (von 6N, s.o.) verdünnte Aufschlusslösung oder die nach Schema Abb. 3.26 bearbeitete Lösung wird nun auf das mit Thiolgruppen konditionierte Säulenmaterial gegeben. Bevor die Lösung auf die Säule aufgegeben wird, muss das

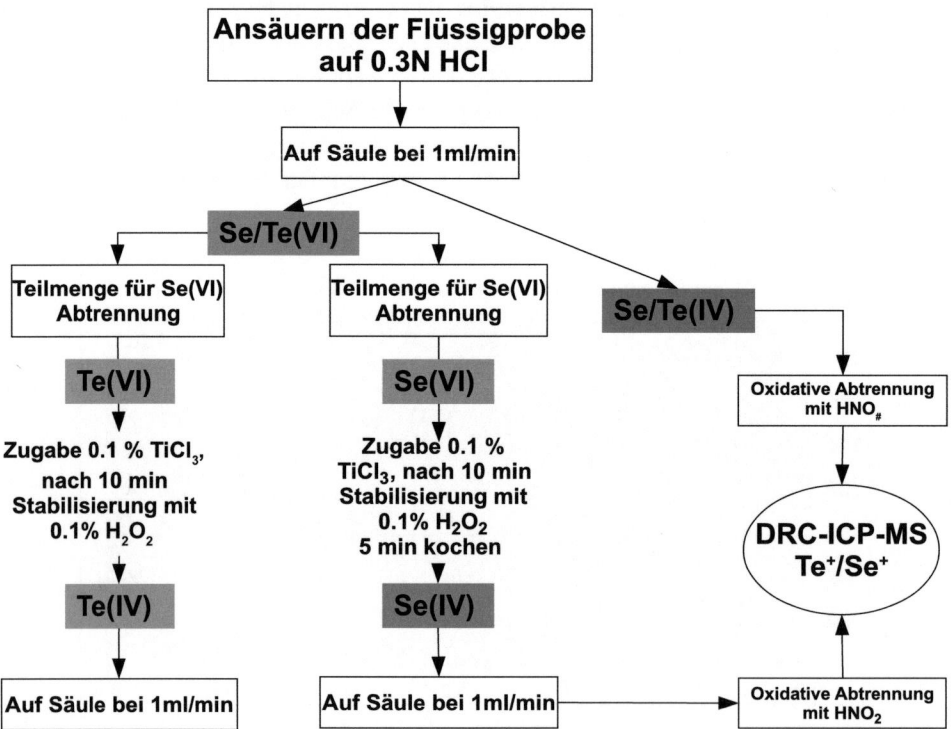

Abb. 3.26 Flussdiagramm zur Bestimmung von Se und Te in Lösungen inklusive der Verhältnisse von (IV) zu (VI). (Nach [297])

3.4 Lösungsaufschlüsse

Trennmaterial erst konditioniert werden. Dazu wird dieses zunächst mit deionisiertem Wasser gewaschen (18,2 MOhm). Danach folgt Konditionierung mit 1 ml 6N HCl. Dann wird der pH der Säule mit 5 ml Säure auf die in der Probe enthaltenen Säurestärke eingestellt (z. B. 1,5N HCl). Es ist nun zu prüfen, wie oft bei welcher Durchflussmenge die Probe über die Säule geschickt werden muss. Für verdünnte Proben haben beispielsweise 3 Zyklen mit Durchflussraten von 1 ml/min die besten Resultate gezeigt. Zur Überprüfung der Effektivität des Verfahrens wird der Eluent zur späteren Analyse aufgefangen und die zurückgebliebenen Anteile an Se und Te bestimmt. Um Reste höher oxidierter Spezies (z. B. Sb) zu entfernen, wird die Säule abschließend nochmals mit 6N HCl gespült. Danach müssen die sorbierten Elemente von der Säule gewaschen werden. Dazu wird das Material aus der Säule entfernt und in ein Zentrifugenröhrchen überführt. Durch Zugabe zuerst von HNO_3 und dann von deionisiertem Wasser im Verhältnis 1:1 (jeweils 500 µl) mit anschließendem Kochen (ca. 20 min) werden Se und Te oxidiert und damit desorbiert. Nach Abkühlung (Eisbad oder Tiefkühler) und Zugabe einer definierten Menge deionisierten Wassers (in diesem Fall 3,3 ml) ist das Material in dem Röhrchen zu zentrifugieren (z. B. 10 min, 3500 u/min). Die überstehende Lösung kann nun abpipettiert werden (z. B. in 15 ml Probenröhrchen für ICP). Zentrifugieren und Abpipettieren sollten wiederholt werden, da immer etwas von der Lösung im Feststoff verbleibt.

Schüttelaufschluss

Zum Lösen von Evaporiten inklusive des Anhydrits genügt meist bereits ein Schüttelaufschluss in deionisiertem Wasser (s. Abb. 3.27). Im Normalfall reicht ein Verhältnis Probe zu deionisiertem Wasser von 1:100 bei einer Dauer von 24 h. Zur Ausführung dieses Aufschlusses wird ein Rütteltisch benötigt, auf dem die Probeflaschen (z. B. PE) einspannt werden. Bei hohem Anteil an Anhydrit muss das Feststoff zu DI-Wasser-

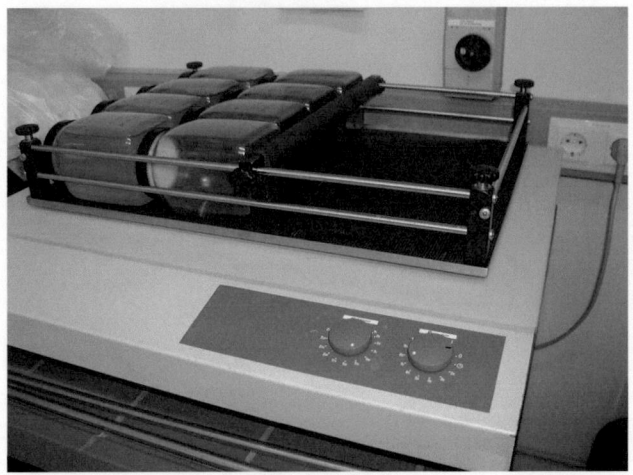

Abb. 3.27 Rütteltisch mit eingespannten Probenflaschen

Verhältnis erhöht werden. Um sicherzustellen, dass sich der Anhydrit gelöst hat, ist eine RDA (s. Kap. 7) anzufertigen. Evaporitproben enthalten häufig noch unlöslichere Phasen (Karbonate, Tonminerale, Feldspäte, Quarz, Boracit, Fe-Oxide). Dieser als „WUM" (wasserunlösliche Mineralfraktion) bezeichnete Probenanteil ist separat zu behandeln. Zu beachten ist jedoch, dass auch die prinzipiell unlöslichen Mineralphasen alterieren können (z. B. quellfähige Tonminerale wie Montmorillonit).

3.4.3 Gasförmige Präparate

Hydridgeneration

Die Elemente Ge, As, Se, Sn, Sb, Te, Pb und Bi lassen sich zur Messung leicht in Hydride überführen. Diese sind prinzipiell gasförmig, trennen sich daher aus der Lösung (bzw. der Matrix) ab und können getrennt gemessen werden (z. B. AAS, ICP-MS oder ICP-OES). Zur Hydridbildung muss das Element in der richtigen Speziation vorliegen. Bei Se ist das die teilweise reduzierte, vierwertige Form. Dies muss beim Aufschluss beachtet werden. Oxidierende Aufschlüsse produzieren sechswertiges Se, welches nicht reagiert. Daher sollten nichtoxidierende Lösungen auf HCl-Basis verwendet werden. Für die Reaktion mit einem Hydridbildner (meist $NaBH_4$) und die direkte Messung kann ein Fließinjektionssystem („FIAS") eingesetzt werden. Ein eigens dafür hergestelltes System wird in [157] vorgestellt (s. Abb. 3.28).

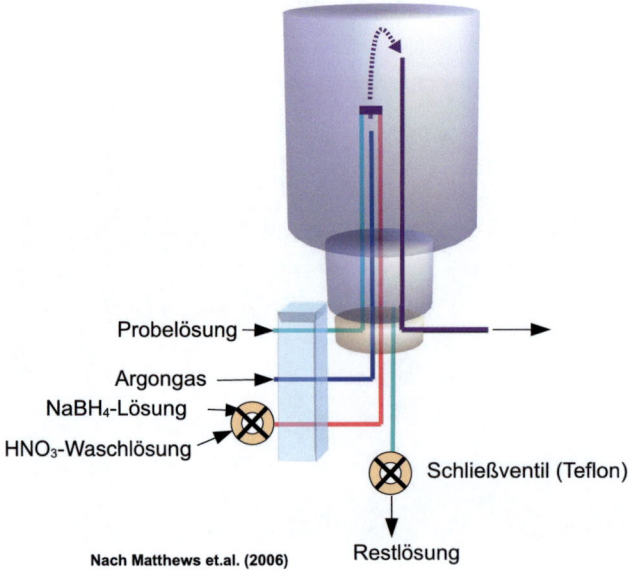

Abb. 3.28 Schema eines Hydridgenerators. (Nach [157])

3.5 Probenkontamination

Da das Probenmaterial von der Probenahme bis hin zur Lagerung (z. B. in Flaschen) unvermeidlich mit verschiedenen Materialien in Kontakt gerät, ist eine gewisse Kontamination nicht völlig zu verhindern. Bereits erwähnt wurde die Kontamination durch die Probenahme (Plastikflaschen), die Aufbereitungsgerätschaften (Backenbrecher, Mühle u. a.) und die Reagenzien (Säuren u. a.). Daher sollten vor der Präparation die möglichen Kontaminationen durchgespielt werden. Ist die Bestimmung von Elemente wie W oder Co nicht vorgesehen, kann ohne Weiteres WC als Hartmaterial für Grob- und Feinzerkleinerung verwendet werden. Sind für die weitere Bearbeitung (z. B. Auffüllung u. a.) Glasgeräte erforderlich (z. B. bei der Iod-Bestimmung) ist – wenn möglich – Quarzglas zu verwenden. Die Lagerung in PE- oder PP-Flaschen kann auch zu Kontaminationen (z. B. Cd) und Sorptionseffekten führen – eventuell ist dann die Lagerung in kontaminationsarmen PFA-Flaschen erforderlich. Während des Aufschlussprozesses kann Kontamination durch Reagenzien, Laborluft oder Querkontamination entstehen. Dies lässt sich am besten durch „Blind"- oder „Blank"-Versuche nachweisen. In diesem Buch ist der „Blank" definiert als die reine Spüllösung, z. B. für die ICP (z. B.: DI-Wasser + 2 % HNO_3) und die Blindprobe eine Probe, die den gesamten Aufschlussprozess durchläuft, ohne dass Probenmaterial zugegeben wird. Aus der Laborluft, die Partikel der Decken- Wand- und Fußbodenmaterialien (Pb, Zn) sowie der Kleidung oder aber anderer Kontaminanten wie Antischuppenmitteln (Se) oder Zigarettenrauch (Cd) enthält, gelangt ebenfalls Kontamination in die Probe. Häufige Elemente wie Na, Mg, Al, Si, Cl, K, Ca, Fe gelangen auch leicht während der Aufschlussprozesses in die Probe. Auch das Berühren von Messoberflächen (z. B. Schmelztabletten) führt zu Kontamination (Na, Cl, S, C) oder anderen Verunreinigungen der Finger.

3.6 Experimente

Hierbei handelt es sich um eine spezielle Art der Probengewinnung. In der Geochemie werden beispielsweise Feststoffe und Lösungen in Reaktion gebracht um Alterationsprozesse zu untersuchen. Im Niedertemperaturbereich können Reaktionen zwischen Tonmineralen oder Evaporitphasen und salinaren Lösungen untersucht werden. Typischerweise befinden sich die Reaktionspartner in Glas- oder Plastikflaschen auf einem Rütteltisch oder in einem Inkubator bei erhöhter Temperatur (s. Abb. 3.29). In vorher festgelegten Zeitabschnitten erfolgt dann die Probenahme.

3.6.1 Sequenzielle Extraktion

Bei diesem Verfahren wird die Mobilisierbarkeit chemischer Elemente in (meist polymineralischen) Probenmaterialien untersucht. Dabei wird das Probenmaterial mit zunehmend

Abb. 3.29 Inkubatorschrank

stärkeren Lösungsmittelgemischen (z. B. Säuren) unter reduzierenden oder oxidierenden Bedingungen zur Reaktion gebracht. Eine Methode zur Untersuchung der Mobilität von Uran ist von [279] entwickelt worden. Dabei werden in reduzierendem Milieu die leicht austauschbaren Ionen mit Ammonium-Ascorbat-Lösung (pH 6–7), Karbonate und amorphe Hydroxide mit einem Essigsäure-Acetat-Puffer und Ascorbinsäure (pH 4–5) sowie Hydroxide und Oxidhydrate mit Ameisensäure (10 %) und Ascorbinsäure extrahiert. Im oxidierenden Milieu wird für Extraktion der leicht austauschbaren Ionen und leicht oxidierbaren Phasen (z. T. auch Sulfide) ein Ammoniumnitrat/H_2O_2-Gemisch verwendet (pH 6–7), für Karbonate und Oxidhydrate ein Essigsäure-Acetat-Puffer mit Ammoniumnitrat (pH 4–5) und für schwer oxidierbare Phasen (Sulfide, Hydroxide und Oxide) verdünntes Königswasser (10 %). Die Residuen aus den beiden Reaktionsreihen werden mit einem Säure(druck)aufschluss vollständig aufgeschlossen. Die Summe der Elementkonzentrationen aller einzelnen Schritte ergibt die Gesamtkonzentrationen der einzelnen Elemente. Dies ist mit einem Gesamtaufschluss des Originalmaterials zu überprüfen.

3.6.2 Sorption/Diffusion

Auch die Sorption unterschiedlicher Elemente wird mit Experimenten untersucht. Dazu werden zerkleinerte Fraktionen des zu untersuchenden Feststoffs mit Lösungen in Kontakt gebracht, die mit festgelegten Konzentrationen der für den zu betrachtenden Sorptionsprozess interessanten Elementen angereichert sind. Nach festgelegten Zeitpunkten wird die Lösung beprobt und die Änderung der Elementkonzentration gemessen. Mit Experimenten dieser Art sind auch Verteilungskoeffizienten zwischen Feststoff und Lösung zu ermitteln. Diffusionsprozesse können im μm- oder nm-Bereich an einem Schliff mit ESMA untersucht werden.

3.7 Probenaufbewahrung

Von den aufgemahlenen festen Proben wird normalerweise eine bestimmte Menge als Rückstellprobe archiviert. Auf eine übersichtliche Beschriftung und eine gute Dokumentation ist zu achten. Das ermöglicht eine Neupräparation. Flüssige Proben können gelagert werden, wenn diese stabilisiert (z. B. 2 % HNO_3) und am besten dunkel gelagert werden. Zur Inertisierung bietet sich auch eine Tiefkühltruhe an. Messlösungen aus Aufschlüssen sind für eine gewisse Zeit lagerbar, jedoch tendieren viele Elemente dazu, sich an die Wände der Probenflaschen zu sorbieren. Press- und Schmelztabletten für RFA können in Eksikkatoren bei einer Luftfeuchtigkeit von < 40 % gelagert werden und sind häufig über mehrere Jahre haltbar (Abb. 3.30).

Abb. 3.30 Eksikkator zur Aufbewahrung hygroskopischer Proben

Teil II

Gesamtchemische Analytik

Dieser Teil enthält eine Beschreibung einiger der wichtigsten Methoden in Geowissenschaft und Materialanalytik. Hierbei handelt es sich um Methoden, mit denen die Gesamtelementzusammensetzung (engl. „Bulk Chemistry") bestimmt wird. Die ICP-MS wird normalerweise an Messlösungen (z. B. Säuredruckaufschlüssen, Wasserproben oder anderen Lösungen) durchgeführt. Es handelt sich um ein sehr empfindliches Verfahren, welches sich am besten zur Bestimmung niedriger Gehalte schwererer Elemente (ab Ga) eignet. Die RFA wird meist an Festoffen (Polymer-, Guss-, Keramikproben), Presstabletten oder Schmelzaufschlüssen durchgeführt. Dieses sehr vielfältige Verfahren ergänzt sich sehr gut mit der ICP-MS, da hier Elementgehalte von μg–100 Gew.% bestimmt werden können, während die ICP-MS unterhalb des μg-Bereichs einsetzbar ist. Dies betrifft vor allem häufige Elemente wie Na, Mg, Al, Si, K, Ca, Ti, Fe (und andere Übergangsmetalle). Für leichte Elemente < O oder N ist das Verfahren nicht sehr empfindlich. Elemente < Be sind mit Standardgeräten nicht analysierbar. Mit beiden Verfahren ist auch Mikroanalytik möglich: Laserablations-ICP-MS oder Mikro-RFA. Diese Verfahren sind aber nur am Rande Bestandteil dieses Buches.

Quadrupolmassenspektrometrie 4

Übersicht

4.1	Messprinzip und Geräteaufbau	83
4.2	Zählraten und Messzeiten	110
4.3	Optimierung	111
4.4	Aufschluss	115
4.5	Halbquantitative Auswertung eines Massenspektrums	115
4.6	Kalibration	115
4.7	Messung	117
4.8	Verwandte Verfahren	121

4.1 Messprinzip und Geräteaufbau

Die Massenspektrometrie ist ein umfangreiches Gebiet der chemischen Analytik. In diesem Buch wird das Hauptaugenmerk auf die Spurenelementanalyse mit dieser Methode gelegt. Eines der am weitesten verbreiteten massenspektrometrischen Verfahren für die Spurenelemementanalyse ist die Quadrupolmassenspektrometrie mit induktiv gekoppeltem Plasma ((Q)-ICP-MS, s. Abb. 4.1). Die Geräte sind vergleichsweise kostengünstig, wenig wartungsintensiv und robust. Die Methode eignet sich sehr gut zur direkten Bestimmung der Elemente Lithium bis Uran, mit der Ausnahme der Elemente, deren erste Ionisierungsenergie oberhalb der des Plasmagases (meist Ar, 15,8 eV, [94]) liegen. Dies betrifft die Elemente C bis F (Ne). Die Ionisationseffizienz für Fluor liegt nur bei 0,0009 %. F-Polyionen wie BaF^- haben jedoch nur eine 1. Ionisierungsenergie von 5,21 eV. Dies ermöglicht eine indirekte Bestimmung des Fluor [80]. Schwer ionisierbare

© Der/die Autor(en), exklusiv lizenziert an Springer-Verlag GmbH, DE,
ein Teil von Springer Nature 2024
T. Schirmer, U. Fittschen, *Einführung in die geochemische und
materialwissenschaftliche Analytik*, https://doi.org/10.1007/978-3-662-67958-6_4

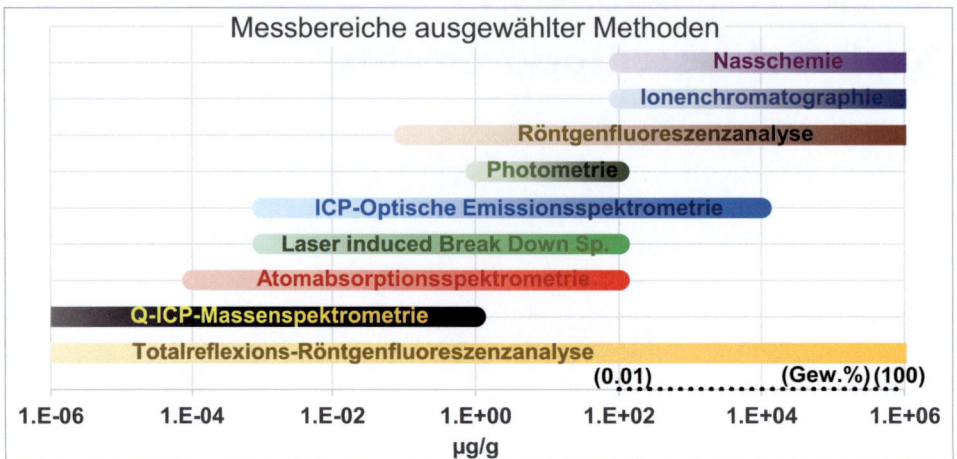

Abb. 4.1 Analysenbereich der (Q)-ICP-MS im Vergleich mit anderen bekannten Verfahren

Elemente wie Schwefel können nach Oxidation in einer direkten Reaktionszelle (DRC, s. Abschn. 4.1.20) als SO^+ analysiert werden (z. B. [88]).

Des Weiteren existieren Schwierigkeiten bei der Analyse bestimmter Elementkombinationen aufgrund von Linienüberlagerungen der Massen (Isotope) anderer Elemente oder komplexerer Molekülionen aus der Matrix der Probenlösung. Isotopenverhältnisse z. B. 6/7 Lithium oder die Blei Isotope 206, 207 und 208 können prinzipiell auch mit dieser Methode bestimmt werden; für diese Problemstellungen sind aber andere massenspektrometrische Verfahren besser geeignet. Daher wird diese Anwendung in diesem Buch nicht weiter besprochen.

Die Spurenelement-ICP-MS eignet sich am besten für schwerere und/oder seltenere Elemente. Aufgrund der Empfindlichkeit des Verfahrens werden in der Regel Na, Mg, K, Ca, Fe eher mit anderen Methoden analysiert. Elemente wie Al oder Si, die mit den zumeist angewendeten Säuredruckaufschlüssen schwer zugänglich sind, sind nur in Flüssigkeiten (z. B. Boden-, Poren-, meteorische Wässer) bestimmbar. Von der Verwendung von Lösungen aus Schmelzaufschlüssen (z. B. Lithiumtetraborat) ist abzuraten, da aufgrund der hohen Matrixkonzentrationen (z. B. Li, B) eine Kontamination aller Geräteteile inklusive der Peripherie (z. B. Schläuche) verursacht wird, die nachträglich eine Spurenbestimmung dieser Elemente stark behindert.

4.1.1 Isotope der Elemente

Alle chemischen Elemente unterscheiden sich in der Anzahl der Protonen und zugehörigen Elektronen(schalen). Daher hat jedes Element eine Ordnungszahl und einen festen Platz im

4.1 Messprinzip und Geräteaufbau

Periodensystem der Elemente. Die Masse eines Atoms (Nuklids) wird aber nicht nur von der Anzahl der Protonen (und in sehr geringem Maße der Anzahl der Elektronen), sondern auch von der Anzahl der Neutronen bestimmt. Das Verhältnis von Protonen zu Neutronen ist aber nicht immer 1. Dies bedeutet, dass Nuklide mit einem nahezu gleichen chemischen Verhalten, aber deutlich unterschiedlichen Massen existieren. Ein extremes Beispiel sind die stabilen Isotope von Wasserstoff ^1H und ^2H (Deuterium) mit einem Massenverhältnis von 1:2. Da das Verhalten der Elemente vor allem von der Anzahl der Elektronen und -schalen bestimmt wird, werden solche Nuklide eines Elementes auch als Isotope (Iso: Gleich, Topos: Ort) bezeichnet, da sie im Periodensystem an der gleichen Stelle und mit dem gleichen Elementsymbol auftauchen. Eine genaue Auflistung aller Isotope oder auch Nuklide liefert daneben die Nuklidkarte, in der auch kurzlebige, radioaktive Atome gelistet sind (z. B. [204]). Die Masse eines Isotops ergibt sich aus den Summen der Einzelmassen der Protonen, Neutronen und Elektronen abzüglich des Massendefektes, der durch die Bindungsenergie entsteht. Für die (Q)-ICP-MS sind für die Spurenelementanalytik nur die stabilen Isotope von Interesse. Die meisten Elemente bestehen dabei aus mehreren stabilen Isotopen, wobei Sn mit 10 die meisten Isotope aufweist (s. Abb. 4.2). Andere Elemente wie z. B. Sauerstoff verfügen zwar über mehrere (in diesem Fall 3) Isotope, besitzen aber ein Hauptisotop (^{16}O mit 99,7628 %), sodass die anderen normalerweise vernachlässigbar sind.

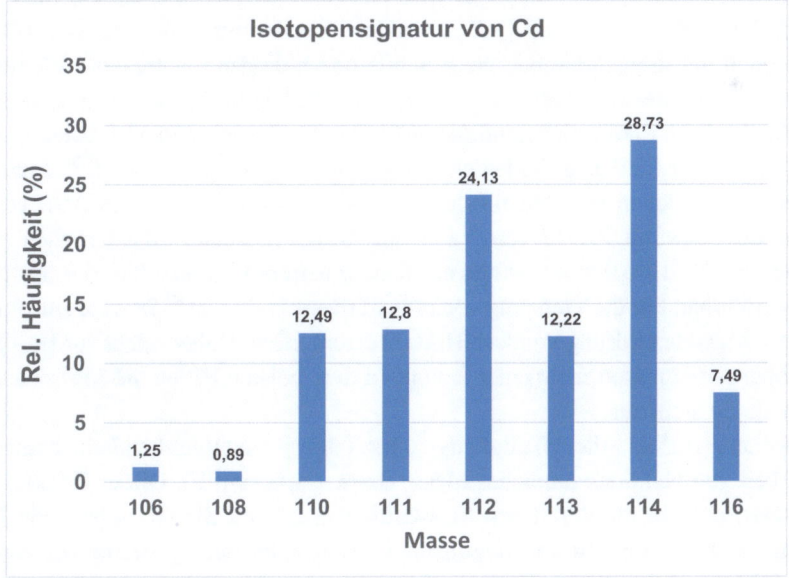

Abb. 4.2 Isotopensignatur von Cadmium

4.1.2 Grundprinzip

Die Grundgleichung für die Massenspektrometrie ist das Verhältnis Masse zu Ladung (z. B. [94]):

$$F = M/Z \qquad (4.1)$$

(F: „Trennfaktor", M: Masse des Nuklids/Isotops, Z: Ladung). Mit der Massenspektrometrie sind Nuklide also nur dann voneinander zu trennen, wenn sie vor dem Eintritt in den Massenfilter ionisiert werden. Bei der (Q)-ICP-MS erfolgt dies in einem Edelgasplasma (im Normalfall Argon). Diese Nuklide können verschiedene Elemente aber auch unterschiedliche, stabile und radiogene Isotope des gleichen Elementes sein. Aus der Gleichung geht auch hervor, dass der Massenfilter nicht zwischen einfach geladenen Ionen mit Masse M und doppelt- oder dreifach geladenen Massen 2M oder 3M unterscheiden kann. Dies ist bei der Ermittlung möglicher Linienüberlagerungen zu berücksichtigen.

Ein Maß für die Fähigkeit des Massenfilters zwei Nuklide oder Moleküle/-bruchstücke zu trennen ist die Massenauflösung:

$$M_A = M/\Delta M \qquad (4.2)$$

(M_A: Massenauflösung, ΔM: kleinste trennbare Masseneinheit). Je höher die Masse der untersuchten Ionen, desto niedriger wird das Auflösungsvermögen. Für die (Q)-ICP-MS liegt dieser Faktor bei 300 [285], was im Durchschnitt eine M_A von 1/3 ergibt. Daher können mit dieser Methode viele stabile und radiogene Isotope der Elemente des Periodensystems untersucht werden. Die (Q)-ICP-MS beschäftigt sich fast ausschließlich mit der Analyse von Elementkonzentrationen durch die Trennung und Messung geeigneter stabiler Isotope der Elemente. So lassen sich die Schwerelementisotope ^{205}Tl und ^{206}Pb mit einer erforderlichen Massenauflösung von 206 problemlos trennen. Aber schon die Trennung des ^{80}Se mit 79,917 von $^{80}Ar_2$ mit 79,925 mit einer erforderlichen Massenauflösung von 79,917/0,008 = 9990 ist mit dem Quadrupol Massenfilter der (Q)-ICP-MS nicht durchführbar. Für die Trennung von radioaktivem ^{87}Rb von ^{87}Sr wäre eine noch sehr viel höhere Massenauflösung von fast 310.000 erforderlich. Daher reicht zur Bestimmung von Isotopenverhältnissen radiogener Isotope in den meisten Fällen die Massenauflösung dieser Methode nicht aus.

Ein weiterer Effekt, die Häufigkeits- oder Intensitätsempfindlichkeit, begrenzt die Trennbarkeit von Nukliden ähnlicher Masse (bzw. ähnlichem F). Dieser Effekt resultiert daraus, dass, obwohl die durch den Massenfilter erzeugten Signale sehr steile Flanken haben, die Signalbreite von der Häufigkeit (~ Konzentration · prozentualer Anteil des Isotops) abhängt. Daher gilt als Faustregel eine Summe aller enthaltenen Elemente (außer der Lösungsmatrix) von max. 250 µg/g (besser < 100µg/g) zur Vermeidung von zu hohen Signalintensitäten.

Aus der generellen Abschätzung:

$$I = C \cdot H \tag{4.3}$$

(I: Intensität, C: Konzentration (z. B. in der Messlösung), H: Häufigkeit der gemessenen Masse (bzw. des Isotops) des Elements) ergeben sich signifikante Unterschiede in der Nachweisstärke der Methode bezogen auf die einzelnen Elemente. Während Indium nur über zwei stabile Isotope verfügt, von denen das ^{115}In eine Häufigkeit von 95,7 % hat, besitzt das benachbarte Cadmium 8 Isotope, von denen das häufigste ^{114}Cd nur eine Häufigkeit von 28,7 % hat. Ein Vorteil bei der Analyse von Elementen mit mehren Isotopen ist die Möglichkeit der Bilanzierung der aus den gemessenen Intensitäten der einzelnen Isotope berechneten Konzentrationen. Bei Elementen mit nur einem Isotop wie Arsen gibt es diese Möglichkeit nicht, sodass eventuelle Linienüberlagerungen auf anderem Wege erkannt und beseitigt werden müssen.

Ein weiterer limitierender Faktor für die Nachweisstärke ist die Ionisierungseffizienz des Ar-Plasmas mit der 1. Ionisierungsenergie von ~15,8 eV. Während Chlor mit ~13 eV nur eine schlechte Nachweisgrenze hat, werden Elemente wie Indium mit ~5,8 eV mit hoher Effizienz ionisiert. Schon bei einer 1. Ionisierungsenergie von < 10 liegt die Ionisierung bei fast 100 %. Bei leicht ionisierbaren Elementen wie Barium oder die Lanthanoiden, die zusätzlich eine 2. Ionisierungsenergie kleiner als 15,8 eV haben, entstehen im Plasma zweifach geladene Ionen, die zu signifikanten Linienüberlagerungen auf Massen des halben Atomgewichts des Elementes führen können (s. Abb. 4.3).

4.1.3 Interferenzen

Bei der (Q)-ICP-MS treten Interferenzen mit Ionen auf, die das gleiche m/e-Verhältnis haben wie das ausgewählte Analysenelement. Dabei kann es sich um direkte Überlagerungen durch einfach geladene Ionen von Massen (Isotope) im Periodensystem benachbarter Elemente, mehrfach geladene Ionen von Elementisotopen mit einer entsprechend vielfachen Masse oder aber um ionisierte Moleküle oder Molekülbruchstücke mit allen im Plasma befindlichen Elementen handeln (z. B. [225]). Zu beachten sind vor allem alle Ionen, die von den in der Messlösung hochkonzentrierten Elementen stammen. Dies sind, abhängig von der Matrix der Messlösung oder Art des Probenmaterials, vor allem: H, C, N, O, Na, Mg, Al, Si, P, S, Cl, Ar, K, Ca und Fe. Zur Vermeidung von Interferenzen mit Hauptelementen kann es erforderlich sein, störende und für die Messung nicht erforderliche Elemente zu entfernen, oder die für die Messung interessanten Elemente von der Matrix zu trennen. Hier besteht die Möglichkeit des Einsatzes von Ionentauscherharz, Hydrierungsagenzien oder Fällungsmitteln. Viele der häufig auftretenden Interferenzen werden bereits beim Erstellen der Messprogramme mit den gängigen Analysenprogrammen berücksichtigt. Dafür werden Massen des Elementes, dessen ionisierte Nuklide oder Molekülionen

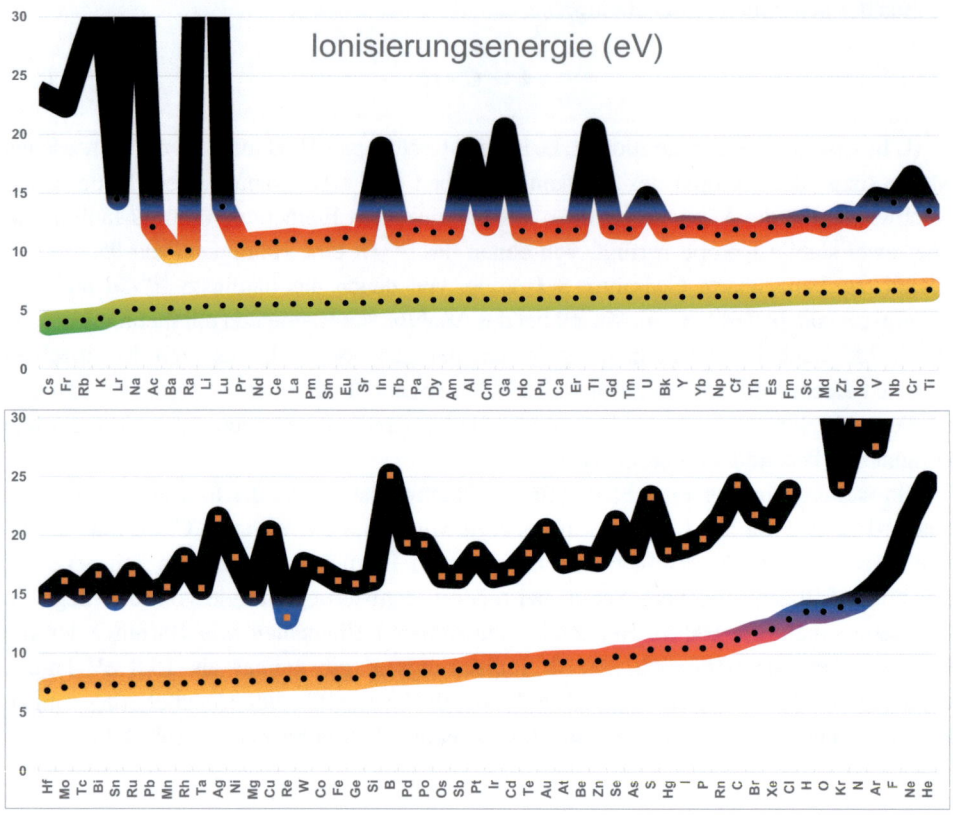

Abb. 4.3 1. (jeweils unten) und 2. (jeweils oben) Ionisierungsenergie für die Elemente des Periodensystems. Grün-Gelb: Mit Ar-Plasma leicht ionisierbar, Orange-Rot: Mit Ar-Plasma mäßig gut ionisierbar, Dunkelrot-Blau: Mit Ar-Plasma schlecht oder kaum ionisierbar, Schwarz: Mit Ar-Plasma nicht ionisierbar

stören können, in die Methode zusätzlich zu den Analysenelementen eingefügt. Dabei ist zu beachten, dass diese potenziell interferierenden Elemente, welche prinzipiell nicht Bestandteil der Methode sind, ebenfalls auf Interferenzen zu prüfen sind. Die Korrektur erfolgt dann über Verhältnisfaktoren zwischen den Isotopen bzw. der Häufigkeit der störenden Molekülionen.

Isobare Interferenzen

Da die meisten Elemente aus einer Anzahl an Massen (Isotopen) bestehen, ist das Auftreten von Überlagerungen gleicher Massen verschiedener Elemente unvermeidlich. Innerhalb der ersten ca. 65 Elemente (bis ^{65}Cu) existieren nur wenige direkte isobare Linienüberlagerungen, von denen $^{40}Ar \rightarrow\, ^{40}Ca$ die ausgeprägteste ist, was dazu führt, dass diese Masse für die Bestimmung von Ca nicht genutzt werden kann. Auf ^{46}Ti und ^{48}Ti liegen Massen des häufig in den Messlösungen hoch konzentrierten Ca (z. B. bei

4.1 Messprinzip und Geräteaufbau

carbonatischen Proben). So würden bei gleicher Ionisierungseffizienz 1000 Impulse gemessen auf ^{44}Ca etwa 88 Impulse ^{48}Ti vortäuschen, die dann von dem Messergebnis abgezogen werden müssten: $I^{48}Ca = I^{44}Ca \cdot \frac{H(\%)^{48}Ca}{H(\%)^{44}Ca}$, I: Zählrate, H(%): Häufigkeit des Isotops.

Bei hochgradig eisenhaltigen Proben (z. B. Eisenerzen) muss die Masse ^{54}Cr ausgelassen werden. Eventuell könnte es auch zu Störungen auf der wichtigsten Masse des Ni, ^{58}Ni, kommen. Bei schweren Elementen ab Nr. 70 nehmen die isobaren Interferenzen zu, sodass bei individuellen Proben mit ungewöhnlicher Zusammensetzung eine genauere Prüfung der verwendbaren Massen durchzuführen ist.

Interferenzen durch mehrfach geladene Ionen

Aufgrund des Ionisierungspotenzials des Ar-Plasmas ist im Falle der leichter ionisierbaren Elemente, wie z. B. den Lanthanoiden, das Auftreten 2-fach geladener Ionen möglich. So ist die Überlagerung von $^{160}Gd^{2+}$ und $^{80}Se^+$ mit einer erforderlichen M_A von 1718 mit einem (Q)-ICP-MS nicht auflösbar (s. Abb. 4.4). Dies gilt auch für $^{138}Ba^{2+}$ auf $^{69}Ga^+$ oder die doppelt geladenen Lanthanoidenionen im Bereich der Elemente Ge bis Rb.

Polyatomische Interferenzen

Diese entstehen unter Beteiligung von H, C, N, O („Atmosphärenelemente"), Ar („Plasmaelement") und allen Hauptelementen in der Messlösung (z. B. Na, Mg, Al, Si, P, S, Cl, K, Ca und Fe), da die Messlösungen unter Normalatmosphäre stehen und eine wässrige säurestabilisierte Matrix haben (z. B. [120]). Viele von diesen Molekülen entstehen vor allem bei kühleren Plasmabedingungen oder in kühleren Plasmazonen (z. B. direkt vor

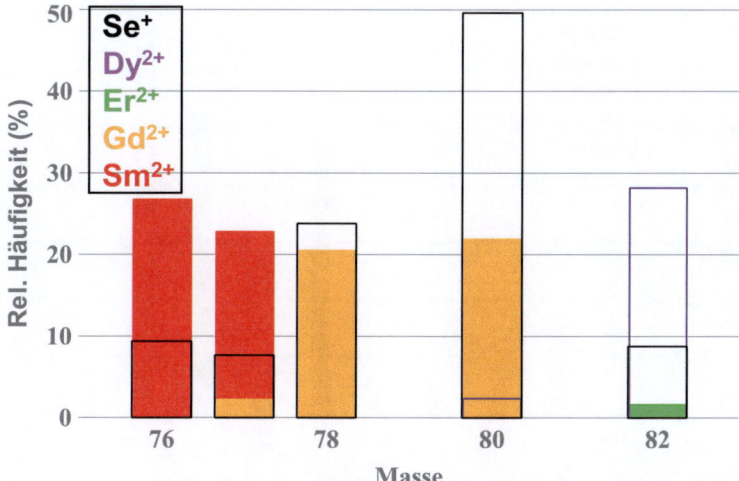

Abb. 4.4 Linienüberlagerungen auf Selen mit $Lanth^{2+}$. Angegeben sind relative Häufigkeiten. Die tatsächliche überlagernde Zählrate hängt von der Konzentration an den Lanthanoiden und der M^{2+}-Rate ab

dem Interface) Als Erstes ist dabei das nur über das Plasma entstehende $^{40}Ar_2^+$ zu erwähnen, welches eine direkte Messung des $^{80}Se^+$ unmöglich macht (siehe Tab. 4.1). Als Nächstes ist die in jeder Messlösung auftretende Bildung von MO^+ zu beachten. Das Verhältnis MO^+/M (z. B. in %) ist die sogenannte „Oxidrate". Diese ist zu minimieren, ohne dass die Empfindlichkeit des Gerätes für das zu analysierende Element zu stark abnimmt. MO^+ erzeugen eine um 16 (17, 18 sind extrem selten) Masseneinheiten erhöhte Masseninterferenz. So können verschiedenen Massen von BaO^+ im Massenbereich der Lanthanoiden signifikante Linienüberlagerungen erzeugen (s. Abb. 4.5). So liegt $^{138}Ba^{16}O^+$ mit der Masse 153,905 auf $^{154}Sm^+$ mit der Masse 153,922 mit einer erforderlichen M_A von 9075. Desgleichen müssen auch die anderen Massen von Barium und Sauerstoff berücksichtigt werden. Ebenfalls zu betrachten sind die Kombinationen mit Hydroxidionen, z. B. $^{138}Ba^{16}O^1H^+$ auf $^{155}Gd^+$. Da ^{138}Ba mit 71,69 % eine sehr häufige Masse ist und die betroffenen Massen von ^{154}Sm mit 22,75 und ^{155}Gd mit 14.8 % eine deutlich geringere Häufigkeit aufweisen, kann diese Überlagerung zu erheblichen analytischen Fehlern führen. Während Sm und Gd viele nichtüberlagerte Massen haben, sodass ein Vergleich der über die einzelnen Massen berechneten Konzentrationen eine Linienüberlagerung nachweisen würde, sind die beiden Massen von Europium beide zu ähnlichen relativen Anteilen mit BaO überlagert, sodass diese hier leicht zu übersehen sind. Bei hohen (%-Bereich) Gehalten an Ba würden alle Lanthanoidmuster eine positive Eu-Anomalie ausweisen. Die Anomalien dieses Elementes treten aber auch tatsächlich auf und dienen als geochemische Proxies. Dies ist besonders bedeutsam, da Ba^{2+} und Eu^{2+} ein ähnliches geochemisches Verhalten aufweisen können (z. B. Anreicherung in Ca-reichen Mineralen).

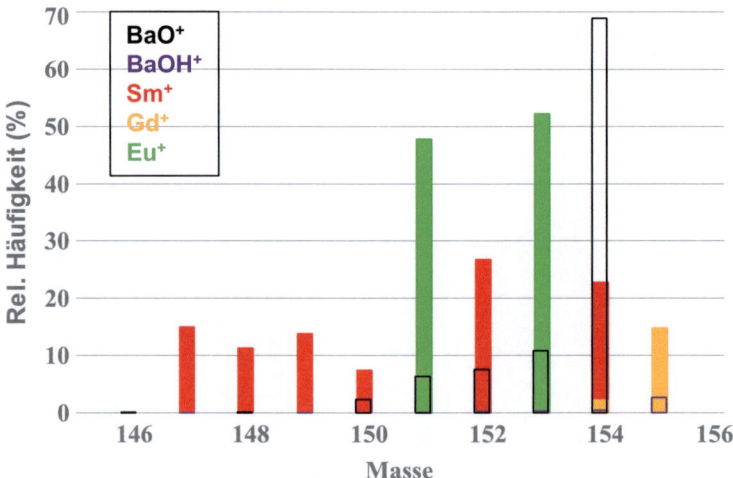

Abb. 4.5 Linienüberlagerungen auf Lanthanoiden mit BaO und $BaOH$. Die stärksten Linienüberlagerungen liegen auf ^{154}Sm und ^{155}Gd. Aber auch auf beiden Europiummassen liegen intensivere Überlagerungen. Angegeben sind relative Häufigkeiten. Die tatsächliche überlagernde Zählrate hängt von der Konzentration an Ba und der Oxidbildungsrate ab

4.1 Messprinzip und Geräteaufbau

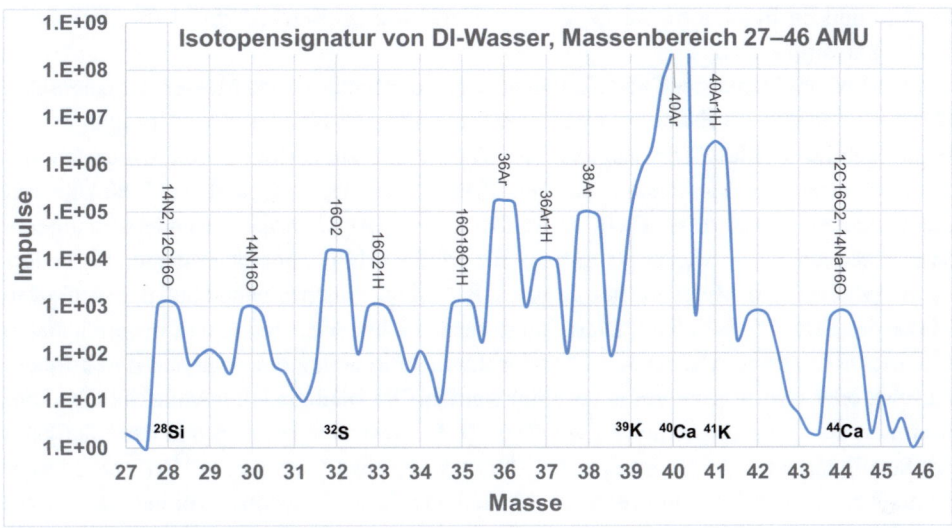

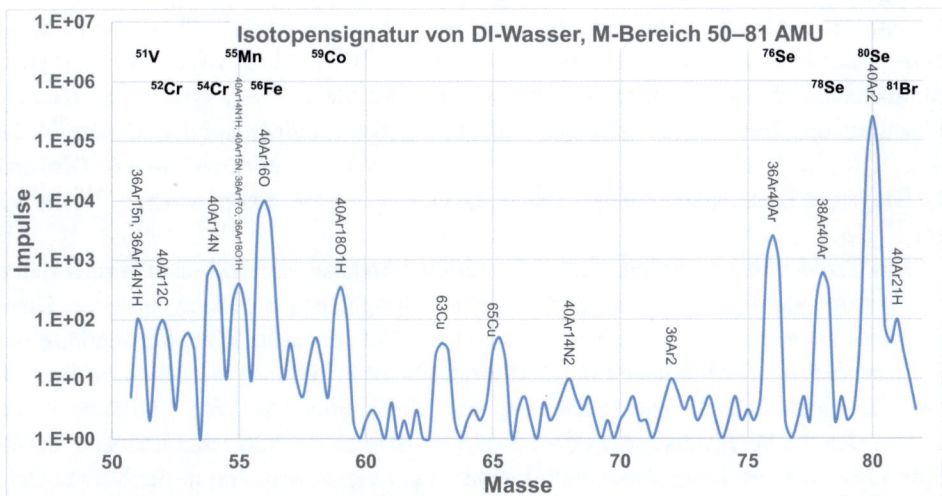

Abb. 4.6 Wichtige Isotopensignaturen von DI-Wasser

Weitere Störungen sind abhängig von der Matrix der Messlösung, die je nach verwendeter Säure mit den Elementen N, F, P, S, Cl in Kombination mit H, C, O und Ar unterschiedlichste Molekülionen produziert. Dies ist einer der Gründe, warum die Messlösung für die (Q)-ICP-MS meist mit *HNO₃* als Matrixsäure stabilisiert wird, da deren Elemente H, N und O alle auch im Wasser und in der Atmosphäre vorkommen.

Aber auch bereits in reinem deionisiertem Wasser (auch *HNO₃*) sind viele störende Molekülionen präsent (s. Abb. 4.6), welche auf den Massen 28 (Si), 32 (s), 39, 40, 41, 44

(K, Ca) und im Bereich 51–56 (V, Cr, Mn, Fe) sowie im Bereich 76–81 (Se, Br) starke Störungen verursachen.

In den Molekülionen sind alle Kombinationen der verschiedenen Massen der beteiligten Nuklide realisiert. Im Falle von ClO^+ müssen daher die Nuklide $^{16,17,18}O$ und $^{35,37}Cl$ berücksichtigt werden. Die Zugabe von HCl führt zur Bildung von Chloriden der Matrixelemente der Messlösung und des Plasmas wie H, C, O und Ar. Moleküle wie unter anderem MgO, ArH, CO_2, ArN, CaO, ClO_2 $ArCl$ sorgen besonders im unteren Massenbereich bis ~ Masse 80 (Selen) für zahllose Linienüberlagerungen. Besonders hervorzuheben sind Moleküle mit Argon z. B. $^{80}Ar_2^+$, welches genau auf der häufigsten Masse des Selen ($^{80}Se^+$) liegt. Diese Interferenzen können nur mit einem vorgeschalteten Filter („DRC", siehe Abschn. 4.1.20) oder durch Abtrennung der Analyten durch Ionentauscher oder Hydridgeneratoren beseitigt werden. Die Häufigkeit der Molekülionen wird bestimmt durch die Einstellungen am Gerät (z. B. Plasmatemperatur) und der Häufigkeit der beteiligten Nuklide. So ist z. B. $^{35}Cl^{16}O^+$ wesentlich häufiger als $^{37}Cl^{17}O^+$. Daher ist die Analyse von $^{51}V^+$ in Lösungen mit HCl-Matrix stark gestört, während die Analyse von $^{54}Cr^+$ gar nicht beeinflusst ist. Mit einem normalen Quadrupol sind diese sich überlagernden Massen nicht trennbar, wobei im Falle des V noch $^{51}V^+$ mit 99,75 % die einzige stabile Masse ist (neben dem sehr seltenen $^{50}V^+$). Die Analyse von V in HCl-Matrix hat damit eine besonders hohe Nachweisgrenze. Bei der Verwendung von HCl als Lösungsmatrix kommt noch das Cl_2O^+ hinzu, welches vor allem auf den Massen 86, 88 und 90 (Sr, Zr) Störungen verursacht und das ClO_2^+, welches auf den Massen 67 (Zn) und 69 (Ga) stört. Lanthanoide können sich als Oxide gegenseitig stören, wie z. B. $^{139}La^{16}O$ auf ^{155}Gd.

Aus Tab. 4.1 ist ersichtlich, dass die meisten störenden Molekülionen bereits durch die wässrige Matrix und den Zutritt der Normalatmosphäre zum Plasma entstehen. Diese treten vor allem im Bereich der Massen 28–81 auf. Bei der zusätzlichen Verwendung von HCl verstärken sich Störungen durch chloridische Molekülionen vor allem im Bereich der Übergangselemente. Die Entstehung von Molekülionen ist eine Erklärung dafür, warum sich die Verwendung der (Q)-ICP-MS im Bereich der leichteren Elemente bis Se (vor allem aber der Übergangsmetalle) nicht so gut eignet und warum die Verwendung einer HNO_3-Matrix zur Stabilisierung der Messlösungen („Abrauchen mit HNO_3") vorteilhaft ist. Enthält das Probenmaterial bereits Elemente wie Cl, bringt der Einsatz von beispielsweise HCl zur Stabilisierung keinen Nachteil mit sich.

Darüber hinaus gibt es in spezielleren Fällen bei besonderen Zusammensetzungen des Ausgangsmaterials individuelle Störungen. Als Beispiel ist hier die Anwesenheit hoher Gehalte an Barium (z. B. in carbonatischen Erzen/Gängen/Gesteinen) bei der Analyse der Lanthanoiden („seltenen Erden") erwähnt. Eine gute Strategie zur Erfassung eventueller Störungen/Überlagerungen ist die Messung aller relevanten Massen eines Elementes und der Vergleich der berechneten Konzentrationen. Eine Interferenz auf einer Masse fällt dann sofort aufgrund der deutlich höheren berechneten Konzentration auf.

4.1 Messprinzip und Geräteaufbau

Tab. 4.1 Wichtige Linienüberlagerungen mit Molekülionen inklusive der davon betroffenen Elemente. Von Hellgrau nach Dunkelgrau: Atmosphäre/DI-Wasser/HNO_3, zusätzlich HCl, zusätzlich H_3PO_4 zusätzlich H_2SO_4

Masse	Molekül	rel. Häufigk.	Interferenz	Masse	Molekül	rel. Häufigk.	Interferenz
28	AlH	1,000	Si	58	NaCl	0,757	Ni
28	CO	0,987	Si	60	NaCl	0,242	Ni
29	SiH	0,922	Si	63	SiCl	0,698	Cu
31	NOH	0,994	P	65	SiCl	0,223	Cu
32	O_2	0,995	S	59	MgCl	0,560	Co
40	MgO	0,788	Ca	63	ArNa	0,996	Cu
40	Ar	0,996	Ca	63	PO_2	0,995	Cu
41	ArH	0,996	K	64	SO_2	0,946	Zn
41	CaH	0,969	K	64	TiO	0,736	Zn
44	CO_2	0,984	Ca	67	CLO_2	0,754	Zn
44	N_2O	0,990	Ca	69	CLO_2	0,244	Ga
44	SiO	0,920	Ca	71	ArP	0,996	Ga
46	NO_2	0,992	Ti	72	ArS	0,946	Ge
47	PO	0,998	Ti	72	FeO	0,915	Ge
47	CCl	0,749	Ti	73	FeOH	0,915	Ge
48	SO	0,948	Ti	75	ArCl	0,755	As
49	CCl	0,240	Ti	80	Ar_2	0,996	Se
49	HSO	0,948	Ti	81	Ar_2H	0,992	Br
51	ClO	0,756	V	86	Cl_2O	0,573	Sr
52	ArC	0,985	Cr	88	Cl_2O	0,366	Sr
52	HClO	0,756	Cr	91	FeCl	0,695	Zr
53	ClO	0,243	Cr	93	FeCl	0,223	Nb
54	ArN	0,992	Cr, Fe	150	BaO	0,024	Sm
54	HClO	0,243	Cr, Fe	151	BaO	0,066	Eu
55	KO	0,994	Mn	152	BaO	0,078	Sm
56	KOH	0,994	Fe	153	BaO	0,112	Eu
56	CaO	0,967	Fe	154	BaO	0,715	Sm, Gd
56	ArO	0,994	Fe	155	BaOH	0,715	Gd

4.1.4 Physikalische Interferenzen

Physikalische Interferenzen umfassen alle unspezifischen Interferenzen, die eine matrixabhängige Signalunterdrückung oder Massenfraktionierung bewirken.

4.1.5 Matrixeffekte

Interelementmatrixeffekte sind bei der (Q)-ICP-MS weniger kritisch, da eine gegenseitige Beeinflussung der Elemente (hier Ionen) nicht so ausgeprägt ist wie bei der Röntgenfluoreszenzanalyse. Trotzdem können mehr oder weniger unspezifische Effekte auftreten, die die Empfindlichkeit der Elemente in unterschiedlichen Lösungen beeinflussen. Ein hoher Anteil an leicht ionisierbaren Elementen wie Na in salinaren

Lösungen verändert die Ionisierungseffizienz des Plasmas. Raumladungseffekte durch sehr hohe Konzentrationen von Matrixelementen im Bereich der Ionenoptik bewirken eine massenabhängige Reduktion der Empfindlichkeit, sodass die Nachweisgrenze für leichtere Massen ansteigt. Vor allem Ionen schwerer Elemente zeigen die Tendenz, Ionen leichterer Elemente aus dem Ionenstrahl zu verdrängen. Eine hohe Konzentrationen an Uran kann die Wiederfindungsrate für leichte Elemente wie Li oder Be auf unter 10 % drücken [260]. Hohe Konzentrationen an Matrixelementen, vor allem refraktärer Elemente wie Mg und Ca, verursachen Ablagerungen stabiler Oxidschichten am Probeninterface (engl. „Sampler Cone"). Dadurch können sich Form und Richtung des Ionenstrahls und damit die Effizienz der Ionenoptik ändern. Der Durchlass zum Massenfilter durch den Sampler kann sich bis zur kompletten Undurchlässigkeit verringern. Das Resultat ist eine Verringerung der Gesamtzählraten bzw. eine komplette Blockierung des Ionenstrahls mit der damit verbundenen Verschlechterung der Empfindlichkeit bzw. der Nachweisgrenzen des Systems bis zum Ausfall.

Der beste Weg diese Effekte zu vermeiden ist das Arbeiten mit maximal verdünnten Lösungen (mind. Gesamtgehalt < 250 µg/g). Im besten Fall enthält die Messlösung nur die Analysenelemente („matrix stripping"). Auch die Viskosität der Messlösung oder unterschiedliche Säurekonzentrationen können das Messsignal beeinflussen.

4.1.6 Entfernung von Interferenzen

Interferenzen können aktiv entfernt/vermieden oder über Korrekturrechnungen kompensiert werden. Ein einfacher Schritt zur aktiven Entfernung/Vermeidung ist die Anpassung der Matrix der Messlösung. Dazu wird die Aufschlusslösung mehrfach mit konzentrierter HNO_3 abgeraucht. Damit entfallen alle matrixgebundenen Interferenzen der Aufschlusssäuren wie F, P, S, Cl. HF muss auch allein wegen ihrer Korrosivität für alle Si-haltigen Verbindungen entfernt werden.

Ein nächster Schritt ist die Entfernung der Probenmatrix mit ionenselektiven oder -tauschenden Säulen. Ein weiterer Schritt ist die Freisetzung der Analyten, z. B. durch Hydridgeneration. Darüber hinaus kann das (Q)-ICP-MS mit einer Kollisions- oder Reaktionszelle aufgerüstet werden (engl. „Dynamic Reaction Cell ICP-MS", DRC-ICP-MS).

Bleiben nach diesen instrumentellen Erweiterungen noch zu korrigierende Interferenzen übrig, gibt es weitere Ansätze:

1. Regelungen der Geräteeinstellungen
2. Rechnerische Korrektur über Isotopenverhältnisse
3. Linienüberlagerungskorrektur mittels Referenzlösungen

Für (1) bietet sich in speziellen Fällen die Verringerung der Plasmatemperatur an. Bei einer Reduktion der Plasmaenergie auf 0,5–0,8 kW kann die Bildung von Ar-

4.1 Messprinzip und Geräteaufbau

haltigen Molekülen weitestgehend unterdrückt werden (z. B. $^{40}Ar^{16}O^+$ auf $^{56}Fe^+$, [260]). Ebenfalls wird aufgrund der geringeren Ionisierungseffizienz die Bildung von M^{2+} unterdrückt. Die bei diesen Bedingungen geringere Effizienz der Plasmaanregung führt jedoch zu anderen Problemen, da viele andere Molekülionen (Hydroxide, Oxide etc. ...) entstehen. Eine Erhöhung der Plasmaenergie und eine Verlängerung der Interaktionszeit mit dem Plasma führt zur Verringerung der Bildung von MO^+ und allen auf ähnliche Weise entstehenden Molekülionen. Allerdings bilden sich dann natürlich mehr M^{2+}. Für die Analyse bestimmter Elemente gibt es daher keine einfache Option der Regelung. Selen, beispielsweise, ist schlecht ionisierbar, daher ist zur optimalen Anregung eine hohe Plasmaenergie bzw. eine längere Interaktionszeit mit dem Plasma erforderlich. Gleichzeitig werden Massen des Selen von doppelt geladenen Lanthanoidionen überlagert (z. B. $^{82}Se^+$ [8,73 %] mit $^{164}Dy^+$ [28,18 %]), die nur durch eine Verringerung der Plasmatemperatur oder eine Verkürzung der Interaktion gedrückt werden können.

Im Falle von (2) sind zwei Voraussetzungen zu erfüllen: Das Element muss neben der den Analyten überlagernden Masse mindestens über eine Masse verfügen, von der eine zuverlässige Zählrate ermittelt werden kann (s. Tab. 4.2). Dies ist zum einen eine Zählrate eines ungestörten, nicht von der Masse eines anderen Elementes überlagerten Isotops oder eine Zählrate, die auch durch eine Korrekturprozedur wie (1) oder (2) zuverlässig ermittelt werden kann. Dazu muss die Isotopensignatur des überlagernden Elements bekannt sein bzw. natürlichen prozentualen Verteilung entsprechen, es darf dann also keine Isotopenfraktionierung stattgefunden haben (die Isotopensignatur ist keine physikalische Konstante). Folgende Berechnung wird durchgeführt:

$$Z_{tot} = ZM_{an} + ZM_{int} \tag{4.4}$$

(Z_{tot} = Gesamtzählrate, ZM_{an} = Zählrate Analyt, ZM_{int} = Zählrate Interferenz)

ZM_{an} soll ermittelt werden. Es wird zusätzlich die Zählrate einer freien (oder anders korrigierbaren) Masse des interferierenden Elementes $Z^{Frei}M$ bestimmt. Vorausgesetzt wird, dass die Empfindlichkeiten der verschiedenen Massen des interferierenden Elementes gleich sind.

Dann gilt:

$$ZM_{int} = (^{Int}M(\%) / ^{Frei}M(\%)) \cdot Z^{Frei}M \tag{4.5}$$

Tab. 4.2 Beispiel zur Berechnung von isobaren Interferenzen

	H(%)	M48/M44	I	Element
44	2,0567		1000	Ca
48	0,1824	0,088686	88,69	Ca
48			10000	Ti+Ca
			9911,31	Ti(Corr)

($^{Int}M(\%)$: Häufigkeit Interferenzmasse, $^{Frei}M(\%)$: Häufigkeit freie Masse, $Z^{Frei}M$: Zählrate freie Masse)

$$Z_{an} = ZM_{tot} - ZM_{int} \qquad (4.6)$$

Dies bedeutet, dass in die Methode nicht nur die Analyten, sondern auch alle interferierenden Elemente eingefügt werden müssen. Da für die interferierenden Elemente nur Zählraten und Verhältnisse zu ermitteln sind, müssen diese Elemente nicht in die Kalibrationslösungen pipetiert werden. Dieses Vorgehen funktioniert auch bei Molekülinterferenzen, wenn die Zählrate einer der Isotopenkombinationen auf einer ungestörten oder anders korrigierbaren Masse ermittelbar ist.

Eine häufig auftretende Interferenz entsteht durch die Bildung von Oxiden. Die Minimierung/Optimierung der Oxidrate – meist $CeO+/Ce < 0,02$ – ist Bestandteil der Geräteoptimierungsprozedur. Diese hilft jedoch nicht bei der Korrektur der Zählraten des Analyts auf überlagernde Massen von Oxiden. Die Oxidraten variieren stark zwischen den verschiedenen Elementen und reichen beispielsweise von 0,0003 (Ca) bis zu 0,05 (Th) [10]. Da die Oxidbildungsrate auch stark von den Einstellungen des Gerätes und der Matrix und damit eventuell auch von der individuellen Messreihe abhängen und nicht ohne Weiteres (z. B. von Ce^+/CeO^+) abzuleiten sind, ist hier der Einsatz von Korrekturlösungen notwendig.

Dabei sollten die Elemente, welche kaskadierende Interferenzen erzeugen (s. Tab. 4.3), nicht in einer Lösung enthalten sein, um komplexe Korrekturrechnungen zu vermeiden.

Das Vorgehen zur Entfernung der Oxidinterferenzen ist vergleichbar mit dem Beispiel für isobare Interferenzen (s. Tab. 4.2).

Auch die Interferenzen, die durch doppelt geladene Ionen hervorgerufen werden, sind am besten durch Korrekturlösungen zu entfernen, da hier die gleichen Einschränkungen gelten wie für die Oxidinterferenzen. Die Prozedur ist dann die Gleiche wie für die Oxidinterferenzen.

Für die Korrektur der Masse 77 des Selen müssen also mit den verschiedenen Lösungen 2 Interferenz-Zählraten ermittelt und (Sm, Gd) von den Gesamtzählraten abgezogen werden (s. Tab. 4.4).

Beispiele aus der Anwendung

Interferenzen spielen immer dann eine Rolle, wenn das Verhältnis zwischen Interferenzmasse und Analysenelement sehr klein wird. Ist das Verhältnis beispielsweise kleiner als 0,01 ist eine Korrektur häufig nicht erforderlich.

Die in diesem Kapitel genannten Beispiele beziehen sich auf Proben von in der Natur häufigen Materialien wie Böden, Sedimente, häufigen Gesteinen wie Granit oder Basalt und Oberflächenlösungen wie meteorische Wässer. In manchen Proben können seltene Elemente so stark angereichert sein, dass unerwartete Interferenzen auftreten. Beispiele dafür sind Erze, in denen Elemente wie Nb, Mo, Ta und W stark angereichert sind. Ein hoher Anteil an Mo kann die Analyse von Cd und Sn erschweren. Auch antropogenes

Tab. 4.3 Beispieltabelle zur Erstellung von Oxidkorrekturlösungen. Die Elemente, welche Interferenzen 2ter Ordnung erzeugen, sollten nicht zusammen mit dem Korrekturelement in einer Lösung sein

Analyt	Masse	Oxid-Interferenz	Masse	Interferenz 2ter Ord.
Zr	91	Ag	107	
Nb	93	Ag	109	
Mo	95	Cd	111	
	98		114	
Ru	102	Cd	118	
Sn	117	Cs	133	
	119	Ba	135	
	120	Ba	136	
Ba	135	Eu	151	
	137		153	
Pr	141	Gd	157	
Nd	143		159	
Sm	147	Dy	163	
Eu	151		167	Ba 151
Gd	157		173	Pr 141
Tb	159	Lu	175	Nd 143
Dy	163	Hf	179	Sm 147
Ho	165	Ta	181	
Er	166	W	182	
Tm	169	Re	185	

Tab. 4.4 Beispieltabelle für Korrekturen von Interferenzen doppelt geladener Ionen am Beispiel des Selen. In diesem Fall werden drei Einzelelementlösungen mit jeweils Sm, Gd und Dy benötigt. Die Massen in Klammern sind sehr selten und daher nur bei extrem hohen Lanthanoidkonzentrationen zu beachten

Analyt	Masse	M^{++}-Interferenz	Masse
Se	76	Sm, (Gd)	152
	77	Sm, Gd	154
	78	Gd(Dy)	156
	80	Gd, Dy	160

Material (Schlacken, Tailings oder (Elektro-)Schrott) kann hohe Gehalte seltener Elemente enthalten (z. B. Ta-Kondensatoren oder Seltenerd-Magnete).

Alle Probenlösungen enthalten unspezifische Molekülionen der wässrigen Matrix, häufiger Elemente, der Atmosphäre und des Plasmagases. Dafür sei auf die Tab. 4.1 verwiesen.

Für viele geochemische Forschungsgebiete ist die Signatur der Lanthanoiden („Seltene Erden") wichtig. Dabei erfolgt aufgrund der unübersichtlichen Häufigkeitsverteilungen dieser Elemente eine Normierung auf eine natürliche Referenz (z. B. Basalt). Von besonderem Interesse ist oft die sogenannte „Europiumanomalie", d. h. eine Abweichung der Konzentrationen dieses Elements aufgrund des für Lanthanoiden atypischen chemischen

Verhaltens. Dies liegt an der Fähigkeit neben dreiwertigen auch zweiwertige Ionen zu bilden, die sich aufgrund gleicher Ladung und ähnlichem Ionenradius vergleichbar wie Calcium verhalten und sich in Ca-reichen Mineralen wie Plagioklas anreichern. Auch das Element Barium verhält sich ähnlich und ist dann in höheren Konzentrationen anwesend. Wird in Anwesenheit hoher Ba-Konzentrationen keine sehr sorgfältige Interferenzkorrektur der Zählraten auf den Eu-Massen durchgeführt, sind alle Aussagen zu Europiumanomalien in dem entsprechenden Material wertlos (s. Abb. 4.5 und zugehörigen Text).

Weiterhin fallen die Massen vieler leichterer Lanthanoidelementoxide mit den Massen schwerer Lanthanoide zusammen. Dies beginnt mit $^{139}La^{16}O$ auf ^{155}Gd. Viele Lanthanoide verfügen über eine Anzahl an analysierbaren Massen, sodass ein Vergleich der über die verschiedenen Massen ermittelten Konzentrationen einen Hinweis auf eine Interferenz gibt. Schwieriger ist die Situation bei monoisotopischen Elementen wie ^{159}Tb und ^{165}Ho (überlagert von $^{143}Nd^{16}O$ bzw. $^{149}Sm^{16}O$). Hier bietet sich die Methode der Korrekturlösungen an.

Im Bereich der Massen 56–66 spielen die Oxidionen ArO^+ und vor allem bei Karbonaten CaO^+ eine bedeutsame Rolle. Dies betrifft vor allem die Massen 52, 54, 56 (ArO^+) und 56, 58, 59, 60 und 64 (CaO^+). Damit wird vor allem die Masse ^{56}Fe in Karbonaten sehr stark gestört. Darüber hinaus müssen die Massen ^{52}Cr, $^{54}Cr/Fe$, $^{58}Fe/Ni$, ^{59}Co, ^{60}Ni und $^{64}Ni/Zn$ korrigiert werden. Für alle Elemente außer Kobalt stehen andere Massen zur Verfügung. Eine Abschätzung des Einflusses der störenden Ionen kann mittels der Häufigkeit der beteiligten Elementmassen (O, Ar, Ca) und der erwarteten Konzentrationen durchgeführt werden. Der Einfluss der ArO^+-Ionen ist mittels einer Lösung ohne Probe (Blind oder „Blank") zu ermitteln.

Abb. 4.7 zeigt eine Abschätzung der Zählraten für Nickel in dem internationalen Referenzmaterial MACS-1 mit 39,3 Gew% Ca und 119 µg/g Ni (angenommene Verdünnung 1:1000). Es zeigt sich, dass ArO^+ nur zu einem geringen Anteil auf der Masse 58 stört. Deutliche Störungen von CaO^+ befinden sich auf den wichtigen (häufigen) Massen 58 und 60 sowie auf 62 und 64. Nur die Masse 61 ist fast ungestört. Bei einer Konzentration von 119 ng/l in Lösung (Verdünnung 1:1000) würde diese Masse für Nickel (Häufigkeit 1,14 %) noch etwa 10000 ips liefern.

Auch die Elemente Sr und Zr sind in vielen Gesteinen in höheren Konzentrationen vorhanden (Int. Ref. Basalt BHVO-1: 403 µg/g Sr und 180 µg/g Zr). Die Oxidmassen von Sr und Zr stören im Bereich Pd und Ag, welche jedoch über Isotope verfügen, die in dem Konzentrationsbereich quasi unbeeinflusst sind. Nur das Element Rh verfügt nur über eine Masse, sodass hier immer Korrekturen erforderlich sind.

4.1.7 Nachweisgrenzen

Aus den vorherigen Kapiteln in ersichtlich, dass die Nachweisgrenzen von der Matrix der Messlösung abhängen. Eine Lauge mit hohen Gehalten an Na, Mg, K, S, Cl und Ca kann

4.1 Messprinzip und Geräteaufbau

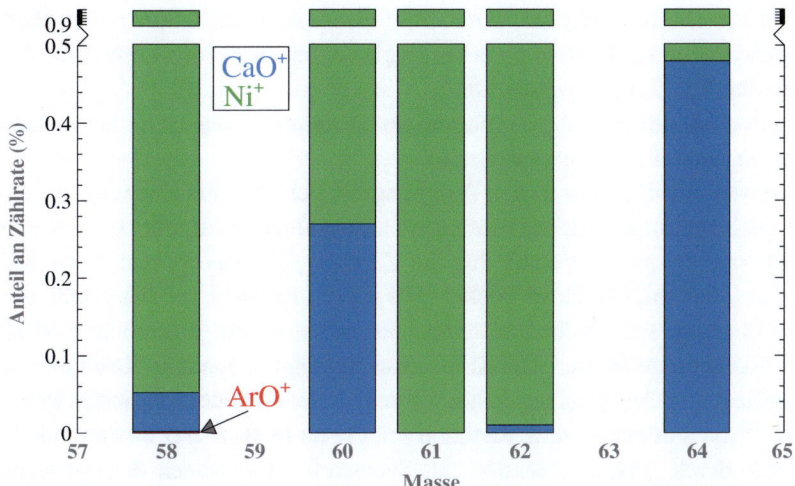

Abb. 4.7 Zählratenanteil von Ar- und Ca-Oxidionen auf den Massen des Nickel für das internationale Referenzmaterial MACS-1

Tab. 4.5 Typische Nachweisgrenzen in 2 % HNO_3, bestimmt mit einer 10 µg/l Multielementlösung

Elemente	NG (ng/ml)
Br, Ca, Fe, P, K	1–3
Al, Au, Mg, Hg, Se, Na, Ti, Zn	0,1–1
As, Ba, Bi, B, Cd, Cr, Cu, Ga, I, Mn, Pb, Hg, Mo, Ni, Pd, Sc, Sr, Te,	0,01–0,1
Sb, Be, Bi, Ce, Co, Dy, Er, Eu, Gd, Hf, Ho, In, Ir, La, Lu, Nd, Nb, Pt, Pr, Re, Rh, Ru, Sm, Ag, Ta, Tb, Tl, Th, Tm, W, U, V, Yb, Zr	< 0,01

aufgrund von Interferenzen der hochkonzentrierten Hauptelemente (Na, Mg, S, Cl, K, Ca) die Nachweisgrenzen in den Massenbereichen 47–54 (Ti, V, Cr, Fe), 58–72 (Ni, Cu, Co, Zn, Ga, As) und 75–93 (As, Sr, Zr, Nb) erhöhen. Für die meisten Messlösungen gelten allgemein aber die in Tab. 4.5 angegebenen Werte (nach [159]).

4.1.8 Übersicht über den Geräteaufbau

Zur Analyse wässriger Lösungen verfügt das (Q)-ICP-MS-Spektrometer über ein Probenzuführungssystem aus Autosampler mit Ansaugspitze, aus der die Probe mittels einer peristaltischen Pumpe zum Probeneinführungssystem transportiert wird. Dieses besteht aus Zerstäuber (engl. „Nebulizer") und Sprühkammer (engl. „Spray Chamber") oder einer Reaktionszelle zur Produktion eines möglichst feinen Aerosols oder Reaktionsgases (siehe Abschn. 4.1.12, Hydridgenerator).

Eine andere Möglichkeit der Zuführung des Probenmaterials bietet die Laserablation, die in diesem Kapitel nicht behandelt wird.

Das Aerosol gelangt dann in den Anregungsbereich, der aus einem Quarzrohr (engl. „Torch") mit Zuführungen für das benötigte Gas und einer Teslaspule, die in Kombination mit einem Radiofrequenzgenerator für die Zündung, Erzeugung und Stabilisation des Plasmas dient, besteht. Die Plasmafackel wird auf das Interface zur Ionenoptik gerichtet.

Zur Abtrennung spezifischer, störender Ionen kann dem eigentlichen Massenfilter noch eine Reaktionszelle oder eine Kollisionszelle (engl. „Dynamic Reaction Cell" oder „Collision Reaction Cell") vorgeschaltet werden, in der Teile des ionisierten Probenmaterials (z. B. $^{80}Ar_2^+$) durch gezielte Reaktion mit Gasen (z. B. NH_3) umgewandelt werden können oder durch gezielte Reaktion mit Sauerstoff MO^+-Ionen erzeugt werden, um die Elementintensitäten auf der entsprechenden Masse ($M + 16$) zu erfassen. In der Kollisionszelle wird der Unterschied in der Größe zwischen Molekülbruchstücken und Atomen mit dem gleichen M/Z genutzt.

Hinter dem Massenfilter befindet sich ein Detektorsystem zur Erfassung der Anzahl der abgetrennten Ionen. Die Anordnung dieser Elemente kann linear oder aber auch zweidimensional („xy") sein. Bei der xy-Anordnung befinden sich Ionenoptik und Massenfilter in einem 90°-Winkel zum Probeneinführungssystem inklusive Plasmafackel. Letzteres Design ist kompakter und hat den Vorteil, dass kein direkter Durchlass vom Plasma über die Konen und die Ionenoptik zum Massenfilter und Detektor besteht und dadurch die Wahrscheinlichkeit, dass neutrale Teilchen und Photonen bis in den Detektor gelangen, geringer ist. Dadurch verringert sich der Messuntergrund.

4.1.9 Probenzuführungssystem

In den meisten Fällen werden bei der (Q)-ICP-MS wässrige, säurestabilisierte Lösungen zur Messung verwendet. Diese Lösungen müssen fein verteilt als Aerosol in das Plasma gegeben werden. Je feiner das Aerosol, desto effizienter der Ionisierungsprozess und damit die Empfindlichkeit und Reduktion von Störungen. Eine andere, wichtige Zuführung geschieht über Ablation, bei der die Laserablation weitverbreitet ist. Die Laserablation wird in einem eigenen Kapitel behandelt.

4.1.10 Zerstäuber

Von der Ansaugvorrichtung wird die Probenlösung über eine peristaltische Pumpe zunächst durch einen Zerstäuber geschickt, der einen möglichst feinen Sprühnebel erzeugt

[260]. Die meisten Zerstäuber arbeiten pneumatisch, indem durch einen Gasstrom (Argon) die Oberflächenspannung der Probenlösung überschritten und damit ein Aerosol gebildet wird [150]. Der meist verbreitete Typus hat ein konzentrisches Design mit einer Kapillare in der Mitte umgeben von einem Durchflussbereich für das Zerstäubergas (siehe Abschn. 4.3.1). Durch die hohe Durchflussrate des Zerstäubergases wird die Probenlösung aus der Kapillare gesaugt und fein zerstäubt. Dieser Typ liefert einen sehr konstanten und reproduzierbaren Nebel, ist aber aufgrund der sehr dünnen Kapillaröffnung relativ schnell verstopft und daher nicht für Lösungen mit höheren Konzentrationen oder Resten von Schwebstoffen geeignet. Für matrixreichere Probenlösungen existiert als Alternative der Kreuzfluss-Zerstäuber (engl. „Crossflow Nebulizer"). Bei diesen Design ist der Gasstrom des Zerstäubergases senkrecht auf die Spitze der Probenkapillare gerichtet, die einen größeren Durchmesser besitzt. Dieser Typ ist robuster, aber weniger effizient als der konzentrische Aufbau mit feiner Kapillare.

Bei dem Babington-Zerstäuber wird die Probenlösung über eine glatte Oberfläche mit einem Loch geführt, aus dem das Zerstäubergas mit höherem Druck entweicht. Dieser Zerstäuber kann auch Lösungen mit hohen Salzfrachten verarbeiten [64]. Auch Ultraschallgeneratoren können zur Zerstäubung oder der weiteren Zerkleinerung der Tröpfchen aus der Probenlösung eingesetzt werden.

Die Nebulizer können aus Glas oder Teflon (PTFE) bestehen. Für eine Trocknung des Aerosols kann zusätzlich noch ein Membrandesolvator eingesetzt werden. Damit verringert sich die Oxidbildungsrate.

4.1.11 Sprühkammer

Die Aufgabe der Sprühkammer ist es, die gröberen Anteile des Probenaerosols zu entfernen und die ungleichmäßige Lösungszufuhr durch die peristaltische Pumpe zu kompensieren. Das einfachste Design besteht aus einer Kammer mit einer zentralen Röhre in die das zerstäubte Aerosol geführt wird (Scott-Kammer, [236]). Die größeren Tröpfchen bewegen sich aus der zentralen Röhre und fallen gravitativ nach unten in ein Abflussröhrchen. Die feinen Tröpfchen bewegen sich in den das zentrale Röhrchen umgebenden Bereich, über den eine Verbindung zum Plasmaeinlass besteht. In einem anderen Design wird die Zentrifugalbewegung ausgenutzt [292]. Das Aerosol vom Zerstäuber wird dabei durch den Zerstäubergasfluss tangential in die Kammer gesprüht. Die kleineren Tröpfchen verbleiben in dem kreisförmigen Gasstrom, während die gröberen Tröpfchen mit der Kammerwand kollidieren und ablaufen. Die Kammer wird mit Wasser oder einem Peltierelement auf 2–5 °C gekühlt. Eine solche Kühlung kann die Bildung von Molekülbruchstücken mit O, H, und Ar deutlich unterdrücken (z. B. um 70 % bei $^{40}Ar^1H^+$, [159]).

4.1.12 Hydridgenerator

Eine Reihe an Schwerelementen (z. B. Ge, As, Se, Sn, Sb, Te, Hg und Bi) sind in der Lage gasförmige Hydride zu bilden. Dies gilt aber nur für bestimmte Speziationen (z. B. AsIII, SeIV, SbIII, TeIV, HgII, BiIII), was bedeutet, dass eventuell zuerst eine Reduktion der in der Probenlösung vorhandenen hydridgenerierenden Spezies erfolgen muss (z. B. bei Vorhandensein von AsV, SeVI, SbV oder TeVI).

Dieses Verhalten kann genutzt werden, um diese Elemente von der Probenmatrix abzutrennen. Hydridgeneratoren können relativ einfach selbst konstruiert werden (z. B. [157]).

4.1.13 Fließinjektionssysteme/Säulen

Mit diesen Systemen sind die Analytelemente ebenfalls von der Matrix abtrennbar, indem eine Bindung der Analytelemente in einer Säule mit dem Ausspülen der Matrix kombiniert wird. Dies bietet sich z. B. bei der Analyse von Spurenelementen in hochsalinaren Lösungen an, bei denen selbst bei der maximal möglichen Verdünnung (Limit Detektionsgrenze der Spurenelemente) die Matrixelemente weiterhin zu hohe Konzentrationen aufweisen.

Die Abtrennung von Elementen über Säulen ist relativ einfach auch über eigene Konstruktionen zu realisieren. Das Säulenmaterial kann auch selbst hergestellt werden (z. B. [157]).

Ein Fliessinjektionssystem (FIAS) ist eine komplexere Einheit, die für automatisierte Anwendungen mit Säulen (Matrixabtrennung, z. B. [210]), Verdünnungen, Zusätzen (z. B. Standardaddition, [115]) oder Hydridgeneration [214] verwendet werden kann (s. Abb. 4.8).

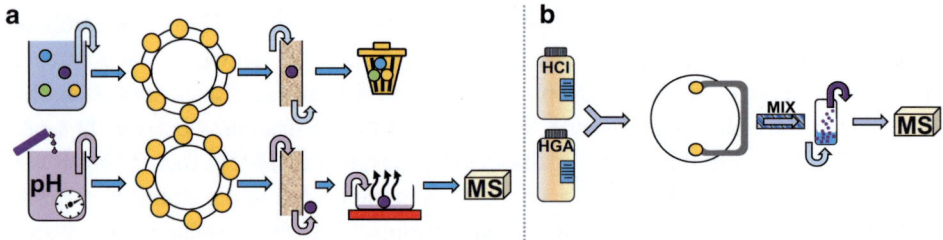

Abb. 4.8 Vereinfachte Darstellung einer Trennungsapparatur über eine Säule (**a**) und einer FIAS-Anordnung zur Hydridgeneration, HGA: Hydridgenerierungsagenz (z. B. $NaBH_4$) (**b**)

4.1.14 Elektrothermische Verdampfung

Bei dieser Methode wird ein kleine Menge der Messlösung (10er µl) auf einem temperaturstabilen Filament, welches elektrisch aufgeheizt wird, abgesetzt und verdampft (engl. ETA, „Electrothermal Atomization", oder ETV, „Electrothermal Vaporization"). Als Filamentmaterial dient Graphit (z. B. wie bei der Graphitrohrofen-Atom-Absorptionsanalyse) oder aber Wolfram (z. B. [113]), wobei aber in einer inerten Atmosphäre (hier 10 % H_2/Ar) gearbeitet werden muss. Einer der Vorteile dieser Methode ist die Entfernung der wässrigen Probenmatrix. Damit entfallen alle diesbezüglichen Interferenzen mit H_2O, F, Cl, S oder P; vorteilhaft bei der Analyse von V und As. Ein weiterer Vorteil ist die Kontrolle über den Verdampfungsprozess, z. B. die Verwendung von Aufheizkurven. Damit ist es möglich, die temperaturabhängige Mobilität flüchtiger Elemente wie z. B. Lithium zu charakterisieren.

Auch die zeitlich getrennte Analyse verschiedener Schwefelspezies ist möglich. Mit einer entsprechend programmierten Aufheizkurve lassen sich beispielsweise die Signale von pyritischem und organischem Schwefel trennen [17].

4.1.15 Desolvator

Hier handelt es sich um einen Oberbegriff für alle Einheiten, welche vor allem organische Komponenten bzw. Lösungsmittel entfernen. Diese Komponenten führen zu Ablagerungen von Kohlenstoff bzw. zu starken Interferenzen mit C-haltigen Molekülbruchstücken.

Dieser Oberbegriff umfasst alle Kombinationen der Sprühkammerkühlung (z. B. mit Peltierelementen auf −10 bis −20 °C) mit Ultraschall-Zerstäubern oder/und Membrandesolvatoren, in denen die feinzerstäubte Probe durch eine Membran (z. B. PTFE) geschickt wird [260].

4.1.16 Trocknung

Nach der Zerstäubung kann das Aerosol auch noch durch eine Kombination durch Erhitzung und anschliessender Kühlung (z. B. < 140 –> 2/−5 °C) getrocknet werden. Das während der Erhitzung verdampfte Lösungsmittel kann dann durch einen Ablauf entfernt werden. Durch einen nachgeschalteten Membrandesolvator kann dann noch eine weitere Trocknung erfolgen [207]. Durch Vortrocknung des Aerosols ist eine bis zu 10-fache Erhöhung der Zählrate bei deutlicher Abnahme der Oxidrate erreichbar.

4.1.17 Anregung/Ionisierung

Die Anregung der Bestandteile der Probe ist ein durch ein energiereiches Plasma erzeugter Ionisierungsprozess, bei dem die Spezies in der Probelösung zu einem Teil in einfach geladene Teilchen umgewandelt werden. Das Plasma wird durch eine Spule induktiv gekoppelt. Dies geschieht in einem Entladungszylinder von drei ineinanderliegenden Röhren aus Quarzglas (engl. „Torch"). Das Plasma selbst wird mit einem Funkengeber gezündet (z. B. piezoelektrisch oder Teslaspule). Diese Elektronen werden in einem hochfrequenten elektrischen Feld beschleunigt und lösen in dem Plasmagas eine sich selbst erhaltende Kettenreaktion aus [267]. Das für das Plasma benötigte Gas (engl. „Plasma Gas") wird tangential zwischen dem äußeren und mittleren Röhrchen eingeblasen. In Flussrichtung davor befindet sich die Hochfrequenzspule (engl. „Load Coil"), in der sich das Plasma nach der Zündung in Form einer konisch zugespitzten Flamme befindet. Zwischen dem inneren und dem mittleren Röhrchen wird linear das Kühl- oder Hilfsgas (engl. „Auxiliary Gas") zum Schutz der „Torch" und zur Kontrolle der Temperatur im Kern des Plasmas eingeblasen. Mit diesem Gasstrom wird das Aerosol zentral durch die Plasmafackel geführt, um möglichst gleichmäßige und reproduzierbare Anregungsbedingungen zu schaffen [207]. Durch das innere Röhrchen wird der Zerstäuber-Gasstrom (engl. „Nebulizer Gas") von der Sprühkammer mit dem Probenaerosol geleitet. In der heißesten Zone innerhalb der Spule und um den zentralen Kanal, der durch den Zerstäuber-Gasstrom entsteht, herrscht eine Temperatur von ~ 10000 °K und in dem Bereich des Zerstäuber-Gasstroms immer noch ~ 8000 °K. Dort werden die Tröpfchen getrocknet, vergast, atomisiert und schließlich ionisiert, wobei sich im optimalen Fall einfach geladene Ionen bilden (z. B. [260]).

4.1.18 Interface

Das Interface ist ein besonders kritischer Teil des Systems, weil dort der Ionenstrahl von Normaldruck in das Hochvakuum des Massenfilters ($\sim 1,5 \cdot 10^{-06}$ mbar) geführt wird. Der erste Teil des Interface ist durch eine konusförmige, runde Scheibe mit einer mittigen Öffnung von 0,8–1,2 mm, dem sog. „Sampler Cone", abgetrennt. Dieser trennt den unter Normaldruck stehenden Bereich mit der Plasmafackel von einem Zwischenbereich ab, in den nur ein kleiner Teil der ionisierten Probe gelangt, mit einem Vakuum von ~2,5 mbar. Eine zweite konusförmige Scheibe, der sogenannte „Skimmer Cone" mit einer mittigen Öffnung von ~ 0,4–0,8 mm trennt dann diese Zwischenkammer nochmals von dem evakuierten Bereich mit Ionenoptik und Quadrupol-Massenfilter ab [42]. Da die aus dem Plasma stammenden Ionen eine relativ ähnliche Geschwindigkeit haben, ist die von dem M/Z abhängige kinetische Energie unterschiedlich (z. B. [260]). In der Interfaceregion zwischen Sampler und Skimmer wird durch das Vakuum eine Elektronendiffusion ausgelöst, da die leichteren Elektronen einen stärkeren Diffusionsgradienten haben als die vergleichsweise schweren Ionen, sodass ein Strahl positiv geladener Ionen entsteht.

4.1.19 Ionenoptik

Da der Ionisierungsprozess im Plasma keinen Ionenstrahl produziert, der direkt im Massenfilter analysiert werden kann, müssen die Ionen durch eine Anordnung von unter Spannung stehenden Metallplatten oder Zylindern extrahiert, ausgerichtet und beschleunigt werden. Ziel ist es, über den gesamten Massenbereich ein möglichst gleichförmiges Messsignal zu erzeugen. Dann werden die für die Messungen interessanten Ionen über individuelle Einstellungen der Linse in Richtung der Mitte des Ionenstrahls gedrückt („extrahiert"). Darüber hinaus werden in der Ionenoptik Neutralteilchen und Photonen eliminiert, die sonst den Detektor treffen und ein erhöhtes Untergrundsignal bzw. eine unnötige Belastung des Systems oder Verunreinigungen der Komponenten des Massenfilter hervorrufen würden. Dieses kann durch eine geerdete oder positiv geladene Platte („Photonstop", [50]) oder eine Versetzung des Quadrupols (z. B. um 90°) erreicht werden (z. B. [159]). Eine exakte Kalibrierung bzw. Optimierung der Linseneinstellung der Ionenoptik ist extrem wichtig.

4.1.20 Reaktions/Kollisionszellen

Kollisionszellen (als Hexa- oder Oktapol) befinden sich direkt vor dem Quadrupol-Massenfilter und werden nur im Radiofrequenzmodus betrieben. Dies dient zur Fokussierung der Ionen zur effizienteren Reaktion mit dem Kollisionsmittel [260]. In Kollisionszellen wird der Verlust an kinetischer Energie durch Abbremsung in einem gasförmigen Medium ausgenutzt. Diese Abbremsung ist bei gleichem M/Z abhängig von der Größe der Partikels, z. B. $^{40}Ar^{12}C$ oder $^{37}Cl^{16}O$ im Vergleich mit $^{52/53}Cr$. Aufgrund der unterschiedlichen kinetischen Energie können die Interferenzen herausgefiltert werden.

In dynamischen Reaktionszellen befindet sich ein Quadrupol-Massenfilter, in dem die interferierende Masse inaktiviert (Gl. 4.7), das Molekülbruchstück zerstört (Gl. 4.8) oder ein neues Molekülbruchstück (Gl. 4.9) erzeugt wird. Dazu wird ein Reaktionsgas verwendet:

$$Ar^+ + NH_3 \rightarrow NH_3^+ + Ar \tag{4.7}$$

$$ArO^+ + NH_3 \rightarrow O + Ar + NH_3^+ \tag{4.8}$$

$$Eu^+ + O \rightarrow EuO^+ \tag{4.9}$$

Im ersten Fall wird der Umstand ausgenutzt, das das Edelgasion Ar^+ sehr schnell und exotherm mit dem Reaktionsgas reagiert, während ein unedleres Elemention wie Ca^+ in der gleichen Zeit kaum eine Reaktion zeigt. Die Reaktionsprodukte werden dann mit dem Massenfilter von dem Analyt getrennt, bzw. das Produkt (im Falle der Oxidierung) zum Detektor geleitet.

Wird zusätzlich zur Radiofrequenz ein Gleichstrompotenzial an das Multipol (z. B. Hexapol) angelegt, wirkt dieser als Filter für niedrigere Massen. Damit können die Intensitäten von Schwerelementionen wie Cu, Cd oder U stark reduziert werden, wobei Leichtelementionen wie Li in der Intensität eher zunehmen [24].

4.1.21 Massenfilter

Das Herz des Systems ist der Quadrupol, der in einem Vakuum von ~ 10^{-6} mbar betrieben wird. Es handelt sich dabei um eine Anordnung von vier jeweils paarweise gegenüberliegenden und miteinander elektrisch verbundenen Stäben, an denen jeweils Gleichstrom und ein Radiofrequenzfeld anliegen [159]. Durch eine individuelle Kombination dieser Ströme gelingt es, ein Ion mit einem bestimmten M/Z auf eine Bahn mit einem linearen Vektor parallel zu den Stäben zu zwingen. Dafür wird das Verhältnis von Gleichstrom zu Hochfrequenz verändert [207]. Dadurch kann eine bestimmte M/Z den Quadrupol passieren, während alle anderen Ionen durch unregelmäßige Bahnen im Quadrupol aufgehalten werden. Für die Multielementanalyse werden die Einstellungen des Quadrupols (im Kombination mit den Ionenlinsen) in dem für in der Methode festgelegten Massenbereich variiert („Sweep"). Die Leistung des Quadrupols wird durch die Massenauflösung $R = M/\Delta M$ (M = Masse und ΔM = Massendifferenz zwischen zwei auflösbaren Signalen) und die Intensitätsauflösung („Tailing"), welche die Peaktrennung in Abhängigkeit von der Zählrate beschreibt, bestimmt. Letzteres ist besonders wichtig bei der Messung einer Masse eines Spurenelements in der Nachbarschaft eines starken Massensignals einer Hauptkomponente. Normalweise ist die Auflösung des Quadrupols von 0,3 über 1,0 bis 3,0 variierbar, wobei Auflösung und Empfindlichkeit reziprok zusammenhängen. Ein Charakteristikum der Intensitätsauflösung ist das stärkere Tailing hin zur niedrigeren Masse. Dies wird durch die kinetische Energieverteilung der Ionen hervorgerufen (z. B. [260]). Daher kann es zu Linienüberlagerungen auf dieser Seite des Signals kommen. Dies betrifft Elemente, die in Richtung höherer Masse ein doppelt geladenes Ion eines schweren Nuklids haben, z. B. Eu auf As oder Se. Da Lanthanoidenelemente in vielen Materialien im ppm-Bereich vorkommen (z. B. Erze, Basalt, Granit, monazit- oder apatitreiche Gesteine) kann dies zu einer deutlichen Linienüberlagerung führen. Vor allem im Falle des schlecht ionisierbaren Selen muss dann eine Korrektur bei Messungen auf allen Massen (z. B. 76 (^{153}Eu, 52,19 %), 77 (^{155}Gd, 14,8 %), 78 (^{157}Gd, 15,65 %), 80 (^{161}Dy, 18,91 %) und 82 (^{165}Ho, !100 %!) erfolgen.

4.1.22 Detektoren

Da die ICP-MS einen weiten dynamischen Messbereich ermöglicht, müssen die Detektoren mit sehr unterschiedlichen Zählraten umgehen. Am gebräuchlichsten sind Se-

4.1 Messprinzip und Geräteaufbau   107

kundärelektronenvervielfältiger [207]. Die aktiven Elemente sind Wandlerdynoden aus einem Halbleitermaterial, die in einer Kaskade angeordnet sind und damit die durch den Aufprall der Ionen auf die erste Dynode herausgeschlagenen Elektronen vervielfältigen. Damit gelingt eine millionenfache Verstärkung des ersten Impulses, ausgelöst durch das einfallende Ion [183]. Zwischen Auslassbereich des Massenfilters und der ersten Dynode kann noch ein dünner Kanal aus mit Halbleitermaterial beschichteten Quarzglas eingefügt werden, der die Ionen nochmals auf die erste Dynode hin beschleunigt (engl. „Channeltron").

Aufgrund des hohen dynamischen Zählratenbereichs sind die modernen Detektoren mit zwei Modi, d. h. zwei Schaltkreisen, ausgestattet. Im Bereich niedriger Zählraten werden die einzelnen Pulse, die durch die gefilterten Ionen erzeugt werden, gezählt (Pulsmodus). Bei sehr hohen Zählraten wird dagegen ein analoges Signal verwendet. Die Umschaltung der beiden Modi geschieht automatisch. Beide Signale sind in einem Scan („Sweep") erfassbar. Durch die „Cross Calibration", also eine Kalibration beider Modi gegeneinander, wird die Linearität des Detektorsystems über den gesamten Zählratenbereich erreicht. Es wird dafür eine spezielle Elementlösung, mit vom Hersteller festgelegten Elementen mit bestimmten Konzentrationen benötigt.

Die Auswerteelektronik ist als Multikanalanalysator ausgelegt, verfügt normalerweise über 20 Kanäle pro Masse über die das Messsignal (Peak) aufgebaut wird. Für die schnelle Spurenelementanalytik, die meist viele Elemente mit zumeist mehreren Massen pro Element umfasst wird der Peak-Hopping-Modus verwendet, bei dem nur das Signal aus dem Kanal mit der höchsten Zählrate verwendet wird. Dieses bietet bei gleicher Messzeit die höchste Zählrate und damit die niedrigste Nachweisgrenze, erfordert aber eine sehr genaue Massenstabilität und -kalibration. Es können aber auch alle Kanäle (max. 20) in das Messsignal integriert werden und ein Massenspektrum aufgenommen werden. Diese Messung ist zeitaufwendiger und findet bei der qualitativen Analyse von Lösungen mit unbekannter Elementzusammensetzung Anwendung.

4.1.23 Kopplungen

Die Kopplung von Analysensystemen ist eine häufig angewendete Technik, um die Stärken zweier Analysenmethoden zu verbinden. Eine Voraussetzung dafür ist, dass bei dem vorgeschalteten System ein Produkt entsteht, welches mit dem nachgeschalteten Verfahren analysierbar ist. Verfahren wie die Elektrophorese oder die Chromatographie und andere bieten diese Möglichkeit, da diese auf einem Trennverfahren basieren, bei dem die aufgetrennten Probenbestandteile (z. B. Ionen) am Ende einer Einheit (z. B. Säule) zeitlich aufgetrennt werden und damit für die Weiterleitung in ein dahinter angekoppeltes System zur Verfügung stehen.

4.1.24 (Q)-ICP-MS-Chromatographie

Die Vorschaltung der Chromatographie ermöglicht eine zeitliche Auftrennung der ausgewählten Analyten, abhängig vom Rückhaltevermögen (Retentionszeit) der Chromatographiesäule. Auch die Trennung von Elementen nach ihrer Speziation (Wertigkeit) – z. B. die Trennung von Fe^{2+} und Fe^{3+} – ist möglich (z. B. [184]).

Für die Kopplung stehen die Gaschromatographie (GC, [93]), die Flüssigchromatographie (LC, [21]), die Ionenchromatographie (IC) zu Verfügung. Bei der Gaschromatographie kann ein Injektor direkt mit der ICP-MS verbunden werden. Zur Verbesserung der Signalintensität können auch zusätzliche Gase in den Gasstrom vom Injektor eingebracht werden. Für die Einstellung der optimalen Anregungsparameter kann vor der Messung Xenon zugeführt werden. Eine Zugabe von Helium in der Zerstäubereinheit erhöht die Signalintensität. Mit Zugabe von Sauerstoff lassen sich organische Matrixbestandteile oxidieren [207]. Wenn eine Flüssigchromatographie mit der ICP-MS verbunden werden soll, muss ein geeignetes Zerstäubersystem zwischengeschaltet werden, welches die von der Säule kommenden Flussraten verarbeiten und mit hohen Salzfrachten und dem Eintrag von organischen Lösungsmitteln umgehen kann [205]. Nur durch eine Zugabe von Sauerstoff kann die Bildung von Graphit aus der Reaktion organischer Bestandteile im Plasma und damit eine Ablagerung von elementarem Kohlenstoff auf Sampler, Skimmer und den Ionenlinsen verhindert werden. Aufgrund der bei der Verwendung von Sauerstoff im Plasma stark oxidieren Bedingungen und der Möglichkeit der Bildung giftiger Nickelcarbonyle ist die Verwendung von Platinmaterial erforderlich. Bei der Zugabe von zusätzlichen Gasen in die Plasmafackel sind eventuelle Änderungen des Verhaltens des Plasmas zu berücksichtigen (z. B. schmalerer Injektor bei Sauerstoffzuführung) [207].

4.1.25 Elektrophorese

Bei der Elektrophorese erfolgt die Trennung in einem elektrischen Feld mit bis 30 kV Hochspannung. Die Analyten befinden sich in einer Glaskapillare und wandern abhängig von Größe und Ladungszustand unterschiedlich schnell durch diese hindurch. Der Vorteil der Elektrophorese ist, dass keine stationäre Phase erforderlich ist. Da keine chemische Wechselwirkung zum Einsatz kommt, bleibt die Spezies unverändert [215]. Da die Elektrophorese selbst nicht sehr nachweisstark ist, bietet sich die Kopplung mit einem nachweisstarken System wie der ICP-MS an.

4.1.26 Ortsaufgelöste Analytik

Mit der (Q)-ICP-MS kann auch ortsaufgelöste Analytik betrieben werden. Dazu muss (im Gegensatz zur Elektronenstrahl-Mikroanalyse oder Mikro-Röntgenfluoreszenzanalyse) Material von der Probe ablatiert werden. Diese Ablation kann mit einem Ionenstrahl

4.1 Messprinzip und Geräteaufbau

(SIMS, Sekundärionen-Massenspektrometrie) oder mit Photonen (Laserablation) erfolgen. Aufgrund der mittlerweile hohen Verbreitung soll hier näher auf die Laserablation (LA-(Q)-ICP-MS) eingegangen werden. Die grundlegenden Parameter (Einstellung am Gerät, Interferenzen etc. ...) sind dabei mit der Messung von Lösungen vergleichbar. Der Messbereich liegt bei höheren Konzentrationen und beginnt bei 0,1 ng/g.

Die Laserablation ist punktuell, in zweidimensionalen Gittern (Elementverteilungsbilder) oder aber auch mittels Ablation und Messung dreidimensional als Tiefenprofil durchführbar (z. B. [299]). Mit modernen ArF-Excimerlasern bei 193 nm lassen sich Durchmesser von 5 μm erreichen (z. B. [293]).

Typische Anwendungen sind archäologische Untersuchungen (Münzen, Gläser, Tonscherben ...), Wachstumsringe (z. B. mikrobielle Matten, Stalagmiten), Petrologische Untersuchungen, schwer säurelösliche Proben (Zirkon, Spinell, an Schmelztabletten), ortsaufgelöste Isotopendatierung an Mineralen.

Eine Herausforderung bei der Laserablation sind jedoch die geringen ablatierten Probenvolumina und die präzise Analyse und Auswertung des unregelmäßigen Messsignals des abgetragenen Materials aufgrund von Inhomogenitäten in der Probe und der Laserpulsfrequenz. Für die Quantifizierung wird zunächst der Mittelwert des gemessenen Untergrunds abgezogen. Die gemessene Zählrate wird mit der Zählraten eines internationalen Referenzmaterials verglichen (z. B. NIST Gläser 616, 614, 612 und 610 [125]. Für die Driftkorrektur kann ein Element verwendet werden, das in allen Proben in genügender (aber nicht zu hoher!) Konzentration und gleichmäßiger Verteilung vorhanden ist. Auch das Fraktionierungsverhalten sollte möglichst ähnlich sein.

Falls kein Auswertungsprogramm zur Verfügung steht, kann die Auswertung der Daten auch manuell in einem Tabellenkalkulationsprogramm erfolgen.

Für die Ablation sollten die Elemente freigesetzt werden, ohne dass es zur Schmelzbildung kommt, da diese unkontrollierbare Prozesse in der Probe (Schmelzwülste, Splitterbruch, Fraktionierungen ...) hervorruft. Daher sind kurzpulsige Laser besser geeignet (z. B. Femtosekundenlaser). Auch die Wellenlänge des Lasers spielt bei dem Anteil an unerwünschter Wärmeentwicklung eine Rolle. Wellenlängen von < 200 nm sind gut geeignet. Bei der Ablation werden stabil in der Struktur gebundene Elemente mit hohem Ionisierungspotenzial am schlechtesten ablatiert. Weiterhin wird das Messsignal durch Verwirbelungen in der Ablationskammer durch Verwirbelungen und/oder Schlierenbildung des ablatierten Materials beeinflusst. Die Partikelgröße spielt ebenfalls eine Rolle. Sind diese zu groß, werden sie im Plasma nicht vollständig zerlegt und ionisiert.

Für die Präparation inhomogener Materialien hat sich der für die Röntgenfluoreszenzanalyse verwendete Schmelzaufschluss mit $Li_2B_4O_7$ oder $Na_2B_4O_7$ (wenn Li bestimmt werden soll) bewährt (s. Abschn. 3.3). Mit dieser Methode kann auch der Säuredruckaufschluss umgangen werden, der häufig zu Problemen führt (Unvollständige Lösung, z. B. von Zirkon oder sekundäre Ausfällungen) umgangen werden. Der Verlust an volatilen Elemente muss jedoch – ähnlich wie bei der RFA an diesen Schmelztabletten – beachtet werden. Schmelzmittel wie Li-Tetraborat enthalten darüber hinaus höhere Gehalte an Spurenelementen als suprapure Säuren, weswegen dieser Aufschluss auch bei der

Lösungsanalytik nicht so gut für die Ultraspurenanalytik geeignet ist. Die Spurenanalyse von Li ist Bestandteil vieler analytischer Fragestellungen, sodass von der Verwendung des Li-Tetraborats dann generell abzuraten ist, da eine Kontamination des Gerätes für nachfolgende Analysen eventuell problematisch ist. Andere Alternativen sind: K- oder Na-Tetraborat, wobei vor allem das Letztere geeignet ist, da Na meist nicht als Spurenelement, oder aber mit anderen Verfahren analysiert wird (z. B. Ionenchromatographie). Zur Vermeidung einer Kontamination des Gerätes mit Bor könnte auch ein $Na_2 O_2$-Aufschluss geeignet sein (z. B. [57]).

Gepresste Pulver sind aufgrund der Inhomogenität nur bedingt geeignet, z. B. wenn das Material polykristallin ist und Elemente stark angereichert in bestimmten Verbindungen vorliegen (z. B. Gold in Erz). Schmelzen ohne ein Schmelzmittel wie Li-Tetraborat lassen sich nur bei wesentlich höheren Temperaturen erzeugen, was zum noch stärkeren Verlust volatiler Elemente führt.

Für die Methodenentwicklung stehen als Referenzmaterialien die Glasproben NISTSRM610–617 und die acht vom Max-Planck-Institut für Chemie in der Veröffentlichung [124] vorgestellten Gläser zur Verfügung. Das USGS stellt vier basaltische Gläser zur Verfügung (GSA, GSC, GSD, GSE).

4.2 Zählraten und Messzeiten

Wie bei anderen vergleichenden analytischen Methoden wird eine Signalintensität aufgenommen. Die gemessenen Impulse werden meist als Impulse/Sekunde („IPS" oder engl. „Counts per Second", „CPS") angegeben. Letzteres hat bei der Darstellung in einem Diagramm den Vorteil, dass sich die Zahlen nicht akkumulieren, sondern gegen ein Maximum streben und dann (bei optimalen Bedingungen) in etwa konstant bleiben. Die Gesamtzählrate ergibt sich dann aus der Verweilzeit (engl. „Dwell Time") des Massenfilters auf einer Masse, der Anzahl der Massendurchläufe (engl. „Sweeps") und der Häufigkeit der Masse und der Konzentration des Elementes. Zusätzlich können die „Sweeps" noch über mehrere Durchläufe (engl. „Readings" oder „Integration Time") wiederholt werden. Der Vorgang dient zur Verbesserung der Statistik, da über die Sweeps ein Mittelwert gebildet wird. Diese Durchläufe können zur Verbesserung der Statistik mehrmals wiederholt werden (engl. „Replicate"):

Sweeps = Reading (Integration Time (s))/Dwell Time (ms)
N Replicates = N Readings (Integration Times)

Bei Standardmessungen ist eine sinnvolle Verweilzeit 10–200 ms (je nach Konzentration des Elementes und Häufigkeit der Masse) mit einer Anzahl an 20 Sweeps/Reading bei jeweils einem Reading/Replicate und jeweils 3 Replicates pro Masse. Dazu benötigt das System noch eine kurze Zeitspanne, um auf die jeweils nächste Masse zu springen (engl. „Settling Time").

Während eine Integration („Integration Time") sättigt sich der Detektor auf, sodass eine weitere Erhöhung keinen Sinn mehr hat und eher die Erhöhung der Replicates sinnvoll ist. Daher ist anhand der Zählraten ein optimaler Wert zu ermitteln. Bei niedrigen Zählraten oder bei der Bestimmung von Isotopenverhältnissen kann eine „Integration Time" von 5–10 min erforderlich sein, wobei vor allem die Anzahl der „Sweeps" heraufgesetzt werden sollte, um Schwankungen in der Zählrate auszugleichen, die Messung also zu „simultanisieren" (Deswegen werden Isotopenverhältnisse für maximale Präzision mit „Time of Flight"- oder „Multicollector"-Massenspektrometern simultan gemessen.). In den meisten Fällen reicht aber ein Wert von < 7 s aus.

Natürlich verbessert sich mit zunehmender Messzeit das Verhältnis zwischen dem statistischen Messfehler und der Zählrate und damit die Nachweisgrenze. Da sich jedoch mit der vierfachen Zählrate (z. B. durch 4× längere Zählzeit) der relative zählstatistische Messfehler nur halbiert, ist eine Verlängerung der Messdauer nicht unbeschränkt sinnvoll. Bei geringen Konzentrationen und zur Ermittlung exakter Isotopenverhältnisse (eigentlich nicht das Anwendungsgebiet der (Q)-ICP-MS) kann auch eine Dwell Time von bis zu 10 s versucht werden. Aus dieser Vorgehensweise bei der Erfassung des Massenspektrums ergibt sich ein deutlicher Nachteil des Quadrupols: Die Messung sich zeitabhängig ändernder Signale oder kurzer „Bursts" bei kleinen Probenmengen, welches die Bestimmung von Isotopenverhältnissen, bei der die gleichzeitige Erfassung der beteiligten Massen wichtig ist, erschwert.

4.3 Optimierung

Die (Q)-ICP-Massenspektrometer bieten umfangreiche Einstellmöglichkeiten, die im Routinebetrieb normalerweise in einer Testprozedur (z. B. engl. „Daily Performance") zusammengefasst werden. Ein solches Kontrollprogramm enthält Grenzwerte für die zu unterschreitende Oxid- und El^{2+}-Rate. Darüber hinaus wird die Empfindlichkeit über den gesamten Massenbereich mit Intensitätsvorgaben (Minimalwerte) bestimmter Elemente geprüft. Werden bestimmte Werte nicht erreicht, gibt dies Informationen über den Zustand des Systems, bzw. welche Parameter zu optimieren sind. Der Ablauf dieser Prozedur ist vorgegeben und benötigt Lösungen mit definierten Konzentrationen bestimmter Elemente.

Zur Optimierung der Oxidrate wird ein leicht oxidierbares Element wie z. B. Ce oder Th verwendet. Vor allem Th eignet sich, da das Element und auch das Oxid keine anderen Elemente stört. Die Oxidrate sollte so niedrig wie möglich sein aber 2–3 % (für CeO^+/Ce) nicht überschreiten.

Zur Optimierung der El^{2+}-Rate wird ein leicht oxidierbares Element wie z. B. Ba verwendet. Auch hier sollte ein Anteil von 2–3 % nicht überschritten werden. Die Überprüfung und/oder Maximierung der Zählraten und damit der Empfindlichkeit über den Massenbereich kann mit einer Elementabfolge, z. B. Li, Co, In und U durchgeführt werden.

Abb. 4.9 Übersicht über einige Optimierungsparameter und deren Wirkung

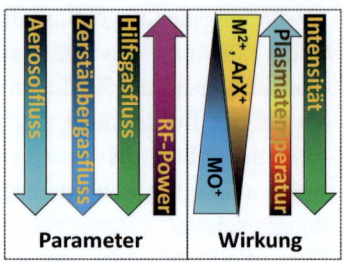

Bei der Optimierung sind manche Parameter gegenläufig. Sie umfassen unter anderem die gesamte Optimierung des Massenfilters (Linsenspannungen, Quadrupoleinstellungen etc.), die Position des Probeneinlasssystems (Sampler, Skimmer) zur Plasmafackel (engl. „Torch"), die zugeführte Probenmenge (Zerstäuberrate, engl. „Nebulizer Flow"), die Verweilzeit (Trägergasfluss, engl. „Carrier Gas Flow/Nebulizer Gas Flow"), die Leistung (Plasmatemperatur). Weitere Optimierungsroutinen sind Detektor- und Massenkalibration. Obwohl im Routinebetrieb diese Optimierungen von Anwender nicht durchgeführt werden müssen und viele der Optimierungen automatisch über softwaregestützte Vorgänge erfolgen, kann in speziellen Fällen eine manuelle Einstellung bessere Resultate als die Standardroutine bringen. Daher werden die gängigen manuell durchführbaren Optimierungen im Folgenden kurz vorgestellt (s. Abb. 4.9).

4.3.1 Argonflussraten

Zur Erzeugung des Plasmas, zur Kühlung und für den Probentransport wird Argon verwendet. Der Zerstäubergasfluss (engl. „Nebulizer Gas Flow") steuert die Verweilzeit des Probenaerosols im Plasma. Bei höheren Flussraten steigt die Menge an Aerosol pro Zeit und damit die Zählrate. Die Ionisationseffizienz sinkt aufgrund der kürzeren Interaktion mit dem Plasma. Es können mehr Molekülbruchstücke zurückbleiben. Dies ist an einer steigenden Oxidbildungsrate MO^+/M^+ (z. B. bei Cer oder Thorium) zu erkennen. Bei geringeren Flussraten ist dagegen die Wahrscheinlichkeit einer Doppelionisation größer. Dies ist erkennbar am Verhältnis M^{2+}/M^+ (z. B. bei Barium). Für eine Applikation, bei der Linienüberlagerungen mit Oxiden und Molekülbruchstücken kritischer sind als solche mit doppelt geladenen Ionen kann dieser Wert verringert werden.

Der Hilfsgasfluss (engl. „Auxiliary Gas Flow") steuert die Temperatur im Kern des Plasmas. Je niedriger diese Gaszuführung, desto heißer das Plasma und damit desto höher M^{2+}/M^+ und desto niedriger MO^+/M^+. Für eine Applikation, bei der Linienüberlagerungen mit doppelt geladenen Ionen kritischer sind als die Oxide und Molekülbruchstücke kann dieser Wert erhöht werden.

Der Kühlgasfluss dient nur zur Kühlung der Torch zum Schutz vor den hohen Temperaturen des Plasmas.

4.3.2 Aerosolflussrate

Dieser Parameter (engl. „Nebulizer Flow") steuert die Menge an in die Sprühkammer zugeführter Probelösung über die Regelung der Drehzahl der peristaltischen Pumpe. Eine Erhöhung dieses Wertes hat einen ähnlichen Effekt wie die Erhöhung der Zerstäubergasflussrate.

4.3.3 Induktionsspule

Die Leistung der Induktionsspule (engl. „RF Power") zur Erzeugung bzw. Stabilisierung des des Ar-Plasmas kann zwischen 1–2 kW variiert werden. Dieser Parameter hat einen ähnlichen Effekt wie die Regelung des Hilfsgasflusses. Ein „kühleres" Plasma bei 0,5 bis 0,8 kW vermindert den Anteil an argonbasierten polyatomischen Interferenzen für die Analyse von Fe, Ca und K. Für Proben mit organischen Lösungsmitteln sollte die Leistung bei bis 1,5 kW liegen. Eine höhere Leistung hilft ebenfalls dabei, oxidische Interferenzen zu reduzieren (z. B. bei der Analyse von Lanthanoiden).

4.3.4 Position der Fackel

Die exakte Position der Fackel und damit des Kerns des Plasmas genau vor dem Zugang zum Massenfilter, d. h. vor dem Samplerkonus, sorgt dafür, dass der aus dem Plasma ausgeworfene Ionenstrahl mittig auf die Durchgangsöffnung trifft. Dies sorgt für einen maximalen Transfer zum Massenfilter und verringert die Verwirbelung der Ionenbahnen. Zusätzlich wird der Anteil des auf dem Konus abgelagerten Materials minimiert. Eine schlechte Positionierung der Fackel resultiert in einer deutlichen Abnahme der Zählraten.

4.3.5 Probenzugangssystem

Bei dem aus Sampler- und Skimmerkonus bestehenden Probenzugangssystem ist auf die exakte Positionierung vor der Fackel zu achten. Auch Ablagerungen – vor allem auf dem Samplerkonus – müssen regelmäßig entfernt werden (z. B. Ultraschallbad). Hilfreich ist in diesem Fall auch die Beachtung der max. 250 µg/g-Regel, d. h. die Verwendung gering konzentrierter, möglichst matrixfreier Messlösungen. Bei der Messung von Laugen mit hohen Gehalten an Ca und Mg entstehen auf dem Samplerkonus schnell refraktäre Oxidschichten, die nur schwer zu entfernen sind.

Zusätzlich werden die Ränder – auch vor allem des Samplerkonus – mit der Zeit erodiert und schartig. Als Resultat wird der Ionenstrahl stärker verwirbelt, die Transferrate und damit die Zählrate sinkt. Verstopfte oder erodierte Konen verringern die Zählrate deutlich.

4.3.6 Detektorkalibration

Moderne (Q)-ICP-MS Geräte sind mit einem dualen Detektorsystem ausgestattet. Der empfindlichere Modus arbeitet auf der Basis von Einzelpulszählungen (engl. „Puls Mode"), der weniger empfindliche Modus auf analoger Basis (engl. „Analog Mode"). Da über die Gerätesteuerung automatisch abhängig von der Zählrate zwischen den Modi umgeschaltet wird, müssen diese beiden Modi in regelmäßigen Zeitabständen gegeneinander kalibriert werden. Optimalerweise sollte nur in einem Modus gemessen werden. Auch hier gilt also wieder die Regel der minimalen Konzentrationen in der Messlösung, damit der empfindlichere Pulsmodus verwendet wird. Die Detektorkalibration ist eine Routine, die mithilfe bestimmter Messlösungen durchführbar ist. Eine fehlerhafte Kalibration resultiert ein einem „Knick" in der Kalibrationskurve und in einer unzuverlässigen Berechnung der Konzentrationen.

4.3.7 Massenkalibration

Auch die Massenkalibration ist eine vorgegebene Prozedur, die aber auch jederzeit zwischen einzelnen Messserien durchgeführt werden kann. Mit dieser Prozedur wird das Zusammenwirken wichtiger Parameter für die Steuerung des Quadrupols (z. B. Gleichstrom- und Radiofrequenzspannungen) reoptimiert, sodass bei den vorgegebenen Werten die angewählte Masse auf der Peakspitze (der maximalen Zählrate) des Messsignals des zugehörigen Elementnuklids/-isoptops liegt. Dies ist wichtig, wenn wie bei den meisten Messprogrammen nur die Maxima der gemessenen Signale angefahren und gemessen werden (engl „Peak Hopping"). Bei einer schlechten Massenkalibration reduzieren sich Zählraten und – da auf der Peakflanke gemessen wird – Präzision der Messungen (z. B. bei Wiederholungsmessungen).

4.3.8 Dynamische Reaktionszelle (DRZ)

Bei der dynamischen Reaktionszelle (DRZ) gibt es den „Rejection Parameter a" und den „Rejection Parameter q", welche die Werte für den Gleichstrom (DC) und die Hochfrequenz (RF) steuern und für eine dynamische Bandpass-Optimierung/-Filterung und die Festlegung der unteren und oberen Schwellenwerte verwendet werden [90,258]. Die Werte werden normalerweise automatisch von dem Steuerprogramm ermittelt. Eine manuelle Änderung der Werte ist möglich und kann eventuell die Abtrennung unerwünschter Massen durch das DRC-System verbessern. Dies wird aber meistens durch einen Verlust der Zählraten auf der Analytmasse begleitet.

4.4 Aufschluss

Das in diesem Kapitel beschriebene massenspektrometrische Verfahren verwendet Lösungen zur Ermittlung der zur Quantifizierung der Elemente benötigten Zählraten. Es können auch Partikel, Gase oder ablatiertes Material analysiert werden. Ein Verfahren, welches mit mittels eines Lasers ablatierten Materials arbeitet, wird im nächsten Kapitel vorgestellt. Wässrige Proben wie meteorische Wässer, salinare Lösungen, Grund- Fluss-, See- und Ozeanwässer sind direkt nach der Filterung analysierbar. Für hochkonzentrierte Lösungen wie salinare Lösungen kann es empfehlenswert sein, die Matrix (Na, Mg, K, Ca, Sulfat, Chlorid) vor der Analyse zu entfernen (s. Abschn. 4.1.13). Feststoffe müssen zunächst in eine Messlösung überführt werden. Dies geschieht mittels wässrigem Aufschluss („Schüttelaufschluss"), Säure(druck)aufschluss oder Schmelzaufschluss und Lösung (s. Abschn. 3.4.1). Die Flüchtigkeit der Elemente im Aufschluss und die Stabilität in Lösung ist zu beachten.

4.5 Halbquantitative Auswertung eines Massenspektrums

Obwohl in der Massenspektrometrie normalerweise einzelne Massen gezielt kalibriert werden (vgl. „Peak Hopping" bei der Röntgenfluoreszenzanalyse), kann auch ein Gesamtspektrum ermittelt werden, um dieses über Berechnungen von Matrices oder multilinearer Kalibration halbquantitativ auszuwerten.

4.6 Kalibration

4.6.1 Einleitung

Die Berechnung der Elementkonzentration mithilfe der gemessenen Zählraten geschieht mittels einer linearen Kalibration. Obwohl die ICP-MS eine hohe Linearität über viele Größenordnungen der Konzentration hat, sollte der Konzentrationsbereich der Kalibration auf die zu erwartende Konzentration der Messlösungen angepasst werden. Ein „Springen" zwischen Puls- und Analogmodus sollte dabei vermieden werden, auch wenn die Dual-Detektorkalibration einen glatten Übergang zwischen den Modi ermöglicht. Falls die Konzentrationsunterschiede zwischen den Elementen in den Messlösungen sehr hoch sind, können mehrere Methoden mit unterschiedlichen Verdünnungen erstellt werden. Zur Quantifizierung sind nur Zählraten verwendbar, die oberhalb der Nachweisgrenze oder besser oberhalb der Bestimmungsgrenze (s. Abschn. 9.5.4) liegen. Zwischen NG und BG können die Abweichungen auf bis zu 30 % absolut ansteigen (z. B. 200 µg/g ± 30 µg/g).

4.6.2 Zwischenverdünnung und Kalibrationsstandards

Die Kalibrationslösungen enthalten festgelegte Konzentrationen der Analyten und werden unter Verwendung von Einzel- oder Mehrelementlösungen („Stammlösungen" mit 1000 oder 10.000 µg/g) hergestellt. Die Matrix dieser Lösungen sollte immer den Messlösungen entsprechen und ist am besten HNO_3 oder HCl sauer (z. B. 2–5 %). Dabei ist das Verhalten der Elemente (dies gilt natürlich auch für die Messlösungen), z. B. Sorptionsverhalten, Komplexbildung oder aber Fällung in Reaktion mit der Matrix, zu beachten (z. B. Fällung von Ag in Anwesenheit von Chlorid).

Meist ist zum Erreichen der erforderlichen niedrigen Konzentrationen das Ansetzen mindestens einer Zwischenverdünnung (z. B. 10 µg/g) erforderlich, damit die Pipettiervolumina für die Kalibration nicht zu gering werden. In diese können die Elemente schon in den in der Messlösung zu erwartenden Konzentrationsverhältnissen pipettiert werden. Diese Lösungen, wie auch die meisten Stammlösungen, können mehrere Jahre stabil sein. Da die ICP-MS einen linearen Kalibrationsbereich von 8 Größenordnungen hat, ist es möglich Methoden mit nur einer Kalibrationslösung zu erstellen. Für eine maximale Genauigkeit werden jedoch meist mehrere Kalibrationslösungen (z. B. 5) angesetzt. Die Lösungen von Säuredruckaufschlüssen sind normalerweise stark verdünnt (< 200 µg/g Ionen). Bei anderen Lösungen wie Evaporiten spielt die Matrix dagegen eine wichtigere Rolle. In diesem Fall können die Matrixelemente (Na, Mg, Cl, K und Ca) zu der Lösung hinzugefügt werden, um den Matrixeffekt zu berücksichtigen. Kalibrationslösungen sind aufgrund der geringen Konzentrationen nur wenige Wochen stabil. Vor allem HFSE wie Tantal oder Brom und Iod sorbieren schnell am Flaschenmaterial. Aber auch Mo, Ag, Sn, Hf, Ta, Ir, Pt, Au sind in den Messlösungen nicht dauerhaft stabil. Auch die Bildung von volatilen Verbindungen wie z. B. OsO_4 muss beachtet werden (siehe Abschn. 3.4.2, Säure(Druck)aufschlüsse).

Zur Erstellung der Lösungen werden Pipetten verwendet. Da die Pipettenvolumina sehr wichtig für die Messreihe sind, sollte hier vor allem bei einstellbaren Pipetten die Genauigkeit mit destilliertem Wasser auf einer Waage überprüft werden. Die Pipettiervolumina sollten nicht zu klein gewählt werden, da z. B. bei einem minimalen Fehler von 0,1 µl bei 10 µl bereits ein Fehler von 1 % vorliegt. Ist keine Routine vorhanden, kann der Fehler hier schnell bei 5 % und mehr liegen. Gerade bei Zwischenverdünnungen ist dies wichtig, da aus dieser alle Kalibrationslösungen pipettiert werden und daher Abweichungen aufgrund systematischer Fehler nicht erkannt werden. Die Berechnung der Konzentration in den Zwischenverdünnungslösungen (ZV) oder Kalibrationslösungen (Kal) ist wie folgt zu berechnen:

$$C_L = \frac{VolStlsg}{VolC_L} \cdot CStlsg \qquad (4.10)$$

Dabei gilt:
C_L: Unbekannte Lösung (ZV oder Kal)
$CStlsg$: Konzentration der Stammlösung

VolC$_L$: Volumen der unbekannten Lösung (ZV oder Kal)
VolStlsg.: Volumen der Stammlösung

4.6.3 Interner Standard

Da die Zählraten neben der Konzentration des Analyts sowohl von der Matrix (= Konzentration anderer Elemente) als auch von Zeit abhängen, ist es üblich – vor allem bei längeren Messkampagnen oder starken Schwankungen der Matrix zwischen Kalibrationslösungen und/oder zwischen den Proben – eine festgelegte Konzentration eines oder mehrerer Elemente in alle Messlösungen (Kalibration und Probenlösungen, NICHT in die Zwischenverdünnung!) hinzuzufügen. Mithilfe dieses internen Standards werden alle Zählraten normiert. Die für den internen Standard verwendeten Elemente dürfen in den Proben nicht in nennenswerten Konzentrationen vorkommen und nicht durch Masseninterferenzen (zumindest eine Masse/Isotop) gestört sein. Für die meisten Geomaterialien eignen sich Sc, Y oder PGE (Ru, Rh, Re). Die Konzentration beträgt normalerweise $10\,\mu g/g$. Da die „Response" umso mehr abweicht je weiter die Massen von internem Standard und Analyt auseinanderliegen, ist es sinnvoll für einzelne Massenbereiche eigene interne Standards zu verwenden [275]. Auch Reinisotopenstandards (z. B. ^6Li) können als interner Standard verwendet werden. In diesem Fall ist sogar die Konzentration dieses Elementes in der Messlösung bestimmbar, vorausgesetzt in der Messlösung existiert ein natürliches Isotopenverhältnis (z. B. $^{6/7}Li$).

4.7 Messung

4.7.1 Messserie

Eine Messserie besteht aus den Kalibrationslösungen (z. B. 5), einer als „Blank" bezeichneten Lösung, welche nur das Lösungsmittel enthält, einer weiteren als „Blind" bezeichnete Lösung, welche aus dem Aufschluss der Blindprobe resultiert, die alle Schritte der Herstellung der Messlösung durchläuft, jedoch keine Probeneinwaage enthält, den unbekannten Messlösungen und den Referenzproben. Der „Blank" zeigt die Zählraten durch Kontaminationen vom Probenzuführungssystem und dem Untergrund.

Die Blindprobe wird als unbekannte Probe mitgemessen und zeigt alle im Verlauf der Aufschlussprozedur eingefangenen Kontaminationen an. Die Zählraten von „Blank" und „Blind" werden mit den Zählraten der Proben verrechnet. Die Referenzprobe, am besten ein international zertifiziertes Material mit ähnlicher Zusammensetzung oder aber eine mit anderen Methoden am eigenen Institut analysierte Probe (engl. „In-House"-Standard), deren chemische Zusammensetzung bekannt ist, dient zur Berechnung der Wiederfindungsraten (siehe Abschn. 9.3).

Bei sehr langen Messserien sollten „Blank", „Blind", Kalibrationslösungen und Referenzproben nach einer bestimmten Anzahl von Messungen wiederholt werden. Dazu kann eine der Kalibrationsproben zur Qualitätskontrolle als unbekannte Probe mitgemessen werden.

4.7.2 Memory Effekte

Für jede Messung muss die Messlösung durch das Zuführungssystem in das Gerät gebracht werden. Dabei sorbieren die in der Lösung befindlichen Elemente unterschiedlich stark an den einzelnen Teilen (z. B. Schläuche). Dieses Verhalten ist auch der Grund dafür, dass die Messung von Elementen als Spur eventuell unmöglich wird, wenn zuvor eine Probe mit einer hochangereicherten Matrix analysiert wurde (z. B. B als Spur nach einem Lithiumtetraborat-Aufschluss). Elemente wie In, Au, Tl und Th sind auch bei geringeren Konzentrationen relativ schwer auszuspülen. Bei der Festlegung der Spülzeiten muss dies beachtet werden.

4.7.3 Nachweisgrenzen/Optimierung

Wie auch bei anderen Methoden wie der Röntgenfluoreszenzanalyse (RFA) gibt es bei der ICP-MS keine absolut festen Nachweisgrenzen, da die Messlösungen inklusive der Matrix chemisch sehr unterschiedlich sein können und daher verschiedenste Interferenzen auftreten. Auch die Ionisierungseffizienz im Plasma und damit die Nachweisempfindlichkeit spielt eine wichtige Rolle. So ist theoretisch Chlor nachweisbar jedoch mit einer sehr schlechten Empfindlichkeit.

Die Untergrundzählraten im Massenbereich von Na bis Zn sind zudem durch viele Störungen von Plasma und Matrix erhöht und variabel. Je höher der Untergrund jedoch, desto schlechter die NG, da diese über die Standardabweichung eine direkte Abhängigkeit hat, und die Schwankung der Untergrundzählrate mindestens dem zählstatistischen Fehler unterliegt.

Zur Ermittlung der Nachweisgrenze muss zusätzlich die Verdünnung berücksichtigt werden. Für das Beispiel in [243] bei einer angegebenen NG in Lösung für Ni von $0,0018\,\mu g/g$ und einem typischen Verdünnungsfaktor von 1:1000 wäre die NG 1,8 $\mu g/g$ im Ausgangsmaterial (z. B. Granit oder Boden). Zur individuellen Ermittlung der Nachweisgrenze (NG) siehe Abschn. 9.5.4. Sollte die Nachweisgrenze aus den oben genannten Gründen zu hoch sein, kann die Oxidation in einer DRC und die Messung des XO^+ erfolgen.

Zur Minimierung der Nachweisgrenzen und Optimierung der Kalibration ist es sinnvoll die Kalibrationslösungen beginnend mit dem „Blank" immer in aufsteigender Konzentrationsreihenfolge zu analysieren und danach mehrere „Blank"-Wiederholungen, an denen nachgewiesen werden kann, ob nach der Kalibration alle Analyten ausgespült sind bzw.

4.7 Messung

wie lange dieser Auspülvorgang dauert. Sind die Konzentrationsbereiche bekannt, können höher konzentrierte Proben an das Ende der Messserie gestellt werden.

4.7.4 Quantifizierung

Bei der Quantifizierung muss zunächst die Zählrate auf einer Masse des zugehörigen Analyts ermittelt werden. Dazu werden alle Zählraten auf den internen Standard (falls vorhanden) normiert, was prinzipiell der Gesamtdriftkorrektur entspricht. Dann werden die Zählraten der „Blank"-Probe (von Kalibration und Proben), die weitestgehend der Untergrundzählrate entspricht, und der „Blind"-Probe (nur von den Proben) abgezogen. Danach werden die Zählraten der Interferenzen ermittelt und abgezogen.

$$Z_A = \frac{Z_{AB} - \left(\sum Z_{St}\right)_A}{Z_{IS} - \left(\sum Z_{St}\right)_{IS}} \qquad (4.11)$$

mit:

$$\sum Z_{St} = \left(Z_{UG} + \sum Z_{Ox} + \sum Z_{Sp} + ...\right) \qquad (4.12)$$

und

$$Z_{UG} = Z_{Blk} \qquad (4.13)$$

für die Kalibrationsstandards und

$$Z_{UG} = Z_{Bl} + Z_{Blk} \qquad (4.14)$$

für die Proben

Dabei gilt: Z_A = Quantifizierbare Zählrate auf der Analytmasse, Z_{AB} = Bruttozählrate auf der Analytmasse, Z_{IS} = Zählrate auf der Masse des internen Standards, Z_{UG} = Untergrundzählrate, $\sum Z_{St}$ = Summe aller Störungen, $\sum Z_{Ox}$ = Summe aller Oxidzählraten, $\sum Z_{Sp}$ = Summe aller Interferenzzählraten, mit:
Z_{Bl} = Zählrate der „Blind"-probe, Z_{Blk}= Zählrate der „Blank"-probe.

Zur Berechnung der Konzentrationen werden die Zählraten des Analyts mit der über die Kalibration ermittelten Empfindlichkeit (= Steigung der Kalibrationsgeraden) verrechnet:

$$C_A = Z \cdot \left(\frac{C}{Z}\right)_{Std} \qquad (4.15)$$

Eine Driftkontrollprobe (am besten eine Kalibrationsprobe aus der Mitte des Konzentrationsbereichs) kann zusätzlich noch zur Driftkorrektur der Zählraten auf der individuellen Masse dienen.

$$C_{DC} = C_Q \cdot \frac{C_Q}{C_{Qt}} \tag{4.16}$$

mit C_{DC} = driftkorrigierte Konzentration, C_Q = Anfangskonzentration Driftkontrollprobe, C_{Qt} = Konzentration Driftkontrollprobe zum Zeitpunkt „t".

Die ermittelten Konzentrationen der für ein Element gemessenen Massen/Isotopen können überprüft und gemittelt werden. Bei längeren Messkampagnen empfiehlt sich eine Wiederholungsmessung der Kalibrationsstandards. Die meisten Funktionen werden von der Herstellersoftware zur Verfügung gestellt. Es ist aber bei der ICP-MS auch relativ einfach, alle Berechnungen selbst mit einem Tabellenkalkulationsprogramm zu erledigen. Bei eigenen Kontrollproben wie z. B. Proben zur Ermittlung der Oxidrate oder der Rate der doppelt geladenen Ionen ist auf jeden Fall eine gesonderte Berechnung erforderlich.

4.7.5 Anwendungsbeispiele

Bei vielen Anwendungen wie Bodenproben, Gesteinen, meteorischen, Fluss- oder Grundwässern stellen nicht Kalibration und Messung, sondern die Probenaufbereitung die größte Herausforderung dar. Zum Thema Probenaufbereitung siehe Kap. 3, Präparation. Für die ICP-MS ist dann nur zu beachten, ob durch den Aufschluss Elemente in ungewöhnlich hoher Konzentration vorliegen, die sonst als Spuren analysierten werden sollen. Ein Beispiel wäre der Lithiumtetraborat-Aufschluss, der für in Säuren schwerlösliche Materialien oder beim Säureaufschluss flüchtigen Elementen Anwendung findet. In einer solchen Lösung liegen Li und B als hochkonzentrierte Hauptelemente vor. Es gibt aber auch Anwendungen, bei denen die Optimierung der Messparameter bzw. die Anwendbarkeit des Verfahrens an sich eine Herausforderung darstellt.

Als Beispiel soll die massenspektrometrische Analyse der Elemente Selen (Se) und Tellur (Te) dienen. Um diese Elemente beispielsweise mit der weitverbreiteten Quadrupol-ICP-MS bestimmen zu können, muss einiges beachtet werden. Zum einen ist die erste Ionisierungsenergie der beiden Elemente relativ hoch (Se: 9,75 V, Te: 9,0/,V), was zu einer relativ schlechten Ionisierbarkeit im Argonplasma (erste IE: 15,76 V) führt. 10 ppb Se liefern zum Beispiel nur wenige kcps (z. B. Elan 9000 DRC-e mit Meinhardt-Zerstäuber). Weiterhin gibt es auf den relevanten Massen starke Molekülinterferenzen (z. B. $^{40}Ar_2^+$ auf ^{80}Se), die nur mit einer Reaktionszelle („DRC", Dynamic Reaction Cell) entfernt werden können.

Das eigentliche Problem stellen Interferenzen durch doppelgeladene Ionen der Lanthaniden Gd und Dy sowie Oxide von Ni und Zn dar, die sich nur durch eine Abtrennung der Matrix oder der Elemente selbst vermeiden lassen. Zusätzlich sind die Konzentrationen von Se und Te in den meisten (natürlichen) Materialien besonders gering. Die Instabilität besonders von Se in chloridischer Matrix bei Temperaturen oberhalb 80 °C begrenzt den Einsatz von Säuredruckaufschlüssen [157]. Eine Methode zur direkten Abtrennung von Se und Te ist der Einsatz von Säulen, die mit gemahlener Watte oder Zellulosepulvern gefüllt werden, die vorher mit Thiolgruppen konditioniert werden (z. B. [67, 186]). Ein anderer Ansatz ist die Abtrennung der Matrixelemente mit einem Kationentauscherharz (z. B. Dowex 50 WX8). Zur genauen Beschreibung dieser Prozeduren siehe Kap. 3, Präparation. Da die Elemente Se und Te in der reduzierten vierwertigen Form zu den Hydridbildnern gehören, ist der Einsatz eines Hydridgenerators möglich, jedoch gerätetechnisch deutlich aufwendiger. Prinzipiell stehen für Se die Massen 76, 77, 78, 80, 82 und für Te die Massen 124, 125, 126, 128 und 130 zur Verfügung. Letztendlich erweisen sich die Massen 80 für Se und 128 für Te als am besten geeignet. Die Masse 82 für Se kann ohne DRC gemessen werden, da in dem Bereich kaum störende Ar-Massen oder -Molekülionen vorhanden sind. In der Anwesenheit von Zn und Dy ist jedoch mit starken Interferenzen zu rechnen ($^{66}Zn^{16}O$, ^{164}Dy), und die Häufigkeit von ^{82}Se ist mit 8.72 % vergleichsweise gering. Vor der Messung müssen die Einstellungen des ICP-MS (DRC, Leistung [Plasmatemperatur], Linsenspannung, Zerstäuberfluss) gründlich optimiert werden.

4.8 Verwandte Verfahren

In den folgenden Abschnitten werden zunächst einige Verfahren vorgestellt, bei denen die Massenspektrometrie direkt oder als Kopplung eingesetzt wird. Des Weiteren sind einige Verfahren aufgeführt, die über einen ähnlichen Einsatzbereich verfügen.

4.8.1 Weitere massenspektrometrische Verfahren

In der Massenspektrometrie existieren noch viele weitere Verfahren, von denen einige hier noch kurz angesprochen werden. Für eine Vertiefung dieses Themas sei auf entsprechende Fachbücher verwiesen (z. B. [95]). Die Anwendungen reichen von geologischen Fragestellungen über die Bestimmung von δD, $\delta 18O$ oder $^{87}Sr/^{87}Rb$ [105] bis hin zu der Analyse organischer Moleküle (z. B. [242]).

Die Flugzeitmassenspektrometrie (engl. „Time of Flight", TOF) basiert auf der Beschleunigung der durch eine Anregungsquelle erzeugten Ionen mittels einer festgelegten Spannung und der Aufnahme der Flugzeit. Die TOF-MS wird auch mit ICP-Anregung betrieben und verfügt dann über eine höhere Auflösung als Quadrupolgeräte in Kombination mit dem Vorteil der simultanen Aufnahme des kompletten Massenspektrums.

Die Matrixunterstützte Laserdesorption/-ionisation (MALDI) wird routinemäßig vor allem bei der TOF eingesetzt. Diese Kombination ist vor allem bei der Analyse sehr schwerer Molekülionen, z. B. Massenspektren von Proteinen, einsetzbar, da bei der TOF der Massenbereich prinzipiell unbegrenzt ist [95, 276].

Die Auflösung modernerer TOF-Geräten reicht von 10.000–1.000.000 [25].

Hohe Auflösung bietet auch die (doppelfokussierende) (Magnet-)Sektorfeld-Massenspektrometrie SFMS, welche auch mit ICP-Anregung betrieben werden kann. Normalerweise liegt die Auflösung bei 10.000–15.000 und in speziellen Fällen bei bis zu 60.000 [95]. Bei diesem Massenfilter wird der erzeugte Ionenstrahl durch ein magnetisches Sektorfeld abgelenkt und in einem Detektor (z. B. Faraday-Becher) gemessen. Es kann auch mehr als ein Sektorfeld zu Einsatz kommen (z. B. Doppelfokussierung), was die Massenauflösung noch einmal verbessert.

Die Thermionen-Massenspektrometrie (TIMS) ist eine Form der SFMS und dient der Bestimmung von Radionukliden (z. B. U, Th oder Pu) oder Verhältnissen stabiler Isotope (z. B. [114]). Die Probe wird dazu auf ein leitfähiges Filament aufgebracht und verdampft.

Sehr hohe Auflösung von bis 200.000 bietet der „Orbitrap"-Massenfilter [117], bei dem die Ionen elektrostatisch in eine kreisförmige Bahn um eine koaxiale, spindelformige Elektrode geführt werden. Dabei entstehen stabile Flugbahnen und eine axiale Oszillation, deren Frequenz unabhängig von der Energie ist. Die räumliche Ausbreitung der injizierten Ionen ist umgekehrt proportional zur Quadratwurzel aus ihrer Masse [228].

Die höchste Auflösung von bis zu 1.000.000 bietet der Fourier-Transform-Ionenzyklotronresonanz-Massenfilter (FT-ICR), der aus einer Penning-Falle besteht, in der sich die von einem starken Magnetfeld eingeschlossenen Ionen auf kreisförmigen Bahnen mit charakteristischer Frequenz bewegen [176]. Mit diesen Instrumenten können Moleküle mit sehr hoher Masse wie beispielsweise Proteine massenspektrometrisch untersucht werden [262].

Massenspektrometrie wird auch als ortsaufgelöste Methode eingesetzt. Bei der Sekundärionenmassenspektrometrie werden mittels eines primären Ionenstrahls sekundäre Ionen aus der Probenoberfläche herausgelöst, die dann mit einem Massenfilter (z. B. Quadrupol, TOF oder SFMS) analysiert werden. Da gleichzeitig die Oberfläche der Probe abgetragen wird, können bei der Materialwissenschaft Tiefenprofile dünner Schichten charakterisiert werden. Die SIMS ist sehr matrixabhängig und daher schwer zu quantifizieren. Mit Geräten mit hochauflösendem Massenfilter können aber auch Isotopenverhältnisse (z. B. $^{239}Pu/^{240}Pu$) bestimmt werden [114]. Die Ortsauflösung der Methode reicht in den Nanometerbereich [3].

Auch bei der Atomsonden-Tomographie (engl. „Atom Probe Tomography", APT) kommt ein TOF als Massenfilter zum Einsatz. APT ist eine Technik, mit der sich 3D-Mappings von Festkörpern in einem kleinen Volumen im Bereich von X0–X00 nm erstellen lassen. Erreicht wird dies durch Feldionisierung und Feldverdampfung einzelner Ionen aus einer scharfen, nadelförmigen Probe. Die Ionen werden dann mit einem zeitaufgelösten 2d-Detektor eingefangen, der die Identifizierung des Ions mittels TOF-Massenspektrometrie ermöglicht [47]. Die Verwendung eines Lasers zum Herauslösen der Ionen ist erforderlich, um eine Referenzzeit für die Laufzeitmassenspektrometrie zu liefern. In der Metallurgie werden auch Hochspannungspulse zur Herauslösen der Ionen verwendet. Dies erfordert jedoch leitfähige Proben und ist daher für nichtleitende Materialien (z. B. Minerale) nicht geeignet. Die APT wurde beispielsweise in der Geologie und den Planetenwissenschaften bereits erfolgreich eingesetzt, um Datierungen zu bestätigen oder zu verbessern [206] oder um die Umverteilung von Spurenelementen in Mineralien zu bewerten [209].

4.8.2 Chromatographie

Chromatographische Verfahren funktionieren durch stoff- oder element(ionen)abhängige Verteilungsgleichgewichte zwischen einer stationären und einer mobilen Phase. Die Komponenten werden dadurch zeitlich aufgetrennt, dass sie sich durch die Verweilzeit innerhalb der chromatographischen Säule unterscheiden (Retentionszeit). Die Chromatographie kann als Trennverfahren anderen Verfahren (z. B. der ICP-MS) vorgeschaltet werden.

Die Gaschromatographie nutzt als mobile Phase ein inertes Gas (z. B. H, N oder He), während die stationäre Phase aus einem Polysiloxanfilm besteht, der sich in einer Quarzglaskapillare befindet. Aufgrund der hohen Mobilität der Analyten sind Gaschromatographie-Säulen relativ lang (z. B. 30 m, [207]). Die Analyten müssen dabei die nötige Flüchtigkeit besitzen, um verdampft werden zu können [92]. Die Ionenchromatographie verwendet Ionentauscher, mit denen aufgrund der unterschiedlichen Bindungsstärke unterschiedliche Verweildauern auf der Säule realisiert werden.

4.8.3 Kapillarelektrophorese

Dieses Verfahren nutzt die Eigenschaft von geladenen Teilchen, sich in einer Gleichstrom-Hochspannung unterschiedlich schnell zu bewegen [244]. Es wird also keine stationäre Phase benötigt. Das Verfahren wird zur Trennung von großen, organischen Molekülen eingesetzt. Ungeladene Moleküle können in Mizellen gebunden und getrennt werden [74].

4.8.4 Voltammetrie

Diese sehr vielseitige Methode basiert auf der Änderung des Stromflusses zwischen einer Arbeitselektrode und einer Gegenelektrode bei Änderung des Potenzials der Arbeitselektrode, abhängig von der Anwesenheit bzw. Konzentration des Analyts. Eine dritte Elektrode dient als Bezugselektrode deren Potenzial konstant gehalten wird. Es wird die elektrochemische Halbzellenreaktivität des Analyten gemessen [239, 244]. Das Verfahren wird zur Analyse von großen, organischen Molekülen eingesetzt. Mit Voltammetrie kann aber auch anorganische Spurenelementanalytik betrieben werden, z. B. bei der Analyse von Selen in Meerwasser [272]). Auch die Speziation von Elementen, z. B. von Cr, Mn, Fe und As in natürlichen Wässern ist mit dieser Methode bestimmbar [100].

4.8.5 Atomspektroskopie

Diese Methode ist sehr weitverbreitet und wird hier aber nur kurz dargestellt. Dieses Buch stellt vor allem die Kombination aus ICP-MS und Röntgenanalytik dar, die als guter Einstieg in die komplette Analyse von Gesamtchemie, Phasenanalyse bis hin zu ortsaufgelöster Punktanalyse darstellt. Für weitere Informationen sei auf Fachliteratur zu den „verwandten Verfahren" verwiesen.

4.8.6 Atomabsorptionsspektroskopie (AAS)

Bei der AAS wird das Licht einer elementspezifischen Hohlkathodenlampe verwendet, um das Analysenelement nachzuweisen. Befindet sich in der Probe das Element der Hohlkathodenlampe, wird das Licht dieser Lampe proportional zur Konzentration des Elementes geschwächt. Die Schwächung wird über den Vergleich mit einem Referenzstrahl analysiert. Der Nachteil dieser Methode ist, dass nur die Elemente bestimmt werden können, für die eine Hohlkathodenlampe im Gerät eingebaut ist (z. B. [103]). Zur Verdampfung der Probe kann beispielsweise eine Flamme oder aber elektrothermische Verdampfung (ETV) eingesetzt werden. Es besteht auch die Möglichkeit, das Element ohne Wärmeeinwirkung in ein Gas zu verwandeln, wenn sich bei der Zugabe eines Reaktionsmittels Hydride (Hydridtechnik) oder atomarer Dampf (Hg-Kaltdampftechnik) erzeugen lassen. Die Nachweisstärke der AAS ist ähnlich der AES/OES, wobei die ETV die niedrigsten Nachweisgrenzen liefert. Da Ionisierung (wie auch bei der AES/OES) vermieden werden sollte, muss häufig ein leicht ionisierbares Element (z .B. Cs) als Ionisationspuffer hinzugegeben werden. Weiterhin können „Befreiungsangenzien" zugegeben werden, die durch Reaktionen mit störenden Elementen oder dem Analyt selbst für eine Verbesserung der Performance sorgen (z. B. [103]).

4.8.7 Atomemissionspektroskopie (AES)/Optische Emissionsspektrometrie (OES)

Die Atomemissionsspektroskopie (AES) oder optische Emissionsspektroskopie (OES) ist mittels Flammenanregung, elektrothermischer Verdampfung (ETV), Funkenemission, laserinduzierter (engl. LIBS, „Laser Induced Breakdown Spectroscopy") oder induktiv gekoppelter Plasmaanregung (ICP-OES) durchführbar.

Aufgrund der zeitversetzten Verdampfung der Analyten bei der ETV können temperaturabhängige Volatilität (z. B. Li) oder aber in speziellen Fällen auch die Speziation von Elementen (Schwefel, [87]) bestimmt werden.

Durch den thermischen Vorgang werden die Atome in den angeregten Zustand versetzt und damit zur Emission von charakteristischem Licht im sichtbaren bis UV-Spektrum gebracht. Das polychromatische Licht wird dann mit einem optischen Gitter aufgetrennt und detektiert. Für diese Anregung der Atome wird eine höhere Temperatur benötigt als bei der AAS. Die Interferenzen entstehen durchaus ähnlich wie bei der ICP-MS und betreffen Moleküle wie CN, NO, O_2 und OH (z. B. [103]). Die Bildung von Ionen sollte (im Gegensatz zur MS) möglichst unterbunden werden. Die hohe Elektronendichte im Plasma des ICP kann als Ionisationspuffer wirken, sonst können leicht ionisierbare Elemente wie Cs als Ionisationspuffer zugegeben werden, um das Elektronenangebot zu erhöhen und damit die Bildung von Ionen zu verringern. Die Nachweisgrenzen der ICP-OES liegen bei < 0,1 bis 10 ppb in Lösung und sind um bis zu einer Größenordnung schlechter als bei der ICP-MS (< 0,1 ppt–10 ppb) (z. B. [81]), liegen aber deutlich unter der RFA.

4.8.8 Photometrie

Bei der Photometrie wird die Extinktion des Lichtes einer Wolfram- oder Halogenlampe (> 330 nm) oder einer Niedervolt-Deuteriumlampe (< 300 nm) durch den in gefärbte Komplexe überführten Analyt in einer Flüssigkeitsküvette detektiert. Die Extinktion wird über den Vergleich mit einem Referenzstrahl bestimmt. Bei der Flammenphotometrie wird anstelle der Küvette eine Flamme in den Strahlengang gebracht, in der der Analyt einen Farbwechsel erzeugt [103]. Das Verfahren ähnelt damit einer vereinfachten Version der OES. Bei den vergleichsweise geringen Flammentemperaturen (im Vergleich zum ICP), werden nicht alle Elemente effizient angeregt. Daher wird das Verfahren nur für Alkali- und Erdkalielemente eingesetzt.

Röntgenfluoreszenzanalyse 5

Übersicht

5.1 Messprinzip und Geräteaufbau.. 127
5.2 Methodenentwicklung.. 183
5.3 Spezialverfahren... 212
5.4 Verwandte Verfahren... 243
5.5 Analysenbeispiele... 252

5.1 Messprinzip und Geräteaufbau

Dieses Kapitel beschäftigt sich mit der Röntgenfluoreszenzanalyse (RFA) die, zusammen mit der Phasenübersichtsanalyse (s. Kap. 7) häufig am Anfang einer analytischen Charakterisierung eines Materials steht. Mit der „klassischen" RFA können bei einer Nachweisgrenze von 1 µg/g–100 Gew.% die meisten Haupt- und Nebenkomponenten analysiert werden. Bei den vorgestellten Spezialverfahren Totalreflexions-RFA und Mikro-RFA können die Nachweisgrenzen anders ausfallen (s. Abb. 5.1).

Das Synonym Röntgenfluoreszenzanalyse „RFA" (engl. „X-Ray Fluorescence", „XRF") steht für das klassische spektrometrische Verfahren zur gesamtchemischen Analyse von Feststoffen, Schmelzaufschlüssen („Schmelztabletten") gepressten Pulvern („Presstabletten"), aber auch Lösungen. Die RFA ist eines der meistgenutzten Verfahren für die Analyse von Haupt- und Nebenkomponenten in den Geowissenschaften, aber auch in der anorganischen Chemie und – aufgrund der guten Automatisierbarkeit – in der Industrie. Es basiert auf der elementcharakteristischen Fluoreszenz chemischer Elemente im Röntgenspektrum nach Ionisierung durch Entfernung von Elektronen innerer Elektronenschalen. Es lassen sich prinzipiell alle zur Röntgenfluoreszenz anregbaren

© Der/die Autor(en), exklusiv lizenziert an Springer-Verlag GmbH, DE,
ein Teil von Springer Nature 2024
T. Schirmer, U. Fittschen, *Einführung in die geochemische und materialwissenschaftliche Analytik*, https://doi.org/10.1007/978-3-662-67958-6_5

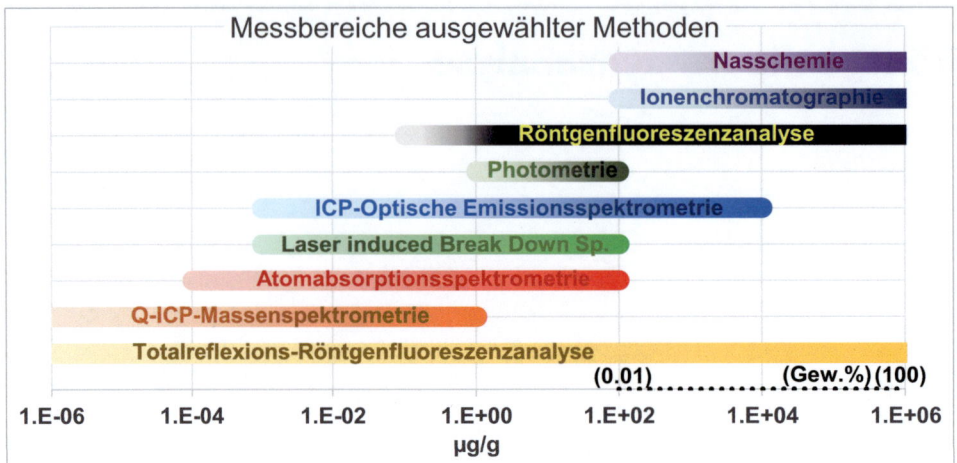

Abb. 5.1 Messbereiche ausgewählter Methoden. NM: Nasschemisch, IC: Ionenchromatographie, RFA: Röntgenfluoreszenz, Ph: Photometrie, OES: Optische Emissionsspektrometrie, LI/FkE: Laserinduzierte Plasmaspektroskopie/Funkenemission, AAS: Atomabsorptionsspektrometrie, MS, Massenspektrometrie, TRFA: Totalreflexions-RFA, ICP: Induktiv gekoppeltes Plasma

Elemente ([Li], Be–U) analysieren, wobei die ultraleichten ([Li], Be, B, C, N, O, F) abhängig von der Matrix eine relativ hohe Nachweisgrenze von bis zu 0,1 Gew.% (Be, aber nur im Idealfall) haben. Generell verbessert sich die Nachweisempfindlichkeit des Verfahrens mit steigender Ordnungszahl, wobei dann Sprünge in der Nachweisgrenze auftreten, wenn abhängig von der maximal möglichen Anregungsspannung (60–100 kV) von den nachweisstärkeren auf nachweisschwächere Linien ausgewichen werden muss oder dies aufgrund einer Linienüberlagerung mit einem der anderen in der Probe vorhandenen Elemente erforderlich ist. Eine Nachweisempfindlichkeit von 0,5 ppm lässt sich mit klassisch aufgebauten Spektrometern jedoch kaum unterschreiten.

Ein besonderer Vorteil der RFA ist, dass die Präparate (Schmelztabletten, Presstabletten, polierte Stücke u. a.) wiederverwendbar sind, da die Methode im Grunde zerstörungsfrei ist. Aufgrund der hohen Stabilität der Geräte im einem Messbereich zwischen ~2 ppm–100 Gew.% lassen sich Kalibrationen mit einer relativ einfachen Monitorapplikation oder Nachkalibration über viele Monate oder sogar jahrelang verwenden. Der große Nachteil des Verfahrens ist jedoch die zum Teil extreme Matrixabhängigkeit. Kalibrationen, z. B. für geologische Proben, müssen alle zu erwartenden Matrizes (Basalt, Granit, Kalkstein, Tonstein, Sandstein u. a.) abdecken; es können keine einfachen Kalibrationslösungen oder -schmelzen verwendet werden, wie dies z. B. bei optischen oder massenspektrometrischen Verfahren problemlos möglich ist.

Mit RFA lassen sich alle Arten von festen Materialien aber auch Flüssigkeiten, Suspensionen und Öle quantitativ untersuchen (siehe Kap. 3, Präparation), vorausgesetzt, es steht geeignetes Referenzmaterial zur Verfügung. Da mit RFA die Hauptkomponenten untersucht werden, ist über eine iterative Berechnung des Gesamtsystems auch eine von

Kalibrationsstandards unabhängige halbquantitative Analytik durchführbar. Diese basiert auf den sogenannten Fundamentalparametersätzen, die das gesamte System, angefangen bei der Anregungsquelle über das optische System bis hin zum Detektor beschreiben. Dafür wird mithilfe eines Satzes an Proben, die bestimmte Indexelemente in ganz bestimmter Zusammenstellung enthalten, ein sogenannter „Instrumentfaktor" für das individuelle Gerät bestimmt. Danach kann auch ein vom Chemismus und Matrix her gesehen unbekanntes Material analysiert werden. Die Präparation muss dafür nicht in bestimmter Art (Schmelztablette, Presstablette u. a.) vorliegen, sondern es sind beliebige Formen und Geometrien verwendbar, solange diese in irgendeiner Weise im Probenhalter zu befestigen sind und an einer Seite eine glatte und gerade Oberfläche haben. Die Genauigkeit des Ergebnisses ist aber begrenzt, weshalb man von einer „halbquantitativen" Messung spricht. Die relative Genauigkeit liegt dabei routinemäßig im Bereich von 5 % relativ (z. B. 50 Gew.% $SiO_2 \pm 2{,}5\,\%$).

5.1.1 Röntgenstrahlung

Der Wellenlängenbereich elektromagnetischer Strahlung zwischen 0,01–10 nm (0,1–100 Å) wird als Röntgenstrahlung bezeichnet. Röntgenstrahlung entsteht unter anderem bei der Interaktion energiereicher Elektronen oder Photonen mit der Elektronenschale von Atomen. Bei dieser Interaktion mit Materie wird zwischen kontinuierlicher Strahlung – oder „Bremsstrahlung" – und charakteristischer Strahlung unterschieden. Dabei kommt es unter anderem zur Ionisierung tiefliegender (kernnaher) Elektronenniveaus. Durch die Reorganisierung (Relaxation) der Elektronenhülle nach dem Verlust eines inneren Elektrons beginnt das Atom im Röntgenbereich zu fluoreszieren. Da diese Fluoreszenz typisch für den Ionisationsprozess und das Element ist, wird diese Strahlung auch als charakteristische Röntgenstrahlung bezeichnet.

Elektromagnetische Strahlung lässt sich einerseits korpuskular betrachten. Mit diesem Ansatz lassen sich Phänomene wie Streuung und Ionisierung erklären. Eine andere Betrachtung basiert auf der Welleneigenschaft des Lichtes, mit der die Diffraktion erklärbar ist (s. Kap. 7).

Es besteht ein direkter Zusammenhang zwischen diesen beiden Betrachtungsweisen. Energie und Wellenlänge hängen über folgende Beziehung miteinander zusammen:

$$E = hc/\nu \rightarrow E = 1{,}24/\lambda \qquad (5.1)$$

E: keV, λ: Nanometer, h: Plank'sches Wirkungsquantum ($6{,}6 \cdot 10^{-27}$ erg s), c: Lichtgeschw. ($3 \cdot 10^{10}$ cm/s)

Für den Wellenlängenbereich 0,01–10 nm ergibt sich damit ein Energiebereich von:

1,24/0,01 = 124 keV bis
1,24/10 = 0,124 keV

Der für die RFA interessante Wellenlängenbereich reicht von den analytisch geeigneten Linien des Urans bis hin zur eigentlich bereits im harten UV-Bereich liegenden charakteristischen Röntgenstrahlung des Berylliums bei 11,3 nm (113 Å), wobei aufgrund der verfügbaren Anregungsenergien in konventionellen Spektrometern die untere Grenze bei ~0,04 nm (~30 keV) liegt. In der Routine beschränkt sich der Einsatzbereich meist auf die Analyse der Elemente Na–U. Das Element Lithium mit der einzigen Fluoreszenzlinie im harten UV-Lichtbereich bei 20 nm spielt für eine direkte Bestimmung bei der RFA bis jetzt keine große Rolle (s. Abschn. 5.5.6). Eine Ausnahme ist die Elektronenstrahl-Mikroanalyse (s. Kap. 8). Die Transuraniden ($Z > 92$) haben Wellenlängen unterhalb der des Urans.

5.1.2 Grundprinzip

Trifft ein Lichtstrahl (z. B. Röntgenstrahl) auf eine Oberfläche, wird dieser einerseits zurückgeworfen, dringt aber auch bis in eine gewisse Tiefe in das Material ein. Unterschreitet das Material eine bestimmte Dicke kann auf der anderen Seite ein Teil der Strahlung wieder austreten. Röntgenstrahlung tritt in Interaktion mit der Elektronenhülle und ist dabei in der Lage, Atome durch Entfernung innerer Elektronen zu ionisieren. Neben Anregung und Ionisierung kann die Strahlung auch gestreut werden. Dabei entsteht Compton- oder Rayleigh-Streuung. Bei Ersterer wird das Originalphoton unter Energieverlust gestreut – bei Letzterer entsteht ein neues Photon durch die Oszillation des getroffenen Elektrons.

Die Ionisierung durch die Entfernung innerer Elektronen hat Relaxationsprozesse in der Elektronenhülle zur Folge. Diese können, abhängig vom Bindungszustand oder/und der Symmetrieeigenschaften der beteiligten Elektronenorbitale, über mehre Stufen ablaufen. Prinzipiell enthalten diese Relaxationsprozesse Informationen über das angeregte Element, aber auch über Bindungszustand, Speziation und chemische Umgebung des angeregten Atoms. Konventionelle Röntgenspektrometer mit begrenzter spektraler Auflösung sind meist nur in der Lage die Elektronensprünge zwischen den Orbitalen prinzipiell zu erfassen. Damit ist die quantitative Bestimmung von Neben- und Hauptkomponenten und – in begrenztem Umfang – auch von Spurenlemenenten (normalerweise nicht < 1 ppm) möglich. Die Bestimmung von Bindungszustand, Speziation und chemischer Umgebung liegen abgesehen von speziellen Fällen außerhalb der Möglichkeiten konventioneller Spektrometer.

5.1.3 Entstehung/Erzeugung von Fluoreszenzlinien

Atome können durch Röntgenphotonen zur Fluoreszenz, also zur Aussendung eigener Röntgenstrahlung angeregt werden. Am anschaulichsten kann dieses Phänomen am Bohr'schen Atommodell verdeutlicht werden (Abb. 5.2). In diesem Modell sind die

5.1 Messprinzip und Geräteaufbau

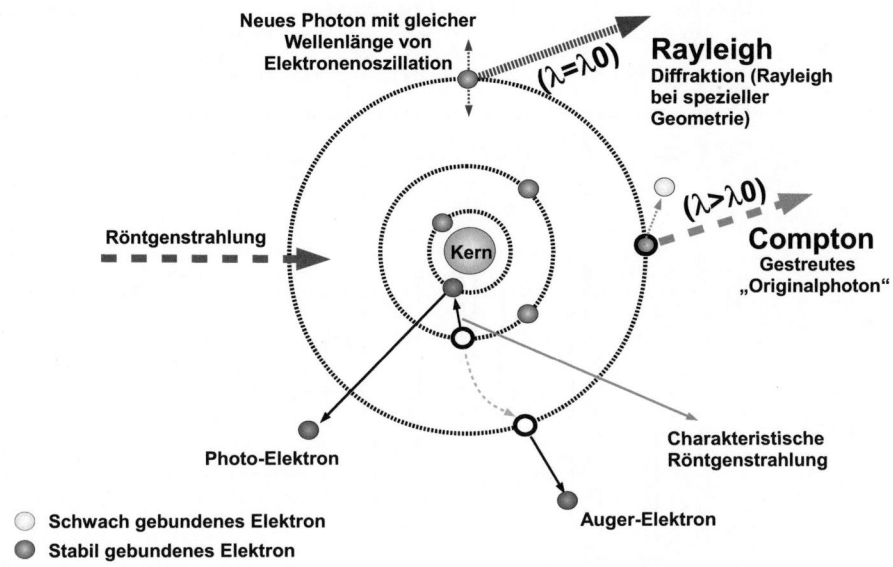

Abb. 5.2 Anregungsprozesse durch Interaktion eines Atome mit Röntgenstrahlung

Elektronen auf energetisch festgelegten Positionen, den Schalen, um den Atomkern angeordnet. Diese Schalen haben verschiedene prinzipielle Energiezustände (Hauptquantenzahl n). In den Schalen verfügt jedes Elektron über einen bestimmten Energie- und Quantenzustand (abhängig von der Nebenquantenzahl l, Magnetquantenzahl m und Spinquantenzahl s). Die Schalen sind mit zunehmender Größe in der Reihenfolge K, L, M, N ... benannt. Bei Zuführung von Energie können Elektronen aus den Schalen entfernt werden – das Atom wird ionisiert. Aufgrund der hohen Energie können Röntgenquanten innere, dicht am Atomkern befindliche Elektronen herausschlagen. Die Entstehung einer Lücke in einer der inneren Elektronenschalen hat eine Reorganisation der Elektronenschale zur Folge, bei der Elektronen von den äußeren Schalen in die Lücke springen (s. Abb. 5.3).

Da die inneren Elektronenschalen einen geringeren Energiegehalt haben, muss ein Sprungelektron aus einer höheren Schale Energie abgeben, um stabil zu sein. Die abzugebende Energie kann wieder in Form von Röntgenstrahlung frei werden. Dieser Prozess wird als Röntgenfluoreszenz bezeichnet. Jedes Element emittiert gemäß Ordnungszahl und betroffenen Elektronenschalen ein Röntgensspektrum mit Linien von diskretem Energiegehalt (s. Abb. 5.4). Aufgrund der geringeren Anzahl innerer Elektronen sind die Spektren der RFA einfacher als bei anderen optischen Verfahren. Um die Übersicht über diese Linien zu behalten, wurden verschiedene Notationen eingeführt. Die immer noch bekannteste Notation stammt von Karl Manne Georg Siegbahn (1886–1978):

z. B.: $FeK\alpha 1$

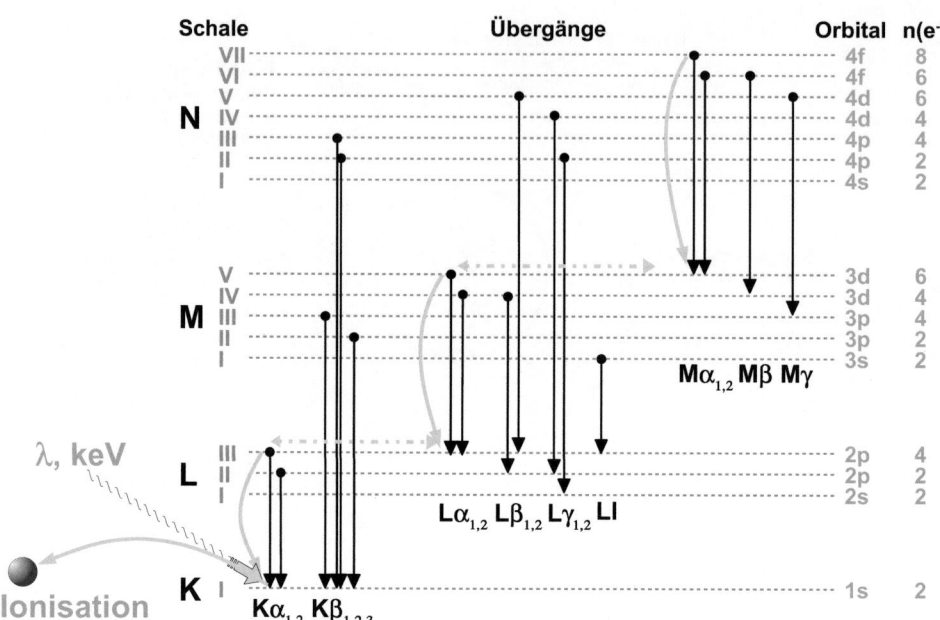

Abb. 5.3 Wichtige Linienserien, aufgeteilt nach Elektronenschalen und möglicher Relaxationsprozesse (grau)

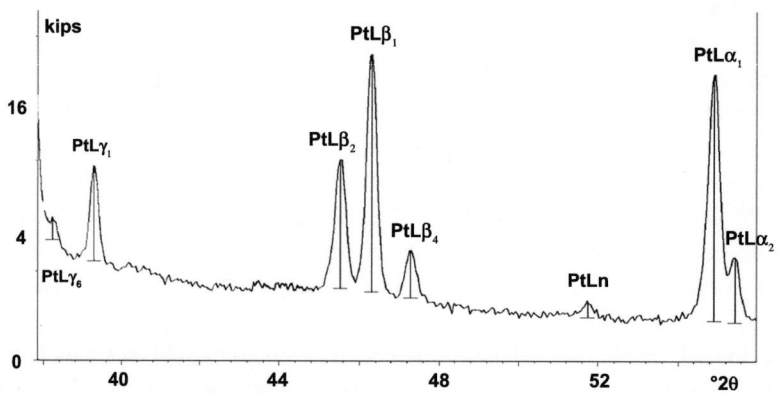

Abb. 5.4 Teil der Linienserie von Platin

Der Buchstabe an erster Stelle nach dem Elementsymbol steht für die ionisierte Schale – in diesem Fall die K-Schale; das griechische Symbol mit darauffolgenden Nummer steht für den Rücksprung – $\alpha 1$ steht für den Übergang mit der größten Wahrscheinlichkeit – in diesem Fall ist das der Sprung von der L_{III}-Schale auf die K-Schale. Da diese Notation nicht direkt mit der Nomenklatur der Elektronenschalen zusammenhängt, entwickelte das IUPAC eine klar indentifizierbare Notation (s. Tab. 5.1).

z. B.: $FeK--L_3$ bzw. $FeK--L_{III}$

5.1 Messprinzip und Geräteaufbau

Tab. 5.1 Klassifikation der analytisch wichtigsten Linienserien nach Siegbahn und nach IUPAC. (Daten: [284])

Zielniveau	Sprungniveau	Siegbahn	IUPAC	relevant für
K	L2,3	Kα1,2	KL2,3	Li–Mg
K	L3	Kα1	K–L3	ab Al
K	L2	Kα2	K–L2	
K	M3	Kβ1	K–M3	ab Na
K	M2	Kβ3	K–M2	
K	N3	Kβ2'	K–N3	ab Ni
K	N2	Kβ2"	K–N2	
L3	M1	Ll	L3–M1	ab S
L2	M1	Lh	L2–M1	
L3	M5	Lα1	L3–M5	ab Ca
L3	M4	Lα2	L3–M4	
L2	M4	Lβ1	L2–M4	
L3	N5	Lβ2	L3–N5	ab Zr
L1	M3	Lβ3	L1–M3	ab V
L1	M2	Lβ4	L1–M2	
L3	O4,5	Lβ5	L3–O4,5	ab Sm
L2	N4	Lγ1	L2–N4	ab Zr
L1	N2	Lγ2	L1–N3	ab Rb
L1	N3	Lγ3	L1–N3	
L1	M2	Lγ4	L1–M2	ab In
L2	O4	Lγ6	L2–O4	ab Nd
M5	N7	Mα1	M5–N7	ab La
M5	N6	Mα2	M5–N6	
M4	N6	Mb	M4–N6	
M3	N5	Mg	M3–N5	ab Zr

Bei dieser Notation steht an erster Stelle wieder die ionisierte Schale – in diesem Beispiel K. Danach wird aber das Sprungniveau angegeben. In diesem Fall ist dies die L_{III}-Schale.

Ein Sprung des Elektrons ist nur möglich, wenn sich die Nebenquantenzahlen um 1 unterscheiden (s. auch „Pauli-Prinzip"). Für einen Sprung in die K-Schale, die nur s-Elektronen enthält, bedeutet dies, dass nur p-Elektronen aus höheren Schalen (L, M, N) diesen Übergang vollziehen können. Entsprechend der Wertebereiche der Nebenquantenzahlen (n = 1, 2, 3 mit $-n \ldots 0 \ldots +n$) bilden sich Liniengruppen (1 K-Linie, 3 L-Linien, 5 M-Linien ...). Der $K\alpha$-Übergang ist dabei wahrscheinlicher als der $K\beta$-Übergang (1/5· Intensität $K\alpha$). Die prinzipiellen Übergänge ($K\alpha$, $K\beta$, $L\alpha$, $L\beta$ ...) nach Siegbahn bestehen wieder aus Untergruppen ($K\alpha 1$, $K\alpha 2$ ...), die wiederum eine bestimmte Wahrscheinlichkeit (oder Intensität) haben.

Die $K\alpha 1$-Linie entsteht durch den Übergang aus der mit maximal vier Elektronen besetzten L_{III}-Schale, während der $K\alpha 2$ mit einer relativen Wahrscheinlichkeit von 50 %

aus der mit maximal 2 Elektronen besetzten L_{II}-Schale stammt. Aufgrund der Gesamtdrehimpulsquantenzahl (j), die für L_{III} den Wert 3/2 und für L_{II} den Wert 1/2 annimmt, unterscheiden sich die beiden Schalen in ihrem Energiegehalt, sodass der $K\alpha1$-Übergang neben der größeren Wahrscheinlichkeit auch charakteristische Röntgenstrahlung mit höherer Energie produziert.

Die relative Intensität der Linien ist daher abhängig von der Transitionswahrscheinlichkeit, die eine exponentielle Funktion der Differenz der Energiezustände der Elektronen in den Orbitalen ist.

Allgemein betrachtet sind die Intensitätsverhältnisse zwischen den Linien eines Elementes immer gleich, variieren aber zwischen Elementen:

$K\alpha{:}K\beta \approx$ 5:1 (Cu), 3:1 (Sn), 25:1 (Al), [261].

Da der Energiegehalt vor allem der Außen- bzw. Valenzelektronen vom Bindungszustand abhängig ist, gilt diese allgemeine Betrachtung nicht für Übergänge von äußeren Elektronen (Valenzstrukturen, z. B. M-K), s. Abschn. 5.1.4. Die Beträge der durch unterschiedliche Speziation verursachten Energie- bzw. Wellenlängenverschiebungen der Röntgenfluoreszenzlinien sind im Allgemeinen so gering, dass zur Analyse hochauflösende wellenlängendispersive Spektrometer erforderlich sind (s. Abschn. 5.1.10). Eine Ausnahme ist beispielsweise die Bestimmung von Sulfat neben Sulfid in Zement (s. Abschn. 5.5.7).

Die K-Linien sind bei optimaler Anregung prinzipiell mehr als 10-mal intensiver als die L-Linien und 100-mal intensiver als die M-Linien und haben damit die beste Empfindlichkeit [284]. Aufgrund der limitierten Generatorleistung (meist < 4 kW) handelsüblicher RFA-Spektrometer können Linien mit Energien oberhalb von 30 keV (oberhalb von $SbK\alpha/TeK\alpha$) nicht mehr effizient angeregt werden.

Innerhalb einer Serie (z. B. K-Serie) werden alle Linien auf die nachweisstärkste Linie ($K\alpha1$ = 100) normiert. Bei Summenangaben (z. B. $K\alpha1/2$ bzw. $K\alpha$) werden die relativen Intensitäten summiert. Das führt zu Angaben relativer Intensitäten von 150 wenn gilt: $K\alpha2 = 0{,}5 \cdot K\alpha1$ sowie $K\alpha1 + K\alpha2$. Zur Optimierung der Nachweisgrenzen bei der Methodenentwicklung muss die nachweisstärkste analytisch verwertbare Linie gefunden werden. Ist die K-Linie (α, β) nicht anregbar oder durch Matrixeffekte und oder spektrale Überlagerungen gestört, werden die L-Linien (α, β) verwendet, danach die M-Linien.

Vor allem in der Elektronenstrahl-Mikroanalyse ist mittlerweile die Ll-Linie aus einem Übergang aus dem 3s-Orbital (s. Abb. 5.3) sehr interessant (s. Kap. 8), da dieser Übergang weit weniger einer chemischen Verschiebung unterliegt als die $L\alpha$- oder $L\beta$-Linien aus den weiter außen liegenden 3d- oder 4d-Orbitalen, welche stärker and chemischen Bindungsreaktionen beteiligt sind. Der Nachteil der Ll-Linien ist die geringe Energie und Intensität. Bei Ti liegt beträgt die relative Intensität 46 % bei nur 0,359 keV (vergleichbar mit $NK\alpha$). Die Ll-Linie von Se liegt mit 1,204 keV im Bereich von $MgK\alpha$; die relative Intensität ist aber nur noch 6 % [261]. Aufgrund des geringen Energiegehaltes und der niedrigen relativen Intensität sind Analysenkristalle mit hoher Winkeldispersion und Reflektivität (siehe Abschn. 5.1.13) erforderlich.

5.1 Messprinzip und Geräteaufbau

Bei der Auswertung von Röntgenspektren kann das Wissen über die auftretenden elementspezifischen Linienserien sehr hilfreich sein (z. B. Abb. 5.4). Wenn z. B. im Bereich der $K\alpha$-Linie eines Elementes ein Signal erscheint, ist nach der $K\beta$-Linie zu suchen. Unterhalb von Fluor würde die Suche aber vergeblich sein, da hier dieser Übergang nicht auftritt. Zeigt sich beispielsweise im Bereich von $I K\alpha$ ein Signal und die Suche nach der $K\beta$-Linie ist erfolglos, besteht die Möglichkeit, dass es sich bei dem ersten Signal um $Sn K\beta$ handelt (z. B. in Sn-Legierungen) – ein Beispiel für eine spektrale Überlagerung.

5.1.4 Chemische Verschiebung

Prinzipiell sind alle in einem Atom auftretenden Elektronenübergänge abhängig vom Energiezustand des Atoms. Daher hat auch der chemische Bindungszustand einen Einfluss auf die Lage und auf die Intensitätsverhältnisse der charakteristischen Röntgenfluoreszenzlinien. Besonders Linien aus Energieübergängen, an denen Elektronen beteiligt sind, die sich in Bindungsorbitalen befinden können (z. B. $L\alpha$, $M\alpha$) können einer deutliche chemischen Verschiebung unterliegen.

In konventionellen RFA-Spektrometern lassen sich nur sehr große Abweichungen im Bindungszustand – wie z. B. die Messung von Sulfid-/Sulfat-Anteilen in Zement (siehe Abschn. 5.5.7) – analytisch erfassen. Chemische Verschiebungen können auch zu analytischen Ungenauigkeiten führen, da durch eine Winkelabweichung des Messsignals im Vergleich zu der bei der Kalibration verwendeten Winkelposition die Messung auf der Peakflanke erfolgt. Am Beispiel in Abb. 5.5 ist dies einfach zu veranschaulichen. Für die Bestimmung des Schwefelgehalts einer sulfidhaltigen Probe mit einer Kalibration, bei der ein Sulfat zur Kalibration verwendet wurde, würde auf einem Ge-Kristall der Peak

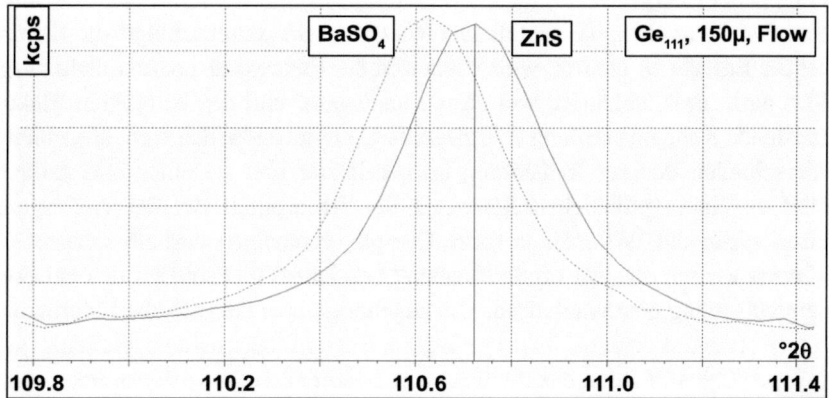

Abb. 5.5 Chemische Verschiebung $SK\alpha$ bei $BaSO_4$ und ZnS. Die Aufnahme des Spektrums erfolgte unter Verwendung eines Ge-Analysenkristalls (Ge_{111}), eines 150 μm Kollimators und einem Durchflusszähler (Flow). Weitere Einzelheiten enthält der Abschn. 5.1.13

mit einem Maximum bei 110,64 °2θ verwendet (s. Abb. 5.5, gestrichelte Linie). Diese Messposition liegt aber auf der Peakflanke des Sulfidsignals (s. Abb. 5.5, durchgezogene Linie). Das Resultat wäre ein Minderbefund gekoppelt mit einer geringen analytischen Präzision, da bei Messungen auf stark ansteigenden Signalflanken bereits geringste Verschiebungen der Messposition einen erheblichen Einfluss auf die Zählrate haben.

Bei der Elektronenstrahl-Mikroanalyse (ESMA) lässt sich die chemische Verschiebung der charakteristischen Linien leichter Elemente (z. B. $OK\alpha$) vielfältiger nutzen (s. Kap. 8).

Bei der Verwendung von Linien, bei denen keine Valenzelektronen beteiligt sind (z. B. $K\alpha$ oder Ll), spielt die Speziation bzw. der chemische Bindungszustand des Elementes außer bei hochauflösenden RFA-Spektrometern (z. B. [147]) bei der Messung keine große Rolle. Die Energieauflösung für Untersuchungen der Speziation muss im Bereich wischen 1 und 10 eV liegen [191], s. Abschn. 5.1.10).

5.1.5 Massenabsorption

Bei der RFA wird die zur Anregung notwendige Energie in Form von Röntgenstrahlung aus einer Röntgenquelle (z. B. einer Röntgenröhre) zugeführt. Je ähnlicher die Energie des auftreffenden Röntgenquants der zur Entfernung des Elektrons benötigten Energiemenge ist, desto effizienter der Prozess. Dabei kann man die Entstehung von Fluoreszenzstrahlung durch das Bombardement des Anodenmaterials einer Röntgenröhre mit beschleunigten Elektronen als primäre Fluoreszenz bezeichnen. Die durch Röntgenstrahlung der Röhre in der Probe induzierte Fluoreszenz wäre dann die sekundäre Fluoreszenz. Die Energie der entstehenden charakteristischen Strahlung ist immer etwas geringer als die zur Auslösung des Prozesses benötigte Energiemenge – eine Selbstanregung des Elementes, d. h. die Auslösung des gleichen Ionisierungs- und Reorganisationsprozesses durch die zuvor entstandene Fluoreszenzstrahlung ist also nicht möglich.

Bei steigender Energie der Anregungsstrahlung verringert sich die Wahrscheinlichkeit der Wechselwirkung, d. h., das einfallende Röntgenquant „durchschlägt" die Elektronenhülle. Ist die Energie zu niedrig, wird wiederum der Fluoreszenzprozess nicht ausgelöst. Dies führt dazu, dass, abhängig von der Ordnungszahl und den beteiligten Elektronen, die auftreffende Röntgenstrahlung energieabhängig unterschiedlich stark absorbiert wird. Ein Unterschreiten der zur Ionisierung erforderlichen Energie eines Übergangs (z. B. $K\alpha$) führt zu einem plötzlichen Rückgang der Absorption. Bei der Auftragung der Absorption gegen die Wellenlänge (oder Energie) erscheinen deshalb scharfe Kanten. Diese Kanten werden als „Absorptionskanten" bezeichnet und sind für den entsprechenden Energieübergang charakteristisch. Die zugehörige charakteristische Fluoreszenzlinie (s. Abb. 5.6) erscheint dann bei etwas geringerer Energie (oder höherer Wellenlänge).

Die Absorption von Röntgenstrahlung einer bestimmten Wellenlänge unterliegt einer Gesetzmäßigkeit, die grundlegend durch die Lambert-Beer'sche Beziehung darstellbar ist. Wesentliche Parameter dabei sind:

5.1 Messprinzip und Geräteaufbau

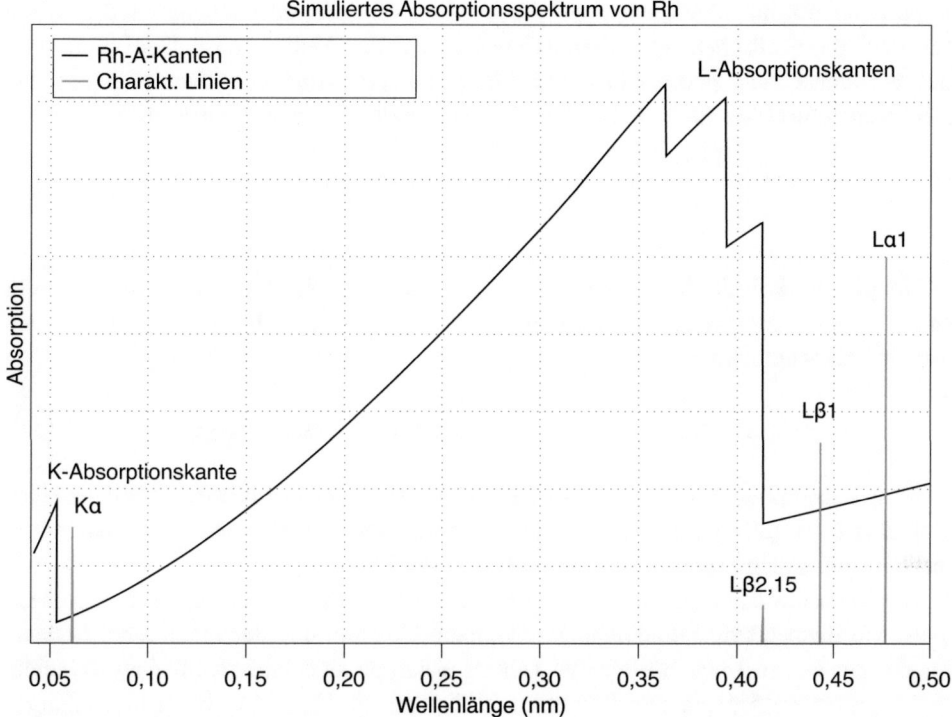

Abb. 5.6 Änderung des MAK mit der Wellenlänge Beispiel des Elementes Rhodium (Rh) (Daten: z. B. [284])

- Der Massenabsorptionskoeffizient (MAK) – eine materialspezifische Größe, die von der Elementzusammensetzung, der mittleren Ordnungszahl und der Energie der Strahlung abhängt
- Die Dichte des Materials
- Der Weg, den die Strahlung im Material zurücklegt

Röntgenstrahlung löst in der Probe verschiedene, gleichzeitig ablaufende Prozesse aus, die miteinander in Konkurrenz stehen. Alle Effekte können analytisch genutzt werden. Röntgenstrahlung wird beim Auftreffen auf Materie absorbiert. Es gibt die photoelektrische Absorption mit der Entstehung von Fluoreszenz und die Streuung. Nach Lambert-Beer gilt allgemein:

$$I = I_0 \cdot e^{-\mu \rho x} \tag{5.2}$$

I_0: Anfangsintensität, I: Intensität nach Schwächung, μ: Massenabsorptionskoeffizient in $cm^2 \cdot g^{-1}$, ρ: Dichte des Absorbers in $g \cdot cm^{-3}$, x: Pfadlänge durch den Absorber in cm, $\mu \cdot \rho$: Linearer Absorptionskoeffizient in cm^{-1}. Es wird meist der Massenabsorptionskoeffizient (MAK, cm² · g⁻¹) angegeben, da dieser unabhängig von der Dichte und dem physikalischen oder chemischen Zustand des Materials ist. Der MAK setzt sich zusammen aus: photoelektrischer Absorption (τ), kohärenter Streuung (σ_k) und inkohärenter Streuung (σ_{ik}), wobei die photoelektrische Komponente die wichtigste ist:

$$\mu = \tau + \sigma = \tau + (\sigma_k + \sigma_{ik}) \tag{5.3}$$

Die photoelektrische Komponente setzt sich wiederum aus den Absorptionsraten der einzelnen Ionisierungsvorgänge zusammen. Der Faktor τ aus Gleichung (5.3) lässt sich dann wie folgt aufgliedern:

$$\tau = \tau_K + (\tau_{L1} + \tau_{L2} + \tau_{L3}) + (\tau_{M1} + \tau_{M2} + \tau_{M3} + \tau_{M4} + \tau_{M5}) + \cdots \tag{5.4}$$

Massenabsorptionskoeffizienten sind bis $Z = 92$ in entsprechenden Tabellenwerken verfügbar (z. B. [284]). Die Werte basieren auf theoretischen Berechnungen und experimentell bestimmten Daten (z. B. [138, 179] oder [265]).

Die Intensität der charakteristischen Linien wird zunächst von physikalischen Faktoren wie Elementkonzentrationen (Probenmatrix, Dichte) und der Fluoreszenzausbeute für die gemessene Linie beeinflusst. Weitere Faktoren sind typisch für das verwendete Spektrometer: Anregungsbedingungen (Röhrenanode, kV, mA), Systemeinstellungen (Analysatorkristall, Kollimatorblende, Filter, Detektor u. a.). Weiterhin spielen Eindring- und Austrittstiefe, die Dicke der Probe und der Abstand Probe ↔ Röhre sowie der Winkel zwischen Probenoberfläche und Röhre eine Rolle. Letzteres bestimmt auch die Weglänge (Eintrittstiefe) der primären Anregungsstrahlung von der Röhre. Der gesamte Prozess aus Absorption der primären Strahlung der Röhre und der sekundären Fluoreszenz aus der Probe kann mit dem absoluten oder effektiven MAK berechnet werden. Der effektive MAK wird wichtig, wenn zwischen der Primärenergie der Anregungsstrahlung und der in der Probe entstehenden Fluoreszenzstrahlung Absorptionskanten von Hauptelementen (z. B. Na, Mg, Al, Si, K, Ca in Gesteinen) liegen [284]. Die Untergrundstreuung hängt von der Durchschnittszusammensetzung und den Anregungsbedingungen (Röhrenanode, kV, mA) ab.

Abb. 5.7 zeigt die Absorptionskurven dreier häufiger Elemente in Bezug auf die Elemente des Periodensystems. Alle Kurven zeigen eine Serie (oder Seriengruppen) von Peaks, an denen die Absorption ein Maximum hat und danach steil abfällt. Si wird in Al-reicher Matrix (z. B. Bauxit) stark absorbiert, da die K-Absorptionskante des benachbarten Al, das heißt die mindestens zur Anregung des $AlK\alpha$-Übergangs erforderliche Energie, mit 1,559 keV bei fast 90 % (ΔkeV = 0,179 keV) der Energie von $SiK\alpha$ mit 1,739 keV liegt. Der $MAK_{Al \to Si}$ ist 3472,68 cm²/g. In phosphatischer Matrix (z. B. Posphorit) mit P und Ca als Matrixelementen wird Si dagegen weit weniger stark geschwächt. Der $MAK_{P \to Si}$ ist mit 425,15 cm²/g um eine Größenordnung geringer. Der $MAK_{Ca \to Si}$ ist

5.1 Messprinzip und Geräteaufbau

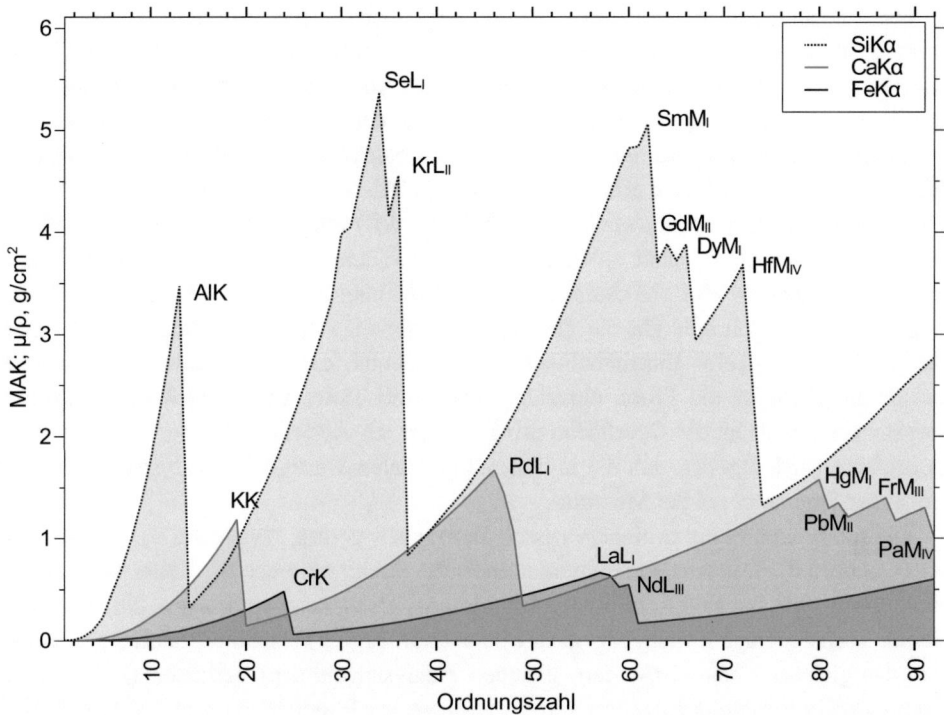

Abb. 5.7 Die Abhängigkeit der Absorption charakteristischer Röntgenstrahlung von der Anwesenheit anderer Elemente, berechnet für SiK_α, CaK_α und FeK_α, zeigt, dass immer bestimmte Elemente existieren, die entstehende charakteristische Röntgenstrahlung sehr effektiv absorbieren. Als Beispiel: Der Peak für die Absorption von SiK_α bei AlK bedeutet, dass Aluminium diese Linie (SiK_α) sehr effektiv absorbiert. Aluminium wird dadurch selbst zur Fluoreszenz angeregt. (Daten: [284])

aufgrund der höheren Ordnungszahl etwas höher und liegt bei 1146,11 cm²/g. Das Gleiche gilt für das dem Ca direkt benachbarte leichtere K. $FeK\alpha$ liefert nicht genug Energie zur Anregung des direkt benachbarten Mn, daher erscheint die Absorptionskante hier erst bei der Energie von CrK (zu den „Daumenregeln" siehe Abschn. 5.2.4). Dies erklärt die starke Abhängigkeit der Intensität der charakteristischen Strahlung eines Übergangs eines bestimmten Elementes bei gleicher Konzentration in unterschiedlich zusammengesetzten Materialien. Daher ist ohne eine Korrektur der Zählraten (oder des Gewichtsanteils) eines Elementes mit Faktoren, welche die Absorptionskoeffizienten aller in der Probe enthaltenen Elemente für das betrachtete Element abbilden, eine sichere Elementquantifizierung nicht möglich. Zur Kompensation dieser Effekte ist bei der Elementquantifizierung mittels Röntgenfluoreszenz eine Matrixkorrektur vorzunehmen (s. Abschn. 5.2.4). Da zur vollständigen Berechnung alle Übergänge aller Elemente in einer Probe zu berücksichtigen sind, bedeutet dies einen hohen Rechenaufwand und eine Integration aller in der Probe enthaltenen Elemente – zumindest aber der Haupt- und Nebenkomponenten – in das Messprogramm.

Die entstandene Strahlung muss aus der Probenoberfläche austreten, damit die Erfassung im Detektorsystem erfolgen kann. Außer den Verlusten durch Augeremission (s. Abschn. 5.1.7) und Streuung wird ein Teil der entstehenden Strahlung in der Probe absorbiert. Als Folge wird bei der RFA von der Oberfläche ausgehend nur die Anregung und Fluoreszenz eines begrenzten Probenvolumens analysiert. Die primäre Röntgenstrahlung der Röhre dringt – abhängig von Massenabsorptionskoeffizient (MAK), Dichte und Winkel (Eintrittswinkel z. B. 40° oder 45°) nur bis in eine gewisse Tiefe in das Probenmaterial vor. Hier spielt der bereits erwähnte absolute oder effektive MAK eine Rolle. Ebenso wird die charakteristische Strahlung auf ihrem Weg aus der Probe abgeschwächt. Auch hier gilt die gleiche Abhängigkeit von MAK, Dichte und Winkel (hier: Austrittswinkel = Eintrittswinkel). Dies bedeutet, dass die Strahlung nur in eine bestimmte Tiefe in die Probe eindringt. Wenn die Tiefe, aus der 1 % des maximal messbaren Signals an die Oberfläche dringen kann, als Austrittstiefe oder Analysentiefe bezeichnet wird, ergeben sich die in Tab. 5.2 gelisteten Werte. Die Analysentiefe ist ein kritischer Parameter bei der Messung.

Die Absorption ist bis zu einer gewissen Tiefe relativ gering, steigt dann aber sprunghaft an (s. Abb. 5.8). Die anregende charakteristische Strahlung einer Rh-Röhre kann dabei theoretisch zwar bis zu 0,3 cm in eine Lithiumboratglastablette eindringen, die Strahlung der dadurch angeregten energieärmeren Linien (z. B. MgKα) kann das Material aber nicht aus der gleichen Tiefe (bzw. dem gleichen Analysenvolumen) verlassen (s. Tab. 5.2). Energiereiche Strahlung nutzt dagegen das gesamte von Rhodium angeregte Volumen. Die Analyse leichter Elemente ist damit wesentlich stärker von der Oberflächenbeschaffenheit abhängig und die Intensität ist durch das kleinere Analysenvolumen geringer. Ist die Probe

Tab. 5.2 Analysentiefen für wichtige Elementlinien in verschiedene Materialien (Eintrittswinkel 40°, MAK-Daten: [284]). Quarz und Hämatit kommen in Gesteinen vor, Eisen in Stahllegierungen

Linie	KeV	E (μm) H$_2$O	Li-Tetraborat	Quarz	Kaersutit	Hämatit	Eisen
NaKa	1041	8	5	4	3	1	0
MgKa	1254	14	9	7	4	1	1
AlKa	1486	17	15	11	5	2	1
SiKa	174	34	22	16	7	3	2
PKa	2013	50	35	7	7	4	3
CaKa	369	445	306	36	34	22	12
TiKa	4508	542	366	63	44	38	21
MnKa	5894	1223	826	132	74	80	43
NiKa	7471	2509	1698	267	104	20	10
CuKa	804	3132	2120	331	127	25	12
RhLa	2696	114	77	15	15	9	5
RhKa	20.166	42.107	27.783	4137	1551	296	155
SnKa	25.194	60.533	39.895	9307	3047	553	292

5.1 Messprinzip und Geräteaufbau

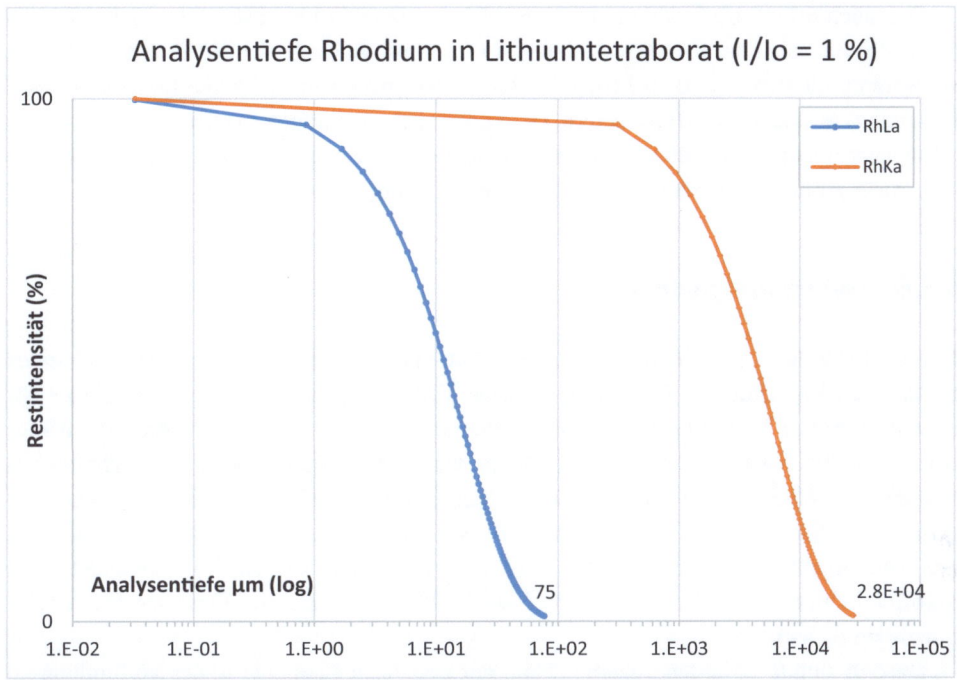

Abb. 5.8 Eindringtiefe für $RhK\alpha$ und $RhL\alpha$ in Lithiumtetraboratglas, Eintrittswinkel 40°. (MAK-Daten: [284])

sehr dicht (schwere Elemente, massive Proben, z. B. Metallscheiben), ist die Eindringtiefe bzw. die Austrittstiefe besonders der energieärmeren Strahlung leichter Elemente auf die ersten Atomlagen der Probe beschränkt, sodass geringste Kontaminationen und Oberflächenunregelmäßigkeiten zu erheblichen Abweichungen führen können. Die Analysentiefe schwankt auch abhängig von den Absorptionskanten eines Elementes. Am Beispiel des Eisens in Tab. 5.2 ist zu erkennen, dass die Analysentiefe der $K\alpha$-Linien erwartungsgemäß bis zum Mn aufgrund der zunehmenden Energie der Strahlung zunimmt. Obwohl $NiK\alpha$ und $CuK\alpha$ energiereicher sind, werden sie stärker geschwächt als die energieärmere $MnK\alpha$. Der Grund dafür ist die Lage der Absorptionskante des Eisens und die damit verbundene besonders effektive Anregung von $FeK\alpha$ durch $NiK\alpha$ und $CuK\alpha$.

Ist die Matrix sehr leicht, durchschlägt die Röntgenstrahlung die Probe. Dies kann bei unterschiedlicher Dicke zu Abweichungen in der Signalintensität führen. Darüber hinaus wird eventuell das Material des Probenhalters angeregt und die dort entstehende charakteristische Strahlung durchschlägt wiederum die Probe und gelangt in den Detektor. Wenn die Dicke der Probe in Bezug auf die Eindringtiefe der Strahlung begrenzt ist, ist auf möglichst energiearme Linien, z. B. L-Linien, auszuweichen. Die Analysentiefe für Sn in Lithiumtetraborat-Schmelztabletten kann dann von X0000 μm ($K\alpha$, Tab. 5.2) auf wenige 100 μm ($L\alpha$, 3,443 keV, vgl. mit $KK\alpha$) verringert werden.

Demnach dringt die Strahlung leichterer Elemente (< Fe) bei Elementen hoher Dichte (z. B. Pb) nur aus den obersten Atomlagen (< 1 μm), wohingegen die härtere Strahlung schwererer Elemente (z. B. > Mo) aus Materialien mit geringer Dichte (z. B. wässrigen Lösungen) aus mehreren Zentimetern Tiefe noch fast ungehindert austritt.

Je nach Bauart geht auch über die Strahlengänge der verschiedenen Spektrometertypen ein großer Anteil der zu messenden Strahlung verloren.

5.1.6 Berechnung von MAKs

Der MAK für die charakteristische Strahlung eines bestimmten Elektronenübergangs eines bestimmten Elementes (z. B. $NaK\alpha$) für eine Verbindung lässt sich über die MAKs der einzelnen in der Verbindung enthaltenen Elemente bestimmen. Als Beispiel dient hier der MAK für $NaK\alpha$ in Plagioklas, der in vielen silikatischen Gesteinen vorkommt. Plagioklase bilden eine Mischkristallreihe der Englieder Albit ($NaAlSi_3O_8$) und Anorthit ($CaAl_2Si_2O_8$, > 5 Gew.%) mit geringen Anteilen an Kalifeldspat ($KAlSi_3O_8$). Als vereinfachte Zusammensetzung wird hier ($Na_{0,5}Ca_{0,5}Si_3AlO_8$) verwendet. Aus veröffentlichen Listen (z. B. [284]) sind die MAKs der einzelnen Elemente für $NaK\alpha$ abzulesen (s. Tab. 5.3).

Danach sind die Massenprozente (M%) der einzelnen Elemente in der Verbindung zu berechnen:

$$M\%_{El} = M_{El}/M_{Plagioklas} \qquad (5.5)$$

Für Al ergibt sich beispielsweise: $M\%Al = (26,98/270,8) \cdot 100 = 9,96 \, M\%Al$ im Plagioklas mit einem MAK von 1054,18. Nachdem diese Rechnung für die anderen in der Phase (oder dem Material) enthaltenen Elemente (O, Si, Na und Ca) durchgeführt wurde, ist der MAK für $NaK\alpha$ folgendermaßen zu berechnen:

$$MAK(NaK\alpha)_{Plagioklas} = \sum M\%_{El} \cdot MAK_{El \to NaK\alpha} = 2803,69 \qquad (5.6)$$

Tab. 5.3 MAKs für $NaK\alpha$ und M% der in Plagioklas enthaltenen Elemente sowie der berechnete Gesamt-MAK für Plagioklas. (Daten: [284])

	MAK NaKa, 1,041 keV	M%
Al	1054,2	0,100
Si	1363,3	0,311
Na	538,9	0,043
Ca	4656,5	0,074
O	4034,2	0,473
MAK NaKα, gesamt		2803,73

5.1 Messprinzip und Geräteaufbau

Ist der MAK für $NaK\alpha$ für Plagioklas und die Dichte $\varrho_{Plagioklas} = 2{,}68\,\text{g/cm}^3$ bekannt, kann die Analysentiefe (nach Definition weiter oben) dieser Strahlung in das Material berechnet werden:

$$I = 1/100 I_0 = I_0 \cdot e^{-MAK(\mu/d)\cdot\varrho\cdot x(cm)} = I_0 \cdot e^{-2803{,}69\cdot 2{,}68\cdot x(cm)} \qquad (5.7)$$

Die Analysentiefe für $NaK\alpha$ in Plagioklas beträgt nach dieser Rechnung 5,5 µ.

Auch für Mischungen zweier Komponenten mit bekanntem oder berechnetem MAK und Dichte kann die Analysentiefe abgeschätzt werden. Als Beispiel dient hier die Mischung von Plagioklas (Dichte 2,68 g/cm^3) als Beispiel für eine silikatische Gesteinsprobe mit Lithiumtetraborat (als Glas, Dichte 1,837 g/cm^3) als Schmelzmittel im Verhältnis 1:6 (z. B. 600 mg : 3600 mg). Die betrachtete Linie ist wieder $NaK\alpha$. Der MAK für $NaK\alpha$ in Lithiumtetraborat ist 2956,7. Die Schmelztablette mit 1:6-facher Verdünnung enthält 14 Gew.% Plagioklas und 86 Gew.% Lithiumtetraborat. Der abgeschätzte MAK dieser Mischung ist 2934,8, die abgeschätzte Dichte unter der Annahme, dass die Umwandlung vom kristallinen Zustand in ein Glas und die Mischung der Komponenten keine erhebliche Volumenveränderung zur Folge haben, ist 1,96 g/cm^3.

Damit ergibt sich nach Einsetzen der Werte in (5.7) eine Analysentiefe von 7,2 µ.

5.1.7 Konkurrierende Prozesse

Augerelektronenemission

Anstelle der Entstehung von charakteristischer Fluoreszenzstrahlung können nach der Anregung durch ionisierende Röntgenstrahlung Elektronen äußerer Schalen emittiert werden. Nach dem französischen Physiker Pierre Auger (1899–1993) wird dieser strahlungslose Übergang innerhalb des Atoms als „Augereffekt" bezeichnet. Dieser Effekt ist analytisch nutzbar („ AES") – für die RFA jedoch kontraproduktiv, da in diesem Fall keine charakteristische Fluoreszenzstrahlung entsteht. Aus diesem Grund wurde der Begriff „Fluoreszenzausbeute" eingeführt. Die Fluoreszenzausbeute als Verhältnis der Anzahl entstandener Photonen und der Anzahl der vorher erzeugten Leerstellen nimmt mit steigender Ordnungszahl zu (s. Abb. 5.9). Die geringe Fluoreszenzausbeute für K-Linien bei der Anregung leichter Elemente ist neben der geringen Analysentiefe einer der Gründe, warum die Nachweisgrenzen der RFA im Bereich der leichten Elemente schlechter sind. Das Gleiche gilt für L-Linien schwererer Elemente (ab Sb), die – aufgrund schlechter Anregungsausbeute – nicht mehr mit der K-Linie analysierbar sind.

Streuungsprozesse

Ein weiteres Phänomen bei der Interaktion von Röntgenphotonen mit Elektronen eines Atoms ist die Streuung. Es gibt zum einen die Comptonstreuung; eine „echte Streuung" eines Röntgenphotons unter Energieabgabe an ein weniger fest gebundenes Elektron, wobei das Elektron aus der Elektronenschale gestoßen wird. Zum anderen gibt es die Rayleighstreuung; eine „scheinbare Streuung" eines Röntgenquants, das aber eigentlich

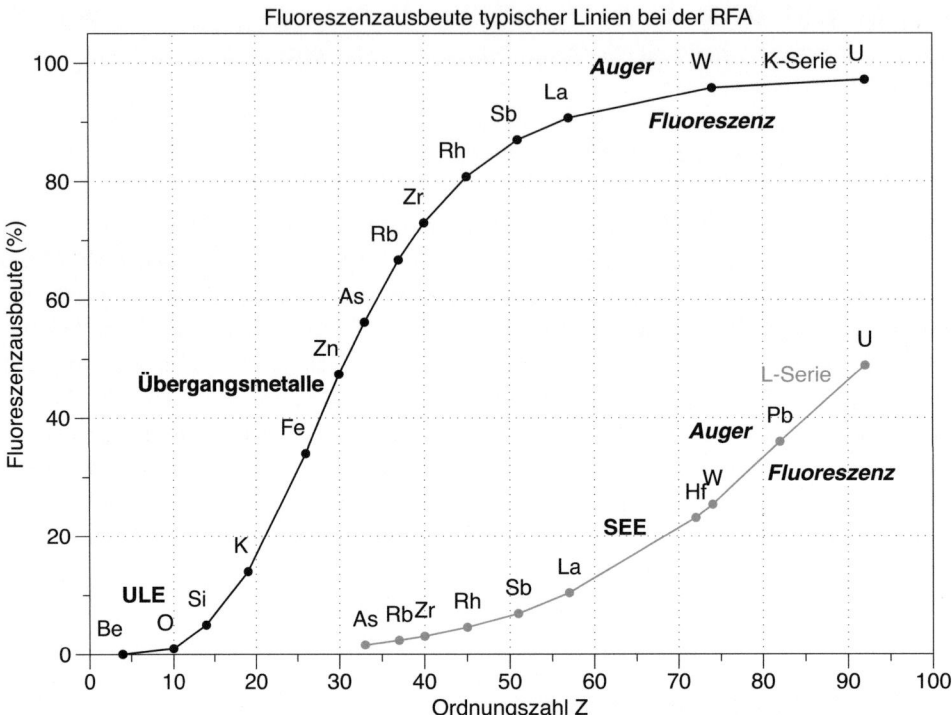

Abb. 5.9 Fluoreszenzausbeute der bei der RFA zumeist verwendeten Linien; ULE: Ultraleichte Elemente; SEE: Seltene Erden. (Nach [261])

von einem fest gebundenen Elektron absorbiert wird, wobei dieses zur Oszillation unter Abgabe eines Quants der gleichen Energie angeregt wird (z. B. [28]), ohne seinen Platz zu verlassen (s. Abb. 5.2). Leichte Elemente haben einen höheren Anteil an weniger fest gebundenen Elektronen und neigen daher zur Comptonstreuung. Schwere Elemente mit fest gebundenen Elektronen neigen eher zur Rayleighstreuung. Beide Streuungseffekte können analytisch genutzt werden. Bei der Röntgendiffraktometrie (RDA) wird eine unter speziellen Gesetzmäßigkeiten auftretende Rayleighstreuung zur Untersuchung von Beugungseffekten an Gitterstrukturen genutzt (siehe Kap. 7).

Aufgrund der Streuung der primären Röntgenstrahlung der Röntgenröhre an der Probenoberfläche erscheinen die charakteristischen Röntgenlinien des Anodenmaterials (z. B. Rh) im Spektrum, das von der Probe aufgenommen wird. Dabei sind im Spektrum sowohl die Peaks der Compton- wie auch der Rayleighstreuung zu beobachten. Abb. 5.10 zeigt einen Ausschnitt eines Spektrums mit der unveränderten rayleighgestreuten $RhK\alpha$-Linie und der korrespondierenden bei höherer Wellenlänge auftretenden über den Comptoneffekt entstandenen breiteren Linie mit verminderter Energie, $RhK\alpha C$. Das Verhältnis dieser Streulinien $RhK\alpha/RhK\alpha C$ ist aufgrund der Abhängigkeit von der Atommasse und der damit verbundenen Bindungsenergie der inneren Elektronen abhängig von der mittleren Ordnungszahl und ist bei der RFA zur Charakterisierung der Matrix verwendbar.

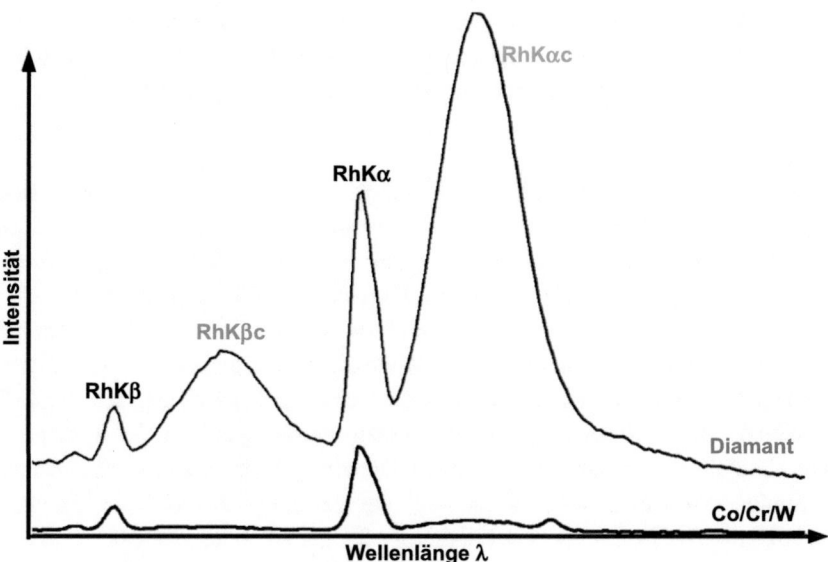

Abb. 5.10 Streuspektrum einer Rh-Anode von Material mit unterschiedlicher mittlerer Ordnungszahl

Ein Beispiel für Comptonstreuung zeigt sich im von der Probe gebeugten Röhrenspektrum von Rhodium (s. Abb. 5.10). Zu erkennen ist die verhältnismäßig niedrigere Intensität der bei entsprechend niedrigeren Wellenlängen auftretenden durch Rayleighbeugung erzeugten Signale in leichter Matrix. In sehr leichter Matrix können die Rayleighsignale fehlen, was zu Fehlinterpretationen führen kann. Comptonsignale sind jedoch aufgrund der schwankenden Beugungswinkel immer deutlich breiter. Das Comptonsignal liegt aufgrund der niedrigeren Energie immer bei einer höheren Wellenlänge. Bei einem Beugungswinkel von 90° (z. B. bei sequenziellen Spektrometern) ist die Verschiebung 0,00243 nm. Bei der Comptonmatrixkorrektur wird das Verhältnis zwischen dem Elementsignal und dem Comptonsignal der Röhre verwendet (bei Rh-Anode sehr gut für den Bereich bis 0,1 nm – $K\alpha$: Ge–Te, $L\alpha$: Pb–U – geeignet). Außerdem ist das Verhältnis Untergrund zu Comptonsignal (z. B. $RhK\alpha$) für alle Wellenlängen in einem bestimmten Bereich konstant. Bestimmt man also den Untergrundfaktor mit geeigneten Standards, reicht später die Messung des Comptonsignals zur Untergrundbestimmung aus (siehe Abschn. 5.2.4, Signalkorrektur, Feather-and-Willis-Ansatz, z. B. [73]).

5.1.8 Artefakte

Satellitenlinien
Häufig zeigen RFA-Spektren Linien von geringerer Intensität vor oder hinter der Hauptlinie eines Elektronenübergangs; also Linien, die nicht den allgemeinen Regeln der

Entstehung von Röntgenfluoreszenz nach Ionisierung innerer Elektronenschalen ($K\alpha$, β u. a.) gehorchen [123, 284]. Diese sogenannten „Satellitenlinien" treten zum Beispiel in Folge der Augeremission oder aber bei der 3p3d-Austauschkopplung auf.

Augereffekt

Wird in einem Atom beispielsweise die K-Schale ionisiert, die durch den Rücksprung eines Elektrons aus der L-Schale freiwerdende Energie aber nicht als Fluoreszenzstrahlung sondern in Form der Emission eines Augerelektrons aus der L-Schale umgesetzt, entsteht ein in der L-Schale doppelt ionisiertes Atom. Es fehlen das Elektron aus dem Rücksprung in die K-Schale und das aus der L-Schale emittierte Augerelektron. Dieses Atom befindet sich dann auf einem höheren Energieniveau. Wenn dieses energiereichere sogenannte „LL-Atom" wiederum in der K-Schale ionisiert wird und ein Rücksprung aus der L-Schale in die K-Schale unter Aussendung von Fluoreszenzstrahlung erfolgt, hat die entstandene Strahlung ebenfalls eine etwas höhere Energie. Die im Spektrum auf diese Weise erzeugten Satellitenlinien erscheinen daher immer auf der energiereicheren Seite der normalen Fluoreszenzlinie. Die Bezeichnung ist dann „$K\alpha 3$", „$K\alpha 4$" oder „$SK\alpha 3$", „$SK\alpha 4$" usw. Satellitenlinien sind erwartungsgemäß bei leichten Elementen, bei denen der Augereffekt eine größere Rolle spielt, stärker ausgeprägt [284].

Austauschkopplung

Auch Interaktionen in den Elektronenschalen können geringe Energieunterschiede primärer Elektronenübergänge bewirken. Satellitenlinien auf der niedrigenergetischen Seite von $K\beta$-Linien bei Übergangselementen (z. B. Mn oder Cr), beispielsweise, sind als Ergebnis der 3p3d-Austauschkopplung interpretierbar. Dies resultiert in einer Satellitenlinie auf der niederenergetischen Seite, die als $K\beta'$ bezeichnet wird [268]. Bei diesem Fluoreszenzprozess wird nach Ionisierung eines 1s-Elektrons der K-Schale und des Sprunges eines p-Elektrons aus der M-Schale (s. Abb. 5.3) eine Vakanz in einem 3p-Orbital erzeugt. Mn, beispielsweise, enthält in der d-Schale fünf Elektronen mit aufwärts gerichtetem Spin ($+\frac{1}{2}$). Enthielte die entstandene Vakanz in der p-Schale ein Elektron mit abwärts gerichtetem Spin, so kann nach dem Pauli-Prinzip eine Kopplung erfolgen, im anderen Fall nicht. Diese beiden Zustände unterscheiden sich in ihrem Energiegehalt [201].

5.1.9 Das Spektrometer

Die Röntgenfluoreszenzanalyse basiert auf der Messung der Intensität charakteristischer Fluoreszenzstrahlung im Röntgenbereich nach Anregung der Elemente in einer Probe mithilfe einer geeigneten Röntgenquelle. Es besteht dabei ein Zusammenhang zwischen der Stärke (Energie/Intensität) der Anregungsstrahlung, der Konzentration des Elements in der Probe und der chemischen Umgebung des angeregten Atoms (Matrix).

5.1 Messprinzip und Geräteaufbau

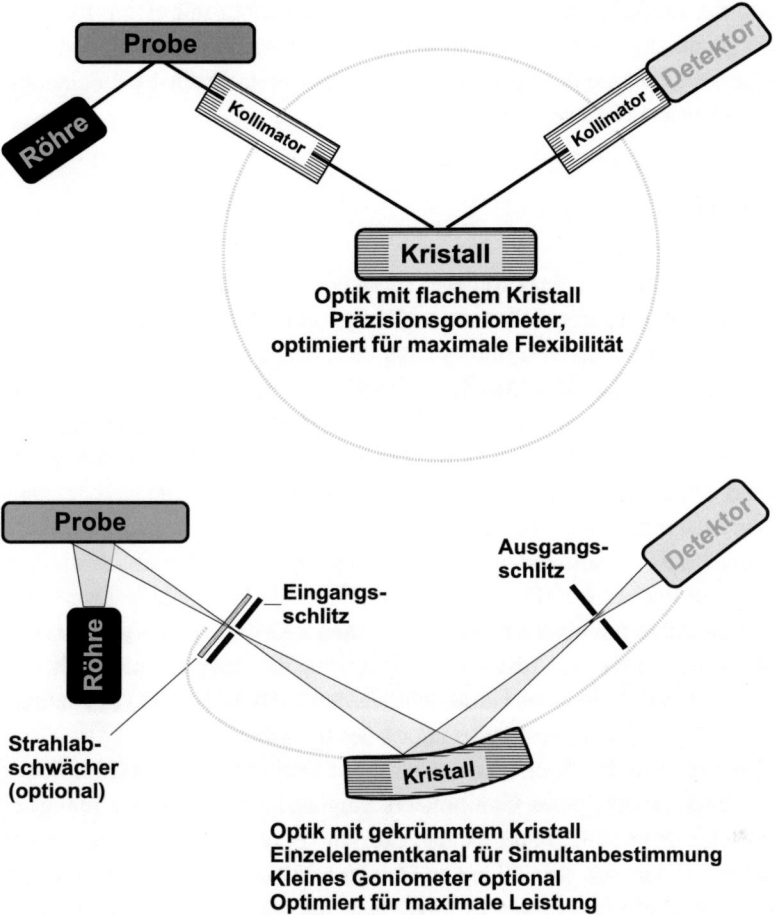

Abb. 5.11 Bautypen wellenlängendispersiver RFA-Spektrometer. (Modifiziert nach [284])

Bei der Anregung einer Probe, die aus verschiedenen Elementen zusammengesetzt ist, entsteht aufgrund der vielen unterschiedlichen, gleichzeitig ablaufenden Fluoreszenzprozesse ein Fluoreszenzspektrum. Um dieses Spektrum zu analysieren, muss ein Gerät konstruiert werden, mit dem die Elemente in der Probe angeregt, unerwünschte Strahlung (gebeugte Röhrenstrahlung, Streuung u. a.) ausgeblendet oder entfernt und dann die entstandene polychromatische Röntgenstrahlung simultan oder sequenziell spektral aufgetrennt werden kann. Diese Vorrichtung wird als Spektrometer bezeichnet und besteht aus Anregungsquelle, Röntgenoptik (optional) und Detektor (Abb. 5.11).

Korrespondierend mit der Beschreibbarkeit elektromagnetischer Strahlung als definierte Energiequanten oder als Wellen einer bestimmten Wellenlänge kann man zwei grundlegende Systeme zum Auftrennen bzw. Analysieren des Spektrums verwenden. Die wellenlängentrennende („-dispersive") RFA trennt das Röntgenfluoreszenzspektrum unter

Ausnutzung der Diffraktion an Kristallebenen, vergleichbar mit einem Prisma für sichtbares Licht gemäß der Wellenlänge (WDRFA). Die energietrennende („-dispersive") RFA nutzt dagegen die Energie der Strahlung, die mit einem geeigneten energieempfindlichen Detektor in Kanäle sortiert wird (EDRFA).

5.1.10 WDRFA

Das sequenzielle WDRFA-Spektrometer verwendet zur Auftrennung des Röntgenspektrums von der Probe (angeregte Elemente + Beugungsstrahlung von der Röhre) Multilayer, die in der Lage sind, Röntgenstrahlung nach dem Bragg'schen Gesetz zu beugen. Dabei werden Kristalle wie LiF oder Multilayer aus $W-Si$-Lagenstrukturen verwendet.

Hochleistungsspektrometer (0,2–4 kW) sind in eine luft- und strahlungsdichte Vakuumkammer integriert, die zur Analyse von Flüssig- oder Staubproben auch mit He geflutet werden kann. Die Probe befindet sich in einer Halterung, die mit einer sogenannten Kollimatormaske entsprechenden Durchmessers abgedeckt werden muss, um die Anregung des Halterungsmaterials zu vermeiden. Ein Kollimator dient der Parallelisierung der Strahlung von Röhre und Probe (Primärkollimator/Sekundärkollimator). Dieser besteht aus parallelen Stahlfolien mit einem Abstand zwischen 100–4000 µm. Typischerweise sind 3 Primärkollimatoren aus einer Auswahl von 100, 150, 300, 550, 700 und 4000 µm verbaut. Der 4000er-Kollimator dient der Ultraleichtlelementanalytik ($z < 11$) in Kombination mit Multilayerstrukturen (W/Si) zur Auftrennung des Spektrums.

In einem sequenziellen Spektrometer wird der Braggwinkel θ (Diffraktions-, Glanz-, Beugungswinkel) mittels eines Goniometers eingestellt. Der Kristall bewegt sich dabei mit θ, der Detektor mit 2θ. Damit werden die Winkel des von der Probe auf den Kristall auftreffenden und der vom Kristall in den Detektor fallenden gebeugten Röntgenstrahlung gleichgeschaltet. Aufgrund dieser Besonderheit der verwendeten Geometrie erfolgt die Angabe des Winkels im Spektrum meist in $°2\theta$.

Aufgrund des weiten Energiebereichs der zu analysierenden charakteristischen Röntgenstrahlung ist das Spektrometer mit mehreren Detektoren ausgestattet. Da damit auch der Wellenlängenbereich sehr variabel ist, müssen Kristalle mit verschiedenen Gitterabständen verwendet werden. In sequenziellen Spektrometern stehen dafür mehrere (z. B. 8) Analysekristalle zur Auswahl, damit der gesamte Wellenlängenbereich hinsichtlich der Beugungswinkel abgedeckt werden kann (s. Tab. 5.4).

In simultanen wellenlängendispersiven Spektrometern befinden sich Einzelkanäle („stationäre Goniometer"), die für ein bestimmtes Element optimiert sind, und für den optimalen Kompromiss zwischen Intensität und Auflösung einen gekrümmten Kristall verwenden. Da keine wechselbaren Filter oder Kollimatoren verfügbar sind, kann bei hohen Intensitäten (z. B. Ca in Zement) bei diesen Geräten ein Strahlabschwächer eingeschoben werden. Zur Erhöhung der Flexibilität können optional kleinere Goniometer eingebaut werden, die aber nicht die analytische Leistung eines für die sequenzielle Analytik eingesetzten Goniometers erreichen.

Tab. 5.4 Typische Konfiguration eines RFA-Spektrometers für einen breiten Anwendungsbereich, nach [135]

Elementbereich	Linie	Kristall	Detektor	Rh-Anregung
F–Mg	Kα	TAP	Gas-Prop	RhLa/Lb
Al–Si		PET		
P–S		Ge		
Cl				RhLb
Ar–Sc		LiF(200)		RhKa/Kb
Ti–Mo			Szint	RhKb
Tc–Ru	Kα oder Kβ1			
Rh–Cs				Nur Kontinuum
Ba–U	Lα oder Lβ1			RhKa/Kb

Da die WDRFA bezüglich der Auflösung nicht direkt von der Energie der Röntgenstrahlung abhängig ist (die Auftrennung des Spektrums geschieht über Röntgendiffraktion), kann zum einen beim Detektor besonderer Wert auf die Empfindlichkeit gelegt werden, zum anderen sind Dispersion und Auflösung über den Kristallebenenabstand definiert und die Energiedispersivität ist nicht so entscheidend. Mit Einsatz von Gasdurchflusszählern (Ar/Methan) und speziellen Multilayerstrukturen (z. B. W-Si-Multilayer) ist es möglich, Spektren mit energieärmerer Röntgenstrahlung effektiv zu erfassen und aufzulösen. Darüber hinaus kann über die Röntgenoptik effektiv (mit bestimmten Einschränkungen) die Strahlung abgetrennt werden, die für die Messung relevant ist. Daher ist die WDRFA im Bereich der leichten Elemente etwa bis in den Bereich der Übergangselemente, aber vor allem im Bereich der ultraleichten Elemente (B–F) nachweisstärker als die EDRFA. Aufgrund der aufwendigen Röntgenoptik geht jedoch viel Intensität verloren, weshalb es sich bei WDRFA-Systemen fast durchweg um Geräte mit höherer Leistung (typischerweise 0,2–4 kW) handelt. Ein weiterer Nachteil ist die ohne großen Aufwand nicht zu umgehende Sequenzialität des Verfahrens.

Simultane WDRFA-Geräte benötigen für jedes Element einen (physischen) Messkanal, komplett mit Blende und Detektor – ein erheblicher Kostenfaktor. Wenn vorhanden (zur Erhöhung der Flexibilität), ist bei diesen Geräten das Goniometer klein und in seiner Auflösung und Empfindlichkeit begrenzt. Bei bekannten Elementzusammensetzungen (z. B. in der Stahl- oder Zementindustrie) sind diese Systeme aufgrund ihrer Schnelligkeit (Gesamtmesszeiten von 2 s) bei der Qualitätssicherung und höchstem Probendurchsatz effizient einsetzbar.

Hochauflösende WDRFA

Hochauflösende wellenlängendispersive RFA-Spektrometer verfügen über eine Röntgenoptik, in der zwei oder mehr Analysenkristalle hintereinander angeordnet werden. Mit einer solchen Anordnung lässt sich die Auflösung stark verbessern. Im Gegensatz zu einem konventionellen Spektrometer mit einer maximalen Auflösung im Bereich von

30 eV (s. Abschn. 5.1.14) können Auflösungen von 0,01 eV erreicht werden [160]. Solche Anordnungen werden häufig an Synchrotron-Beamlines eingesetzt und dienen u. a. der Untersuchung von chemischen Verschiebungen (s. Abschn. 5.1.4).

Spurenelementanalyse mit WDRFA

Ein quantitativer Nachweis von Elementen im sub-ppm-Bereich gelingt nur dann, wenn das Elementsignal nicht stark gestört wird und wenn alle Störsignale effektiv entfernt werden können. Dies bezieht sich auf den Untergrund unter dem Signal, aber auch auf spektrale Überlagerungen und Unreinheiten im Anodenmaterial der Röntgenröhre. Ein Ansatz dazu ist die Methode nach Feather & Willis [73], bei der zusätzliche Kalibrationsproben und Blanks (Proben ohne Gehalt des zu messenden Elements) zur Verwendung kommen. Die Dicke der Probe muss bezogen auf die zu messende Linie unendlich („infinit") sein (s. Abschn. 5.2.4).

5.1.11 EDRFA

Die EDRFA muss sich bei der Auftrennung des Spektrums allein auf das Energietrennvermögen des Detektors verlassen. Deshalb liegt hier die Priorität beim Detektormaterial auf dessen Auflösungsvermögen. Da das System im einfachsten Fall nicht über eine Röntgenoptik verfügt, die im Vorfeld unerwünschte Strahlung bereits abtrennt, bevor sie auf den Detektor treffen kann, muss der Detektor die gesamte Strahlung von der Probe auf einmal verarbeiten (s. Abb. 5.12). Damit kann der Detektor durch für die analytische Aufgabenstellung nicht relevante Hauptelemente so stark belastet werden, dass kaum Kapazität für die interessanten Elemente übrig bleibt. Ein Beispiel ist die Analyse von Legierungszusätzen in Stahl. Dieser besteht zumeist zu 99 % aus Eisen und enthält 1 % Legierungselemente. Dies bedeutet, dass 99 % der Detektorkapazität auf Fe entfällt – für die Messung der interessanten Legierungselemente bliebe dann ohne weitere Modifikation der Strahlungsanteile nur 1 % Detektorleistung übrig. Als Lösung bietet sich die Verwendung von Filtern aus Messing oder Al an.

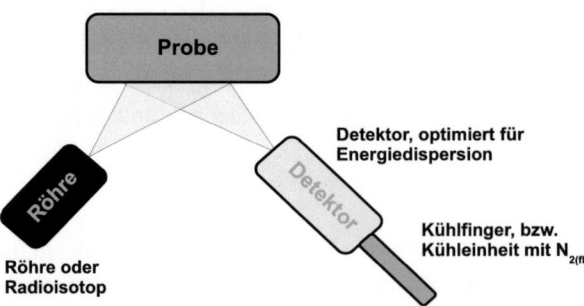

Abb. 5.12 Einfaches energiedispersives Spektrometer. (Modifiziert nach [284])

5.1 Messprinzip und Geräteaufbau

Konventionelle EDRFA-Geräte kommen aufgrund des einfachen und kompakten Strahlengangs auch mit geringer Leistung (z. B. < 10 W) aus und können daher sehr kompakt gebaut werden (Tischgeräte, Handpistolen). Geräte mit 3D-Optik und zwischengeschaltetem Target haben eine höhere Leistung (z. B. > 0,5 kW).

Die Auflösung der EDRFA ist im Bereich der leichten Elemente gegenüber der WDRFA unterlegen. Im Bereich der Übergangselemente ist sie vergleichbar und bei schwereren Elemente besser. Die relative Empfindlichkeit ist aufgrund der besseren Abtrennung der zu messenden Strahlung bei der WDRFA generell besser. Das leichteste messbare Element in kleineren EDRFA-Systemen ist Na.

Das normale EDRFA-Spektrometer verwendet zur Auftrennung des Röntgenspektrums von der Probe (angeregte Elemente + Beugungsstrahlung von der Röhre) energiedispersive Detektoren, die in der Lage sind, Röntgenstrahlung nach ihrer Energie aufzutrennen. Es handelt sich zumeist um Halbleiterdetektoren mit Si oder Ge. Der Gasproportionalzähler wird in Spektrometern mit Radioisotopanregung eingesetzt (z. B. bei Analyse von Schwefel in Treibstoffen), hat aber eine schlechte Auflösung (~3000 keV/MnKa). Als Röntgenquelle dient eine Röhre mit einer Leistung im Bereich von 10 (Tischgerät) bis < 1000 W (3d-System) oder aber ein Radioisotop. Nachteil der EDRFA ist die schlechtere Empfindlichkeit für langwellige Strahlung – d. h. für leichte Elemente ($Z < 20$).

Eine Möglichkeit, unerwünschte Strahlung auszublenden, den Untergrund abzusenken und mit entsprechenden Targetmaterialien die Anregung zu optimieren, bieten EDRFA-Spektrometer mit 3D-Optik. Die Röntgenstrahlung der Röhre wird nicht direkt, sondern über ein sog. „Target" auf die Probe gelenkt. Der Detektor ist um 90° aus der Messebene gedreht und misst polarisiertes Röntgenlicht praktisch frei von Streuung oder Beugung (s. Abb. 5.13). Ein solches System benötigt allerdings aufgrund der Sekundäranregung mehr Energie.

Bei der Messung wird oft mit mehreren Konditionssätzen gearbeitet, sodass das Spektrum dann nicht mehr vollständig simultan, sondern in Teilabschnitten aufgenommen wird.

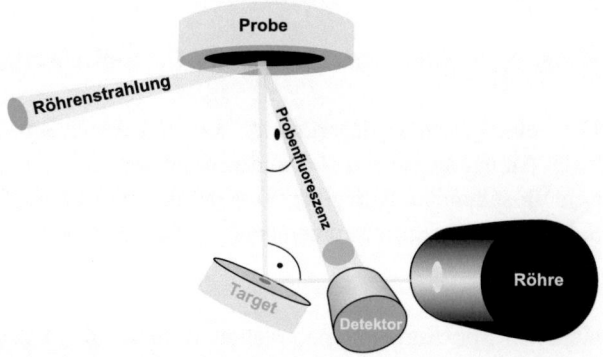

Abb. 5.13 Strahlengang eines EDRFA-Spektrometers mit Polarisationsoptik. (Nach [28])

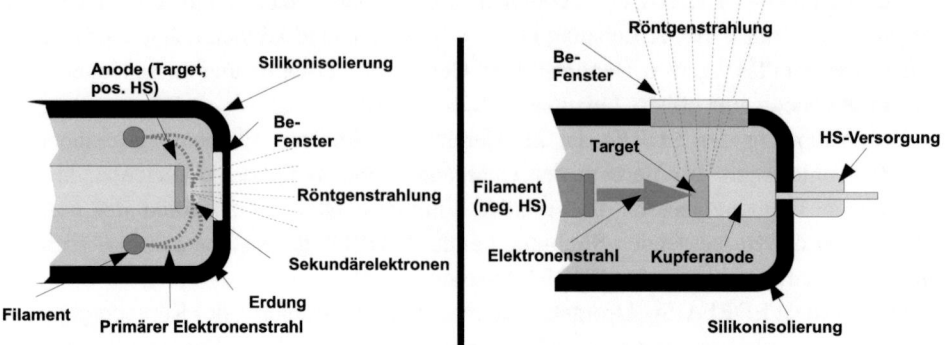

Abb. 5.14 Verschiedene Röntgenröhren. (Nach [28, 123, 284])

5.1.12 Anregung
Röntgenröhre

Die zur Anregung der Elemente notwendige Röntgenstrahlung kann über den Beschuss eines Materials mit beschleunigten Elektronen (z. B. als Anode) erzeugt werden. Dies ist z. B. in einer Röntgenröhre verwirklicht (s. Abb. 5.14). Eine Röntgenröhre besteht aus einer vakuumdichten Kammer mit einem Filament, einer Anode und einem Fenster zum Austritt der Röntgenstrahlung. Das Vakuum ist erforderlich zur Verhinderung der Absorption der Elektronen und der Oxidation des Filaments.

Das W-Filament wird sehr hoch erhitzt und gibt dabei thermische Elektronen ab, die über eine anliegende Spannung beschleunigt werden. Beim Auftreffen auf die Anode wird entsprechend des Materials (Cr, Cu, Mo, Rh, Ag, Au u. a.) und der Beschleunigungsspannung Kontinuums-(Brems-) und charakteristische (Fluoreszenz-)Strahlung erzeugt. Die Intensität der Strahlung wird durch die Stromstärke geregelt und durch das Anodenmaterial beeinflusst. Für unterschiedliche Anwendungen ist eine Auswahl an Anodenmaterialien verfügbar:

- Cr: Effektive Anregung leichter Elemente (z. B. Ti, Ca, Linienüberlagerungen bei Cr und Mn)
- Mo: $K\alpha$ für PGE, keine Linienüberlagerung mit $K\alpha$ im Bereich Ru–Ag
- Rh: Sehr vielseitig, Anregung mit $K\alpha$, $L\alpha$ und Kontinuum
- Gd: Hohe Energie für sekundäre Anregung (Targets) bei 3D-RFA-Optik
- Cu, Cr, Fe, Co, Mo, Ag: Für Strukturuntersuchung (RDA), z. B. zur Vermeidung von Fluoreszenz

Für die verschiedenen Spektrometertypen stehen Röhren mit unterschiedlicher Leistung zur Verfügung. Diese reicht von wenigen Watt bei ~30 kV und bis 1 mA bis zu 4 kW bei max. 100 kV und bis zu 160 mA (z. B. [28]). Für WDRFA mit Röntgenoptik

5.1 Messprinzip und Geräteaufbau

und langem Strahlengang werden beispielsweise Röhren mit hoher Leistung eingesetzt; in energiedispersiven Kompaktgeräten dagegen sind Röhren mit geringer Leistung verbaut.

Die Strahlungsausbeute ist niedrig (< 1 %), daher muss die Röhre gekühlt werden (bei großen Röhren: Wasser, ab 200 W oder weniger meist nicht notwendig). Steht die Anode unter Hochspannung, muss zur Verhinderung der Stromleitung das Kühlwasser deionisiert sein. Eine Kontamination des Kühlwassers führt zum katastrophalen Ausfall der Röhre.

Röhrenfenster bestehen aus Be (z. B. 50–1000 µm), das zur optimalen Durchlässigkeit langwelliger Strahlung so dünn wie möglich sein sollte. Die Dicke ist abhängig von der Maximalleistung und dem Anodenmaterial (leichte Elemente – dünnere Fenster).

Die Intensität der Röntgenstrahlung variiert mit $I = 1/d^2$. Daher ist ein minimaler Abstand zwischen Austrittsfenster und Probenoberfläche wichtig. Es gibt Endfenster-, Seitenfenster- und sog. Target-Transmission-Röhren [28, 123, 284]. Der Vorteil der Seitenfensterröhre ist die dichtere Kopplung von Anode und Probe. Der Nachteil ist, dass das Be-Fenster wegen der Elektronenrückstreuung dicker sein muss. Moderne Endfensterröhren haben spitzere Enden, sodass auch hier die Positionierung der Anode dicht an der Probe möglich ist. Eine spezielle Version der Endfensterröhre mit besonders geringem Abstand Anode – Probe ist die sog. „Target Transmission Tube", bei der die Anode als dünner Film auf der Innenseite des Be-Fensters aufgebracht ist. Die Target Transmission Tube bietet zwar die höchste Effizienz, jedoch lässt sie sich nicht einfach als Hochleistungsvariante herstellen. Heute sind daher meist Endfensterröhren mit schmaler Spitze im Einsatz. Die Röntgenstrahlung der Röhre besteht aus Kontinuum und Fluoreszenz (s. Abb. 5.15), wobei Stromstärke (mA) und Ordnungszahl die Intensität und die Beschleunigungsspannung (kV), die minimale Wellenlänge und die Wellenlänge bei der höchsten Strahlintensität bestimmen. Zur Anregung der Elemente wird sowohl das Kontinuum wie auch die Fluoreszenz genutzt (s. Abb. 5.16). Ist die Fluoreszenzstrahlung unerwünscht, können Filter eingeschaltet werden: 300 µm Messing für RhK-Linien, zur Verbesserung der Empfindlichkeit für Sb, Sn und Te, oder 750 µm Al zur Verbesserung der Empfindlichkeit für Rb, Sr, Y und Zr. Als Strahlstopp/Staubschutz kann noch eine Pb-Folie (1 mm) eingebaut werden.

Zwei wesentliche Parameter bestimmen die Intensität und den (maximalen) Energiegehalt bzw. die (minimale) Wellenlänge der Strahlung: die Beschleunigungsspannung (~20–100 kV) und die Stromstärke (~40–160 mA). Beim Beschuss der Anode mit beschleunigten Elektronen wird allerdings nur etwa 1 % der Energie in Röntgenstrahlung umgewandelt – der Rest ist Wärme.

Bei der Anregung mit Röntgenröhre treffen die Elektronen mit einer zu der Beschleunigungsspannung korrespondierenden maximalen Energie (z. B.: 60 kV → 60 keV) auf das Anodenmaterial der Röhre auf. Beim Auftreffen werden die Elektronen zunächst abgebremst: Es entsteht das sogenannte „Bremsstrahlungsspektrum". Die Maximalenergie der Strahlung wird erreicht, wenn ein Elektron mit maximal möglicher Energie bei der Abbremsung die gesamte Energie abgibt (Grenzwellenlänge oder -energie, z. B. 60 keV) – dieser Fall ist aber unwahrscheinlich, daher ist die Intensität gering.

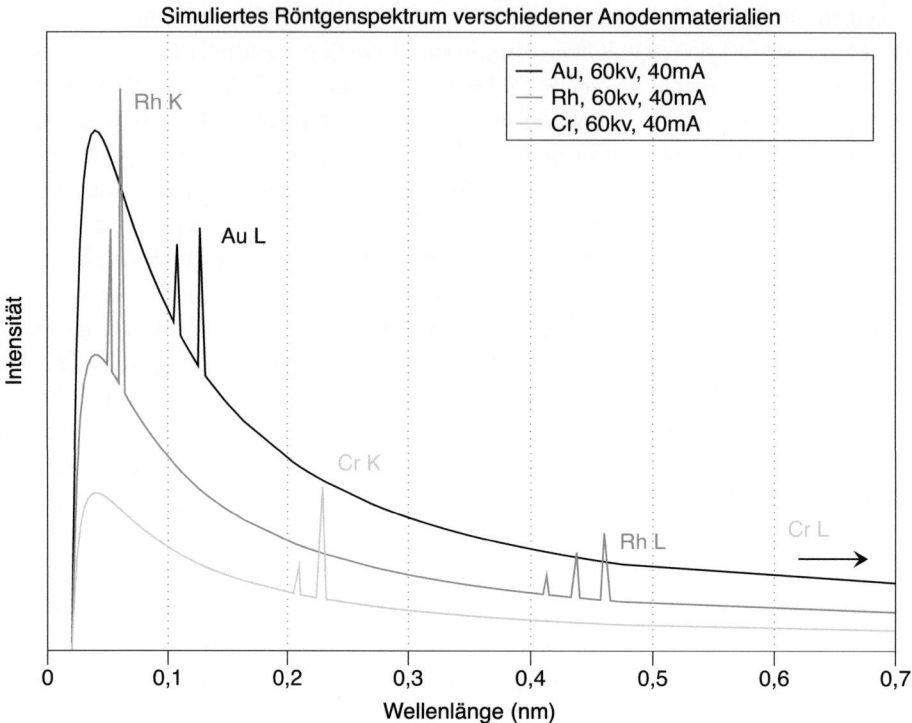

Abb. 5.15 Spektren typischer Anodenmaterialien bei gleicher Anregung

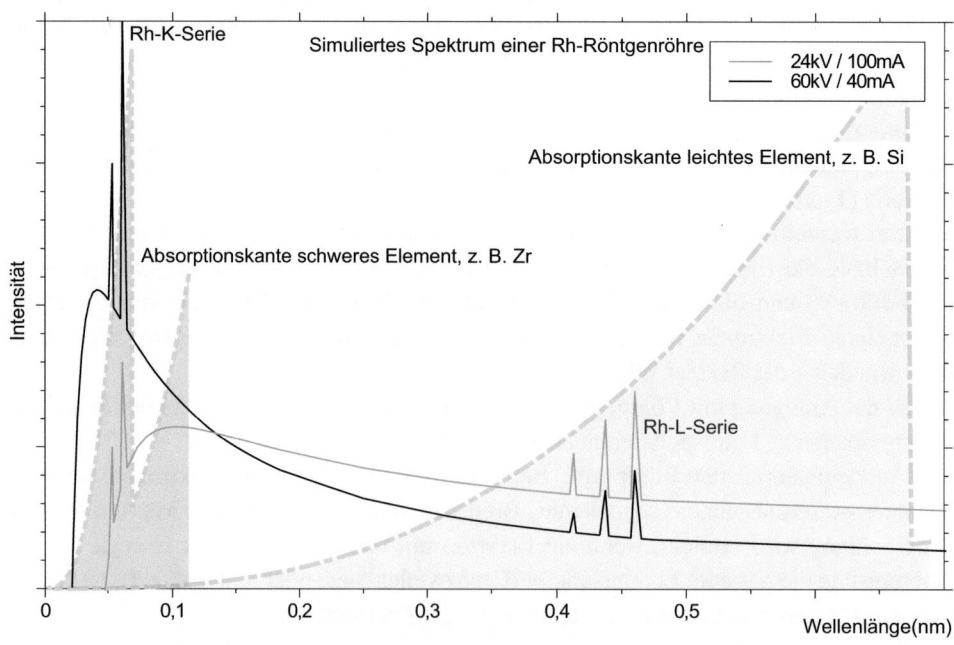

Abb. 5.16 Unterschiedliche Anregungsbedingungen für schwere und leichte Elemente

5.1 Messprinzip und Geräteaufbau

Dabei besteht nach (5.1) folgender Zusammenhang zwischen Energie und Wellenlänge:

$$E = h * c/\lambda = 1{,}2396/\lambda \tag{5.8}$$

E: keV, λ: Nanometer

Die Grenzwellenlänge bei 60 kV Anregungsspannung (60 keV maximaler Elektronenenergie) ist also $1{,}2396/60 = 0{,}02067$ nm

Die Grenzwellenlänge bestimmt, welche Energieübergänge in dem mit der Röntgenröhre bestrahlten Material maximal angeregt werden können; bei 60 keV Anregungsstrahlung ist dies etwa der Bereich $W-Re K\alpha$ – allerdings mit einer sehr schlechten Ausbeute. Die maximale Intensität der Bremsstrahlung wird etwa bei der Hälfte dieser Energie erreicht; also im Bereich $Cs-Ba K\alpha$. Bei einer maximalen Anregungsspannung von 60 kV (typisch für WDRFA Spektrometer, siehe Abschn. 5.1.9) ist dies der Elementbereich, bis zu dem die $K\alpha$- Linien verwendet werden. Meist wird $Sb K\alpha$ als energiereichste mit konventionellen Hochleistungsspektrometern analysierbare Linie angegeben (s. Abb. 5.9).

Das kontinuierliche Bremsstrahlungsspektrum der Röhre wird noch von einem oder mehreren scharfen Signal(en) überlagert. Es handelt sich hier um die charakteristischen Fluoreszenzlinien des Anodenmaterials, immer vorausgesetzt, die maximale Energie reicht zur Anregung des entsprechenden Energieübergangs aus. In Abb. 5.15 ist zu sehen, dass bei 60 kV die $K\alpha$-Linien von Au ($K\alpha 2 = 66.989$ keV) nicht mehr zu sehen sind, da die maximal verfügbare Energie nicht zur Entfernung eines Elektrons aus der K-Schale der Au-Atome ausreicht.

Die optimalen Anregungsbedingungen für ein bestimmtes Element können mit entsprechender Einstellung des Röntgengenerators gewählt werden. Dabei ist die Spannung und die Stromstärke zu variieren. Für bestimmte Routineaufgaben werden auch ein andere Anodenmaterialien (Sc, Cr, W, Ag, Au, u. a.) eingesetzt.

Zur Anregung kann also einerseits das Bremsstrahlungsspektrum genutzt werden – besser aber noch die deutlich intensiveren charakteristischen Linien. In Abb. 5.15 zeigt sich, dass schwerere Anodenmaterialien intensivere Bremsstrahlung erzeugen – man sieht aber auch, dass die Intensität der $Rh-K$-Serie höher ist als die Bremsstrahlung von Au. Au produziert bei diesen Anregungsbedingungen keine K-Linien, dafür aber intensive L-Linien. Cr zeigt intensive K-Linien in einem anderen Energiebereich. Auf die gleiche Weise ist neben der Bremsstrahlung die $Rh-K$-Serie nutzbar, um effektiv K-Linien der Elemente im Bereich Zr–Cd anzuregen und die $Rh-L$-Serie für K-Linien leichter Elemente unterhalb von S. Die $Au-L$-Serie liegt im Bereich der K-Linien von Übergangsmetallen („3d-Elemente"), während die $Cr-$ oder $Sc-K$-Serie zur Anregung von leichteren Elementen unterhalb von $Ca-K$ geeignet ist (z. B. in der Zementindustrie). Zwischen Z = 23–92 (Na–U) geschieht die Anregung meist über das Kontinuum, aber es gilt auch:

- <Ca: $Sc-K$,
- <V: $Cr-K$,
- <Cl: $Rh-L$;
- $Rh-K$: Se–Mo,
- $Rh-L$: Pb–U

Aus Abb. 5.15 ist auch ersichtlich, dass Rh das beste „Allroundmaterial" ist – der Grund warum die meisten Standardspektrometer Rh-Anoden verwenden.

Soll also die Anregung vor allem durch ein hochenergetisches Bremsstrahlungsspektrum erreicht werden, so wird die Beschleunigungsspannung (Hochspannung, kV) erhöht und eventuell ein schweres Anodenmaterial mit hoher Ordnungszahl verwendet. Dies ist bei der Analyse schwerer Elemente notwendig. Hier wird dann die Hochspannung am Spektrometer auf den maximalen Wert geregelt (z. B. 60 kV). Der Nachteil ist, dass bei gleicher Leistung die Stromstärke verringert werden muss und damit die Intensität der Strahlung im niedrigenergetischen Bereich des Spektrums niedriger ist. Für die Anregung leichter Elemente benötigt man dagegen ein niedrigenergetisches Spektrum, z. B. mit intensiveren L-Linien und einem zu längeren Wellenlängen verschobenen Bremsstrahlungsmaximum (s. Abb. 5.16). Zum Erreichen maximaler Intensität in diesem Bereich ist es vorteilhaft, mit maximaler Stromstärke zu arbeiten. Daraus ergibt sich aber automatisch eine niedrigere Anregungsspannung. Im mittleren Elementbereich sind Kompromisse zu finden (s. Tab. 5.5).

Doppelanoden-Röntgenröhren

Für ein linienreicheres Anregungsspektrum mit mehr intensiven, charakteristischen Linien zur Anregung der Probe können Röntgenröhren auch mit schichtförmigen oder rotierenden Anoden aus mehreren Elementen ausgestattet sein. Als Beispiel kann eine geschichtete Anode mit einer vorderen Schicht aus Sc und einer darunterliegenden Schicht aus Mo bei verschiedenen Anregungsenergien zwei Anregungsspektren mit charakteristischen Linien erzeugen. Damit stünde dann beispielsweise die intensive $K\alpha$-Strahlung von Sc und Mo sowie die $Mo-L$-Serie zu Verfügung

Tab. 5.5 Anregung mit Rh-Anode. Die Einstellungen für die Röhre werden routinemäßig von der Software kontrolliert. Es gilt: $kW = kV \cdot mA$. Je weiter also die Spannung erhöht wird, desto geringer ist die verfügbare Stromstärke

Beispiele für Röntgenröhreneinstellungen			
kV	mA 4/3 kW	K-Linien	L-Linien
50	80/60	Cr–Mn	Pr–Nd
40	100/75	Ti–V	Cs–Ce
30	132/100	Ca–Sc	Sb–I
25	160/120	Be–Ca	–

Mikrofokusröntgenröhren

Mikrofokusröhren besitzen ein Linsensystem zur Fokussierung des Röntgenstrahls auf einen kleinen Punkt [11]. Damit ist der angeregte Bereich auf wenige Mikrometer (< 20 µm) beschränkt. Röhren dieser Bauart sind meist auf hohe Anregungsspannungen bei niedriger Stromstärke (< 5 µA, 25–50 kV) optimiert und haben eine vergleichsweise niedrige Leistung im Wattbereich (z. B. 9 W) [11]. Einsatzgebiete sind beispielsweise Bildgebung („Imaging") im Halbleiterbereich (Lötstellen von Mikroschaltkreisen) oder Farbsplitter [28].

Synchrotronstrahlung

In einem Synchrotron (oder Speicherring) werden geladene Teilchen (z. B. Elektronen) bis nahe an die Lichtgeschwindigkeit beschleunigt. Konstruktionsbedingt müssen die Teilchen (Elektronen) mittels Ablenkmagneten auf eine Kreisbahn gezwungen werden. Dabei verlieren sie einen Teil ihrer Energie in Form von elektromagnetischer Strahlung. Dieser Effekt ist in gewisser Weise vergleichbar mit der Abbremsung von Elektronen im Material (Bremsstrahlung). Die Strahlung wird tangential zur Kreisbahn abgestrahlt und ist zunächst linear polarisiert. Das Energiespektrum dieser Strahlung ist kontinuierlich und kann von Infrarot bis in den Gammabereich erzeugt werden. Zusätzlich kann die Strahlungsintensität durch eine lineare Anordnung von Dipolmagneten, durch die Elektronen auf sinusförmige Bahnen gezwungen werden, noch deutlich erhöht werden. Diese Anordnung wird nach der Bauart in „Wiggler" oder „Undulatoren" unterschieden. Die Intensität der Strahlung ist dabei bis zu 10^6 mal höher als bei einer Röntgenröhre. Aufgrund der über alle Wellenlängen gleichmäßigen sehr hohen Strahlungsintensität bei stärkerer Kohärenz, kann über Monochromatoren genau die Wellenlänge ausgewählt werden, die für ein bestimmtes Experiment (z. B. bei der Röntgenabsorptionsspektrometrie) benötigt wird [250].

Radioisotope

Auch Radioisotope können zur Anregung genutzt werden (s. Tab. 5.6). Solche Quellen finden Anwendung in kompakten Kleingeräten, z. B. Messpistolen oder Messgeräten in ferngesteuerten Fahrzeugen (z. B. im Marslander). Die Quellen sind wartungsfrei und langlebig. Einsatzgebiete sind: Metallrecycling, Verpackungskontrolle (Plastik/Polymere), Prüfung von Schaltungen, WEEE-Prüfungen (Elektro- und Elektronikaltgeräte), Umweltanalytik (Böden, Staub, Luftfilter, Bleifarben), Archäologie, Kunst (Restauration, Echtheit), Lagerstättenerkundung, Erzgütekontrolle.

Tab. 5.6 Radioisotopanregung in der RFA. (Siehe auch [284])

Isotope	Fe-55	Co-57	Cd-109	Am-241	Cm-244
E (KeV)	5,9	122	88,22	59,5	14,3/18,3
K-Linien	Al–V	Ba–U	Fe–Mo	Ru–Er	Ti–Br
L-Linien	Br–I	–	Yb–Pu	–	I–Pb

Partikelanregung

Die Anregung mit Partikelstrahlung dient meist der ortsaufgelösten Analytik. Eines der klassischen Verfahren ist die Elektronenstrahl-Mikroanalyse (ESMA, „Mikrosonde"), der in diesem Buch ein eigenes Kapitel gewidmet ist. Durch einen auf die Probe fokussierten Elektronenstrahl wird eine Ionisierung der Elementatome in der Probe und damit die Aussendung von Röntgenfluoreszenz ausgelöst. Die Größe des Brennflecks liegt bei minimal ~0,1 μm; er kann zur Schonung der Oberfläche empfindlicher Proben aber auch aufgeweitet werden (z. B. 5–10 μm). Abhängig von der Matrix entsteht im Material eine Anregungsbirne, die einen deutlich größeren Durchmesser als der Brennfleck hat und bis mehrere 10er-μm in das Material eindringen kann. Kreisförmig um die Probe sind unter anderem Detektoren bzw. Spektrometer zur energie- und wellenlängendispersiven Messung der entstandenen Strahlung angeordnet. Zusätzlich funktioniert die Mikrosonde als Rasterelektronenmikroskop, wobei die Optik eher auf Leistungsstabilität als auf Auflösung optimiert ist.

Auch mit einem Protonenstrahl lässt sich Probenmaterial in gleicher Art zur Röntgenfluoreszenz anregen (Protoneninduzierte Röntgenemission, „PIXE"). Der Vorteil dieser Methode ist das Fehlen eines durch die Abbremsung von Elektronen erzeugten Kontinuum(-Bremsstrahlungs-)Spektrums. Der Protonenstrahl kann z. B. mit Linearbeschleunigern oder im Synchrotron erzeugt werden. Die Methode ist daher teuer, sehr aufwendig und nicht leicht verfügbar.

5.1.13 Strahlungsmodifikation und Röntgenoptik

Zur erfolgreichen Durchführung der Analytik muss die von der Röhre ausgehende Strahlung oft modifiziert werden. Zu diesem Zweck können optische Elemente wie Filter, sekundäre (polarisierende) Targets, Kollimatoren, fokussierende Elemente (Kapillaren) und Kristalle (Diffraktion) eingesetzt werden.

Filter

Filter dienen zur Eliminierung der charakteristischen Röntgenstrahlung der Röhre (z. B. Rh-Linien), zur Verbesserung des Signal-Untergrund-Verhältnisses, zur Optimierung der Trennung benachbarter Signale, zur Abschwächung der Intensität und zur Erzeugung sekundärer Anregungsstrahlung, die zur Anregung der Probe verwendet werden kann (s. Abb. 5.17). Der optimale Einsatz der Filter muss häufig empirisch bei der Applikationsentwicklung ermittelt werden. Der 0,3 mm Messingfilter – beispielsweise – entfernt die RhK-Linien und ermöglicht die Analyse von Ag und Cd und vermindert den Untergrund zur Messung von Sn und Sb. Die Verwendung des 0,75 mm Al-Filter reduziert den Untergrund und verbessert die Analytik von Rb, Sr, Y. Bei allen Filtern entsteht auch charakteristische Strahlung, die zur Anregung von Elementen verwendet werden kann.

5.1 Messprinzip und Geräteaufbau

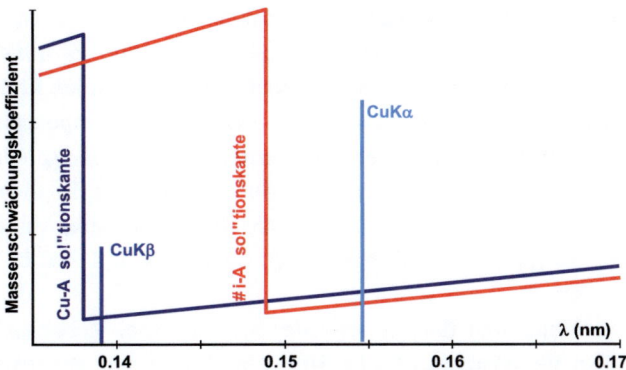

Abb. 5.17 Beispiel eines Nickel-Filters für die Trennung von Cu Kα und Cu Kβ

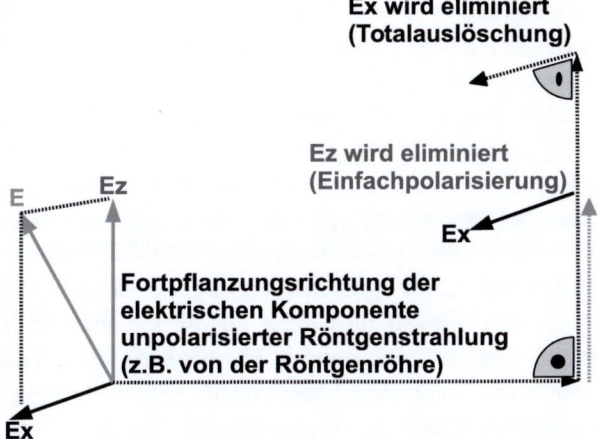

Abb. 5.18 Auslöschung elektromagnetischer Strahlung durch 2-malige Streuung um 90°. Bei der 3D-RFA wird dieses Prinzip verwendet, um die Primärstrahlung der Röntgenröhre vollständig zu eliminieren. (Modifiziert nach [28]). Erläuterungen im Text

Polarisationstargets

Die von der Röntgenröhre ausgehende Strahlung kann zunächst auf ein anderes optisches Element (ein sogenanntes „Target") gelenkt werden, welches die Strahlung unter 90° beugt (Compton, Rayleigh, Bragg) oder/und charakteristische Fluoreszenz erzeugt und dann die zur Anregung erforderliche Strahlung liefert. Die polarisierte Röntgenstrahlung von der Röhre gelangt nicht in den Detektor, da dieser nicht in der Ebene Röntgenröhre, Probe, Target liegt (s. Abb. 5.18, [28]).

Diese Methode der Anregung wird mithilfe einer 3D-Optik realisiert. Röntgenstrahlung verhält sich wie jedes Licht als Transversalwelle. Das bedeutet, dass die Schwingungsrichtung der elektrischen und magnetischen Komponenten senkrecht auf der Fortpflanzungsrichtung steht (wie bei Wasserwellen). Betrachten wir nun eine der Komponenten, z. B. die elektrische: Diese kann in jeder Richtung in zwei senkrecht aufeinander stehende

Richtungen aufgetrennt werden. Wird ein Strahl nun um 90° reflektiert, eliminiert dies die eine Richtung (hier die senkrechte), da diese in die neue Fortpflanzungsrichtung zeigen würde. Das Licht wäre nun horizontal polarisiert. Wird dieses Restlicht nochmals um 90° reflektiert, zeigt auch die verbliebene horizontale Komponente in die Fortpflanzungsrichtung und wird damit ebenfalls eliminiert. Das Anfangslicht ist also nach zwei Reflexionen um 90° vollständig ausgelöscht. Bei 3D-RFA ist dies das Licht der Röntgenröhre, womit das gesamte Streulicht und die charakteristische Strahlung der Röhre nicht auf den Detektor fallen kann. Damit entfällt ein großer Teil des für RFA typischen Untergrundspektrums.

Im Detektor verbleibt nun die (polarisierte) an der Probe gebeugte Strahlung des Targets und die über die charakteristische Strahlung des Targets erzeugte unpolarisierte Fluoreszenzstrahlung von der Probe.

Das Ergebnis ist, dass der Anteil der zu messenden charakteristischen Strahlung ansteigt und der Untergrund sehr niedrig ist. Mit entsprechenden Materialien lassen sich die Elemente darüber hinaus effektiv mit der für das jeweilige Target intensiven charakteristischen Strahlung anregen. Barkla-Polarisationstargets (nach Charles Glover Barkla) – z. B. aus Al_2O_3 oder aus BC_4– dienen generell zur Beugung der Strahlung und reduzieren den Untergrund (z. B. [259]). Spezielle Fluoreszenztargets aus verschiedenen Elementen (Al–Ag) oder aus Verbindungen wie GaAs liefern charakteristische Strahlung in verschiedenen Energiebereichen zur optimalen Anregung bestimmter Linien. Targets aus HOPG (engl. „Highly oriented pyrolytic graphite", „HOPG") sorgen für die Beugung ganz bestimmter Linien nach dem Bragg'schen Gesetz, z. B. der $RhL\alpha$-Strahlung [129].

Bei normalen Systemen erreicht man diese Flexibilität nur mittels Durchtauschen von Röntgenröhren mit verschiedenen Anoden. Ein Nachteil dieser Technik ist der hohe Intensitätsverlust durch den komplexen Strahlengang. Dies bedeutet, dass die Systeme mit relativ leistungsstarken Röntgenröhren ausgestattet (04–0,6 kW bei bis zu 100 kV Hochspannung) sein müssen.

Analysenkristalle

In sequenziell arbeitenden, wellenlängendispersiven RFA-Spektrometern dienen Kristalle zur Aufspaltung des Spektrums, beziehungsweise zum Herausfiltern bestimmter Strahlungsanteile der Probe, da die strukturellen Einheiten (Gitterabstände) in der Größenordnung der Wellenlänge ($\lambda[nm]$) der Röntgenstrahlung liegen. Die Funktionsweise der Kristalle wird am einfachsten durch das Bragg'sche Gesetz beschrieben (s. Abb. 5.19):

$$\sin\theta = A/d = B/d \rightarrow (A + B) = 2d \cdot \sin\theta \qquad (5.9)$$

mit θ = Diffraktionswinkel und d = Gitterabstand (nm)
Daraus folgt dann das Bragg'sche Gesetz:

$$n \cdot \lambda = 2d \cdot \sin\theta \qquad (5.10)$$

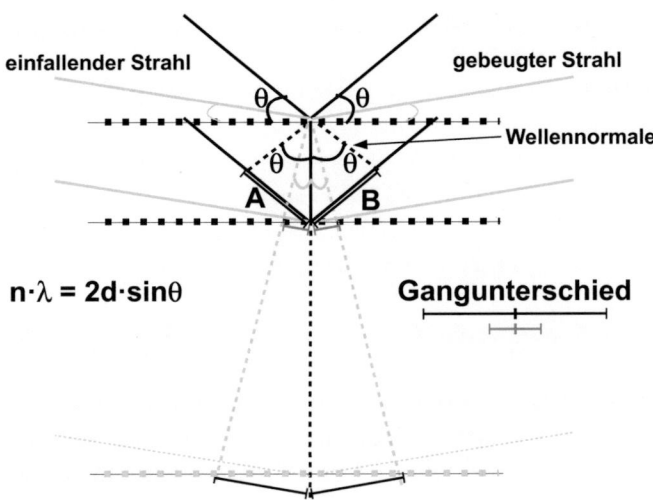

Abb. 5.19 Vereinfachtes geometrisches Prinzip der Röntgenbeugung am Kristallgitter

Das Gesetz (5.10) beschreibt, unter welchen Bedingungen es bei der Diffraktion (Beugung) von Röntgenlicht zu einer positiven Interferenz und damit einer Verstärkung der Strahlung einer bestimmten Wellenlänge kommt – nämlich, wenn die Wellenlänge prinzipiell dem durch Gitterabstand d und dem Einfalls-(= Ausfalls-)Winkel festgelegten Gangunterschied entspricht. Damit ist es möglich mithilfe eines Kristalls, der parallel zu bestimmten kristallographischen Richtungen geschnitten wird und der unter einem bestimmten Winkel in den Strahlengang eingefügt wird, eine bestimmte Wellenlänge (z. B. die charakteristische Strahlung eines Elementes) herauszufiltern, z. B.:

°$2\theta = 14{,}001$

$dLiF_{200} = 0{,}2015$ nm

$$(2 \cdot 0{,}2015) \cdot \sin(14{,}001/2) = 0{,}049 \tag{5.11}$$

Das Signal bei 14,001 °2θ korrespondiert also mit einer Wellenlänge von 0,049 nm, umgerechnet nach (5.1) mit 25,246 keV (~$SnK\alpha$).

Dabei hängt es vom Gitterabstand der Kristallebenen ab, welche Wellenlängenbereiche (oder Energien) in welchen Winkelbereichen so gebeugt werden können, dass diese den Detektor erreichen. Da bei gleichem Gitterabstand der Gangunterschied bei niedrigem Einfallswinkel kleiner ist, erscheinen die Linien energiereicherer Strahlung bei niedrigeren Winkeln – also am Anfang des Spektrums. Aufgrund der konstruktionsbedingten Grenzen der Röntgenoptik ist der zugängliche Winkelbereich begrenzt, sodass mit einem Kristall nicht der gesamte für die Analyse aller anregbaren Elemente erforderliche Wellenlängenbereich erfasst werden kann. Als Konsequenz verfügen wellenlängendispersive RFA-Spektrometer über einen Satz verschiedener Kristalle, die über eine Kristallmühle in den Strahlengang eingebracht werden können. Mit der Energie einer Linie und dem

Gitterabstand des Analysenkristalls kann relativ einfach der Winkel berechnet werden unter dem der Peak erscheint, z. B.:

$FeK\alpha = 6{,}398\,\text{keV}$
$dLiF_{220} = 0{,}1425\,\text{nm}$

$$n\lambda/2d = \sin\theta \tag{5.12}$$

$$(1{,}24/6{,}398)/(2 \cdot 0{,}1425) = 0{,}68 \tag{5.13}$$

Das Signal von $FeK\alpha$ würde auf LiF_{220} dann bei $\sin^{-1}_D(0{,}68) \cdot 2 = 85{,}69°2\theta$ erscheinen.

Ein Nachteil der Nutzung von Beugung an Kristallen zur spektralen Auftrennung ist, dass auch Vielfache der Grundwellenlänge, also Reflexionen höherer Ordnung, das Bragg'sche Gesetz erfüllen. Dies führt zu Linienüberlagerungen. Ein Beispiel:

$$3 \cdot CaK\alpha(0{,}336\,\text{nm}) = 1{,}008\,\text{nm} \simeq MgK\alpha(0{,}989\,\text{nm}) \tag{5.14}$$

Eine hohe Konzentration an Ca – z. B. in Calcit oder Kalksilikaten – kann auf $MgK\alpha$ eine spektrale Linienüberlagerung höherer Ordnung durch $3CaK\alpha$ verursachen.

Da diese Linien jedoch eine dementsprechend vielfach höhere Energie haben, lassen sie sich über die Pulshöhenverteilung eliminieren. Fällt jedoch zusätzlich ein Escape-Peak dieser Linie höherer Ordnung genau auf das Analysensignal, sind weitere Überlagerungskorrekturen mithilfe der Signalverhältnisse nötig (siehe Abschn. 5.1.15).

Die d-Werte der Kristalle beeinflussen auch Auflösung, Empfindlichkeit und Dispersion (s. Abb. 5.20). Die Dispersion – also die Auftrennung des Spektrums durch den Kristall – ist abhängig von dem Winkel θ und dem Gitterabstand d und kann über Differenziation der Bragg'schen Gleichung ermittelt werden [123]:

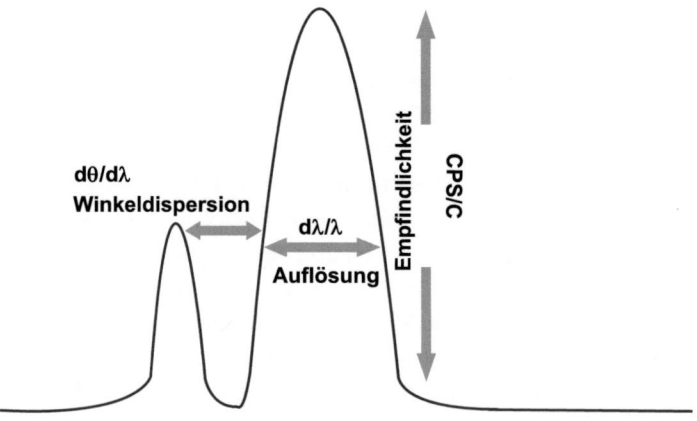

Abb. 5.20 Dispersion – Auflösung – Empfindlichkeit

5.1 Messprinzip und Geräteaufbau

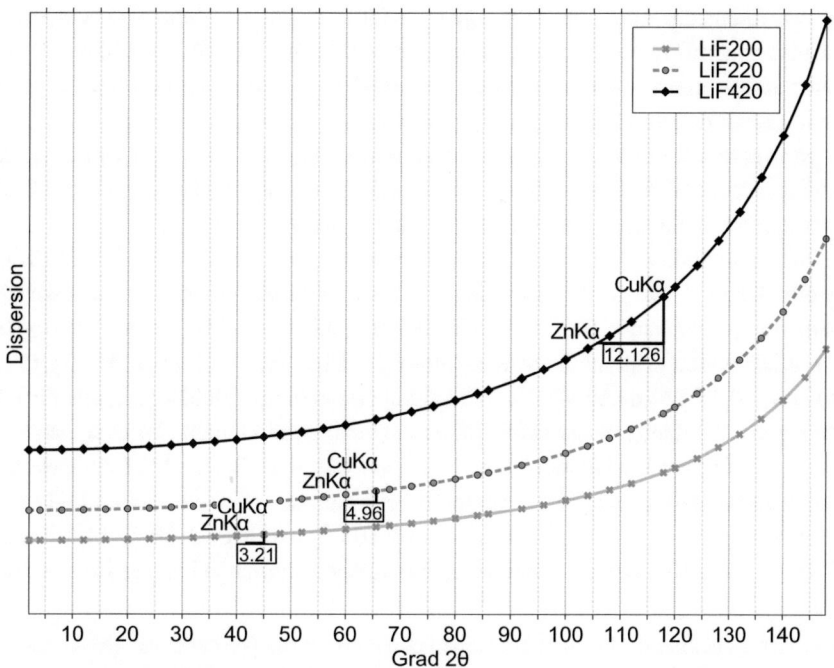

Abb. 5.21 Winkeldispersion verschiedener LiF-Schnitte

$$\frac{d\theta}{d\lambda} = \frac{n}{2d} \cdot \frac{1}{\cos\theta} \qquad (5.15)$$

Damit ist klar, dass die Dispersion eines Analysenkristalls mit abnehmendem $\cos\theta$ (zunehmendem θ) und abnehmendem Gitterabstand (d) besser wird. So ist die Dispersion eines LiF_{220} (d = 0,29) besser als von LiF_{200} (d = 0,4). Auch bei höheren Ordnungen (n) ist die Dispersion besser (s. Abb. 5.21).

Die Auflösung wird durch den Einfallwinkel auf den Kristall, der natürlichen Breite der Spektrallinie und dem Aufnahmewinkel des Kollimators oder Schlitzes beeinflusst. Die Auflösung/Dispersion ist nach obiger Gleichung also im niedrigen Winkelbereich (für schwere Elemente) geringer, auch, da λ mit $1/Z^2$ (Moseley's Gesetz) von der Massenzahl abhängt und daher die relative Wellenlängenauftrennung benachbarter Elemente mit θ bei konstantem d abnimmt. Die Auflösung steht im Zusammenhang mit der Halbwertsbreite des Signals nach [123]:

$$HWB_{Signal} = \sqrt{(HWB)\frac{2}{PK} + (HWB)\frac{2}{SK} + (HWB)\frac{2}{Krist}}. \qquad (5.16)$$

Sie wird also beeinflusst durch das optische System aus Primärkollimator (PK), Sekundärkollimator (SK) und Kristall (Krist). Feinere Kollimatoren (geringere Schlitzbreite) verbessern die Auflösung durch eine bessere Parallelisierung des Strahlenbündels auf

Kosten der Intensität. Die Empfindlichkeit (~Zählrate pro Konzentrationseinheit, z. B.; %, ppm) ist generell reziprok proportional zur Auflösung. Kristalle mit höherer Winkeldispersion haben meist auch ein schlechteres Reflexionsvermögen und liefern geringere Intensität (z. B. Empfindlichkeit $LiF_{200} > LiF_{220} > LiF_{420}$). Feinere Kollimatoren liefern geringere Zählraten, da mehr Strahlung ausgeblendet wird. Für Empfindlichkeit, Winkeldispersion und Auflösung muss mithilfe der Anregungsbedingungen, der Kollimatoren und der Kristalle ein Kompromiss gefunden werden.

Der Maximalwinkel θ der meisten Spektrometer liegt bei 70–75° (~150° 2θ): Maximalwellenlänge ~ $\lambda max = 2d\sin\theta_{max}$. Damit überdecken die Analysenkristalle – abhängig von d – nur einen bestimmten Wellenlängenbereich. Mit einem LiF_{220}-Kristall mit 2d = 0,285 wären prinzipiell die $K\alpha$-Linien der Elemente V (4,949 keV, 123,1°2θ)–Er (48,813 keV, 10,23°2θ) messbar. Die Winkeldispersion eines solchen Kristalls für kürzere Wellenlängen wäre dann aber zu schlecht, da die benötigten kleinen Gangunterschiede nur mit einem sehr flachen Einfallswinkel zu erreichen wären. Daher sind WDA-Spektrometer mit mehreren Kristallen bestückt. Prinzipiell lässt sich der Elementbereich U–O mit drei Kristallen abdecken: U–K: LiF(200), Cl–Al: PET(002) und Mg–O: W-Si-Multilayer oder TlAP(100) (s. Tab. 5.7). Lateral gekrümmte Kristalle ermöglichen bessere Empfindlichkeit

Tab. 5.7 Übersicht über die bei der RFA aktuell eingesetzten Analysenkristalle. (Siehe auch [284])

Kristall	Material	2d (nm)	Elementbereich	Besonderheiten/Probleme
LiF(420)	Lithiumfluorid	0,18	K(Te-Ni), L(U-Hf)	Hohe Dispersion, schlechtere Empf. (1/4 Int. Lif(220)
LiF(220)	Lithiumfluorid	0,285	K(Te-V), L(U-L?)	
LiF(200)	Lithiumfluorid	0,403	K(Te-K), L(U-In)	
Ge(111)	Germanium	0,653	K(Cl-P), L(Cd-Zr), S2-/S6+ Messung in Zement	Höhere Dispersion, Reflektivität und Temperaturstabilität als PET, Fluoreszenz (Ge) stört PK und SiK
InSb	Indiumantimonit	0,748	K(Si), L(Nb-Sr)	Höhere Dispersion, Reflektivität und Temperaturstabilität als PET, Fluoreszenz In/Sb) stört SiK, Kosten
PET(002)	Pentaerythritol, C5H12O4	0,874	K(Cl-Al), L(Cd-Br)	
ADP	Ammoniumdihydrogen-Phosphat	1,064	Mg (z. B. in Al-Matrix)	
TAP	Thalliumphthalat C8H5O4Tl	2,59	< Na	Fluoreszenz (Tl)
Multilayer	Lagen aus verschiedenen Elementen und Verbindungen (z. B. Si/W)	Variabel	Ultraleicht-Elemente bis Be	Individuell auf bestimmte Elemente optimierbar, begrenzter Elementbereich

5.1 Messprinzip und Geräteaufbau

und Auflösung als gleichartige flache Kristalle. Zu beachten ist, dass die Elemente des Kristalls ebenfalls durch die Röntgenstrahlung von Probe und Röhre angeregt werden können. Dieser Effekt wird als Kristallfluoreszenz bezeichnet (s. Abschn. 5.1.15) und tritt besonders bei Materialien mit schwereren Elementen wie Ge-, In-, Tl-, Si-, W- oder Sb (Ge, InSb, TlAP) auf.

Synthetische, mehrlagige Strukturen („Multilayer") werden vor allem bei der Analytik leichter bis ultraleichter Elemente verwendet und können individuell optimiert werden. Sie bestehen z. B. aus Wechsellagen aus Si und W. Zu beachten ist aber auch hier die Kristallfluoreszenz von Si und W.

Analysenkristalle können unvorhersehbare Beugungsartefakte produzieren, wenn herstellungsbedingt andere nicht parallele Kristallebenen in den Detektor streuen.

Kristallgeometrie

Analysenkristalle können flach, einfach oder doppelt gekrümmt hergestellt werden. Der Vorteil gekrümmter Kristalle ist die bessere Fokussierung und damit eine höhere Intensitätsausbeute. Einfach gekrümmte Kristalle können nach der Methode von Johann [127] oder Johannson [128], aber auch logarithmisch gekrümmt hergestellt werden. Nach der Methode von Johansson wird der Kristall nicht nur auf den doppelten Radius des Rowlandkreises gebogen (Johann-Geometrie), sondern erhält einen zusätzlichen Schliff, sodass er direkt am Rowlandkreis anliegt (s. Abb. 5.22).

Eine noch bessere Fokussierung und höhere Messintensitäten bieten Kristalle, die zusätzlich senkrecht zum Rowlandkreis gebogen sind [51]. Die für diese Anwendung eingesetzten Materialien sind Quarz, Germanium, Graphit und Glimmer. Mit dieser Art der Fokussierung kann der Brennfleck auf 20 μm verkleinert werden [52]. In logarithmischer Ausführung eignen sich diese doppelt gebogenen Kristalle besonders für die Analytik leichterer Elemente mit Röntgenlinien von geringer Energie [51].

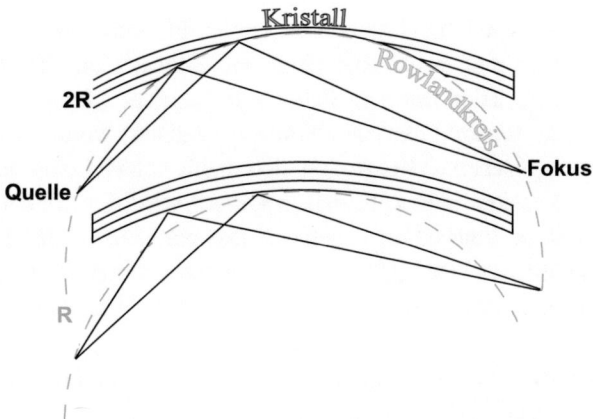

Abb. 5.22 Johansson- (oben) und Johann-Geometrie (unten) nach [51]

Winkelposition

Wenn eine Röntgenfluoreszenzlinie eines bestimmten Elementes (z. B. Na $K\alpha$) die Bedingungen zur Diffraktion auf einem Analysenkristall in einer bestimmten Winkelposition erfüllt (s. Gl. 5.10), steigt die Zählrate im Detektor an. Da dieser Prozess einer statistischen Verteilung unterliegt, entsteht beim Abfahren des entsprechenden Winkelbereiches ein Peak mit einer statistischen Gauß'schen oder Poisson'schen Form. Als Hilfe enthält die Analysensoftware die theoretischen Winkelpositionen aller Röntgenlinien auf allen Kristallen. Die Kristalle zeigen jedoch produktionsbedingt geringfügige Schwankungen im d-Wert – daher ist eine Verifizierung der Winkelposition bei Erstellen einer Methode erforderlich. Abhängig von den Eigenschaften der Analysenkristalle (Auflösung/Dispersion) kann die Analysenlinie von benachbarten Linien oder aber einer Reflexion höherer Ordnung einer Linie mit niedrigerer Wellenlänge gestört werden. Dieses muss ebenfalls berücksichtigt werden (s. Abschn. 5.2.4).

Diffraktionsgitter

Zur Auftrennung von weicher polychromatischer Röntgenstrahlung im Bereich unterhalb von 80 eV können Gitter eingesetzt werden. Diese sind im Diffraktions- oder Transmissionsmodus verfügbar.

Während ein Analysenkristall über aufeinanderfolgende Kristallebenen mit einem Abstand d verfügt, besteht ein Gitter aus einer Abfolge von Spalten oder Furchen, an denen die Beugung des Lichts erfolgt. Das grundlegende Prinzip ist in der Gittergleichung enthalten, die prinzipiell der Bragg'schen Gleichung für Beugung an Kristallebenen entspricht:

$$n \cdot \lambda = g \cdot \sin \alpha \qquad (5.17)$$

mit n = Ordnung des Hauptmaximums, λ = Wellenlänge, g = Gitterkonstante, α = Beugungswinkel (z. B. [194])

Da sich CCD-Detektoren bzw. -Kameras mit großer Flächenausdehnung am besten zur Aufnahme der Spektren eignen, ist eine Optik mit Fokussierungskreis (Rowlandkreis) nicht verwendbar [257]. Hier kommen Gitter mit variabler Linienbreite zum Einsatz, mit denen eine nahezu lineare Fokussierungsebene realisiert werden kann (z. B. [263]). Die Brennweite des optischen Systems lässt sich damit bei Variation der Einfallswinkel mehr oder weniger konstant halten. In diesen Gittern wird die Linienbreite nach einer entsprechenden Funktion kontrolliert angepasst. Der einfachste Fall ist die lineare Verringerung der Linienbreite. Detektoren oder Monochromatoren dieser Art werden vor allem bei der oberflächenaufgelösten Analytik (s. Kap. 8) oder an Synchrotron-Beamlines eingesetzt. Die Energieauflösung (z. B. an der *Al L*-Fermikante) von Spektrometern mit dieser Gitteranordnung in einem Energiebereich von 33–470 eV liegt deutlich unter 1 eV (z. B. [86]).

Der Einsatz von Gittern zur Messung niederenergetischer Röntgenfluoreszenzstrahlung ist bis jetzt nicht in konventionellen WDRFA-Systemen realisiert. Bei der

Elektronenstrahl-Mikroanalyse (ESMA) findet diese Technik erste Anwendungen in kommerziell erhältlichen Systemen.

Kollimatoren

Bei Kollimatoren handelt es sich um eine Anordnung paralleler Platten oder Bleche, die dazu dienen, die Divergenz der von der Probe kommenden Strahlung zu verringern, bzw. unerwünschte Strahlungsanteile auszublenden. Der Primärkollimator befindet sich direkt hinter der Probe und ein weiterer sekundärer Kollimator direkt vor dem Detektor. Mit Kollimatoren kann die Strahlintensität verringert und die Auflösung erhöht werden. Je nach Anwendung können in einem sequenziellen Spektrometer unterschiedliche Kollimatoren in den Strahlengang eingefügt werden. Mit sehr feinen Kollimatoren (100–300 µm) können dicht beinander liegende Linien optimal getrennt werden, wie es bei der Analyse chemisch komplex zusammengesetzter Proben häufig erforderlich ist. Grobe Kollimatoren (300–4000 µm) liefern dagegen maximale Intensität, z. B. für die Analyse von leichten Elementen, die eine schlechtere Fluoreszenzausbeute haben. Der Einsatz feiner Kollimatoren geht auf Kosten der Signalintensität (~ Empfindlichkeit) und beschränkt sich auf nachweisstarke Linien und/oder höhere Signalintensität (~ Konzentration) (Abb. 5.20).

In simultanen Spektrometern werden anstelle des sekundären Kollimators Schlitze eingesetzt.

Für die Analyse kleiner Probenbereiche (z. B. auf Halbleiterscheiben) können Linsensysteme eingesetzt werden. Normale Linsen sind unpraktikabel, da aufgrund des sehr nahe an 1 liegenden Brechungsindexes der Röntgenstrahlung der Fokus einer Linse sehr lang wäre (~1 m). Übrig bleibt der Einsatz von Kapillaren (s. Abschn. 5.3.1 und [28]).

5.1.14 Detektion

Die Detektion der in der Probe angeregten Strahlung hängt einerseits von der eingesetzten Röntgenoptik und andererseits von der Energieauflösung des Detektors ab. Bei der WDRFA wird das Probenspektrum mit einer Kristalloptik aufgetrennt und die Strahlungsanteile der verschiedenen in der Probe angeregten Elemente getrennt nacheinander im Detektor gemessen. Das Energietrennvermögen des Detektors ist hierbei weniger wichtig als die Effizienz. Ausschlaggebend für die Auflösung ist die Halbwertsbreite HWB (engl. „FWHM", „Full Width at Half Maximum"), die wiederum vom d-Wert des Kristalls und dem Kollimator abhängt. Für $MnK\alpha$ ist mit LiF_{200}, 300 µm Kollimator und ~1 kips bei einem normalen RFA-Spektrometer eine HWB von 50 eV erreichbar. Mit LiF_{220} und 150 µm Kollimator sinkt dieser Wert auf 30 eV. Der Ge_{111} erreicht mit 150 µm Kollimator einen Wert von 45 eV.

Bei der EDRFA dagegen hängt das Trennvermögen des Systems hauptsächlich von der Auflösung des Detektors ab, die bei Si-Halbleiterdetektoren bei etwa 145 eV ($MnK\alpha$) liegt.

Tab. 5.8 Detektortypen zum Einsatz in simultanen und sequenziellen wellenlängendispersiven Röntgenfluoreszenz-Spektrometern. (Siehe [123, 284])

Detektortyp	E(keV)/λ(nm)	Einsatz	Betrieb, Probleme
Ar-Gasdurchfluss	0,1–8/0,15–12	Kα(Be-Mn)	Kann im Tandembetrieb mit dahintergeschaltetem geschlossenem Xe-Zähler betrieben werden. Escape-Peak durch ArKα-Anregung
Ne-geschlossen	1,5–3/0,4–0,83	Kα(Al-Cl)	Einzelkanäle, Escape-Peak durch NeKα-Anregung
Kr-geschlossen	3–8/0,15–0,4	Kα(K-Cu), Lα(Te-Hf)	Einzelkanäle, Escape-Peak durch KrKα-Anregung
Xe-geschlossen	6–15/0,08–0,21	Kα(Zn-Y), Lα(Ta-U)	Einzelkanäle, Tandem (s. o.)
Szintillation (NaI)	6–32/0,004–0,15	Kα(Fe-Zr)	Goniometer, Escape-Peak durch IK(α,β)-Anregung

Elektrooptische Detektoren konvertieren Röntgenstrahlung proportional in messbare elektrische Spannungsimpulse. Zur Erfassung des erforderlichen Spektrums von Be–U verfügt ein wellenlängendispersives Spektrometer über mehrere Detektorsysteme (s. Tab. 5.8). Für kurze Wellenlängen (höhere Energie) wird ein Szintillationszähler verwendet, im mittleren Energiebereich ein geschlossener Gasproportionalzähler (Xe, Kr, Ar, Ne, He.) und für energiearme Strahlung ein Durchflusszähler; normalerweise mit Ar/Methan. Detektoren können auch kombiniert werden (Duplexdetektoren). Im Durchflusszähler befindet sich ein sehr dünnes (bis zu 1 μm) Plastikfenster. Entweichendes Gas wird ständig ersetzt. Zur Beschleunigung der Rekombination von Gasionen und Elektronen befindet sich ein Hilfsgas im Detektorraum (CH_4 bei Durchfluss- und ein Halogen bei geschlossenen Zählern). Geschlossene Proportionaldetektoren sind dagegen mit einem Be-Fenster (bis zu. 25 μm) versiegelt, das energieärmere Strahlung stärker absorbiert; es gibt mittlerweile aber auch Folienmaterialien für diese Zähler, die dann eine vergleichbare Empfindlichkeit für leichte Elemente haben.

Zu beachten ist, dass durch die hochenergetische Röntgenstrahlung schwererer Elemente auch das Detektormaterial selbst zur Fluoreszenz angeregt wird. Dies resultiert in sogenannten „Escape-Peaks", ausgelöst durch Röntgenstrahlung, deren Energie durch die Interaktion mit dem Detektormaterial um einen bestimmten Energiebetrag vermindert ist.

Die Energieproportionalität der Detektoren ermöglicht eine Pulshöhendiskriminierung zur Identifizierung der Röntgenstrahlung über die Pulsstärke im Detektor.

Der Anteil der Röntgenphotonen, die tatsächlich mit dem Detektor interagieren wird als Quantenausbeute bezeichnet. Vorteilhaft ist eine hohe Ausbeute bei der charakteristischen, abgebeugten Strahlung und das Ignorieren von gestreuter und kurzwelligerer Strahlung höherer Ordnungen (Rauschen). Der Anteil an kurzwelliger Strahlung lässt sich minimieren, wenn die Detektoren möglichst geringe Absorptionswerte aufweisen. Dies gilt generell für Gasdetektoren. Bei Szintillations- oder Silizium-Halbleiterdetektoren wird die Dicke des aktiven Bereichs entsprechend optimiert.

5.1 Messprinzip und Geräteaufbau

Der lineare Zusammenhang zwischen Menge an auftreffenden Photonen und Anzahl der Spannungsstöße des Detektors ist ein wichtiger Faktor. Hier sind „Totzeit", Auflösungsvermögen und Erholzeit ausschlaggebend. Während der Totzeit (~200–500 ns für moderne Detektoren, [284]) reagiert das Detektormaterial mit einem einfallenden Röntgenquant und ist daher für weitere Ereignisse blockiert. Das Ansprechvermögen ist die Zeitspanne, nachdem der Detektor wieder auf einfallende Röntgenquanten reagiert. Erst nach der Erholzeit wird aber die originale Pulshöhe wieder erreicht, sodass das Zählereignis richtig in die Energiekanäle der Elektronik einsortiert wird. Heute ist diese Korrektur meist in die Hardware des Detektors eingebaut. Existiert eine Eichkurve von tatsächlicher Zählrate und den gemessenen Impulsen ist eine rechnerische Korrektur in begrenztem Umfang möglich.

Der Zusammenhang zwischen Energie des Röntgenquants und der Höhe des ausgelösten Spannungspulses wird als Proportionalität bezeichnet und ist ein Parameter für das energiedispersive Auflösungsvermögen eines Detektors. Entsprechende Schaltungen, (Pulshöhendiskriminatoren, PHD), sortieren dann die verschiedenen Energien und blenden unerwünschte Bereiche aus.

Einige Beispiele für das Energietrennvermögen sind:

Szintillationszähler: $CuK\alpha = 8$ keV ± 7,2 keV: Ermöglicht die Entfernung der doppelten Wellenlänge (2λ)

Gasproportionalzähler : $CuK\alpha = 8$ keV ± 1,4 keV: Ermöglicht die Abtrennung entfernterer Linien – z. B. $CuK\alpha$ und $FeK\alpha$ (Untergrundeliminierung bei Fe-reicher Matrix)

Si(Li): $CuK\alpha = 8$ keV ± 0,4 keV: Unterscheidung charakteristischer Strahlung benachbarter Elemente zur chemischen Quantifizierung.

Die ersten beiden Detektortypen eignen sich für die chemische Quantifizierung nur in Kombination mit einer Röntgenoptik („Kristalloptik", s. Abschn. 5.1.13).

Gasproportionalzähler

Dieses System basiert auf der Ionisierung eines Gases oder Gasgemisches (z. B. Ar-Methan, Ne, Xe, Kr). Es entsteht ein Gasion und ein freies Elektron. Zum Beispiel liefert $CuK\alpha = 8,04$ keV/I (Xe) = 20 eV => 387 primäre Ion-Elektronen-Paare [189]. Abhängig von der angelegten Spannung ist die tatsächliche Zahl entstehender Ion-Elektronen-Paare größer. Die Spannung wird so gehalten, dass der Einsatz des Detektors im Proportionalbereich garantiert ist.

Die durch die einfallende Strahlung entstehenden primären Elektronen wandern zum Anodendraht (+) und die Gasionen wandern zur Wand. Auf ihrem Weg erzeugen die primären Elektronen zusätzlich sekundäre Elektronen. Die Folge ist ein Spannungsabfall durch die am Draht entstehende Elektronenwolke. Das Signal wird verstärkt und registriert. Vor dem nächsten Zählereignis ist eine Rekombination der Ionen erforderlich. Die Zugabe eines sogenannten „Quench Gases" (z. B. Methan) beschleunigt diese Rekombination. Die Proportionalität gilt nur für einen bestimmten Spannungs(-Einsatz-)Bereich. Oberhalb beginnt der Bereich des Geiger-Müller-Zählers (Ionisierung der gesamten Kammer unabhängig von der Energie).

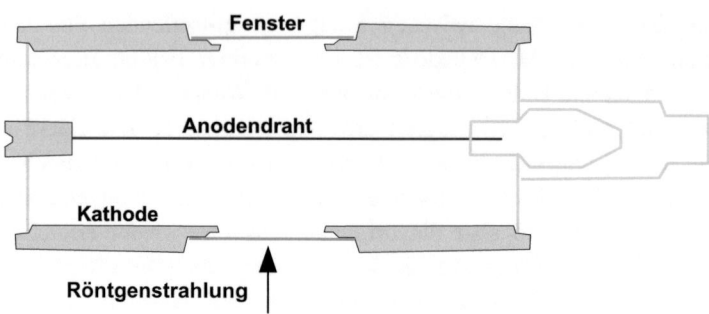

Abb. 5.23 Aufbauskizze eines Zählrohres. (Modifiziert nach [28])

Die Stärke des Gasproportionalzählers liegt weniger im Energietrennvermögen (s. Abb. 5.23), sondern in der Empfindlichkeit. Sie werden zumeist bei der wellenlängendispersiven Röntgenfluoreszenzanalyse (WDRFA) eingesetzt. Als Detektorgas eignen sich prinzipiell alle Edelgase bis Xe. Ein wichtiger die Effektivität beeinflussender Faktor ist das Fenstermaterial. Je dicker das Fenster, desto stabiler der Detektor, aber desto höher die Absorption. Ein 6 μm Be-Fenster lässt 99 % $TiK\alpha$ aber nur noch 48 % $NaK\alpha$ durch. Ein 1 μm-Fenster lässt über 88 % $NaK\alpha$ durch. Man kann geschlossene und Durchflussdetektoren verwenden. In Durchflussdetektoren wird ein teilweise durchlässiges (sehr dünnes) Fenstermaterial (1–6 μm, Polypropylen) eingesetzt und daher bessere Empfindlichkeit für leichte Elemente erreicht. Für die Detektion leichter Elemente bis Mn gibt es daher kaum eine Alternative zum Ar-Methan-Zähler. In den letzten Jahren konnte durch die Einführung neuer Fenstermaterialien auch für geschlossene Detektoren eine Verbesserung der Empfindlichkeit für leichtere Elemente erreicht werden. Dies ist insofern interessant, da simultane Spektrometer meist einzelne Elementkanäle mit geschlossenen Detektoren verwenden. In Durchflusszählern wird normalerweise ein Gemisch aus 90 % Ar und 10 % CH_4 verwendet. Für ultraleichte Elemente findet auch ein Gemisch aus 96 % He mit 4 % Iso-C_4H_{10} Verwendung. In geschlossenen Detektoren kommen die Edelgase Xe–He mit Iso-C_4H_{10}- oder Halogenzumischung zum Einsatz. Das Gas in geschlossenen Detektoren ist nach etwa 10^{13} Zählvorgängen verbraucht – daher sollten diese Detektoren (wie andere geschlossene Detektorsysteme auch) so wenig wie möglich der Röntgenstrahlung ausgesetzt werden (Verwendung von Beam-Stop, Filtern Kollimatoren und möglichst geringe Zählraten für Hauptelemente). Gasproportionalzähler zeigen häufig Escape-Peaks. Beim Argon-Methan-Zähler entspricht die Differenz zwischen dem einfallenden Röntgenquant und dem Escape-Signal der Energie der Ar$K\alpha$-Strahlung und liegt bei 2,96 keV.

Szintillationszähler

Als Szintillation bezeichnet man die Entstehung schwacher Lichtblitze durch Absorption ionisierender Strahlung in einem Material, z. B. einem Kristall. Die Detektion dieser Lichtblitze ist nur möglich, wenn der Szintillator für das eigene Licht genügend durchlässig ist. Deshalb werden für die Detektoren Einkristalle verwendet. Die Lichtblitze

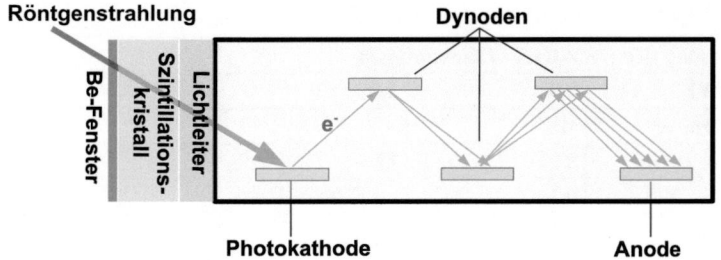

Abb. 5.24 Aufbauskizze eines Szintillationszählers (modifiziert nach [28])

aus dem Szintillationsprozess werden in einem Sekundärelektronenvervielfältiger vielfach verstärkt, in einen entsprechenden Spannungsimpuls umgewandelt und dann nach weiterer Verstärkung registriert. Als Szintillationsmedium dient meist ein mit Thallium dotierter NaI(Tl)-Einkristall, welcher Röntgenstrahlung in Lichtphotonen bei etwa 4100 Å (blau) umwandelt (s. Abb. 5.24). Die einfallenden Röntgenphotonen regen Szintillation an, indem sie in dem Festkörper Elektron-Loch-Paare bilden. Diese wandern dann zum Aktivatorzentrum (in diesem Fall Tl), das angeregt wird und unter Aussendung sichtbaren Lichtes einer bestimmten Wellenlänge wieder in den Grundzustand zurückfällt. Die entstehenden Lichtquanten fallen auf die erste Sb/Cs-Photokathode. Elektronen werden freigesetzt und auf die nächste Kathode (Dynode) gelenkt. An jeder Dynode liegt ein höheres Potenzial an. Mithilfe von bis zu 10 solcher Dynoden entsteht eine Elektronenkaskade. Diese beschleunigt die Elektronen, sodass mit der steigenden kinetischen Energie immer mehr Elektronen freigesetzt werden. Der entstehende Spannungsimpuls liegt bei 500–1500 V. Die entstandenen Elektronen werden gesammelt und registriert. Auch bei diesem Detektor liegt die Stärke nicht in der Energieauflösung sondern in der Effizienz.

Die Effizienz des Szintillationszählers erreicht im Wellenlängenbereich 0,04–0,06 nm (20–32 keV) fast 100 %, beträgt aber bei etwa 0,25 nm (5 keV) fast null. Er wird im mittleren bis höheren Energiebereich eingesetzt. Der Szintillationszähler wird in einem Messbereich mit vielen spektralen Überlagerungen verwendet, daher verfügt er meist über einen langen Sekundärkollimator zur Verbesserung der Auflösung der Spektren schwerer Elemente bei etwas geringerer Empfindlichkeit. Szintillationszähler zeigen normalerweise keine Escape-Peaks (siehe Abschn. 5.1.14, Absatz Szintillationszähler).

Halbleiterdetektoren

Allgemein ähnelt die Funktionsweise dieses Detektors der des Gasproportionszählers. Allerdings ist die Energie mit 3,65 eV [107] zur Erzeugung des Elektronen/-Loch-Paares deutlich geringer als z. B. die Ionisierung von Xenon. Es entstehen jedoch keine sekundären Elektronen. Eine Selbstverstärkung wie beim Proportionalzähler fällt also weg.

Halbleiterdetektoren haben eine hohe Quantenausbeute, eine vergleichbar hohe Proportionalität und damit eine sehr gute Energieauflösung. Typische Si-Halbleiterdetektoren erreichen eine Auflösung zwischen 120–250 eV. (5,9 keV, $MnK\alpha$, s. Tab. 5.9). Damit sind sie prädestiniert für die energiedispersive Röntgenfluoreszenzanalytik (EDRFA) und

Tab. 5.9 Eigenschaften verschiedener Halbleiterdetektoren [43]

Energieauflösung (KeV/HWB) für Detektortypen			
Energie (keV)	**5,9**	**1,22**	**1,332**
Proportionalzähler	1,2	–	–
NaI(Tl)	3	12	–
Si(Li)	0,16	–	–
Ge-Planar	0,18	0,5	–
Ge Koachs	–	0,8	1,8
Material	**Ord.-Zahl**	**Bandweite (eV)**	**Energie/e– Paar (eV)**
Si	14	1,12	3,61
Ge	32	0,74	2,98
CdTe	48/52	1,47	4,43
HgI2	80/53	2,13	6,5
GaAs	31/33	1,43	5,2

werden zumeist dort eingesetzt. Für höhere Energien werden dann Ge(Li) oder Reinst-Ge-Detektoren eingesetzt. Halbleiterdetektoren erzeugen wie Gasproportionaldetektoren einen Escape-Peak (siehe Abschn. 5.1.14/Absatz Gasproportionalzähler). Beim Si beispielsweise entspricht die Differenz zwischen dem einfallenden Röntgenquant und dem Escape-Signals der Energie der $SiK\alpha$-Strahlung und liegt bei 1,74 keV.

Si(Li)-Detektor

Der Detektionsprozess basiert hier auf der Erzeugung von Paaren aus Elektronen und Löchern in einer Halbleiterdiode. Die Menge dieser Paare ist proportional der Energie des auftreffenden Röntgenquants. Diese Diode wird als PIN-Diode (engl. „Positive Intrinsic Negative") bezeichnet. Die intrinsische Zone – der undotierte Halbleiter – verfügt dabei fast über keine freien Ladungsträger, der P-Typ enthält Atome von Elementen mit weniger Valenzelektronen als Si (z. .B. Al) und der N-Typ Elemente mit mehr Valenzelektronen (z. B. P). Die Diode wird allgemein mit Sperrvorspannung betrieben („Sperrrichtung"). Damit wird die ladungsträgerfreie Verarmungszone vergrößert. Einfallende Photonen erzeugen Ladungsträger (Elektronen/Löcher) – es kann Strom durch die Diode fließen und der Detektor zählt. Zur Kühlung auf die erforderlichen $-40\,°C$ reicht thermoelektrische Kühlung (Peltierelement); die Energieauflösung liegt bei 230 eV ($MnK\alpha$).

Si(Li)-Detektor

Bei diesem Detektor, Si(Li), wird ein mit Li dotierter Si-Kristall verwendet. Mit dieser Methode kann ein besonders großes intrinsisches Detektorvolumen erzeugt werden. Das Li sorgt dabei für den Ausgleich der durch Verunreinigungen auftretenden Ladungsungleichgewichte [284]. Oberhalb und unterhalb dieses Detektorvolumens wird ein P- und N-Typ-Si-Halbleiter aufgebracht. Auf den N-Typ-Halbleiter wird eine dünne Goldschicht aufgebracht.

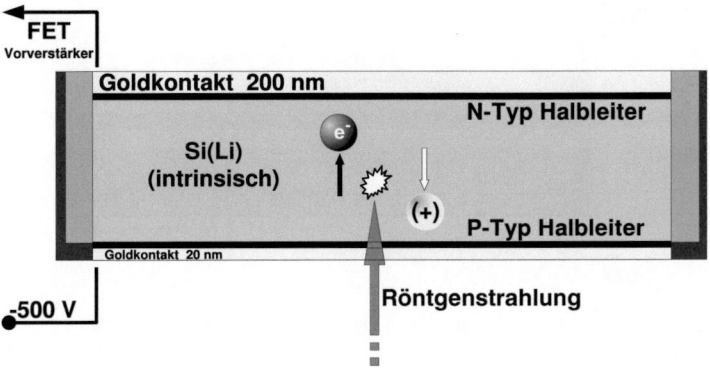

Abb. 5.25 Aufbauskizze eines Li-Halbleiterdetektors. (Modifiziert nach [288])

Insgesamt stellt dies ebenfalls eine PIN-Diode dar (s. Abb. 5.25). Die Elektronen folgen der angelegten Spannung durch die Scheibe und werden durch einen FET (Feldeffekttransistor) vorverstärkt. Der entstehende Impuls wird dann an den Hauptverstärker weitergeleitet. Si(Li)-Detektoren sind für einen Bereich von 2–20 keV ausgelegt. Ein Nachteil hochauflösender Si(Li)-Detektoren ist bisher, dass der Detektor inklusive des Vorverstärkers stark gekühlt werden muss (−90 °C, meist Flüssigstickstoff, aber auch Peltier, [162]). Dies unterdrückt Rauscheffekte und verhindert die Diffusion des Lithiums. Weiterhin ist bei höherer Temperatur die Totzeit relativ hoch. Die Energieauflösung (HWB) bei 5,9 keV liegt im Bereich von 160 eV (Tab. 5.9).

Si-Drift-Detektor (SDD)

Die runden oder tropfenförmigen Wafer des SDD funktionieren ebenfalls nach dem PIN-Prinzip, sind aber nur 0,3–0,5 mm dick und bestehen im Inneren aus n-Silizium als aktivem Detektorvolumen. Sie verfügen auf der Rückseite über Driftringe aus einem hochdotierten P^+-Halbleiter, über die ein elektrisches Feld mit positivem Potenzial in Richtung der Anode angelegt wird (s. Abb. 5.26). Damit können sich die in dem gesamten Volumen erzeugten Elektronen in Richtung eines vergleichbar kleinen Anodenbereichs bewegen („driften") und dort ausgelesen („gesammelt") und mit einem J-FET (Sperrschichtfeldeffekttransistor, engl. „Junction Field Effect Transistor") vorverstärkt werden. Die aufgrund der vergleichbar kleinen Anodenfläche sehr kleine Kapazität produziert ein wesentlich geringeres elektronisches Rauschen. Die SDD können daher mit geringerer Kühlung betrieben und sehr großflächig gebaut werden. Hier reicht ein Peltierelement mit Kühlung auf −30 °C [48] oder −20 °C [234] aus. Aufgrund der im Vergleich mit den Si(Li)-Detektoren geringeren Dicke ist die Effizienz vor allem für höherenergetische Strahlung mit höherer Durchdringung geringer, die Reaktionszeit ist aber kürzer (kleinere Totzeit). Dieses und die einfache Kühlung sorgen dafür, dass Si(Li)-Detektoren langsam durch SDDs abgelöst werden. Die Energieauflösung bei 5,9 keV liegt bei < 125 eV (z. B. [234]).

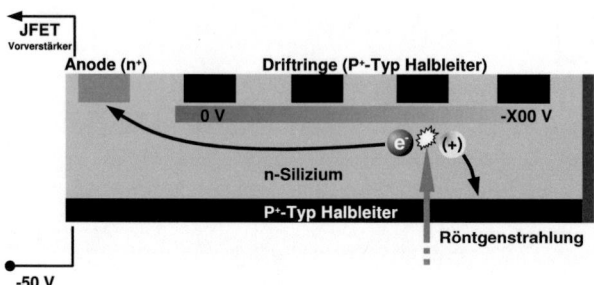

Abb. 5.26 Schnitt durch einen Silizium-Drift-Detektor (SDD) vereinfacht nach [137]

Im weniger hochauflösenden Bereich gibt es ebenfalls Detektoren, die mit einem Peltierelement gekühlt werden können. Die notwendige Kühlung bleibt aber weiterhin ein Problem.

Vielversprechende Materialien für Detektoren ohne notwendige Kühlung sind $CdTe$ und HgI_2 (200 eV, 5,9 eV bei 0 °C, [116]) aufgrund der hohen Bandweite. $CdTe$-Detektoren werden heute schon sowohl im Bereich Medizin wie für RFA-Anwendungen eingesetzt, eignen sich aber vor allem für Strahlung mit höherer Energie (>20 keV) (s. Tab. 5.9).

CCD-Kameras

Zur Aufnahme von Spektren im Bereich der weichen Röntgenstrahlung (z. B. ab 33 eV) kommen CCD-Bildsensoren zum Einsatz. Diese bestehen aus einem Array von photoaktiven Sensoren bzw. Photodioden, die aus einer Metall-Isolator-Halbleiter-Struktur bestehen („Pixel") und in Sperrrichtung betrieben werden. Diese Dioden funktionieren nach dem Prinzip der Photoleitung, nachdem sich die Leitfähigkeit von Halbleitern erhöht, wenn durch Energiezufuhr (z. B. Lichtenergie) Elektronen aus dem Valenzband in das Leitungsband gehoben werden. Die entstandenen Elektronen sammeln sich unter dem Pixel. Dieser wird dann ausgelesen. Mit einer solchen Kamera können Spektren simultan aufgenommen werden.

5.1.15 Pulshöhenverteilung

Die vom Detektor gemessene Energie der Photonen unterliegt immer einer statistischen Verteilung (s. Abb. 5.27). Die gemessene Strahlung wird nach ihrer Energie in Detektorkanäle sortiert.

Eine typische Auftragung der Detektorkanäle ist ein Balkendiagramm (Pulshöhenverteilung), wobei jeder Balken einen Kanal (1 bis 100, max. 255) darstellt. Die x-Achse wird so gewählt, dass der Elementpeak in der Mitte liegt (um 50). Damit entspricht diese Aufteilung der %-Skala. Sind mehr als 100 Kanäle vorhanden (z. B. 255), werden diese an die Darstellung angehängt, der Elementpeak verbleibt bei 50 (%).

5.1 Messprinzip und Geräteaufbau

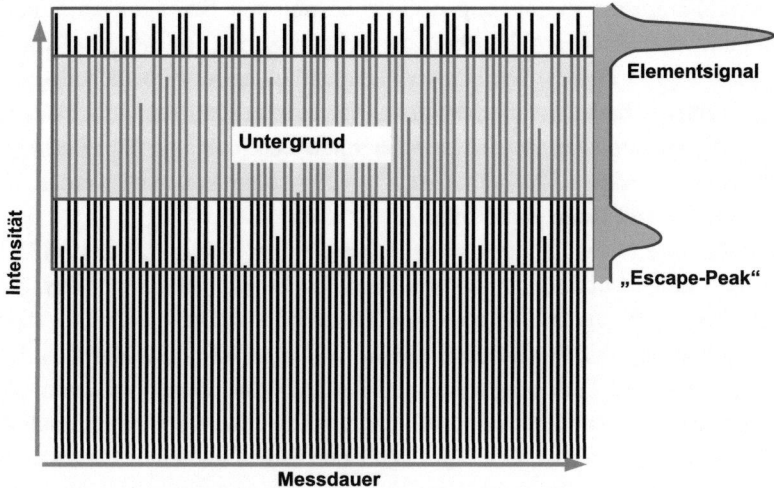

Abb. 5.27 Pulshöhenverteilungsdarstellung („PHV")

Typisch für Proportionalzähler ist der sogenannte „Escape-Peak". Überschreitet ein Röntgenphoton die Energie einer Absorptionskante eines der im Gas enthaltenen Elemente, wird dieses zur Fluoreszenz angeregt. Die Energie des einfallenden Röntgenquants wird damit um den entsprechenden Betrag verringert. Ein Beispiel für den Xe-Proportionalzähler:

$CuK\alpha$: 8,05 keV; XeLα: 4,11 keV: Escape-Peak bei $8{,}05 - 4{,}11 = 3{,}94$ keV.

Zur Darstellung im PHD-Diagramm sind Escape-Peaks dementsprechend umzurechnen:

$$P_{Esc}(\%) = \frac{(E_{El(keV)} - E_{Gas(keV)}) \cdot 50\,(\%)}{E_{El(keV)}} \tag{5.18}$$

Bei einer Einteilung in 100 (%) liegt beispielsweise bei dem obigen Beispiel der $CuK\alpha$-Peak im Diagramm bei 50 % und der Escape-Peak eines Xe-Zählers bei ca. 24,5 %

$$24{,}47\,(\%) = \frac{(8{,}05 - 4{,}11) \cdot 50}{8{,}05} \tag{5.19}$$

Je kleiner der abzuziehende Betrag relativ zur Energie des Hauptpeaks (je energiereicher die Linie), desto dichter liegt der Escape-Peak am Hauptpeak. Bei einem Ar-Zählrohr (ArKα: 2,96 keV) liegt der Escape-Peak für $CuK\alpha$ dichter am Elementsignal ((8,05 − 2,96)´50)/8,05 = 31,63 %). Ein Duplexdetektor mit Ar/Methan-Xenon würde in diesem Beispiel zwei Escape-Peaks bei ~24,5 % und ~31,6 % erzeugen. Aufgrund ihrer den Gasdetektoren ähnlichen Wirkungsweise zeigen Si-Halbleiterdetektoren ebenfalls einen Escape-Peak (SiKα: 1,74 keV).

Auch Szintillationsdetektoren zeigen unter bestimmten Bedingungen einen Escape-Peak. Im Falle des NaI-Szintillatorkristalls beispielsweise ist die Anregung des Iod ($K\alpha 1$) = 28,61 keV) möglich. Wird dieser Escape-Peak bei der Pulshöhenverteilung (zu eng gesetztes Energiefenster) nicht berücksichtigt, nimmt die Empfindlichkeit für dieses Element sprunghaft ab. Dies betrifft alle Energien oberhalb von Sb ($K\beta 1$) [284]. Da normalerweise keine Linien oberhalb 27 keV zur Messung verwendet werden, spielt dies bei der Routineanalytik kaum eine Rolle.

Die Halbwertsbreite des Signals und des Escape-Peaks bestimmen das Auflösungsvermögen des Detektors. Mit der Alterung des Detektors erhöht sich dieser Wert. Bei Durchflusszählern kann z. B. Verunreinigung oder Korrosion des Detektordrahtes die Ursache für eine Vergrößerung der Pulshöhenverteilung und eine Abnahme der Empfindlichkeit sein. Unterschreitet das Auflösungsvermögen des Detektors einen (z. B. vom Hersteller) vorgegebenen Wert, muss dieser gewartet werden. Die aktuelle Detektorqualität (Breite der PHV) kann mit einem theoretischen Faktor und einem aktuellen Messwert bestimmt werden. Entsprechende Faktoren können in die Messsoftware integriert werden. Die Messung solcher Faktoren sollte nicht bei hohen Zählraten stattfinden, da sich die Kurven verbreitern.

Für die Signalerfassung kann im Messprogramm ein Energieauswahlfenster festgelegt werden – auch bezeichnet als „Region of Interest", ROI. Dabei ist zu entscheiden, ob alle erfassten Peaks zum analytischen Signal gehören oder nicht. Im Falle des Escape-Peaks von Proportionaldetektoren wird das Signal bei der chemischen Analytik einbezogen. Weitere Signale, die von der Anregung anderer Gerätebauteile stammen (Sekundäre Fluoreszenz, Kristallfluoreszenz), müssen dagegen unbedingt ausgeblendet werden. Dies geschieht mit einem elektronischen Filter.

Die Pulshöhenverteilung und damit die Lage des Peaks im PHV-Diagramm kann Schwankungen unterliegen. Diese treten auf, wenn die Zusammensetzung des Detektorgases oder die Qualität des Detektors (bzw. der Elektronik) schwankt oder sich ändert. Obwohl die Zusammensetzung der lieferbaren Detektorgase normalerweise unerheblich schwankt, sollte nach dem Gaswechsel eine Messung an einem Standard durchgeführt werden. Bei Anwendung einer Monitorkorrektur sollten keine deutlichen Unterschiede im Messergebnis erkennbar sein. Eine dynamische Verschiebung der Peaklage ist auf die immer auftretenden Schwankungen der Zählrate bei unterschiedlichen Proben zurückzuführen. Dies liegt daran, dass bei Zunahme der Zählrate die Basislinie ansteigt, da bis zum nächsten Puls kein kompletter Rückgang bis auf die ungestörte Basislinie ($\leftrightarrow$ Untergrund) stattfindet. Damit vermindert sich die Pulshöhe, was zu einer Verschiebung des Elementsignals in Richtung < 50 % (der gezeigten Darstellung) führt. Ohne Korrektur kann das Signal aus dem Energieauswahlfenster herauslaufen – vor allem, wenn dieses möglichst eng gesetzt wird, um Störsignale effektiv auszublenden. Ein Herauslaufen führt aufgrund des steilen Anstiegs der Peakflanke sofort zu einem starken Abfall der Zählrate, wobei kleine Verschiebungen der Flanken bereits extreme nichtreproduzierbare Schwankungen verursachen. Ein genaues und reproduzierbares Messergebnis ist damit ausgeschlossen. Moderne Elektronik ermöglicht eine Pulshöhen- bzw. Pulsverschiebungskorrektur (engl. „Pulse Shift Correction", [284]), sodass dieser Effekt in einem weiten Zählraten- bzw. Konzentrationsbereich korrigierbar ist. Unter extremen Bedingungen kann dieser Faktor aber eine Rolle spielen.

Im Signalhöhen- und Verteilungsdiagramm können neben dem Hauptpeak des Elementes weitere Signale bei niedrigerer oder höherer Energie erscheinen, die für die Bestimmung der Elementkonzentration wichtig sein können oder als Störfaktoren ausgeblendet werden müssen. Während die Escape-Peaks eines Gas- oder Tandemdetektors zum Messsignal gehören, ist dies bei anderen Signalen nicht der Fall.

Ein Schwachpunkt der Röntgenoptik für die WDRFA unter Ausnutzung der Bragg'schen Diffraktion an Kristallen ist, dass nicht nur die primäre Wellenlänge sondern auch alle Vielfache dieser Wellenlänge unter den gleichen Bedingungen (z. B. Winkel) gebeugt werden (s. Abb. 5.28). Dieser Effekt ist aus der Bragg'schen Gleichung abzuleiten (siehe Gleichung 5.17). Störsignale mit einem Vielfachen der Wellenlänge können aufgrund ihrer abweichenden Energie mit dem richtigen Setzen der Energieauswahlfenster im PHV-Diagramm effektiv eliminiert werden. Dies ist dann möglich, wenn die Energieauflösung des Detektors ausreicht, um Signale mit von den Hauptlinien des Elementes abweichender Energie abzutrennen.

Diese sogenannten harmonischen Reflexionen höherer Ordnung, für die das Bragg'sche Gesetz in der Stellung des Kristalls auch erfüllt sein kann, können also ausgeblendet werden, da ihre Energie ein Vielfaches der Energie des Hauptpeaks beträgt; z. B. bei Ca und Na oder Ca und Mg. Für die Überlagerung von $NaK\alpha$ durch $(3)CaK\alpha$ gilt:

$$El_{Ül}(keV) = P_{PHD}(\%) * \frac{P_{El}(keV)}{50\,(\%)} \Rightarrow 3{,}69 = 177{,}23 \cdot \frac{1{,}041}{50} \quad (5.20)$$

oder

$$P_{PHD}(\%) = \frac{(El_{Ül}(keV)}{P_{El}(keV)} \cdot 50\,(\%) \Rightarrow 177{,}23 = \frac{3{,}69}{1{,}041} \cdot 50 \quad (5.21)$$

Abb. 5.28 Mögliche Signale im Pulshöhenverteilungsdiagramm. ROI: „Region of Interest"

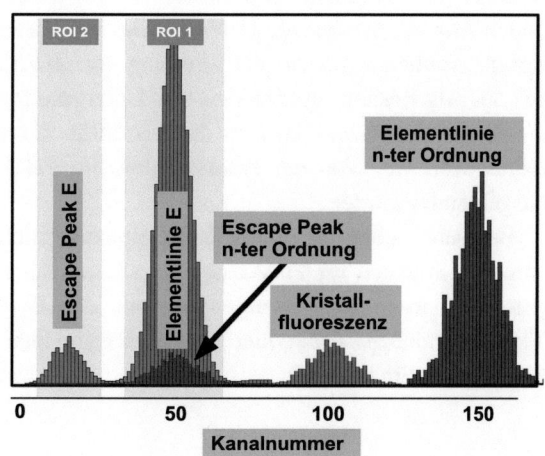

Dies bedeutet, dass der Peak im PHV-Diagramm erst bei $>177\,(\%)$ erscheint. Im Beispiel (5.20) und (5.21) muss aber noch der Escape-Peak von $(3)CaK\alpha$ berechnet werden. Auf die gleiche Weise berechnet liegt dieser bei 35,1 %.

$AlK\alpha$ hat die Wellenlänge 0,8340 nm mit einer Energie von 1,4996 keV; $3BaL\alpha$ hat die Wellenlänge $3 \cdot 0,2776 = 0,8328$ nm, aber eine Energie von 4286 keV. Damit liegt der Peak bei 143 % und ist auch mit dem Flow-Detektor leicht zu entfernen.

Der Escape-Peak $3BaL\alpha$: $4,286 - 2,957(ArK\alpha) = 1,508$ keV allerdings liegt aufgrund der vergleichbaren Energie direkt unter $AlK\alpha$ und muss rechnerisch (z. B. mit einer Linienüberlagerungskorrektur) vom Messsignal abgezogen werden (s. Abb. 5.28). Der Hauptpeak der eingestellten Linie erscheint in dieser Darstellung bei 50 %. Escape-Peaks des Messelementes liegen unterhalb von 50 %, harmonische Reflexionen liegen oberhalb von 50 % (z. B. bei 100 %). Escape-Peaks harmonischer Reflexionen können ebenfalls bei 50 % auftreten und unterlagern dann das Messsignal. Um zu prüfen, ob harmonische Reflexionen höherer Ordnung problematisch sein können, sucht man die Elemente mit Linien, die ganze Vielfache der Energie des Analysenelementes haben. Zum Beispiel:

- $SiK\alpha = 1,739$ keV;
- 2te Ordnung $\rightarrow$ 3,478 $\rightarrow$ Störungen aus dem Bereich $KK\alpha$ und $KK\beta$
- 3te Ordnung $\rightarrow$ 5,217 $\rightarrow$ Störungen aus dem Bereich $NdL\alpha$

Besonders bei Proben mit außergewöhnlicher Chemie (Keramik, Erze, Legierungen) können Reflexionen höherer Ordnung von Elementen eine Rolle spielen, die normalerweise aufgrund ihrer Seltenheit bzw. allgemein geringen Konzentration vernachlässigbar sind (z. B. bei hohen Gehalten an REE oder PGE). Auch bei der Analyse ultraleichter Elemente wie B mit Elektronenstrahl-Mikroanalyse können Reflexionen höherer Ordnung von Hauptelementen wie Si ($10SiK\alpha$), Al ($8AlK\alpha$) oder O ($3OK\alpha$) stören.

Ein weiterer Peaktyp kann sowohl oberhalb wie unterhalb oder auch auf dem Signal der zu analysierenden Linie liegen. Es handelt sich hierbei die Linien der im Analysenkristall selbst angeregten Elemente. Das Auftreten und die Lage dieser Peaks hängen von den im Kristall vorhandenen Elementen ab. So können aufgrund ähnlicher Energie $SiK\alpha$ und $WM\alpha$ die Analysenlinie $NaK\alpha$ bei der Verwendung eines W/Si-Multilayerkristalls stören. Ähnliches gilt für die Messung von $MgK\alpha$ mit TlAP. Hier stört die $M\alpha$-Linie des Tl. Als Resultat erhöht sich das Untergrundrauschen und damit verschlechtert sich die Nachweisgrenze. Diese aus der Kristallfluoreszenz resultierenden Peaks liegen häufig relativ weit weg von der Analysenlinie im PHD-Diagramm und können daher leicht ausgeblendet werden.

Bei sehr hohen Zählraten kann ein zusätzliches Phänomen auftreten, welches zu weiteren Signalen im PHV-Diagramm führt. Sogenannte Summen- oder Pile-Up-Peaks entstehen, wenn zwei Röntgenphotonen den Detektor gleichzeitig bzw. innerhalb der Totzeit erreichen. Auch hier gelten die gleichen Abschätzungsregeln wie für andere Störsignale. Ein Beispiel:

5.1 Messprinzip und Geräteaufbau

$$ClK\alpha = 2{,}621\,\text{keV} \cdot 2 = 5{,}24\,\text{keV} \approx CrK\alpha = 5{,}41\,\text{keV}$$

Die genaue Analyse der im PHV-Diagramm auftretenden Signale ist also sehr wichtig. Nicht immer sind alle Signale (selbst mit mehreren Energiefenstern) sauber zu trennen. Die richtige Strategie muss im Einzelfall bei der Methodenentwicklung herausgefunden werden.

5.1.16 Probenzufuhr

Die Intensität der Röntgenstrahlung nimmt im Quadrat der Entfernung ab, sodass bereits geringste Abweichungen (μm– Staubkorngröße) zu erheblichen Messungenauigkeiten führen können. Bei den heutigen geringen Abständen von Probe und Röntgenröhre führen bereits geringste Abweichungen im μm-Bereich zu erheblichen analytischen Ungenauigkeiten (Bei aktuellen Optiken: 500 μm Abweichung = bis zu 10 % Zählratendifferenz). Auch Deformationen durch unsachgemäßen Umgang müssen sofort überprüft werden. Das Gleiche gilt für Proben, die nicht völlig flach sind (z. B. Schmelztabletten aus verbogenen Kokillen). Auch beim Polieren von Metallproben muss immer reproduzierbar gearbeitet werden (z. B. gleiches Sandpapier), da es auch hier zu Abschattungseffekten kommt.

Probenhalter verfügen über einen Distanzring, der für alle Probenhalter des gleichen Typs für einen konstanten Abstand zwischen Probe und Röhre sorgt. Dieser und die Probenhaltermaske müssen immer absolut sauber und staubfrei sein. Die Probenoberfläche sollte sich immer in der optischen Ebene befinden (Linie durch die Mitte des Primärkollimators auf die Mitte der Probe). Während der Messung kann eine Drehvorrichtung („Spinner") zugeschaltet werden. Ungenauigkeiten durch Probeninhomogenität (Kratzer, Korngröße, Mineralogie u. a.) können so erheblich verringert werden. Aufgrund der unrealistisch langen potenziellen Messdauer ist diese Vorrichtung bei Scans (qualitativen Messungen) nicht aktiviert.

Diese Effekte wirken sich besonders auf niedrigenergetische Strahlung aus (K-Linien leichter und L-Linien schwerer Elemente). Bei hochenergetischen Linien (z. B. $SnK\alpha$) macht sich die Abnahme der Intensitäten kaum bemerkbar. Bei niedrigenergetischen Linien (z. B. Si oder Al) sollte die Oberfläche aber mindestens auf 50 μm poliert werden (30 μm besser).

Neben der sorgfältigen Präparation ist die Probenzufuhr und -positionierung ein wichtiger Faktor, bei dem erhebliche Fehler oder analytische Ungenauigkeiten auftreten können. Dabei sollte die Positionierung so sein, dass der Brennfleck immer auf den gleichen Bereich der Probe gerichtet ist, der Abstand von Probenoberfläche und Anode (Röhre) konstant ist und die bei der Anregung der Probe entstehende Strahlung nur von dieser stammt und nicht von Spektrometerbauteilen oder Probenhalter.

Probenhalter, Maske(n) und Kollimator müssen genau aufeinander abgestimmt sein. Dies ist vor allem wichtig bei sequenziellen Geräten und der Verwendung von Goniometern oder Scannern. Mit einer Maske, die vor den Primärkollimator geschaltet werden kann, wird dafür gesorgt, dass nur Strahlung von der Probe in den Detektor fällt und unerwünschte Strahlung (z. B. vom Probenhalter) ausgeblendet wird. Für jeden Probenhalter existiert eine entsprechende Maske. In Simultanspektrometern dient dazu eine Abdeckplatte, die fest eingebaut wird („Shielding Plate"). Das Material dieser Platte sollte mit dem der Anode übereinstimmen. Der Austausch ist aufwendig.

Das Analysenmedium in der Spektrometerkammer ist ebenfalls sehr wichtig. Aufgrund der Absorption von Röntgenstrahlung durch Gas (Luft, Helium u. a.) wird die Messung – wenn möglich – unter Vakuum durchgeführt. Dies ist bei der Messung von Flüssigkeiten und ungepressten Pulvern oder anderen losen Probenmaterialien nicht möglich. Hier wird die Spektrometerkammer mit Gas (meist Helium) geflutet, um den entsprechenden Druck aufzubauen, damit die Probe nicht im Spektrometer umherfliegt oder aufkocht.

Es gibt zwei Arten der Probenpositionierung mit der Bestrahlung von unten (s. Abb. 5.29) und von oben („über Kopf"). Ersteres hat den Vorteil, dass die Probe nicht durch eine Spange befestigt werden muss und Pulver und Flüssigkeiten von selbst am Boden des Messeinsatzes bleiben. Der Nachteil ist, dass Teile der Probe auf das Fenster der Röhre fallen können. Zum Schutz wird beim Laden und außerhalb der Zählprozedur ein 1 mm Bleifilter (Strahlverschluss – „Beam Stop") über das Röhrenfenster geschoben. Die Über-Kopf-Position hat den Vorteil, dass die Röhre besser geschützt wird. Flüssigkeiten sind weit schwieriger zu handeln – es gibt spezielle Probengefäße, die komplett befüllbar sind (es darf an der Oberfläche kein Gasspalt verbleiben). Befinden sich Gase in der Probe oder bilden sich diese während der Messung durch intensive Bestrahlung und Wärmeentwicklung kann der Schutzfilm reißen und die Probe gelangt in das Spektrometer. Der Umgang mit unverfestigten Pulvern ist bei der Über-Kopf-Position fast unmöglich.

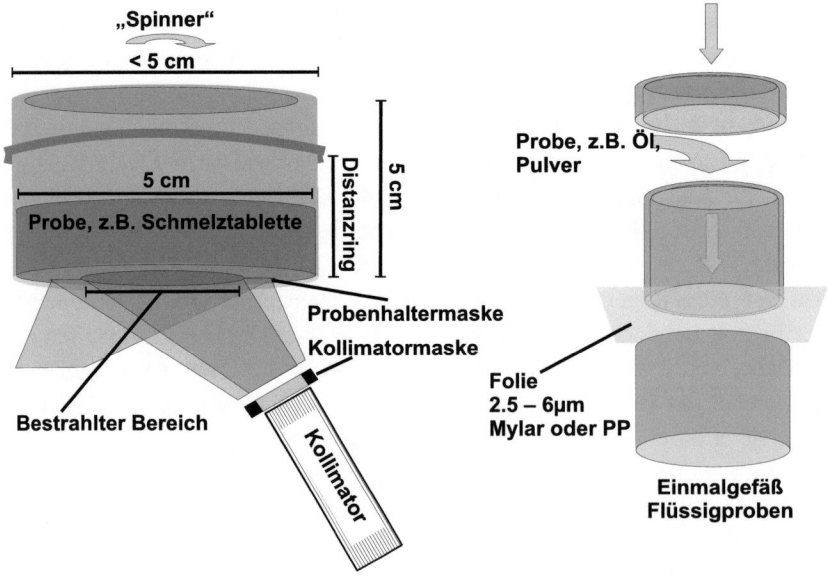

Abb. 5.29 Probenbehälter bei der RFA

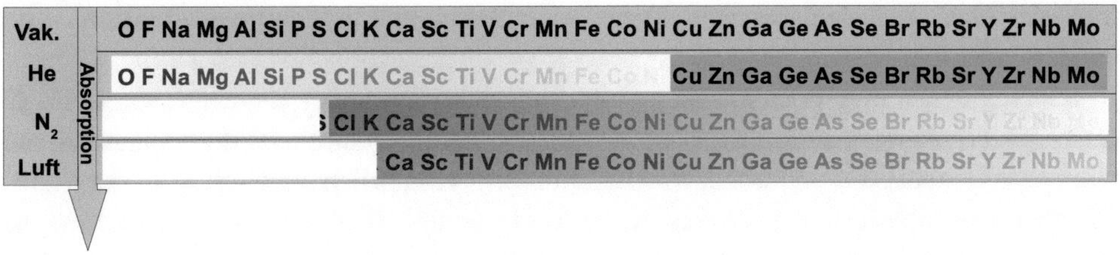

5.1 Messprinzip und Geräteaufbau

Vak.		O F Na Mg Al Si P S Cl K Ca Sc Ti V Cr Mn Fe Co Ni Cu Zn Ga Ge As Se Br Rb Sr Y Zr Nb Mo
He	Absorption	O F Na Mg Al Si P S Cl K Ca Sc Ti V Cr Mn Fe Co Ni Cu Zn Ga Ge As Se Br Rb Sr Y Zr Nb Mo
N₂		S Cl K Ca Sc Ti V Cr Mn Fe Co Ni Cu Zn Ga Ge As Se Br Rb Sr Y Zr Nb Mo
Luft		Ca Sc Ti V Cr Mn Fe Co Ni Cu Zn Ga Ge As Se Br Rb Sr Y Zr Nb Mo

Abb. 5.30 Absorption durch Messatmosphäre

Bei Presstabletten mit Verdacht auf instabiles Probenmaterial kann vorher eine Folie (z. B. PP) in den Probenhalter gelegt werden. Damit ist der Innenraum des Spektrometers besser vor umherfliegenden Probenbestandteilen geschützt. Bei der Auswertung muss allerdings die Absorption durch das Folienmaterial berücksichtigt werden („Folienfaktor").

Messatmosphäre
Röntgenstrahlung wird von Gasen mehr oder weniger stark absorbiert (s. Abb. 5.30). Daher ist eine Gasspülung der Spektrometerkammer normalerweise von Nachteil. Alle festen Proben (Metalle, Schmelztabletten, Presstabletten) werden normalerweise im Vakuum gemessen. Für Flüssigkeiten und unverfestigte Proben (Pulver) benötigt man aus genannten Gründen ein Gas, das im Innenbereich etwa normale Druckverhältnisse schafft. Um Kondensat oder Niederschläge von Probenmaterial zu vermeiden, wird ein leichter Über- oder Unterdruck erzeugt, der für einen gewissen Durchfluss sorgt. Bei hochenergetischer Strahlung und Geräten, die auch unter Vakuum betrieben werden, empfiehlt sich Luft aufgrund der Bildung von Ozon nicht, da eine schnelle Korrosion von Dichtungen zu Undichtigkeiten in der Spektrometerkammer führt.

In Hochleistungsspektrometern wird normalerweise Helium verwendet (bei entgasenden oder losen Proben), da dies nur bei ultraleichten Elementen stärkere Effekte zeigt. Als billigere Alternative zu He kann – wenn nur schwere Elemente gemessen werden – auch Stickstoff verwendet werden, der vom Absorptionsverhalten etwas besser geeignet ist als Luft (Luft besteht zu 80 % aus N_2). Wasserstoff eignet sich aufgrund der Explosivität nicht. Der einfachste Aufbau ist in kleinen energiedispersiven Spektrometern (Tischgeräte, Handpistolen) verwirklicht. Diese nutzen kein Vakuumsystem und messen unter Normalatmosphäre (unter Luft).

5.1.17 Zusammenfassung

Da die RFA in vielen Bereichen einsetzbar ist, sind dementsprechend unterschiedliche Bautypen verfügbar. Ausschlaggebend für die Auswahl des geeigneten Gerätes sind Elementbereich, Nachweisgrenze und Schnelligkeit. Die Palette reicht dabei von dem wellenlängendispersiven Hochleistungssimultangerät (z. B. 4 kW) mit einzelnen Messkanälen zu einem entsprechend hohen Preis bis hin zu dem kleinen, kostengünstigen, transportablen, energiedispersiven Tisch- oder Handgerät mit geringer Leistung von einigen Watt.

Ersteres liefert eine hochpräzise Gesamtanalyse ausgewählter Elemente von C bis U (mit Einschränkungen auch Be und B) in wenigen Sekunden und wird dort eingesetzt, wo maximale Genauigkeit und hoher Probendurchsatz erforderlich sind – z. B. in der Stahl- Öl- oder Zementindustrie. Letzteres liefert Analysen der Elemente (Na, mit He-System) bis U mit ausreichender Genauigkeit und wird als Back-up-System, in Kleinlaboratorien, im Gelände oder bei der Grobsortierung oder Endkontrolle eingesetzt. In der Forschung werden aufgrund der hohen Flexibilität, der guten Nachweisgrenze für leichtere Elemente (< Na) und der Möglichkeit, hochaufgelöste Spektren aufzunehmen häufig sequenzielle Hochleistungsspektrometer (3–4 kW) verwendet. Eine besondere Rolle bei der hochpräzisen Analyse schwerer Elemente im Bereich der Umweltanalytik spielen energiedispersive Systeme mit 3D-Optik. Die Leistung die Systeme (0,4–0,6 kW) liegt im mittleren Bereich, da durch die im Vergleich mit normalen EDRFA Systemen komplexere Optik ein größerer Anteil der primären Röntgenstrahlung verloren geht.

Vorteile der WDRFA:

- Sehr gute Auflösung und Nachweisgrenze für leichte Elemente ([Be, B], C–Fe)
- Durch Kristalloptik effektive Eliminierung unerwünschter Strahlungsanteile (spektrale Interferenzen) von Röhre und Probe

Nachteile der WDRFA:

- Sequenzielle Elementaufnahme – simultan nur für ausgewählte Kanäle (optische Komponente inkl. Detektor für jedes Element notwendig)
- Starker Energieverlust durch komplexere Röntgenoptik (Kristalle, Kollimatoren ...) – höhere Leistung notwendig (bis zu 4 kW)
- Anregung beschränkt auf die Primärstrahlung eines Anodenmaterials (z. B. Rh) – schlechtere Anregung bestimmter Elemente
- Hohe Anschaffungs- und laufende Kosten

Vorteile der EDRFA:

- Einfachere Röntgenoptik mit direkter Anregung der Probe oder Anregung über Sekundärtargets und einem Detektor
- Gute Auflösung für schwerere Elemente (~ab Fe)
- Echter simultaner Spektrenaufbau
- Bessere Ausnutzung der Röntgenstrahlung bei der Elementanregung – niedrigere Leistung (Kompaktsysteme 9 W – mit 3D-Optik < 1 kW)
- Optimale Anregung und niedriger Untergrund durch Verwendung polarisierter Röntgenstrahlung (3D-Optik)
- Niedrigere Anschaffungskosten

Nachteile der EDRFA:

- Schlechtere Auflösung und Nachweisgrenze für leichte Elemente
- Hohe Detektorauslastung durch schlechtere Eliminierung unerwünschter Strahlungsanteile von Röhre und Probe (nur Filter)
- Laufende Kosten (z. B. Kühlmittel Stickstoff) ev. höher

5.2 Methodenentwicklung

Die Grundlage bei der Entwicklung einer Methode ist zunächst die Aufgabenstellung. In diesem Zusammenhang wichtig ist das Probenmaterial, die Analysenelemente und der erwartete Konzentrationsbereich. Daraus ergibt sich dann die Probenaufbereitungsstrategie (s. Kap. 2). Sollen z. B. Elemente wie C, S, Halogene (Cl, Br), Se oder Hg, welche bei höheren Temperaturen und/oder oxidierenden Bedingungen flüchtig sind, gemessen werden, ist ein Schmelzaufschluss nicht geeignet.

Die zu erwartenden Konzentrationen bestimmen den maximalen Grad der Verdünnung bei einem Aufschluss. Elemente wie Si, P und Cu können in hoher Konzentration und in reduzierter Form die Pt-Geräte zerstören. Der zu erwartende Konzentrationsbereich, die Analysenelemente und die Art des Probenmaterials bestimmen auch die Auswahl und die Anzahl der für die Kalibration benötigten Referenzmaterialien.

Für die Messung ist festzulegen, welche Linien, abhängig von Intensität, Anregbarkeit und Interferenzen, für die Messung der Analysenelemente geeignet sind. Daraus ergibt sich auch, welche zusätzlichen Messpositionen auf dem Untergrund oder/und auf Linien interferierender Elemente zur Korrektur von Untergrundsignal, Linienüberlagerung und Interelementeffekten festzulegen sind.

Bei der Festlegung der Elemente in der Analysensoftware wird für jedes ein Datensatz angelegt, der mit vorgegebenen Parametern gefüllt wird, und den Möglichkeiten des Instrumentes entspricht. Dieser sogenannte „Messkanal" enthält Daten wie Linie, Kristall, Winkel und Anregungsbedingungen (mA, kV). Nach Anlegen des Messkanals muss der Winkelbereich auf dem Kristall für jedes Element angefahren und Signalposition und Pulshöhenverteilung überprüft werden. In diesem Zusammenhang werden die auch Positionen für Untergrundmessung, Linienüberlagerung und weitere Parameter festgelegt und geprüft. Bei der Festlegung der Messzeiten und der zusätzlich zu messenden Linien muss auch beachtet werden, welche maximale Messdauer erlaubt ist oder welche minimale Messdauer möglich ist. Schnelligkeit und Genauigkeit stehen dabei häufig in Konkurrenz.

Bei der Erstellung der Kalibration müssen alle zugehörigen Analysen von (internationalen) Referenzmaterialien sorgfältig überprüft werden. Treten Abweichungen vom erwarteten Messwert (Ausreißer) auf, muss der Grund für die abweichenden berechneten Zählraten gefunden werden (fehlerhafte Linienüberlagerungskorrektur, Matrixkorrektur, Probenpräparation u. a.), bevor diese aus der Kalibration entfernt werden können (z. B. aufgrund schlechter Referenzqualität). Danach wird aus den über die

Messung der Referenzmaterialien ermittelten Analysenwerten mithilfe von Untergrund-, Linienüberlagerungs- und Matrixkorrektur und unter Verwendung des Kalibrationsmodells die Kalibrationsfunktion errechnet. Beim Test der Kalibration wird zunächst ein (internationales) Referenzmaterial analysiert. Dieses darf – außer in Ausnahmefällen – nicht aus dem für die Kalibration verwendeten Probensatz stammen. Danach werden Genauigkeit und Reproduzierbarkeit überprüft. Ist die Kalibration fertiggestellt, müssen noch die Driftkorrektur (Monitor) und – falls erforderlich – Nachkalibrationsprozeduren eingerichtet werden. Im Gegensatz zu kurzfristig stabilen Methoden wie ICP, AAS u. a., bei denen die Kalibrationsstandards bei jeder Probenreihe ständig mitgemessen werden müssen, ist die RFA-Kalibration sehr langzeitstabil, aber zeitlich deutlich aufwendiger. Mit entsprechenden Driftkorrekturmaßnahmen kann eine solche Kalibration über viele Monate oder sogar Jahre stabil laufen und muss nur erneuert werden, wenn durch Wechsel von Gerätebauteilen oder durch andere besondere Maßnahmen die Zählraten stark verändert sind.

5.2.1 Messbereich

RFA ist besonders für die Analyse von Haupt- (z. B. 1–100 Gew.%) und Nebenkomponenten (z. B. 0,1–1 Gew.%) geeignet, obwohl im optimalen Fall die Nachweisgrenzen für viele Elemente im unteren ppm-Bereich liegen können (s. Abb. 5.31). Proben können prinzipiell unpräpariert direkt in das Gerät geladen werden (kein Ansaugen von Flüssigkeit u. a.). Damit ist diese Methode auch besonders gut für die halbquantitative Voranalyse unbekannter Materialien geeignet. Dies kann ohne Probleme auch direkt vor Ort erfolgen (Tischgeräte, Handpistolen). Die Methode ist im Grunde genommen zerstörungsfrei. Das

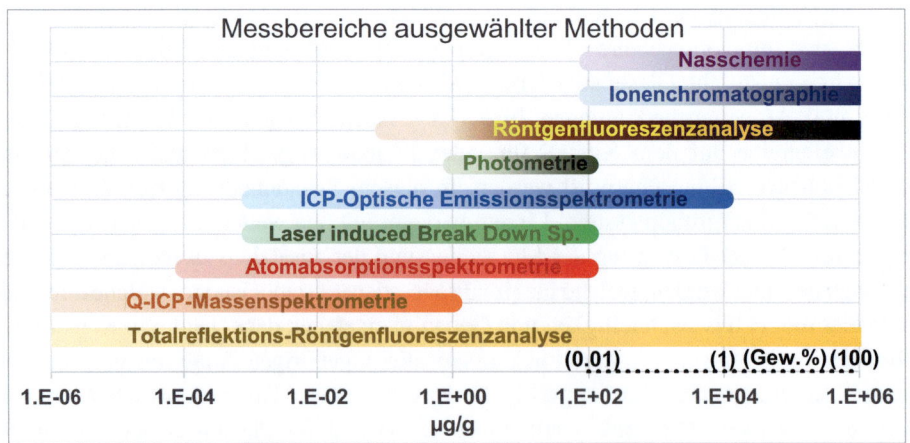

Abb. 5.31 Messbereiche im Vergleich. Die Nachweisgrenze der RFA ist abhängig von Ordnungszahl, Linienüberlagerungen und Matrix. Nachweisgrenzen von < 1 ppm sind nur bei überlagerungsfreien nachweisstarken Linien schwererer Elemente (etwa ab V) erreichbar

5.2 Methodenentwicklung

bedeutet, dass auch wertvolle Einzelstücke (Schmuck, Gemälde, Münzen u. a.) analysiert werden können. Ein weiterer Vorteil ist die Vielseitigkeit – es können Proben in allen Aggregatzuständen gemessen werden (außer vielleicht Gase). Der Nachteil ist die starke Matrixabhängigkeit, die eine genaue Kenntnis der Probenmatrix und die entsprechende Auswahl geeigneter Referenzmaterialien erforderlich macht. Dies kann kompensiert werden, indem Flüssigkeiten oder Schmelztabletten der Proben hergestellt werden. Dann entfällt allerdings der Vorteil der einfachen Probenpräparation. Mittlerweile ist die Matrixabhängigkeit mit Fundamentalparameterberechnungen (FP) besser unter Kontrolle. Mit FP kann die Anzahl an benötigten Referenzmaterialien (bis zu >100 bei komplexen Übergangsmetalllegierungen) stark verringert werden. Für diese Methoden gibt es auch bereits vorgefertigte Methodenkonzepte inklusive der benötigten Referenzmaterialien.

Wie jede Methode hat auch die RFA bestimmte Linienüberlagerungen, welche die Analyse einiger Elemente nebeneinander erschweren oder unmöglich machen.

Es können nur Elemente gemessen werden, die mindestens einen K-Übergang zeigen. Lithium kann mit konventionellen Spektrometern nicht erfasst werden (Energie $LiK\alpha$ < 0,5* $BeK\alpha$). Beryllium ist mittlerweile analysierbar, (siehe [34]), die Nachweisgrenze ist aber um ein vielfaches schlechter als bei den anderen ultraleichten Elementen. Für die Messung ultraleichter Elemente (inkl. $LiK\alpha$) können mit CCD Kameras bestückte Gitterspektrometer verwendet werden. Diese Art von Spektrometern wird im Bereich der Elektronenstrahl-Mikroanalyse eingesetzt (s. Kap. 8).

Bis in den Bereich Sb/Te sind die nachweisstärkeren K-Linien verwendbar. Danach wird die Energie dieser Linien für eine effiziente Anregung mit maximal 60 kV im konventionellen Betrieb zu hoch. Daher werden die energieärmeren L-Linien verwendet. Für WDRFA gilt generell:

- H: keine verwendbare Linie
- Li: extrem energiearme $K\alpha$ – Komplexfällung oder Gitterspektrometer
- Be–F energiearme $K\alpha$ – schlechte Empfindlichkeit
- Na–In (Sn, Sb) zunehmend energiereicher, $K\alpha$–$SbK\alpha$ unüblich
- In–U L- oder M-Linien

Im ultraleichten Elementbereich (unterhalb F) ist die Empfindlichkeit der RFA – besonders der EDRFA – gering. Normale EDRFA-Spektrometer mit Röntgenanregung können nur die Elemente ab Na effektiv analysieren. Bei der Elektronenstrahl-Mikroanalyse sind Sauerstoff und Kohlenstoff im EDRFA-Spektrum sichtbar, werden aber analytisch normalerweise nicht ausgewertet. Sauerstoff wird – wenn möglich – stöchiometrisch berechnet, Kohlenstoff wird normalerweise als Bedampfung verwendet.

Im Elementbereich zwischen Ni bis Mo kann die Nachweisgrenze der RFA deutlich unterhalb der 1 ppm-Marke liegen (s. Abb. 5.32). Nur die Empfindlichkeit für As ist deutlich schlechter, wenn aufgrund der Linienüberlagerung von $AsK\alpha$ mit $PbL\alpha$ $AsK\beta$ verwendet werden muss. Ab Ag nimmt – vor allem bei Verwendung von Rh als Anode – die Empfindlichkeit deutlich ab, da aufgrund von Störungen die primären Fluoreszenz-

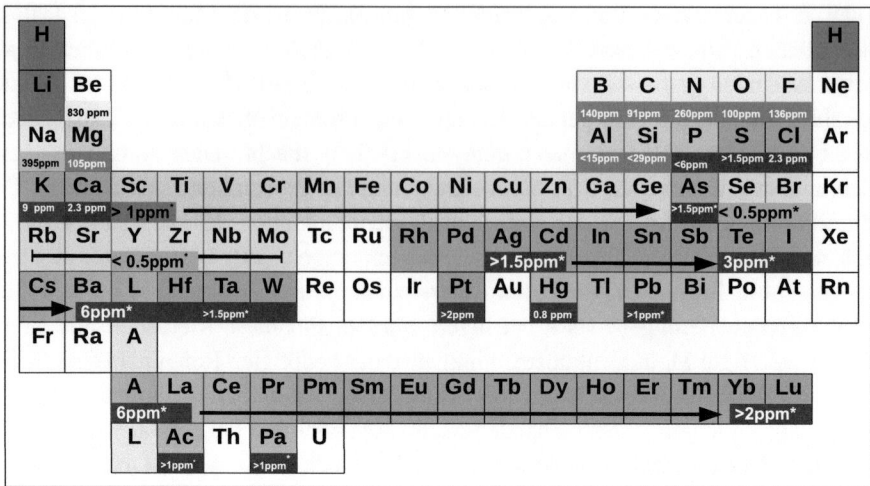

Abb. 5.32 Übersicht der Nachweisgrenzen bei der RFA. (Auszug aus [221][31–36, 195–198, 221]). Die Nachweisgrenzen sind abhängig von Ordnungszahl, Linienüberlagerungen und Matrix. Zur Optimierung der Nachweisgrenzen bestimmter Elemente können Spektrometer konfiguriert werden (Röhrenanode, Kollimator, Kristall, Detektor). Sprünge in den Nachweisgrenzen (z. B. $AsK\alpha$) treten auf, wenn die primäre Analysenlinie aufgrund spektraler Interferenzen nicht verwendbar ist

linien der Röntgenröhre mit Filtern ausgeblendet werden müssen. Außerdem sind die K-Linien ab Pd nicht mehr mit der charakteristischen Strahlung des Rh anregbar. Im Bereich ab Te sind dann nur noch die nachweisschwächeren L-Linien geeignet. Die primären Analysenlinien der Lanthanoiden liegen aufgrund der Ähnlichkeit dieser Elemente sehr dicht beieinander. Daher treten zum Teil ausgeprägte spektrale Interferenzen auf.

Die in Abb. 5.32 gezeigten Nachweisgrenzen können nur einen Anhaltspunkt liefern. Die Nachweisgrenzen in einem bestimmten Probentyp oder einer bestimmten Matrix hängt von der Anregbarkeit des Elementes, bzw. der Elementlinie(n), vom Untergrund, der verwendeten Röntgenröhre, spektralen Interferenzen, aber auch von den Interelementeffekten ab. Bei der Verwendung von Rh als Anode ist aufgrund der Notwendigkeit von starken Primärfiltern (z. B. 400 µm Messing) die Empfindlichkeit der K-Linien von Cd, Ag, Pd, Ru, Mo und der L-Linie von U stark verringert.

Die gegenseitige Anregung wird mithilfe der Alpha- und Gammafaktoren oder aber mit der Fundamentalparametermethode berechnet (s. Abschn. 5.2.4). Linienüberlagerungen auf den Probenelementen, Röhren/Targetlinien, Kristallfluoreszenz und Untergrundsignale müssen berücksichtigt und eventuell individuell abgeschätzt und bestimmt werden. Alle Parameter stehen im Zusammenhang mit der verwendeten Röntgenröhre, beziehungsweise mit Leistung und Anodenmaterial oder Target. Für leichtere Elemente kann z. B. eine Röhre mit Cr-Anode verwendet werden.

Spektrale Interferenzen treten nach bestimmten Regeln auf (s. Abschn. 5.2.4) und können in Linientabellen oder in entsprechenden Periodensystemen nachgeschlagen werden. Bei hohen Konzentrationen des interferierenden Elementes können z.B. auch schwächere Linien (z. B. höherer Ordnung) relevant werden; z. B. $3CaK\alpha$ auf Mg in Zementen.

5.2.2 Methodik

Bevor die eigentliche Methode erstellt wird, sollten der erwartete Konzentrationsbereich, die Analysenelemente, und die Art der Probenpräparation bekannt sein. Die Auswahl und die Anzahl der für die Kalibration benötigten Referenzmaterialien sollte dementsprechend erfolgen.

Aufgrund der Matrixabhängigkeit der RFA ist es nicht ohne Weiteres möglich, Proben mit Elementgehalten außerhalb des kalibrierten Konzentrationsbereichs oder mit stark abweichender Matrix zu analysieren. Die Linearität des Verfahrens – erforderlich zur Extrapolation von Konzentrationen außerhalb des Messbereiches – ist bei Weitem nicht so gut wie beispielsweise bei der ICP-MS. Da die Erweiterung einer bestehenden Kalibration relativ aufwendig sein kann (eventuell sind nicht einmal passende Referenzmaterialien verfügbar), kann man sich eines anderen Messverfahrens bedienen, um die Genauigkeit der berechneten Konzentrationen zu verifizieren. Dazu werden die Messergebnisse aus dem entsprechend anderen Verfahren gegen die mit RFA ermittelten Konzentrationen aufgetragen. Ist die Güte der Korrelation bei einer Steigung von 1 zwischen den beiden Messverfahren vergleichbar mit der Korrelation für das Element innerhalb der Kalibration der RFA, ist davon auszugehen, dass das Element mit einer ähnlichen Genauigkeit außerhalb wie innerhalb des Konzentrationsbereiches bestimmbar ist.

Eine gute Beschreibung der Methode inklusive der Probenahme und -aufbereitung ist sehr wichtig, um den Analysevorgang transparent und nachvollziehbar zu gestalten. Die Probenidentifikation sollte den Laborrichtlinien entsprechen.

Die Angabe der Geräteeinstellungen sind genau zu überprüfen (Probenhalter für Flüssigkeiten, Analysenmedium ...). Das Gleiche gilt für die Angaben zum Probentyp (Glühverlust, Additive, Formeln, Faktoren ...).

Die chemischen Konzentrationen der Referenzmaterialien sind einzugeben. Normalerweise werden mindestens 9 für Achsenabschnitt, Steigung und 1 Freiheitsgrad benötigt. Für jeden empirischen Faktor (z. B. Alphas) sind 3 weitere Standards erforderlich.

Vor der Messung muss das Instrument entsprechend hochgefahren werden („Tube breeding", Vakuum usw.).

Es ist festzulegen, welche Linien, abhängig von Intensität, Anregbarkeit und Interferenzen, für die Analysenelemente erforderlich sind.

Standardmäßig wird in der Methode für jedes Element ein sogenannter Messkanal mit allen für die Messung erforderlichen Parametern angelegt (Linie, Kristall, Winkel, mA, kV). Dieses erfolgt automatisch entsprechend der Möglichkeiten des Instrumentes (Leistung, Röntgenoptik ...). Diese Kanäle sollten die optimalen Anregungsbedingungen nachbilden, sind aber trotzdem sicherheitshalber zu prüfen. Werden falsch gesetzte Parameter zu spät erkannt (z. B. nach Messung der Kalibrationsproben), müssen alle Messungen wiederholt werden. Dies kann eventuell Tage dauern.

Die theoretischen oder abgespeicherten Winkelpositionen in der Datenbank können von den aktuellen Positionen abweichen. Daher ist eine Überprüfung dieser Parameter zuerst sehr wichtig. Nachdem der korrekte Winkel festgelegt ist, muss die Pulshöhenverteilung überprüft werden. Ungeeignete Bereiche (z. B. Kristallfluoreszenz und/oder sichtbare Linien anderer Elemente) sind auszublenden (Energiefenster, „ROI, Region of Interest"). Die Analysensoftware moderner Geräte bietet heute bedienerfreundliche Module zur Überprüfung der Winkellage und der Pulshöhenverteilung an.

Die Überprüfung/das Setzen der Linienüberlagerungen und Untergrundpositionen (falls erforderlich) ist durchzuführen. Daraufhin werden die Messkanäle optimiert. Bei Linienüberlagerungen ist eventuell auf einen anderen Kristall mit höherer Dispersion oder auf eine andere Linie auszuweichen. Danach werden die Messzeiten für Haupt- und Nebenelemente festgelegt.

Die Hauptlinien der Interferenzelemente (und deren Interferenzelemente ...) sind wichtiger Bestandteil der Methode. Obwohl die Software meist die Messlinien der ausgewählten Interferenzelemente automatisch einfügt, sollte dies immer überprüft werden. Daher sollte man anfänglich lieber ein Element mehr messen als zu wenige. Die Comptonlinien der Röhrenstrahlung können in die Methode eingefügt werden. Dies ergibt eine zusätzliche Möglichkeit der Matrixkorrektur. Beim Einrichten der Methode muss auch die Eindringtiefe der Röntgenstrahlung beachtet werden. Alle Linienüberlagerungen und Matrixeffekte ändern sich, wenn die Probe für die Röntgenstrahlung eine nicht infinite (unendliche) Dicke hat.

5.2.3 Messbedingungen

Prinzipiell gibt es zwei Zähl- bzw. Aufnahmeverfahren: Spektrenabtastung und „Peak Hopping". Bei der ersteren wird das gesamte Spektrum aufgenommen. Es enthält alle Informationen – auch über die Bereiche zwischen den Analysenelementen. Bei der WDRFA dient diese Art der Messung vor allem der semiquantitativen Analyse. Hier ist die EDRFA im Vorteil, da Spektren simultan aufgenommen werden können (z. B. bei ESMA oder REM, s. Kap. 8). Bei der Methodenentwicklung ist das Gesamtspektrum aber auch hilfreich bei der Untersuchung der Signale im Bereich der Analysenelemente zur Überprüfung von Linienüberlagerungen oder dem Festlegen der Positionen für die Untergrundmessung.

Das „Peak Hopping" wird dann eingesetzt, wenn genau bekannt ist, welche Linien und Untergrundpositionen bei einer quantitativen Kalibration erforderlich sind. Diese Zählmethode ist wesentlich schneller und es kann länger auf der Spitze des Signals gezählt werden, die Gesamtzählraten sind höher, die Zählstatistik ist besser und die Nachweisgrenzen niedriger. Meist müssen zusätzlich zur Elementlinie auch ein oder zwei Untergrundpositionen mitgemessen werden. Dies gilt vor allem, wenn die zu messenden Proben sehr unterschiedlich zusammengesetzt sind, die Konzentration des Analysenelementes niedrig ist (Spurenelemente) oder der Verlauf des Untergrundes sehr steil ist (Signalflanke). Die Gefahr bei diesem Verfahren ist, dass unerwartete Elemente übersehen werden (s. Abb. 5.33, Cu).

Auch spektrale Überlagerungen müssen bei der Messung berücksichtigt werden. Ohne eine Zählrate des überlappenden Elementes können die spektralen Interferenzen nicht

5.2 Methodenentwicklung

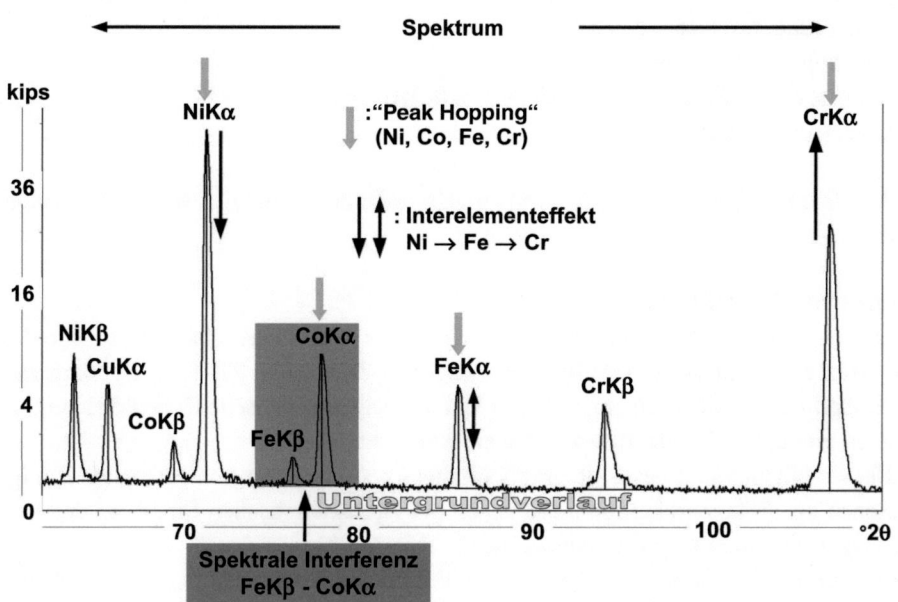

Abb. 5.33 Vergleich „Peak Hopping" (Ni, Fe, Co, Cr) – Spektrenauswertung (LiF_{200} / 60–110 °2θ) inklusive spektraler Interferenz, Interelementeffekte angedeutet (schwarze Pfeile). Graue Pfeile: Messpositionen für „Peak Hopping": Cu (ohne grauen Pfeil) würde hier bei der Peak-Hopping-Methode übersehen werden

kompensiert werden. In Beispiel Abb. 5.33 sind das z. B. $FeK\beta$ auf $CoK\alpha$ oder $CoK\beta$ auf $NiK\alpha$. Aus dem Spektrum ist ersichtlich, dass bei niedrigen Konzentrationen die spektrale Interferenz nicht unbedingt eine große Rolle spielt.

Der Interelement- oder Matrixeffekt ist ein weiterer zu korrigierender Faktor: Strahlung eines schwereren Probenelementes mit höherer Energie regt unter bestimmten Bedingungen (MAK, Lage der Absorptionskante) ein leichteres Probenelement zur Fluoreszenz an. In Abb. 5.33 ist das Beispiel Ni ↔ Fe ↔ Cr skizziert. Die Korrektur erfolgt mit sogenannten Matrixfaktoren (z. B. α-, γ-Faktoren bei der Reihe Zn, Ni, Fe, Cr, Ti,). Fehler bei der Kompensation von Untergrund, spektraler Interferenz und Interelementeffekten erzeugen systematische Fehler bei der Berechnung der Konzentration. Falsch gesetzte oder berechnete Untergrund-, Matrix-, oder Linienüberlagerungsfaktoren können sowohl zu hohe als auch negative Konzentrationen erzeugen. Zu viele Matrixkorrekturfaktoren können das System überbestimmen und eine nicht vorhandene Korrelation vortäuschen (3-K-Regel).

5.2.4 Signalkorrektur

Das Messsignal einer Elementlinie (z. B. $K\alpha$) wird stets von anderen Signalen oder Effekten überlagert (siehe Abb. 5.28) oder beeinflusst. Folgende Ursachen sind denkbar:

- Untergrundrauschen
- Spektrale Interferenzen
- Fluoreszenz an Spektrometerbauteilen (z. B. Kristalle)
- Interelementeffekte

Alle Effekte, die nicht zum Messsignal gehören, müssen möglichst effektiv eliminiert werden.

Untergrundkorrektur

Auch wenn an einer bestimmten Stelle im Spektrum keine charakteristische Linie gemessen wird, liefert der Detektor eine Zählrate. Zum einen zählt der Detektor radioaktive Zerfallsereignisse im umgebenden Material sowie kosmische Höhenstrahlung, zum anderen produziert die Elektronik selbst ein Rauschen.

Ein wichtiger Anteil des Untergrundrauschens resultiert aber von gestreuten Röntgenphotonen der Röntgenröhre, da diese neben der charakteristischen Strahlung der Anode auch das Bremsstrahlungskontinuum abgibt.

Eine Quelle für diese unerwünschten Strahlungsanteile ist die Bragg'sche Diffraktion an Kristalliten in Presstabletten oder metallischen Festproben (siehe Abschn. 7.1.6). Auch höhere Ordnungen (bis zu 6) der Wellenlänge des Messsignals aus der an der Probenoberfläche gebeugten Kontinuumstrahlung der Röhre werden durch den Kristall in den Detektor gelenkt [123]. Aus Abb. 5.34 geht hervor, dass aufgrund der ansteigen-

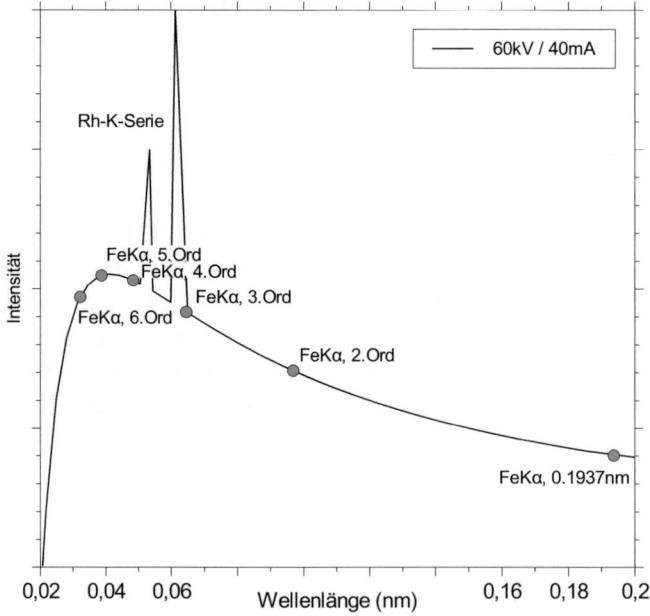

Abb. 5.34 Anteile an Wellenlängen n-ter Ordnung im Bremsstrahlungskontinuum einer Rh-Röhre, Bsp. $FeK\alpha$

den Intensität des Bremsstrahlungsspektrums bei niedrigeren Wellenlängen auch höhere Ordnungen der Strahlungsanteile eine Rolle spielen. Strahlungsanteile höherer Ordnung können aufgrund der wesentlich höheren Energie leicht über die Pulshöhenverteilung ausgeblendet werden. Zu beachten ist, dass der Beitrag zur Totzeit des Detektors nicht kompensiert wird [123].

Darüber hinaus können Spektrometerbauteile angeregt werden – zum Beispiel die Analysenkristalle der Röntgenoptik (siehe Abschn. 5.1.15).

Amorphe Proben (Gläser/Schmelztabletten) können ebenfalls Bereiche erhöhter Strahlungsintensität im Spektrum liefern. Bei sehr dünnen Proben kann die von der Wandung der Probenhalter emittierte Strahlung durch die Probe hindurch in den Detektor gelangen.

Da sich die gemessene Gesamtzählrate durch die Untergrundzählrate eventuell erheblich erhöht, muss diese ermittelt und vom eigentlichen Messsignal abgezogen werden. Dies gilt vor allem, wenn die Signalintensität gering ist – z. B. bei Neben- oder Spurenelementen. Zur Durchführung der Korrektur sind zusätzliche Messungen in der Nähe des Messsignals oder sogar weitere Messungen auf Kontrollproben („Blindproben") erforderlich.

Die einfachste Variante ist die Messung einer Untergrundzählrate, die von der Gesamtzählrate abgezogen wird; bei zwei Untergrundmessungen kann dazu eine Gerade extrapoliert werden (s. Abb. 5.35a). Aus der Abbildung ist aber ersichtlich, dass bei diesen Varianten schon bei leicht ansteigendem Untergrund ein deutlicher Fehler entsteht. Bei dem Beispiel in Abb. 5.35 werden nach Abzug nur einer Untergrundzählrate statt $72 - 14 = 58$ kips $72 - 9{,}9 = 62{,}1$ kips berücksichtigt. Dies ist bezogen auf den tatsächlichen Wert eine Abweichung von knapp 6 %. Eine lineare Interpolation aus zwei Untergrundmessungen liefert bei gleicher Situation einen Fehler von knapp 3 % (16,15 statt 14).

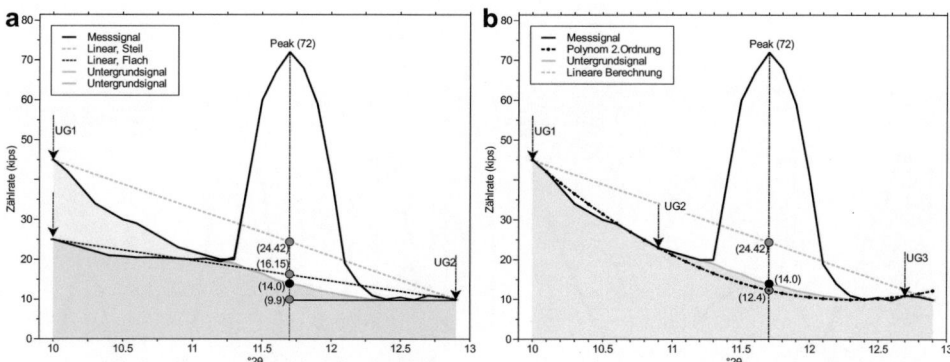

Abb. 5.35 Rechenbeispiel zur Untergrundkorrektur linear (**a**) und polynomisch (2. Ordnung) (**b**) (z. B. [123]). Die tatsächliche Untergrundzählrate an der Messposition liegt bei 14 kips. Diese Zählrate ist nicht direkt messbar, sondern mittels Interpolation anzunähern und vom Messsignal abzuziehen

Bei stärker ansteigendem Untergrundverlauf ergibt die lineare Interpolation in diesem Beispiel aber eine Abweichung von fast 15 %. Rechnerisch kann dann eine Polynominterpolation n-ten Grades auf der Basis dividierter Differenzen und mehreren Untergrundmessungen durchgeführt werden. In dem Beispiel in Abb. 5.35 liefert ein Polynom 2-ten Grades mit drei Untergrundmessungen eine Abweichung von nur 2 % (s. Abb. 5.35b). Interpolationen dieser Art sind meist in der Analysensoftware des Messgerätes integriert und können dazu leicht mit den Rohdaten in gängigen Tabellenkalkulationsprogrammen durchgeführt und geprüft werden.

Bei Messabweichungen können hier allerdings fehlerhafte Kurven entstehen, die zu erheblichen Fehlern bei der quantitativen Auswertung führen. Bei sehr steilem Untergrundverlauf ist die Polynominterpolation nicht mehr uneingeschränkt anwendbar (s. Abb. 5.36a). In diesem Fall liefert die Messung nur einer Untergrundzählrate noch den kleinsten Fehler, der in dem Beispiel allerdings auch bei fast 13 % liegt. Wenn der steile Verlauf des Untergrunds durch ein benachbartes Signal eines anderen Elements hervorgerufen wird, ist eine Linienüberlagerungskorrektur in Kombination mit einer Untergrundmessung auf der abgewandten Seite die bessere Wahl. Zur Zeitersparnis können die Untergrundmessungen eventuell auch für mehrere Messkanäle verwendet werden (s. Abb. 5.36b, softwareabhängig).

Untergrundmessungen kosten Zeit, da aufgrund der meist niedrigen Zählraten und der damit verbundenen schlechten Zählstatistik wesentlich länger als auf dem Elementpeak gezählt werden muss. Deshalb kann – wenn möglich – diese Messung im Routinebetrieb weggelassen werden, wenn die statistischen Schwankungen der Messungen auf dem Signal (Zählstatistik) höher sind als Schwankungen im Untergrund. Dies gilt bei einem hohen Signal : Untergrundverhältnis ab z. B. 1:10 oder wenn die Matrices der Proben nur gering voneinander abweichen. Bei flachem oder linear ansteigendem Untergrund ist eine Messung ausreichend, sonst sind mehrere Untergrundpositionen erforderlich.

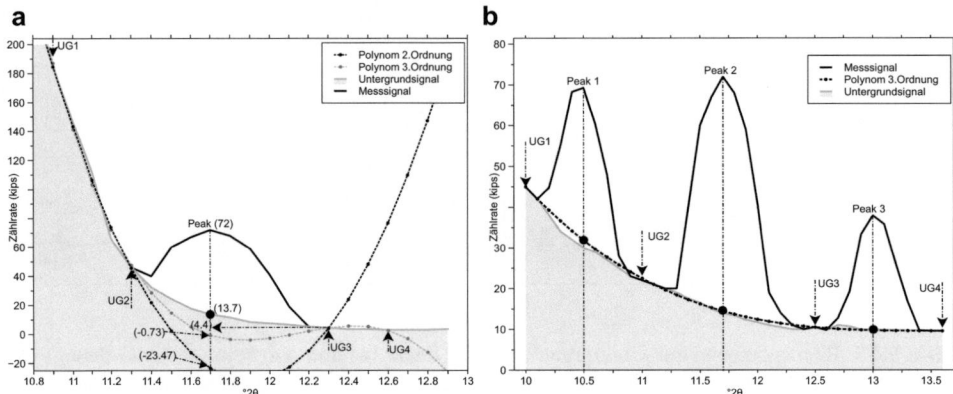

Abb. 5.36 Untergrundkorrektur bei steiler Flanke, polynomisch 2. und 3. Ordnung (**a**), Untergrund über mehrere Peaks (**b**)

5.2 Methodenentwicklung

Die festgelegten Untergrundpositionen sind genauso wie die Elementlinie auf Linienüberlagerungen (s. Abschn. 5.2.4) zu prüfen.

Aus den vorherigen Betrachtungen ergibt sich, dass die Korrektur der Untergrundzählrate bei Messungen von Elementen nahe der Nachweisgrenze (Spurenelementanalyse) über Interpolation (linear oder polynomisch) häufig nicht genau genug ist. Eine exaktere Bestimmung der Untergrundzählrate wäre möglich, wenn eine Korrekturmessung an der Peakposition an einer Probe mit gleicher Matrix aber ohne das zu messende Element durchgeführt werden könnte. Dieser Ansatz erfordert zusätzlich Messungen auf mindestens einer „Blindprobe" – d. h. einer Probe ohne das Messelement aber mit vergleichbarer Matrix. Einen Ansatz zu diesem Verfahren liefern [73], zusammengefasst in [284].

Diese Methode erlaubt eine Automatisierung der Untergrundbestimmung mittels eines Satzes an Proben mit verschiedenen Massenabsorptionskoeffizienten (MAK) mit Werten oberhalb und unterhalb des entsprechenden MAK der Probe. Es wird die Korrelation zwischen der Zählrate an der Messposition auf der Blindprobe unter dem Peak der Messlinie und einer ungestörten Messposition an Korrekturproben ermittelt (s. Abb. 5.37). Hier bietet sich z. B. ein Comptonsignal an, welches eine vergleichsweise hohe Zählrate liefert und gleichfalls vom MAK beeinflusst wird (s. auch Abb. 5.10). Eine lineare

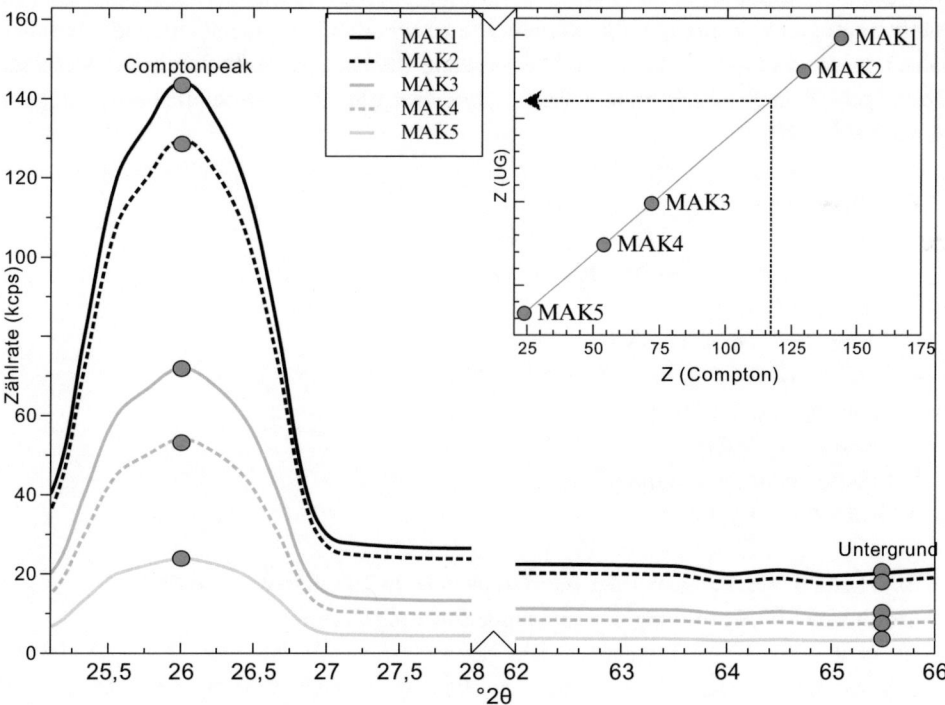

Abb. 5.37 Korrelation zwischen Comptonpeak (z. B. $RhK–C$) und Untergrundposition (skizzenhaft) an der Messposition

Korrelation vorausgesetzt, kann dann die Zählrate für den Untergrund der Messposition über die Messung der Zählrate an der ungestörten Messposition gemäß der linearen Geradenbeziehung ($y = mx + b$) bestimmt werden.

Da auch bei der Messung von Blindproben die Elementlinien aus Verunreinigungen der Bauteile der Röntgenröhre sichtbar sind, bleibt hier nur die Interpolation der Untergrundzählrate.

Spektrale Interferenz – „Linienüberlagerungen"

Spektrale Interferenzen können von den Elementen in der Probe aber auch von Teilen des Spektrometers stammen (z. B. Röhre). In einem Spektrum sind Linienüberlagerungen iterativ über die Entfaltung des Spektrums berechenbar (s. Abschn. 5.2.4). Werden Zählraten nur an den Peakmaxima gemessen („Peak Hopping"), müssen ungestörte oder über andere Signale korrigierbare Linien des überlagernden Elementes mitgemessen werden, auch wenn diese für die Quantifizierung nicht von weiterem Interesse sind. Die zu erwartenden spektralen Interferenzen werden von der Analysensoftware berechnet oder sind aus Listen abzulesen. Für die manuelle Suche weiterer Peaküberlagerungen müssen beim Überprüfen der Standards und der Proben erst alle Signale in einem Spektrum zugeordnet werden. Dazu sind von ausgewählten Standards und Proben Spektren bzw. Spektrenabschnitte zu analysieren. Dies kann bei der Winkelüberprüfung im Methodenentwicklungsbereich des Analysenprogramms durchgeführt werden. Die zu erwartenden Linienüberlagerungen sind danach in der Methode festzulegen. Das störende Element ist zusätzlich in die Methode einzufügen. Zum Ermitteln möglicher Interferenzen gibt es einige einfache Faustregeln (s. auch Tab. 5.10):

- $K\alpha$–$K\beta$-Überlappung
    - (El +1): Ti → Cr → Mn → Fe → Co
    - (El +2/3): Sr → Zr → Mo, Rh → Ag → Sn
- $K\alpha$–$L\alpha/\beta$-Überlappung
    - 2. Per. ↔ 4. Per. (O → V)
    - 3/4. Per. ↔ 5/6 Per. (S → Mo, As → Pb)
- Summensignale („Pile-Up")
    - $2ClK\alpha \to CrK\alpha$
- Diffraktion höherer Ordnung
    - $3CaK\alpha \to MgK\alpha$

Eine Liste möglicher spektraler Interferenzen ist in Tab. 5.10 dargestellt.

Ein Beispiel für Ermittlung des Linienüberlagerungsfaktors:

Element 2 überlagert Element 1. Die Konzentration vom Element 2 sei 10 Gew.% und es werden auf der Messposition von Element 1, auch ohne dass das Element 1 in der Probe enthalten ist, 10 kips (kips = 1000 Impulse pro Sekunde) an Intensität gemessen. Ein Gehalt an Element 1 von 0,1 Gew.% liefere eine Zählrate von 100 kips. Die

Tab. 5.10 Auswahl spektraler Interferenzen bei der RFA

Elementlinie	Interferenzlinie	Elementlinie	Interferenzlinie
F Kα	Fe Lα/Lβ	Cu Kα	Ta Lα
Na Kα	Zn Lβ	Ge Kα	WLβ
Mg Kα	As Lα, 3 Ca Kα	As Kα	Pb Lα
Al Kα	Br Lα	Se Kα	WL?
P Kα	Zr Lα	Rb Kα	Bi Lβ
S Kα	Mo Lα	Y Kα	Rb Kβ
K Kα	Cd Lβ	Zr Kα	Sr Kβ
Ca Kα	Sn Lβ	Nb Kα	Y Kβ
Ti Kα	Ba Lα	Mo Kα	Zr Kβ
V Kα	Ti Kβ	Ag Kα	Rh Kβ
Cr Kα	V Kβ	Cd Kα	Rh Kβ
Mn Kα	Cr Kβ	Sn Kα	Ag Kβ
Fe Kα	Mn Kβ	Sb Kα	Cd Kβ, Sn Kα
Co Kα	Fe Kβ	Pb Lα	As Kα

10 kips von Element 1 korrespondieren also mit 0,01 Gew.% an Element 2 („scheinbare Konzentration"). Der Linienüberlagerungsfaktor (LÜF) eines überlagernden Elementes mit der Konzentration $K_{Übl} = 10(Gew\%)$ ist also:

$$L\ddot{U}F = 0{,}01(Gew.\%)/10(Gew.\%) = 0{,}001 \tag{5.22}$$

Die Konzentration des Messelements wird in diesem Beispiel also folgendermaßen korrigiert:

$$K_{El} = K_{El} - 0{,}001 \cdot K_{\ddot{U}l} \tag{5.23}$$

Linienüberlagerungsfaktoren sind normalerweise nicht höher als 0,1, da die überlagernde Linie meist nicht die stärkste des überlagernden Elementes ist (z. B. $CoK\alpha$ durch $FeK\beta$) und dieses nicht vollständig überlappt (s. Abb. 5.38). Bei wesentlich höheren oder negativen Faktoren unterliegen die Konzentrationen der für die Kalibration verwendeten Referenzmaterialien eventuell einer Korrelation (z. B. je höher Element 1 desto höher Element 2) und eignen sich nicht für eine Kalibration dieses Elementes.

Mit oben erwähnten Einschränkungen können Linienüberlagerungsfaktoren konzentrations- oder – wenn Konzentrationsangaben nicht verfügbar sind – zählratenbasiert direkt mittels multipler linearer Regression (MLR) berechnet werden. Funktionen dieser Art sind in jedem Tabellenkalkulationsprogramm enthalten. Sind die Konzentrationen der Referenzmaterialien sehr gut bestimmt, liefern konzentrationsbasierte LÜFs bessere Ergebnisse.

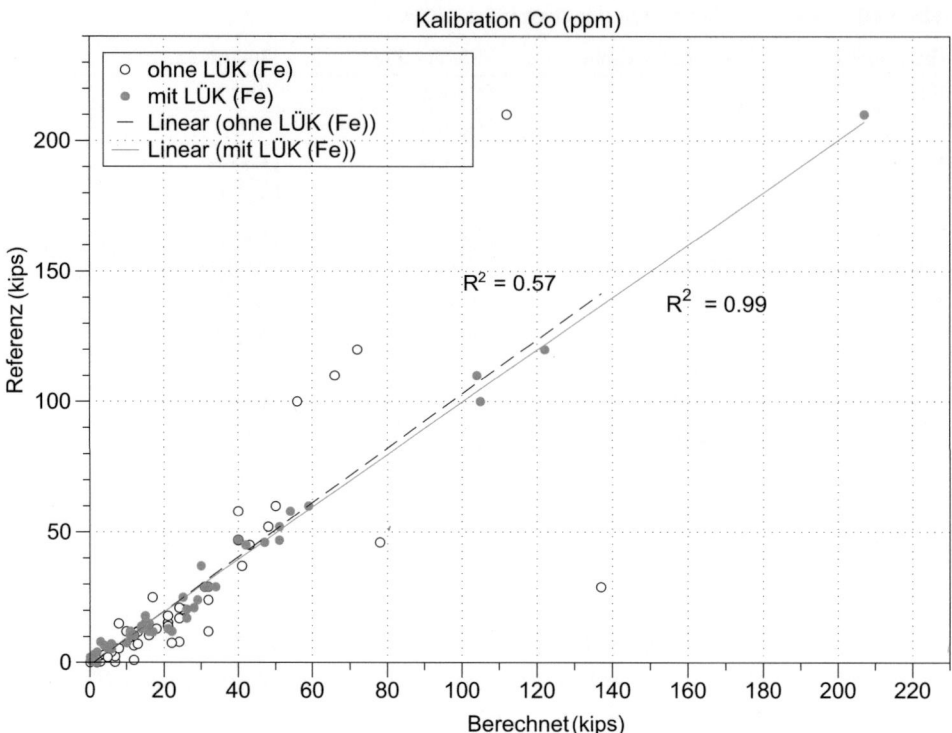

Abb. 5.38 Lineare Beziehung für Co in Presstabletten verschiedener internationaler geologischer Referenzmaterialien mit und ohne Korrektur auf Fe$K\beta$. „Referenz": Referenzierte Konzentration des Referenzmaterials. „Berechnet": Berechnete Konzentration aus der linearen Beziehung

Eine wesentliche Voraussetzung für die Durchführung einer MLR ist, dass Anzahl und Streubreite verfügbarer Messwerte (Konzentrationen oder Zählraten) der Kalibrationsproben (meist internationale Referenzmaterialien) ausreichen. Dies ist im Falle von Spurenelementen häufig nicht gegeben, da in den Referenzen Angaben zu diesen Elementen fehlen, die Zählrate zu niedrig oder die Streubreite zu gering ist. Allein für eine präzise Korrektur aller Linienüberlagerungen im Wellenlängenbereich der analytisch relevanten Linien der geologisch interessanten Elemente Rb bis Zr ($K\alpha$) (inkl. Pb, As, Th, Pb) und der Lanthanoiden ($L*$) wären bereits über 100 Referenzmaterialien erforderlich (s. auch [284]).

Ist eine MLR nicht möglich, können spektrale Interferenzen auch direkt bestimmt werden. Dabei wird in einer Blindprobe, die nur das überlagernde Element (z. B. Element 2, s. Abb. 5.39) enthält, das Verhältnis von „scheinbarer Zählrate" an der Peakposition des Messelementes zu der Zählrate eines ungestörten Peaks des überlagernden Elementes bestimmt. Als Korrekturterm ergibt sich:

5.2 Methodenentwicklung

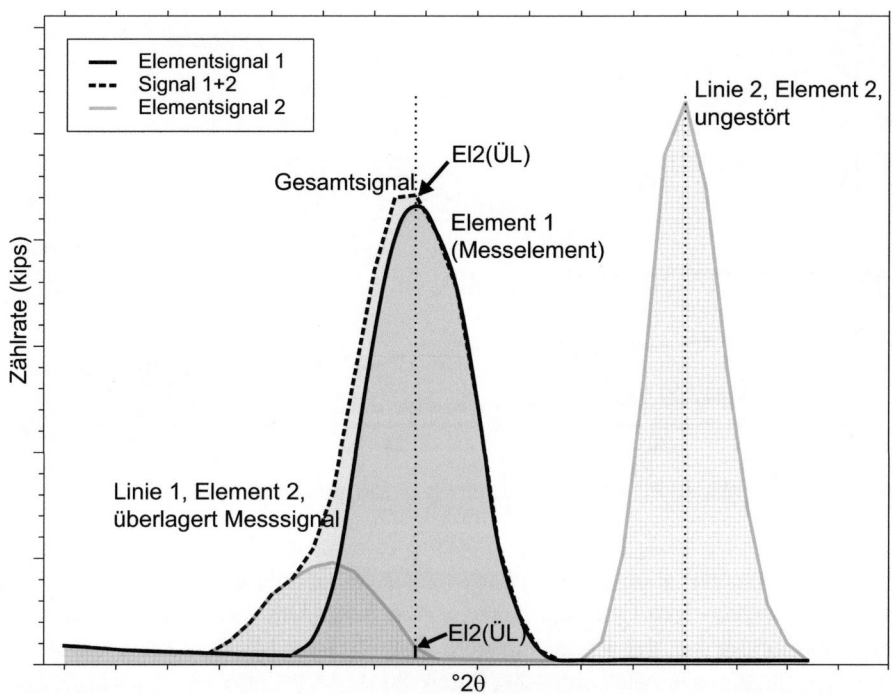

Abb. 5.39 Direkte Bestimmung von Linienüberlagerungen

$$Z_{El1} - Z_{El2,Linie2} \cdot \frac{Z_{El2(ÜL)}}{Z_{El2,Linie2}} \qquad (5.24)$$

Bei vollständiger Überlagerung ($AsK\alpha$ und $PbL\alpha$) ist dies das natürliche Linienverhältnis. Bei sehr starken Linienüberlagerungen sollte, wenn möglich, auf eine andere Linie ausgewichen werden. So ist z. B. die Linienüberlagerung von $AsK\alpha$ und $PbL\alpha$ nicht ohne die Messung einer Blindprobe auflösbar, sodass besser auf die entsprechenden β-Linien auszuweichen ist. Eine Möglichkeit eine Linienüberlagerung zu entfernen bietet das Ausblenden von Signalen von Elementen mit abweichender Strahlungsenergie (z. B., Escape-Peaks von Elementlinien zweiter Ordnung) im Pulshöhenverteilungsdiagramm (s. Abb. 5.28). Ebenso können natürlich Linienüberlagerungen, die im PHV-Diagramm auftauchen, durch eine Linienüberlagerungskorrektur über den Beugungswinkel der Linie des störenden Elementes kompensiert werden.

Linienüberlagerungen aus in den Elementen der Spektrometerbauteile angeregten Linien (Cu, Ni, Fe, Cr) – vor allem aus der Röntgenröhre – können nicht ohne Messungen auf einer Blindprobe entfernt werden, da diese Linien nicht konzentrationsabhängig sind (bezogen auf die Probe). Auch Wolfram kann mit der Zeit als Störelement auftreten, da es vom Filament abgetragen und auf dem Röhrenfenster abgelagert wird.

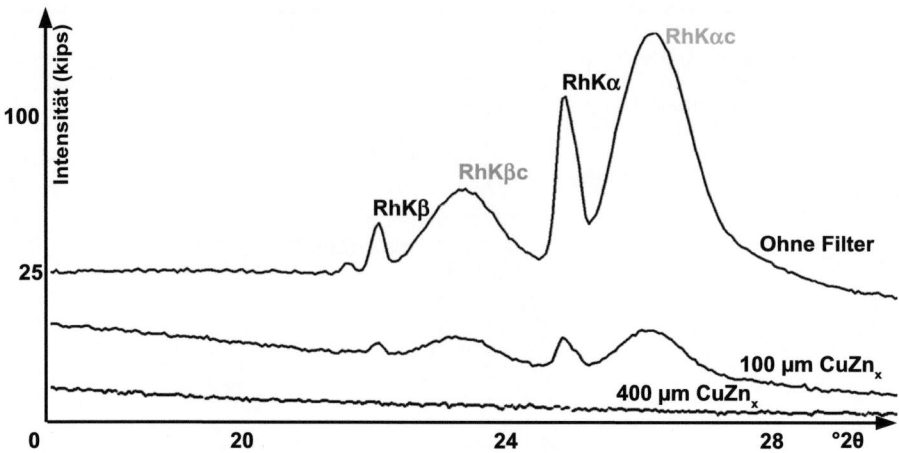

Abb. 5.40 Streuspektrum Rh mit und ohne Filter (LiF 220, 60 kV/40 mA)

Besonders intensiv aber ist die charakteristische Strahlung des Anodenelementes inklusive der zugehörigen Comptonlinien (s. Abb. 5.40). Um diese Linien zu entfernen, werden Metallfilter vor der Röhre platziert. Der Nachteil ist, dass Elementlinien, die im gleichen Strahlungsbereich auftreten, durch die starke Primärstrahlabschwächung nur schlecht angeregt werden. Bei der Verwendung von Rh als Anode liegen vor allem die K-Linien von Cd, Ag, Pd, Ru, Mo und die L-Linie von U im Wellenlängenbereich der Primärstrahlung.

Soll kein Filter verwendet werden (z. B. bei Spurenelementanalytik), können Linienüberlagerungsfaktoren (Ni, Cr, ...) auch direkt in einer Blindprobe (s. o.) bestimmt werden. Als Referenzlinie ist die K-Linie der Röhre (z. B. $RhK\alpha$) verwendbar. Da die Störsignale auch in der Blindprobe auftreten, ist in diesem Fall der Untergrund mittels Interpolation (s. Abb. 5.45) zu ermitteln [284].

Störsignale, die von der Anregung der Elemente in den Analysenkristallen stammen („Kristallfluoreszenz", s. Abschn. 5.1.15), werden an diesem nicht gebeugt und erscheinen daher nicht als Peak, sondern erhöhen das Untergrundrauschen. Signale dieser Art können meist aufgrund höherer Energie über die Pulshöhe ermittelt und entfernt werden (s. Abschn. 5.1.15).

Interelementeffekte – Matrixkorrektur

Matrixeffekte lassen sich in die Kategorien physikalisch/chemisch wie Korngröße oder Oberflächenrauigkeit und gegenseitige Beeinflussung/Anregung der Elemente in der Probe unterteilen. Letzteres wird als Matrixeffekt, Interelementeffekt oder auch Einflussfaktor bezeichnet. Diese Interelementeffekte lassen sich mit dem für die Elemente typischen Massenabsorptionsverhalten der Röntgenstrahlung erklären. Danach steigt die Effektivität der Röntgenabsorption eines Elementes mit steigender Wellenlänge in Richtung einer Elektronenbindungsenergie exponentiell an und bricht dann scharf ab (s. Abschn. 5.1.3, „Absorptionskante"), wenn die Energie der einfallenden Röntgenpho-

5.2 Methodenentwicklung

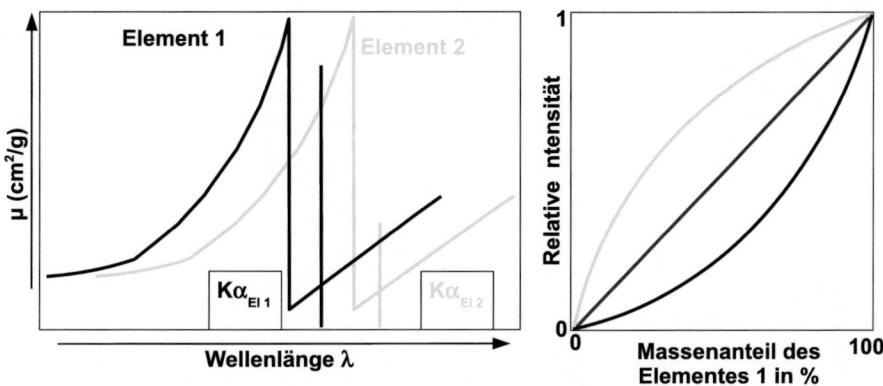

Abb. 5.41 Absorptionskanten und Interelementeffekt $K\alpha$, Element 1 wird von Element 2 absorbiert (Element 1 regt Element 2 an)

tonen nicht mehr zur Ionisierung, d. h. zur Entfernung des Elektrons aus der entsprechenden Elektronenschale, ausreicht. Je dichter die Energie der Röntgenstrahlung aus der Fluoreszenz von Element 1 ($K\alpha_{El1}$, s. Abb. 5.41) an der energiereicheren Seite der Absorptionskante liegt, desto effektiver wird diese von Element 2 absorbiert. Für diesen Effekt gibt es Faustregeln (s. Abb. 5.41):

- Li–Ar: benachbartes Element (Si regt Al an)
- K–Kr: übernächstes Element (Ni regt Fe an)
- Rb–Xe: jedes 3-te Element (Sn regt Ag an)
- Cs –Ra: jedes 4-te Element (Pb regt Pt an)
- Lanthaniden: jedes 5-te Element (Sm regt La an)
- Aktinoiden: jedes 6-te Element (Cm regt Th an)

Ohne Korrektur dieser Interelementeffekte ist die Kalibrationsfunktion häufig nicht linear, da in der Probe abhängig von den Gehalten leichtere Elemente von schwereren unterschiedlich effektiv angeregt werden können (s. Abb. 5.42). Dabei gibt es Anregungskaskaden wie z. B. Ni → Fe → Cr → Ti → usw. (siehe Abb. 5.43). Die unterschiedlichen Interelementeffekte werden mit der Hilfe von Matrixkorrekturkoeffizienten berechnet, die mit den griechischen Buchstaben α, β, γ und δ bezeichnet werden. Der Beitrag der Strahlung aus sekundären Anregungseffekten wird mit Alphafaktoren (α) berechnet und kann bis zu 20 % betragen, bei oxidischen Proben sind es aber meist nur wenige %, bei verdünnten Proben mit leichter Matrix wie z. B. Schmelztabletten kann dieser Effekt eventuell vernachlässigt werden. Tertiäre Interelementfaktoren werden auch als Gammafaktoren (γ) bezeichnet und berücksichtigen Anregungen der Art Ni(→Fe) → Cr und sind besonders bei Metalllegierungen wichtig (z. B. Legierungen der Elemente Ti–Cu). Sie tragen bis zu 3 % zu der Gesamtausbeute bei [28]. Betafaktoren (β) finden bei starker primärer Anregung und starken Konzentrationsschwankungen Anwendung.

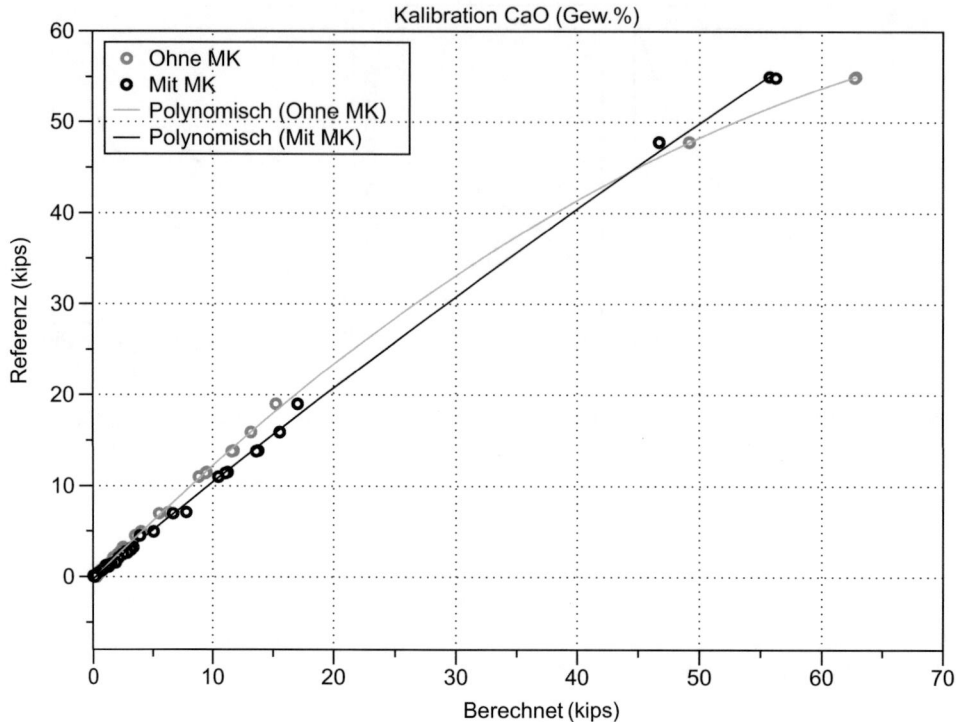

Abb. 5.42 Einfluss der Matrixkorrektur auf die Berechnung des CaO-Gehaltes in geologischen Proben, Mk = Matrixkorrektur

Deltafaktoren (δ) dienen der weiteren Verfeinerung der Kalibration bezüglich der Konzentrationsabhängigkeit der Alphafaktoren.

Alphafaktoren basieren auf einem Mittelwert der Standardkonzentrationen und sind daher besonders genau, wenn die Konzentrationsbereiche nicht so hoch sind. Alphafaktoren beschreiben den direkten Einfluss eines Elementes auf ein anderes. Die Berechnung erfolgt mithilfe der MAKs der Elemente für die Wellenlänge zur Anregung des Referenzelementes. Ein einfacher Ansatz ist der Lachance-Traill-Algorithmus [153, 154]:

$$C_i = R_i \left(1 + \sum_j \alpha_{ij} \cdot C_j \right) \tag{5.25}$$

welcher sich aus der Beziehung:

$$C_i = R_i \left(\frac{\mu_i^\star}{\mu_i^\star} + C_i \frac{\mu_i^\star - \mu_i^\star}{\mu_i^\star} + \sum_j C_j \frac{\mu_j^\star - \mu_i^\star}{\mu_i^\star} \right) \tag{5.26}$$

ableitet.

5.2 Methodenentwicklung

Dieser kann auf tertiäre Interelementfaktoren erweitert werden [123]:

$$C_i = R_i(1 + \sum_j \alpha_{ij} \cdot C_j + \sum_j \gamma_{ijk} \cdot C_j C_k) \qquad (5.27)$$

C = Gewichtsanteil, R = Zählrate, i = Messelement, j = erstes Matrixelement, k = zweites Matrixelement, α = Alphafaktor, γ = Gammafaktor, $\mu^\star$ = spezifischer Einflussfaktor. Der spezifische Einflussfaktor beinhaltet alle Effekte eines Elementes auf ein anderes, inklusive der MAKs der Wellenlänge, Anregung (kV) und der Röntgenoptik.

Die Alphafaktoren der verschiedenen Elemente korrelieren mit dem Verlauf der Absorptionskanten (~ Absorptionsspektrum s. Abb. 5.6)

Durch diesen Einfluss erhöht oder verringert sich die am Detektor gemessene Zählrate auf der für das Element verwendeten Analysenlinie. Daher wird die Zählrate des Referenzelementes, für das die Matrixkorrektur bestimmt werden soll, mit dem Produkt der Verstärkung oder Abschwächung und dem Konzentrationsanteil des verursachenden Elementes verrechnet (s. Abb. 5.42). Elemente (z. B. $SiK\alpha \rightarrow SiK\alpha$) regen sich nicht gegenseitig an, daher tritt kein Matrixeffekt auf, der Faktor ist 0 (Multiplikation mit 0). Das Referenzelement wird damit aus der Gleichung eliminiert. Anstatt des Referenzelementes kann auch ein anderes Element (oder Komponente, z. B. der Glühverlust) eliminiert werden. Zur Minimierung des Fehlers bei der Berechnung der Faktoren kann es sinnvoll sein, die Komponente mit der höchsten Konzentration zu eliminieren, da meist der Fehler in den MAKs und damit den Einflussfaktoren (Alphafaktoren, Gammafaktoren) größer ist als die Fehler in den Konzentrationsangaben der internationalen Standards. Alphafaktoren können empirisch über die Kalibrationsstandards aus der Regression berechnet werden oder aber theoretisch unter Verwendung von Listenwerten. Bei Verwendung empirischer Alphas ergibt sich für jede Berechnung ein Freiheitsgrad und es müssen zusätzliche Standards in die Kalibration eingefügt werden (3K-Regel). Theoretische Alphas erfordern keine zusätzlichen Standards, da die gemessenen Konzentrationen nicht verwendet werden.

Eine umfassende Auflistung und Erklärung der Berechnungsalgorithmen zur Kompensation der Interelementeffekte und Einflussfaktoren ist in [284] nachzulesen (s. Abb. 5.43). Darüber hinaus verwenden die verschiedenen Hersteller unterschiedliche Algorithmen, die in der Auswertesoftware implementiert sind.

Bei der (halb)quantitativen Auswertung von Spektren gibt es zwei Methoden der Messung: Entfaltung („Deconvolution") des gesamten Spektrums oder das Setzen von Energiefenstern („Region of Interest, ROI") (s. Abb. 5.44). Letzteres wird nur bei der EDRFA eingesetzt und entspricht dem Peak Hopping der WDRFA. Bei der Entfaltung werden die Anteile der einzelnen Signale an der Spektrenfläche bestimmt. Dafür werden theoretische Einzelprofile der Elemente verwendet. Als Erstes wird der Untergrund abgezogen. Die Fläche der theoretischen Einzelprofile wird dann solange verändert, bis die Summe der Profile eine optimale Anpassung an das gemessene Spektrum ergibt. Dies

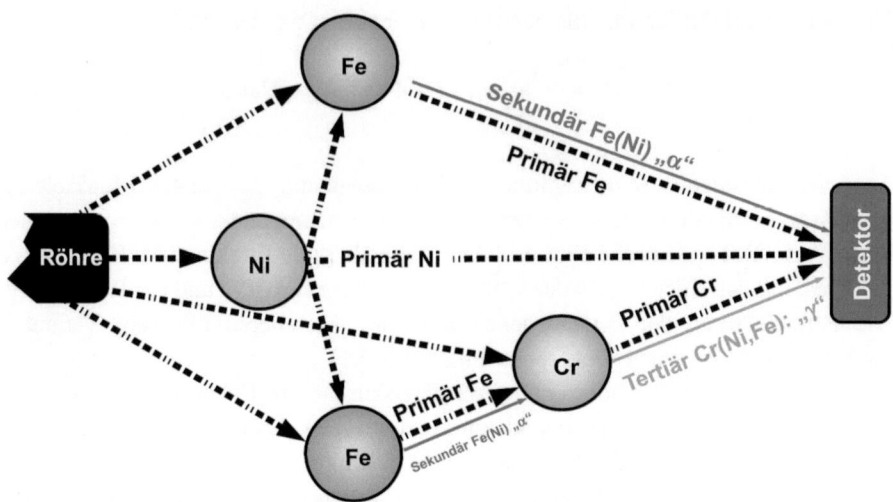

Abb. 5.43 Skizze zur Matrixkorrektur bei der WDRFA am Beispiel Ni/Fe/Cr. (Ausführlich in [284])

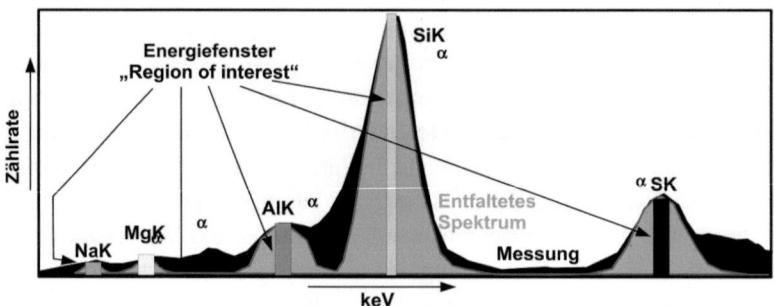

Abb. 5.44 Matrixkorrektur bei der EDRFA (ausführlicher in [28])

geschieht über die Anpassung kleinster Fehlerquadrate oder über theoretische Berechnung der Verhältnisse aller Liniengruppen [28]:

$$\sum \left(R_e^m - B_e - \sum P_e(Höhe_p, Breite_p) \right)^2 \quad (5.28)$$

Dazu müssen aber alle Elemente im Spektrum gefunden und zugeordnet worden sein. Untergrundabzug und Spektrenentfaltung können in einem Durchgang durchgeführt werden. Die Formel berechnet das Minimum der Summe der Höhen und Breiten aller beteiligten Profile (kleinste Fehlerquadrate).

5.2.5 Kalibration

Bei der RFA handelt es sich um ein vergleichendes Verfahren. Im Gegensatz zur Gravimetrie, bei der der gesamte Elementanteil einer Probenlösung gefällt und gewogen wird (z. B. Ag mit Chlorid), werden hier Zählraten von Referenzmaterialien und der unbekannten Probe miteinander verglichen. Bei der Kalibration eines vergleichenden Verfahrens wird eine bestimmte Eigenschaft der Materie ausgenutzt, die in prinzipieller Korrelation zu dem zu charakterisierenden Parameter steht. Bei der Röntgenfluoreszenzanalyse ist dies die Eigenschaft der Atome bei Anregung mit elektromagnetischer Strahlung von genügender Energie aufgrund Ionisierung innerer Elektronenschalen im Röntgenspektrum zu fluoreszieren. Da diese Fluoreszenz sowohl von der Art als von der Konzentration der Elemente abhängt, kann dieser Effekt analytisch genutzt werden. Da es aber keine absolut direkte Beziehung zwischen der Konzentration und der Eigenschaft gibt, muss die Analyse über einen Vergleich mit Materialien bekannter Zusammensetzung – den sogenannten Referenzmaterialien – erfolgen. Im einfachsten Fall ergibt sich dann ohne weitere Berechnung eine lineare Beziehung zwischen Konzentration (eines Elementes, einer Komponente) und der Stärke des Effektes. Die Stärke des Effektes kann mit einem Detektorsystem erfasst werden, wobei dieses auf der Basis eines Zählers bzw. Detektors funktioniert (s. Abschn. 5.1.14). Damit ist die Intensität oder Stärke des Effektes mit einer Zählrate gleichzusetzen. Diese kann absolut (Counts, Impulse) oder zeitaufgelöst (cps, „Counts per Second"; ips, „Impulse pro Sekunde") angegeben werden. Es können auch die SI-Präfixe angehängt werden (kcps, „Kilocounts per Second" usw.).

Eine Herausforderung bei der Kalibration, besonders bei der RFA ist das Herausfiltern des zur Elementbestimmung erforderlichen Signals. Im Detektor werden außer dem relevanten Signal – einer charakteristischen Linie eines bestimmten Elementes wie $FeK\alpha$ – alle möglichen anderen Signale erfasst (s. Abb. 5.45). Zunächst einmal wird im Detektor immer ein gewisses Untergrundrauschen gemessen. Dies stammt einerseits direkt von der Elektronik, zum anderen können unspezifische Streueffekte auftreten. Bei der RFA hat die gebeugte Kontinuumstrahlung von der Röhre (Bremsstrahlung, nicht bei 3D-Optik) einen großen Anteil am Untergrund. Es muss also eine sogenannte Untergrundkorrektur durchgeführt werden (s. Abschn. 5.2.4). Da die spektrale und/oder die Energieauflösung des Systems nicht absolut ist, also immer nur – wenn auch schmale – Energiebänder oder Winkelbereiche unterscheiden kann, tritt der Fall auf, dass Röntgenlinien ab einem von der Auflösung der Röntgenoptik oder des Detektors bestimmten Energie- bzw. Wellenlängenabstand nicht mehr trennbar sind. So ist z. B. $AsK\alpha$ mit 10,508 keV nicht von $PbL\alpha$ mit 10,449 keV zu trennen. Sind beide Elemente in der Probe enthalten, ist Pb auf einer anderen (z. B. $PbL\beta$) Analysenlinie zu messen. Da die Verhältnisse zwischen den Linienserien eines Elementes konstant sind, kann über das $PbL\beta$-Signal der Anteil an $PbL\alpha$ unter $AsK\alpha$ abgezogen werden. Dies ist ein Beispiel für die Korrektur einer spektralen Interferenz – die sogenannte „Linienüberlagerungskorrektur" (s. Abschn. 5.2.4).

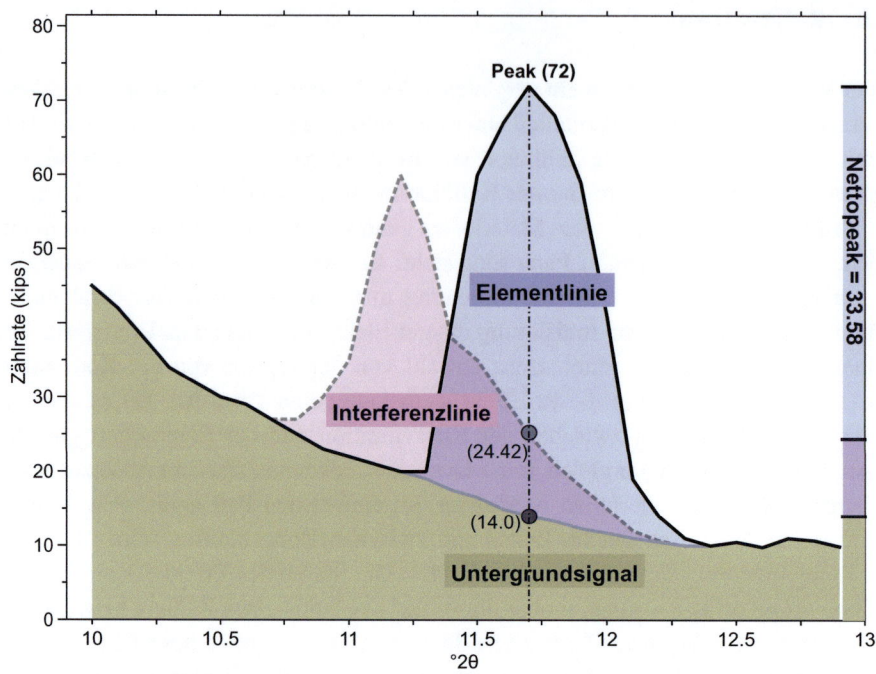

Abb. 5.45 Signalanteile und Nettopeak

Liegen zwei Analysenlinien nicht so dicht bei einander, sodass eine Entfaltung der überlagernden Peaks möglich ist, kann die Linienüberlagerungskorrektur auch direkt ohne den Umweg über eine andere Analysenlinie erfolgen (z. B. Fe$K\alpha$ bei 6,390 keV und Mn$K\beta$ bei 6,490 keV). Es lässt sich darüber hinaus nicht vermeiden, dass die in den Analysenkristallen des Spektrometers enthaltenen Elemente angeregt werden, da diese der von der Probe kommenden Röntgenstrahlung ausgesetzt sind (s. Abschn. 5.1.15). Da zwischen Kristall und Detektor keine spektrale Trennung mehr erfolgt, gelangt diese Strahlung direkt in den Detektor und führt zu einer Erhöhung des Untergrundes. Ist die Energie deutlich anders als die der zu messenden Linie, kann diese Strahlung mit dem Pulshöhenanalysator (PHA) eliminiert werden. Liegt der Energieunterschied zwischen Kristallfluoreszenzstrahlung und Analysenlinie unterhalb des Auflösungsvermögens des PHA, ist ein anderer Kristall (oder eine andere Linie) zu verwenden.

Eine weitere Eigenschaft der Röntgenfluoreszenz ist die gegenseitige Anregung von Elementen, abhängig von den MAKs aller in der Probe enthaltenen Elemente für die entsprechende Wellenlänge der angeregten charakteristischen Strahlung (s. Abschn. 5.1.2). Diese sogenannten Interelement- oder Matrixeffekte müssen unter Anwendung verschiedener Matrixkorrekturalgorithmen korrigiert werden (s. Abschn. 5.2.4).

Bei der RFA gibt es prinzipiell zwei Ansätze zur Kalibration. Der erste Ansatz basiert auf der Erstellung einer linearen Kalibrationsfunktion mit Standards, die in der Zusammensetzung und dem Konzentrationsbereich den Proben gleichen. Interelementeffekte werden mit Matrixkorrekturfaktoren kompensiert. Mit der Kalibrationsfunktion können die gemessenen Zählraten direkt in Konzentrationen umgewandelt werden.

Der zweite Ansatz basiert auf der Anwendung fundamentaler physikalischer Parameter zur Berechnung der theoretisch zu erwartenden Intensitäten. Diese werden mit der tatsächlich am Detektor erfassten Zählrate verglichen. Da diese vom verwendeten Instrument abhängt, wird das Verhältnis von theoretischer zu gemessener Zählrate auch als Instrumentfaktor bezeichnet. Mit Hilfe des Instrumentfaktors und der theoretischen Intensität kann die tatsächlich im Detektor zu erwartende Zählrate bestimmt werden. Diese wird durch iterative Anpassung der Probenzusammensetzung an die gemessene Zählrate angepasst.

Fundamentalparameter (FP)

Der Fundamentalparameteransatz geht zurück auf die Untersuchungen von Sherman [241]. Er postulierte eine Gleichung zur Berechnung der theoretischen Intensität der charakteristischen Röntgenstrahlung aller Elemente in einer Probe, die von einem polychromatischen Röntgenstrahl bestrahlt werden. Hiermit wird die einzigartige Eigenschaft der Röntgenanalytik beschrieben – nämlich dass es möglich ist, das zu erwartende Messergebnis theoretisch zu berechnen. Bei dem FP-Ansatz handelt es sich um eine ganzheitliche Berechnung aller Effekte (Interelement (Matrix), Absorption u. a.), die bei der Messung charakteristischer Röntgenstrahlung eines Elementes bis zum Detektor auftreten.

Röntgenstrahlung ist das Ergebnis eines physikalischen Prozesses, der von fundamentalen Parametern abhängt: vom Strahlungsspektrum der Röhre, von der Röntgenoptik des Spektrometers (Einfalls-, Abstrahlwinkel u. a.), von den gemessenen Linien, von der Fluoreszenzausbeute und von dem Absorptionskoeffizienten. Auch der Probentyp, also chemische Konzentrationsbereiche oder Zusätze bei der Präparation (chemische Formel, Verdünnungsfaktor), gehen mit in die Berechnung ein. Mithilfe dieser fundamentalen Daten kann eine theoretische (zu erwartende) Intensität für jede Elementlinie berechnet werden. Zur Berechnung der Entstehungswahrscheinlichkeit eines bestimmten Röntgenquants wird die Zusammensetzung der Probe (des Referenzmaterials) benötigt (Berechnung durch iterative Annäherung).

FP geht von einem idealen System aus. Daher müssen die für die Einrichtung der Methode verwendeten Proben sehr genau definiert sein. Unvorhersehbare Eigenheiten bestimmter Probentypen (z. B. Presstabletten mit Korngrößen- oder mineralogischen Effekten) sind von dem System nicht erfassbar. Hier ist die empirische Berechnung der Korrekturfaktoren besser. Bei ideal homogenen Proben wie Gläsern, Schmelztabletten, Metallen, Polymeren und Flüssigkeiten bietet FP eine sehr umfassende Möglichkeit der Kalibration über große Konzentrationsbereiche als halbquantitative oder quantitative Methode.

Die gemessene Intensität hängt individuell von dem verwendeten Spektrometer und dessen Einstellungen ab (Röhre, Filter, Kollimator, Kristall, Detektor). Daher muss noch ein spezifischer Faktor der sog. Instrumentfaktor bestimmt werden. Der Instrumentfaktor ist unabhängig vom Kalibrationsstandard, bzw. der Elementzusammensetzung des zu messenden Materials. Damit erlaubt das Kalibrationsmodell die Verwendung von Referenzmaterialien, die vom zu messenden Probentyp abweichen (z. B. bei semiquantitativen Messungen). Nach der Bestimmung des Instrumentfaktors für alle Linien wird die Differenz zwischen berechneter und gemessener Intensität minimiert. Dies geschieht beispielsweise iterativ durch die Methode der kleinsten Fehlerquadrate über die Variation der Probenzusammensetzung und Anpassung an das gemessene Spektrum.

FP erfordert einen hohen Rechenaufwand und ist aus diesem Grunde erst mit entsprechender Rechenleistung durchführbar. Mittlerweile ist aber jeder Standard-PC in der Lage, die Berechnungen schnell genug durchzuführen.

Der Instrumentfaktor ist also das Verhältnis von gemessenen zu theoretischen Intensitäten:

$$IF \cdot I_{theoretisch} = K_{approx} \tag{5.29}$$

Bei unbekannten Konzentrationen ergibt sich in einem ersten Schritt also eine erste Annäherung der Konzentration. K_{approx} dient dann in einem zweiten Schritt zur erneuten Berechnung theoretischer Intensitäten. Diese werden mit der ersten Berechnung der theoretischen Intensität zur Berechnung einer neuen $K_{approx(2)}$ verwendet. Es folgt nun eine Überprüfung der Konvergenz von K_{approx} und $K_{approx(2)}$. Bei Erfüllung eines vorgegebenen Grenzwertes wird die Konzentration ausgegeben [136]. Im anderen Fall wird der zweite Schritt wiederholt. Dieser Vorgang wird so oft durchgeführt, bis der vom Anwender in der Software vorgegebene Grenzwert erreicht ist oder die Anzahl erlaubter Iterationsschritte (in der Software festzulegen) erreicht ist. Wird die maximale Anzahl erlaubter Schritte (Iterationen) vorher erreicht, ergibt sich keine Konvergenz (Fehlermeldung – Abbruchkriterium)

Da die Auswertung vollständig rechnergestützt abläuft, und damit eine „Blackbox" darstellt, sei in diesem Zusammenhang auf weiterführende Literatur verwiesen (Grundlagen: [241]), [135, 222–224]).

Standardlose Analyse

Diese Analysemethode basiert auf FP und zeigt die besondere Stärke der RFA bei der Analyse vollständig unbekannter Proben. Mittlerweile bieten alle Hersteller moderner RFA-Instrumente eine integrierte Methodik zur standardlosen Analytik an. Analysierbar ist so gut wie jedes Material, vorausgesetzt, es lässt sich (mittels Probenzufuhrsystem) im Spektrometer platzieren. Ist nur wenig Probe vorhanden, kann trotzdem eine Presstablette hergestellt werden (s. Kap. 2).

Die Methode verlässt sich weniger auf Zählraten einzelner Peakpositionen als auf die Messung und Auswertung (Entfaltung) des gesamten Spektrums. Das „Peak Hopping" ist auch einsetzbar – aber nur in speziellen Fällen als alleiniger Ansatz, da bei völlig unbekannten Proben dann leicht unerwartete Elemente übersehen werden. Die

5.2 Methodenentwicklung

Kalibration erfolgt über einen Satz von speziellen künstlich hergestellten Standards (Schmelz- und Presstabletten), welche nicht der Matrix der Probe entsprechen müssen. Die Elementzusammenstellung dieser speziellen Standards berücksichtigt Matrixfaktoren wie Interelementeffekte, Linienüberlagerungen u. a. Damit können diese Faktoren mithilfe des Spektrums erfasst werden. Die Umwandlung der Zählraten in Konzentrationen erfolgt iterativ mittels Fundamentalparametern. Mit dieser Berechnung können – unabhängig von der Zählrate – die Verhältnisse zwischen den in der Probe enthaltenen Elemente bestimmt werden. Im Falle einer Normierung auf 100 % ergibt sich – bei Annahme, dass alle Elemente erfasst sind – die Gesamtzusammensetzung, da mit der RFA bis auf wenige Ausnahmen alle Elemente als Hauptkomponenten analysierbar sind.

Gehalte nicht erfasster oder berechenbarer Elemente müssen allerdings als Ausgleichskomponente oder „Balance" angegeben werden. Bei Presstabletten sind die im Pressmittel (u. a. Wachs) enthaltenen Elemente H, C, N, O nicht ohne Weiteres zu berechnen. Daher werden diese Elemente als „Dunkle Matrix" bezeichnet. Bei Schmelztabletten fehlen alle Elemente, die bei hohen Temperaturen flüchtig sind (H, N, C, Hg, (As, Cd) und Halogene).

Die Zusammensetzung vor allem der Referenzproben dient als Grundlage für die Berechnung der theoretisch zu erwartenden Zählraten. Daher ist die vollständige Auswertung und Identifizierung aller Signale im Spektrum sehr wichtig. Dies ist am besten manuell auszuführen (vor allem bei der Auswertung der speziellen Referenzmaterialien bei der Kalibration). Für die Auswertung eines Spektrums gibt es einfache Regeln:

- Alle Peaks auswerten
- Elementzuordnung überprüfen (Streulinien der Röhre gehören nicht zur Fluoreszenz der Probe)
- Untergrundpositionen prüfen
- Spektrenvollständigkeit prüfen: Wenn eine $K\alpha$- Linie vorhanden ist sollte die $K\beta$-Line gefunden werden
- Alle Linienüberlagerungen einfügen (oder prüfen)
- Unnötige Peaks entfernen ($< \text{NWG} \rightarrow\ < N_{Untergrund} + 3 \cdot S_{UG}$)
- Artefakte entfernen (Beugungsphänomene)

Die Nichtbeachtung dieser Regeln kann zu einer falschen Zuordnung von Peaks zu Elementlinien und damit zu einem fehlerhaften Analysenergebnis führen. Zeigt sich im Bereich um I$K\alpha$ beispielsweise ein Signal und die Suche nach der $K\beta$-Linie ist erfolglos, besteht die Möglichkeit, dass es sich bei dem ersten Signal um Sn$K\beta$ handelt (z. B. in Sn-Legierungen). Im Spektrum sollte dann auch die $SnK\alpha$-Linie auftreten.

Die bei Verwendung von Rh-Anoden im Detektor erfasste Rh$K\alpha$–C, also die von der Probenoberfläche gebeugte Comptonlinie liegt auf der Ru$K\alpha$-Linie und täuscht damit einen Rutheniumgehalt in der Probe vor.

Die Kalibration der halbquantitativen Methode basiert auf einem Punkt, kann aber abhängig von den Möglichkeiten der Software um beliebig viele Punkte erweitert werden. Die begrenzte Dicke von Proben kann kompensiert werden, indem ein Faktor aus der zu erwartenden Zählrate bei unendlich dicker Probe und der gemessenen Zählrate gebildet wird. Dazu müssen die Eindringtiefen der jeweiligen Strahlung in das jeweilige Probenmaterial bekannt sein bzw. abgeschätzt werden. Da mit der standardlosen Methode auch Flüssigkeiten und Pulver analysierbar sein sollen, sind Korrekturprozeduren für Messfolie und Messatmosphäre (meist He) erforderlich. Dazu wird für jedes Spektrum eine entsprechende Messung einer Analysenlinie (Element) mit und ohne Folie oder Gas durchgeführt. Die grundlegende Vorgehensweise ist dieselbe wie bei der Driftkorrektur (Monitorkorrektur).

Klassische Kalibration

Bei der klassischen Kalibration, die in vielen anderen Analysenverfahren Anwendung findet, wird die auf der Probe gemessene Zählrate mittels einer linearen Funktion in eine Konzentration überführt. Aufgrund der starken Matrixabhängigkeit, hervorgerufen durch die Sekundäranregung und Matrixabsorption in der Probe, muss bei der RFA meist eine Matrixkorrektur durchgeführt werden.

Bei der RFA werden im ersten Schritt (möglichst) mithilfe internationaler Referenzmaterialien Zählraten für die erforderlichen Elemente erfasst. Diese Standards müssen den gesamten zu erwartenden Konzentrationsbereich und – wegen der starken Matrixabhängigkeit – darüber hinaus auch die verschiedenen Probentypen abdecken. Nachdem die Messung durchgeführt ist, muss mithilfe der Korrekturfaktoren (z B. Linienüberlagerung) die Rohzählrate (das Detektorsignal) in die korrigierte Zählrate für das entsprechende Element umgewandelt werden. Ziel ist die Ermittlung einer linearen Funktion – der sog. Kalibrationsfunktion. Dies gilt grundsätzlich auch für andere vergleichende Verfahren (Massenspektrometrie, AAS, OES u. a.). Mithilfe der Kalibrationsfunktion ist dann ein Zusammenhang zwischen Zählraten und zertifizierten Konzentrationen der Referenzmaterialien zu ermitteln. Nun können anhand gemessener Zählraten entsprechender Fluoreszenzlinien unbekannter Proben deren Elementkonzentrationen berechnet werden. Die Steigung der Funktion ist die Empfindlichkeit des Verfahrens, der Achsenabschnitt ist die Zählrate auf dem Untergrund (K = 0 %, ppm ...). Bei der RFA ist vor der Anwendung der Korrekturfaktoren für Untergrund, Linienüberlagerungen und Interelementeffekte die Kalibrationsfunktion meist nicht linear und Standards, die zunächst wie Ausreißer aussehen, können nach Ausführung aller Berechnungen auf der Linie liegen. Daher ist bei der Entfernung von Standards aus der Kalibration Vorsicht geboten. Ausreißer deuten manchmal auf einen Fehler bei der Berechnung der Kalibrationsfunktion hin. Wird ein Referenzmaterial mit schlechter Qualität aus der Kalibration entfernt, kann dieses trotzdem noch zur Berechnung der Interelementfaktoren verwendet werden. Abb. 5.46 zeigt, wie der Ablauf einer klassischen Kalibration aussehen kann. Am Anfang steht die Ermittlung der Zählraten für die Referenzmaterialien (oben links). Diese Zählraten können nun gegen die bekannten Referenzkonzentrationen aufgetragen werden (Oben rechts). Dort können dann Ausreißer aufgrund von Interelementeffekten (IEF) oder spektralen Interferenzen im Referenzmaterial (SIR) auftreten. Die Reststreuung – das heißt der Korrelationskoeffizient oder die Standardabweichung der Differenzen zwischen Referenzwert und berechnetem

5.2 Methodenentwicklung

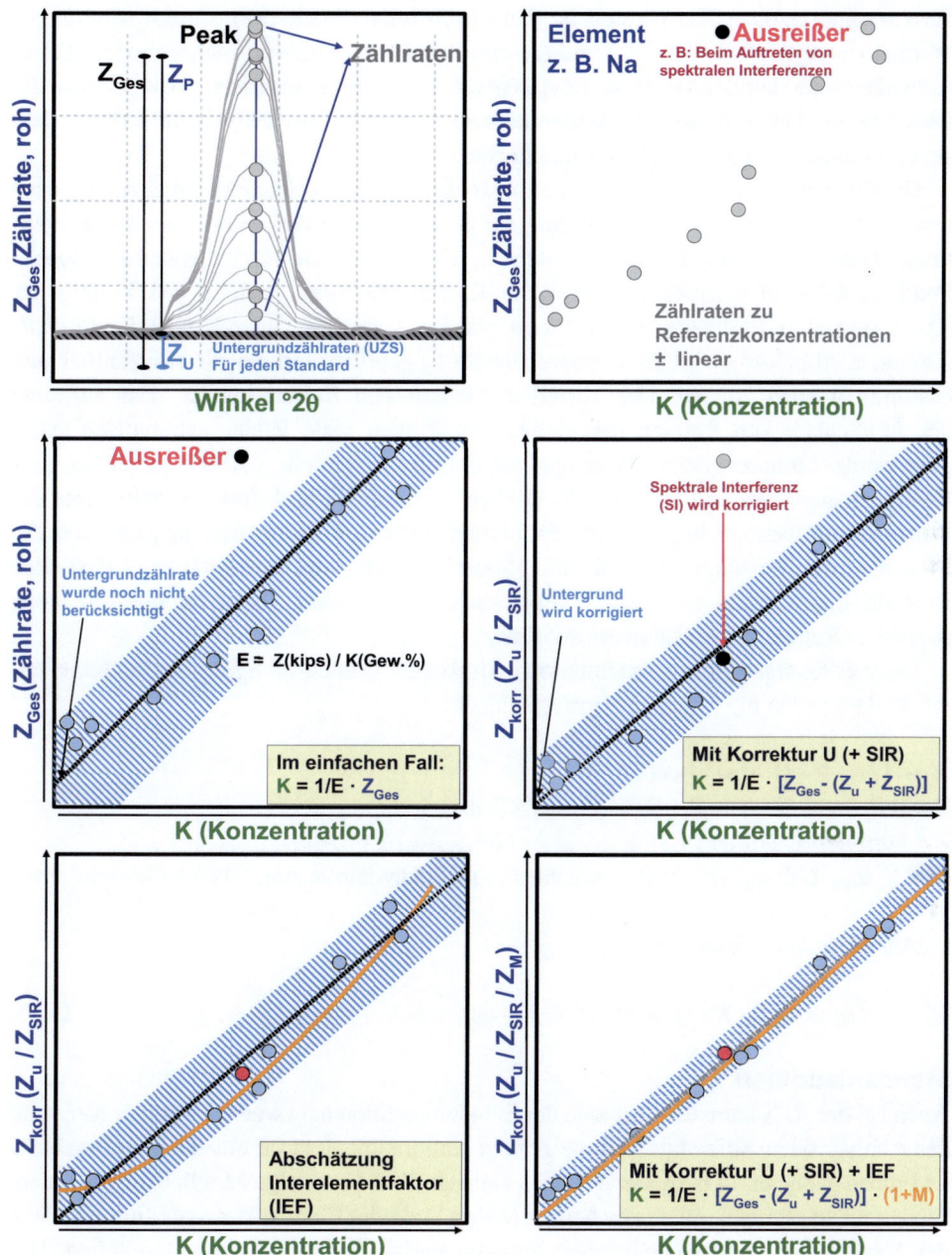

Abb. 5.46 Ablauf der klassischen Kalibration, Erläuterungen im Text

Wert – ohne jegliche Korrekturen ist dann noch relativ hoch (Mitte links, schraffiert). Werden Untergrundzählrate (Z_u) und die ermittelte(n) spektrale(n) Interferenz(en) (Linienüberlagerung) auf der Messlinie (Z_{SIR}) in die Berechnung integriert, verringert sich die Reststreuung. Durch diese Korrekturen können Ausreißer soweit korrigiert werden, dass sie vollständig auf der Kalibrationslinie liegen.

Die Ermittlung der richtigen Kalibrationsfunktion erfordert Geduld und eine möglichst genaue Kenntnis der Zusammensetzung der Standards und der zu erwartenden Korrekturen. Diese klassische Kalibration steht in Konkurrenz zu der rechenaufwendigeren Fundamentalparametermethode. Über die Korrekturfaktoren, welche den Beitrag der Absorption aller Elemente in der Probe auf der Messlinie (Interelementeffekte, z. B. Alphas, s. Abb. 5.44) wird eine lineare Gleichung gebildet, mit der die Konzentrationen bestimmt werden können. Der Vorteil der klassischen Kalibration ist, dass aufgrund der Ähnlichkeit von Referenzmaterialien und Proben viele Fehler automatisch korrigiert werden: Inhomogenität, Probenpräparation, Analysentiefe ... Der Nachteil ist, dass Referenzmaterialien und Proben sehr ähnlich sein müssen und dass normalerweise der Konzentrationsbereich begrenzt ist. Es besteht auch eine große Abhängigkeit von der Methode (z. B. Probenpräparation). Für Proben, die sehr weit außerhalb des kalibrierten Bereichs liegen, muss eine neue Kalibration erstellt werden. Daher ist eine sehr hohe Anzahl an Referenzmaterialien erforderlich.

Die vollständige Kalibrationsfunktion inklusive der Berücksichtigung der Interelementeffekte kann dann die folgende Form annehmen:

$K = 1/E \cdot Z \cdot (1 + M)$, wobei
E = Empfindlichkeit, z. B.: $K(Gew.\%)/Z(kips)$
Z = korrigierte Zählrate, z. B. $Z_{Gesamt} - (Z_{Untergrund} + Z_{Spektrale.Interferenz})$
M = $\sum \alpha_{em} \cdot GWA_m$, e = Analysenelement, m = Sekundärelement, GWA = Gewichtsanteil

Am Beispiel des Elementes Ni:

$$K_{Ni} = 1/E \cdot Z \cdot (1 + \alpha_{NiNi} K_{Ni} + \alpha_{NiCr} K_{Cr} + \alpha_{NiSi} K_{Si} + \cdots) \qquad (5.30)$$

Standardaddition

Auch bei der RFA kann die Methode der Standardaddition angewendet werden. Aufgrund des relativ großen Aufwands ist diese Art der Kalibration nicht für einen hohen Durchsatz an Proben geeignet. In besonderen Fällen kann sie aber die einzige Möglichkeit der Quantifizierung von Proben mit abweichender Matrix und/oder Elementkonzentration sein. Wie der Name schon andeutet, wird dem Probenmaterial direkt ein Standard zugefügt. Das Gemisch – z. B. ein Pulver – muss sehr gut homogenisiert sein. Standard und Probe sollten sich bei der Präparation möglichst gleich verhalten (Korngröße, Schmelz/Pressbarkeit u. a.). Bei einer einfachen Standardaddition berechnet sich die Konzentration der Probe wie folgt [284]:

5.2 Methodenentwicklung

$$K = K_{St} \cdot \frac{(Z/Z_{St+}) \cdot Gew_{St}}{1-[(Z/Z_{St+}) \cdot Gew]}; \text{ wobei } Z \approx 0{,}5 \cdot Z_{St+} \text{ erfüllt sein sollte}$$

K: Elementkonzentration in der Probe, K_{St}: Konzentration des Elementes im Standard, Z: Zählrate des Elements in der Probe vor Standardaddition, Z_{St+}: Zählrate des Elementes nach Standardaddition, Gew: Anteil Probe (%), Gew_{St}: Anteil Standard (%).

Um die Linearität der Standardaddition zu verifizieren, können mehrere Proben mit verschiedenen Anteilen an Standard hergestellt werden (mehrfache Standardaddition).

Standardverdünnung

Bei dieser Methode werden die Probe und ein Standard mit bekannten Elementkonzentrationen jeweils getrennt verdünnt. Zum Verdünnen wird ein Material mit gleicher oder vergleichbarer Matrix verwendet, das aber das zu analysierende Element nicht enthält. Danach sind Standard, Probe und die beiden Mischungen getrennt zu analysieren. Auch diese Methode ist also aufwendig.

Die Elementkonzentration berechnet sich dann wie folgt [284]:

$$K = K_{St} \cdot \frac{Z_{St} - Z_{StV}}{Z - Z_V}; \tag{5.31}$$

K: Elementkonzentration in der Probe, K_{St}: Konzentration des Elementes im Standard, Z: Zählrate des Elements in der Probe vor Verdünnung, Z_V: Zählrate des Elements in der verdünnten Probe, Z_{St}: Zählrate des Elementes im Standard, Z_{StV}: Zählrate des Elementes im verdünnten Standard.

Interner Standard

Diese Methode nutzt das Intensitätsverhältnis zwischen dem Analysenelement und einem zweiten Element – dem internen Standard:

$V = \frac{Z/Z_{IStd}}{K/K_{IStd}}$; V: Verhältniskonstante; Z, Z_{IStd}: Zählraten Element, interner Standard, K, K_{IStd}: Konzentrationen Element, interner Standard.

Nach Bestimmung dieses Faktors ist es möglich, die unbekannte Konzentration des Analysenelementes zu berechnen [284]:

$$K = \frac{(Z/Z_{IStd}) \cdot K_{IStd}}{V} \tag{5.32}$$

Bei der Auswahl des Elementes, welches als interner Standard dienen soll, ist darauf zu achten, dass sich die Zählrate dieses Elementes bei Änderungen der Probenmatrix möglichst genauso verhält wie die Zählrate des Analysenelementes. Das bedeutet beispielsweise, dass zwischen der Linie des Analysenelements und derjenigen des internen Standardelementes keine Absorptionskante eines Hauptelementes der Matrix liegen darf [284]. Interne Standards werden auch zur Driftkorrektur verwendet.

5.3 Spezialverfahren

In diesem Abschnitt werden Verfahren vorgestellt, die nicht so häufig verfügbar sind oder über einen besonderen Einsatzbereich verfügen

5.3.1 MRFA

Die RFA lässt sich unter Einsatz von entsprechenden Optiken und/oder Detektoren mittlerweile auch ortsaufgelöst realisieren. Mikro-RFA (MRFA) kann prinzipiell als Vollfeldaufbau mithilfe eines gepixelten Detektors erfolgen, wie es z. B. am BESSY-II-Synchrotron an der Beamline mit einer Röntgenfarbkamera realisiert ist oder im Rasterverfahren mit einem fokussierten Röntgenstrahl, welches gemeinhin die kommerziell verwirklichte Laborvariante ist.

Die Größe des Messflecks von Laborgeräten liegt dabei im unteren 10er-μm-Bereich. An modernen Synchrotroneinrichtungen können Durchmesser von unter 100 nm erreicht werden. Die Labor-Mikro-RFA-Geräte haben damit im Vergleich zu Elektronenmikrosonden (beschrieben in Kap. 8) eine deutlich schlechter räumliche Auflösung. Die Fokussierung von geladenen Teilchen wie Protonen (PIXE) und (Elektronen) oder Sekundärionenmassenspektrometrie (SIMS) ist mithilfe von elektromagnetischen Feldern leicht in den Submikrometerbereich möglich, obwohl die räumliche Auflösung der Erfassung der Elementverteilung durch Beugung der anregenden Teilchen im Material, auf den unteren Mikrometerbereich limitiert ist. Der Vorteil der Röntgenmikrosonde ist, dass die Probe nicht in ein Vakuum eingebracht werden muss, was zum Beispiel bei hydratisierten Proben von Vorteil ist. Die Schäden, die durch die Sonde an der Probe hervorgerufen werden, sind auch meist geringer bei einer Röntgensonde im Vergleich zu einer Elektronensonde. Vergleicht man die Empfindlichkeit der Elementlinien beider Aufbauten, sind Elektronensonden meist relativ unempfindlich für die höher energetischen Linien, bereits bei Mn$K\alpha$ aber empfindlicher für die niedrig energetischen Linien. Die Fluor-K-Linie ist z. B. bei entsprechender Konzentration in der Elektronenmikrosonde gut zu sehen. Dies liegt zum einen an der geringeren Absorption im Vakuum der Elektronensonde – Mikro-RFA Spektrometer operieren oft an Luft – und der besseren Anregungseffizienz für Elemente mit niedriger Ordnungszahl.

Eine besondere Herausforderung ist die Bündelung der Röntgenstrahlung. Die Fokussierung von Röntgenstrahlen wurde zunächst aufgrund ihrer geringen Wechselwirkung mit Materie für unmöglich gehalten. Durch Nutzung von Totalreflexion z. B. in Polykapillaroptiken und Spiegeln [173], Beugung im Fall von Fresnel-Zonenplatten [208] oder Brechung im Fall eines Verbunds von Brechungslinsen („Compound Refractive Lenses" CRLs, [235]) ist heute die Fokussierung von Röntgenstrahlen in den Mikrometer- bis Nanometerbereich möglich (s. Abb. 5.47).

Für Laboraufbauten, die in der Regel mit Röntgenröhren als Quelle betrieben werden, sind in der Lichtoptik gebräuchliche brechende Linsen unpraktikabel, da aufgrund des

5.3 Spezialverfahren

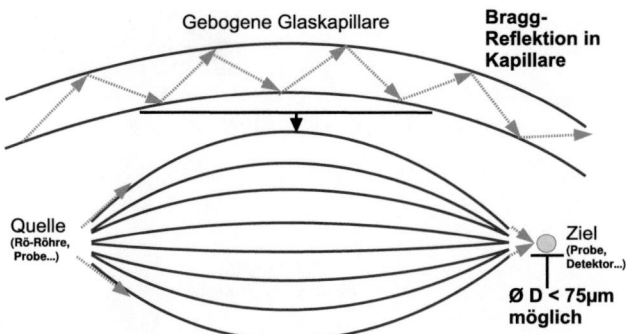

Abb. 5.47 Prinzip einer Röntgenkapillare für die μ-RFA (nach [28])

sehr nahe an 1 liegenden Brechungsindex der Röntgenstrahlung der Fokus einer Glaslinse sehr lang wäre (~1 m). Um die Fokuslänge zu verkleinern, wird deshalb oft ein Verbund von mehreren Linsen verwendet, die oben erwähnten sogenannten „Compound Refractive Lenses". Da die Transmission relativ schlecht ist, werden diese im Labor zumeist nicht benutzt, sondern nur an Synchrotroneinrichtungen.

Die Entwicklung von Polykapillaroptiken hat die Labor-Mikro-RFA entscheidend vorangebracht. Die Fokussierung beruht auf Totalreflexion an der Materialoberfläche (siehe Abb. 5.47). Zum einen fokussieren die Polykapillaren die Quelle sehr effizient zum anderen sind sie achromatisch, das bedeutet die Fokuslänge ist unabhängig von der Energie der fokussierten Strahlung. Dadurch kann auch eine Röntgenröhre unter Ausnutzung des gesamten Röhrenspektrums und somit ein Laborgerät effektiv für die Mikro-RFA genutzt werden. Ein Problem ist, dass sich die Strahlung unterschiedlicher Energie unterschiedlich verhält; niedrige Energien werden absorbiert und sehr hohe Energien durchschlagen das Kapillarmaterial [28]. Die Größe des Fokus ist ebenfalls energieabhängig, da die Winkel der Totalreflexion zu höheren Energien kleiner werden. Daraus folgt, dass die Fokusgrößen für hohe Energien kleiner sind.

Die Mikro-RFA lässt sich besonders gut zur zerstörungsfreien Materialprüfung verwenden, vor allem wenn Elementverteilungen eine Rolle spielen, die Probenmenge sehr klein ist (z. B. Forensik) und/oder die Probe nicht zerstört werden darf (z. B. Kunstwerke). Im Gegensatz zur Elektronenstrahl-Mikroanalyse (ESMA (siehe Kap. 8)) sind die Zerstörungen auf der Probenoberfläche meist vernachlässigbar (quasi zerstörungsfreie Analyse). Der Nachteil ist, die (noch) etwa 10-fach schlechtere räumliche Auflösung von Laborgeräten.

(Raster)-Mikro-RFA

Die Instrumente können in (Raster)-Mikro-RFA und konfokale Mikro-RFA-Spektrometer unterteilt werden. Der typische Aufbau für (Raster)-Mikro-RFA besteht aus einer Röntgenquelle, einer fokussierenden Optik, der Probe auf einem x,y,z-Tisch und einem Röntgendetektor. Der Detektor steht dabei normalerweise in einem Winkel von ca. 45° zur Probe. In Abb. 5.48 ist ein Mikro-XRF-Aufbau schematisch abgebildet. In dieser

Abb. 5.48 Aufbau eines Labor-Mikro-XRF-Geräts. (Mit freundlicher Genehmigung von Joanna Kolny-Olesiak)

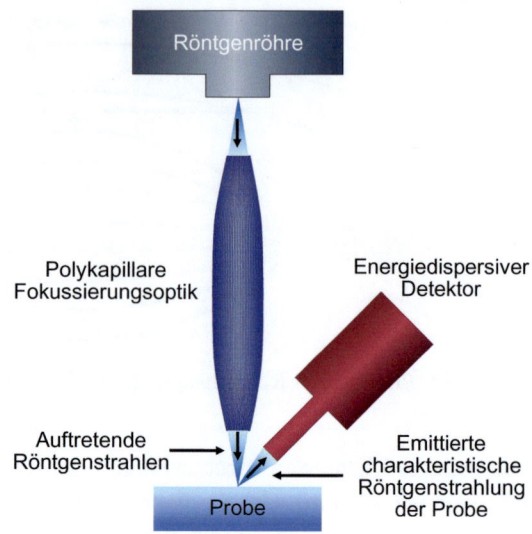

Abbildung wird die Röntgenstrahlung mithilfe einer Röhre erzeugt und mit einer Polykapillaroptik auf die Probe fokussiert. Ein energiedispersiver Detektor dient zur Bestimmung der Energie der Photonen und der Intensität.

In Laborgeräten werden zur Fokussierung zumeist achromatische Kapillaroptiken verwendet. Die räumliche Auflösung sinkt für kleinere Wellenlängen, diese werden unter einem kleineren Winkel an der Kapillare totalreflektiert. Oberhalb von ca. 15 keV bricht die Kollimation der Optik zusammen, weil die hochenergetischen Photonen die Glaswände durchdringen.

Konfokale MRFA

Mithilfe einer zweiten Optik kann eine dreidimensionale Aufnahme der Elementverteilung erreicht werden. Dieser sogenannte konfokale Aufbau wurde erstmals 1993 postuliert und in den darauffolgenden Jahren von Havrilla, Ding und Gao umgesetzt. Vor allem Schichtstrukturen standen dabei zunächst im Blickpunkt des Interesses und wurden mit konfokaler Mikro-RFA von Kangiesser und Malzer [166] und Janssens [245] beschrieben. Ein Übersichtsartikel über die Anwendung der konfokalen Methode in umweltrelevanten Anwendungen findet sich bei Fittschen&Falkenberg [77].

Das Prinzip der konfokalen MRFA liegt darin, dass zum einen eine Optik im anregenden Strahl den Bereich der Anregung der Probe bestimmt und zum anderen eine zweite Optik auf dem Detektor den Bereich der Probe der aus dem Fluoreszenzsignal in den Detektor treten kann, einschränkt. Daraus ergibt sich, dass das betrachtete Volumen durch die Überlappung der Strahlengänge der beiden Optiken definiert ist. Wird nun die Probe in den drei Raumrichtungen durch den Strahl bewegt kann eine dreidimensionale Aufnahme der Elementverteilung einer Probe erfolgen (s. Abb. 5.49).

5.3 Spezialverfahren

Abb. 5.49 Schema der konfokalen MRFA-Geometrie. (Mit freundlicher Genehmigung von Joanna Kolny-Olesiak)

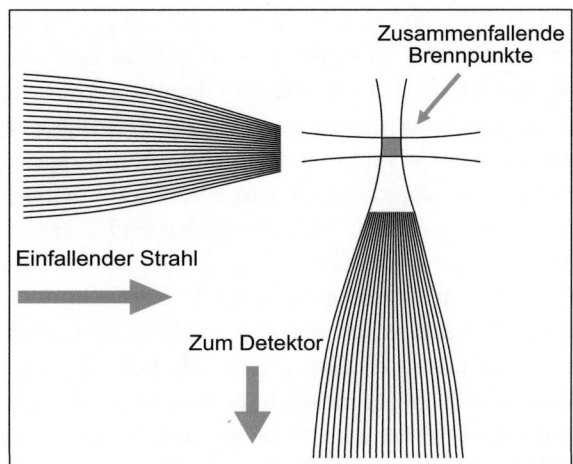

Für Laborgeräte liegt die räumliche Auflösung für konfokale MRFA gewöhnlich zwischen 10–50 µm sowohl lateral als auch vertikal. Wie schon erwähnt, ermöglicht die Verwendung anderer Optiken als Polykapillaren eine verbesserte vertikale Auflösung in einer Größenordnung von 50 nm bis 1 µm. Während zur Fokussierung im Prinzip verschiedene Optiken zur Verfügung stehen (auch achromatisch, wenn eine monochromatische Quelle gewählt wird), ist man auf der Detektorseite bisher auf Polykapillarhalblinsen beschränkt, was die laterale Auflösung auf ca. 10 µm beschränkt.

Einsatz findet konfokale MRFA im größeren Maßstab an Materialien, die entweder wertvoll sind oder nur in sehr geringen Mengen zur Verfügung stehen z. B. Kunstobjekte oder Staub aus dem Weltraum.

Alternative, zerstörungsfreie Methoden sind die RFA-Mikro-Tomographie [277] oder die Vollfeld-Mikro-RFA [91]. Diese Methoden sind vorzuziehen, wenn eine hohe räumliche Auflösung in die Tiefe benötigt wird (wenige Mikrometer bis Nanometer) oder wenn in einem Energiebereich gearbeitet wird, für den die Kapillare an der Detektorseite transparent (im Bereich von $Z = 40$ (Zr) bis $Z = 60$ (Nd) ist. Nicht immer sind diese Methoden geeignet. Die Proben müssen einigermaßen transparent sein und das Scannen der gesamten Probe, das für die Rekonstruktion der Daten nötig ist, ist zeitaufwendig. Daher ist die konfokale Mikro-RFA die erste Wahl, wenn eine zeitaufgelöste Messung an einer Grenzfläche erfolgen soll.

Quantitative Auswertung bei ortsaufgelöster Röntgenfluoreszenzspektrometrie

Die Mikro-RFA hat vielseitige Einsatzmöglichkeiten z. B. in Medizin, Biologie, im Bereich von Kunst und Archäologie, in den Materialwissenschaften, der Analytik einzelner Partikel, von Aerosolen und dem Geoklima. Quantitative Aussagen aus räumlich aufgelöster MRFA zu erhalten ist alles andere als trivial. Dies gilt nicht nur für die MRFA, sondern im Prinzip für alle mikroanalytischen Methoden, die die Herausforderung annehmen müssen, nicht nur Bilder zu generieren, sondern auch quantitative, bzw. semiquantitative Aussagen zu ermöglichen. Ein Review zu diesem Thema ist in Trends Anal. Chem. [122] erschienen. Generell gilt, dass mit matrixangepasster Kalibrierung mit Referenzmaterialien und robuster Probenpräparation die besten Ergebnisse erzielt werden. Dieses Verfahren ist aber unflexibel, sobald ein anderer Probentyp untersucht werden soll. Dazu muss dann eine neue Kalibrierung aufgenommen werden, für die nicht immer geeignete Materialien verfügbar sind. Flexibler aber generell mit größeren Fehlern behaftet sind rechnerische Matrixanpassungen. Generell ist es möglich, mathematische Formalismen für die quantitative Interpretation der erhaltenen Signale heranzuziehen. Dies wird z. B. durch Fundamentalparametermodelle ermöglicht, in denen die Signalintensität einer bestimmten Linie als Funktion der chemischen Zusammensetzung der Probe sowie einiger Messparameter z. B. das Anregungsspektrum beschrieben wird. Alle anderen Variablen leiten sich von Konstanten ab, wie z. B. die Absorptionsquerschitte, Übergangswahrscheinlichkeiten und Fluoreszenzausbeuten.

Eine umfassende Beschreibung der Interelementeffekte in geschichteten Materialien ist von Mantler entwickelt worden [167]. Grundlegende Arbeiten zur Modellierung des konfokalen Signals sind von Malzer und Kangiesser gemacht worden [134]. Anregungs- und Absorptionseffekte sowie Sekundäranregung sind behandelt worden.

Neben dem Fundamentalparameteransatz wurden auch Monte-Carlo-Modelle angewendet, um ein Spektrum durch die Simulation von Wechselwirkung der Röntgenstrahlen mit Materie zu berechnen. Das Monte-Carlo-Modell simuliert stochastische Prozesse wie die Emission von Röntgenfluoreszenz oder Streuung [23]. Es wird das Schicksal eines jeden Photons, angefangen von der Röntgenoptik über das Eindringen in die Probe, wo verschiedene Wechselwirkungen berücksichtigt werden können, bis zur Detektion eines gestreuten oder erzeugten Photons im Detektor simuliert. Allerdings ist der Rechenaufwand relativ hoch, was diesen Ansatz für komplexe Systeme, in denen Sekundäreffekte oder Spurenelemente eine Rolle spielen, weniger interessant werden lässt. Für alle Modelle ist eine experimentelle Validierung erforderlich. Deshalb gibt es einige Anstrengung, flexibel anwendbares Referenzmaterial herzustellen. In der zweidimensionalen MRFA werden zunächst homogene Schichten für die Charakterisierung des Aufbaus benötigt, ebenso wie Material aus mehreren Schichten für den konfokalen Aufbau [168]. Bei der Anwendung der MRFA für Forschungszwecke werden zum Teil dünne Einelementfilme zur Kalibrierung verwendet [98] oder dünne Glasfilme, die mit sechs bis sieben Elementen dotiert sind, wie die Standards NIST 1833 und 1832. In beiden Fällen ist die Aussagekraft der Kalibrierung eingeschränkt, wenn die Probe aus anderen Elementen besteht, die Elemente in anderen Konzentrationsbereichen vorliegen oder das Substrat variiert.

Bei vielen wissenschaftlichen Fragestellungen handelt es sich um strukturiertes Material, wenn man zum Beispiel Einschlüsse in Diamanten oder anderen geologischen Materialien betrachtet oder Ablagerungen auf Elektrodenoberflächen oder Elementanreicherungen in Tumorgewebe. Ein Problem für die konfokale Analyse von strukturiertem Material ist, dass mehrere sekundäre Effekte nicht auf das beprobte konfokale Volumen beschränkt sind. Das Photon (oder Elektron), das für den Sekundärprozess verantwortlich ist, kann sich von einem beliebigen Ort im Anregungsvolumen des einfallenden Strahls zu einem beliebigen Ort in den von dem Detektor aufgenommenen Bereich bewegen. Sekundärfluoreszenz kann beispielsweise irgendwo im Anregungsbereich entstehen und dann ein Analytelement im vom Detektor abgedeckten Volumen anregen. Diese Effekte sind gemeinhin klein verglichen mit der direkten Anregung können aber bis zu 20 % des Analytsignals ausmachen bei bestimmten Elementkombinationen wie z. B. Eisen, das von Ni angeregt wird, oder Mn das von Co angeregt wird.

Bedenkt man nun die vielen verschiedenen Anwendungsgebiete der MRFA, erscheint eine Möglichkeit zur maßgeschneiderte einfache Herstellung von Referenzmaterialien wünschenswert. Hier wird Referenzmaterial benötigt, dass die zu beobachteten Strukturen nachbildet und sehr gut definiert ist, was die räumlichen Dimensionen und die Konzentration der Elemente angeht. Dies ist z. B. durch die Verwendung von Drucktechnik möglich. Diese kann z. B. auf der Herstellung mikroskopischer ein oder mehr Elementpräparate, definiert in Mengenzusammensetzung und Gestallt mit Inkjet Technologie beruhen. Die Herstellung von 3D-Referenzmaterialien mit Resin-Druckern hat ebenfalls sehr vielversprechende Aspekte

5.3.2 TRFA

Die Ultraspurenelementanalyse ist bei einer Reihe von Fragestellungen der Geologie und den Umweltwissenschaften von Bedeutung. In vielen Fällen trägt die Kenntnis über Spurenbestandteile entscheidend für ein tieferes Verständnis von chemischen und physikalischen Vorgängen in den Geowissenschaften bei, z. B. die Bestimmung von Metallionen in Gewässern oder in atmosphärischen Aerosolen. Ein weiteres Verfahren zur Spurenelementbestimmung – die Massenspektrometrie – wurde bereits in den Kapitel 4 vorgestellt.

In diesem Kapitel soll näher auf eine RFA-basierte Methode der Spurenelementanalytik, die Totalreflexionsröntgenfluoreszenzanalyse (TRFA) eingegangen werden. Vorteile der TRFA im Vergleich zu der Massenspektrometrie und der Atomabsorptions/-emissionsspektrometrie sind die geringen Probenmengen, die für eine Analyse benötigt werden (< 1 mg), die Oberflächenempfindlichkeit, die Zerstörungsfreiheit der Analyse (eingeschränkt für biologische Materialien), die Kalibrierung aller Elemente mit einem internen Standard und die Möglichkeit eine Probe prinzipiell auch als Suspension oder als Partikel untersuchen zu können. Die Graphitofen-Atomabsorptionsspektrometrie (GF-AAS) ist mikroanalytisch ähnlich potent, sie ist aber nicht vergleichbar in der Lage, mehrere Elemente gleichzeitig zu detektieren. Nachteile der TRFA sind die intrinsisch geringen Empfindlichkeiten für leichte Elemente, die zu einem bestimmten Grad optimiert werden können, wenn z. B. im Vakuum gearbeitet wird und die Anregungsenergie verringert wird [256], Fehleranfälligkeit bei ungünstiger Probengeometrie und der geringe dynamische Bereich. Die Nachweisgrenzen für schwere Elemente (> Sc) sind vergleichbar mit denen der ICP-OES und liegen im einstelligen ppb-Bereich ($\mu g \cdot l^{-1}$). Bei Nutzung der Massen- oder Atomspektrometrie ist in der Regel ein vollständiger Aufschluss

(z. B. Säuredruckaufschluss) der Probe nötig, damit das wässrige feine Aerosol (< 1 μm Durchmesser) in das Plasma zerstäubt werden kann, ohne dieses merkbar zu beeinflussen. Da in der Röntgenfluoreszenz die Wechselwirkungen der Anregungsstrahlung mit den kernnahen Elektronen stattfindet und somit generell unabhängig vom Aggregatzustand der Probe ist, können mit der TRFA prinzipiell Suspensionen oder Feststoffe (z. B. Aerosole) direkt untersucht werden. Hierbei muss darauf geachtet werden, dass die Probe nicht zu dick wird, da dann die Annahme der matrixfreien Messung, welche in der TRFA angenommen wird, nicht mehr gilt. Wenn nur sehr wenig Probenmaterial zur Verfügung steht z. B. bei der Untersuchung von atmosphärischen Aerosolen, die mit hoher Zeitauflösung (kurze Probenahme) gesammelt wurden, ist die TRFA hervorragend geeignet [75]. Im Vergleich dazu ist in den Standardausführung der ICP-OES und ICP-MS ein Probenvolumen von mindestens 25 ml pro Einzelbestimmung in den entsprechenden Konzentrationen notwendig. Für Kulturschätze gilt außerdem, dass diese aufgrund ihres Wertes zerstörungsfrei untersucht werden sollen und daher ein Einsatz röntgenbasierter Methoden von Vorteil ist [142].

Die TRFA ist eine geometrische Sonderform der RFA. In der konventionellen RFA trifft der Anregungsstrahl aus der Röntgenröhre in einem Winkel von ca. 45° auf die Probe. Dabei wird ein relativ großes Volumen (μm^3–cm^3) in Abhängigkeit der Matrix angeregt. Dies führt nicht nur zum merklichen Auftreten von Matrixeffekten, sondern auch zu einer Erhöhung des Untergrunds durch Streuprozesse.

In der TRFA trifft der anregende Strahl fast parallel auf einen glatt geschliffenen Probenträger, den sogenannten Reflektor, auf dem die eigentliche Probe präpariert ist. Ist der Winkel kleiner als der Winkel der Totalreflexion für Röntgenstrahlen der entsprechenden Energie auf dem Reflektormaterial (der Winkel der Totalreflexion ist eine Funktion der Energie und des Materials), so wird der Strahl nicht mehr in das Reflektormaterial hinein gebrochen, sondern totalreflektiert. Durch diese Anordnung kann der Untergrund stark reduziert werden. Der streifende Einfall der Anregung ermöglicht es dann den energiedispersiven Detektor (in fast 90° zum Anregungsstrahl) sehr nah an die Probe heran zu bringen (< 1 cm) und damit einen großen Raumwinkel zu erfassen.

Die drastische Verringerung des Untergrundes unter Totalreflexionsbedingungen wurde das erste Mal 1971 von Yoneda und Horiuchi [296] gezeigt. Aiginger und Wobrauschek [4] zeigten ihr Potenzial für die analytische Anwendung. In der Folge wurde die TRFA besonders in der Bestimmung von Verunreinigungen auf Siliziumwaferoberflächen in der Halbleiterproduktion eingesetzt. Neben der Oberflächenanalyse wurde die Methode gleichzeitig für die Analytik von Umweltproben weiterentwickelt. In der sogenannten „Umwelt-TRFA" wird das reflektierende Material als Probenträger verwendet, auf den eine mikroskopische Probe präpariert wird. Dieses Vorgehen ist ebenfalls verbreitet. Es werden zumeist Quarzreflektoren als Probenträger benutzt, es kommen aber auch Si-Wafer und Plexiglasreflektoren zur Anwendung. Die Weiterentwicklung der TRFA als analytische Methode erfolgte vor allem in Österreich an der TU-Wien. Wobrauschek [287]

5.3 Spezialverfahren

und Streli [256], in Deutschland GKSS [145], Pahlke und Fabry [71] von Wacker Siltronic, Klockenkämper [141], von Bohlen vom ISAS und in Japan [89], um nur einige Namen zu nennen.

Die TRFA zeichnet sich durch niedrigen Nachweisgrenzen im einstelligen ppb-Bereich und Ihre mikroanalytische Leistungsstärke aus. An Synchrotronquellen werden sogar Nachweisgrenzen im einstelligen fg und darunter z. B. für Ni erreicht. Ein Hauptproblem in der TRFA ist die Herstellung einer repräsentativen gleichmäßig dünnen und homogenen Probe. Nur gute Präparate erlauben eine von Matrixeffekten quasi freie Analyse und eine Quantifizierung über einen internen Standard. Matrixeffekte werden hauptsächlich durch die Absorption niedrig energetischer Fluoreszenzphotonen in der Probe verursacht. Im Gegensatz zur konventionellen RFA, wo gerne mit unendlich dicken Proben gearbeitet wird, wird in der TRFA die Probe so präpariert, dass sie als unendlich dünn und frei von Matrixeffekten angesehen werden kann. In Abhängigkeit von der akzeptierten Absorption (z. B. 90 % Transmission) lässt sich eine kritische Schichtdicke oder eine kritische Massenbelegung berechnen, die nicht überschritten werden darf [140].

Totalreflexion von Röntgenstrahlen
In Totalreflexion betragen die Eindringtiefen in ein glattes Material (Rauigkeit < 5 nm) nur einige 10–100 nm und Wechselwirkungen der Anregungsstrahlung mit dem Probenträger und damit auch die Beiträge zum Untergrund des Spektrums sind minimiert. Totalreflexion tritt bei sehr kleinen Winkeln, ab dem kritischen Winkel ($< 0,1°$), auf. Diese Art der Oberflächenuntersuchung ist möglich, weil Röntgenstrahlen beim Übergang von Vakuum (oder Luft) zu Materie totalreflektiert werden. Dies ist für elektromagnetische Wellen mit größeren Wellenlängen, z. B. im optischen Bereich meist umgekehrt (sie werden beim Übergang Materie zu Vakuum in die Materie zurück totalreflektiert).

Winkelabhängigkeit, Energieabhängigkeit und Materialabhängigkeit der Totalreflexion von Röntgenstrahlen
Um optimale Anregungsbedingungen und Präzision in der TRFA zu erreichen, ist die Einstellung des Winkels, mit dem die anregende Strahlung auf den Träger trifft, entscheidend. Dieser hängt von der Energie der anregenden Strahlung und dem Material an dem reflektiert werden soll, ab. In Abb. 5.50 ist ein typischer Verlauf der Fluoreszenzintensität einer Fe-Probe auf einem Si-Wafer Träger in Abhängigkeit vom Einfallswinkel dargestellt. Es ist die Intensität der Fe$K\alpha$ Strahlung (rot) und der Si$K\alpha$ (blau) Strahlung wiedergegeben.

Der Verlauf für das Si-Signal ist typisch für eine glatte Oberfläche an der totalreflektiert wird. Unterhalb des kritischen Winkels dringt die Strahlung kaum in das Material ein und das Signal ist konstant klein. Am kritischen Winkel wird nicht mehr totalreflektiert, der gebrochene Strahl regt die Masse des Materials an und das Si-Signal steigt sprunghaft an.

Das Probensignal (Fe$K\alpha$) in Abb. 5.50 ist typisch für eine partikuläre Substanz, die auf der Oberfläche, an der totalreflektiert wird, liegt. Unterhalb des kritischen Winkels des Probenträgers steigt die Signalintensität schnell an, bleibt dann konstant, bis sie am kritischen Winkel wieder abnimmt etwa auf die Hälfte der Intensität des Plateaus. Die Verdopplung des Signals vor dem kritischen Winkel kann vereinfacht so erklärt werden,

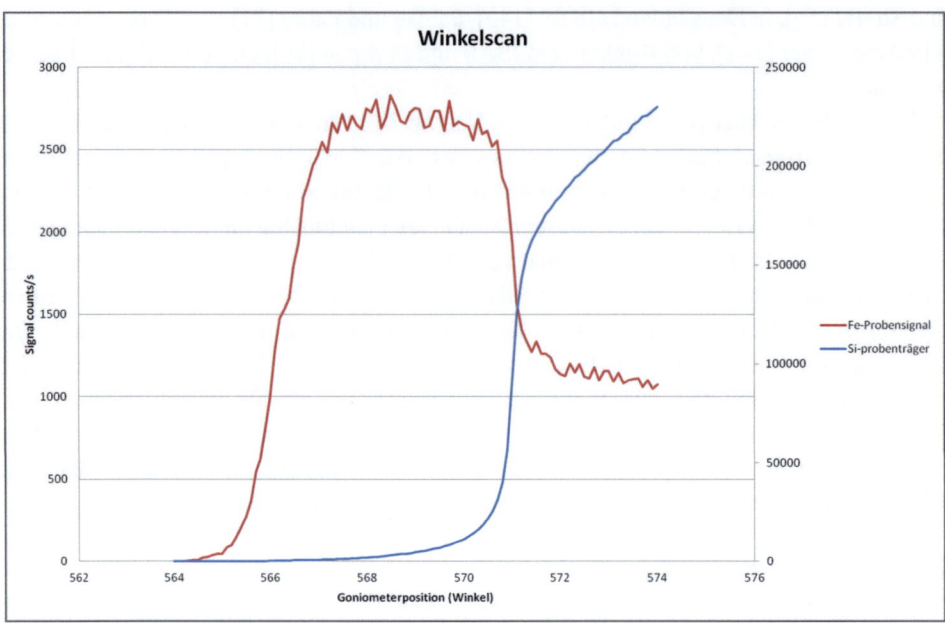

Abb. 5.50 Verlauf der Fluoreszenzintensität einer Fe-Probe auf einem Si-Wafer Träger in Abhängigkeit vom Einfallswinkel. Es ist die Intensität der Fe$K\alpha$ Strahlung (rot) und der Si $K\alpha$ Strahlung (blau) dargestellt

dass hier die Probe von dem einfallenden und dem reflektierten Strahl angeregt wird. In Wirklichkeit sind die Verhältnisse aber komplizierter, denn es bildet sich oberhalb des Probenträgers ein stehendes Wellenfeld aus, das auf der Interferenz der einfallenden und reflektierten Strahlung beruht.

Dieses hängt vom Einfallswinkel ab und kann benutzt werden, um dünne Schichten auf und in der Nähe der Oberfläche des Materials zu charakterisieren. Eine Modellierung des Wellenfeldes findet sich bei Krämer et al. [149]. Die Kohärenzlänge der anregenden Strahlung begrenzt die Höhe des stehenden Wellenfeldes. So beträgt es nicht die halbe Strahlhöhe, bspw. 20 μm für einen 40 μm hohen Strahl (Kohärenzlänge nicht berücksichtigt), sondern erreicht maximal die Kohärenzlänge, die im Idealfall Werte im einstelligen Mikrometerbereich haben kann, aber durch die Verwendung von Fenstern und Reflektoren im Strahlengang nur einen Wert von einigen hundert Nanometern aufweist (z. B. [278]). Untersuchungen von Schichten unterhalb der Oberfläche werden folgerichtig bei Winkeln größer als der kritische Winkel durchgeführt und als Kleinwinkel-RFA (s. Abschn. 5.3.3) bezeichnet.

Dies ist bei der Untersuchung von Wafer-Implantierung von Nutzen. Umfassende Untersuchungen dazu finden sich bei Pepponi et al. [202].

Für eine optimale Empfindlichkeit der Analyse ist es wichtig, den Winkel so zu wählen, dass das Analytsignal maximal ist. Für die Genauigkeit der Messung, vor allem wenn eine externe Kalibrierung verwendet wird, wiederum ist es wichtig, dass eine kleine

Veränderung des Winkels keinen Einfluss auf die Signalgröße hat. Dies ist im mittleren Bereich des Plateaus in Abb. 5.50 gewährleistet, also etwas unterhalb des kritischen Winkels für das Material und die Strahlung.

Wird ein interner Standard verwendet, wirkt sich die Änderung des Winkels gleichermaßen auf den internen Standard und den Analyten aus, es sei denn das winkelabhängige Signal der beiden weicht voneinander ab. Dies wäre z. B. der Fall, wenn der interne Standard ein dünner Oberflächenfilm ist und die Probe ein partikuläres Präparat. Die Abhängigkeit des kritischen Winkels von der Energie der Primärstrahlung ergibt sich aus der Dispersion. Es zeigt sich, dass der Brechungsindex eine Funktion der Wellenlänge ist und somit gilt dies auch für den kritischen Winkel θ_{krit}:

$$\cos(\theta_{krit}) = n \tag{5.33}$$

Dies folgt aus der Betrachtung von Gl. 5.33, wenn die Bedingungen für den kritischen Winkel erreicht sind: dann ist $\sin \alpha_1 = \sin((90° - \theta_{krit})$, und $\sin \alpha_2 = \sin 90° = 1$. Also $\sin(90 - \theta_{krit}) = \cos(\theta_{krit}) = n = 1 - \delta$. Aus dem Satz des Pythagoras folgt:

$$\sin \theta_{krit} = \sqrt{1 - \cos^2 \theta_{krit}} = \sqrt{1 - (1-\delta)^2} = \sqrt{2\delta} \approx \theta_{krit} \tag{5.34}$$

Hier wird δ^2 vernachlässigt, weil δ die Größenordnung 10^{-6} hat. Die Abhängigkeit von δ von der Wellenlänge hatten wir bereits gezeigt. Da die Winkel außerordentlich klein sind im Röntgenbereich, normalerweise $< 0{,}1°$, ist der Sinus und der Winkel (rad) in etwa gleich. Aus der klassischen Dispersionstheorie ergibt sich eine Abhängigkeit des Dekrements vom Material und der Wellenlänge der reflektierten Strahlung wie folgt:

$$\delta = \frac{N_A}{2\pi} r_e \rho \frac{Z}{A} \lambda^2 \tag{5.35}$$

Als Näherung kann man schreiben:

$$\theta_{krit} \approx \frac{1{,}65}{E} \sqrt{\frac{Z}{A} \rho} \tag{5.36}$$

wobei E in keV und die Dichte ρ in g/cm^3 anzugeben sind, um den Winkel in Grad zu erhalten. Man bekommt dann für verschiedene Materialien Winkel zwischen 0,04 und 0,6° für Energien von 8,4–35 keV. Aus der Gleichung geht außerdem hervor, dass der Winkel für höhere Energien kleiner wird. Dies wirkt sich z. B. auf die Leistungsfähigkeit von Kapillaroptiken in höheren Energien aus. Die Fokussierung beruht auf der mehrfachen Totalreflexion der Röntgenstrahlen an den Glaswänden der Kapillare. Die Divergenz der austretenden Photonen wird daher hauptsächlich vom kritischen Winkel der Totalreflexion bestimmt, der z. B. bei Photonen mit einer Energie von 8,4 keV bei 0,21° liegt und bei Photonen von 17,44 keV nur 0,10°. Dies führt zu einem kleineren Fokus von höherenergetischer Strahlung gegenüber niedrigenergetischer, welche ein größeres räumliches Auflösungsvermögen für höhere Energien zur Folge hat. Werden die Winkel aber zu klein, wird die Wirkung der Kapillare minimal und die Optik transparent für die Strahlung.

Aus dem Zusammenhang zwischen dem kritischen Winkel und n wird außerdem die Materialabhängigkeit deutlich. $Nv((Z \cdot N_a \cdot \rho)/A)$ wird größer mit steigender Ordnungszahl und damit auch der kritische Winkel. Nun könnte man meinen, dass deswegen Materialien mit hohen Nv besser als Träger für die TRFA geeignet sind, weil es nicht nötig sein wird, besonders flache Winkel zum Erreichen der Totalreflexion einzustellen. An dieser Stelle darf die Absorption des Materials nicht weiter vernachlässigt werden. Absorption ist gleichbedeutend der Anregung des Materials, was dazu führt, dass sich das Linienspektrum desselben zum Untergrund addiert. Da der Aufbau für Fluoreszenzlinien geringer Energien nicht empfindlich ist, bietet es sich an, Reflektoren aus leichten Materialien zu benutzen. Ohne Absorption wäre die Reflektivität unterhalb des kritischen Winkels immer 1 (100 %), mit der Reflektivität das Verhältnis von I/I_0 des reflektierten Strahls zum primären Strahl. Aus der Fresnel'schen Formel:

$$R = \frac{I}{I_0} = \left| \frac{\alpha 1 - \alpha 2}{\alpha 1 + \alpha 2} \right|^2 \tag{5.37}$$

und unter Berücksichtigung der Absorption in Form des komplexen Brechungsindex ergeben sich für Winkel kleiner als der kritische Winkel ungefähr:

$$R \approx 1 - \sqrt{\frac{2}{\delta} \frac{\beta}{\delta}} \alpha_1 \tag{5.38}$$

Es ist ersichtlich, dass je größer die Absorption wird, desto kleiner wird die Reflektivität. Abbildung 5.51 zeigt den Verlauf der Reflektivität in Abhängigkeit vom Winkel für verschiedene Materialien mit Angabe des β/δ-Werts für Mo$K\alpha$-Strahlung.

Mo$K\alpha$-Strahlung wird routinemäßig als Primärstrahlung in der TRFA eingesetzt, da so die meisten häufig vorkommenden Elemente über die K-Linien angeregt werden können. Quarz zeigt unter diesen Bedingungen hervorragende Reflektivität und lässt sich in der erforderlichen Reinheit und glatten Oberfläche herstellen. Dies ist der Grund, dass Quarzreflektoren routinemäßig in der Umwelt-TRFA eingesetzt werden. Es ist außerdem ersichtlich, dass z. B. eine Goldbeschichtung zwar den kritischen Winkel vergrößert, aber gleichzeitig die Reflektivität drastisch reduziert wird. Kurz vor dem kritischen Winkel liegt sie dann nur noch bei 80 % (s. Abb. 5.51).

Aufbau eines TRFA-Spektrometers

Ein TRFA-Spektrometer besteht normalerweise aus einer Röntgenröhre, einem Monochromator oder Spiegeln, einem Probenhalter für die Reflektoren und einem Detektor. Der üblicherweise energiedispersive Detektor ist nur wenige Millimeter oberhalb des Reflektors angebracht. Detektor und Reflektor bilden meistens eine Einheit, in dem Sinne,

5.3 Spezialverfahren

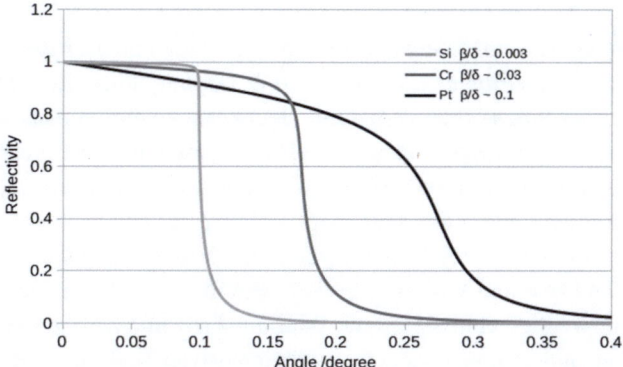

Abb. 5.51 Reflektivität verschiedener Materialien in Abhängigkeit vom Winkel mit Angabe des β/δ-Werts für Mo $K\alpha$-Strahlung. (Mit freundlicher Genehmigung von Heiko Till)

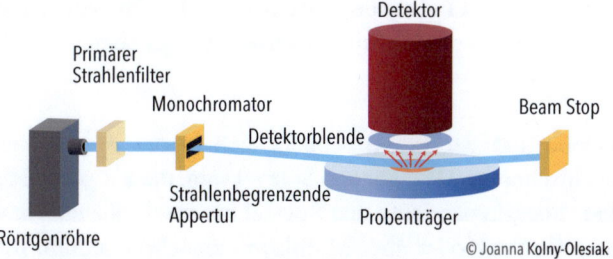

Abb. 5.52 Schematischer Aufbau einer TRFA Spektrometers mit Röntgenröhre, Monochromator, Reflektor mit Probe und Detektor. (Mit freundlicher Genehmigung von Joanna Kolny-Olesiak)

dass der Reflektor in einer Ebene mit dem entsprechenden Abstand zum Detektor fixiert ist. Eine oft realisierte Lösung dieser starren Geometrie ist, dass der Reflektor mithilfe eines Motors gegen drei Auflagepunkte, die um den Detektor herum angebracht sind, gepresst wird (s. Abb. 5.52).

Bautypen

Grundsätzlich lassen sich zwei Arten von TRFA-Spektrometern unterscheiden, zum einen die Wafer-TRFA-Spektrometer. Diese werden für die Analytik mit hohem Durchsatz in der Routineanalyse von Si-Wafern eingesetzt. Bei Waferherstellern laufen zum Teil mehrere dieser Großinstrumente durchgehend 24/7. In der Waferanalytik wird entweder die Oberfläche direkt untersucht oder in der VPD-TXRF (engl. „Vapor Phase Decomposition Total Reflection X-Ray Fluorescence) die Oberfläche mit HF-Dampf angeätzt und mit einem Tropfen die Ätzprodukte eingesammelt, in der Mitte des Wafers eingetrocknet und dann vermessen. In der „Umwelt"-TRFA hingegen wird zumeist auf Quarzreflektoren ein Tropfen einer Lösung oder einer Suspension der Probe mithilfe einer Mikroliterpipette aufgetragen (meistens 1–10 μl). Diese wird eingetrocknet und dann vermessen.

Anregung

Auf der Anregungsseite werden sowohl Röhren mit relativ hoher Leistung (2–4 kW) und Mikrofokusröhren mit niedriger Leistung 30–50 W Leistung eingesetzt. Dabei stehen die Geräte mit Niedrigleistungsröhren denen mit Hochleistungsröhren nicht unbedingt nach. Durch die Fokussierung der Elektronen in der Röhre kann eine hohe Flussdichte auch bei niedrigen Strömen erreicht werden und der Einsatz gekrümmter Monochromatoren sorgt für eine optimale Fokussierung der Anregungsstrahlung auf den Probenfleck.

Gängige Targets in der TRFA sind Molybdän mit Verwendung der $K\alpha$-Strahlung zur Anregung von 17,44 keV und Wolfram. In Wolframröhren werden in der Regel zwei Monochromatoren verwendet, einmal, um die Wolfram $L\alpha$-Linie zur Anregung von 8,4 keV zu nutzen und zum anderen, um aus dem relativ intensiven Spektrum der Wolframbremsstrahlung einen Bereich um 35 keV herauszuschneiden. Da die Totalreflexion am Reflektor (z. B. Quarz) nicht nur vom Material, sondern auch von der Energie abhängt, sollte der Winkel zwischen Anregungsstrahl und Reflektor in Abhängigkeit der Anregungsenergie eingestellt werden. In Tab. 5.11 sind die kritischen Winkel für verschiedene in der TRFA gebräuchliche Energien und verschiedene Materialien angegeben.

Optik

Zwischen der Quelle und der Probe befindet sich in der Regel eine Optik, die das Energiespektrum einschränkt. Dies können Spiegel sein, die als „Low-Pass"-Filter dienen (Photonen geringer Energie passieren den Spiegel hin zur Probe aufgrund ihres größeren Winkels der Totalreflexion), oder aber Multilayermonochromatoren, in denen sich eine Schicht aus leichten Elementen z. B. Kohlenstoff mit einem schweren Element abwechselt wie z. B. Wolfram. Diese Monochromatoren erzeugen eine energieabhängige Beugung des Strahls und wirken somit als Quasi-Bragg-Kristalle. Im Gegensatz zu echten Kristallen ist das Energiespektrum, dass in eine Raumrichtung verstärkt wird, deutlich breiter und der Fluss höher. Der Multilayermonochrommator kann gekrümmt sein, um den Strahl auf einen kleineren Bereich zu fokussieren und somit mehr Fluss auf die Probe zu bringen. Dabei steigt in der Regel auch die Divergenz des Strahls. TRFA-Spektrometer können auch mit einem parallelisierenden Monochromator z. B. einem Göbelspiegel ausgestattet werden, der dann eine winkelabhängige Untersuchung der Probe ermöglicht. Diese Unter-

Tab. 5.11 Kritische Winkel an verschiedenen Energien

Material	Summenformel	ρ [g/cm^2]	θ [°] 8,4 keV	θ [°] 17,4 keV	θ [°] 35 keV
Acrylglas	(C$_5$H$_8$O$_2$)$_n$	1,19	0,157	0,076	0,038
Quarz	SiO2	2,20	0,21	0,099	0,050
Saphir	Al2O3	3,97	0,27	0,132	0,066
Chrom	Cr	7,18	0,36	0,174	0,086
Nickel	Ni	8,88	0,41	0,196	0,097

5.3 Spezialverfahren

suchung gibt Information, ob alle Elemente den gleichen winkelabhängigen Signalverlauf zeigen (s. Abb. 5.50). Sie kann aber auch zur Charakterisierung von Nanopartikeln oder Schichtsystemen verwendet werden.

Detektoren

In der TRFA werden in der Regel Halbleiterdetektoren eingesetzt. Diese liefern zwar eine deutlich schlechtere spektrale Auflösung (oft um die 135 eV bei $MnK\alpha$) als wellenlängendispersive Detektoren, dafür kann der um 90° gekippte Detektor aufgrund seiner geringen Größe und Komplexität nah an die Probe heran gebracht werden (einige mm), sodass der große Raumwinkel, der vom Detektor erfasst wird, für eine hohe Nachweisstärke sorgt. Der Nachteil der schlechten spektralen Auflösung zeigt sich oft erst im niedrigenergetischen Bereich, wenn z. B. die L-Linien von Lanthanoiden untersucht werden sollen. Hier kann es dann in Abhängigkeit von der Zusammensetzung der Probe zu Interferenzen zwischen den K-Linien leichter Elemente sowie M-Linien schwerer Elemente und den zahlreichen L-Linien der verschiedenen Lanthanoiden kommen. Wissenschaftliche Untersuchungen mit wellenlängendispersiven Aufbauten werden bisher eigentlich nur an Synchrotroneinrichtungen durchgeführt. Kommerzielle TRFA-Instrumente mit wellenlängendispersiven Detektoren sind den Autoren zum jetzigen Zeitpunkt nicht bekannt. Möglicherweise kann hier die Verbindung der TRFA mit Mikrokalorimetern als Detektoren neue Möglichkeiten eröffnen.

In Abb. 5.53 sind zwei Spektren einmal wellenlängendispersiv a) und einmal energiedispersiv b) aufgenommen inklusive Fit dargestellt. Im energiedispersiven Spektrum wurde eine Untergrundfunktion angefittet. Es ist leicht zu erkennen, dass im energiedispersiven Spektrum eine Reihe von Interferenzen der L-Linien von Ba, Sb und Sn mit den K-Linien von K, Ca, Ti und Cr auftreten, die im wellenlängendispersiven Spektrum aufgelöst werden.

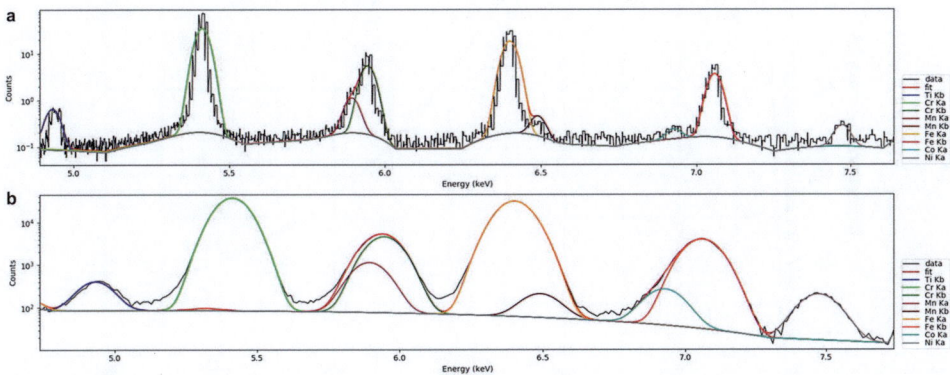

Abb. 5.53 Spektrum einer Probe: wellenlängendispersiv (**a**) und energiedispersiv (**b**) aufgenommen

Von den energiedispersiven Detektoren wird der SDD (engl. „Silicon Drift Detector") inzwischen am häufigsten in neuen Geräten verwendet. Er hat eine geringere Kapazität als der früher weitverbreitete Si(Li)-Detektor, sodass dieser mithilfe von Piezoelementen auf ca. $-20\,°C$ bereits ausreichend gekühlt ist. Sowohl Si(Li)-Detektoren als auch High-Purity-Germanium-Detektoren (HPGe), müssen in der Regel mit flüssigem Stickstoff gekühlt werden. SDD können hohe Zählraten verarbeiten (> 1000 kcps). Ihr großer Nachteil war lange Zeit, dass es nicht möglich war, die gleichen Absorptionsdicken herzustellen wie im Si(Li)-Detektor. Moderne Hochleistungs-SDDs sind heute 1 mm dick und können eine Fläche von 100 mm^2 haben. Wenn hochenergetische Strahlung empfindlich detektiert werden soll, wird heute in der Regel ein HPGe-Detektor eingesetzt. Durch die höhere Dichte des Materials ist die Quantenausbeute auch bei Photonenenergien über 30 keV noch akzeptabel. Nachteil der HPGe sind die ebenfalls durch die bessere Absorption bedingten stärkeren Auftreten von Detektorartefakten wie der Escape-Peak. Dies ist mit ein Grund, warum sie nicht bereits im niederenergetischen Bereich eingesetzt werden. Eine typische Verlaufskurve für verschiedene Detektoren ist in Abb. 5.54 wiedergegeben.

Probenpräparation in der TRFA

Die TRFA ist eine Mikromethode mit einer kritischen Obergrenze für die präparierte Probenmenge, die vom Material abhängig ist. Wird mit flüssigen Proben gearbeitet, werden diese gemeinhin mithilfe einer Mikroliterpipette auf einen Reflektor pipettiert und auf einer Heizplatte oder unter einer Rotlichtlampe eingetrocknet (gängig sind z. B. 10 µl) der angesäuerten und mit einem internen Standard versetzten Probe) bevor sie der Analyse zugeführt werden. Dabei sollten alle Präparationsschritte in einer Reinwerkbank

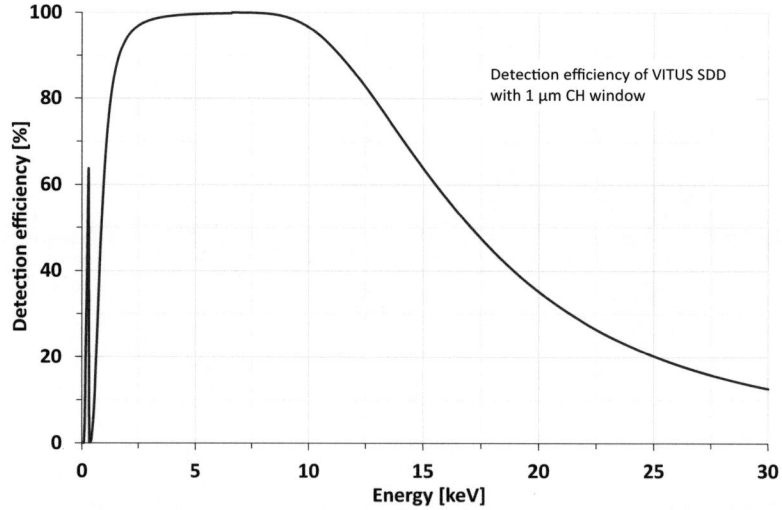

Abb. 5.54 Quantenausbeute eines SDD als Funktion der Energie. (Mit freundlicher Genehmigung von KETEK GmbH)

5.3 Spezialverfahren

durchgeführt werden, da Staubpartikel bei den geringen Probenmengen schon merkbare Blindwerte auf die Probe bringen können. Als Reflektor können verschiedene Materialien verwendet werden. Voraussetzung ist eine polierte Oberfläche mit einer Rauigkeit unter 5 nm. Beliebte Materialien sind Quarz- und Polymethylmethacrylat(PMMA)-Reflektoren von denen die ersteren nach entsprechender Reinigung wiederverwertbar sind [143].

Die Morphologie und Homogenität des getrockneten Rückstands sind oft entscheidend für die Güte der Ergebnisse. So kann während des an Komplexität nicht zu unterschätzenden Eintrocknungsvorgangs ein inhomogenes Präparat (vor allem bezogen auf den internen Standard) mit variierender Dicke und Dichte entstehen. „Hot Spots" können dann zu einer Abschirmung des Restes der Probe führen, was vor allem bei inhomogenen Proben zu falschen Ergebnissen führt [71, 112, 142, 193].

Die fehlende Kontrolle über den Trocknungsvorgang ist eine wichtige Fehlerquelle in der TRFA, vor allem wenn mit Suspensionen gearbeitet wird. Natürlich besteht die Möglichkeit des Probenaufschlusses, der gemeinhin zu einem besseren Eintrocknungsverhalten führt. In der Literatur finde sich daher viele Arbeiten, die mit Mikroaufschlüssen arbeiten (1 ml Volumen) [163, 169] oder Veraschung [8, 14], bei denen auch bei Aufschluss die mikroanalytische Leistungsfähigkeit der TRFA genutzt werden kann [106].

Ein anderer Ansatz zur Vermeidung von Matrixeffekten und ungleichmäßigen Anregungsbedingungen ist die Präparation einer Matrix von kleinen Probenpräparaten, die weniger Probenmaterial beinhalten und kontrolliert eingetrocknet werden können. Erste Ansätze dazu wurden von Sparks und Havrilla durchgeführt, indem die Volumenmenge der applizierten Probe von μl auf einige nl reduziert wurde [180–182, 249] und bei Fittschen et al. wird eine Lösung in Aliquoten von pl-Volumina präpariert [75, 248].

Generell gibt es in der TRFA die Möglichkeit den Analyten anzureichern und Matrix zu entfernen. Es wird hier nicht möglich sein alle Möglichkeiten der Probenpräparation zu behandeln, da der Phantasie des Experimentators hier keine Grenzen gesetzt sind und in der Literatur von Beschichtungen, Extraktionen usw. viele Spezialwege bereits eingeschlagen wurden. Hier seien daher nur einige Verfahren beispielhaft genannt. So ist ein etabliertes Verfahren, um Alkali- und Erdalkalisalze z. B. aus Meerwasserproben zu entfernen und andere Elemente anzureichern, die Komplexierung von Übergangsmetallionen mit Natriumdibenzyldithiocarbamat und anschließende Festphasenfiltration über Umkehrphasen [96]. Die selektive Fixierung von Arsen(V)-Spezies wurde mithilfe von Beschichtung eines Probenträgers erreicht [226]. Die selektive Extraktion von Nanomaterial kann z. B. mithilfe der Cloud-Point-Extraktion erfolgen [264]. Für die Untersuchung atmosphärischer Aerosole hat sich die direkte Impaktion in einem Mehrstufenkaskadenimpaktor in vielen Studien bewährt [155]. Transport von Nährstoffen über die Atmosphäre kann mit der TRFA so mit einer Zeitauflösung von 30 min–1 h untersucht werden. Quasikontinuierliche, zeitaufgelöste Elementbestimmung in PM10 und PM 2,5 (gebräuchliche Größenklassifizierung von Aerosolen, Particulate Matter $\emptyset$aerodyn. $< 10/,\mu m$ und Particulate Matter $\emptyset$aerodyn. $<2,5\ \mu m$) wurde sehr erfolgreich mit Micro-RFA durchgeführt, wobei dünne (1–15 μm) Folien als Impaktionsoberfläche in einem Trommelimpaktor gedient haben [218].

Proben können in der TRFA auch ohne Probenvorbereitung präpariert werden, allerdings ist in vielen Fällen davon abzuraten. Es empfiehlt sich z. B. in einer wässrigen Matrix mit hohem organischen Anteil (Flusswasser, Produktionswasser) ein Aufschluss der Matrix, da die schwerflüchtigen organischen Bestandteile stark zum Untergrund beitragen können und dazu führen können, dass die kritische Schichtdicke überschritten wird [144]. Organische Bestandteile der Probe können z. B. mithilfe eines Aufschlusses mit HNO_3 und H_2O_2 erfolgen. Ist keine Mikropräparation erforderlich, bieten sich Mikrowellendruckaufschlüsse an, da zum einen die Leistung direkt in die flüssige Probe eingekoppelt wird und nicht über eine Erwärmung der Wände erfolgt, und zum anderen die Möglichkeit, bei höheren Drücken als dem Atmosphärendruck und damit höheren Temperaturen zu arbeiten.

Oxidische Materialien können entweder als Suspension präpariert werden oder ebenfalls aufgeschlossen werden. Die Herstellung einer vollständig mineralisierten Lösung ist dabei zumeist nicht trivial, da durch Reaktion mit der Aufschlusssäure wieder unlösliche Verbindungen entstehen können. Beim Aufschluss kann es auch zur Verflüchtigung von Elementen kommen, wenn diese in flüchtige Verbindungen wie H_2Se, AsH_3 oder direkt in Gase Cl, Br, I überführt werden. Viele Metalle bilden mit Halogenen leicht flüchtige Verbindungen (s. Abschn. 3.4.1).

Wenn die Metallionen in Lösung gebracht wurden, ist es wichtig, sie bis zum Präparationsschritt verlustfrei in Lösung zu behalten. Meistens ist es nötig bei Verdünnung mit Säurezugabe den pH entsprechend einzustellen. Am häufigsten gehen Metallkationen an den SiO-Gruppen der Glaswände von Gefäßen verloren. Dies muss durch Zugabe von Säuren verhindert werden. Metalle, die hingegen als oxidisches Anion vorliegen, wie Chromat oder Molybdat, werden in neutraler bis alkalischer Lösung stabilisiert (dies gilt aber für die wenigsten Elemente).

Suspensionen von vielen Probenmaterialien wurden bisher erfolgreich mit der TRFA analysiert. Hier kommt der Herstellung einer stabilen Suspension ein sehr hoher Stellenwert zu. Diese wird zunächst dadurch erhalten, dass die Probe möglichst fein gemahlen wird. Das Mahlwerkzeug muss dabei härter sein als das Mahlgut. Bei oxidischen Proben kann es nötig sein, im letzten Schritt eine feuchte Mahlung vorzunehmen. Idealerweise sind die Partikel am Ende des Mahlvorgangs kleiner 10 µm im Durchmesser. Trotz kleiner Durchmesser kann es dann immer noch zur Sedimentation vor der Entnahme eines Aliquots kommen. Um Verklumpungen, sogenannte Clusterbildung, zu verhindern werden Detergenzien wie TritronX100 oder Polypropylalkohol zugesetzt. Des Weiteren kann mithilfe von Verdickungsmitteln die Dichte der Suspension erhöht werden und damit einer zu schnellen Sedimentation vorgebeugt werden.

Kalibrierung in der Umwelt-TRFA

In der TRFA wird die Kalibrierung zumeist mithilfe eines internen Standards (IS) erreicht. Dies ist möglich, weil die Messung als idealerweise unbeeinflusst von Matrixeffekten angesehen wird. Der Zusammenhang zwischen dem Signal und der Konzentration ist dann eine einfache Abhängigkeit (Gl. 5.39):

5.3 Spezialverfahren

$$\frac{N_i}{C_i} = S_i = \alpha \cdot N_0 \cdot \left[\tau_{i(E)} \cdot (s - \frac{1}{s}) \cdot P_{iK\alpha} \right] \cdot \omega_i \qquad (5.39)$$

Dabei gilt:

N_i: Signal als Nettocounts der $K\alpha$-Linie von Element i
C_i: Konzentration von Element i
S_i: Empfindlichkeit
α: Geometriefaktor (gerätespezifisch und konstant)
N_0: Anregungsintensität
$\tau_{i(E)}$: Photoelektrischer Absorptionsquerschnitt des Elements i bei der Anregungsenergie E
$s - \frac{1}{s}$: Kantensprungverhältnis, bewirkt, dass nur die Absorption in der K-Schale und nicht der L-Schale berücksichtigt wird
$P_{iK\alpha}$: Anteil der $K\alpha$-Linie an allen K-Linien des Elements i, $K\alpha / \sum(K\alpha \dots K\omega)$
ω_i: Fluoreszenzausbeute für die K-Schale von Element i

Die TRFA ist eine quasimatrixfreie Technik der Elementbestimmung. Dies erlaubt es Empfindlichkeiten (S) für Elementlinien zu bestimmen, die für die Analysen gültig sind.

Es ist üblich in der TRFA relative Empfindlichkeiten (S_{ri}) zu nutzen (anstatt die Empfindlichkeit S_i), die durch die Normierung auf die Empfindlichkeit ($S_{GaK\alpha}$) einer Linie (z. B. $GaK\alpha$) erhalten werden (Gl. 5.40):

$$S_{ri} = \frac{S_i}{S_{GaK\alpha}} \qquad (5.40)$$

Dabei gilt:

S_{ri}: relative Empfindlichkeit der Elementlinie
S_i: Empfindlichkeit der Elementlinie
$S_{GaK\alpha}$: Empfindlichkeit der Referenz, hier die $GaK\alpha$-Linie

Durch die Zugabe eines internen Standards (IS) bekannter Konzentration (C_{IS}) kann dann die Analyse kalibriert werden (Gl. 5.41):

$$c_i = \frac{y_i \cdot C_{is} \cdot S_{rIS}}{S_{ri} \cdot Y_{is}} \qquad (5.41)$$

Dabei gilt:

y_i: Nettointensität der Linie (i)
y_{IS}: Nettointensität der Linie des internen Standards
S_{rIS}: relative Empfindlichkeit des internen Standards

S_{ri}: relative Empfindlichkeit der Elementlinie
C_{IS}: Konzentration des internen Standards
C_i: Konzentration des Elements i

Meistens bestimmen die Hersteller bereits die relativen Empfindlichkeiten der Linien für die Konfiguration des jeweiligen Instruments. Es kann aber notwendig sein, die Bestimmung der relativen Empfindlichkeiten im analytischen Labor erneut durchzuführen, wenn Abweichungen festgestellt werden. Die Nettointensitäten der Linien werden durch das anfitten von Linienprofilen bei den charakteristischen Energien erreicht und der Subtraktion des Untergrundes. Der Fitvorgang wie auch die Bestimmung des Untergrundverlaufs kann auf verschiedene Weisen geschehen. Die Hersteller von TRFA-Geräten liefern gemeinhin die entsprechende Software mit. Es gibt aber auch freiverfügbare Programme, wie PyMCA [247], die es erlauben Röntgenspektren mit verschiedenen Vorgaben zu fitten und den Untergrund als Funktion anzupassen oder unterhalb der Linien zu extrapolieren. Daten von einem offensichtlich schlechten Fit sollten niemals verwendet werden. Bei Linieninterferenzen kann der Fit zur größten Fehlerquelle werden (siehe Abb. 5.54).

Nachweisgrenzen

Zur Beschreibung der Nachweisgrenze siehe Abschn. 9.5.4. Bei der energiedispersiven TRFA ist für die Detektion zunächst eine Poisson-Verteilung der Zählereignisse von Photonen anzunehmen.

Gleichung 9.4 in Kap. 9 gilt in erster Näherung. Für die Konzentration an der Nachweisgrenze (C_{NWG}) gilt die bekannte Beziehung (Gl. 5.42):

$$C_{NWG} = \frac{3 \cdot S_y}{m} = \frac{3 \cdot C_i \cdot \sqrt{y_{BKG}}}{y_i} \qquad (5.42)$$

mit

$$m = Si = \frac{y_i}{c_i} \qquad (5.43)$$

Dabei gilt:

C_{NWG}: Konzentration an der Nachweisgrenze
s_y: Rauschen des Untergrundsignals y
y_{Bkg}: Signal des Untergrundes
y_i: Signal der Elementlinie bei Konzentration C_i
C_i: Konzentration C_i, die zur Bestimmung der Empfindlichkeit benutzt wurde
m: Steigung der Kalibriergeraden bzw. Empfindlichkeit

Statt dem Symbol „y" für das Signal wird in der TRFA außerdem oft „N" verwendet, weil das Signal sich aus der Anzahl der Ereignisse ergibt (Gl. 5.44):

$$C_{NWG} = \frac{3 \cdot C_i \cdot \sqrt{N_{BKG}}}{N_i} \qquad (5.44)$$

Kalibrierung in der Si-Waferproduktion

Die Kalibrierung in der TXRF-Analyse kann grundsätzlich auf zwei Arten erfolgen, zum einen wie bereits diskutiert durch die Zugabe eines internen Standards, der dann auch auftretende Abschirmungseffekte des Primärstrahls kompensiert, zum anderen mithilfe externer Referenzen. Die letztere Methode ist gängig in der Bestimmung von Oberflächenverunreinigungen in der Produktion von hochreinen Si-Wafern. Als Referenzen werden z. B. Sets von Wafern, die mit dem Spin-Coating-Verfahren mit Ni beschichtet wurden verwendet, aber auch solche die mithilfe alkalischer Ätzung gezielt verunreinigt wurden. Das Problem bei diesen Referenzen ist, dass diese homogenen Dünnschichtpräparate sich grundlegend von den wirklichen Proben unterscheiden. Um nämlich die niedrigen Nachweisgrenzen, die in der Si-Waferanalytik gefordert werden, zu erreichen, wird in der Regel das Verfahren der „Vapour Phase Decomposition" eingesetzt [281]. Hierbei wird die Oberfläche des Wafers mit HF-Dämpfen abgeätzt und mit einem ca. $100\,\mu l$ großem Tropfen aufgenommen, der in der Mitte des Wafers eingetrocknet und analysiert wird. Das eingetrocknete Präparat ist dann nicht mehr vergleichbar mit einer Dünnschichtverunreinigung, sondern stellt eine partikuläre Verunreinigung dar. Diese verhalten sich bei der TXRF-Analyse grundlegend verschieden, was leicht anhand eines Winkelscans einer Partikulären und einer Dünnschichtprobe gezeigt werden kann.

In Abb. 5.55 ist ein Winkelscan, wie er für eine dünne Schicht typisch ist und der Winkelscan einer partikulären Probe wiedergegeben. Bei dem Ni-Layer steigt die Zählrate erst kurz vor dem kritischen Winkel an, da vorher an der Schicht selbst reflektiert wird. Aufgrund der Ausbildung eines breiteren Plateaus lässt sich folgern, dass eine partikuläre Referenz bessere Ergebnisse liefern sollte. Leider ist die Eintrocknung von μl-Tropfen schlecht kontrollierbar und es können sich Präparate mit sehr ungleichmäßig verteilten Elementkonzentrationen auf einem relativ großem Probenfleck bilden.

Die Ergebnisse mit solchen Referenzen sind aus diesem Grund größtenteils unpräzise. Eine vielversprechende Alternative ist die Herstellung von Referenzmaterialien aus einer Matrix von Picolitertropfen. Diese trocknen uniform ein, eignen sich daher auch hervorragend für Modellrechnungen. In einer Arbeit von Sparks et al. wurden über einen weiten Konzentrationsbereich Referenz mit Präparaten aus Picolitertropfen auf Si-Wafern hergestellt [248]. Die Morphologie war über einen weiten Konzentrationsbereich flach hügelförmig mit gleichbleibendem Dicken. Für niedrige Konzentrationen waren die pl-Präparate nur 1–2 nm dick. Interessanterweise zeigten höhere Konzentrationen die Bildung von mehreren hügelförmigen Präparaten. Die Winkelscans mit TRFA von C. Sparks zeigten einen Übergang von filmartig zu partikulärem Verhalten bei niedrigen

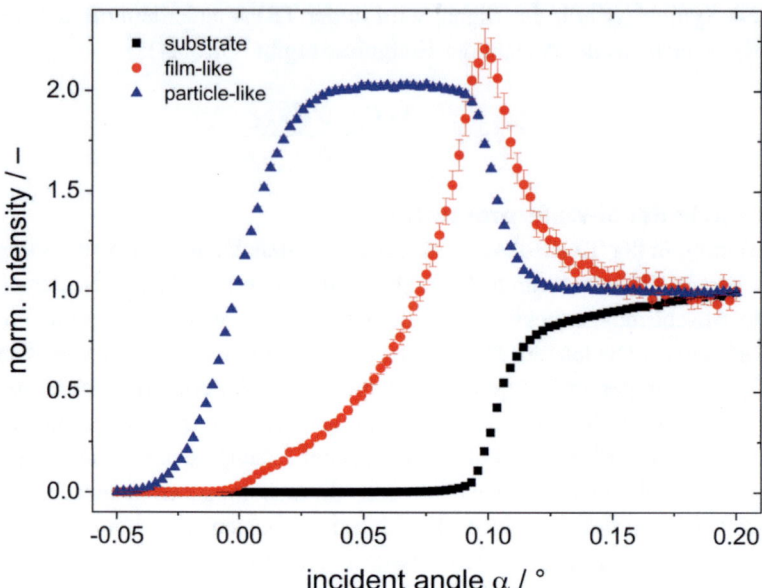

Abb. 5.55 Winkelscan über eine dünne Schicht (Film-like) und einer partikulären Probe (particle-like). (Mit freundlicher Genehmigung von Sven Hampel)

Abb. 5.56 Ausschnitt einer Mikroskopaufnahme von 100 $\mu g/g$ Ti- und Ba-Präparaten gedruckt in ca. 130-pl-Volumina auf einen Quarzreflektor. (Mit freundlicher Genehmigung von Sven Hampel)

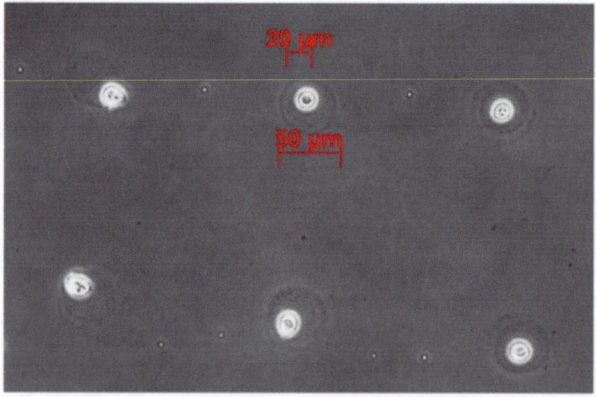

Konzentrationen. In Abb. 5.56 sind Mikroskopaufnahmen von 100 $\mu g/g$ Ti- und Ba-Präparaten gedruckt in ca. 130-pl-Volumina auf einen Quarzreflektor gezeigt.

Fehlerquellen in der TRFA Messung

Schlechte Reproduzierbarkeit und Richtigkeit in der TRFA können verschiedene Ursachen haben. Hier sollte man zunächst Fehler, die bei einer externen Kalibrierstrategie auftreten, wie sie in der Si-Waferanalytik zumeist anzutreffen ist, und solche, die bei einer internen Standardisierung auftreten, unterscheiden. So ist es unerlässlich, dass die Proben bei einer externen Kalibrierung komplett ausgeleuchtet werden und die Position unter dem

5.3 Spezialverfahren

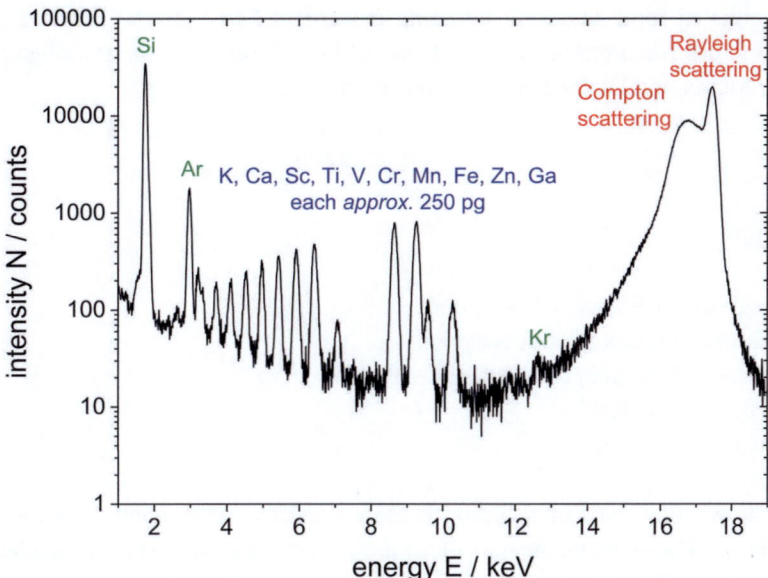

Abb. 5.57 TRFA-Spektrum einer gut präparierten Probe. 10 × 10 Raster, 1 Tropfen pro Punkt, 560 ms Ruhezeit, 300 µm Abstand zwischen zwei Tropfen pl Drucker, Bruker S4 T-Star, Mo $K\alpha$ (17,5 keV), Quarzreflektoren mit Servaschicht, 1000 s gemessen. Je 250 pg K, Ca, Sc, Ti, V, Cr, Mn, Fe, Zn und Ga. (Mit freundlicher Genehmigung von Sven Hampel)

Detektor vergleichbar mit den Kalibrierproben ist. Idealerweise ist das Probenpräparat punktförmig und so dünn, dass keine merkbaren Matrixeffekte auftreten. „Viel hilft viel" ist NICHT das Motto der TRFA. Es hilft nicht, sollte ein Signal zu gering ausfallen, die Probe dicker zu präparieren, im Gegenteil, in zu dicken Proben wird oft bereits merklich Fluoreszenzstrahlung absorbiert. Man kann dies z. B. feststellen, indem man die Probe 10-fach und 100-fach verdünnt präpariert. Dann sollte die Signalintensität entsprechend abnehmen. Nimmt die Signalintensität bei Verdünnung zu, liegt dies daran, dass die Probe initial zu dick präpariert war. Detektorartefakte wie Escape und Pile-up-Peaks sind ebenfalls deutliche Hinweise, dass die Probenmenge zu hoch ist und sie sollte reduziert werden. Die Höhe des Untergrunds und die Streusignale sind weitere Indikatoren für eine gut und dünn präparierte Probe. Das Compton- und Rayleighstreusignal vom Probenträger sollte dominierend sein und so aussehen, wie bei einer Leermessung. Der Untergrund sollte nicht deutlich höher sein als bei einer Leermessung. Ein schönes Spektrum ist in Abb. 5.57 wiedergegeben.

Überschreiten der kritischen Schichtdicke

Das Überschreiten der kritischen Schichtdicke ist abhängig von der Energie der Strahlung, die absorbiert wird (eigentlich der Anregungsstrahlung) und der Zusammensetzung der Probe. Meistens wird sie für Linien mit niedriger Energie zuerst überschritten. Man erkennt diese Überschreitung meist daran, dass Linien niedriger Energie stärker als solche hoher Energie in ihrer Intensität unterdrückt werden. Die kritische Schichtdicke lässt sich mithilfe des Absorptionsgesetzes (Lambert-Beer-Gesetz) für die jeweilige Linie bei bekannter Matrix und Dichte berechnen (Gl. 5.45).

$$I = I_0 \cdot e^{-\left(\frac{\mu}{\rho}\right)\cdot \rho \cdot d} \tag{5.45}$$

Dabei gilt:

I: Fluoreszenzintensität nach Absorption
I_0: Fluoreszenzintensität ohne Absorption
(μ/ρ): Massenschwächungskoeffizient der Probe/cm$^2 \cdot g^{-1}$
ρ: Dichte der Probe/g/cm^3
d: Dicke der Probe in cm

Die Transmission der Linie, die noch eben akzeptiert wird, dient dann als kritische Grenze für die Dickenberechnung. Oft wird eine Transmission von größer gleich 90 % akzeptiert [142, 199]. Dann wird die kritische Schichtdicke d_{crit} wie folgt berechnet (Gl. 5.46):

$$\frac{I}{I_0} = 0{,}9 = e^{-\left(\frac{\mu}{\rho}\right)\cdot \rho \cdot d_{crit}} \tag{5.46}$$

mit

$$d_{crit} = \frac{0{,}11}{\left(\frac{\mu}{\rho}\right)\cdot \rho} \tag{5.47}$$

dabei gilt:

I: Fluoreszenzintensität nach Absorption
I_0: Fluoreszenzintensität ohne Absorption
(μ/ρ): Massenschwächungskoeffizient der Probe/cm$^2 \cdot g^{-1}$
ρ: Dichte der Probe/g/cm^3
d_{crit}: Dicke der Probe in cm, bei einer kritischen Transmission von 90 %

Der Massenschwächungskoeffizient $\left(\frac{\mu}{\rho}\right)$ ist eine Funktion der Energie der Photonen und der Zusammensetzung des Präparats. Die Werte finden sich in Datensammlungen [174]. Er muss aus den Einzelbeiträgen der Elemente anhand ihrer Massenanteile bestimmt werden. Außerdem setzt er sich aus der Schwächung des Anregungsstrahls z. B. Mo$K\alpha$ und der Fluoreszenzstrahlung zusammen. Der Winkel ist nur relevant für die Schwächung der Primärstrahlung (0,1° = 1,74 mrad), da der Winkel zum Detektor 90° beträgt (Gl. 5.48).

5.3 Spezialverfahren

$$(\mu/\rho) = \sum W_i \cdot ((\mu/\rho)_{i,E_0} \cdot \alpha^{-1} + (\mu/\rho)_{i,E_i}) \tag{5.48}$$

Dabei gilt

w_i: Massenanteil / $g \cdot g^{-1}$
$(\mu/\rho)_{i,E_0}$: Massenschwächungskoeffizient bei Mo $K\alpha$ / $cm^2 \cdot g^{-1}$
$(\mu/\rho)_{i,E_i}$: Massenschwächungskoeffizient für die betrachtete Fluoreszenzlinie/$cm^2 \cdot g^{-1}$
α: Einfallswinkel/rad

Für eine MoK-Anregungsstrahlung findet man in der Literatur berechnete kritische Dicken für verschiedene Matrizes [142]. Organische Matrix hat dort eine kritische Dicke von 4 µm, während oxidische Pulver schon bei 50 nm kritische Bedingungen erreichen.

Meistens ist die Dichte ρ des Präparats nicht bekannt, da die Probe aus einer Lösung oder einer Suspension eintrocknet. Deshalb ist es oft praktikabler, mit der kritischen Massenflächenbelegung (pd_{crit}) zu rechnen. Dann werden nur die Massenschwächungskoeffizienten bei den entsprechenden Energien für die konstituierenden Elemente benötigt und deren Massenanteil muss natürlich in etwa bekannt sein (Gl. 5.48). Die kritische Flächendichte kann dann wie folgt berechnet werden (Gl. 5.49, [142, 199]).

$$\rho d_{crit} = \frac{0{,}11}{\left(\frac{\mu}{\rho}\right)} \tag{5.49}$$

Dabei gilt:

(μ/ρ): Massenschwächungskoeffizient der Probe/$cm^2 \cdot g^{-1}$
ρd_{crit}: kritische Flächendichte der Probe/$g \cdot cm^{-2}$

Damit erhält man die Information, wie viel Masse der Probe auf eine gegebene Fläche präpariert werden darf. Ob dieser Wert eingehalten werden kann, muss man aus der präparierten Probenmasse und der Größe des Eintrocknungsflecks berechnen. Die Masse der Probe ergibt sich meisten aus dem präparierten Volumen. Die Fläche, auf der die Probe eintrocknet kann z. B. mithilfe einer Lupe ermittelt werden. Meistens liegen die Durchmesser eingetrockneter Proben zwischen 1 und 3 mm.

Die kritische Flächenbelegung sowie die kritische Schichtdicke wird allerdings z. B. bei einer mineralischen Probenmatrix schnell überschritten. Wenn jedoch mit einem internen Standard gearbeitet wird, kann man zu Recht annehmen, dass auch dieser der Matrixabsorption unterliegt. Solange die Matrixabsorption für die interne Standardlinie und der Analytlinie in einem akzeptierten Bereich gleich ist (hier z. B. wieder eine Absorption von 10 %), fließt nur die Differenz der Massenschwächungskoeffizienten der

Elementlinie und der Linie des internen Standards ein und die kritische Flächenbelegung kann wie folgt berechnet werden (Gl. 5.50):

$$\rho d_{max} = \frac{0{,}11}{(\mu/\rho)_i - (\mu/\rho)_{IS}} \qquad (5.50)$$

ρd_{max}: maximale Flächendichte $g \cdot cm^{-2}$

$(\mu/\rho)_{i,E_0}$: Massenschwächungskoeffizient der Probe für die gewählte Fluoreszenzlinie/$cm^2 \cdot g^{-1}$

$(\mu/\rho)_{i,E_i}$: Massenschwächungskoeffizient für die Linie des internen Standards/$cm^2 \cdot g^{-1}$

Wenn die berechnete Flächendichte unter Benutzung der präparierten Masse und der von der Probe belegten Fläche kleiner als die mit Gleichung 5.50 berechnete ist, kann die Probe als „dünn" betrachtet werden.

Ein Beispiel für dieses Vorgehen für geologischen Proben mit hoher Dichte und einem hohen Anteil von schweren Elementen findet sich bei [199]. In der Studie wurde die Zusammensetzung von Eisen, Mangan, Ferromangan und Nickel-Kupfersulfid-Erzen sowie Ferromangan-Knollen untersucht.

Inhomogene Verteilung analytinterner Standard

Wenn mit einem internen Standard gearbeitet wird, wie es in der Umwelt-TRFA meistens der Fall ist, ist die komplette Ausleuchtung sowie die optimale Positionierung unkritisch, solange Analyt und Interner Standard über die ganze Probe homogen verteilt vorliegen. Ist dies nicht der Fall, kann es zu Bestimmungsfehlern kommen. Die Bildung eines sogenannten Kaffeerings beim Eintrocknen wird oft beobachtet und ist auch schon oft als Fehlerquelle beschrieben worden [112]. Warum ist das so? Fehler können auftreten, wenn im Ring eine Aufkonzentration oder Abreicherung des Standards stattfindet und der Ring am Rande des Detektor „Field of Views" (FOW) liegt. Vom Rand gelangt weniger Information zum Detektor und damit ist vor allem das in der Mitte vorliegende Verhältnis von Analyten und IS ausschlaggebend für das Ergebnis. Es ist außerdem möglich, dass innerhalb des Rings ein filmartiges Präparat vorliegt und nur am Rand ein partikuläres. Da die Winkelabhängigkeit des Signals für Filme anders ist als für partikuläre Proben, kann dies ebenfalls zu einem Fehler führen, z. B. wenn der Analyt als Film und der Standard partikulär vorliegt.

Selbstabsorption des Primärstrahls

Wenn mit niedriger Energie angeregt wird, wie z. B. mit den Wolfram L-Linien (8,4 keV), dann können auch Abschattungen der Probe durch Selbstabsorption des anregenden Strahls zu Fehlern führen, wenn der Analyt und der IS nicht homogen verteilt sind. Das Verhältnis von Analyten und IS in dem ausgeleuchteten Teil der Probe ist dann ausschlaggebend für das Ergebnis [177]. Wird extern kalibriert, liefern Proben mit Abschattungseffekten immer Fehler; mit einem internen Standard nur dann, wenn dieser nicht homogen mit dem Analyten verteilt vorliegt.

5.3 Spezialverfahren

Grenzen der Doppelanregung

Idealerweise zeigen die Präparate in der TRFA einen Winkelverlauf mit Doppelanregung über einen weiten Winkelbereich, siehe Abb. 5.50 und 5.55, Rechts. Weicht der Verlauf davon ab, kann es zu Fehlern kommen, da die Vergleichbarkeit zu den Kalibriermessungen wegen unterschiedlicher winkelabhängiger Intensitäten nicht mehr gegeben ist. Die Doppelanregung hat eine Grenze sowohl zu sehr dicken Proben, die aus der Doppelanregung herausfallen, als auch zu sehr dünnen Proben, die z. B. einen filmartigen Verlauf im Winkelscan zeigen (Abb. 5.55, Links).

Die Abb. 5.58 zeigt den winkelabhängigen Verlauf für verschieden große Goldnanopartikel. Oberhalb des Reflektors bildet sich im parallelen Strahl ein stehendes Wellenfeld von Noden und Antinoden aus, das durch die Kohärenzlänge der Anregungsstrahlung begrenzt ist [278]. Im Winkelscan wandern die Noden und Antinoden mit veränderlicher Höhe durch den Nanopartikel (Abb. 5.59) und sorgen so für das zum Teil oszillierende Signal in Abhängigkeit vom Winkel.

Ist die Probe z. B. nur wenige Nanometer hoch, kann es zu großen winkelabhängigen Abweichungen der relativen Empfindlichkeiten der Linien der enthaltenen Elemente kommen. Damit die relativen Empfindlichkeiten der Elemente verwendet werden können, sollte der winkelabhängige Signalverlauf bei der Messung genauso sein wie bei der Bestimmung der Empfindlichkeiten und an derselben Winkelposition gemessen werden. Bei partikulären Proben ist die Einhaltung des Winkels unkritischer als bei Filmproben.

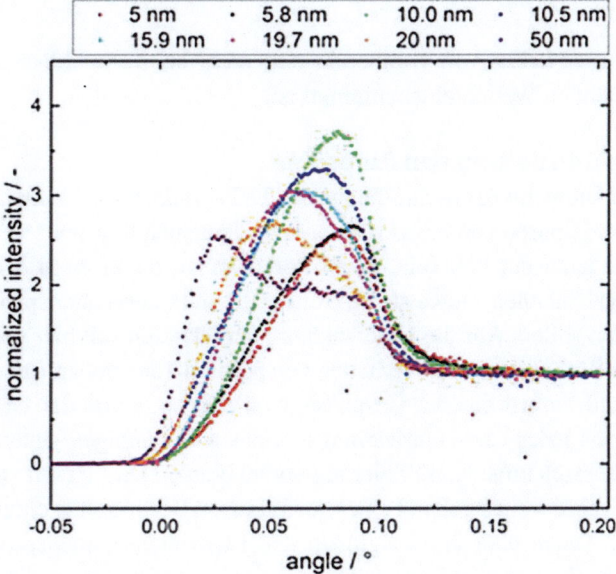

Abb. 5.58 Winkelabhängiger Intensitätsverlauf für Goldnanopartikel spin-coated auf Quarzreflektoren. (Mit freundlicher Genehmigung von Heiko Till)

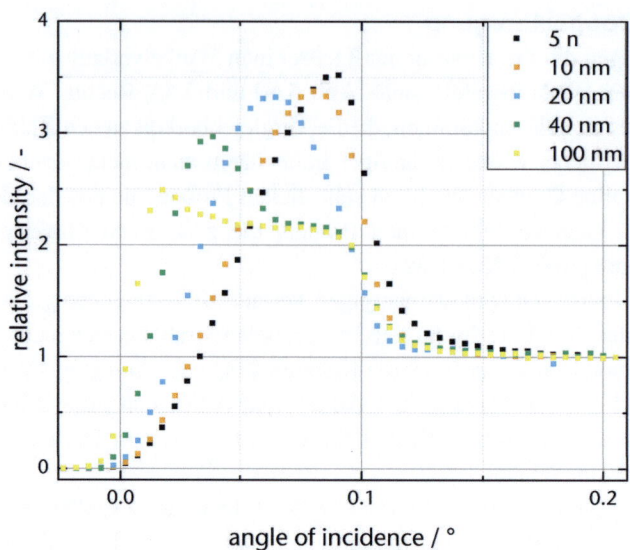

Abb. 5.59 Visuelle Darstellung der Signalform eines Nanopartikels mit 30 nm Durchmesser in einem Winkelscan. In der oberen linken Ecke ist der simulierte Winkelscan des Nanopartikels gemäß Gl. (5.44) dargestellt. Die rot markierten Punkte entsprechen den dargestellten Dichteplots. Jeder Dichteplot zeigt den Querschnitt des 30-nm-Nanopartikels auf einer Reflektoroberfläche (in diesem Fall Quarzglas) und das obige stehende Wellenfeld hinsichtlich des Untergrundrauschens für die markierten Einfallswinkel bei Mo-$K\alpha$-Anregung. (Mit freundlicher Genehmigung von Heiko Till)

Einige Spektrometer haben von vornherein eine recht hohe Strahldivergenz, sodass der Einfluss des stehenden Wellenfeldes minimal ist.

Beispiel Charakterisierung von Aerosolen

In den Geo- und Umweltwissenschaften, ist die TRFA immer dort, wo die Probenmengen sehr klein sind und Spuren von etwas schwereren Elementen bestimmt werden sollen, von Bedeutung. Dies kann der Fall sein, wenn Porenwasser, organisches Material, dass auf geologische Gegebenheiten hinweist, Mikrokristalle oder auch atmosphärische Aerosole untersucht werden sollen. Auf die Untersuchung der letzteren soll hier genauer eingegangen werden. Die Wirkung und das Verhalten von partikulären atmosphärischen Aerosolen, wie Transport und Verlust aus der Gasphase, sind sehr stark von der Größe der Partikel abhängig, daher ist jedes Charakterisierungsvorhaben der selbigen generell darauf angewiesen, eine größenselektive Klassifizierung vorzunehmen. Dies ist mit Online-Methoden möglich, die sich aber weitestgehend einer quantitativen Bestimmung entziehen, dann aber sehr empfindlich Daten über Partikelgrößen und Elementzusammensetzung liefern. Die Bestimmung von Elementen erfolgt daher zumeist im Anschluss an die größenselektive Sammlung der Aerosole mit Impaktoren. Die Partikel, die in den Impaktor gesaugt werden, werden mit dem Luftstrom durch Düsen und an den Prallplatten vorbeigeleitet. Sind die Partikel zu träge, machen Sie die Umlenkung um die Prallplatten nicht mit, sondern impaktieren auf derselbigen. Mit zunehmender Impaktorstufe steigt die Geschwindigkeit des Luftstroms, sodass auch immer weniger träge Partikel abgeschieden werden. Obwohl der Impaktor eigentlich nach Trägheit trennt, werden die Trennstufen und auch allgemein in der Aerosolchemie die Partikel mithilfe des aerodynamischen Durchmessers beschrieben. Dieser wird bestimmt, indem man annimmt, dass jeder Partikel eine Kugelform und eine Einheitsdichte von $1\,g/cm^3$ besitzt. In dieser Weise sind auch die z. B. durch die Richtlinie Richtlinie 2008/50/EG in der EU regulierten Aerosolhöchstgrenzen von PM 10 und PM 2,5 zu verstehen (PM: Particluate Matter $10\,\mu m$ bzw. $2,5\,\mu m$). Aufgrund dieser Regulierung sind vielfach Impaktoren in der Anwendung, die nach den Größen PM 10, PM 2,5 und PM 1 trennen. Geeignete Impaktoren ermöglichen es, direkt TRFA-Quarzträger einzulegen und die Aerosole auf solchen zu sammeln. Die Aerosole bei entsprechender Trägheit impaktieren direkt unter den Düsen und erzeugen dann bestimmte Muster.

Für die Bestimmung von PM10 und PM 2,5 werden die Aerosole gemeinhin über mehrere Tage auf Filter gesammelt, um dann gravimetrisch die Mengen zu bestimmen. Dies tut der Regulierung genüge, liefert aber keine Information über die gesundheitlichen Implikationen oder die Herkunft der Luftmassen. Dazu benötigt man unter anderem Kenntnis über die Elementzusammensetzung. Diese lässt sich mit den verschiedenen Methoden der Atomspektrometrie bestimmen. Hier zeigt sich der Vorteil der direkten Analyse mit TRFA gegenüber z. B. der ICP-MS. Bei den gängigen ICP-MS-Methoden muss das Aerosol mehrere Stunden bis Tage gesammelt werden, damit die Mengen ausreichen (zum Teil auch, um oberhalb der Blindwerte des Filterpapiers zu liegen). Da es sich bei der TRFA um eine Mikromethode handelt, reichen Zeiten von einer Stunde und darunter bereits aus, um die Elemente im Aerosol zu bestimmen. Die Partikel werden dabei meist nicht auf Filtermaterialien gesammelt, die im Anschluss aufgeschlossen werden müssen, sondern direkt auf Reflektoren die mit der TRFA analysiert werden. Um Verluste durch wieder abspringen der Partikel von der Platte zu verhindern, wird die Platte meist mit einer dünnen Klebeschicht überzogen. Durch die geringen Probenmengen, die mit der TRFA bereits analysiert werden können, sind die Nachweisgrenzen für kurze Sammelzeiten in der TRFA deutlich besser als bei Methoden, die einen Aufschluss von Filtermaterial bedürfen. Dies hat eine Studie zur Elementbestimmung in atmosphärischen Aerosolen mit Vergleich von TRFA und ICP-MS gezeigt [238]. Um eine möglichst hohe Zeitauflösung zu erhalten ($< 1\,h$), werden außerdem optimale Anregungsbedingungen benötigt, wie man sie an Synchrotronquellen findet. Untersuchungen am Strahl L am HASYLAB ermöglichen eine Probenahmezeit von 20 min [76].

Ein anderer Aspekt, der bei der Bestimmung von Aerosolen immer wichtiger wird, ist die Erfassung kleinster Partikel im Nanometerbereich. Um dies zu ermöglichen, können Aerosole mit einem Niederdruckimpaktor gesammelt werden. Der Berner Niederdruckimpaktor ist z. B. in der Lage, Teilchen bis zu einer Größe von 15 nm abzuscheiden. In vielen Fällen ist es nicht nur wichtig zu wissen, wieviel von einem bestimmten Element vorhanden ist, sondern auch wie dessen Oxidationszustand ist. Die Elementspezies, also in welcher chemischen Form es vorliegt, ist oft wichtig für seine Wirkungsweise. Bei der Bestimmung der Elementspezies sollte möglichst wenig Einfluss auf die Probe genommen werden, um Artefakte zu vermeiden. Die direkte Analyse der Absorptionskante (engl. „X-Ray Absorption Near Edge Structure", XANES) zur Bestimmung der Spezies bietet sich hier an, weil sie direkt am festen Aerosol durchgeführt werden kann. Mithilfe von geeigneten Referenzmaterialien kann dann anhand der Messung der Kantenverschiebung die Oxidationsstufe bestimmt werden. Das Prinzip der Absorptionskantenanalyse wird in Abschn. 5.4.1 näher besprochen. Normalerweise werden große Mengen an Substanz für die Nahkantenanalyse gebraucht, die Untersuchung in Totalreflexion ermöglicht bereits die Analyse von Mengen < 30 µg/g, dies ist nur mit diesem Aufbau möglich [76, 175].

So wurde in der Vergangenheit mit der Synchrotron-TRFA-XANES z. B. die Oxidationsstufe von Eisen bestimmt [175]. Eisen ist ein wichtiger Spurennährstoff in den Ozeanen, der in einigen Bereichen sogar zum wachstumslimitierenden Faktor für Phytoplankton wird. Eisenionen, die durch Flüsse eingetragen werden, werden leicht oxidiert und sedimentieren im ozeanischen Milieu schnell als Oxid/Hydroxid. Dies führt dazu, dass die Konzentration des in der Wasserphase gelösten Eisens mit Entfernung zu den Flussmündungen stark abnimmt. Ein Haupteintrag dieses Elements erfolgt dann auf dem freien Ozean vor allem über die Luft aus luftgetragenen Partikeln. Enthalten diese Partikel hauptsächlich Fe(III), verschwindet dieses ebenfalls schnell aus der Wassersäule und steht dem Phytoplankton nicht mehr zum Wachstum zur Verfügung.

Zweiwertiges Fe(II) wird deutlich besser aufgenommen, wie groß angelegte Anreicherungsexperimente gezeigt haben, die zu Algenblüten führten.

Mithilfe der TRFA-Analyse von Elementen in atmosphärischen Aerosolen konnte die Variabilität von Luftmassen in einem städtischen Küstengebiet erfasst werden. Hier kann es wichtig sein, auch die Analyse von Si zu ermöglichen, das als Tracerelement für die vom Inland kommenden Luftmassen dient. Deswegen wurden anstatt Silizium auch schon Prallplatten aus Plexiglasreflektoren verwendet [155]. Die aerosolgetragene Verbreitung vom Makronährstoff Phosphor kann ebenfalls mit der TRFA bestimmt werden. Auch hier gibt es nährstoffarme Gebiete, von denen man annimmt, dass der Eintrag von Nährstoffen aus der Atmosphäre einen wichtigen Beitrag liefert [78].

5.3.3 Kleinwinkel-RFA

Eine ähnliche Methode ist die RFA unter Nutzung des Glanzwinkels (engl. „Grazing Incidence X-Ray Fluorescence", GIXRF, z. B. [255]). Hier wird der Umstand ausgenutzt, dass Röntgenstrahlung, die auf eine Oberfläche fällt, bei keinem unter dem Bragg-Winkel liegenden Winkel gestreut wird. Wird jetzt ein Detektor an eine Position unterhalb des Bragg-Winkels platziert, empfängt er nur die nach allen Seiten von den angeregten Atomen in der Probe ausgehenden charakteristischen Stahlen. Bei der Variation des Einfallswinkels im Bereich der Totalreflexion dringt die Strahlung zu einem gewissen Anteil in die Probe ein. Daher wird das Verfahren auch zur Untersuchung von Schichtgrenzen von Schichten mit unterschiedlicher Zusammensetzung eingesetzt, da sich dann die Totalreflexionswinkel der Schichtgrenzen unterscheiden (siehe auch Abschn. 7.6.4).

5.3 Spezialverfahren

Schicht(dicken)analyse

GIXRF wird routinemäßig bei der Analyse (z. B. Kontamination) von Implantationsprofilen in Wafern eingesetzt. Weiterhin ist die ist die (nahezu) zerstörungsfreie Schichtdickenbestimmmung möglich. Hier wird die für die Röntgenstrahlung nicht unendliche Dicke (Analysentiefe) der Schichtprobe ausgenutzt. Die Kalibration kann über normale Standards erfolgen; es ist aber eine genaue Kenntnis entweder der Zusammensetzungen oder der Dicke der Lagen erforderlich, da die Zählraten sowohl von der Dicke als auch von der Konzentration abhängen. Die Kalibration kann mittels Fundamentalparameterberechnung erfolgen. Damit können ungeschichtete Referenzmaterialien zur Einrichtung der Methode verwendet werden.

Selbst im Fall des relativ komplexen Aufbaus einer CD-RW lassen sich die Schichtdicken bestimmen ([274], s. Abb. 5.60).

In diesem Beispiel kommen alle Elemente je nur in einer der zu bestimmenden Schichten vor, d. h., mindestens die Dicken der beiden isolierenden dielektrischen Schichten sind bekannt. Somit können für alle Elemente die Hauptlinien (Kα) verwendet werden (Tellur ist ein Grenzfall, wird normalerweise über die Lα-Linie bestimmt). Darüber hinaus ist die Zusammensetzung der Materialien in den Schichten genau bekannt, und alle Elemente sind in hoher Konzentration vorhanden („Hauptkomponenten").

Die anregende Röntgenstrahlung der Röhre dringt bis zu einer bestimmten Tiefe in die Probe ein. Abhängig von der Dicke der Schicht und des angeregten Elementes werden die Schichten bis hin zum Substrat durchdrungen. Das gemessene Fluoreszenzsignal hängt von Anregung und Absorption ab. Die Zählrate einer Elementlinie aus der Schicht steigt mit zunehmender Dicke an, wobei die Zählrate einer entsprechenden Elementlinie vom Substrat abnimmt, bis die Schicht für das Element eine unendliche (infinite) Dicke besitzt und die Strahlung des Substratelementes vollständig absorbiert wird. Bei vollständiger Absorption des Substratelementes ist die maximale Informationstiefe erreicht. Dies können wenige 100 nm (z. B. B) oder aber mehrere µm sein (z. B. Si, Fe, Cu). Befindet sich das gleiche Element sowohl in der Beschichtung wie auch im Substrat hängt die Entwicklung der Zählrate (als Summensignal von Schicht und Substrat) davon ab, ob die Konzentration des Elementes im Substrat oder in der Schicht höher ist. Im

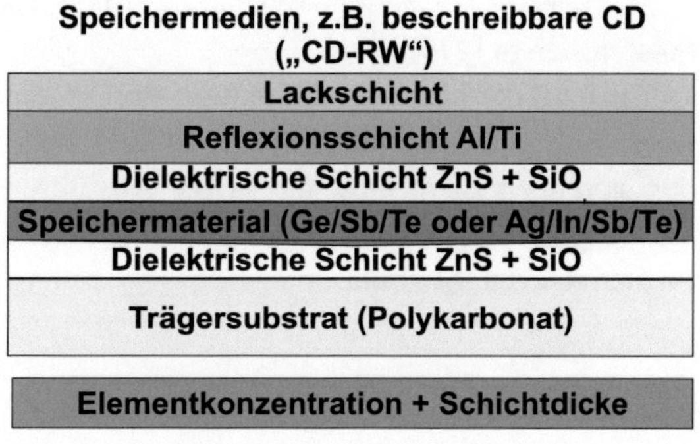

Abb. 5.60 Aufbau einer beschreibbaren Compact Disc. (Modifiziert nach [274]

Speichermedien, z.B. beschreibbare CD („CD-RW")
Lackschicht
Reflexionsschicht Al/Ti
Dielektrische Schicht ZnS + SiO
Speichermaterial (Ge/Sb/Te oder Ag/In/Sb/Te)
Dielektrische Schicht ZnS + SiO
Trägersubstrat (Polykarbonat)
Elementkonzentration + Schichtdicke

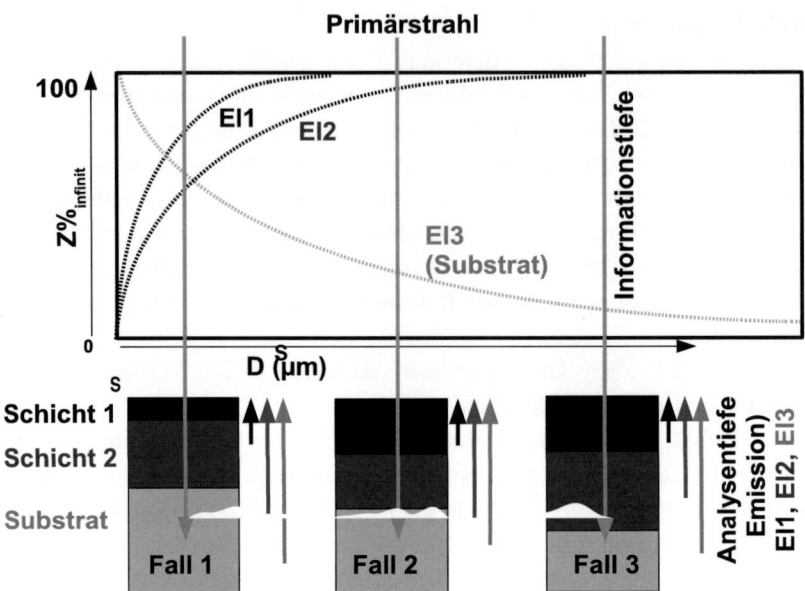

Abb. 5.61 Schichtdickenanalyse mit RFA (siehe [274]). Fall 1: Unendliche Dicke für Elementlinie El1, El2 und El3 nicht überschritten: Alle Elementsignale von Schichtdicken abhängig; Fall 2: Unendliche Dicke für El1 überschritten (Elementsignal nicht mehr von Schichtdicke abhängig), El2 von Schicht 1 abhängig und Elementsignal E3 von Schicht 1 und 2 abhängig; Fall 3: Unendliche Dicke für El1 und El2 überschritten, Elementsignal E2 von Schicht 1 und Elementsignal E3 von Schicht 1 und 2 abhängig. Die Analysentiefen von El1, 2 und 3 sind auch von den jeweiligen Schichtdicken und -zusammensetzungen abhängig

ersteren Fall nimmt das Summensignal ab bis die vom Substrat kommenden Strahlung vollständig absorbiert wird und hat dann die infinite Intensität der Elementkonzentration im Schichtmaterial (s. Abb. 5.61). Solange die Informationstiefe eines Elementes unter der minimalen Schichtdicke liegt, hängt die Kalibrationsfunktion nur von der Konzentration des Elementes ab. Ist die Informationstiefe des Elementes größer, muss bei der Berechnung der Kalibrationsfunktion zusätzlich die Schichtdicke integriert werden:

$Massen\%_{El} = Gew\%_{El} \cdot Schichtdicke(\mu m)$; $Gew\%_{El} = Massen\%_{El}/Schichtdicke(\mu m)$ (ausführlich in [274]).

Auch bei der Matrixkorrektur muss die Schichtdicke beachtet werden, da Analysenlinie (z. B. Kα) und störende Linie (z. B. Lα) sich anders verhalten als die Analysenlinie des störenden Elementes, die ja zur Ausführung der Matrixkorrektur in die Messung einbezogen werden muss. Die Nachweisgrenzen für die Schichtdickenbestimmung liegen im Bereich von 0,1–1 nm.

5.4 Verwandte Verfahren

In diesem Abschnitt werden Verfahren vorgestellt, die ebenfalls auf der Verwendung von Röntgenstrahlung basieren.

5.4.1 Röntgenabsorptionsspektroskopie

In diese Rubrik fallen die Röntgen-Nahkanten-Absorptions-Spektroskopie (XANES, engl. „X-Ray Absorption Near Edge Structure" auch NEXAFS, engl. „Near Edge X-Ray Absorption Fine Structure") und die „erweiterte" Röntgen-Nahkanten-Absorptions-Spektroskopie (EXAFS, engl. „Extended X-Ray absorption fine structure"). Erstere umfasst die Auswertung des Energiebereichs direkt hinter einer Absorptionskante (< 20 eV), während letztere ein größeres Energiefenster (< 20–X00 eV) hinter der Absorptionskante nutzt (s. z. B. [18]).

Diese Methoden beschäftigen sich mit der Untersuchung spektraler Feinstrukturen direkt im Bereich hinter der Absorptionskante eines bestimmten Energieübergangs bei der Röntgenabsorption durch Ionisierung innerer Elektronenorbitale – dem Prozess, der auch die Röntgenfluoreszenz auslöst. Die Oszillationen direkt hinter der Absorptionskante geben Aufschluss über Bindungszustände und -längen sowie lokale Atomgeometrien (s. Abb. 5.62). Deshalb wird die Methode bei der Strukturaufklärung molekularer Strukturen und Reaktionen verwendet. Um die Röntgenstrahlung in einem sehr feinen Energiebereich variieren zu können, ist energiereiche und kontinuierliche Röntgenstrahlung erforderlich. Da ein Synchrotron in der Lage ist, diese Art von Röntgenstrahlung zu liefern, wird diese Methode immer noch vor allem dort eingesetzt.

Neben der Bestimmung von Elementen im Spurenbereich sind zusätzliche Information über die Spezies der Elemente (z. B. Oxidationsstufe und des Bindungszustandes) oft notwendig, um ein wissenschaftliches Problem zu lösen. So hängt zum Beispiel die Verfügbarkeit von Eisen für Plankton von der Oxidationsstufe desselbigen ab und kann damit Einfluss auf das Auftreten von Algenblüten in eisenlimitierten Regionen des Ozeans haben. In oxidischen Proben, also z. B. geologischen Proben und Schlacken, ist die Bestimmung der Oxidationsstufe von Elementen, die in verschiedenen Valenzen vorkommen können, von Interesse. Information über die Spezies eines bestimmten Elements, also über seine Oxidationsstufe, Bindungspartner und Koordinationszahl kann die Röntgenabsorptionsfeinstrukturanalyse (engl. „X-Ray Absorption Fine Structure", XAFS) geben. In der Röntgenabsorptionsspektroskopie wird die Feinstruktur der Absorptionskante eines Elektrons genauer untersucht. Man unterscheidet dabei, ob die Struktur nahe an der Kante untersucht wird, also die Auswertung des Energiebereichs direkt hinter einer Absorptionskante (< 20 eV), oder die Oszillationen hinter der Absorptionskante (EXAFS) in einem bestimmten Energiefenster (z. B. < 20–X00 eV) nutzt (s. z. B. [18]). Ersteres wird als „X-Ray Absorption Near Edge Structure" (XANES) oder „Near Edge X-Ray Absorption Fine Structure" (NEXAFS) bezeichnet, wobei die letztere Bezeichnung

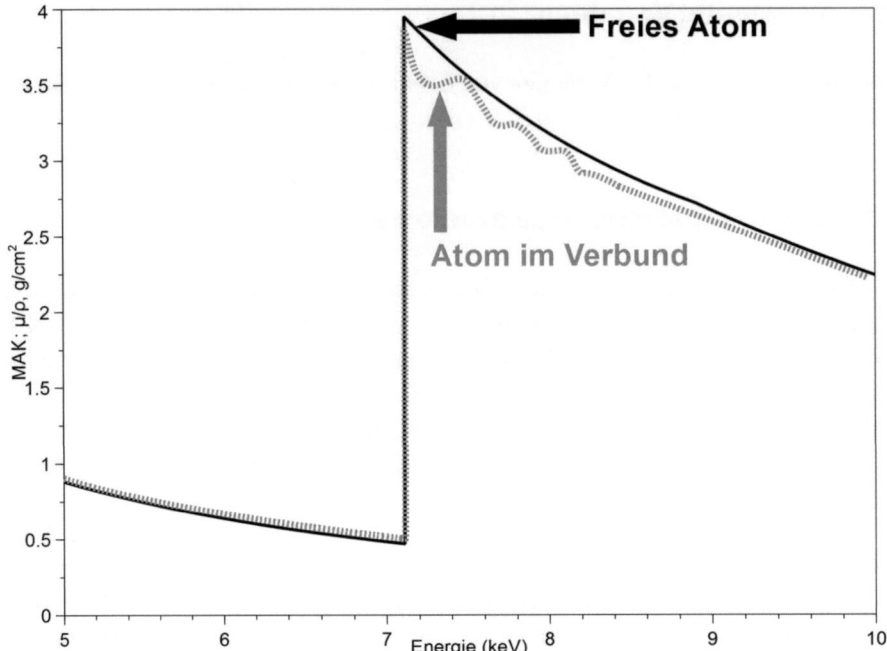

Abb. 5.62 Absorptionskanten-Feinstruktur

zumeist im weichen Röntgenbereich benutzt wird, und letzteres als „Extended X-Ray Absorption Fine Structure". XANES/NEXAFS-Methoden beschäftigen sich mit der Untersuchung spektraler Feinstrukturen direkt im Bereich hinter der Absorptionskante eines bestimmten Energieübergangs bei der Röntgenabsorption durch Ionisierung innerer Elektronenorbitale – dem Prozess, der auch die Röntgenfluoreszenz auslöst. Die Oszillationen direkt hinter der Absorptionskante geben Aufschluss über Bindungszustände und -längen sowie lokale Atomgeometrien. Deshalb wird die Methode bei der Strukturaufklärung molekularer Strukturen und Reaktionen verwendet.

Die XANES erlaubt oft eine Bestimmung der Oxidationsstufe in der das untersuchte Element vorliegt und kann Aufschlüsse über die Koordinationsgeometrie gegeben. Die EXAFS, welche einen weiteren Energiebereich nutzt, erlaubt Aussagen über die nächsten Nachbarn und die Abstände zu diesen. Die XAFS wird sehr oft in der Katalyseforschung eingesetzt, da hier oft die Änderung des Oxidationszustandes von großer Bedeutung ist und die Änderungen in der Kristallstruktur, wenn denn eine vorliegt nicht immer gut detektierbar ist. Bei Betrachtung oxidischer Materialien wurden besonders solche, die amorphe oder glasartige Struktur haben, erfolgreich mit XAFS charakterisiert.

Um die Röntgenstrahlung in einem sehr feinen Energiebereich variieren zu können, ist ein hoher Fluss der Röntgenstrahlen wünschenswert, da bei der Monochromatisierung viele Photonen verloren gehen und ein kontinuierliches Röntgenstrahlungsspektrum erforderlich ist. Hauptsächlich wird die XAFS daher an Synchrotronquellen durchgeführt, in

Abb. 5.63 Abbildung Schematischer Aufbau eines Labor-XAFS-Spektrometers mit freundlicher Genehmigung von Christian Lutz

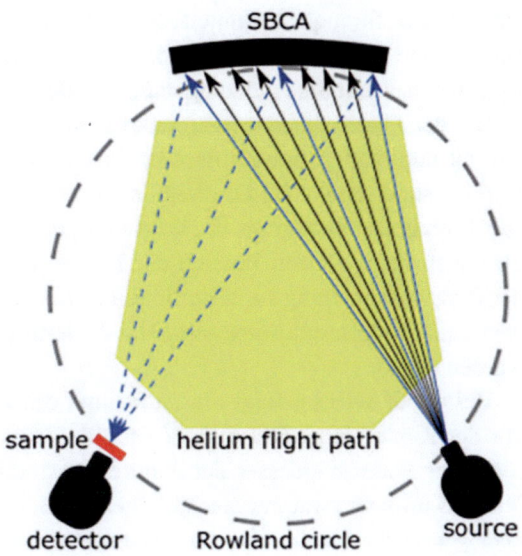

den letzten Jahren hat die Laborbasierte XAFS aber eine Renaissance erfahren, was auf neue Entwicklungen im Bereich der Optiken, Röhren und Detektoren zurückzuführen ist (s. Abb. 5.63).

Messmethoden

Die Ausbildung der Absorptionskanten in den Absorptionsspektren von Röntgenstrahlen beruht generell gesprochen auf dem photoelektrischen Effekt, bei dem ein gebundenes Elektron ein Photon absorbiert und die Energie ausreicht, um das Elektron in das Kontinuum zu befördern. Photonen geringer Energie können ausreichen, um ein gebundenes Elektron in einen unbesetzten Zustand zu transferieren. Dies kann dann als sogenannter Vorkantenpeak im XANES-Spektrum sichtbar sein (siehe unten).

Die Oszillationen im EXAFS-Bereich können vereinfacht so beschrieben werden, dass das Photoelektron, dessen kinetische Energie mit der ansteigenden Anregungsenergie zunimmt (Bindungsenergie und Austrittsarbeit bleiben ja gleich), an den Nachbaratomen gestreut wird und wenn man es als Welle beschreibt, die zum Zentralatom zurückgestreute Welle mit sich selbst interferieren kann. Da es sich in jedem Fall um einen photoelektrischen Effekt handelt, kann die photoelektrische Absorption entweder direkt gemessen werden oder die Folgeprozesse derselben, wie die Photoelektronen, Augerelektronen oder die Fluoreszenz. Am gängigsten sind die Absorptionsmessung und die Fluoreszenzmethode.

Bei der Absorptionsmessung müssen I0 und I aufgenommen und als $ln\frac{I0}{I}$ gegen die Energie aufgetragen werden. $ln\frac{I0}{I}$ entspricht nach dem Lambert-Beer'schen Gesetz der Massenschwächung $\mu \cdot t$, mit t der Probendicke und μ dem Massenschwächungskoeffizienten, der sich aus dem photoelektrischen Wirkungsquerschnitt τ und den elastischen und inelastischen Streuquerschnitten zusammensetzt. Da die letzteren beiden über den kleinen betrachteten Energiebereich als konstant angenommen werden können, kann man davon ausgehen das hier die Änderung der photoelektrischen Absorption beprobt wird.

Bei der Fluoreszenzmessung nutzt man die Proportionalität zwischen Fluoreszenzintensität und dem photoelektrischen Wirkungsquerschnitt aus. Ändert sich dann nur der Wirkungsquerschnitt, ist das direkt in der Veränderung der Fluoreszenzintensität messbar. Die Emissionsmessung ist im Vergleich zur Absorptionsmessung nachweisstärker, wie dies auch im optischen Bereich der Fall ist und was auf den geringen Untergrund bei der Emissionsmessung zurückzuführen ist (diese erfolgt gegen einen dunklen Untergrund, während bei Absorptionsmessung die Änderung von hell zu weniger hell unterschieden werden muss).

Bei der XANES erfolgt die Aufnahme des Anregungsspektrums I0 von etwa 50 eV vor der Kante bis zu 600–800 eV nach der Kante und die Aufnahme der geschwächten Strahlung I oder stattdessen der Fluoreszenzstrahlung Ni (oder Augerelektronen etc.). Die XANES umfasst zwar nur einen kleinen eV-Bereich vor und hinter der Kante, dieser wird aber gebraucht um die Vor- und Nachkantenlinien (engl. „Pre-" und „Post-Edge-Line") anzupassen, mit denen die Spektren normiert werden. Die „Pre-Edge-Line" wird auf 0 und die „Post-Edge-Line" auf 1 gesetzt. Die Massenschwächung wird dann mithilfe von:

$$\mu \propto ln\frac{I0}{I}; \quad \mu \propto ln\frac{Ni}{I} \qquad (5.51)$$

oben beschrieben normiert, damit Spektren von Proben unterschiedlicher Dicke und Konzentrationen mit einander vergleichbar sind.

Bei der Auswertung der XANES-Spektren ist zu beachten, dass die Feinstruktur der Kante stark von den Übergängen abhängt, die für das angeregte Elektron erlaubt sind. So sind für K und LI-Kanten die Übergänge in D-Zustände verboten und haben damit eine geringe Intensität. Dies ist sehr gut sichtbar in dem kleinen Pre-Edge-Buckel z. B. in Fe-K-Kantenspektren (s. Abb. 5.64). Die Hauptkante kann dann als ein erlaubter Übergang in einen P-Zustand interpretiert werden. Die Verschiebung der Kante gibt Hinweise auf den Oxidationszustand der Verbindung. Bei vielen Manganverbindungen ist es so, dass sich die Kantenlage fast mit einer linearen Abhängigkeit mit höherer Oxidationsstufe zu höheren Energien verschiebt.

Die Intensität der Vorkante kann Auskunft über die Koordinationsgeometrie um das Zentralatom geben. So werden die s->d-Übergänge wahrscheinlicher, wenn das Zentralatom tetraedrisch koordiniert ist. Dies ist z. B. sehr gut sichtbar in dem intensiven Vorkantenpeak von Permanganat und Chromat (s. Abb. 5.65).

Die LII und LIII-Spektren der Übergangsmetalle zeigen einen sehr intensiven Anstieg (engl. „Whiteline") an der Kante, der als Maß für den Füllungsgrad der d-Orbitale gesehen werden kann und somit für die Oxidationsstufe. Hier handelt es sich nämlich um einen erlaubten p->d-Übergang. Um die Zusammensetzung einer Probe abzuschätzen,

5.4 Verwandte Verfahren

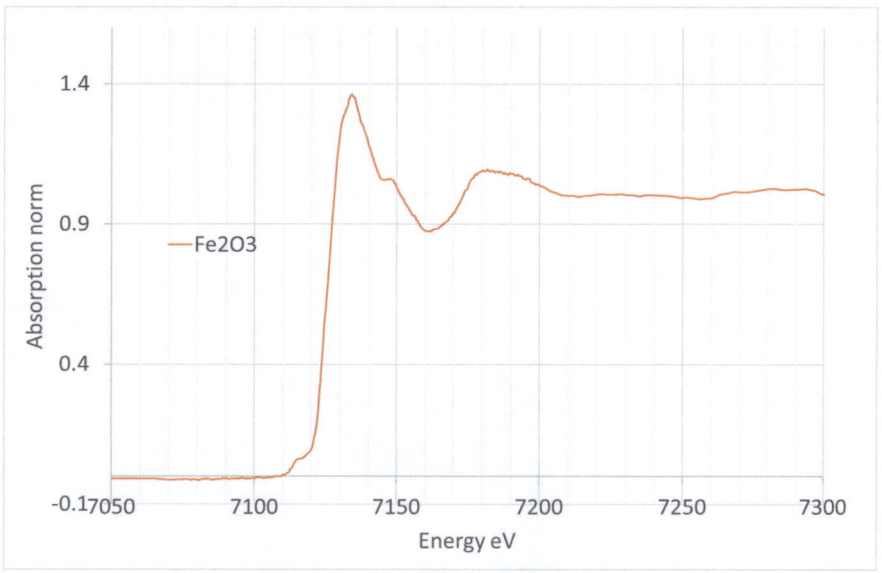

Abb. 5.64 FeK-Kanten XANES, aufgenommen in Absorption mit einem Labor-XAFS Instrument, mit freundlicher Genehmigung von Jessica Hiller

werden oft Referenzspektren von infrage kommenden Spezies aufgenommen und eine Linearkombinationsanpassung durchgeführt. Es ist auch möglich die einzelnen Übergänge in das Spektrum zu einzupassen.

Bei Messung und Auswertung der EXAFS sind die Oszillationen hinter der Kante von Bedeutung. Daher wird das Spektrum in einem Bereich von z. B. bis zu 1000 eV hinter der Kante aufgenommen. Um nur die Oszillationen des Massenschwächungskoeffizienten (μ) auszuwerten, wird der unmodulierte Kantenverlauf (μ_0) abgezogen und auf den Kantensprung normiert ($\Delta\mu_0$). Der resultierende Wert wird als Amplitude (χ) bezeichnet:

$$\chi(E) = \frac{\mu - \mu_0}{\mu_0} \qquad (5.52)$$

Die Energieskala wird in die Wellenzahl (k) des Photoelektrons umgerechnet, die von der Differenz zwischen Anregungs(E)- und Bindungsenergie (E0) abhängt und da die Bindungsenergie der angeregten Elektronen gleich bleibt, hängt diese folglich von der Energie der Anregung ab:

$$k(E) = \sqrt{\frac{2m_e(E - E_0)}{\hbar^2}} \qquad (5.53)$$

Abb. 5.65 Mn K-Kanten XANES mit intensiven „Pre Edge Peak" für Permanganat (MnVII)

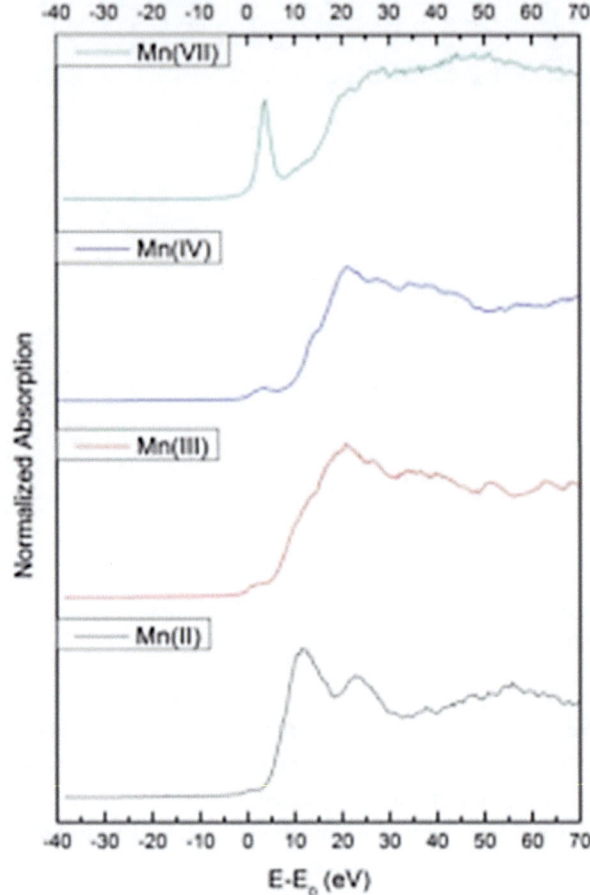

m_e: Masse des Elektrons; $\hbar$: Planck'sches Wirkungsquantum über 2π

Nach Wichtung und Fouriertransformation erhält man die EXAFS-Funktion. Mit der Annahme einer bestimmten Anordnung der Atome um das Zentralatom kann die eine EXAFS-Funktion modelliert und angefittet werden. Aus dem Modell können dann die Natur der nächsten Nachbarn, Abstände und Koordinationszahl abgeleitet werden.

Eine nicht zu unterschätzende Quelle für Fehler in der Bestimmung der richtigen Spezies liegt wohl darin, dass sowohl in der XANES als auch in der EXAFS Annahmen über die Verbindung getroffen werden müssen und dann anhand der Spektren über die Güte der Anpassung entschieden wird. Sind diese Annahmen unvollständig, kann die wahre Spezies möglicherweise nicht bestimmt werden. Aussagen über die Koordinationsgeometrie oder den Oxidationszustand kann in vielen Fällen deutlich sicherer bestimmt werden.

Bei jeder Speziesbestimmung muss geprüft werden, ob es bei der Präparation oder der Bestimmung selber, z. B. durch Wechselwirkungen mit dem Röntgenstrahl zu Veränderun-

5.4 Verwandte Verfahren

gen z. B. Oxidation oder Reduktion, kommt. Veränderung des Aussehens der Probe oder Änderung von hintereinander aufgenommenen Spektren derselben Probe können darauf hindeuten.

Bei der Probenpräparation spielt die Probendicke und Homogenität eine große Rolle. Eine zu dünne Präparation kommt selten vor. Wenn in Fluoreszenz gemessen wird, sollte die Probe möglichst dünn sein, damit nur die Modulation des Massenschwächungskoeffizienten mit der Energie erfasst wird und nicht dazu das variierende Anregungsvolumen. In dicken Proben kommt es dann zu einer Dämpfung der „Whiteline", weil bei hoher Absorption (an der „Whiteline") das Anregungsvolumen kleiner wird [1].

Wird in Absorption gemessen, hängt die optimale Massenschwächung der Probe ($\mu \cdot t$) bzw. die optimale Transmission $\frac{I}{I_0}$ von dem Anteil der Primärstrahlung ab, der von der Probe nicht absorbiert werden kann, wie z. B. niedrig energetische Fluoreszenz. Dieser Anteil wird oft als Verluststrahlung (engl. „Leakage") bezeichnet.

Beträgt dieser Anteil z. B. 1 % der absorbierbaren Strahlung, dann ist die optimale Transmission der Probe ca. 10 % ($\mu \cdot t = 2{,}3$). Beträgt der Verlustanteil 5 %, ist eine Transmission von 20 % ($\mu \cdot t = 1{,}6$) statistisch gesehen optimal [220]. Wenn möglich sollte die Quelle der Verluststrahlung identifiziert und reduziert werden. Eine Reduzierung der Verluststrahlung auf 1 % kann z. B. mithilfe eines energiedispersiven Detektors zur Aufnahme der Spektren und einer guten Anpassung des Anregungsreflexes erreicht werden. Der Verlustanteil ruft nicht nur statistisches Rauschen hervor, sondern sorgt auch für eine signifikante Dämpfung der Absorption, sodass die „Whiteline" und die Oszillationen bei dicken Proben komplett verschwinden. Um die Dämpfung zu verhindern gilt: Je dünner die Probe, desto besser. Eine Transmission von 30 % der Probe ist man in meisten Fällen aber ausreichend. Bei 1 % Verlustanteil ist man bei ca. 100 % der erwarteten Absorption. Hat das Gerät einen Leckanteil von 5 %, erhält man nur noch ca. 95 % der erwarteten Absorption [253].

Bei der Probenpräparation kommen verschiedene Möglichkeiten infrage. So wurden gute Ergebnisse mit Pulvern erreicht, welche dünn auf Klebefilm aufgebracht wurden. Die Reproduzierbarkeit kann zwar sehr gut sein, allerdings sind bei diesem Verfahren Parameter wie die Massenbelegung oder Dicke des Präparats unbekannt. Eine Methode, bei der sich die gewünschte Transmission der Probe sehr gut einstellen lässt, ist die Herstellungen von Pellets. Hierbei wird die Probe als feines Pulver mit einem Binder wie z. B. Polyethylen oder Zellulose vermischt und in einer Presse zu Pellets bekannten Durchmessers gepresst. Es lässt sich dann mithilfe der Massenflächenbelegung m/A ausrechnen, welche Transmission die Probe ungefähr hat. Wenn eine bestimmte Transmission gewünscht ist, lässt sich errechnen, wieviel Probe eingewogen werden darf. Für die Berechnung wird das Absorptionsgesetz (Lambert-Beer) genutzt und für den Ausdruck Dichte mal Dicke, Masse pro Fläche eingesetzt:

$$I = I_0 e^{-\frac{\mu}{\rho}\rho t} \dots I = I_0 e^{-\frac{\mu m}{\rho A}\rho t} \tag{5.54}$$

$$T = \frac{I}{I_0} = e^{-\frac{\mu m}{\rho A}\rho t} \tag{5.55}$$

wobei T: Transmission, I: Primärstrahl, I_0: geschwächter Strahl, $\frac{\mu}{\rho}$: Massenabsorptionskoeffizient der Probe, t: Dicke der Probe, m: Masse der Probe, A: Fläche der Probe. So liefern z. B. Pellets 10 mg Fe_2O_3 80 mg PE zu einem Pellet von 1,6 cm Durchmesser gepresst eine Transmission von ca. 0,29 was einer Absorbanz von 1,23 entspricht.

5.4.2 Röntgen-Computertomographie

Die Röntgen-Computertomographie (CT) findet breite Anwendung sowohl in der Medizin als auch in den Material- und Geowissenschaften. Im Gegensatz zu medizinischen Geräten wird bei der technischen CT das Untersuchungsobjekt gedreht. Während der Drehung wird das Messobjekt mit einer Röntgenquelle durchstrahlt und mehrere hundert Einzeldurchstrahlungsaufnahmen (Schnitte) aufgezeichnet. Bei der Spiral-CT wird das Objekt gleichzeitig nach unten oder oben bewegt. Dabei wird nicht direkt ein 3D-Bild erzeugt, sondern das Bild nach der Messung aus den einzelnen Schnitten errechnet. Die aufgenommenen Messdaten müssen mittels eines geeigneten Algorithmus in Bilder umgewandelt werden [58]. Relativ einfach lässt sich die Auswertung durch Aufstellung eines umfangreichen linearen Gleichungssystems darstellen ([119], Abb. 5.66). Bei einer Durchstrahlungsmessung der Probe wird ein Messwert (abgeschwächter Strahl) m erfasst (s. Abb. 5.66). Diese Messung wird vielfach wiederholt, indem die Strahlenquelle um das Messobjekt bewegt, oder das Objekt gedreht wird. Wird das Messobjekt dann in eine Bildmatrix (Bildpunkte $X \times Y, i_1 - i_n$) zerlegt, stellt ein Messwert jeweils ein Linienintegral dar, welches ein Maß für die Absorption der Strahlung entlang des Weges des Strahls ist. Wird das Objekt durch eine Bildmatrix diskretisiert, so lassen sich die Bildpunkte mit den Messpunkten verknüpfen. Im ersten Schritt werden diese Bildpunkte über ein Vektorsystem $b = X \times Y$ abgebildet und mit den zugehörigen Messwerten $(b_1 - b_M)$

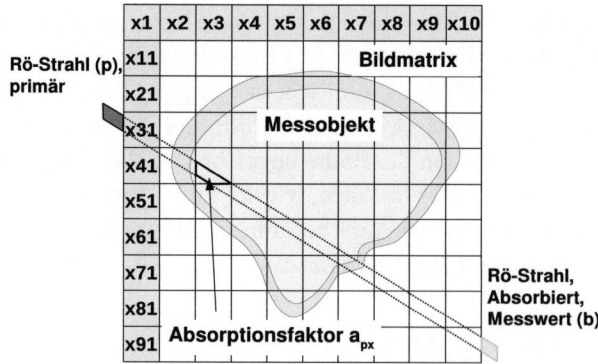

Abb. 5.66 Grundprinzip der Bildmatrix zur Aufstellung eines linearen Gleichungssystems. (Nach [119])

5.4 Verwandte Verfahren

verknüpft (Gl. 5.56). Da die Schwächung des Primärstrahls in einem Bildpunkt vom Grad der Interaktion (Weglänge, Strahlbreite) mit dem durch den Bildpunkt beschriebenen Teil des Messobjektes mit einem bestimmten Absorptionsverhalten ($\sum MAK$, mittlere Ordnungszahl) abhängt, sind die Funktionswerte der Matrix mit einem Absorptionsfaktor (hier a_{px}) zu multiplizieren, der sich aus der durchstrahlten Fläche (Pixel) oder Volumen (Voxel) pro Bildelement ergibt.

Aus dem integralen Grauwert ($m_1 - m_M$) der Durchstrahlungsmessungen soll mithilfe des unten gezeigten linearen Gleichungssystems der Grauwert jedes einzelnen Pixels bestimmt werden:

$$\begin{aligned}
b_1 &= a_{11}x_1 + a_{12}x_2 + \cdots + a_{1N}x_N \\
b_2 &= a_{21}x_1 + a_{22}x_2 + \cdots + a_{2N}x_N \\
&\vdots \\
b_M &= a_{M1}x_1 + a_{M2}x_2 + \cdots + a_{MN}x_N
\end{aligned} \quad (5.56)$$

Dieses System des Typs $a\vec{x} = \vec{b}$ ist schwach besetzt und überbestimmt, da $a_{MN}x_N = 0$, wenn der Strahl nicht mit dem Messobjekt interagiert. Eine Lösung des Gleichungssystems in Gl. 5.56) kann im Sinne einer Methode der kleinsten Fehlerquadrate iterativ berechnet werden. Bei einer Bildgröße von 515x512 Pixel ergibt dies für eine Abbildung ein Gleichungssystem mit 262144 Unbekannten.

Als Detektor dient z. B. ein CCD-Chip. Die Bildauflösung hängt von der Spotgröße und dem Abstand der Röntgenröhre vom Messobjekt ab, die Röntgenstrahlgeometrie ist konisch. Je nach Spotgröße wird zwischen CT (< 0,5 mm Spot), Mikro-CT (µm-Spot) und Nano-CT (bzw. sub-Mikron-CT, > 1 µm Spot) unterschieden. Die maximale Auflösung liegt bei 200 nm und bis zu 50 nm bei Verwendung von Synchrotronstrahlung [58].

Mit CT können beispielsweise Porenräume, Risse oder Einschlüsse in Meteoriten, Gesteins- oder Bodenproben visualisiert und vermessen werden [58]). Damit ist es beispielsweise möglich, metamorphe Kristallisationsprozesse zu untersuchen [44]. Auch biologische Verwitterungsprozesse in Baumaterialien können gezielt zerstörungsfrei analysiert werden [61]. Des Weiteren sind interessante Bereiche einer Probe – z. B. Ca-Al-Einschlüsse in Meteoriten [12] – lokalisierbar, welche dann gezielt herauszupräparieren sind.

Auch dreidimensionale Elementverteilungsbilder – z. B. von Uran (mit Synchrotronstrahlung) – können aufgenommen werden [172].

5.4.3 Partikelinduzierte Röngenemissionsspektrometrie

Dieses Verfahren ist allgemein bekannt unter dem Synonym „PIXE" (engl. „Particle-Induced X-Ray Emission Spectrometry"). Im Gegensatz zur Elektronenanregung fällt der

Bremsstrahlungsanteil kaum ins Gewicht. Daher ist die Nachweisempfindlichkeit wesentlich besser als bei der Elektronenstrahl-Mikroanalyse (ESMA) und etwa vergleichbar mit der gesamtchemischen RFA. Zur Anregung werden zumeist Protonen verwendet. Aufgrund des erheblichen Aufwandes zur Erzeugung der Anregungsstrahlung sind diese Systeme nicht sehr weitverbreitet.

5.4.4 Elektronenspektroskopie

Die bei der Anregung mit Röntgen- oder Elektronenstrahlung aus den Atomen einer Probe emittierten Elektronen enthalten wertvolle Informationen über das jeweilige Element und auch die chemische Umgebung des Elementes. In den aufgenommenen Spektren sind Linien sowohl aus dem photoelektrischen Effekt wie auch von der Augeremission enthalten. Beide Effekte können getrennt oder in Kombination betrachtet werden, wobei letzteres zum Teil mehr Information liefert [82].

5.4.5 Elektronenstrahl-Mikroanalyse

Dieses Verfahren ist unter den ortsaufgelösten Verfahren relativ weit verbreitet und wird in diesem Buch in einem eigenen Kapitel behandelt (s. Abschn. 8).

5.5 Analysenbeispiele

In diesem Abschnitt werden einige Beispiele aus der praktischen Anwendung der RFA vorgestellt.

5.5.1 Analyse von oxidischen Materialien

Ein klassisches Anwendungsfeld der RFA ist die Analyse oxidischer Substanzen, zu denen im weitesten Sinne die meisten geowissenschaftlichen und geochemischen Proben gehören. Auch Glas- und Keramikmaterialien bestehen zum großen Teil aus Oxiden (außer z. B. Carbid- und Nitridkeramik wie SiC, oder Siliziumnitrid), da sie ja im oxidischen Umfeld unser Atmosphäre existieren und funktionieren müssen.

Im geochemischen Umfeld wird die RFA zur Bestimmung von Hauptkomponenten (> 0,1 Gew.%) und Nebenkomponenten (0,1–0,001 Gew.% (1 ppm)) genutzt. Als Präparate dienen sowohl Schmelz- wie auch Presstabletten. Für die Herstellung von Schmelztabletten müssen alle Bestandteile der Probe vor der Aufschmelzung oxidiert vorliegen, da das verwendete Platin sonst kontaminiert oder zerstört werden kann. Bei größeren Anteilen reduzierter Spezies (z. B. Sulfid) ist daher ein Oxidant einzusetzen. Aufgrund der großen

Unterschiede geologischer Materialien ist eine große Anzahl an Referenzmaterialien (~40) erforderlich, die alle Probentypen (Granit, Basalt, Karbonat, Ton/Sandstein u. a.) in den erforderlichen Konzentrations- und Elementbereichen abdecken (s. Tab. 11.1–11.6). Eine anwendbare Norm für diese Probenart ist die DIN 51001: Prüfung oxidischer Roh- und Werkstoffe – Allgemeine Arbeitsgrundlagen zur Röntgenfluoreszenzanalyse (RFA) [187]. Eine Aufstellung der Messparameter für eine Methode zur Analyse geologischer Materialien ist in Tab. 11.7 gelistet.

5.5.2 Analyse von Legierungen

Bei der Analyse von Legierungen ist einiges zu beachten. Sind viele unterschiedliche Legierungselemente und/oder Matrices zu kalibrieren, ist meist ein ganzer Satz an Kalibrationen mit Referenzproben von sehr ähnlicher Matrix und hoher Qualität erforderlich. Typische Materialien dieser Gruppe sind Al-Legierungen, Ni/Co/Fe-Legierungen, Ti-Legierungen, Kupfer/Messing. Die Messung des Kohlenstoff- und/oder Sauerstoffgehalts mit entsprechend ausgestatteten Spektrometern ist möglich.

Es sind zum Teil sehr starke sekundäre und tertiäre Interelementeffekte zu erwarten, daher ist in einigen Fällen die Verwendung von Gammas erforderlich (tertiäre Fluoreszenz, siehe Faustregeln). Ni in Superlegierungen ist umgeben von W-, Ta- und Cu-Signalen, sodass eine sehr gute Korrektur der Linienüberlagerung erforderlich ist. Wenn möglich ist die Anwendung von fundamentalparameterbasierten Kalibrationen (abhängig von der Software) zur Eingrenzung der Anzahl benötigter Kalibrationen der klassischen Kalibration vorzuziehen. Falls nötig ist auf andere Linien oder Kristalle auszuweichen. Statt der α-Linien können CuKβ1, TaLβ1, PtLβ1 Verwendung finden. Der Elementbereich V–Rh sollte mindestens auf LiF_{220} – wenn möglich sogar auf LiF_{420} – gemessen werden. Die Probenpräparation ist häufig relativ einfach: Schleifen/Polieren.

5.5.3 Analyse von hydraulischem Zement nach C114 (Version ASTM C114 00 2000)

Diese Norm dient der Validierung der Reproduzierbarkeit mit einer festgelegten Maximalabweichung von Doppelbestimmungen [37]. Weiter wird die Genauigkeit über eine maximale Abweichung vom gemessenen Mittelwert zum Zertifikatwert festgestellt (s. Tab. 5.12). Die Qualität eigener Proben (hauseigene Standards, Produktproben) wird nicht geprüft.

Folgende Richtlinien sind in dieser Norm enthalten:

- 1) Es sollten 7 internationale Referenzmaterialien analysiert werden. Bei Verwendung <7 Referenzmaterialien müssen ALLE die Grenzwerte erfüllen
- 2) Sonst Einhaltung der definierten Grenzwerte (Tabelle) bei mindestens 6 der 7 Referenzmaterialien

Tab. 5.12 Grenzwerte der C114 Norm [37]. Wiederholbarkeit: Probenpräparation + Messung an zwei verschiedenen Tagen, Genauigkeit: Abweichung des Mittelwertes der Wiederholmessung vom Zertifikatwert

Oxid	Wiederholbarkeit	Genauigkeit
Al_2O_3	0,2	0,2
CaO	0,2	0,3
Cl	0,02	-
Fe_2O_3	0,1	0,1
K_2O	0,03	0,05
MgO	0,16	0,2
Mn_2O_3	0,03	0,03
Na_2O	0,03	0,05
P_2O_5	0,03	0,03
$SiO2$	0,16	0,2
SO_3	0,1	0,1
TiO_2	0,02	0,03
ZnO	0,03	0,03

- 3) Im Fall 2) darf der 7-te Wert den Grenzwert jedoch nicht mehr als zweifach überschreiten
- 4) Werden >7 Referenzproben verwendet, müssen mindestens 77 % innerhalb der Grenzwerte bleiben und der Rest darf diese nicht mehr als zweifach überschreiten
- 5) Matrixkorrektur ist anwendbar, sofern alle Proben mit einbezogen werden
- 6) Wird das System ausgetauscht – auch gegen ein baugleiches –, werden Komponenten ausgewechselt oder eine signifikante Änderung der Konfiguration durchgeführt, muss die Methode erneut validiert werden
- 7) Messung inklusive Probenpräparation an nicht direkt aufeinanderfolgenden Tagen (Wiederholproben, Methodengesamtfehler außer Probenahme)
- 8) Entsprechende Kenndaten z. B. nach ASTM C 150 (Portlandzemente) oder C 595 (Substituierter Hydraulikzement) sollten zur Verfügung stehen

Verwandte Normen sind: C25 [41], 150 [40], 183 [38], 595 [39], E29 [63]
Folgende Rahmenbedingungen sind bei der Messung zu beachten:

- Die Matrix besteht hauptsächlich aus CaO
- Zu bestimmende Gehalte von P, Na und vor allem Cl sind sehr niedrig
- Schwefel muss bei Schmelztablettenherstellung vollständig oxidiert werden
- Typische Probleme bei hoher Ca-Intensität: $3CaK\alpha$-Überlagerung von $MgK\alpha$; Summensignal $CaK\alpha$ oder $2CaK\alpha$ im Bereich von $NiK\alpha$
- $NaK\alpha \leftrightarrow ZnK\alpha$
- $PK\alpha$ bei hohen Gehalten an Cu, Zr und Mo evtl. problematisch
- $ClK\alpha$ bei hohen Gehalten an Hf ($3L\alpha$) und Pb($4L\alpha$) evtl. problematisch, Summensignale von $MgK\alpha$ prüfen

Zur Präparation sind Schmelztabletten geeignet – bei Presstabletten ist aufgrund mineralogischer Effekte und Korngrößeneffekte eine sehr gute Präparation erforderlich. Sie sind nur bedingt geeignet.

Für Proben mit höheren Gehalten an Ca, Mg, Al und Si sind 1,6 g Probe mit 8 g Li-Borat ($Li_2B_4O_7$: $LiBO_2$= 66:34) für Schmelztabletten mit 40 mm Ø verwendbar. Eventuell muss noch ein Oxidant (z. B. 1 g NH_4NO_3) zugegeben werden. Die Oxidation läuft bei 550 °C und das Einschmelzen bei 1120 °C ab. Löst sich die Tablette nicht gut aus der Kokille, kann ein Antibenetzungsmittel wie NH_4I (z. B.: 0,4 g/1 ml, 65 μl) zugegeben werden. Die Vorteile dieser Präparation sind hohe Reproduzierbarkeit und Genauigkeit durch die sehr gute Homogenisierung der Probe. Durch die Verdünnung werden Matrixeffekte verringert.

Die Nachteile im Vergleich zu Presstabletten sind höhere Kosten, präparativer Aufwand, eventuell die durch die höhere Verdünnung niedrigeren Nachweisgrenzen und die Nichtverwendbarkeit für die RDA.

Besonders für Na (im 100 ppm Bereich) ist die Methode an der Grenze der Anwendbarkeit und erfordert extrem sauberes Arbeiten – zumal Na ein typisches Hintergrundelement ist und daher Kontaminationen sehr leicht auftreten.

Zur Herstellung von Presstabletten können 5 g Probe am besten mit Elvacit (500–1000 μl, 20 % in Aceton) oder Wachs (1 g) vermischt und für 60 s bei maximal 20 t in entsprechende Probenhalter gepresst werden. Zur Verbesserung der Oberfläche oder wenn nicht genügend Probenmaterial vorhanden ist, ist Borsäure als Pressgrund verwendbar. Elvacit wird tropfenweise zugegeben und immer wieder (z. B. mit einem Glasstab) umgerührt bis die Mischung trocken ist. Sollte das Probenmaterial nicht fein genug sein, kann ein Mahldurchgang (z. B. Zirkonia-Kugelmühle oder Mikronisiermühle) vorgeschaltet werden. Die Vorteile dieser Präparation sind Schnelligkeit, geringer präparativer Aufwand und damit verbunden relativ geringe Kosten. Die Methode ist relativ gut automatisierbar. Ein weiterer Vorteil ist die höhere Empfindlichkeit. Weiterhin bleiben flüchtige Elemente in der Probe. Dies ermöglicht die Speziationsanalyse des Schwefels und die (nicht erforderliche) Bestimmung des Fluorgehaltes. Der Hauptnachteil ist die vergleichbar schlechte Homogenisierung mit den typischen Effekten (mineralogischer Korngrößeneffekt) sowie die im Vergleich mit Schmelztabletten schlechtere Oberfläche. Tab. 5.13) zeigt die Referenzwerte eines geeigneten Probensatzes.

5.5.4 Analyse heterogener Proben – Beispiel RoHS-Analytik mit RFA

Nach einer entsprechenden Richtlinie (01.07.2006, engl. „RoHS, Restriction of Hazardous Substances Directive") sind in der EU für neue elektrische und elektronische Bauteile folgende Elemente mit Grenzwerten belegt: Pb, Cd, Hg, Cr(VI) sowie polybromierte Biphenyl- und Diphenylether (PBB, PBDE), siehe z. B. [291]). Ähnliche Regelungen gelten auch in den USA (z. B. engl. „The California Electronics Recycling Act", 2003, [133]) und in China („China RoHS", 2007, s. [290]). Verwandte Richtlinien sind die WEEE (engl.

Tab. 5.13 Geeigneter Referenzprobensatz für C114 (NIST), Angaben in Gew.%. Grau: Nicht zertifizierte Werte, nur zur Information

	1880a	1881	1882	1883	1884	1885	1886	1887	1888	1889
CaO	63,83	58,67	37,6	27,8	64,01	62,14	67,43	62,88	63,78	65,08
SiO2	20,31	22,25	3,4	0,35	23,19	21,24	22,53	19,98	20,86	20,44
Al2O3	5,18	4,16	38,6	71,2	3,31	3,68	3,99	5,59	5,35	5,61
Fe2O3	2,81	4,68	15,8	0,08	3,3	4,4	0,31	2,16	3,18	2,67
SO3	3,25	3,65			1,67	2,22	2,04	4,61	3,16	2,68
MgO	1,72	2,63	1,25	0,29	2,32	4,02	1,6	1,26	0,71	1,38
K2O	0,92	1,17	0,12	0,01	0,51	0,83	0,16	1,27	0,56	0,32
TiO2	0,25	0,25	1,83	0,01	0,16	0,2	0,19	0,27	0,29	0,21
Na2O	0,19	0,04	0,06	0,32	0,13	0,38	0,02	0,1	0,14	0,11
SrO	0,083	0,11			0,048	0,037	0,11	0,07	0,07	0,2
P2O5	0,22	0,09			0,12	0,1	0,025	0,075	0,085	0,15
Mn2O3	0,127	0,26			0,11	0,12	0,013	0,072	0,025	0,24
F	0,06	0,09			0,03	0,05	0,01	0,11	0,02	0,04
ZnO	0,005	0,01			0,02	0,03	0	0,01	0,01	0
Cr2O3	0,007				0	0	0	0	0,01	0,01
Cl	0,004	0,01			0,02			0,007	0,015	0,002
L,O,I,	1,32	2,01	1,58	0,42	1,17	0,74	1,73	1,49	1,79	0,92
Total	100,29	100,08	100,24	100,48	100,1	100,21	100,16	99,95	100,06	100,06

„Waste Electrical and Electronic Equipment Directive", z. B.: [203]) und die ELV (engl. „End-of-Life Vehicles Directive", z. B. [60]). Dort werden Grenzwerte festgelegt, z. B. Pb, Hg, Cr(VI), Br, Gesamt PBB/PBDE = 1000 ppm und Cd = 100 ppm [291].

Dabei ist Pb in Pigmenten, Farben und Stabilisatoren, Hg in Pigmenten, Leuchtmitteln, Batterien und Mikrokontakten, Cd in Pigmenten, Stabilisatoren, Halbleitern und Batterien, Cr(IV) in Farben, Antikorrosionsmitteln und Plastifizierern sowie Br in Brandschutzmitteln enthalten. Mit RFA können viele Materialien ohne aufwendige Probenpräparation und Einsatz giftiger Chemikalien (HF, HCl, $HCLO_4$, HNO_3, H_2SO_4, H_2O_2 u. a.) untersucht werden. Da die anfallenden Abfallstoffe (Plastik, Glas, Metalle, Verbundstoffe) sehr unterschiedlich zusammengesetzt sind, eignet sich die flexibel einsetzbare RFA besonders gut für RoHS-Tests (empfohlen nach IEC 62321). Dabei geht es sowohl um die quantitative Bestimmung (Grenzwerte) und die qualitative Erfassung (Anwesenheit).

Folgende Rahmenbedingungen sind für die Messung zu beachten:

- Matrizes der Proben sehr unterschiedlich und inhomogen (z. B. Verbundstoffe)
- Ungewöhnliche Elementzusammensetzungen (Legierungen, Halbleiter u. a.)
- Sehr viele Variationen bei der Probenpräparation nötig
- Summensignale von ClKα auf CrKα bei hohem Cl-Gehalt

5.5 Analysenbeispiele

- RhKβ auf CdKα, evtl. Filter verwenden
- PbLα ↔ AsKα
- Summensignal CrKα auf BrKα

Ein Beispiel für eine solche Norm mit Verwendung von RFA ist die ASTM F2617: engl. „Standard Test Method for Identification and Quantification of Chromium, Bromine, Cadmium, Mercury, and Lead in Polymeric Material Using Energy Dispersive X-Ray Spectrometry", [70].

Das Material (z. B. isoliertes Kabelmaterial) wird zunächst in einer Schneidmühle auf < 4 mm granuliert. Das Material kann jetzt in ein Metall- und Plastikgranulat getrennt werden (z. B. mit wässriger Dichtetrennung). Weiches Granulat (z. B. Plastik) wird nun mit einer Rotormühle auf Analysenfeinheit gemahlen (< 125 μm–63 μm, eventuell Granulat mit N_2 vorkühlen). Aus dem Pulver wird eine Presstablette hergestellt. Metallgranulate können je nach Art gepresst, aufgeschmolzen oder aufgeschlossen werden.

Diese Vorgehensweise eignet sich prinzipiell für alle Verbundmaterialien – Voraussetzung ist die vollständige Trennung der einzelnen Materialkomponenten.

Zur Kalibration des Systems gibt es verschiedene Sätze geeigneter Referenzproben, die z. T. über den Hersteller bezogen werden können oder bereits Bestandteil des Systemkonzeptes sind.

Die Nachweisgrenzen größerer RFA-Systeme (> 200 W) reichen meist für die Einhaltung der geforderten Grenzen aus. Nachweisgrenzen unter 2 ppm sind erreichbar. Zu beachten: Die Nachweisgrenze für Cr in Cl-haltigen Plastik (z. B. PVC) kann aufgrund der Überlappung mit dem $ClK\alpha$-Summensignal bis zu 10-mal höher sein (z. B. 15 ppm). Dies ist ein Beispiel für die Matrixabhängigkeit der Analysegenauigkeit. Bei der Methodenentwicklung müssen potenzielle Linienüberlagerungen genau untersucht werden.

Pb in SnPb-Löt kann z. B. auch mit kompakten Kleingeräten erfasst werden.

Bei der Betrachtung von Nachweisgrenzen ist zu beachten, dass es für die sichere Bestimmung des Elementes einen weiteren Parameter gibt: die sog. Bestimmungsgrenze: BSG = 3*NG Bei Cr, Br, Hg und Pb muss also die Nachweisgrenze unter 333 und bei Cd unter 33 ppm liegen.

5.5.5 Flüssigkeitsanalyse – Beispiel Kraftstoffe/Öle

Auch die Analyse von Kraftstoffen ist mittlerweile routinemäßig mit RFA durchführbar. Typische Anwendungen sind die Untersuchung auf Elemente, die den Verschleiß von Motorenbauteilen anzeigen (Fe, Cu) oder die Grenzwertanalyse von Erdölprodukten und Additiven (Ca, Cl, Cu, Mg, P, S, Zn). Dazu kommt die Analyse der Rohstoffe und die Analyse von Katalysatoren (Platingruppenelemente, PGE). Tab. 5.14 gibt einen Überblick über wichtige Normen und Richtlinien im Bereich Erdölprodukte.

Tab. 5.14 Normen und Richtlinien für Gehalte umweltrelevanter Elemente in Kraftstoffen und Ölen, Stand: 2007

Norm	Methode	Beschreibung (Messbereiche)
ISO 20884:04	WDRFA	S (5–500 ppm), Kraftstoffe (Diesel/Benzine)
ISO 8754	NN	S (300 ppm–5 Gew%), Erdölprodukte
ASTM D2622-08	WDRFA	S (3 ppm–4,6 Gew%), Erdöl/Erdölprodukte
ASTM D4294-2007	EDRFA	S (16 ppm–4,6 Gew%), Erdöl/Erdölprodukte
ASTM D6481	EDRFA	P, S, Ca, Zn (−0,3, −1, −0,96, −0,312 Gew,%), Schmieröl
ASTM D4927	WDRFA	Ba, Ca, P, S, Zn (−0,2, −0,5, −0,2, −1, −0,25 Gew%), Schmieröl/Additive
ASTM D6443	WDRFA	Ca, Cl, Cu, Mg, P, S, Zn (−0,5, −0,15, −0,05, −0,2, −0,2, −0,25 Gew,%), frische Schmieröle/Additive
ASTM D6445	EDRFA	S (48–1000 ppm), Benzin
DIN 51363-2	WDRFA	P (10 ppm–1 Gew%), Schmieröl/Additive
DIN 51391-2	WDRFA	Ba, Ca, Cu, Zn (-,-0,4,-,-0,14 Gew,%), Schmieröladditive
DIN 51431-2	WDRFA	Mg (0,01–0,5 Gew,%), Schmieröl
Richtlinien	**Elemente**	**Grenzwerte**
EPA Tier 2 (2002)	S	150 ppm, Kraftstoffe
98/70/EC	S	50 ppm, Kraftstoffe (EURO IV-Norm, ab 2005)
2003/17/EC	S	10 ppm, Kraftstoffe (EURO V-Norm, ab 2009)
2000/76/EC	Cd, Tl, Hg, Sb, As, Pb, Cr, Co, Cu, Mn, Ni, V	Emissionsrichtlinie (z. B. Verbrennung alternativer Kraftstoffe). Hat Einfluss auf die maximal in alternativen Kraftstoffen tolerierbaren Werte

Rahmenbedingungen für Messung von Schwefel:

- Sehr viele verschiedene Normen zu beachten (Auswahl der richtigen Norm)
- Normalerweise keine besondere Probenpräparation erforderlich
- Folie: Mylar (6 μm und dünner)
- Flüssigkeiten unter Helium mit Folienprobenhalter – Folie auf Undurchlässigkeit und chemische Resistenz testen
- $MoL\alpha$ auf $SK\alpha$, (Mo als Verschleißmetall?)
- Korrektur auf die nicht (durch die Folie hindurch) messbaren Elemente (z. B. O, H bei KW's, „dunkle Matrix", Software?)
- Beachtung und Korrektur der finiten Probendicke
- Anwendbare Norm: s. o.

5.5 Analysenbeispiele

Im optimalen Fall kann die Nachweisgrenze für Schwefel deutlich unter die 1 ppm-Marke gedrückt werden.

Weitere typische Elemente (z. B. für die Analyse auf Verschleißelemente/-metalle) sind Na, Mg, Al, Si, P, S, Ca, V, Cr, Mn, Fe, Ni, Cu, Zn, Sn, Ba, Pb (und alle, die bei der entsprechenden Verwendung des Schmieröls eine Rolle spielen könnten).

Die sogenannte „dunkle Matrix" besteht aus den durch die RFA nicht anregbaren Elementen. Normalerweise sind dies Wasserstoff und Lithium – aufgrund der Verwendung von Folien kommen noch alle Elemente, die in der Folie enthalten sind hinzu: O, C ...Variationen im Sauerstoffgehalt der Probe sorgen für starke Abweichungen bei der Messung leichterer Elemente, sodass ohne Korrekturalgorithmen nur Proben der gleichen Grundzusammensetzung mit einer Kalibration gemessen werden können. Mittlerweile gibt es softwaregestützte Methoden der indirekten Charakterisierung der dunklen Matrix, sodass auch „Wide Range Calibrations" (Kalibrationen über weite Konzentrationsbereiche und Matrixvariationen) erstellt werden können (s. [273]).

Zu beachten ist, dass Röntgenstrahlung Proben mit geringer mittlerer Massenzahl durchdringen kann. Wenn dies nicht korrigiert werden kann (z. B. über die Software), muss die Füllhöhe/-menge der Proben genau eingehalten werden.

5.5.6 Indirekte Li-Bestimmung

Das Element Li kann zwar zur Röntgenfluoreszenz angeregt werden; die $K\alpha$-Linie hat aber eine schlechte Fluoreszenzausbeute und eine geringe Energie, die eher im kurzwelligen UV-Bereich liegt. Mit konventionellen RFA-Spektrometern ist dieses Element bisher kaum analysierbar.

Eine indirekte Methode zur Bestimmung von Li mit RFA wird von [300] vorgestellt. Dabei wird das Li in einem Kalium-Lithium-Periodatoferrat(III)-Komplex ($LiKFeIO_6$) gefällt. Bei vollständiger Umsetzung ist die gemessene Intensität von $FeK\alpha$ direkt mit der Konzentration an Lithium korreliert, vorausgesetzt die anderen in der Probe enthaltenen Elemente reagieren nicht mit der Fällungslösung. Von den untersuchten Elementen verursachten Na, Ba, Sr, Al, Ni, Bi oberhalb bestimmter Verhältnisse zu Li ($Li : El$) erhebliche Störungen. Vor allem die Hauptelemente Na und Al sind dabei aufgrund der häufig hohen Konzentrationen als problematisch anzusehen.

5.5.7 Speziationsanalyse

Dieser Abschnitt behandelt Beispiele zur Speziationsanalyse mit konventionellen RFA-Spektrometern mit begrenzter Auflösung. Die Speziationsanalyse mit hochauflösender RFA, auch unter der Anwendung von Synchrotron-Beamlines, wird hier nicht weiter diskutiert.

Der Oxidationszustand eines Elementes hat Einfluss auf die Energie der charakteristischen Röntgenstrahlung. Damit ist prinzipiell eine Speziation nach dem Oxidationszustand möglich. Die Auflösung und Dispersion bei der Standard-RFA ermöglicht jedoch nur eine Trennung von Elementen in sehr unterschiedlichen Redoxzuständen. Ein Beispiel ist die Trennung von Sulfat und Sulfid ($S^{+VI} - S^{-II} \rightarrow$ 8 Ox.-Stufen) unter Verwendung von Ge_{111} (s. Abschn. 5.1.4). Die charakteristische Strahlung im Sulfat ($K\alpha S(VI)$: 2,30887 keV) ist etwas energiereicher als in Sulfid ($K\alpha S(II)$: 2,30699 keV). Bei einer sehr genauen Kalibration mit internationalen Referenzmaterialien kann mit einer Linienüberlagerungskorrektur das Schwefelsignal soweit entfaltet werden, dass Intensitäten für Sulfat und Sulfid zugeordnet werden können. Die Probe darf allerdings keine weiteren überlagernden Elementlinien (z. B. von Molybdän) erzeugen. Befindet sich ein Element in zwei verschiedenen Oxidationsstufen in einer Probe, existieren also prinzipiell auch zwei Elementlinien. Dies kann bei der Analyse von Zementrohmehl zur Bestimmung des Sulfat- und Sulfidanteils ausgenutzt werden.

Eine Trennung von Spezies des Phosphors bei großem Unterschied der Oxidationsstufe (z. B. PO_4^{2-} / P^{3-}) sollte prinzipiell auch möglich sein. Eine Anwendung ist bis jetzt allerdings nicht bekannt, da beide Spezies kaum nebeneinander vorliegen (eventuell in Meteoriten).

Auch die chemische Verschiebung der $K\beta_{1,3}$ (Transition $3p-1s$) von Cr bei unterschiedlicher Oxidationsstufe in verschiedenen Verbindungen kann analytisch genutzt werden, wobei, außer bei elementarem Cr, [165]), die Energie der charakteristischen Fluoreszenzlinie mit zunehmender Oxidationsstufe sinkt [201]. Des Weiteren spaltet sich die $K\beta_{1,3}$-Linie bei Cr-Verbindungen mit ungepaarten Elektronen ($Cr(II), (III), (IV)$, besonders $CrCl_2$) auf; es erscheint eine weitere Linie ($K\beta'$) als Satellitenlinie vor der $K\beta_{1,3}$-Linie. Diese Aufspaltung resultiert nach [268] aus der Austauschkopplung der 3d- und 3s-Orbitale (s. Abschn. 5.1.8).

Von [165] inklusive zitierter Literatur werden zwei weitere Linien beschrieben, $K\beta''$ und $K\beta_{2,5}$, wobei erstere Informationen über das Ligandenatom und letztere über das chemische Umfeld der angeregten Cr-Atome enthält.

Die Analysen sind auf einem konventionellen WDRFA-System der 4-kW-Klasse durchführbar. Die 3. Ordnung der relevanten Cr-Linien, gemessen auf einem gebogenen Ge_{111} garantiert eine ausreichende spektrale Signalauftrennung [165].

Laborverfahren und Elementaranalytik

6

Übersicht

6.1 Fe(II)-Bestimmung 261
6.2 Elementaranalytik.. 263
6.3 Glühverlustbestimmung 263

Die meisten Elemente sind mit den in diesem Buch vorgestellten Verfahren – mit unterschiedlich guter Nachweisempfindlichkeit – analysierbar. Dennoch gibt es grundlegende Parameter, die mit anderen Verfahren bestimmt werden müssen. Oft ist die Speziation – also der Redoxzustand – eines Elementes wichtig. Dies ist mit den in diesem Buch vorgestellten grundlegenden Verfahren nicht oder nur sehr eingeschränkt (s. Kap. 5) möglich. Auch die Bestimmung der Elemente N, C, H und damit von Komponenten wie H_2O und CO_2 ist nicht in vollem Umfang möglich. In diesem Kapitel werden Verfahren kurz vorgestellt, mit denen die Parameter $Fe(II)$, H_2O, CO_2 und der Glühverlust bestimmt werden können.

6.1 Fe(II)-Bestimmung

Ein Hauptelement, welches häufig in zwei- und dreiwertiger Form vorliegt, ist das Eisen. Zur korrekten Berechnung der Gesamtsumme eine Analyse unter Angabe der Oxide ist die Speziation erforderlich (Angabe als FeO oder Fe_2O_3). Auch andere Elemente wie das Mangan können in verschiedenen Speziationen vorliegen. Eine einfache Methode zur Bestimmung des $Fe(II)$-Gehaltes ist die Titrimetrie.

Ein weitverbreitetes titrimetrisches Verfahren ist die Manganometrie. Diese nutzt die Reaktion des Oxidationsmittels Kaliumpermanganat mit den in der Aufschlusslösung enthaltenen $Fe(II)$-Ionen (s. [103]):

$$MnO_4^- + 8H^+ + 5Fe^{2+} \rightarrow Mn^{2+} + 4H_2O + 5Fe^{3+} \qquad (6.1)$$

Diese Reaktion wird begleitet durch eine Entfärbung durch Zerstörung des lilafarbenen MnO_4^-.

Zunächst ist ein Aufschluss durchzuführen, der die Speziation der in der Probe enthaltenen Eisenionen ((II) und/oder (III)) möglichst nicht verändert. Enthält die Probe leicht lösliche Fe-Verbindungen (z. B. Siderit, $FeCO_3$), reicht in der Regel ein druckloser Aufschluss mit HCl aus. Sind Silikate beteiligt, ist normalerweise zusätzlich HF erforderlich (Achtung: KEINE Glasgefäße verwenden!). Auch mit H_2SO_4 kann gearbeitet werden. Nachdem die Probe gelöst ist, kann die meist trübe oder deutlich gefärbte Lösung mit H_2O(DI) etwas aufgefüllt werden. Dies erleichtert die Beobachtung der Entfärbung. Die Lösung ist jetzt möglichst schnell (noch im warmen Zustand) mit $KMnO_4$ (z. B. 0,02 Mol/l) zu titrieren. Der gemessene Verbrauch an $KMnO_4$ dient zur Berechnung des FeO-Gehaltes:

$$FeO(Gew\%) = KMnO_4(ml) \cdot t \cdot F \cdot 100/Probe(mg) \qquad (6.2)$$

mit

$$F = [KMnO_4] \cdot 5 \cdot FeO(Molm) \qquad (6.3)$$

Die molare Masse FeO(Molm) berechnet sich zu:

$$Fe = 55{,}8 + O = 15{,}99 = 71{,}8$$

Die Variable t bezeichnet den „Titer". Dieser ist nur bei frisch angesetzter Lösung mit 1 gleichzusetzen. Bei längerer Lagerung „altert" die $KMnO_4$-Lösung:

$$4MnO_4^- + 2H_2O \Leftrightarrow MnO_2(\downarrow) + 3O_2(\uparrow) + 4OH^- \qquad (6.4)$$

Da die Bestimmung des Titers relativ aufwendig ist, sollte die $KMnO_4$-Lösung immer frisch angesetzt und – wenn überhaupt – höchstens für kürzere Zeit dunkel gelagert werden.

Die möglichen Störungen und die Alternativen dieses Verfahrens werden in [103] erläutert:

Ist in der Probe ein höherer Anteil organischem Materials enthalten, ist $KMnO_4$ als Oxidant nicht verwendbar. Alternativ kann die Titrimetrie in ähnlicher Weise mit

$K_2Cr_2O_7$ und einem Redoxindikator wie Diphenylamin (der reine Umschlagpunkt ist nicht gut erkennbar) durchgeführt werden:

$$Cr_2O_7^{2-} + 6Fe^{2+} + 14H^+ \Leftrightarrow 2Cr^{3+} + 6Fe^{3+} + 7H_2O \qquad (6.5)$$

Der Farbwechsel am Umschlagpunkt hängt von dem verwendeten Indikator ab.

Dreiwertiges Eisen wird durch Sulfid reduziert. Daher ist bei einem Sulfidgehalt von > 0,2 Gew.% die $Fe(II)$-Bestimmung anders durchzuführen, da der bestimmte FeO dann zu hoch ist.

Bei der Verwendung von HCl mit $KMnO_4$ entsteht Cl_2. Dabei verbraucht sich das $KMnO_4$ und der berechnete FeO-Gehalt ist zu hoch. In verdünnter HCl – also bei Titration nach Verdünnung der Aufschlusslösung – sollte dieser Prozess nicht mehr auftreten.

6.2   Elementaranalytik

Die Elemente N, C, H und S werden routinemäßig über die Verbrennung der Probe bei hohen Temperaturen (bis zu 1800 °C) und der Analyse der Verbrennungsgase bestimmt. Stickoxide (NO_x) werden vorher über einem W- oder Cu-Draht bei 600–900 °C zu N_2 reduziert. Die Messung der erhaltenen Gase CO_2, H_2O, SO_2 und N_2 erfolgt mittels Gaschromatographie (GC) oder Infrarotsensoren (IR-Spektroskopie). Der Sauerstoffgehalt ist mittels Hochtemperatur-Sauerstoffpyrolyse zu bestimmen. Der Sauerstoff in der Probe wird unter inerten Bedingungen zu CO umgesetzt, H_2 und N_2 werden abgetrennt. Die Messung erfolgt ebenfalls mit GC oder IR-Spektroskopie.

6.3   Glühverlustbestimmung

Die Bestimmung des Glühverlustes erfolgt durch Veraschung in einem Muffelofen, z. B. einem Simon-Müller-Ofen. Dazu werden Keramikschiffchen oder -tiegel zunächst bei 1000 °C ausgeheizt, bis kein Gewichtsverlust mehr messbar ist. Die Probe wird dann solange verascht, bis beim erneuten Wiegen nach Trocknung keine messbare Gewichtsdifferenz mehr auftritt.

Teil III
Phasenanalyse

Dieser Teil stellt ein wichtiges Verfahren zur Phasenanalyse vor, welches auf der Beugung von Röntgenstrahlung an Atomlagen (z. B. Gitterebenen eines Kristalls) beruht. Häufig wird diese Methode an gepressten Pulverpräparaten durchgeführt und dann als Pulver-Röntgendiffraktometrie bezeichnet. Es handelt sich streng genommen um kein chemisches Analysenverfahren, da nur Gitterabstände aufgenommen werden. Die Auswertung liefert zunächst ein qualitatives Ergebnis des Gesamtphasenbestandes. In eingeschränktem Umfang lässt sich auch eine Quantifizierung durchführen.

Weiterhin wird in diesem Teil wird ein häufig angewendetes Verfahren der Mikroanalyse – die Elektronenstrahl-Mikroanalyse – vorgestellt. Dieses Verfahren stellt einen guten Kompromiss aus Tiefenauflösung und Nachweisstärke dar. Die Analyse und Quantifizierung der Elemente basiert auf der bereits in Kap. 5 vorgestellten Röntgenfluoreszenz, auch bezeichnet als charakteristische Röntgenstrahlung, mit all deren Vor- und Nachteilen. Im Gegensatz zu anderen Verfahren wie Laserablation mit ICP-MS oder Sekundärionenmassenspektrometrie ist die Quantifizierung relativ einfach und basiert auf einer Einpunktkalibration. Die Nachweisgrenzen liegen im unteren bis mittleren X00 $\mu g/g$-Bereich.

Pulver-Röntgendiffraktionsanalyse (PRDA) 7

Übersicht

- 7.1 Messprinzip, Geräteaufbau und Grundlagen 267
- 7.2 Das Pulverdiffraktometer 283
- 7.3 Detektion 290
- 7.4 Methodenentwicklung und Auswertung 291
- 7.5 Spezialverfahren 315
- 7.6 Verwandte Verfahren 317

7.1 Messprinzip, Geräteaufbau und Grundlagen

Viele Verbindungen und chemische Elemente liegen in fester Form als regelmäßig unendlich fortsetzbare räumliche Struktur vor. Dabei sind die Atome (z. B. Fe) oder Ionen (z. B. Na^+, Cl^-) in Ebenen angeordnet. Durch diese Ebenen wird ein Gitter gebildet. Diese Ebenen bilden das Kristallgitter. Die Gitterabstände im Kristallgitter können für eine bestimmte Verbindung charakteristisch sein. Damit gibt die Bestimmung der Gitterabstände eines kristallinen Materials einen Hinweis auf die Art der Verbindung. Dies bezieht sich auf Verbindungen verschiedener Elemente ($NaCl$, $CaSO_4$ ...) oder der gleichen Elemente, aber mit unterschiedlicher Ladungszahl (Speziation: $Fe(II)O$, $Fe(III)_2O_3$ ...).

Die Röntgendiffraktionsanalyse (RDA) ist ein metrologisches Verfahren, mit dem (neben anderen Anwendungsgebieten) Gitterabstände solcher kristalliner Strukturen bestimmbar sind. Es handelt sich nicht um ein Verfahren zur Bestimmung chemischer Zusammensetzungen wie die anderen in diesem Buch vorgestellten Analysemethoden.

Die Anwendungsgebiete der Röntgenbeugung sind sehr vielfältig und können im Rahmen dieses Buches nicht vollständig vorgestellt werden. Hier sei auf umfassendere Spezialliteratur verwiesen (z. B. [251]).

Ein in den Geowissenschaften häufig angewendetes Verfahren – auf das daher detaillierter eingegangen werden soll – ist die Pulver-Röntgendiffraktionsanalyse (PRDA) – oder einfacher Pulverdiffraktometrie. Mittels Pulverdiffraktometrie werden pulverförmig aufbereitete Mehrphasengemische (z. B. Gesteine, Keramik) untersucht.

Da mit dieser Methode nur Gitterabstände bestimmt werden, kann in vielen Fällen ohne eine chemische Analyse keine eindeutige Aussage über in der Probe enthaltenen Verbindungen getroffen werden. Ohne Kenntnis der Chemie oder sogar der Herkunft und des chemischen Milieus kann es für ein komplexes Pulverdiffraktogramm mehrere Lösungen geben. So ist z. B. die Unterscheidung von Karbonaten wie Dolomit und Ankerit nicht ohne Weiteres möglich. Die Gitterkonstanten der in Paragenesen nebeneinander vorkommenden Erzminerale Pyrit (FeS_2, a, b, c = 5,417 Å) und Sphalerit (ZnS, a, b, c = 5,406) sind sehr ähnlich, sodass wichtige Beugungspeaks direkt überlappen (s. Abb. 7.1).

Die Grundlage des Verfahrens ist die Beugung (Diffraktion) monochromatischer Röntgenstrahlung an regelmäßig angeordneten Atomlagen. Mit PRDA können auf diese Weise die Gitterabstände in kristallinen Strukturen in einem Diffraktogramm sichtbar gemacht werden. Die Gitterabstände der Atomlagen können für eine kristalline Phase charakteristisch sein – also einen „Fingerprint" darstellen. Amorphe Materialien verfügen nicht in dem Maße über periodisch angeordnete Atomlagen und können mit der PRDA nicht so einfach charakterisiert werden.

Zur Herstellung eines Präparates wird das Pulver in einen Probenträger gepresst oder oder auf eine Fläche (Target) aufgestreut. Im Idealfall sind die Körner in einem solchen Präparat räumlich statistisch verteilt, und es kann auf einfache Weise ein Röntgendiffrak-

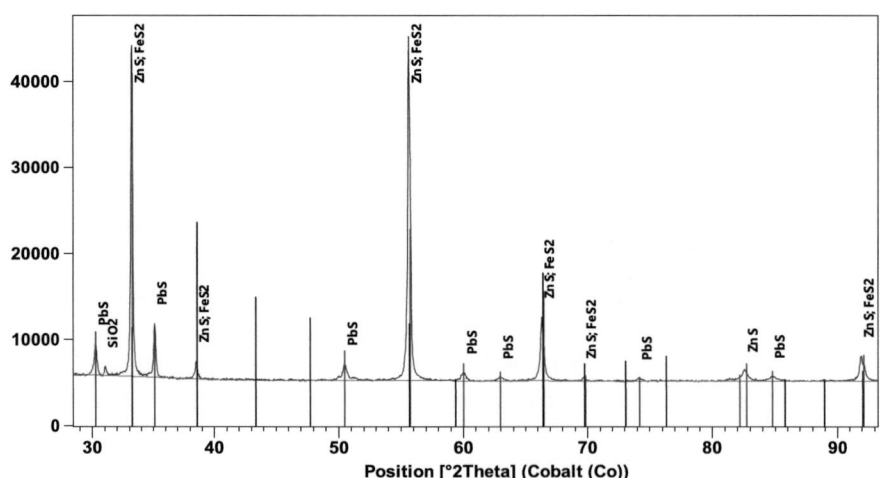

Abb. 7.1 Diffraktogramme von Pyrit und Sphalerit überlagert

togramm aufgenommen werden, da – bei statistisch zufälliger Anordnung der Körner – alle vorhandenen Kristallebenen in allen Körnern gleichzeitig in allen auftretenden Beugungswinkeln vorliegen. Komplizierter wird es, wenn die Körner bei der Präparation eine Vorzugsorientierung erhalten. Dies ist bei plattig ausgebildeten Mineralen – wie bei den Schichtsilikaten bzw. Tonmineralen – der Fall. Hier ist in den meisten Fällen eine aufwendige Probenvorbereitung oder ein mehrstufiger Analysenablauf erforderlich.

Die qualitative Auswertung basiert auf dem Vergleich des Diffraktogramms der Probe mit Beugungsmustern bekannter Einzelphasen. Für diese Einzelmuster gibt es verschiedene Datenbanken. Die bei Weitem bekannteste ist das „Powder Diffraction File" (PDF) des „International Centre for Diffraction Data". Anfänglich in gedruckter Form ist diese Kartei vollständig nur noch auf digitalen Datenträgern erhältlich. Mit der Bezeichnung „PDF-2" enthält sie fast 250.000 Muster aus den Bereichen der Anorganik und – untergeordnet – auch der Organik. Eine weitere Kartei – PDF-4 – enthält mittlerweile über 300.000 Muster. Die große Anzahl an Strukturen und Verbindungen in den Datenbanken weisen aber auch auf einen Schwachpunkt bei der Verwendung dieser Vergleichsanalyse hin: Ohne eine genaue Kenntnis der Chemie der Proben und am besten noch der Herkunft und der Genese ist die die Auswertung schwierig und in manchen Fällen sogar unmöglich. Weitere Datenbanken sind die „Crystallography Open Database" (COD, https://www.crystallography.net/cod/) und die „American Mineralogist Crystal Structure Database" (http://rruff.geo.arizona.edu/AMS/amcsd.php).

Eine Quantifizierung des Phasenbestandes korrespondierend zu der Elementquantifizierung einer chemischen Analyse mit RFA, ICP-MS oder ESMA wird durch eine Reihe matrixabhängiger Effekte erschwert, die sich stark auf Peakhöhe, -form und -fläche auswirken. Eine Normierung auf eine interne Referenz, das RIR-Verfahren („Reference Intensity Ratio", s. Abschn. 7.4.4), liefert eine Genauigkeit von 2–5 Gew.% (z. B. 50 ± 5 Gew.% Quarz). Bei Evaporiten mit vergleichsweise einfacher Phasenzusammensetzung und gut kristallisierten Phasen, die keine Mischkristalle bilden, kann diese Methode zur Abschätzung der Phasenanteile gut eingesetzt werden. Eine andere quantitative Methode ist das sogenannte Rietveld-Verfahren, eine Methode zur Profilanpassung, welches anfänglich zur Modellierung von Kristallstrukturen verwendet wurde (s. Abschn. 7.4.4, [251]). Das Röntgendiffraktogramm wird dabei auf der Basis der Methode der kleinsten Fehlerquadrate mathematisch iterativ angenähert. Es wird ein genaues Strukturmodell aller in der Probe enthaltenen Phasen benötigt. Diese Informationen können einer .cif-Datei (crystallographic information file) entnommen werden. Liegt eine Verbindung in unterschiedlichen Kristallsystemen vor (z. B. Calcit/Aragonit), können die jeweiligen Anteile über eine Kalibration mit Mischungen bestimmt werden.

Auch Mischkristallverhältnisse (z. B. Forsterit – Fayalit im Olivin) können bestimmt werden. Diese Methode basiert auf der Winkelverschiebung charakteristischer Reflexe im Diffraktogramm durch die Änderung der Gitterabstände.

7.1.1 Kristallographie

Die Beschäftigung mit der Pulver-Röntgendiffraktometrie erfordert ein grundlegendes Verständnis des Aufbaus von Materie und der Kristallographie. Das Studium weiterführender Literatur ist empfohlen (z. B. [139, 251]).

Grundlage der PRDA ist die Beugung monochromatischer Röntgenstrahlung an regelmäßig angeordneten Atomlagen (Netzebenen). Dieses lässt sich vereinfacht mit einem geometrischen Modell erklären – dem Gesetz von Bragg. Besonders scharfe Beugungsmuster entstehen ab einer bestimmten Korngröße und Kristallinität an Verbindungen oder Mischungen verschiedener Phasen aus denen wiederum Gesteine (s. Abschn. 7.1.6) aufgebaut sind. Je geringer die Korngröße, desto weniger Netzebenen stehen für die Beugung zur Verfügung und desto breiter werden die Beugungspeaks. Amorphe Verbindungen verfügen nicht in dem Maße wie Kristalle über eine Fernordnung mit Netzebenen. Daher werden keine klar erkennbaren Beugungsreflexe mehr erzeugt.

Ein Beispiel ist Siliziumdioxid. Als Quarz (SiO_2) ist es kristallin und erzeugt ein leicht zuzuordnendes Beugungsmuster. Die Beugungspeaks des mikrokristallinen Achats (SiO_2) zeigen eine deutliche Verbreiterung und es können Beugungssignale fehlen (s. Abb. 7.2). Der wasserhaltige Opal ($SiO_2 \cdot nH_2O$) als Opal-A kann fast vollständig amorph sein und zeigt dann eher einen Beugungsbereich um den Hauptpeak von Cristobalit (eine kristalline SiO_2-Modifikation) anstatt klar definierter Peaks.

Bei der Auswertung der Diffraktogramme (siehe Abschn. 7.4.3) werden für die einzelnen Beugungspeaks einer Verbindung Indizes der Art „111" oder „200" angegeben.

Mit diesen Indizes sind alle in einem Kristall auftretende Netzebenen klassifizierbar. Ein einfaches Beispiel soll dies verdeutlichen. Ein regelmäßig sich wiederholendes dreidimensionales Gitter sei mit den Raumrichtungen „b", „c" und „a" aufgespannt. Betrachtet werde die von „b" und „c" aufgespannte Ebene. Die Richtung „a" zeigt aus der Bildebene heraus und wird nicht betrachtet. Eine Gitterebene kann mit einem Basisvektor angegeben werden, z. B. 2b und 1c (Fall 1) oder 3b und 2c (Fall 2). Zur einfachen Darstellung dieser Vektoren werden diese in einer Einheitszelle (hellgraues Viereck in Abb. 7.3) angegeben. Die Achsenabschnitte in der Einheitszelle ergeben sich als die reziproken Werte der Achsen, also b und 1/2c (Fall 1) oder 1/3b und 1/2c (/Fall 2). Wird jetzt durch den kleinsten gemeinsamen Nenner geteilt, ergibt sich ein Index, der als Miller'scher Index (h, k, l) bezeichnet wird [139]:

Fall 1: h, $\frac{1}{2}$, $\frac{1}{1}$
Der kleinste gemeinsame Nenner ist 2:
h, $\frac{1}{2}$, $\frac{2}{2}$ → Miller'scher Index h, 1, 2
Fall 2: h, $\frac{1}{3}$, $\frac{1}{2}$
Der kleinste gemeinsame Nenner ist 6:
h, $\frac{2}{6}$, $\frac{3}{6}$ → Miller'scher Index h, 2, 3

7.1 Messprinzip, Geräteaufbau und Grundlagen

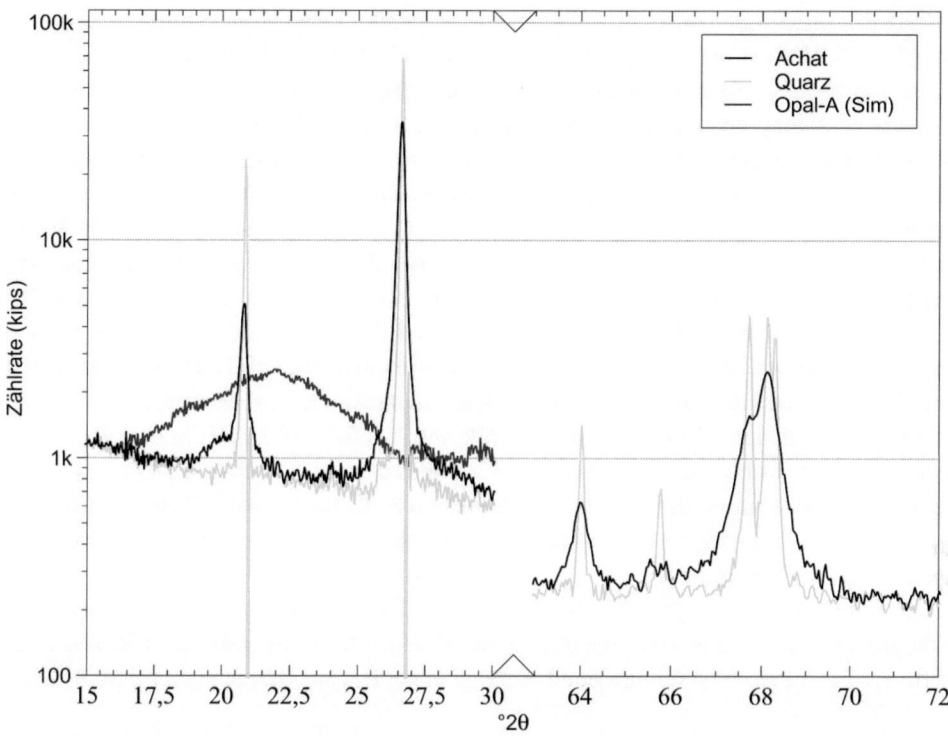

Abb. 7.2 Ausschnitte aus Diffraktogrammen von Quarz und Achat und amorphem Opal (Opal-A, simuliert, basierend auf [68]). Die Beugungspeaks des Achat sind deutlich verbreitert. Das für den Quarz typische Triplett bei ~68 °2θ ist kaum noch erkennbar. Einige Peaks fehlen fast völlig (z. B.: bei 65.7 °2θ). Der Opal liefert einen Beugungsbereich um dem Hauptpeak von Cristobalit

Abb. 7.3 Indizierung von Netzebenen. Fall 1 schwarze Dreiecke, Fall 2 graues Dreieck

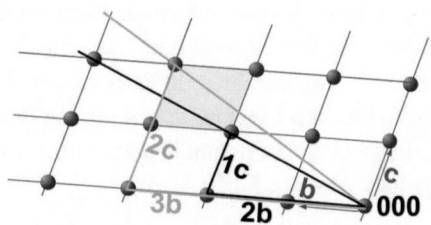

Wenn eine Fläche parallel zu einer der Achsen verläuft wird der zugehörige Wert des Miller'schen Index auf 0 gesetzt.

7.1.2 Röntgenstrahlung

Zu den physikalischen Grundlagen der Röntgenstrahlung siehe auch Abschn. 5.1.1.

Um in Pulvern Beugungsphänomene an Kristallstrukturen zu untersuchen, wird monochromatische Strahlung eingesetzt, deren Wellenlänge in der Größenordnung der zu messenden Strukturen (kristalline Gitterebenenabstände) liegt. Monochromatische Strahlung ist erforderlich, da sonst multiple Beugungseffekte und Überlagerungen die Folge sind. Von der mit einer Röntgenröhre erzeugten Strahlung ist daher nur die charakteristische Strahlung eines Elektronenübergangs des Anodenelements von Interesse (z. B. $K\alpha$). Der Rest der Strahlung, also die Bremsstrahlung und andere charakteristische Linien, müssen möglichst vollständig ausgeblendet werden. Die $CuK\alpha$-Linie wird am häufigsten verwendet, da diese Wellenlänge für viele in den Geowissenschaften auftretende Mineralgruppen universell geeignet ist. Die im Falle des Kupfers auftretende $K\beta$-Strahlung kann mittels eines Filters aus Ni entfernt werden. Zu beachten ist, dass auf diese Weise $CuK\beta$ nicht vollständig eliminiert werden kann und daher intensive $K\beta$-Beugungslinien im Diffraktogramm erscheinen. In reinem Halit erscheint die durch Halit gebeugte $CuK\beta$ bei 28,53 °2θ und kann dort beispielsweise Linien von Anhydrit überlagern.

Die $K\alpha$-Strahlung teilt sich – z. B. im Falle von Kupfer – nochmals in eine $K\alpha1$- und $K\alpha2$-Linie auf, wobei nur die intensivere $K\alpha1$ genutzt wird. Da die $K\alpha2$-Linie störende Beugungspeaks erzeugt, die bei höherer Dispersion zu Doppelsignalen führen, wird diese vor der Auswertung häufig rechnerisch oder physikalisch (z. B. mit Monochromatoren) entfernt („$K\alpha2$-Stripping").

Im Laufe der Zeit lagert sich Wolfram vom Filament auf dem Austrittsfenster der Röntgenröhre ab. Damit steigt der Anteil an $WL\alpha$ im Röntgenspektrum. Die von Halit gebeugte Linie dieses Strahlungsanteils erzeugt einen Beugungspeak etwa bei 30,8 °2θ.

7.1.3 Beugung

Das Grundprinzip der Beugung und der resultierenden Beugungsordnung kann einfach am Beispiel eines Doppelspaltes (oder Gitters) erklärt werden (s. Abb. 7.4). Wenn gerade und parallele Wellen auf einen Doppelspalt fallen, entstehen dahinter an den Spalten kreisförmige Wellen. Nur dort, wo sich diese Wellen überschneiden, verstärken sich sich. Dies wird als konstruktive Interferenz bezeichnet. Es entstehen also Maxima und Minima – oder im Fall von Licht helle und dunkle Bereiche – die als Ordnungen bezeichnet werden.

Auch bei der Röntgendiffraktometrie sind Beugungslinien höherer Ordnung zu beobachten (s. Abschn. 7.1.6).

7.1.4 Reziproker Raum

Dringt monochromatische Röntgenstrahlung durch periodisch angeordnete Atome eines Kristalls, entsteht auf einem dahinter angebrachten röntgenempfindlichen Schirm ein regelmäßiges Punktmuster. Es handelt sich hierbei um eine reziproke Abbildung des Realgitters des Kristalls. Daher verkleinern sich die Abstände der Abbildungspunkte bei Zunahme der Atomabstände und umgekehrt (s. Abb. 7.5).

7.1 Messprinzip, Geräteaufbau und Grundlagen

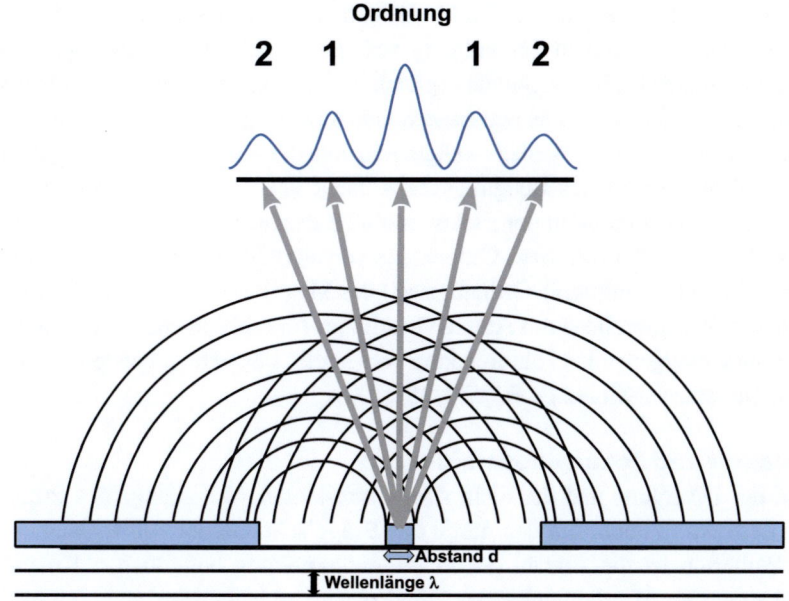

Abb. 7.4 Grundprinzip der Beugung am Doppelspalt, vereinfacht

Abb. 7.5 Ein Diffraktionsmuster eines Kristalls verhält sich reziprok zum Realgitter: Vergrößert sich der Gitterabstand, verringern sich die Abstände der Punkte im Diffraktionsmuster

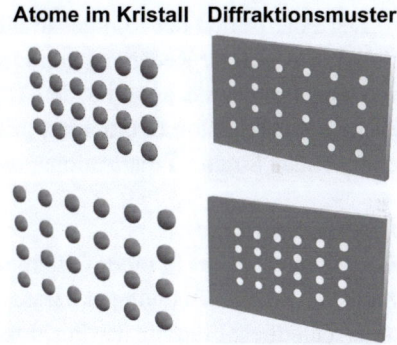

Das Diffraktionsmuster enthält also Informationen über das reziproke Gitter des untersuchten Kristalls. Mittels Fouriertransformation kann damit das Kristallgitter berechnet werden. Für weitere Informationen sie auf Grundlagenliteratur verwiesen (z. B. [139]).

7.1.5 Röntgenbeugung und Diffraktion

Für die Pulverdiffraktion wird der Effekt der Rayleighstreuung (Beugung) von möglichst monochromatischer Röntgenstrahlung an einzelnen Elektronen eines Atoms in einem

Material ausgenutzt (s. Abschn. 5.1.7). Modellhaft wird bei dieser Form der Streuung ein stabil gebundenes Elektron in Schwingung versetzt. Durch diese Schwingung wird ein Röntgenquant gleichen Energiegehaltes (gleicher Wellenlänge) emittiert. Es handelt sich also nicht um eine Reflexion. Die neu entstehende Strahlung ist in der Bewegungsrichtung polarisiert und unter einem Winkel – allgemein mit der Bezeichnung θ – gebeugt. Die Intensität und die Form eines Beugungspeaks hängt von vielen verschiedenen Faktoren ab. Da die Rayleighbeugung in der Elektronenhülle der beteiligten Atome abläuft, ist die Elektronendichte der Kristall- bzw. Gitterebene von ausschlaggebender Bedeutung. Diese wird einerseits von der mittleren Ordnungszahl des Materials und andererseits von der Belegungsdichte der Gitterebene mit Atomen bestimmt. Im nachfolgenden Abschnitt werden einige der ausschlaggebenden Faktoren kurz vorgestellt. Für tiefergehende Information sie auf Spezialliteratur verwiesen (z. B. [171, 251]).

Lorentzfaktor und Polarisationsfaktor

Aufgrund der Divergenz und der nicht streng konstanten Wellenlänge des Primärstrahls kann die Diffraktion leicht um den durch das Bragg'sche Gesetz vorhergesagten Winkel streuen. Weiterhin ist die Anzahl der in Beugungsstellung befindlichen Kristalle eines Pulverpräparates vom Einfallwinkel des Primärstrahles abhängig und sinkt mit steigendem Winkel. Auch der Anteil an gebeugter Strahlung im Detektor ist bei niedrigem relativen Winkel höher.

Der Polarisation der Röntgenstrahlung nach der Beugung am Elektron wird durch den Polarisationsfaktor Rechnung getragen. Dieser berücksichtigt die Intensitätsänderung der von den Elektronen ausgehenden Dipolstrahlung, abhängig vom Beugungswinkel. Die Elektronenoszillation funktioniert prinzipiell nur senkrecht zur Schwingungsrichtung des einfallenden Strahls. Polarisations- und Lorentzfaktor können zusammengefasst werden.

Atomformfaktor

Ein Atom oder Ion in einer Gitterebene verhält sich nicht wie ein einzelnes Beugungszentrum, da die Beugungsprozesse an den entsprechenden (inneren) Elektronen mit unterschiedlicher räumlicher Position stattfinden.

Bei der Beugung von Röntgenstrahlung an allen Elektronen in einem Atom (oder Ion) unter einem bestimmten Winkel ($\theta \neq 0$) tritt daher eine Phasenverschiebung P auf (s. Abb. 7.6), da die Ausdehnung des Atoms im Bereich der anregenden Röntgenstrahlung liegt. Dieser sogenannte Atomformfaktor oder atomare Streufaktor ist abhängig von der Anzahl der Elektronen im Atom (Ordnungszahl), dem Winkel θ und auch der Wellenlänge. Ist der Beugungswinkel (°2θ) = 0, ist die Phasenverschiebung 0, die Beugungseffekte aller Elektronen eines Atoms in Phase und die Amplitude (Intensität) des resultierenden Strahls gleich der des einfallenden Strahls und der Atomformfaktor wird mit der Elektronenzahl des Atoms oder Ions gleichgesetzt. Der Atomformfaktor und damit die Amplitude der Strahlung nimmt mit kleinerer Ordnungszahl und höherem Winkel θ ab (s. Abb. 7.7, [289]). Die Berechnungen gehen von einem Beugungsverhalten ungebundener

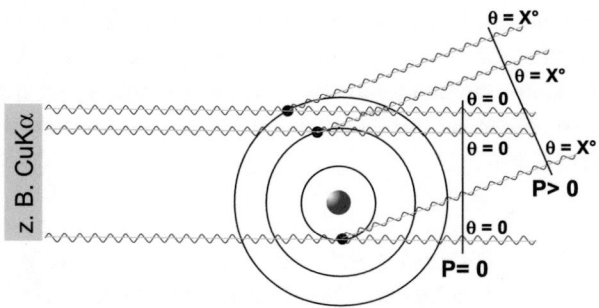

Abb. 7.6 Multiple Beugung an Elektronen im Atom (vereinfacht). P: Phasenverschiebung nach der Beugung

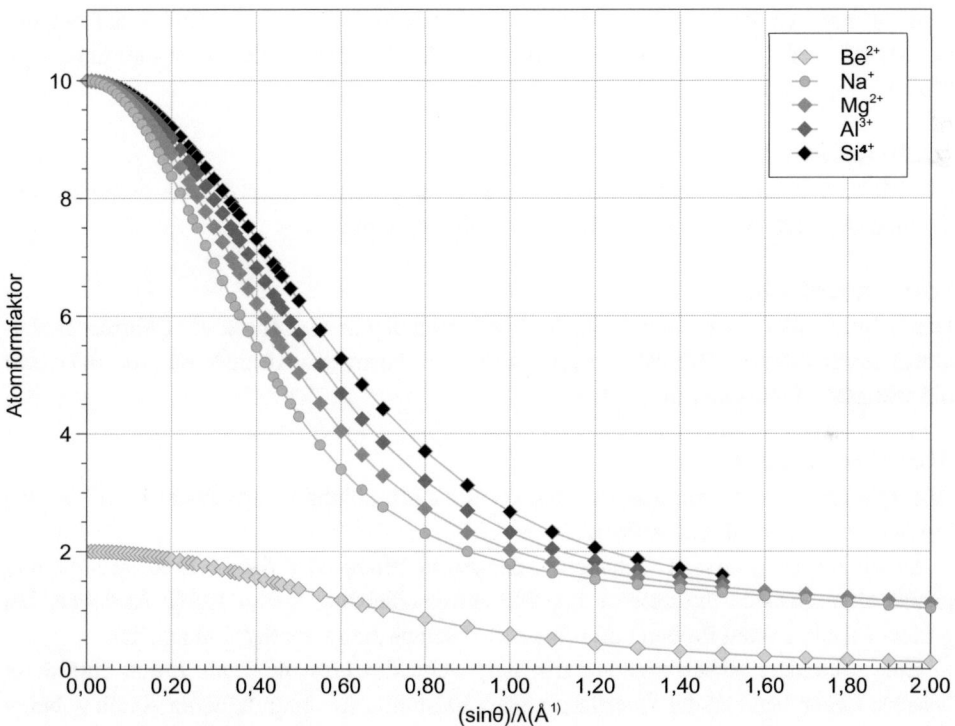

Abb. 7.7 Atomformfaktoren einiger Ionen. (Nach [30])

Elektronen aus. Andere Interaktionen der einfallenden Röntgenstrahlung mit den Elektronenschalen wie Röntgenfluoreszenz beeinflussen ebenfalls den Atomformfaktor.

Aus Abb. 7.7 ist ersichtlich, dass die verschieden geladenen Ionen Na^+, Mg^{2+}, Al^{3+} und Si^{4+} mit der gleichen Elektronenzahl (10) nur leicht unterschiedliche Atomformfaktoren haben (dies gilt auch für O^{2-} und F^-). Damit unterscheiden sich viele Mineralphasen (z. B. Silikate), die aus solchen Ionen aufgebaut sind nur wenig in ihrer

Beugungscharakteristik. Außerdem ist ersichtlich, dass ein leichtes Ion wie Be^{2+} aufgrund der geringeren Anzahl an Elektronen geringere Beugungsintensitäten liefert.

Das durch den Atomformfaktor umschriebene winkelabhängige Beugungsverhalten erklärt die relative Abnahme der Intensität (Höhe) der Beugungspeaks im Diffraktogramm bei höheren Winkeln (°2θ).

Strukturfaktor

Die Gesamtintensität der Diffraktionstrahlung ist die Summe aller gebeugten Strahlen aller Einheitszellen des Kristallgitters. Die Intensität einer Einheitszelle ist die Summe der gebeugten Strahlung aller Atome inklusive der Phasenverschiebungen (Atomformfaktoren). Es besteht daher eine Beziehung zwischen der Anordnung der Atome in einem Kristall (Einheitszelle) und der Intensität der gebeugten Röntgenstrahlung, die sich in dem sogenannten Strukturfaktor oder der Strukturamplitude niederschlägt. Aus Röntgenaufnahmen erhält man nur den Absolutwert des Strukturfaktors (Strukturamplitude, z. B. [200]).

Multiplizitätsfaktor

Der Multiplizitätsfaktor beschreibt die Anzahl an gleichwertigen Streuungsebenen und beeinflusst damit auch die Intensität eines Beugungssignals.

Temperaturfaktor

Der Debye-Waller-Temperaturfaktor berücksichtigt den Temperatureffekt (Wärmeschwingung) der Elektronen. Die Wärmeschwingung verkleinert den Atomformfaktor und damit die sekundäre Intensität [280].

Absorptionsfaktor

Absorptionseffekte der einfallenden und gebeugten Strahlung innerhalb der Probe werden mit dem Absorptionsfaktor erfasst.

Durch Beugung an den Unterseiten der Atomebenen wird die Diffraktionsstrahlung primär abgeschwächt und erfährt eine Phasenverschiebung. Dieser Effekt ist stärker bei perfekt kristallisierten Proben und führt zur Abschwächung der Signalintensität.

Eine sekundäre Abschwächung tritt auf, wenn der primäre Strahl durch eine dicht besetzte Gitterebene an der Oberfläche eines Kristallits zu einem höheren Anteil gebeugt wird und entsprechend weniger Strahlung in die tieferen Bereiche des Kristalls (der Probe) eindringt. Für Pulverproben ist die primäre Abschwächung nicht so stark ausgeprägt, während sekundäre Abschwächung in Zusammenhang mit intensiven Signalen auftreten kann.

Mikroabsorption

Bei Phasen (Mineralkörnern) mit starken Kontrast gegenüber der Matrix bezüglich der Röntgenabsorption treten Mikroabsorptionseffekte auf. Unterhalb einer bestimmten Korngröße verschwindet dieser Effekt.

Fluoreszenz

Aufgrund der Interaktion der primären Röntgenstrahlung mit dem Probenmaterial wird auch Röntgenfluoreszenz erzeugt. Dieser Vorgang steht in Konkurrenz zur Rayleighstreuung. Wird in der Probe Röntgenfluoreszenz ausgelöst, erhöht sich das Untergrundsignal und die Beugungspeaks verkleinern sich. Da Eisen in geologischen Materialien häufig ein Hauptelement ist, wird bei der Verwendung der standardmäßig eingesetzten Cu $K\alpha$ ein hoher Anteil an Fluoreszenzstrahlung erzeugt. Zur Analyse Fe-haltiger (z. B. Pyrit, Hämatit) oder Mn-haltiger (Pyrolusit) Verbindungen kann anstatt der Cu $K\alpha$-Strahlung Co $K\alpha$ verwendet werden. Cu $K\alpha$ regt Fe an, Co $K\alpha$) nicht (siehe auch Anregungsregeln für RFA (Kap. 4) bei Übergangselementen).

7.1.6 Bragg'sches Gesetz

Die genannten Streuungseffekte werden unter speziellen geometrischen Umständen und unter Berücksichtigung des Wellencharakters elektromagnetischer Strahlung betrachtet. Es wird nur die Strahlung mit gleichem Einfalls- und Ausfallswinkel betrachtet. Darüber hinaus muss die Flächennormale parallel zum Diffraktionsvektor liegen (s. Abb. 7.8). Bei der Beugung von zwei Röntgenstrahlen an Netzebenen mit einem Abstand d muss der tiefer eindringende Strahl nach den geometrischen Betrachtungen in Abb. 7.8 eine längere Strecke zurücklegen, die auch als Gangunterschied bezeichnet wird. Fallen nach der Beugung die Wellenberge und -täler der gebeugten Strahlung nicht aufeinander kommt

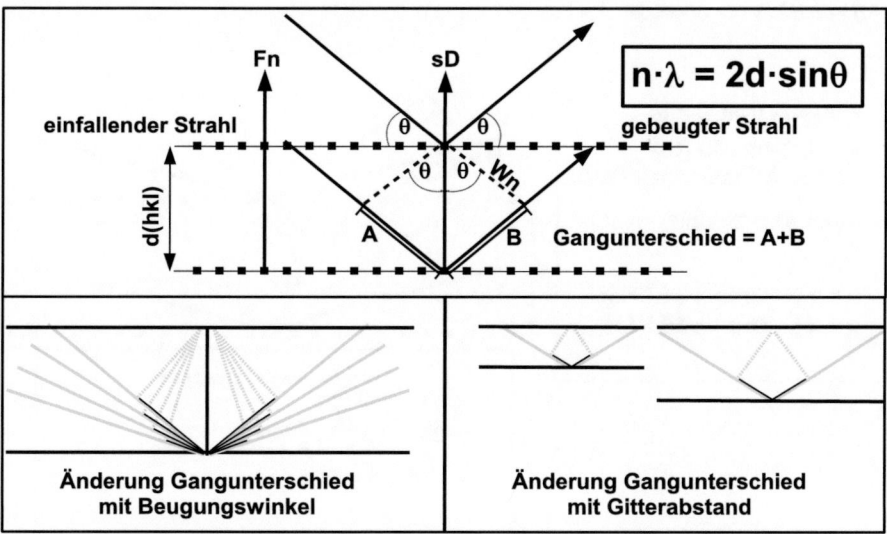

Abb. 7.8 Geometrische Verhältnisse bei der Beugung an zwei untereinander liegenden Atomlagen. sD: Diffraktionsvektor, Fn: Flächennormale, Wn: Wellennormale, d(hkl) Gitterebene. Dargestellt sind die Veränderungen des Gangunterschieds mit dem Einfallswinkel (links unten) bzw. die Änderung des Gangunterschieds mit dem Gitterabstand (rechts unten)

es zur Auslöschung. Fallen Wellentäler und Wellenberge der beiden Strahlen aufeinander, kommt es zu einer konstruktiven Interferenz und damit zu einer Verstärkung der Intensität.

Eine einfache geometrische Ableitung, die aber zum Verständnis dieses Verstärkungsphänomens sehr gut geeignet ist, wurde 1912 von William Lawrence Bragg entwickelt. Diese führt zu der schon bei der Röntgenfluoreszenzanalyse erwähnten Bragg'schen Gleichung (7.1) (s. Abb. 7.8):

$$n\lambda = 2d \sin \theta \Rightarrow d = 0,5 \cdot \left[\frac{n\lambda}{\sin \theta}\right] \qquad (7.1)$$

Bei der PRDA interessiert der Gitterabstand d. Zur Aufnahme eines Diffraktogramms (siehe Abschn. 7.2) wird daher mit einer möglichst konstanten Wellenlänge λ ein bestimmter Winkelbereich θ (bzw. °2θ) abgefahren. Aus dem Bragg'schen Gesetz ergibt sich (s. auch Abschn. 4.4), dass auch Vielfache von d beim gleichen Winkel eine konstruktive Interferenz auslösen. Dies führt zu Peaküberlagerungen bei Kristallebenenabständen mit dem Vielfachen n, auch bezeichnet als Ordnung der Beugung.

Als Beispiel ergibt sich für den Basispeak von Halit ($NaCl$) ein Wert von 2,82 Å (s. Abb. 7.9):

n = 1 ↔ (A+B) = 1; n = 2 ↔ (A+B) = 2

also:

d(200) = 2,82 Å => d(400) = 1,41 Å

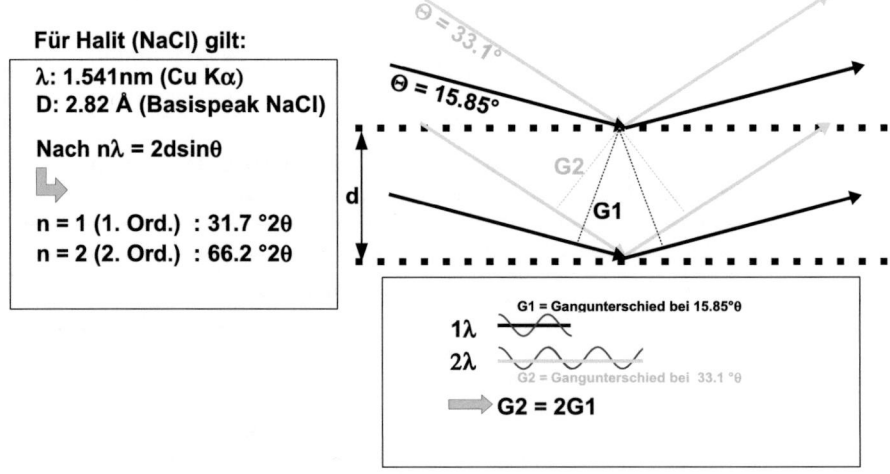

Abb. 7.9 Zusammenhang zwischen Beugungen verschiedener Ordnungen am Beispiel des Basispeaks von Halit bei 31,7 °2θ. Bei einem Einfallwinkel von 33,1 °2θ verdoppelt sich der Gangunterschied (G2) im Vergleich mit 15,85 °2θ (G1). Damit ist die Beugungsbedingung für diesen Gitterabstand wieder erfüllt

7.1 Messprinzip, Geräteaufbau und Grundlagen

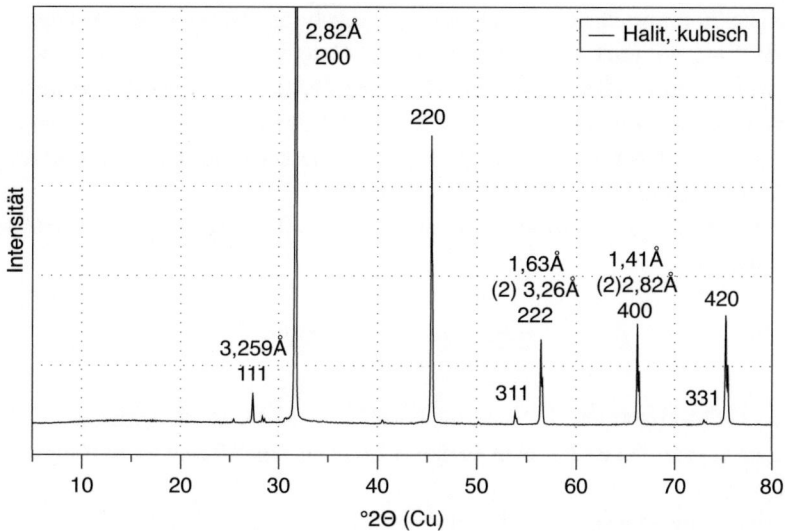

Abb. 7.10 Im Diffraktogramm von Halit liegt der Basispeak (100 %) mit 2,82 Å bei 31.7 °2θ. Der Peak bei 66,2 °2θ kann daher sowohl zur 1. Ordnung der 1,41-Å-Ebene als auch zur 2. Ordnung der 2,82-Å-Ebene gehören

Der Beugungspeak (400) in diesem Beispiel kann also zur 1. Ordnung der 1,41-Å-Ebene oder der 2. Ordnung der 2,82Å-Ebene gehören (s. Abb. 7.10).

Ist der Gitterabstand d konstant, nimmt der Gangunterschied bei steigendem θ zu. Ist θ konstant, nimmt der Gangunterschied bei Zunahme von d zu. Je kleiner θ, desto relativ größer muss der Gitterabstand sein, um den gleichen Gangunterschied zu erreichen: Basispeaks und Beugungspeaks von Phasen mit hohen Gitterabständen (Tonminerale) erscheinen daher bei niedrigen Winkeln (< 10°2θ), Beugungspeaks höherer Ordnung und Phasen mit kleinen Gitterabständen (z. B. Spinelle) bei hohen Winkeln.

Im Idealfall würde das so aufgenommene Beugungsmuster aus dimensionslosen Linien bestehen. Im Realfall besteht ein Diffraktogramm aber aus Signalen, die einer Normalverteilung entsprechen (s. Abb. 7.10). Dafür gibt es verschiedene Gründe. Die Röntgenstrahlung (z. B. $K\alpha 1$) ist nicht streng monochromatisch und kann nicht vollständig parallelisiert werden. Auch die Verweilzeit der Netzebenen der Kristallite der pulverförmigen Probe in der Beugungsstellung spielt dabei eine Rolle (siehe auch Lorentzfaktor).

Alle Kristalle zeigen eine Realstruktur mit leicht schwankenden Gitterparametern. Bei einer Realstruktur gibt es daher einen Winkelbereich, für welchen die Beugungsbedingungen erfüllt sind. Je näher der Kristall der Idealstruktur ähnelt, desto schmaler werden die Reflexe. Hier gilt die Annahme gemäß des Gesetzes von Bragg, dass bei infiniter Dicke des Kristallits eine positive Interferenz nur dann stattfindet wenn der Gitterabstand $n \cdot \lambda$ beträgt

Aufgrund der bei der Messung entstehenden Signalverbreiterung (siehe auch Lorentzfaktor) kann die Reflexbreite einen bestimmten Wert nicht unterschreiten.

Bei Kristalliten, die nur über eine geringe Anzahl an Gitterebenen verfügen, gilt das Gesetz von Bragg nur noch eingeschränkt. Ist der Gangunterschied zwischen zwei benachbarten Gitterebenen $\lambda/100$, so wird Auslöschung ($\lambda/2$) erst bei der 51. Schicht erreicht. Sind weniger als 50 Gitterebenen vorhanden, ist die Auslöschung nicht vollständig. Dies führt zu einer Verbreiterung der Beugungspeaks. Diese Art der Peakverbreiterung bleibt bei Zunahme der Beugungsordnung ($n \cdot \lambda$) konstant.

Der Zusammenhang von Reflexbreite und Kristallinität wird in der Scherrer-Gleichung (7.2) beschrieben:

$$\Delta(2\theta) = \frac{K\lambda}{d \cos\theta_0} \Delta(2\theta) : \qquad (7.2)$$

$\Delta(2\theta)$: Halbwertsbreite, K: Scherrer-Formfaktor (± 1), λ: Wellenlänge der Röntgenstrahlung, d: Kristalldicke senkrecht zu den Atomebenen des Reflexes, θ: Beugungswinkel [97, 110]

Diese Beziehung kann aus dem Bragg-Gesetz abgeleitet werden. Je kleiner ein Kristallit in einer Probe und/oder je schlechter die Kristallinität eines Materials (z. B. Tonminerale) ist, desto breiter die resultierenden Reflexe (s. Abb. 7.11). Dies ist nur für Präparate mit definierter Korngröße anwendbar. Sie ermöglicht bei Umstellung nach d die Abschätzung der Kristallitgröße:

$$d = \frac{K\lambda}{\Delta(2\theta) \cos \cdot \Delta(2\theta)} \qquad (7.3)$$

d: Dicke des streuenden Kristalls, $\Delta(2\theta)$: Halbwertsbreite in Bogenmaß

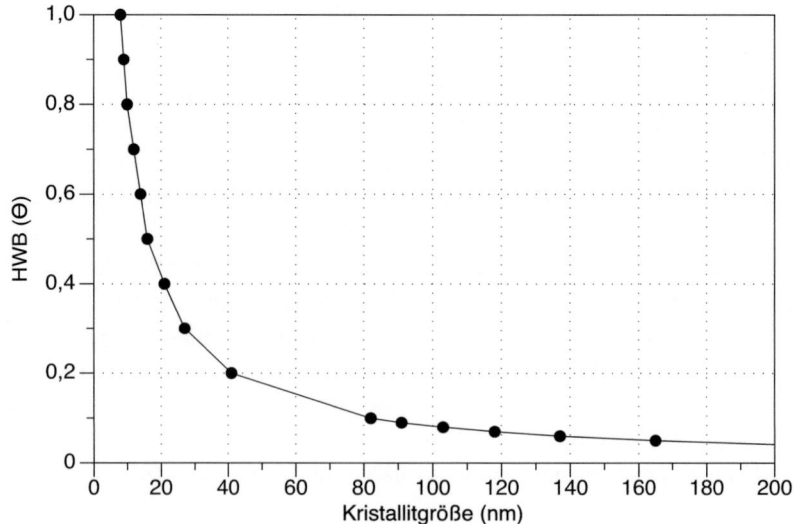

Abb. 7.11 Kristallitgröße für verschiedene Halbwertsbreiten (HWB), berechnet mit 1,54 Å, 50°θ, und K = 0,9

Bei K = 0,9 (z. B. [282]), λ = 1,54 Å (Cu $K\alpha$), und $\theta = 50°$ liegt die Halbwertsbreite bei einer Kristallitgröße von 1 mm in der Größenordnung von 10^{-5} °θ und bei einer Kristallitgröße von 100 nm in der Größenordnung von 0,1 °θ. Die Scherrer-Gleichung lässt sich nur bis unterhalb von 200 nm und unter bestimmten Bedingungen sinnvoll einsetzen (s. Abb. 7.11). Die Berechnung beinhaltet nicht die durch das Messinstrument (Diffraktometer) bedingte Signalverbreiterung. Diese hängt von Schlitz/Blendenweite, Probenabmessung, Eindringtiefe der Röntgenstrahlung und der Fokussierung ab. Nicht aufgelöste $K\alpha$1- und $K\alpha$2-Peaks verschlechtern die Signalqualität; daher muss man die instrumentell bedingte Signalverbreiterung von der gemessenen abziehen. Auch Spannungen im Probenmaterial führen zu einer Erhöhung der Peakbreite. Diese sind durch die Änderung mit Zunahme der Beugungsordnung von der korngrößenabhängigen Peakverbreiterung zu unterscheiden (s. Abschn. 7.6.1).

7.1.7 Das Diffraktogramm

Wird ein Kristallpulver mit monochromatischer Röntgenstrahlung durchstrahlt, entsteht auf einem dahinter angebrachten photoempfindlichen Material ein Muster aus unterschiedlich breiten Linien. Dies ist das Grundprinzip der Debye-Scherrer-Kamera, welche heutzutage aufgrund der Einsetzbarkeit 2-dimensionaler Detektoren eine Renaissance erlebt. Die aufgenommenen Linien sind ein Ausschnitt aus dem von dem Kristallpulver aufgrund der Beugungsphänomene ausgehenden kegelförmigen Diffraktionsmuster (sog. Beugungs- oder „Scherrer-Kegel") aus durch konstruktiver Interferenz gebildeten Bereichen höherer Strahlungsintensität (s. Abb. 7.12).

Ein Schnitt durch die Diffraktionskegel kann in einem Diagramm mit dem Winkel (bauartbedingt °2θ, s. u.) gegen die Intensität aufgetragen werden. Diese Art der Darstellung ergibt das sogenannte Diffraktogramm. Das Messgerät, mit dem die dazu notwendigen Daten erzeugt werden, wird als Diffraktometer bezeichnet (s. Abb. 7.12).

Für kristalline Verbindungen, die ein Beugungsmuster aus mehreren Linien erzeugen, wird der intensivste Peak als „Hauptpeak" oder „Basispeak" mit 100 % gleichgesetzt. Alle anderen Peaks werden auf diesen bezogen und werden gemäß der relativen Intensität zum Basispeak mit einem Wert < 100 % versehen.

Die Winkeldispersion
Die Winkeldispersion – also das Vermögen benachbarte Peaks zu trennen – kann aus dem Bragg'schen Gesetz abgeleitet werden:

$$\frac{d\theta}{d\lambda} = \frac{n}{2d} \cdot \frac{1}{\cos\theta} \qquad (7.4)$$

Nach dieser Beziehung steigt diese mit Zunahme der Ordnung n, mit Abnahme des Gitterabstandes d oder mit Zunahme des Winkels θ. Dies bedeutet, dass sich

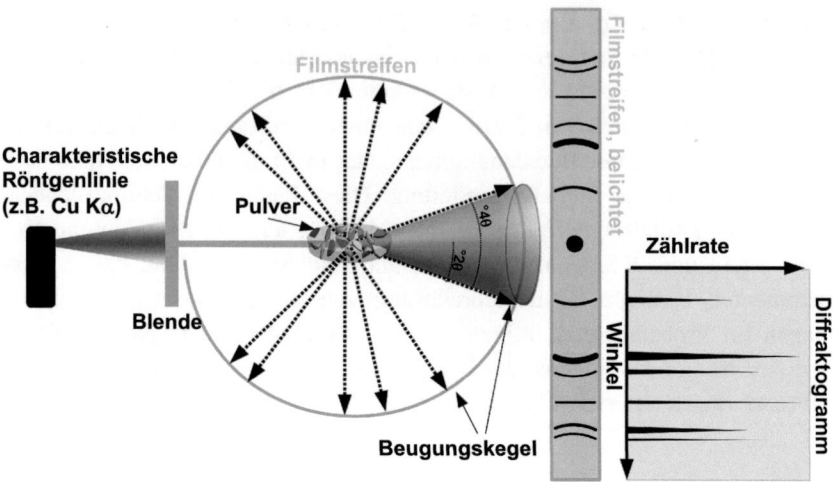

Abb. 7.12 Das Debye-Scherrer-Verfahren (Transmission) und das klassische Pulverdiffraktogramm als Schnitt durch die Kegel

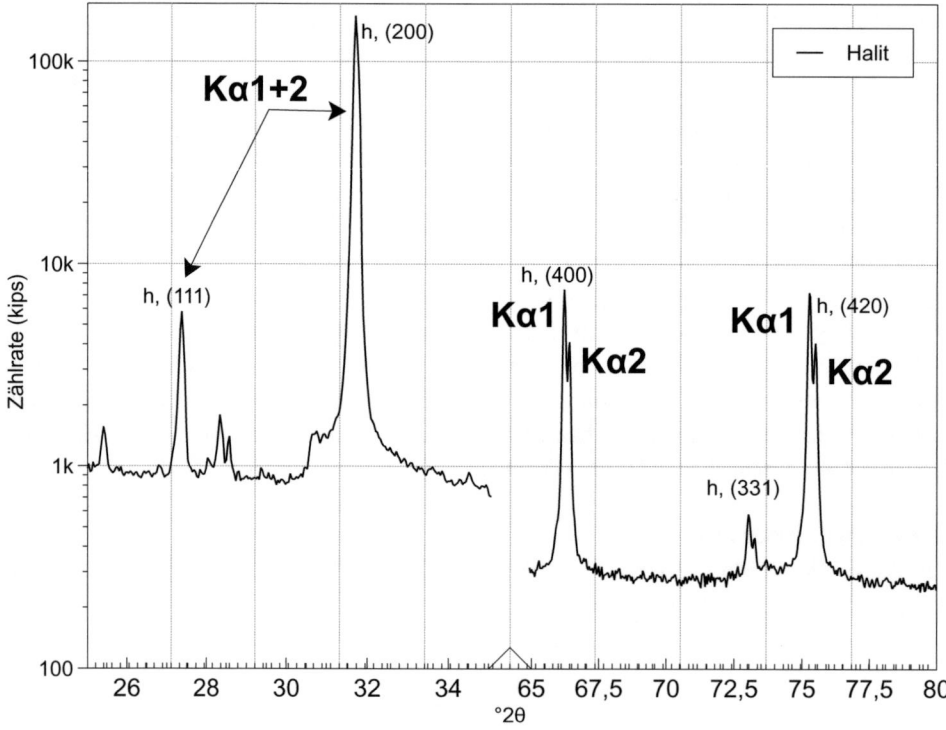

Abb. 7.13 Bessere Trennung der Diffraktionspeaks (Halit) von $CuK\alpha1$ und $CuK\alpha2$ mit zunehmendem Diffraktionswinkel

mit steigendem Winkel die Auftrennung (oder Streckung) des Diffraktogramms erhöht. Damit erklärt sich auch, dass die Trennung der überlagerten Diffraktogramme aus den Strahlungsanteilen $K\alpha1$ und $K\alpha2$ (siehe Abschn. 7.4.2) mit zunehmendem Winkel immer stärker zu beobachten ist. Unterhalb von 50 °2θ ist diese Auftrennung daher kaum noch zu beobachten (s. Abb. 7.13).

7.2 Das Pulverdiffraktometer

Ein Pulverdiffraktometer fährt einen festgelegten Winkelbereich zur Aufnahme eines Diffraktogramms sequenziell ab, wobei heutzutage mit entsprechenden Streifendetektoren auch Teile des Winkelbereichs simultan erfasst werden können.

Die PRDA nutzt den Umstand, dass bei oberflächlicher Bestrahlung eines Pulver einer kristallinen Substanz immer eine bestimmte Anzahl an Kristallen – abhängig von ihren Gitterabständen, der räumlichen Orientierung und des Bestrahlungswinkels – in Beugungstellung stehen. Das Resultat ist – abgesehen von bestimmten Ausnahmen – ein „Schnappschuss" aller im Kristall vorhandenen Gitterebenen. Im optimalen Fall werden alle Beugungsebenen erfasst (s. Abb. 7.14).

Bei der PRDA werden häufig Einkreisdiffraktometer eingesetzt, bei denen Röhre, Probe und Detektor in einer Ebene angeordnet sind. Die Probe kann nur in dieser Ebene gekippt werden. Je nach Geometrie werden verschiedene Diffraktometertypen unterschieden. Häufige Verwendung bei der Pulverdiffraktometrie findet die Bragg-Brentano-Geometrie (s. Abb. 7.15a). Aus Abb. 7.12 ist zu entnehmen, dass ein klassisches Pulverdiffraktogramm – im Gegensatz zu den kegelförmigen Beugungsmaxima („Scherrer-Kegel") bei Transmission – lediglich einen eindimensionalen Schnitt darstellt. Sind diese Kegel durchbrochen – beispielsweise aufgrund von Textureffekten – können im Diffraktogramm wichtige Linien fehlen (siehe auch Abschn. 7.6.2).

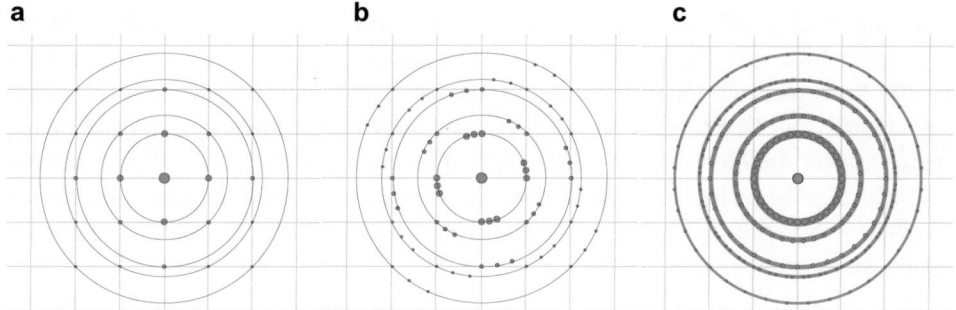

Abb. 7.14 Vom Einkristall zum Pulver – (**a**) Einkristall, (**b**) wenige Kristalle (texturiert), (**c**) durchgehende Diffraktionsringe eines Pulvers (nur bei Transmission)

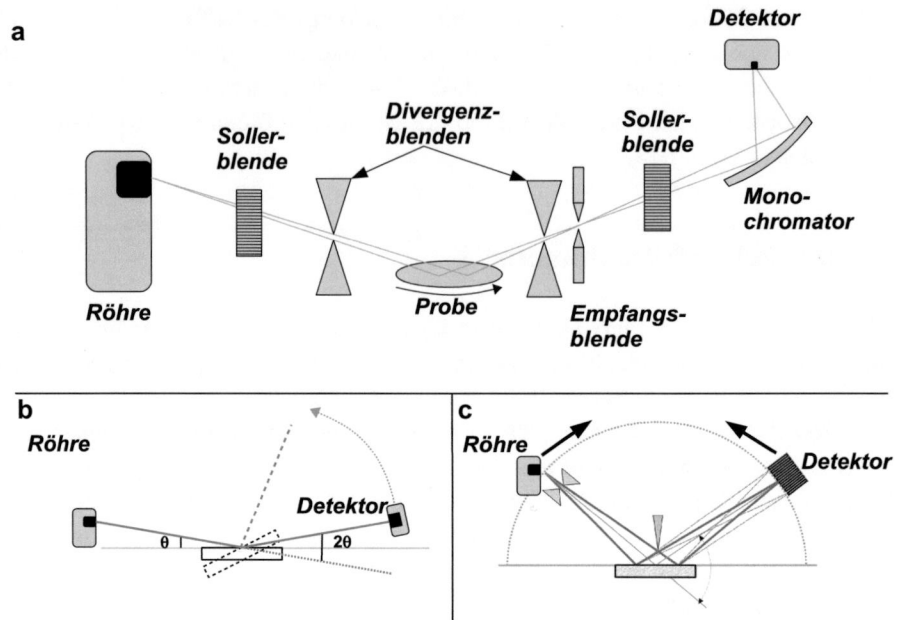

Abb. 7.15 Diffraktometer, mit Röntgenoptik und Bragg-Brentano-Geometrie in $\theta/2\theta$ Ausführung (**a**). Grundprinzip $\theta/2\theta$ (mit Punktdetektor, **b**) und θ/θ (mit Multistrip-Detektor, **c**)

Bei der Bragg-Brentano-Ausführung existieren zwei Kreise, der Fokussierungskreis und der Goniometerkreis. Letzterer ist in der Größe unveränderlich. Auf ihm liegen Röntgenröhre und Eintrittsblende mit Zählrohroptik. Ersterer verläuft durch die Probenoberfläche und ist im Durchmesser abhängig vom Kippwinkel (θ) der Probe. Dabei wird die Probe um den Betrag θ bewegt und das Zählrohr um den Betrag 2θ, damit sich der Winkel zur Probenoberfläche um den Betrag θ weiter erhöht. Im Strahlengang der Röntgenoptik befindet sich zuerst eine Fokussierblende direkt vor der Röhre. Dahinter befindet sich der primäre β-Filter (bei Monochromator nicht erforderlich). Primäre Sollerblenden, Divergenzschlitz und Probenmaske sorgen für die Begrenzung der Röntgenstrahlung auf die Probe und die Parallelisierung. Hinter der Probe befindet sich eine sekundäre Sollerblende, eine Empfangsblende und der (optionale) Monochromator zur Ausblendung unerwünschter Strahlungsanteile ($K\beta$, $K\alpha 2$). Die herausgefilterte vom Probenmaterial gebeugte Strahlung der Röhre wird dann im Detektor erfasst. Das ganze System ist parafokussierend, da die Strahlung der Röhre nicht auf die Probe fokussiert, sondern nur eingegrenzt wird.

Es existieren drei Geometrien: Horizontale und vertikale $\theta/2\theta$ Geometrie, wobei die Röntgenröhre fixiert ist und Probe sowie Zähler bewegt werden, sowie vertikale θ/θ-Geometrie, wobei die Probe fixiert bleibt und Röntgenröhre sowie Zähler bewegt werden (s. Abb. 7.15b, c). Ein Vorteil der letzteren Variante ist, dass auch weniger fest gepresste Proben oder Streupräparate analysiert werden können, ohne dass das Diffraktometer durch herausfallende Probenbestandteile kontaminiert wird. Eine weitere Möglichkeit ist die Parallelstrahloptik, die über Polykapillaren oder Göbelspiegel realisiert wird. Es wird ein intensiverer Röntgenstrahl erzeugt. Dies ermöglicht eine bessere Untersuchung unebener Oberflächen (keine Abschattung) oder schlecht positionierbarer Proben.

Diffraktometer neuerer Generationen verwenden Detektoren, die Teile des Diffraktogramms simultan erfassen. Dabei bestehen sogenannte Multistrip-Detektoren aus vielen in einem 1d-Streifen angeordneten Einzeldetektoren, die mehrere $°2\theta$-Bereiche abdecken können. Ortsempfindliche Flächendetektoren bestehen aus einem Array von Detektorelementen (z. B. 256 × 256) und erfassen einen größeren Winkelbereich von ca. 10°. Ein Nachteil dieses Detektortyps ist, dass die flache Detektoroberfläche nicht an den Goniometerkreis angepasst (also gebogen) ist. Bei der gleichzeitigen Verwendung aller Detektorelemente würde ein großer Teil nicht am Goniometerkreis anliegen und damit zu einer Verfälschung der Messung führen. Daher werden die Detektoren für die Aufnahme von Pulverdiffraktogrammen im Punktdetektormodus (engl. „Receiving Slit Mode") eingesetzt, also nur wenige Detektorelemente (z. B. 3) gleichzeitig verwendet. Trotzdem ist bei beiden Systemen die Messgeschwindigkeit um ein Vielfaches höher als bei einem klassischen Szintillatordetektor (je nach Anwendung 30 bis 100-fach).

7.2.1 Anregung

Röntgenröhre

Die in der Pulver-Röntgendiffraktometrie verwendeten Röntgenröhren gibt es mit Glas- oder Keramikisolation. Vorteil der Keramikisolation ist die höhere Reproduzierbarkeit des Fokussierpunktes.

Das Kathodenmaterial zur Generation beschleunigter Elektronen ist Wolfram mit einer Betriebstemperatur von 1200 − 1800 °C. Die Anodenmaterialien sind Cr, Fe, Cu, Mo, W, Ti, Co und richten sich nach der Anwendung, wobei Cu das universellste und am häufigsten eingesetzte Anodenmaterial ist. Dieses ist vielseitig für Pulverdiffraktometrie, Reflektometrie, Dünnschicht- und Einzelkristallmessungen in leichter Matrix einsetzbar. Wenn ein möglichst weißes Röntgenspektrum erwünscht und charakteristische Strahlung nicht benötigt wird (Laue-Methode zur Untersuchung von Einkristallen) ist W $L\alpha$ am besten geeignet. Kurzwellige Mo $K\alpha$ verwendet man für niedrige Absorption (Einzelkristall- und Transmission) bei niedriger Winkelauflösung, wobei wichtige Reflexe bei kleinen Winkeln gemessen werden können. Fe $K\alpha$ oder Co $K\alpha$ sind bei eisenhaltigen Proben einzusetzen, da bei der Verwendung der Cu-Anode Fe $K\alpha$ ein hoher Anteil an Fluoreszenzstrahlung erzeugt wird. Ti $K\alpha$ und Cr $K\alpha$ erzeugen klare Beugungsbilder besonders bei Kristallgittern mit größeren Abmessungen (Tonminerale, organische Substanzen), da die Peaks bei höheren Winkeln, also in größerem Abstand von dem bei niedrigen Winkeln im Diffraktogramms stark ansteigenden Untergrundsignal, erscheinen. Diese beiden Anodenelemente werden auch bei der Stressanalyse eingesetzt. Ag $K\alpha$

dient zur Charakterisierung von Nanomaterial, zur Untersuchung von Atomabständen, Koordinationszahlen und thermischer Bewegung.

Mit einem geeigneten Anodenmaterial kann also erreicht werden, dass Reflexe bei günstigeren Winkeln gemessen werden können (s. Tab. 7.1).

Die Hochspannung der Röhre liegt meist zwischen 20–60 kV bei einer Leistung von von bis zu 3 kW. Die Größe des Brennflecks liegt bei 10–20 mm^2 und wird mithilfe von Blenden variiert. Die Röhren können über vier Röntgenfenster aus Be oder Glas verfügen, die in Quer- und Längsrichtung zum Brennfleck angeordnet sind (s. Abb. 7.16). Der Abnahmewinkel (Winkel zwischen Anodenfläche und Fenster) liegt bei ca. 6°. In Längsrichtung wird ein Punktfokus (1 mm^2) erzeugt und in Querrichtung ein Strichfokus (10 · 1 mm^2). Häufig gibt es drei Varianten: Normalfokus, Feinfokus und langer Feinfokus.

Die Erzeugung von Röntgenstrahlung ist sehr ineffektiv und liegt bei 1 % der Generatorleistung. Daher muss die Anode wassergekühlt werden. Ein geschlossener Kreislauf ist dabei aufgrund geringer Kontamination und Kühlwasserrohroxidation vorteilhaft. Rostpartikel können zum Verschluss des Kühlwasserkreislaufs führen. Bei Ausfall der Kühlung wird die Röhre in kürzester Zeit zerstört, da die Anode schmilzt, und Kühlwasser in das Röhrenvakuum gesaugt wird. Die ersten Liter des Kühlwassers sind häufig am meisten verschmutzt (Ablauf über Bypass). Die Betriebstemperatur sollte leicht über der Raumtemperatur liegen. Das vermeidet die Bildung einer Wasserhaut auf der Glasoberfläche und verhindert elektrische Überschläge beim Einschalten. Zur Vermeidung solcher Effekte sollte die Röhre beim Einschalten auch zunächst bei niedrigster Leistung ca. 5 min aufgeheizt werden („Tube Breeding"). Aufgrund zunehmender Wolframablagerungen auf den Fenstern lässt die Leistung der Röhre nach einigen 1000 Betriebsstunden nach (ca. 0,9 %/1000 h).

Tab. 7.1 Beugungswinkel mit unterschiedlichen Anodenmaterialien bei einem Gitterabstand 14 Å. Minerale mit Gitterabständen in diesem Bereich sind Clinochlor, Vermiculit und mixed layer Tonminerale wie Corrensit

Anode	Wellenlänge (nm)	Beugungswinkel (°2θ)
Mo	0,0709	2,90
Cu	0,154	6,31
Co	0,179	7,33
Fe	0,194	7,93
Cr	0,228	9,38
Ti	0,275	11,27

Abb. 7.16 Vierfenster-Röntgenröhre für die PRDA (gegenüberliegende Fenster nicht angezeigt)

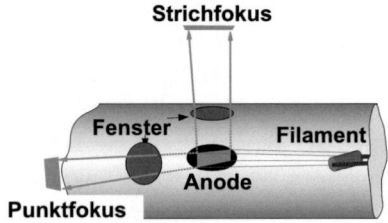

7.2 Das Pulverdiffraktometer

Sogenannte Feinfokusröhren wurden speziell für die Pulver-Röntgendiffraktometrie entwickelt (optimales Verhältnis zwischen Auflösung und Intensität). Der Brennfleck liegt in der Größenordnung von 50 µm. Der kleinere Brennfleck bietet eine höhere Auflösung bei der Aufnahme kleiner Beugungswinkel. Zur Ermittlung des optimalen Verhältnisses von Intensität zu Untergrund kann man für einen bestimmten Reflex verschiedene Kombinationen aus Stromstärke und Spannung untersuchen. Durch den kleinen Fokus wird die Anode schneller abgenutzt.

Als Referenz zur Überprüfung der Röhre kann die Intensität des Si-Reflexes bei 56.123 °2θ verwendet werden. Die Reproduzierbarkeit des d-Wertes und der Intensitäten sollten regelmäßig überprüft werden.

Zur genauen Beschreibung der verschiedenen Röntgenquellen siehe Abschn. 7.2.1.

7.2.2 Strahlungsmodifikation und Röntgenoptik

Sollerblenden

Primäre Sollerblenden werden zum Parallelisieren der primären Röntgenstrahlung der Röhre verwendet (Verringerung der Axialdivergenz). Sie bestehen aus parallelen Wolframblechen. Sekundäre Sollerblenden im Strahlengang hinter der Probe haben eine ähnliche Aufgabe wie die primären Sollerblenden. Sie dienen zur Verbesserung der Genauigkeit der Beugungswinkel.

Divergenzblende

Diese Blende begrenzt den Röntgenstrahl auf die Probenoberfläche und kontrolliert den bestrahlten Bereich auf der Probe und die Winkeldivergenz. Es gibt automatische oder feste Blenden. Automatische Blenden sind meistens die bessere Wahl. Es muss hier jedoch bedacht werden, dass die Bestrahlungsfläche der Probe dann konstant bleibt, sich jedoch die Intensität des Primärstrahls ständig ändert („Taschenlampeneffekt"). Dies führt zu Intensitätsveränderungen, die berücksichtigt werden müssen.

Probenmaske

Diese Blende legt die maximale zu bestrahlende Fläche fest und wird je nach Probehalter und Divergenzblende gewählt. Damit sollen Abschattungseffekte des Röntgenstrahls verhindert werden. Die Probenmaske hat nur einen Effekt, wenn aufgrund der Einstellungen der Divergenzblende ein Teil des Probenträgers bestrahlt wird.

Streublende

Diese Blende bestimmt den für den Detektor sichtbaren Bereich der Probe. Sie dient zur Ausblendung von eventuell auftretender Streustrahlung und gewährleistet die Begrenzung des Strahls auf den Monochromator (falls vorhanden).

Kβ-Filter

Dieser Filter dient zur Ausfilterung der $K\beta$-Strahlung des Anodenmaterials. Das Material ist damit abhängig von der eingesetzten Anode. Für Cu wird z. B. ein Ni-Filter verwendet. Die Filter nutzen den starken Anstieg der Absorption in der Nähe der Energie der charakteristischen Strahlung, der bei Überschreitung der Anregungsenergie für die betreffende Elektronenschale abrupt abreißt (Absorptionskante).

In dem Beispiel in Abb. 7.17 wird CuKβ fast völlig ($<1\,\%$) absorbiert, während CuKα relativ ungehindert passieren kann. Solche Filter werden in Form von dünnen Folien in den Strahlengang nach der Fokussierblende der Röntgenröhre eingefügt. Manchmal wird die Folie auch zwischen Probe und Detektor platziert. Die Kα-Strahlung wird natürlich auch um einen deutlichen Betrag abgeschwächt.

Flacher Monochromator

Dieses Bauteil dient zum Erzeugen eines möglichst monochromatischen Röntgenstrahls. Dies ist mit einem Filter allein nicht möglich. Die meisten Anwendungen erfordern möglichst geringe Anteile an Bremsstrahlung und $K\beta$. Die Trennung von $K\alpha 1$ und $K\alpha 2$ ist möglich, führt aber zu Gesamtintensitätseinbußen und erfordert einen aufwendigen und kostenintensiven Monochromator. Monochromatoren begrenzen die durchgelassene Röntgenstrahlung gemäß der Bragg'schen Gleichung abhängig von dem Abstand der Gitterebenen und dem Winkel. Es wird die Frequenz λ und deren höherenergetische Oberschwingungen (Ordnungen: 1/2, 1/3 ...) durchgelassen. Je kleiner die Elementarzelle und je leichter die Atome, desto höher ist die Ausbeute. Typisch sind Graphiteinkristalle (ca. 30 % Ausbeute). Aufgrund der Mosaikstruktur der pyrolytisch abgeschiedenen Kristalle und der damit verbundenen schlechteren Signaltrennung lassen sich $K\alpha 1$ und $K\alpha 2$ nicht trennen. Flache Monochromatoren können vor oder nach der Probe in den Strahlengang eingefügt werden. Letzteres hat den Vorteil, dass die durch die Anregung der Probe entstehende (langwellige) Fluoreszenzstrahlung ebenfalls ausgeblendet wird.

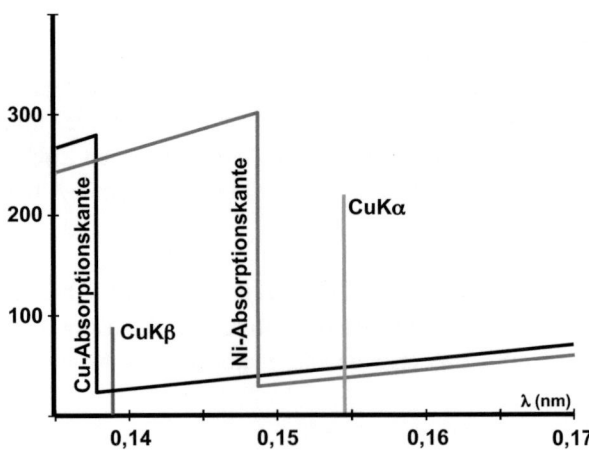

Abb. 7.17 Nickel-Filter für die Trennung von CuKα von CuKβ. (s. auch Kap. 4)

7.2 Das Pulverdiffraktometer

Weitere Materialien sind Si und Ge in Diamantstruktur. Über deren 111-Ebenen lässt sich hier auch die 1/2-Ordnung unterdrücken. Auch Quarz lässt für die Herstellung von Monochromatoren sehr gut verwenden.

Fokussierende Monochromatoren

Normal gekrümmte Monochromatoren können Röntgenstrahlung bündeln und werden meistens vor der Probe eingefügt; wirken aber meist nur in einer Dimension. Graphit lässt sich auch doppelt gekrümmt herstellen. Solche Monochromatoren werden vor allem in Bereich der Durchstrahlungsmessung eingesetzt. Am effektivsten sind die Johansson-Monochromatoren (s. Abb. 7.18b). Ein orientierter Kristall wird zunächst auf eine Krümmung des doppelten Radius (2R) des Rowlandkreises gebogen und dann auf den einfachen Radius (R) geschliffen. Damit haben die Netzebenen die halbe Krümmung der Oberfläche. Diese Monochromatoren trennen auch $K\alpha 1$ und $K\alpha 2$. Da eine teilweise Polarisierung erfolgt, müssen bei der Intensitätsberechnung beim Einsatz von Monochromatoren entsprechende Faktoren berücksichtigt werden.

Göbelspiegel

Der Göbelspiegel ist eine Weiterentwicklung der fokussierenden Monochromatoren auf Basis von Multilayern (z. B. abwechselnd W- und Si-Schichten). Die Schichten werden auf eine parabolisch oder elliptisch gekrümmte Fläche aufgebracht. Dabei ändern sich die Schichtdicken in einer Richtung. Damit wird erreicht, dass ein divergenter Strahl (z. B. 0,5–2°) aufgrund sich ändernder Richtungen parallel fokussiert wird. Die Ausbeute an $K\alpha$ beträgt 70–90 % bei Unterdrückung des $K\beta$ und Bremsstrahlungsanteils. Vorteile bringt der Göbelspiegel im Bereich der Untersuchung dünner Schichten oder kleiner Mengen (Kapillaren). Für die normale Bragg-Brentano-Pulverdiffraktometrie besteht der Vorteil darin, dass aufgrund der Parallelität der Strahlen die Parafokussierung keine Rolle mehr spielt. Nachteil: Die Reflexe sind etwas breiter. Störende Fehler (Signalverbreiterung) durch unregelmäßige Präparatoberflächen werden reduziert. Es können Bruchflächen untersucht werden und die Probe kann auch aus der normalen $\theta/2\theta$-Geometrie gekippt werden. Bei leichten Matrizes ist der Transparenzfehler (hohe Eindringtiefe) nicht mehr relevant.

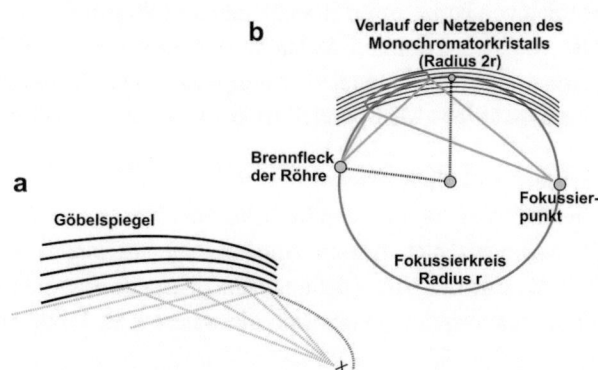

Abb. 7.18 Verschiedene Monochromatoren: Göbelspiegel (**a**) und Johansson-Monochromator (**b**)

Kapillaren
Auch bei der PRDA können Kapillaren eingesetzt werden, um den Röntgenstrahl zu fokussieren. Näheres dazu siehe Kap. 4.

Probendrehvorrichtung („Spinner")
Diese Vorrichtung dient zum Drehen der Probe um die Senkrechte zur Probenoberfläche (z. B. 1U/s). Eine Verbesserung der Statistik ist jedoch nur zu erwarten, wenn die Messzeit pro Schritt ein Vielfaches der Umdrehungszeit beträgt. Es ist zu beachten, dass Proben durch zu schnelle Umdrehungsgeschwindigkeiten Schaden nehmen und/oder Probenbestandteile in das Diffraktometer gelangen können.

7.3 Detektion

Bei der PRDA kommen prinzipiell die gleichen Detektoren zur Anwendung wie bei der RFA. Weitverbreitet sind auch hier 2-dimensionale (Images) oder sogar 3-dimensionale Aufnahmen (Tomographie). Zu Durchflusszählern, Szintillatoren und Halbleiterdetektoren siehe Kap. 4. Bei der Verwendung energiedispersiver Detektoren mit genügender Auflösung ist es heutzutage möglich, unerwünschte Strahlungsanteile wie Probenfluoreszenz über die Pulshöhenverteilung (PHD s. Abschn. 5.1.10) zu verringern.

Photographische Filme
Filme zur Aufnahme von Beugungsmustern basieren auf der Aktivierung von AgBr-Partikeln durch Röntgenphotonen. Damit entsteht eine Schwärzung durch die Bildung einer Silberschicht abhängig von Beleuchtungsdichte und -dauer. Eine Anwendung ist die Aufnahme medizinischer Röntgenbilder. Die Ausbeute und Messgenauigkeit bei Filmen sind nicht viel schlechter als bei elektronischen Detektoren, der dynamische Messbereich ist aber kleiner (~1:1000).

Bildspeicherplatten („Imaging Plates")
Bildspeicherplatten sind runde 18–30 cm durchmessende Metallplatten mit einer Schicht aus $BaFBr[Eu^{2+}]$. Bei der Belichtung reagiert $Eu^{2+} \rightarrow Eu^{3+}$. Freiwerdende Elektronen werden von Farbzentren eingefangen und es entsteht ein latentes Bild mit einer Halbwertszeit von 10 h. Normale Aufnahmen dauern etwa 3 min. Das Bild wird mit einem roten Laserstrahl (wie bei einer CD) ausgelesen. Die Pixelgröße liegt zwischen 50 und 150 µm. Der dynamische Messbereich ist größer als bei den Filmen (~1:100.000).

Ortsempfindliche Detektoren
Eindimensionale, ortsempfindliche Detektoren bestehen im einfachsten Fall aus einem Proportionalzähler, dessen Anodendraht aus einem relativ schlecht leitenden Material besteht. Für die Untersuchung von Phasenumwandlungen oder chemischen Reaktionen im Minutenbereich eignen sich diese besser als Punktdetektoren. Die Signalbreite (Halb-

wertsbreite, HWB) ist 20–30 % höher als bei Proportional- oder Szintillationszählern. Bei der Real-Time-Multiple-Strip-Technologie wird eine Anzahl parallel angeordneter, streifenförmiger Detektorelemente zusammenschaltetet. Die Zählraten für die einzelnen Beugungspeaks werden in Messkanälen aufsummiert (s. Abb. 7.15).

Zweidimensionale X-Y-Detektoren bestehen im einfachen Falle aus zwei Rastern paralleler Drähte senkrecht hintereinander. Moderne CCD-Detektoren bestehen aus einem Raster von einzelnen Detektoren (sog. „Pixeln"). Das Sensormaterial besteht beispielsweise aus CdTe, das sehr effizient im niederenergetischen Bereich arbeitet. Mittels CCD-Technik gelingt die Aufnahme von Debye-Scherrer-Kegeln eines Reflexes und die direkte Aufnahme von Textureffekten. Moderne PRDA-Systeme verwenden Detektoren, die neben Standardverfahren der Diffraktometrie auch die dreidimensionale (tomographische) Abrasterung röntgentransparenter Objekte ermöglichen.

7.4 Methodenentwicklung und Auswertung

Bei dem in der Festkörperforschung weitverbreiteten Verfahren wird monochromatische Röntgenstrahlung an einem pulverförmigen Probenpräparat gebeugt. Notwendig zur Erfassung eines repräsentativen Diffraktogramms ist die statistische Verteilung der Kristallite (Bruchstücke) und die Erfüllung der Bragg'schen Beugungsbedingung. Eine Drehung des Präparates, die normalerweise automatisch vorgegeben ist, verbessert die Statistik. Alle für eine Netzebenenschar zufällig in Reflexionsstellung befindlichen Kristalle reflektieren unter dem gleichen Glanzwinkel θ_{hkl} (Ablenkungswinkel $2\theta_{hkl}$). Es bildet sich ein Strahlungskegel (Scherrer-Kegel) um den Primärstrahl mit dem Öffnungswinkel $4\theta_{hkl}$. Für alle vorhandenen Netzebenen bildet sich also eine Schar koaxialer Kegel um den Primärstrahl die z. B. mit einem Film (z. B. Debye-Scherrer-Kamera) in Transmission aufgenommen werden können. Heutzutage werden meist Röntgendiffraktometer verwendet, die eine eindimensionale Teilebene des Strahlungskegels sequenziell (klassisch) oder (quasi-) simultan mit streifenförmigen Detektoren („Multiple Strip Detektoren") aufnehmen. Die Messung in Transmission (Durchstrahlung) ist unüblich.

7.4.1 Standardmessbedingungen

Beim Einrichten eines Messprogramms ist zunächst der Scantyp, also die Bewegung des Goniometers, auszuwählen. Möglich ist die schrittweise oder die kontinuierliche Aufnahme des Diffraktogramms. Schrittweise Aufnahme führt zu einer höheren Belastung des Goniometerantriebes durch das Anfahren und Stoppen für jeden Schritt. Dagegen ermöglicht diese Methode längere Messzeiten pro Punkt (Schritt) und damit eine höhere Reproduzierbarkeit der Intensitäten. Die Messzeiten pro Schritt können prinzipiell beliebig lange dauern. Anwendung findet dieser Modus bei Detailaufnahmen oder quantitativen Untersuchungen. Die minimale Schrittweite ist geräteabhängig (z. B. 0,005 °2θ). Eine

Schrittweite von 0,1–0,5 °2θ eignet sich für erste Übersichtsaufnahmen, ~0,04 °2θ für qualitative Analysen, ~0,01 °2θ für Strukturverfeinerungsberechnungen (siehe Abschn. 7.4.4, Rietveld), für die eine besonders exakte Bestimmung von Peaklage, -höhe und -form erforderlich ist.

Das kontinuierliche Abfahren des Winkelbereiches (z. B. mit minimal 0,001 °2θ/s) dient der schnellen Aufnahme eines Diffraktogramms bei geringerer Reproduzierbarkeit, z. B. für Übersichtsaufnahmen.

Winkelbereich

Beim Erstellen des Messprogramm muss zunächst der Anfangs/Endwinkel (engl. „Start Angle/End Angle") festgelegt werden.

Dabei ist der Anfangswinkel einerseits von der Zielsetzung, z. B. von der erwarteten Lage der ersten für die Problemstellung benötigten Reflexe, und andererseits von der Abschattung des Primärstrahls durch den verwendeten Probenträger abhängig.

Bei Übersichtsaufnahmen unbekannter Proben ist der Bereich 5–80 °2θ ausreichend. Bei Strukturverfeinerung und Indizierung sollte der Anfangswinkel, abhängig von den Mineralphasen, möglichst klein sein und der Endwinkel bei −120 oder 150 °2θ liegen, um möglichst alle Reflexe zu erfassen.

Viele für die Phasenidentifizierung wichtige Hauptreflexe befinden sich unterhalb von 55 °2θ.

Sind Tonminerale und Wechsellagerungsminerale zu untersuchen, ist bei Verwendung von $CuK\alpha$ ein Startwinkel von 2–3 °2θ erforderlich, wenn die (001)-Reflexe (u. a. von glykolgesättigten Präparaten) erfasst werden sollen. Alternativ ist eine höhere Wellenlänge (z. B. $TiK\alpha$) verwendbar. Für Evaporitgesteine mit geringem Anteil an Tonmineralen (<1 %) ist 10 °2θ ein guter Startwert (z. B. Gips: ab ~11 °2θ).

Der Endwinkel bei Übersichtsaufnahmen kann beispielsweise bei 80 °2θ festgelegt werden. Für Tonmineralpräparate reicht ein Endwert von 65 °2θ aus. Damit werden auch die (060)-Reflexe von Illit und Muskovit oder Chlorit erfasst. Bei Evaporitgesteinen reicht ein Endwinkel von 55–60 °2θ. Bei Metallen und Legierungen ist aufgrund geringer Gitterabstände eventuell ein Endwinkel von 100 °2θ erforderlich. Auch hier kann stehen alternativ andere Wellenlängen zur Verfügung (z. B. $MoK\alpha$).

Messzeit

Die Messzeit pro Schritt ist ebenfalls abhängig von der Zielsetzung, muss aber ein Vielfaches der Umdrehungsgeschwindigkeit des Spinners (meist 1 s) betragen. Wie bei anderen Verfahren ist auch hier der zählstatistische Fehler das limitierende Kriterium – also der kleinstmögliche Fehler. Um den zählstatistischen Fehler zu halbieren, muss die Messzeit vervierfacht werden. Um einen relativen zählstatistischen Fehler von 2 % zu unterschreiten, reicht bei 100.000 ips 1 s Messzeit. Bei 1000 ips muss schon 4 s und bei 250 ips 16 s gezählt werden.

Es ist zu beachten, dass sich durch Hochsetzen der Messzeit pro Schritt die Dauer einer Messung vervielfachen kann. Die Dauer der Messung spielt eine Rolle, wenn die Probe

7.4 Methodenentwicklung und Auswertung

Tab. 7.2 Beispiele für Messprogramme, *Messdauer bei Halbleiterdetektoren im Minutenbereich

Parameter	Übersicht	Hohe Auflösung	Hohe Genauigkeit
Startwinkel (°2θ)	5	5	15
Endwinkel (°2θ)	80	45	25
Schrittweite (°2θ)	0,04	0,007	0,002
Schrittdauer (s)	3	3	6
Geschwindigkeit (°2θ/s)	0,013	0,007	0,002
Schrittzahl	1876	2001	1001
Messdauer (Szintillator)*	1:33:48	1:40:03	1:40:06

nach der Präparation nur eine begrenzte Haltbarkeit hat. In Tab. 7.2 sind Beispielprogramme für eine Übersichtsanalyse oder genauere Ausschnittsanalysen gelistet, die alle etwa 1,5 h dauern. Bei modernen Diffraktometern mit Halbleiterdetektoren reduziert sich die Messzeit bei vergleichbarer Auflösung auf 4–10 min.

7.4.2 Peaksuche

Um die Beugungspeaks in einem Diffraktogramm zu erfassen, sind einige Vorarbeiten durchzuführen, die in den folgenden Abschnitten erläutert werden. Zur Identifizierung der Peaks wird zunächst der Untergrund unter den Peaks bestimmt. Danach müssen unerwünschte Strahlungsanteile, die nicht bereits gerätetechnisch entfernbar sind, abgezogen (engl. „Stripping") werden. Normalerweise sind das die $K\alpha2$-Anteile.

Zur Erkennung von Peaks durch das Auswertungsprogramm kann die zweite Ableitung des Bereiches um das Peakmaximum Verwendung finden. Bei diesem Vorgehen werden zunächst die Wendepunkte der zweiten Ableitung gesucht und verbunden. Der Mittelpunkt dieser Verbindungsstrecke ist dann das Maximum und damit die gesuchte Peaklage. Dies gilt nicht, wenn die Reflexe durch $K\alpha2$-Anteil, Korngrößeneffekte, Strahldivergenz u. a. unsymmetrisch werden. Ein Signal wird als Reflex erkannt, wenn die Zählrate oberhalb des zählstatistischen Fehlers (s. Abschn. 9.5.8) liegt. Die erkannten Reflexe sollten vollständig zugeordnet bzw. analysiert werden. Werden zu viele Reflexe erkannt, enthält das Diffraktogramm zu viele untergeordnete Beugungspeaks bzw. die Berechnungsparameter sind zu empfindlich eingestellt. Bei gröberen Einstellungen der Berechnungsparameter können wichtige Reflexe leicht übersehen werden. Dabei ist die Höhe des Untergrundsignals stark abhängig von der Matrix und den Messbedingungen. Hier spielen z. B. Linienüberlagerungen eine Rolle. Ist eine Phase in einem Phasengemisch zu bestimmen, deren andere Phasen in dem entsprechenden Bereich ebenfalls Linien produzieren, steigt die Bestimmungsgrenze. Einzelphasen mit hoher Symmetrie (z. B. kubisches Silizium) produzieren nur wenige intensive Linien (s. Abb. 7.19). Komplexe Vielphasengemische wie z. B. Gesteine mit Verbindungen, die teilweise niedrige Symmetrie zeigen (z. B. trikliner Mikroklin) produzieren ein sehr linienreiches Diffraktogramm,

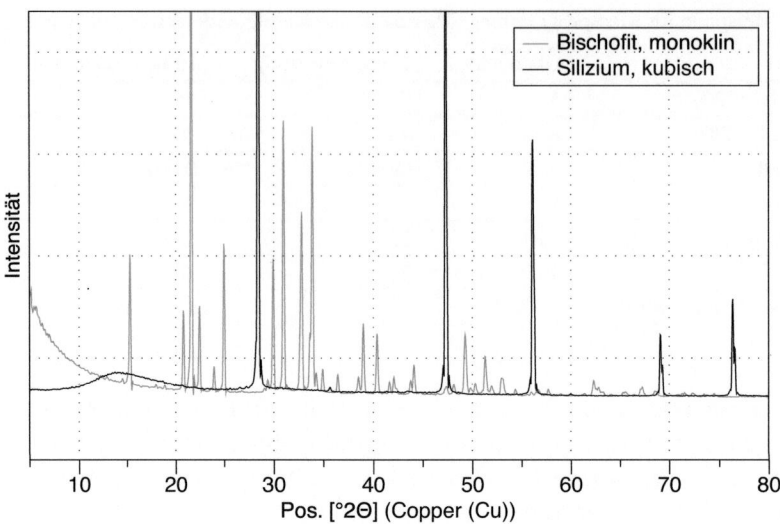

Abb. 7.19 Diffraktogramme mit Phasen verschiedener Symmetrie: Si (kubisch), Bischofit (monoklin)

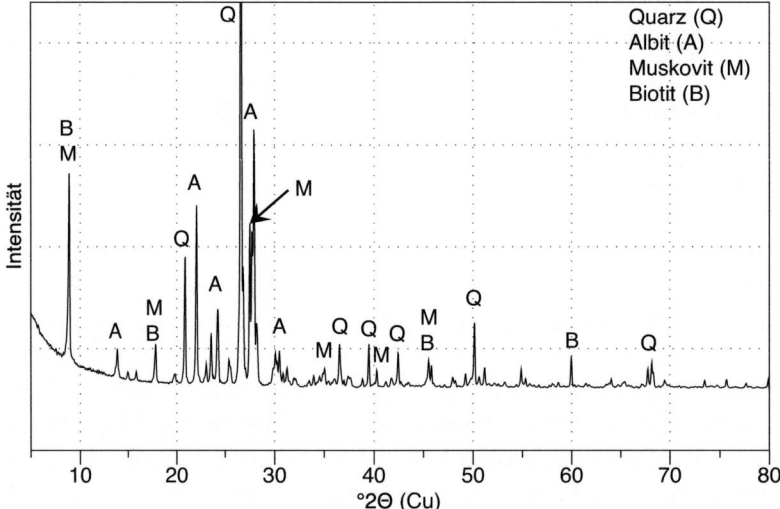

Abb. 7.20 Diffraktogramm eines komplexen Phasengemisches

in dem die Identifizierung der Phasen nur mit umfangreichen Kenntnissen zu Chemismus, Bildungsbedingungen und Herkunft des Materials gelingt (Abb. 7.20).

Divergenzblende umrechnen

Diffraktometer können mit programmierbaren (automatischen) oder aber mit festen Divergenzblenden arbeiten (s. Abb. 7.15). Die Verwendung einer festen Divergenzblende

7.4 Methodenentwicklung und Auswertung

hat den Nachteil, dass der Detektor bei niedrigeren Abnahmewinkeln (°2θ) stark durch Anteile des Primärstrahles belastet wird und die Untergrundzählrate sehr stark ansteigt. Daher werden häufig programmierbare Divergenzblenden verwendet, die den bestrahlten Bereich winkelabhängig eingrenzen können. Diese Technik hat noch den Vorteil einer besseren Intensitätsausbeute bei höheren Abnahmewinkeln (s. o.).

Automatische Divergenzblenden erzeugen auch ein besseres Verhältnis von Intensität zu Untergrund. Es wird bei richtiger Wahl der Parameter verhindert, dass der Probenhalter bestrahlt und damit dessen Elemente zu Fluoreszenz (Fremdreflexe) angeregt und die Intensitäten verringert werden. Mit automatischen Divergenzblenden wird ebenfalls verhindert, dass bei kleinen Winkeln der Primärstrahl auf den Zähler trifft (= Erhöhung des messbaren Winkelbereichs). Direkter Kontakt mit dem Primärstrahl kann den Detektor überlasten und damit zerstören.

Die Blende sollte so justiert werden, dass sie erst bei einem bestimmten Winkel öffnet.

Da das bestrahlte Volumen der Probe bei Verwendung fester Divergenzblenden konstant ist, werden diese für quantitative Auswertungen und Strukturverfeinerungen (s. Rietveld) eingesetzt. Mit programmierbarer Divergenzblende aufgenommene Diffraktogramme werden vor der Quantifizierung auf feste Divergenzblende umgerechnet. Für die exakte Strukturverfeinerung ist dies aber die zweite Wahl (s. Abb. 7.21).

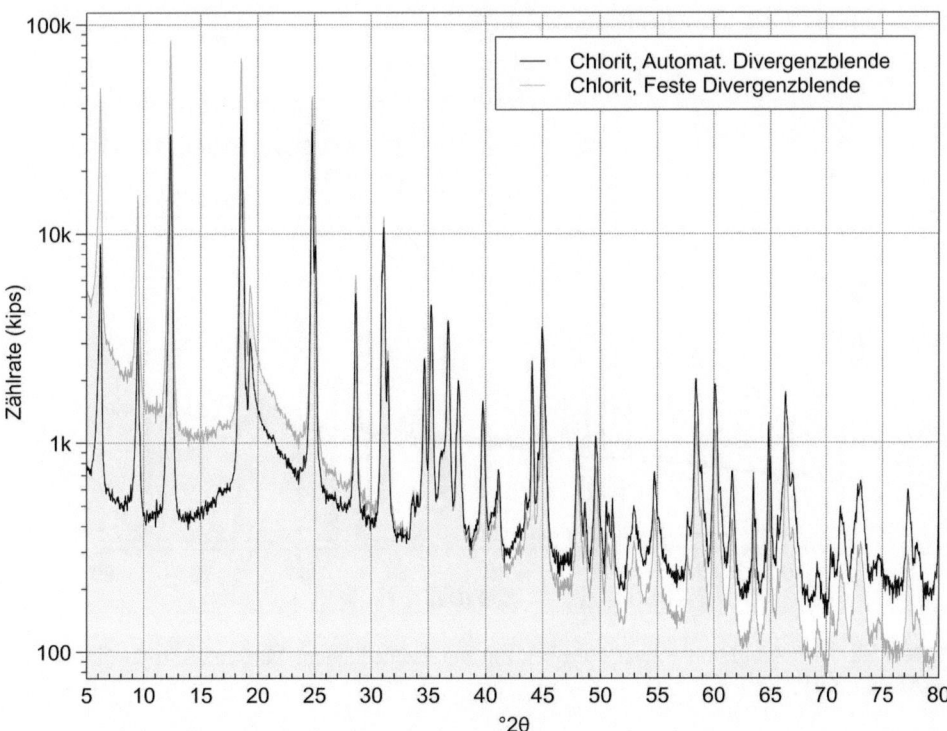

Abb. 7.21 Vergleich feste und automatische Divergenzblende

Ebenfalls zu beachten ist, dass die meisten Referenzkarten der ICDD („International Centre for Diffraction Data", JCPDS) bei festem Divergenzspalt gemessen wurden. So sind z. B. die Intensitäten der mit automatischen Divergenzspalt gemessenen Daten im vorderen und hinteren Bereich geringer als bei den Referenzkarten. Diese Werte müssen dann korrigiert oder rechnerisch angepasst werden.

Untergrundberechnung

Der Detektor eines Diffraktometers registriert auch dann Pulse, wenn kein durch die Kristalle in der Probe direkt gebeugtes Röntgenlicht einfällt. Dieses Rauschen oder der Messuntergrund resultiert zunächst aus Grundrauschen der Detektorelektronik. Darüber hinaus werden die Elemente in der Probe zur Fluoreszenz angeregt (s. Abschn. 5.1.3). Bei der Verwendung einer Cu-Röhre $K\alpha$ absorbieren die Elemente Mn, Fe und Co aufgrund des hohen Massenabsorptionskoeffizienten (MAK) für $CuK\alpha$ die auftreffende Strahlung sehr effektiv (s. Abb. 7.22). Diese Fluoreszenz gelangt von der Probe direkt in den Detektor. Durch diesen Effekt steht der durch Fluoreszenz verbrauchte Anteil der einfallenden Strahlung nicht mehr zur Verfügung. Die Intensität der Beugungspeaks ($\approx$ Empfindlichkeit) ist dementsprechend geringer. Bei Verwendung einer automatischen Divergenzblende (heutzutage meist verwendet), die den bestrahlten Bereich gleichmäßig begrenzt, steigt der von der Fluoreszenz herrührende Untergrund mit steigendem Winkel an (s. Abschn. 7.2.2, „Taschenlampeneffekt").

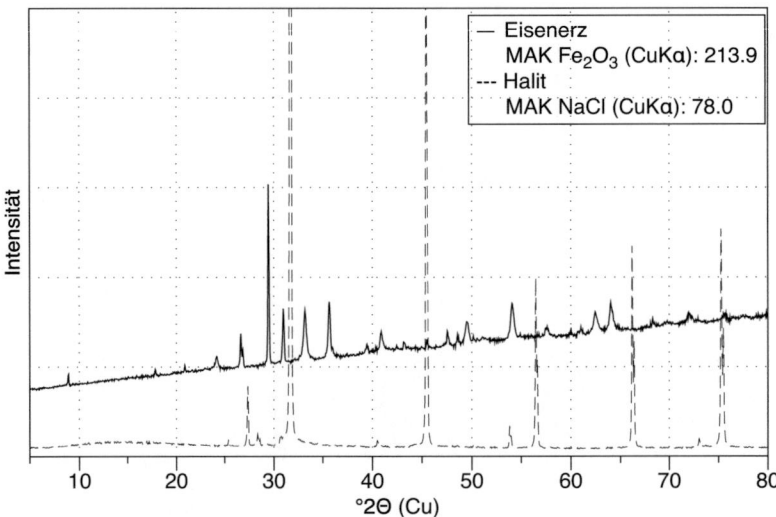

Abb. 7.22 Diffraktogramme zweier Proben mit unterschiedlichem Massenabsorptionskoeffizient (MAK, $CuK\alpha$)

$K\alpha 2$-Abzug („Stripping")

Der $K\alpha 2$-Anteil lässt sich nur schlecht und mit Verlusten bei der $K\alpha 1$-Strahlung direkt vor der Erfassung des Diffraktogramms – beispielsweise mit komplexen Monochromatoren – ausblenden. Die Trennung der beiden Anteile steigt mit der mit zunehmendem Winkel steigenden Auflösung des Diffraktometers. Das $K\alpha 2$-Signal erscheint dann bei etwas höheren Winkeln als $K\alpha 1$. Mit einer Faltungsfunktion kann aus dem $K\alpha 1$-Signal das $K\alpha 2$-Signal rechnerisch entfernt werden werden (z. B. Methode nach Rachinger), da das Intensitätsverhältnis beider Strahlungsanteile konstant ist. Auf der Basis dieser Berechnungen gibt es in den Auswertungsprogrammen entsprechende Profilanpassungsfunktionen. Auftretende Probleme bilden Berechnungsartefakte wie z. B. negative Werte im Diffraktogramm oberhalb des zugehörigen $K\alpha 1$-Peaks (Überkompensation). Bei Reflexgruppen kann sich diese aufschaukeln. Der $K\alpha 2$-Abzug ist bei qualitativen Auswertungen nicht immer erforderlich; vor allem im Winkelbereich unterhalb von 50 °2θ ist bei geringerer Auflösung (z. B. bei Übersichtsaufnahmen) noch kaum eine Trennung zu erkennen. Ohne den Abzug des $K\alpha 2$-Anteils zeigt das Diffraktogramm – vor allem bei höheren Winkeln – aber zusätzliche Signale, die zu Fehlinterpretationen führen können.

Die Wirkung des $K\alpha 2$-Abzugs kann gut am Quarz-Triplett zwischen 67 und 69 °2θ (Cu-Röhre) veranschaulicht werden (s. Abb. 7.23). Ohne den $K\alpha 2$-Abzug zeigt sich ein überlagertes Signal, hervorgerufen durch zwei Diffraktogramme, wobei sich der (hkl)-301-$K\alpha 1$- und der (hkl)-203-$K\alpha 2$-Peak direkt überlagern und daher nur fünf statt sechs

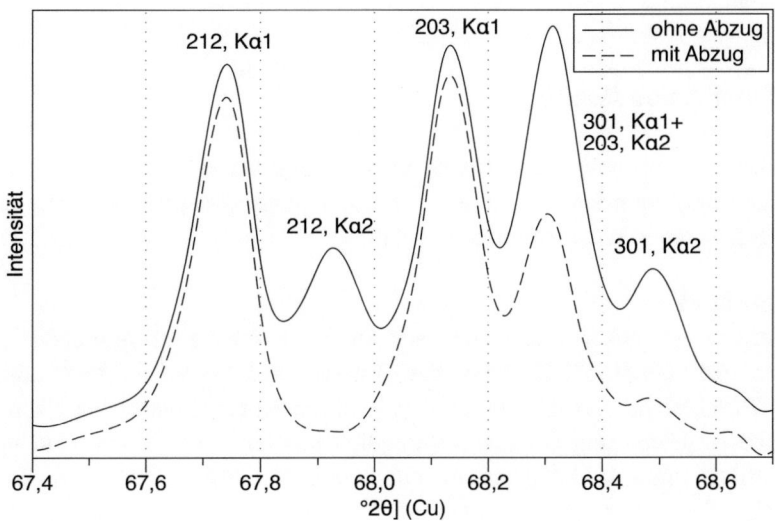

Abb. 7.23 Ausschnitt eines Diffraktogramms mit dem Quarz-Triplett zwischen 67 und 69 °2θ (Cu-Röhre). Durch den Abzug des $K\alpha 2$-Anteil wird aus dem Peak-Quintett ein Triplett mit anderen Peakhöhenverhältnissen

Signale zu sehen sind. Der (hkl)-212-$K\alpha2$-Peak wird vollständig entfernt, während der auf der Flanke liegende (hkl)-301-$K\alpha2$-Peak nur unvollständig eliminiert werden kann. Weiterhin ist ein deutlicher Intensitätsverlust und eine Umkehrung des Peakverhältnisses (hkl)-203/301-$K\alpha1$ zu beobachten.

Höhenfehlerkorrektur

Der Höhenfehler (engl. „Displacement") entsteht, wenn die Probenoberfläche nicht exakt am optischen Fokussierungskreis (siehe Abschn. 7.2) anliegt. Dieser Fehler in der Probenjustierung führt zu einer Verschiebung der Diffraktionspeaks. Bei einem Goniometerradius von 240 mm führt eine Verschiebung der Probenoberfläche um 0,1 mm über die Fokussierungsachse zu einer Peakverschiebung von etwa 0,04 °2θ.

Strahldivergenz

Der von der Röntgenröhre ausgehende Primärstrahl ist divergent. Dabei sind zwei Arten der Divergenz zu beachten – die Winkeldivergenz („Höhendivergenz") und die Axialdivergenz. Die Winkeldivergenz in Bezug auf die Probenoberfläche ist vor allem abhängig von dem Einfallwinkel θ, ändert sich daher während der Messung deutlich („Taschenlampeneffekt), und bestimmt die Strahldichte auf der Probenoberfläche (s. Abb. 7.22). Die Axialdivergenz ist prinzipiell vom Einfallwinkel unabhängig, hat aber Einfluss auf die Beugungswinkel („Bragg-Winkel") und deren Streuung (Halbwertsbreite des Beugungspeaks). Beide Divergenzen sind zu korrigieren, um den bestrahlten Bereich auf die Probenoberfläche einzugrenzen und Peakverbreiterung und -Asymmetrie entgegenzuwirken.

7.4.3 Qualitative Auswertung

Die qualitative Auswertung eines Röntgendiffraktogramms erfolgt durch den Vergleich mit Beugungsmustern bekannter Phasen. Diese Beugungsmuster wurden in Datenbanken zur Auswertung am Rechner zusammengestellt.

PDF-Datenbank

Die wichtigste und bekannteste Datenbank ist das kommerziell vertriebene „Powder Diffraction File" (PDF1/PDF2/PDF4) des „International Centre for Diffraction Data" (ICDD-JCPDS) (siehe z. B. [246]). Es ist die größte Referenzdatenbank für pulverdiffraktometrische Daten und stammt ursprünglich aus einer von Hannawald und Rinn 1936 veröffentlichten Methode zur Identifizierung von Phasengemischen. Es handelt sich um eine Sammlung von d-Werten und den zugehörigen Intensitäten, gemessen an monomineralischen Proben. Die PDF1 enthält nur d-Werte und Intensitäten mit der mineralogischen und chemischen Kennung. Die PDF2 verfügt zusätzlich über Miller'sche

7.4 Methodenentwicklung und Auswertung

Indizes, Zelldaten, optische Daten und Literaturhinweise und enthält mittlerweile mehr als 200.000 Einträge organischer und anorganischer Verbindungen und zusätzlich tausende von experimentellen Datensätzen. Diese sind in mineralische, forensische, explosive, supraleitende oder metallische Untergruppen aufgeteilt. Auch Phasen, die nicht bei Raumtemperatur und/oder Oberflächendruck entstanden sind, können gesondert betrachtet werden.

Die PDF4/4+ ist eine noch erweiterte Datenbank vom ICDD und MPDS („Material Phases Data System") und enthält > 300.000 Datensätze.

Alle Einträge verfügen über eine PDF-Nummer mit dem Aufbau XX-XXX-XXXX. Die beiden ersten Stellen trennen berechnete Muster mit RIR-Werten (s. Abschn. 7.4.4) von den restlichen Einträgen. Alle Einträge mit „01" enthalten einen RIR-Wert, in Einträgen mit „00" ist dieser Wert mit wenigen Ausnahmen nicht enthalten. Darüber hinaus geben Indizes wie „*", „i", „Q", „C" Hinweise auf die Qualität der Messungen. Weitere enthaltene spezifische Daten sind in den Rubriken „Chemische Zusammensetzung", „Kristallographie", „Referenz", „Kristallographie", „Status", „Kommentare", „Literatur" und „d-Werte" zusammengefasst. Die wichtigsten Kategorien sind wie folgt festgelegt:

„*"-Kategorie („Star")
- Gut charakterisierte chemische Zusammensetzung
- Hohe Qualität der gemessenen Intensitäten
- Keine systematischen Fehler
- Eine gute Breite des Diffraktogramms und eine vernünftige Spanne der Intensität
- Die mittlere Abweichung des $\Delta 2\theta$ muss < 0,03° sein

„i"-Kategorie
- Indiziertes Beugungsmuster
- Keine systematischen Fehler
- Eine begründbare Breite des Diffraktogramms und eine vernünftige Spanne der Intensität
- Die mittlere Abweichung des $\Delta 2\theta$ muss < 0,06° sein.

„Q"-Kategorie
- Diese Kategorie beinhaltet zum einen Daten schlechter Qualität, Daten, welche sicher oder wahrscheinlich aus Multiphasengemischen stammen und andererseits Daten, welche nur wenig chemisch charakterisiert sind. Auch Diffraktogramme ohne Zellangaben werden in diese Kategorie eingeordnet. Üblicherweise ist der Grund für die Einordnung auf der Karte angegeben. Für Daten mit Einheitszelle liegt die Anzahl nicht indizierter Reflexe über 3, wobei einer der nicht indizierten Reflexe zu den drei stärksten gehört.

„ "-Kategorie
- Diese Kategorie wird für alle diejenigen Karten vergeben, die nicht in eine der bislang besprochenen Kategorien passt.

„C"-Kategorie („Calculated"')
- Die Reflexe dieser Karten wurden anhand der Strukturparameter der betreffenden Substanz errechnet.

Karten können von der ICDD oder einem der Anwender als gelöscht markiert werden („marked as deleted"). Diese befinden sich weiterhin in der Datenbank.

Die Qualität und Herkunft der Referenzkarten muss genau geprüft und diese eventuell bei der Auswertung ausgeschlossen werden. Viele Karten wurden nur von einer Probe bzw. an einem Gerät aufgenommen. Es genügen nur die „high quality patterns" mit einem Anteil von 15 % an der Gesamtdatenbank der experimentellen Fehlergrenze von $0{,}01–0{,}03° \, 2\theta$.

Weniger kostenintensiv, aber arbeitsaufwendig, ist das Erstellen eigener Karten, was aber für spezielle Anwendungen sogar Vorteile haben kann, da es sich um eine praxisnahe Datenbank mit eigenen Proben mit einem allgemein vergleichbaren Datenformat handelt. Es können „Realproben" mit Multiphasenzusammensetzung für Routinekalibrierungen (matrixabhängige Kalibrierung: Untergrund, Reflexüberlagerung) eingefügt werden. Die Proben entstammen der eigenen Präparation. Die Herstellung der Karten sollte sich an die Qualitätsbestimmungen des ICDD anlehnen. Ein Beispiel für eine ICDD-PDF-Karte findet sich in Abb. 11.1 und Abb. 11.2.

Weitere Datenbanken

Neben der kommerziell erhältlichen PDF-Kartei gibt es weitere Datenbanken. Die Crystallography Open Database ([2], COD, http://www.crystallography.net/) ist eine offene Datenbank, die Strukturen als .cif („Crystallographic Information File") enthält. Diese kann auch in Auswertesoftware für die PRDA verwendet werden. Die gesamte Datenbank kann auch als .zip heruntergeladen werden. Die Mineralogical Society of America und die Mineralogical Association of Canada verwaltet eine Datenbank unter der Adresse http://rruff.geo.arizona.edu/AMS/amcsd.php [62]. Diese bietet umfangreiche Suchfunktionen und enthält Daten als .amc. .cif und .txt. Die wichtigsten Basisreflexe sind auch in Datenbanken wie Webmineral ([16], http://webmineral.com/) enthalten. Alle diese Daten können auch zur Erstellung eigener Karten zur Auswertung von Diffraktogrammen dienen.

Schrittweise Auswertung

Wird ein Programm zur Auswertung benutzt, müssen zunächst Untergrund und Reflexlagen berechnet werden. Bei Bedarf – vor allem wenn höhere Winkel ausgewertet werden müssen – kann ein $K\alpha 2$-Abzug durchgeführt werden. Zum Vergleich der Peakverhältnisse ist die automatische Divergenzblende auf eine feste Divergenzblende umzurechnen. Dies ist erforderlich, da die Aufnahmen in den Karten der PDF-Datenbank mit fester Divergenzblende aufgenommen sind. Ein so aufbereitetes Diffraktogramm wird dann mit den Karten der Datenbank verglichen. Da die Probenträger jedesmal neu im Strahlengang positioniert werden, gibt es eine bestimmte Wahrscheinlichkeit, dass die Probe geringfügig zu tief oder zu hoch in den Strahlengang eingefügt wird. Als Resultat dieser als Höhenfehler bezeichneten Fehljustierung verschieben sich alle Linien des Diffraktogramms. Hilfreich ist in diesem Fall eine eindeutig in der Probe vorhandene Phase. Bei Evaporiten ist dies meist Halit, bei Gesteinen und Bodenmaterial kann häufig Quarz oder Calcit Verwendung finden (nicht alle Gesteine oder Böden enthalten Quarz). Mithilfe der Hauptlinie dieser bekannten Phase und einem geeigneten Muster aus der Datenbank kann das Diffraktogramm auf der Winkelachse manuell korrigiert werden.

Da die Datenbank eine sehr große Anzahl verschiedener Phasen enthält, kann ein einfacher Vergleich ohne Kenntnisse der Probenart (organisch – anorganisch, metallisch, mineralisch usw.) und des Probenchemismus problematisch sein. Weitere Informationen wie Herkunft, Genese oder Oxidationsgrad sind hilfreich:

Mit den in Tab. 7.3 gelisteten Einschränkungen verringert sich die Anzahl der passenden Phasen in einem Diffraktogramm um ein Vielfaches.

7.4.4 Quantitative Auswertung

Quantitative PRDA kann eingesetzt werden, wenn Zusammensetzungen von Phasengemischen sich nicht über die Kombination chemischer Analyse (z. B. RFA) und qualitative PRDA ermitteln lassen oder wenn keine Methode der gesamtchemischen Analytik zur Verfügung steht. Ein Beispiel dafür wäre ein Gemisch aus Quarz/Cristobalit – beides SiO_2. Ein zweites Einsatzgebiet ergibt sich für Phasenmischungen, die mangels einer genügenden Anzahl chemischer Parameter und/oder Ähnlichkeiten in der Zusammensetzung nicht oder nur schwer berechnen lassen. Ein Beispiel dafür ist ein Gemisch aus Halit ($NaCl$), Anhydrit ($CaSO_4$), Kainit ($MgSO_4 \cdot KCl \cdot 3(H_2O)$) und Polyhalit ($K_2Ca_2Mg(SO_4)_4 \cdot 2(H_2O)$).

Peakform, -höhe und -intensität in einem Diffraktogramm hängen neben der Konzentration der Phase von vielen anderen Faktoren ab.

Diffraktogramme können aber unter bestimmten Umständen quantifiziert werden. Eine Methode dazu ist die Rietveldverfeinerung. Darüber hinaus kann auch eine klassische

Tab. 7.3 Ablaufschema zur Auswertung eines Diffraktogramms

Parameter	Wert
Untergruppe	Anorganisch – mineralisch
Elemente	H, C, O, Na, K, Mg, Ca, Cl, SO_4
Qualität	Star (*), Indiziert (i), Berechnet (c)
Genese	Evaporit
Herkunft	Zechstein, K2
Reaktionsbedingungen	Quinäres System [121]

Tab. 7.4 Faktoren, die bei der quantitativen PRDA-Auswertung zu beachten sind

Phasenanteile	MAK, Matrix, Phasen
Mikroabsorption	Abschwächung
Lorentz-/Polarisationsfaktor	Strukturfaktor
Röntgenstrahlung: Intensität, Wellenlänge	Temperaturfaktor
Multiplizitätsfaktor	Atomstreufaktor
Dichte	Untergrund: Spektrale Reinheit, Streuung, Fluoreszenz

Kalibration auf der Basis einer linearen Kalibrationslinie angefertigt werden. Zu Grundlagen der quantitativen Phasenanalyse siehe z. B. [251]. Die PRDA ist, da Kristallinität und Ausrichtung der Mineralkörner eine wichtige Rolle spielen, stark material- bzw. matrixabhängig (s. Tab. 7.4). Passende internationale Referenzmaterialien sind nur schwer zu finden. In diesem Fall sind hauseigene (engl. „In-House") Standards einzusetzen.

Bestimmung von Mischkristallverhältnissen

Über die Winkelposition der Beugungslinie einer geeigneten Netzebene können Mischkristallverhältnisse quantifiziert werden. Voraussetzung dafür ist ein linearer Zusammenhang zwischen Winkelposition und Anteil der Mischkristallphasen. Geeignete Systeme sind Forsterit/Fayalit (Olivin) oder Albit/Anorthit (Plagioklas). Nach [266] und dort enthaltenen Literaturangaben gibt es für das System Olivin verschiedene Ansätze unter der Verwendung der Reflexe d_{130}, d_{602} und d_{174}. Fremdionen verändern diese Linienverschiebungen, sodass diese lineare Beziehung nur für reinen Olivin gilt.

Beispiel Olivin

Nach [294] ergibt sich für die Beziehung zwischen d-Wert und Forsteritanteil im Olivin folgende Beziehung:

$$Forsterit(Mol\%) = 4233,91 - (1494,59 \cdot d_{130}(\text{Å})) \tag{7.5}$$

Der Formel ist zu entnehmen, dass geringste Fehler bei der Bestimmung des d-Wertes erhebliche Auswirkungen auf das Ergebnis haben. Die Winkeldifferenz zwischen 0 und 100 Mol % Forsterit liegt bei $<0,8$ °2θ. Eine Winkeldifferenz von 0,04 °2θ – hervorgerufen durch einen Höhenfehler (siehe Abschn. 7.4.2) von 0,1 mm – bedeutet bereits eine Veränderung des berechneten Forsteritgehaltes um ca. 5 Mol %. Zur Korrektur des Höhenfehlers werden 20 Gew% einer Referenzsubstanz – z. B. CaF_2 – hinzugeben. Mithilfe des Beugungspeaks von CaF_2 bei 3.15 Å ($CuK\alpha$: 28.267 °2θ) ist der Höhenfehler korrigierbar. Für die Messung wird der Bereich 25–55 °2θ ausgewählt. Die Messgenauigkeit sollte unter 0,003 °2θ liegen (s. Abb. 7.24).

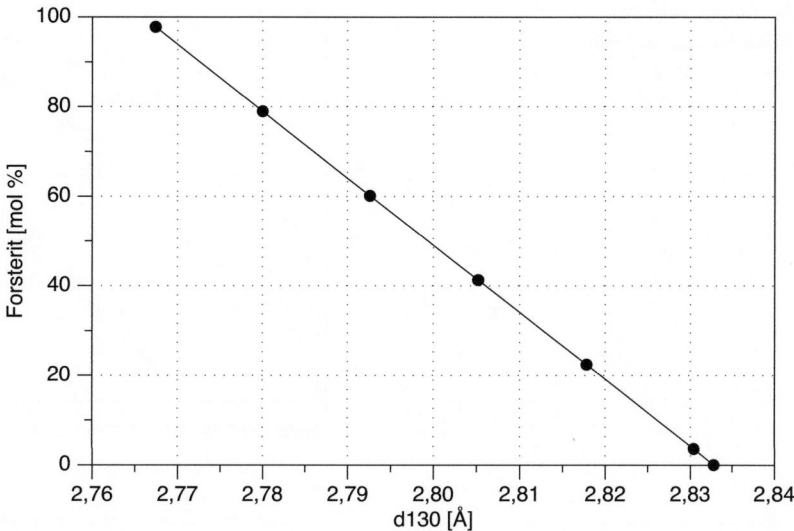

Abb. 7.24 Beziehung zwischen Mol% Forsterit und d_{130}

Bestimmung der *CaCO₃*-Komponente in Dolomit

Nach [130] ergibt sich für die Beziehung zwischen dem Anteil an $CaCO_3$ im Dolomit und der Position des d_{104}-Wertes:

$$CaCO_3(Mol\%) = 333,33 \cdot d_{104}(\text{Å}) - 911,99 \qquad (7.6)$$

Auch bei dieser Berechnung muss der Höhenfehler effektiv eliminiert werden. In diesem Fall bedeutet eine Winkeldifferenz von 0,04 °2θ – hervorgerufen durch einen Höhenfehler (siehe Abschn. 7.4.2) von 0,1 mm – eine Veränderung des berechneten $CaCO_3$-Gehaltes von 1,3 Mol%. Diese Korrektur wird ebenfalls durch Zugabe einer Referenzsubstanz – z. B. CaF_2 – realisiert. Für die Messung wird der Bereich 25–45 °2θ ausgewählt. Die Messgenauigkeit sollte unter 0,003 °2θ liegen.

Bestimmung des Ordnungsgrades in Dolomit

Das Verhältnis der Diffraktionspeaks d_{015} und d_{110} hängt vom Ordnungsgrad des Dolomitgitters ab [9]. für die Durchführung dieser Messung gelten die gleichen Messbedingungen wie für die Bestimmung des $CaCO_3$-Gehaltes im Dolomit. Eine Auftragung des $CaCO_3$-Gehaltes gegen das Verhältnis d_{015}/d_{110} gibt Aufschluss über die Genese der Dolomite.

Einfache lineare Kalibration

Für Phasengemische kann mithilfe von Gemischen eine einfache lineare Kalibration erstellt werden. Dazu muss der Massenabsorptionskoeffizient (MAK) der beiden Phasen möglichst ähnlich sein. Nur dann kann ein überlagerungsfreier Indexpeak verwendet

Abb. 7.25 Zusammenhang Konzentration und Intensität in einer binären Mischung

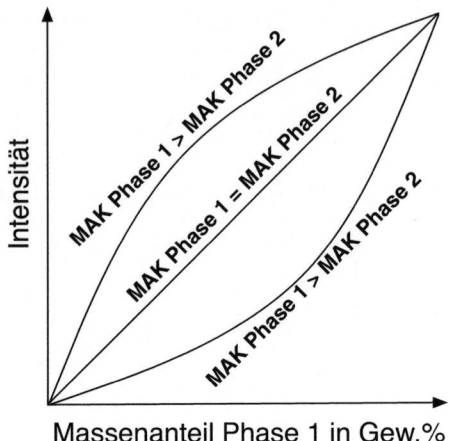

werden, um den Phasenanteil zu bestimmen. Dazu wird die gemessene Peakfläche in der Probe mit der Peakfläche einer Referenzprobe mit 100 % Phasenanteil in Relation gesetzt. Bei abweichenden MAKs ist die Beziehung zwischen Peakfläche oder -höhe und Phasenanteil nicht mehr linear (s. Abb. 7.25).

Beispiele für diese Methode sind Gemische aus Quarz/Cristobalit – beides SiO_2, Calcit/Aragonit – beides $CaCO_3$ und Gips ($CaSO_4$)/Anhydrit ($CaSO_4 \cdot 2H_2O$).

Calcit – Aragonit

Phasen mit unterschiedlichen Kristallgittern, aber gleicher chemischer Zusammensetzung, sind mittels PRDA unterscheidbar. Ist das Absorptionsverhalten der beiden Phasen sehr ähnlich und damit die Matrixeffekte weitgehend vernachlässigbar, kann mit Mischungen der beiden Phasen eine Kalibration erstellt werden. Ein Beispiel sind die $CaCO_3$-Modifikationen Calcit und Aragonit (Gitterparameter aus [16]):

Aragonit: Orthorombisch (2/m 2/m 2/m), a = 4,959, b = 7,968, c = 5,741, d = 2,93 g/cm^3

Calcit: Trigonal (3 2/m), a = 4,989, c = 17,062, d = 2,71 g/cm^3

Zur Erstellung der Kalibration werden Gemische aus Aragonit und Calcit hergestellt (z. B. 20, 40, 60, 80 Gew. % Aragonit) und von den Gemischen Röntgendiffraktogramme aufgenommen. Die Peakflächen ($cts \cdot °2\theta$) als $HWB \cdot PH$ oder Triangulation der Hauptpeaks sind zu ermitteln (Abb. 7.26). In diesem Fall sind dies $d_{111} Aragonit$ und $d_{104} Calcit$. Danach kann der Kalibrationsfaktor (F) folgendermaßen berechnet werden:

$$F = \left[\frac{cts \cdot °2\theta \, Aragonit_{d111}}{cts \cdot °2\theta \, Aragonit_{d111} + cts \cdot °2\theta \, Calcit_{d104}} \right] \cdot 100 \quad (7.7)$$

Bei Auftragung gegen die Konzentration an Aragonit ergibt sich eine Korrelation, die mit verschiedenen Kalibrationsfunktionen beschrieben werden kann (s. Abb. 7.27):

7.4 Methodenentwicklung und Auswertung

Abb. 7.26 Peakflächenberechnung über Halbwertsbreite (HWB) und Peakhöhe (PH) bzw. Triangulation. Bei der Triangulation werden an die Wendepunkte der Peakflanken Tangenten angelegt, die mit Basislinie und Schnittpunkt ein Dreieck bilden, dessen Fläche als Peakfläche angegeben wird

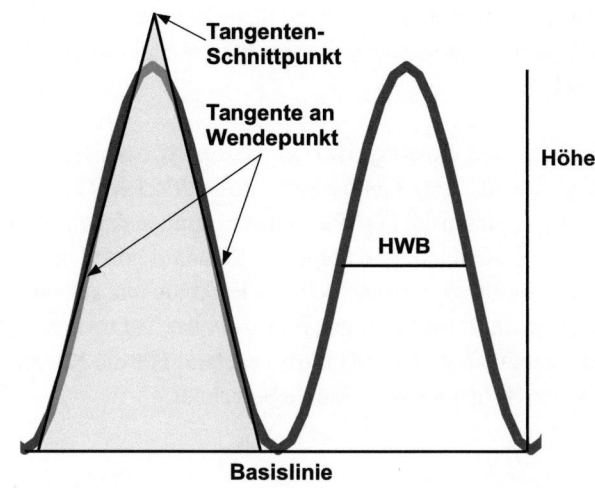

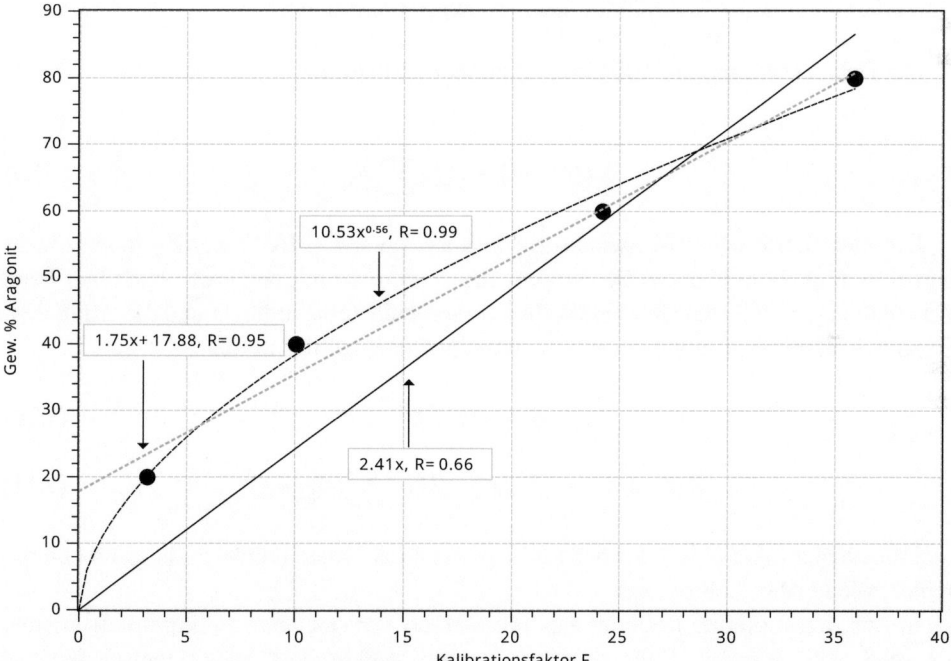

Abb. 7.27 Kalibrationsfunktion zur Berechnung des Aragonitanteils. Es wurden drei verschiedene Funktionen zur Kalibration beispielhaft eingefügt

Die beste Übereinstimmung zeigt eine Funktion des Typs $y = x^n$, die aufgrund der konzentrationsabhängigen Änderung der Empfindlichkeit zur Berechnung von Phasenanteilen oder Konzentrationen unüblich ist. Eine lineare Funktion durch den Ursprung, die sich als Kalibrationsfunktion am besten eignet, erreicht nur eine geringe Übereinstimmung mit den Kalibrationsanalysen. Eine lineare Funktion der Art $y = mx + b$ erreicht eine hohe Übereinstimmung, gilt aber nur für den kalibrierten Bereich, da der Achsenabschnitt sehr hoch ist.

Calcit- und Quarzgehalt in Dolomitgesteinen

Der Calcit- und Quarzgehalt dolomitischer Gesteine kann relativ einfach bestimmt werden, indem die Peakflächen der Hauptpeaks $d_{104} Calcit$, $d_{104} Dolomit$ und $d_{011} Quarz$ bestimmt und auf einen internen Standard normiert werden. Da eine Normierung auf 100 Gew.% erfolgt, bezieht sich das Ergebnis nur auf diese 3 Komponenten. Anteile anderer Phasen (z. B. Fe-Karbonat, Fe-Oxid oder Ti-Oxid) werden nicht berücksichtigt. Es werden wieder 20 Gew.% CaF_2 hinzugegeben. Für die Komponenten Quarz, Calcit und Dolomit werden folgende Verhältnisse berechnet:

$$F_x = \frac{cts \cdot °2\theta X_{d100\%}}{cts \cdot °2\theta Fluorit_{d100\%}} \tag{7.8}$$

Der Gehalt (normiert auf 100 Gew. %) ergibt sich dann zu:

$$X(Gew\%) = F_x / \sum F_x \tag{7.9}$$

Die unterschiedlichen Massenabsorptionskoeffizienten (MAK) werden hierbei nicht berücksichtigt. Daher ist die Genauigkeit dieser Berechnung begrenzt. Auch hier kann zur Erhöhung der Genauigkeit eine Kalibrationsgerade aufgenommen und die ermittelten linearen Kalibrationskoeffizienten in die Berechnung eingefügt werden:

$$K = mx + b \tag{7.10}$$

$$X(Gew\%) = (F_x/K) \cdot (100/ \sum (F_x/K)) \tag{7.11}$$

Problematisch bei dieser Art der Kalibration ist der Kristallinitätsgrad des Probenmaterials, wie in Abb. 7.28 gezeigt:

In Abb. 7.28 sind drei Kalibrationen mit $CaCO_3$ verschiedener Herkunft aufgetragen. Es zeigt sich, dass die Kalibration mit extrem feinkörnigen Mikrit (entstanden aus feinstkristallinem Kalkschlamm) eine andere Empfindlichkeit (Steigung) aufweist als die Kalibrationen mit grobkörnigerem Karbonat.

Lineare Kalibration mit mit Matrixnivellierung

Sind die MAK der zu quantifizierenden Phasen unterschiedlich, kann eine stark absorbierende Substanz – beispielsweise eine Verbindung mit hoher mittlerer Ordnungszahl – zugegeben werden [79]. Damit werden die Matrixeigenschaften der Proben größtenteils

7.4 Methodenentwicklung und Auswertung

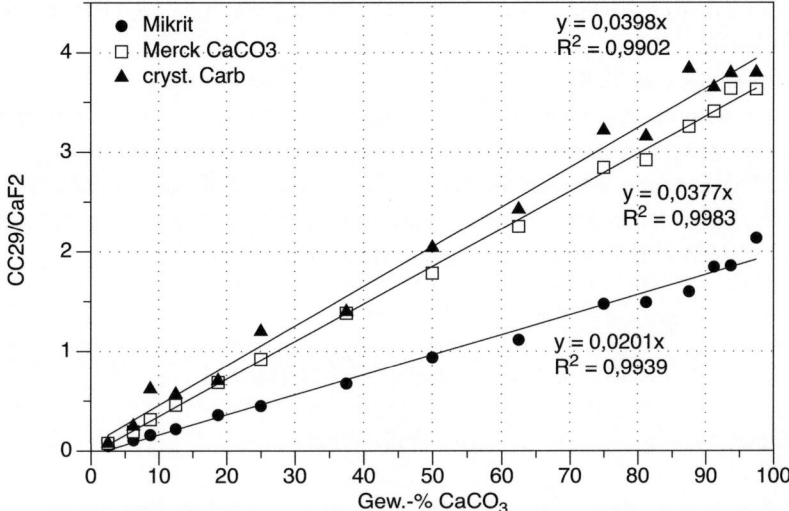

Abb. 7.28 Kalibration verschiedener $CaCO_3$- Varianten nach Normierung auf CaF_2. (Mit freundlicher Erlaubnis zur Verfügung gestellt von Dr. Jürgen Köster, Univ. Oldenburg)

durch die zugegebene Verbindung bestimmt, sodass die Unterschiede im MAK der zu analysierenden Phasen vergleichsweise gering sind und weitgehend eliminiert werden. Die Substanz sollte wenige Beugungsreflexe erzeugen und keine Linienüberlagerungen verursachen. Der Nachteil dieser Methode sind geringere Intensitäten der Phasen in der Probe durch Verdünnung und ein damit verbundener höherer Zählfehler bei gleicher Messdauer. Nebenkomponenten sind eventuell nicht mehr nachweisbar.

Referenzintensitäten „Reference Intensity Ratio, RIR"

Die Methode der Referenzintensitäten basiert auf Beugungsmustern, denen eine Referenzsubstanz wie Al_2O_3 zugemischt wird. Alle Einflussfaktoren außer der Konzentration der zu bestimmende Phase und des internen Standards sind gleichzusetzen. Damit kann der Phasenanteil über Peakflächenverhältnisse zwischen den Hauptlinien abgeschätzt bzw. halbquantitativ bestimmt werden. Der RIR-Wert kann experimentell ermittelt werden, indem 50 Gew.% Korund oder einer anderen geeigneten Phase zugemischt wird. Bei der Verwendung von Korund bestimmt sich dieser wie folgt:

$$RIR = I_{Phase}/I_{Korund} \qquad (7.12)$$

I: Intensität

Dieses Verhältnis kann auch berechnet werden, wenn die kristallographischen Parameter der analysierten Phasen und die von Korund bekannt sind. In der PDF-2-Kartei des ICDD sind solche berechneten Datenbankeinträge („Karten") am Anfang mit „01" ausgezeichnet (Dies gilt nicht für alle Karten!). In der Karte ist unter der Rubrik „RIR" ein Eintrag zu finden.

Die Grundlage zur Entwicklung der RIR-Berechnung liefert [54]. Danach ist das Ergebnis der Summe aller Gewichtsfraktionen = 1 (bzw. 100%) wenn alle Phasen eines Mehrphasengemisches bekannt und für alle diese Phasen die RIR-Werte vorliegen.

Sind in Phasengemischen die RIR-Werte bekannt, können die gemessenen Intensitäten (Peakflächen) über den internen Standard verglichen werden. Für ein Mehrphasengemisch kann das folgende Gleichungssystem nach [54] abgeleitet werden:

$$C_P = \frac{I_{(hkl)P}}{RIR_P I^{rel}_{(hkl)P}} \left[\frac{1}{\sum_{i=1}^{Phasen}(I_{(hkl)'I}/RIR_i I^{rel}_{(hkl)'i})} \right] \cdot 100(\%) \qquad (7.13)$$

C_P: Gewichtsanteil Phase P, $I_{(hkl)}$: Peakzählrate, $RIR_P I^{rel}_{(hkl)P}$: RIR der relativen Intensität

Exakt funktioniert diese Methode nur, wenn alle Parameter (Kristallinität u. a.) der gemessenen Phasen mit denen der für die Berechnung verwendeten Phasen aus der Datenbank übereinstimmen. Dies ist bei vielen natürlichen Materialien nicht gegeben. Gesteine enthalten häufig Mischkristalle, deren Peaklagen und -verhältnisse von dem zugeordneten Muster aus der Datenbank abweichen. Eine Möglichkeit ist dann die experimentelle Bestimmung eigener RIR-Werte.

Evaporite enthalten Minerale wie Anhydrit, Halit, Sylvin, Carnallit, Kieserit, Kainit und Bischofit. Die chemische Zusammensetzung der Verbindungen und damit die Peaklagen und -verhältnisse sind weitgehend konstant (s. Abb. 7.29). Damit lässt sich hier die RIR-Methode auch auf komplexe Mischungen anwenden (s. Tab. 7.5). Für die Anpassung der Höhe des für die Quantifizierung verwendeten Musters der Datenbank sind möglichst überlagerungsfreie Peaks zu verwenden.

Die Genauigkeit der Methode liegt abhängig von der Komplexität des Diffraktogramms bei 2–5 Gew% absolut (Halit in Tab. 7.5: 36 ± 2); bei sehr gut kristallinen Probe auch darunter.

Das Röntgendiffraktogramm zeigt immer nur den Gehalt an kristallinen Phasen in Form eindeutiger Peaks. Amorphe Phasen zeichnen sich durch eine mehr oder weniger schlechte Fernordnung aus. Dies führt zur einer Verbreiterung der Peaks bis nur noch ein Buckel oder ein erhöhtes Untergrundsignal verbleibt. Hat ein Material hohe Anteile an Glas (z. B. in der Matrix), bilden die im Diffraktogramm erkennbaren Peaks nur einen kleinen Teil der Phasenzusammensetzung ab. Dies kann die Quantifizierung erschweren. Als Beispiel ist in Abb. 7.30 die Auswertung für Porzellanjaspis (gefritteter Tonstein) dargestellt. Alle mit PRDA identifizierten Phasen sind kaliumfrei. Darüber hinaus sieht man im Bereich von 15–35 °2θ eine buckelförmige Erhöhung des Untergrunds. Beides ist ein eindeutiges Indiz dafür, dass eine amorphe – wahrscheinlich glasige – Phase oder Matrix vorhanden ist, die mit PRDA nur schlecht abzubilden ist.

7.4 Methodenentwicklung und Auswertung

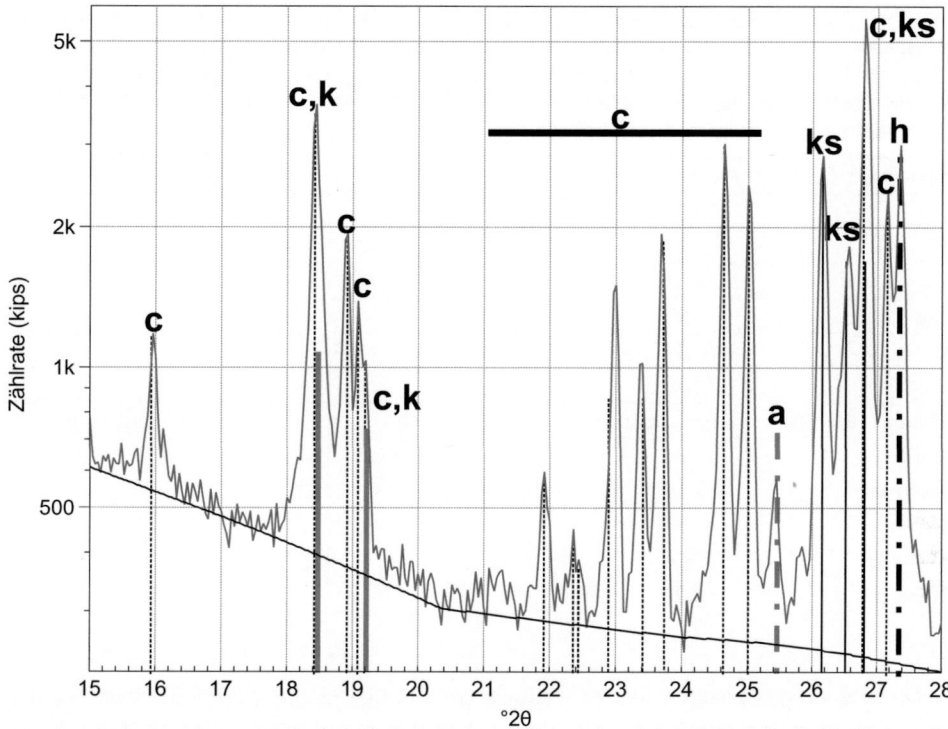

Abb. 7.29 Ausschnitt des Diffraktogramms aus dem Beispiel eines Evaporitgesteins in Tab. 7.5. *c* Carnallit, *k* Kainit, *ks* Kieserit, *h* Halit, *a* Anhydrit. Nur die wichtigsten Linien gezeigt. Für die Berechnung des Phasenbestandes wird die Höhe der Linienmuster den gemessenen Peakhöhen angepasst

Rietveldverfeinerung

Diese von Hugo Rietveld entwickelte Rechenmethode diente ursprünglich zur Kristallstrukturanalyse von Phasengemischen unter Verwendung von Neutronenstrahlung. Nach Weiterentwicklung durch [7, 19, 20, 104, 283] wird das Verfahren mittlerweile zur rechnergestützten quantitativen Berechnung von mit Röntgenstrahlung aufgenommenen Pulverdiffraktogrammen verwendet. Es werden errechnete Diffraktogramme (Intensitäten, *d*-Werte, Braggwinkel) an die gemessenen angeglichen. Das Verfahren arbeitet standardlos – der qualitative Mineralbestand muss aber vorher bekannt sein. Das Diffraktogramm muss alle zur Auswertung erforderlichen Linien enthalten, d. h., möglichst alle Reflexe müssen erfasst werden (Whole-Powder-Pattern-Structure-Refinement-Methode, WPPSR, [7]). Typische Parameter für die Messung sind: 0,01° bei 1 s Messzeit pro Winkelschritt D °2θ (abhängig von den Vorgaben im Berechnungsprogramm). Von allen in der Probe vorhandenen Phasen müssen die Kristallstrukturdaten (Raumgruppen, Laue-Indizes) vorliegen. Die Quantifizierung der auszuwertenden (nicht unbedingt aller) Phasen wird anhand von Skalierungsfaktoren durchgeführt. Die Strukturparameter, Untergrundkoeffizienten und Profilparameter werden über eine Methode der kleinsten Fehlerquadrate angepasst.

Tab. 7.5 Vergleich der Ergebnisse aus stöchiometrischer Berechnung mittels des durch PRDA ermittelten qualitativen Phasenbestands und der chemischen Analyse (IC) und der Berechnung mittels der RIR-Werte direkt aus dem Diffraktogramm am Beispiel eines Evaporitgesteins. Beispiel für die stöchiometrische Berechnung für NaCl: $NaCl(Gew\%) = Gew\%NaCl \cdot ((MNa + MCl)/MNa) = 14,5 \cdot ((22,989 + 35,4527)/22,989) = 36,86$, Voraussetzung: Na nur im NaCl

Elemente (IC, Gew.%)			
Na	14,5		
K	6,4		
Ca	0,34		
Mg	6,96		
Cl	38,39		
SO4	14,60		
Phasen (Gew.%)	berechnet aus IC	Aus RIR	Relative Abweichung (%)
Halit	36,86	36	−2,39
Anhydrit	1,14	< 2	n.a.
Kainit	4,87	5	2,6
Carnallit	40,06	41	2,29
Kieserit	16,97	16	−6,06

Die Grundlagen basieren auf der Methode von Chung [53–55]. Statt RIR-Werte werden absolute Intensitäten verwendet (Anpassung aller Messwerte an eine absolute Skalierung).

In vereinfachter Version werden empirische Werte aus einer Datenbank verwendet (PDF oder eigene Daten). Es sind dann keine kristallographischen Kenntnisse erforderlich. Überlagerungen von Reflexen werden dabei aber nicht berücksichtigt. Für komplexe Proben (z. B. geowissenschaftlich) ist diese Methode nur bedingt geeignet.

Probleme treten dann auf, wenn die Kristallsymmetrie der Phasen niedrig ist, und sehr viele Linien bei der Auswertung berücksichtigt werden müssen. Ein Beispiel sind monokline oder trikline Evaporitphasen wie Bischofit, Kainit, Polyhalit oder trikline Silikate wie Mikroklin. Darüber hinaus sollten die Kristallphasen keine Vorzugsorientierung oder andere Abweichungen zeigen, die zur Veränderungen der Peakverhältnisse führen. Idealerweise besteht ein Präparat also aus isometrischen Kristalliten kubischer Phasen, die wenige Linien zeigen (z. B. Gemische aus NaCl, KCl).

Anhydrit, beispielsweise, zeigt in Evaporitgesteinen nach Präparation als Backloading-Präparat häufig eine Überhöhung des Hauptpeaks bei 3,503 Å (25,406 °2θ). Dies führt zu einer Überbestimmung dieser Phase vor allem in komplexen Gemischen. Daher liefert die Kombination aus PRDA und gesamtchemischer Analyse (z. B. RFA, IC) bei Phasen, die keine Mischkristalle bilden, im Allgemeinen genauere Ergebnisse. In Evaporitgesteinen häufig vorhandene Kombinationen aus Kieserit, Kainit, Carnallit (Sylvin) und Anhydrit zeigen beispielsweise sehr komplexe Diffraktogramme, bei denen viele Peaküberlagerungen auftreten. Dies erschwert die Rietveldberechnung. Das Gleiche gilt aber auch für Granit oder Basalt mit Phasen niedriger Symmetrie (Feldspäte).

7.4 Methodenentwicklung und Auswertung

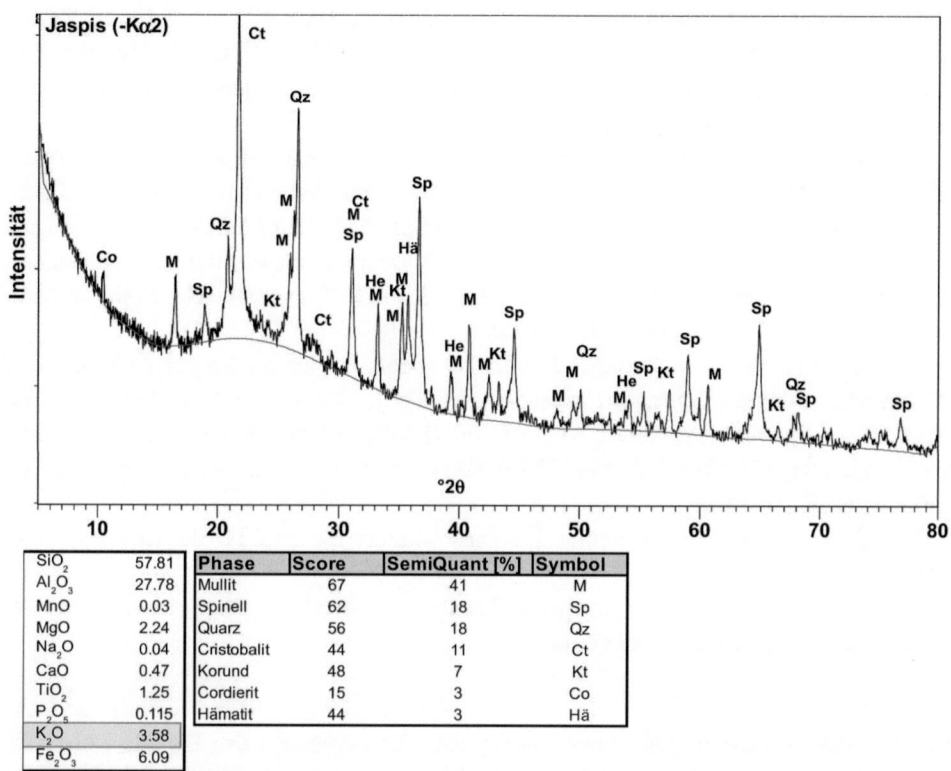

Abb. 7.30 Röntgendiffraktogramm und Chemismus von Porzellanjaspis. Die Ergebnisse der semiquantitativen Berechnung mit RIR-Werten bezieht sich nur auf den kristallinen Anteil

Zur Rietveldanalyse stehen unterschiedliche Programme zur Verfügung. Zwei frei erhältliche Programme werden exemplarisch vorgestellt. Dies soll aber keine Präferenz darstellen. Es handelt sich um Programme, in die sich der Author eingearbeitet hat. Andere Programme liefern vergleichbare Ergebnisse.

Datenbanken

Für die Verfeinerung ein Struktur wird normalerweise ein Ausgangsmuster (Referenz) verwendet. Zur Zusammenfassung aller benötigten Informationen eines solchen Musters gibt ein einheitliches Dateiformat, das „Crystal Information File". Diese Informationen sind in kommerziellen oder Open-Source-Datenbanken enthalten. Eine sehr bekannte Open-Source-Datenbank ist die COD (engl. „Crystallography Open Database", https://www.crystallography.net/cod/), die auf ihrer Seite auch Compilations für die Auswerteprogramme namhafter Hersteller zur Verfügung stellt. Eine Online-Suchmaske ermöglicht die Angabe von 8 Elementen oder chemischer Formeln in der Hill-Notation (für anorganische, kohlenstofffreie Verbindungen eine alphabetische Auflistung aller Elemente der

Verbindung mit tiefgestellten stöchiometrischen Zahlen). Die COD liefert für Li, Zr, Ta, La, O (Festkörperelektrolyt Lithiumlanthan-Zirkoniumoxid, LLZTO) 20 Einträge. Die dort gelisteten Patterns können als Datenbankfile heruntergeladen und verschiedenen Auswerteprogrammen verwendet werden.

Die American Mineralogist Crystal Structure Database (AMCSD, http://rruff.geo.arizona.edu/AMS/amcsd.php) ist ebenfalls eine frei zugängliche Datenbank, deren Daten als CIF heruntergeladen werden können. Die AMCSD liefert für LLZTO keine Einträge.

Die Datenbank „Materials Project" ist nach einer Anmeldung ebenfalls frei zugänglich und enthält berechnete Daten für 144.595 (vom 23.06.2022) anorganische Komponenten. Diese können als CIF heruntergeladen werden.

Springer unterhält mit „Springer Materials" ebenfalls eine umfangreiche Datenbank für Materialstrukturen. Springer Materials liefert für Li, Zr, Ta, La, O 17 Einträge (vom 22.06.2022). Für Spinelle der Li, Mg, Al und O solid solution liefert diese Datenbank als einzige einige Treffer (17, vom 22.06.2022). Auch hier können alle Daten als CIF heruntergeladen werden.

Die „Inorganic Crystal Structure Database" liefert für LLZTO 32 Einträge (vom 23.06.2022).

Alle Datenbanken enthalten eine große Anzahl an Mustern von Standardmineralen wie Silikate, Carbonate, Sulfide und Oxide.

FullProf

Das folgende Vorgehen stellt einen Ansatz dar, der normalerweise für alle Pulverdiffraktionsmessungen funktioniert. Es besteht kein Anspruch auf Vollständigkeit, da das Programm umfangreiche kristallographische Parametereingaben enthält.

Das Programm ist sehr modular aufgebaut, ermöglicht aber auch sehr unterschiedliche Auswertungen der gemessenen Diffraktogramme. Soll diese Auswertung zu einer Quantifizierung der Probe führen, wird neben dem Diffraktogramm noch für jede enthaltene Phase eine .cif-Datei (engl. „Crystal Information File") benötigt. Eine gute Quelle für diese Dateien ist die COD. Aus dem gemessenen Diffraktogramm wird optimalerweise zunächst der $K\alpha2$-Strahlungsanteil entfernt und der Höhenfehler berechnet. Diese Messung wird als neue Messung gespeichert.

Zur Verfeinerung eines Mehrphasengemisches wird optimalerweise erst eine Hauptphase ausgewählt. In die Verfeinerung dieser Phase können dann die Verfeinerungen der anderen Phasen eingefügt werden. Das Verfahren startet mit „ED-PCR" und dem Laden des .cif. Aus dieser Datei werden alle für den Start der Verfeinerung benötigten kristallographischen Daten geladen. Das Diffraktogramm muss jetzt den gleichen Dateinamen wie das .cif erhalten. In der Diffraktogrammdatei dürfen sich nur die Winkelpositionen und die Zählraten befinden, die Datei muss die Endung .dat erhalten. In „General" wird nun das Refinement einer Pulverdiffraktometrie ausgewählt. Im nächsten Modul „Patterns" wird unter „Data file/Peak shape" das Format (z. B. X,Y Data), die Art der Verfeinerung „X-Ray", die Wellenlänge (z. B. Co, wenn K-Alpha2 entfernt wurde, können λ_2 und I_2/I_1 auf null gesetzt werden) und die Art der Kurvenberechnung (z. B. „Pseudo-Voigt") sowie der Messbereich („Theta Min/Max") und die Step Size (aus der Messung) angegeben.

7.4 Methodenentwicklung und Auswertung

Als Nächstes wird die Art der Untergrundberechnung angegeben (z. B. „Chebychev"). Unter „Geometry/IRF" und „Corrections" wird „Bragg-Brentano" und „Rietveld-Toraya" ausgewählt. Im nächsten Modul („Phases") wird die Art der Berechnung (z. B. „Structural Model (Rietveld Method)") und unter „Contribution to patterns „X-Ray" und Kurvenform (z. B. „Pseudo-Voigt") angegeben. Unter „Output" kann dann noch ein neues .cif erzeugt werden. Die weiteren Einstellungen sind schon vorgewählt (Ausgabe über „Winplotr").

Damit kann die Verfeinerung starten. Nach jeder erfolgreichen Verfeinerungsberechnung muss das Ergebnis gespeichert werden (Diskettensymbol).

Das Modul „Refinement" wird geöffnet. Dort werden die Iterationszyklen auf „40" gesetzt. Unter „Background" wird zunächst „Refine All" aktiviert und dann kann der erste Untergrundwert der Messung eingetragen werden. Das Fenster wird mit „OK" und „Refinement" mit „OK" geschlossen und die Verfeinerung über das Diffraktogrammsymbol gestartet. Es öffnet sich das Darstellungsfenster und der Untergrund wird berechnet. Ist dies nicht erfolgreich, muss dieser Vorgang im Modul „Refinement" wiederholt werden. Als Nächstes wird im Modul „Instrumental" der Nullpunkt des Detektors („Zero") und im Modul „Profile" der Skalierungsfaktor („Scale") gemeinsam verfeinert. Das Displacement bleibt bei „0" (da schon berechnet). Diese Berechnung skaliert das berechnete Profil auf die Messung. Als Nächstes werden die Halbwertsbreiteparameter für die Kurvenform verfeinert: U = 0,01, V = −0,01, W = 0,01, dann zunächst W verfeinern, danach U und V und dann alle drei Parameter. Danach können die Koeffizienten a, b, c verfeinert werden. Die Winkel alpha, beta und gamma sollten nur in Abhängigkeit des Kristallsystems verfeinert werden: im kubischen System beispielsweise sind alle Winkel auf 90° festgelegt, im triklinen System dagegen sind alle Winkel verfeinerbar. Als Letztes können die Formparameter „Eta_0" und „X" sowie der Gesamtfaktor „B" für den thermischen Faktor der Streuung („Debye-Waller-Faktor") verfeinert werden. Unter „Atoms" können dann die Atompositionen X, Y, Z verfeinert werden. Der Startwert für den Faktor „B" für die einzelnen Atome wird für leichte Elemente auf 0,2 und für schwerere Atome auf 0,3 gesetzt. Allerdings muss dann zuvor unter „Therm Fact." „Isotropic" (Isotropische Temperaturverteilung) gesetzt werden. Die Belegung der einzelnen Positionen mit den Atomen „Occ" (= engl. „Occupancy") kann weiterhin verfeinert werden.

Alle diese Berechnungsabläufe sind iterativ, d. h. können in beliebiger Reihenfolge wiederholt werden. Im WinPlotr werden immer jeweils die Anzahl der Iterationen („Cycle") und die Qualität der Anpassung („Chi2") angezeigt. Für die Hauptphase kann der Wert für Chi2 unter 30 liegen und für die vollständige Verfeinerung aller Phasen unter 10. Für Einzelphasen ist ein Chi2-Wert von < 5 erreichbar.

Für die weiteren Phasen des Phasengemischens müssen die Verfeinerung in gleicher Weise durchgeführt werden.

Für die Verfeinerung des gesamten Phasengemisches müssen jetzt die weiteren Phasen in die Berechnung der Hauptphase eingefügt und mit dieser zusammen verfeinert werden. Dies ist nicht direkt in dem Programm möglich. Um weitere Phasen in die Berechnung der Hauptphase einzufügen muss zunächst die .pcr-Datei, die automatisch im Arbeitsordner angelegt wird, in einem Editor geöffnet werden. Danach wird die .pcr-Datei der einzufügenden Phase geöffnet. In der Datei der Hauptphase wird in Zeile 5 der Parameter

(Nph, Zeile 4) um eins hochgesetzt. Danach wird der Datenblock „Data for PHASE number" aus der Datei der einzufügenden Phase kopiert und unterhalb des gleichen Datenblocks in der Datei der Hauptphase eingefügt. Danach kann die .pcr-Datei der Hauptphase wieder in FullProf geöffnet werden. Unter „Refinement" sind jetzt zwei Phasen angelegt. Jetzt kann das Refinement für die beiden Phasen durchgeführt werden. Der Chi2-Wert sollte sich dabei verbessern. Für die nächsten Phasen wird in gleicher Weise verfahren. Sind alle Phase eingefügt, kann unter Verwendung der einzelnen Parameter eine Verbesserung der Verfeinerung versucht werden. Ist keine weitere Verringerung des Chi2-Wertes erreichbar, ist die Verfeinerung des Phasengemisches abgeschlossen. In der automatisch angelegten Datei .sum befinden sich die finalen Daten der Verfeinerung. Unter „BRAGG R-Factors and weight fractions for Pattern" ist die berechnete Quantifizierung aller eingefügten Phasen, angegeben als Gew.% ablesbar.

Profex

Profex verwendet für die Berechnung der Rietveld-Verfeinerung den Kern BGMN (http://www.bgmn.de), welcher dem Fundamentalparameteransatz folgt, um den Einfluss des Messinstruments auf die Form der Reflexe zu modellieren. Vor Beginn der Verfeinerung muss deshalb eine zu den verwendeten Geräteeinstellung passende Konfigurationsdatei erstellt werden. Dazu beinhaltet Profex eine Sammlung von bestehenden Gerätekonfigurationen sowie einen grafischen Editor um die mitgelieferten Konfigurationen auf die eigenen Geräteeinstellung anzupassen.

Die Kontrolle der verfeinerten Parameter erfolgt über Textdateien. Dieser zunächst auf Einsteiger etwas anspruchsvoll wirkende Ansatz lässt sich jedoch dank zahlreicher unterstützender Funktionen nach einer kurzen Einarbeitungszeit effizient bedienen. Zudem bietet die integrierte Kontexthilfe eine ausführliche Erklärung zu der Struktur der Dateien und der darin verwendeten Parameter. Die in BGMN integrierte Skriptsprache erlaubt das Erstellen komplexer Strukturmuster, zum Beispiel um Wechsellagerungen in Tonmineralien zu modellieren [270]. Einmal erstellte Verfeinerungsprojekte können als Vorlage abgespeichert und anschließend auf weitere Messdateien angewendet werden. Dies erlaubt unter anderem sehr effiziente Stapelverarbeitungen einer größeren Anzahl Messdateien.

Profex ist als quelloffenes Programm frei auf den Plattformen Windows, MacOS und Linux verfügbar und kann ohne Einschränkungen akademisch und kommerziell eingesetzt werden.

Auch dieses Programm ist sehr umfangreich und kann daher hier nicht mit allen Features beschrieben werden. Das Programm verfügt über eine integrierte Arbeitsoberfläche und ermöglicht eine Implementierung der COD-Datenbank. Diese kann in der aktuellen Version von der Seite https://www.profex-xrd.org/ heruntergeladen werden. In das Programm sind viele gängige Messdaten namhafter Hersteller einlesbar. Mithilfe einer Auswahlmaske („Restrictions") können auf Basis chemischer Zusammensetzungen geeignete Muster aus der Datenbank eingelesen werden. Zusätzlich können Muster auch manuell (z. B. aus der COD-Datenbank) eingefügt und sind dann in einem eigenen Ordner gespeichert zu finden. Nach der Indizierung („Tools" → „Index Reference

Structures") stehen die Muster dann für die Auswahl zur Verfügung. Zur Ausführung der Verfeinerung können die geeigneten Phasen über das ±-Symbol eingefügt werden. Die Verfeinerung wird über „Run" → „Run Refinement" gestartet. Nach Beendigung der Berechnung wird das Ergebnis im Fenster „Refined Parameters" angezeigt. Neben den statistischen Parametern, welche die Qualität der Verfeinerung anzeigen, werden die auf der Basis des ausgewählten Datenbank-Patterns berechneten Gitterparameter und eine neue stöchiometrische Zusammensetzung angezeigt. Wurde ein Multiphasengemisch verfeinert, ist dort auch der quantitative Phasenbestand dargestellt. Die verfeinerten Phasen können dann zur weiteren Bearbeitung unter anderem als .cif-Datei abgespeichert werden.

7.5 Spezialverfahren

7.5.1 Tonmineralanalyse

Eine besondere Rolle spielt die PRDA bei der Analyse von Schichtsilikaten und Tonmineralen, da vor allem die Tonminerale aufgrund ihrer Feinkörnigkeit im Bereich < 2 µm sowohl mit optischer Mikroskopie wie auch mit einfachen elektronenoptischen Verfahren nur schwer oder gar nicht zu untersuchen sind. Aufwendigere Verfahren wie Transmissionselektronenmikroskopie (TEM) stehen häufig nicht zur Verfügung. Aufgrund ihres schichtartigen Aufbaus stellen Tonminerale und Schichtsilikate aber auch besondere Anforderungen an die Strukturaufklärung und Identifizierung mittels Pulver-Röntgendiffraktometrie. Eine umfangreiche Bearbeitung dieses Themas liefern [185] und [27]. Unter ([211]: Webseite zuletzt besucht 08.2024) ist in der Rubrik „Clay Mineral Identification Flow Diagram" sowohl eine interaktive wie auch eine zusammengefasste Identifikationstabelle zur Bestimmung von Tonmineralen veröffentlicht. Zu Klassifizierung und strukturellem Aufbau der Tonminerale sei weiterhin auf einschlägige Literatur verwiesen.

Bei der normalen Präparation als Streu- oder Backloading-Präparat sind Textureffekte unvermeidlich, sodass im Diffraktogramm wichtige Reflexe fehlen, andere wiederum überproportional stark hervortreten. Im Gegensatz zu Phasen wie Halit, Calcit oder Quarz, die häufig scharfe Beugungspeaks zeigen, erzeugen Tonminerale mehr oder weniger breite Reflexe, abhängig von der Dicke der Schichtpakete. Häufig überlagern sich die Peaks, sodass ohne vorherige Präparation keine Unterscheidung möglich ist. Enthält das Diffraktogramm breite Linien > 0,2–0,3 °2θ von verschiedener Ausdehnung, ist dies ein Indiz für das Vorhandensein verschiedener Tonminerale [185]. Des Weiteren erscheinen die 001-Peaks (s. Abb. 7.31: 001, 002, 003) in immer dem gleichen Winkelabstand.

Der 060-Peak ermöglicht eine Unterscheidung zwischen dioktaedrischen und trioktaedrischen Schichtsilikaten [185]. Abb. 7.32 zeigt eine Auswahl von 060-Peaks verschiedener Tonminerale. Zu beachten ist der Quarz-211-Peak bei 59,9 °2θ.

Tonminerale können auch in Wechsellagerung auftreten. Es bilden sich beispielsweise mehr oder weniger regelmäßige Wechsellagerungen von Illit/Smectit, Chlorit/Vermiculit

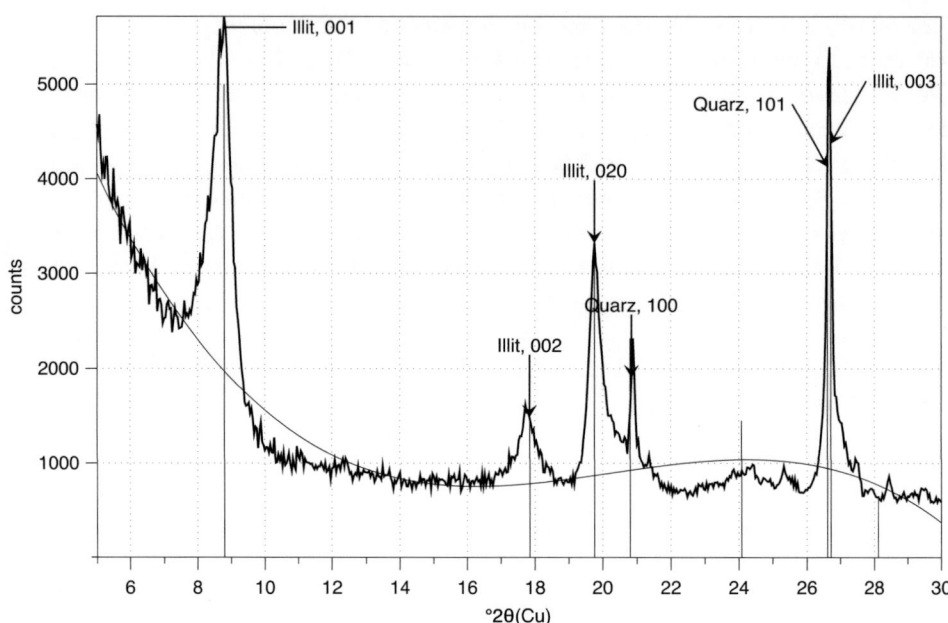

Abb. 7.31 Röntgendiffraktogramm von Illit mit Quarz (IMt-1, CMS)

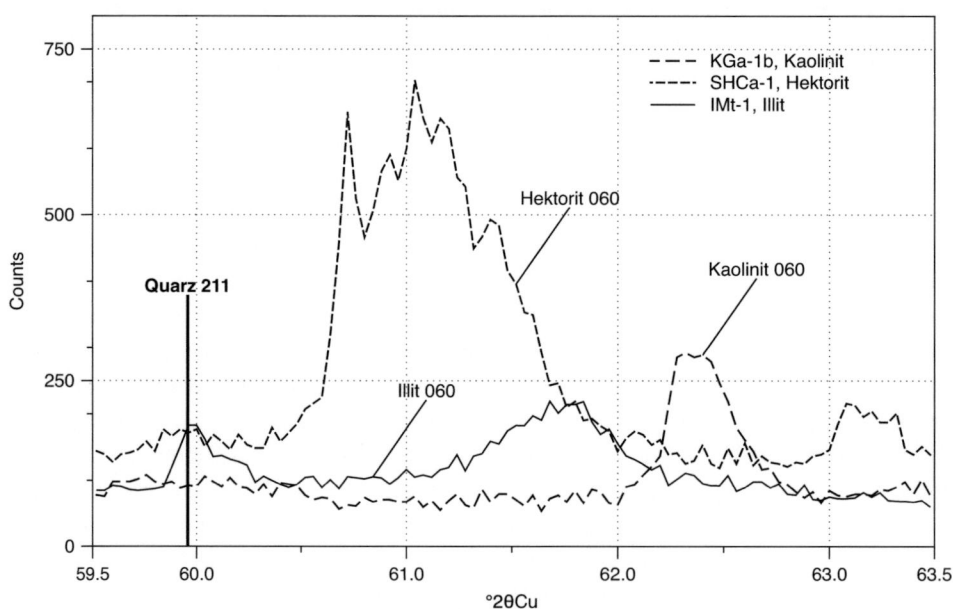

Abb. 7.32 060-Peaks verschiedener Tonminerale (Standards, CMS)

oder Chlorit/Smectit (Corrensit). Zur Untersuchung der äußerst schwierig zu interpretierenden Röntgendiffraktogramme dieser Phasen sei auf [185] verwiesen.

Tonmineralpräparation

Ist eine Abtrennung der Tonmineralfraktion erforderlich, kann dies gravitativ oder aber in einer Zentrifuge erfolgen. Der einfachste Weg der Abtrennung ist beispielsweise in einem Becherglas nach Dispergierung mit Ultraschall und einem Dispergierungsmittel durchzuführen. Nach einer bestimmten Zeit, berechenbar mit dem Stokes'schen Gesetz, kann die Tonmineralfraktion aus den oberen Zentimetern der Flüssigkeitssäule abgezogen werden. Aufwendiger ist die Abtrennung der Fraktionen mit dem Atterbergverfahren, bei dem zu vorher berechneten Zeitabständen die jeweils sich absetzende Kornfraktion abgezogen wird.

Um die Tonminerale gezielt zu untersuchen, können auch sequenzielle Lösungsverfahren eingesetzt werden, wobei die Tonminerale auch von schwachen Säuren bereits stark angegriffen werden. Anhydrit in Evaporitproben kann einfach mit einem wässrigen Schüttelaufschluss entfernt werden. Organische Substanz erhöht den Untergrund in einem Diffraktogramm und kann mit einem Oxidationsmittel (z. B. H_2O_2) entfernt werden. Hier ist darauf zu achten, dass zweiwertiges Eisen in den Oktaederschichten nicht oxidiert wird und damit die Struktur alteriert. Quellbare Tonminerale mit Zwischenschichtwasser wie Vermiculit, Montmorillonit, Nontronit und Beidellit lassen sich mit Glykol aufquellen. Dabei kann die Probe für ein paar Stunden im Eksikkator bei 70 °C mit Glykoldampf zur Reaktion gebracht werden oder direkt mit Glykol betropft werden (siehe [211]: Webseite zuletzt besucht 08.2024). Auch die Wasserabgabe und Alteration durch Erhitzung ermöglicht die Unterscheidung bestimmter Tonminerale oder Schichtsilikate im Röntgendiffraktogramm, verursacht durch die Verringerung bestimmter Gitterabstände.

Aus dem Pulver kann ein Tropfpräparat hergestellt werden. Eine Alternative ist das Filtern, wobei sich die Tonmineralplättchen gerichtet auf dem Filterpapier absetzen. Dieses kann dann in einen Probenträger montiert werden. Beidellit und Montmorillonit können mit dem Hofmann-Klemen-Test [178] unterschieden werden. Dabei wird die Probe (z. B. ein Tropfpräparat) mit LiCl-Lösung imprägniert und dann für einige Stunden (z. B. über Nacht) bei 200 °C reagiert. Darauf folgt die Glykolpräparation. Nur bei Beidellit expandiert der 001-Peak weiterhin nach der Glykolbehandlung.

7.6 Verwandte Verfahren

In diesem Abschnitt werden weitere Verfahren vorgestellt, welche mit Beugungseffekten von Röntgenstrahlung arbeiten.

7.6.1 Spannungsanalyse

Wird auf eine Kristallstruktur Druck oder Zug ausgeübt, ändern sich die Gitterabstände. Reagiert der Kristall dabei elastisch, bauen sich Spannungen auf. Während solche Lastspannungen durch äußere Kräfte entstehen, sind Eigenspannungen das Resultat innerer Ungleichgewichte (Abstände) im Gitter.

Innere Spannungen entstehen durch Fremdatome, unbesetzte Gitterplätze oder Gitteralterationen (Zwillingsbildung, Versetzungs- oder Stapelfehler) und führen zu einer Verbreiterung der Diffraktionspeaks. Diese Art der Peakverbreiterung verstärkt sich – im Gegensatz zum Korngrößeneffekt (s. Abschn. 7.1.5) – mit Zunahme der Beugungsordnung. In mehrphasigen Materialien entstehen vor allem an den mehr oder weniger stark gestörten Korngrenzen Spannungen. Mit PRDA können die Änderungen der Gitterabstände erfasst und damit der Spannungszustand eines Gitters bestimmt werden. Bei Änderung eines Netzebenenabstandes in einem Kristall ändert sich auch der zugehörige Beugungspeak. Bereits sehr kleine Änderungen von 0,1 % führen zu einer messbaren Winkelverschiebung im Bereich von 0,01–0,05 °2θ [251]. Da die einzelnen Beugungspeaks für eine bestimmte Gitterebenen stehen, ist die individuelle Beurteilung der Streckung oder Stauchung einzelner Gitterebenen oder -richtungen möglich. Bei Auswertung des gesamten Debye-Scherrer-Kreises einer Probe mit modernen zweidimensionalen Detektoren können Spannungen im Material über die stärkere Varianz der Beugungspeaks und der damit verbundenen Reflexverbreiterung erkannt und quantitativ bestimmt werden.

7.6.2 Texturanalyse

Viele real gemessene Pulverdiffraktogramme zeigen in Bezug auf die Intensitätsverhältnisse nicht das aus einer Berechnung zu erwartende Beugungsmuster. Einzelne Peaks – z. B. die Basispeaks – sind stark überhöht. Ursache dafür ist eine kristallographische Vorzugsorientierung, also eine räumliche Einregelung der Mineralkörner (s. Abb. 7.33). Diese kann natürlich bedingt sein – z. B. bei klastischen Sedimenten durch gravitative Sedimentation – oder aber durch den bei der Präparation zur Verfestigung ausgeübten Pressdruck entstehen. Wie stark dieser Effekt auftritt, hängt auch von der Kornform ab. Phasen mit isometrischer Ausprägung neigen dazu, sich eher statistisch zu orientieren. Ganz anders sieht das bei plättchenförmigen Strukturen wie den Tonmineralen aus. Hier kann die Einregelung so extrem sein, dass bestimmte Reflexe in einem eindimensionalen Diffraktogramm, wie es von einem klassischen Diffraktometer mit Punkt- oder Streifendetektor erzeugt wird, vollständig fehlen. Einen Vorteil bringen hier Systeme, die die Probe um mehrere Achsen drehen und über zweidimensionale Detektoren verfügen. Eine vollständige Aufnahme der Scherrer-Kegel zeigt (als Ebenenschnitt) eine Reihe mehr oder weniger stark durchbrochene Ringe. Steht nur ein normales Diffraktometer zur Verfügung,

7.6 Verwandte Verfahren

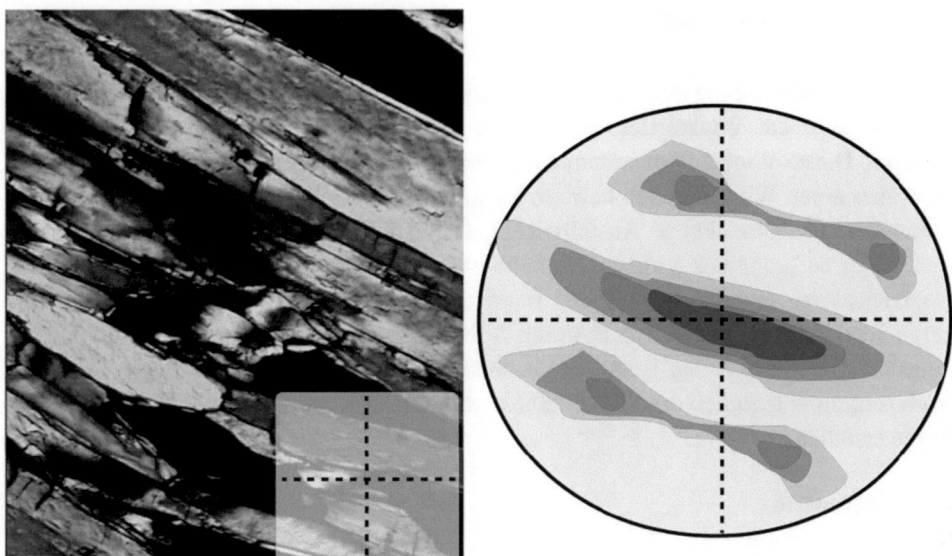

Abb. 7.33 Polfigur eines Mehrphasenpräparats

und ist dieser Effekt unerwünscht, kann die Art der Probenpräparation geändert werden. Ein 100-prozentiges Texturpräparat zeigt eine besser reproduzierbare Einregelung; ein Streupräparat verbessert die statische Verteilung der Körner.

Eine Texturanalyse kann aber auch wichtige Informationen über anisotrope Eigenschaften von Materialien liefern. Dazu kann, analog zum Stereogramm von Kristallflächen eine winkeltreue Lagenkugelprojektion (Polfigur) erstellt werden. Diese enthält dann Zonen, Punkte oder Flächen mit Häufungen von Beugungssignalen.

7.6.3 Klein-/Weitwinkelstreuung

Bei der Kleinwinkelstreuung („Small Angle X-Ray Scattering", SAXS) wird eine dünne, röntgentransparente Probe mit einem eng fokussierten Röntgenstrahl – im Extremfall aus einer Synchrotronquelle – durchstrahlt. Damit können regelmäßige mesoskopische Strukturen wie Holzfasern, Polymerketten und Kolloide im Nanometerbereich (1–100 nm) untersucht werden. Die Röntgenstrahlung wird dabei an Korngrenzen mit unterschiedlichen Elektronendichten unter einem Beugungswinkel $< 5°$ gestreut. Eine verwandte Methode ist die Weitwinkelstreuung („Wide Angle X-Ray Scattering", WAXS), wobei hier die bei großen Winkeln gestreute Röntgenstrahlung Verwendung findet. Prinzipiell gehört die Röntgendiffraktionsanalyse in Transmission auch zu den Verfahren der Weitwinkelstreuung (s. Abb. 7.14).

7.6.4 Streifender Einfall

Bei der Röntgenbeugung mit streifendem Einfall („Grazing Incidence X-Ray Diffraktion", GIXRD) wird der Winkel der einfallenden Röntgenstrahlung sehr klein („streifend") gehalten. Dieser Winkel wird während der Messung nicht verändert und nur der Detektor wird über einen Winkelbereich bewegt. Dadurch ergibt sich eine asymmetrische Bragg-Geometrie: Einfallwinkel ≠ Ausfallwinkel. Damit können dünne Schichten untersucht werden, da aufgrund des geringen Einfallwinkels die senkrechte Eindringtiefe des Strahl vergleichsweise gering bleibt. Dabei muss das einfallende Strahlenbündel so gut wie möglich parallelisiert werden; z. B. durch Göbelspiegel. Damit entfällt auch die Fokussierungsbedingung der Bragg-Brentano-Geometrie. Soll der Primärstrahl tiefere Schichten erreichen, muss lediglich der Winkel erhöht werden. Es ist also auch möglich, Tiefenprofile zu erstellen.

Reflektometrie

Auch die Reflektometrie („X-Ray Reflection", XRR) nutzt Röntgenbeugungseffekte bei niedrigen Einfallwinkeln des Primärstrahls, hier im Bereich der Totalreflexion bis zu $5°\theta$. Das Ergebnis ist kein Diffraktogramm, sondern eine Reflektometriekurve, welche Informationen über die Dicke und Art der bestrahlten Schicht enthält. Im Bereich der Totalreflexion steigt die Zählrate bis zum Erreichen des kritischen Winkels der Totalreflexion für die entsprechende Schicht oder Beschichtung gleichmäßig an. Darüber ist zunächst ein starker Abfall der Intensität zu verzeichnen. Da es prinzipiell zwei Winkel der Totalreflexion gibt – an der Grenzfläche Substrat–Schicht und Schicht–Atmosphäre – gibt es auch zwei konkurrierende Winkel der Totalreflexion, die miteinander in Interferenz treten können. Dies führt ab einem bestimmten Winkelbereich zu einer Oszillation der reflektierten Intensität. Bei weiter steigendem Winkel fällt die Kurve dann wieder stark ab, bis keine Reflexion mehr stattfindet. Auch Informationen über die Rauigkeit der Schichtgrenzen sind im Reflektogramm enthalten.

7.6.5 Justierung und Wartung

Normalerweise reicht es zur Überprüfung der Genauigkeit des Diffraktometers aus, regelmäßig ein Präparat mit genau definierten Beugungspeaks zu messen. Dieses Präparat sollte möglichst stabil sein (z. B. keine Oxidation oder Wasseraufnahme). Gut geeignet für diese Anwendung ist ein Siliziumpulverpräparat. Mit diesem Präparat können Peaklagen, -verhältnisse und -intensitäten bestimmt und mit vorherigen Messungen verglichen werden.

Sollte eine mechanische Kalibration erforderlich sein, ist das Handbuch zu konsultieren. Die zutreffende Strahlenschutzverordnung – z. B. RöV – ist zu beachten. Bereits wenige Sekunden direkter Kontakt mit dem Primärstrahl können den Verlust des Sehvermögens bedeuten. Wenn es sich um ein Vollschutzgerät handelt, sorgt ein mehrfacher Sicherheitskreislauf dafür, dass keine Röntgenstrahlung außerhalb des Gerätes entsteht. Beim Öffnen des Geräts muss sich daher der Schließmechanismus vor dem Röntgenröhrenfenster (Schutter) schließen oder sich die Röntgenröhre abschalten. Sind mechanische Justierungen direkt im Gerät erforderlich, müssen Röntgenröhre und Generator ausgeschaltet sein.

Die Justierung des Röntgendiffraktometers geschieht in zwei Schritten. Bei abgeschalteter Röntgenröhre wird die horizontale und vertikale Ausrichtung der auf dem Goniometerkreis ausgerichteten Komponenten geprüft. Die erforderlichen Geräte werden mitgeliefert oder können bestellt werden.

Bei eingeschalteter Röntgenröhre wird ein Material mit in Röntgenstrahlung fluoreszierender Oberfläche in den Strahlengang gebracht. Dieses Testpräparat hat Markierungen, mit denen die optimale Lage des Brennflecks festgestellt werden kann. Bildet der Brennfleck ein Trapez, ist verschoben oder verdreht, ist das Goniometer verdreht oder befindet sich zu hoch oder zu tief. Beim Testen der automatischen Divergenzblende muss beim Bewegen des Goniometers der Brennfleck bei gleicher Größe unverändert auf der selben Stelle bleiben. Bei $\theta/2\theta$-Geometrie muss der Nullpunkt des Zählers (2θ) und der Nullpunkt der Probenbühne (θ) geprüft werden.

Die Pulshöhenverteilung (PHD) des Detektors wird auf die gleiche Weise geprüft wie bei einem Röntgenfluoreszenz-Spektrometer (siehe Abschn. 5.1.15). Handelt es sich um einen Gasproportionalzähler (z. B. geschlossener Xe-Zähler) muss der „Escape-Peak" mit in das Energiefenster integriert werden.

Die Linearität und die Genauigkeit über den gesamten Winkelbereich $\Delta 2\theta$ – also die Abweichung von den theoretischen Werten – sollte mindestens zwischen 0,01 und 0,05 °2θ am besten aber < 0,01 liegen. Der Höhenfehler sollte ebenfalls geprüft werden.

Zum Überprüfen der Auflösung ist ein Scan über einen Peak der Standardprobe durchzuführen. Danach folgt eine Bestimmung der Maxima von $K\alpha 1$ und $K\alpha 2$ und dem Verhältnis der Intensitäten dieser Winkel. Dieses sollte bei 50 % liegen. Die Auflösung ist abhängig von den Messbedingungen. Diese sollten denen der späteren Routinemessungen entsprechen.

Zur Reproduzierbarkeit kann eine wiederholte Messung der Intensität eines Reflexes auf der Standardprobe (min. 10-mal, besser 20-mal) durchgeführt werden. Damit sind Minimum, Maximum, Mittelwert, Median, absolute und relative Standardabweichung bestimmbar.

Elektronenstrahl-Mikroanalyse (ESMA)   8

Übersicht

8.1 Messprinzip, Geräteaufbau und Grundlagen 323
8.2 Probenaufbereitung 329
8.3 Die Elektronstrahlsonde 333
8.4 Chemische Analyse 339
8.5 Elektronenbilder 349
8.6 Methodik 351
8.7 Datenauswertung 357
8.8 Beispiele 365
8.9 Justierung und Wartung 373
8.10 Verwandte Verfahren 375

8.1 Messprinzip, Geräteaufbau und Grundlagen

Dieses Kapitel erläutert die analytischen Möglichkeiten und die Besonderheiten der Elektronenstrahl-Mikroanalyse (ESMA). Eine genaue Beschreibung der bei der chemischen Analyse eingesetzten Röntgenfluoreszenzanalyse (RFA) inklusive der grundlegenden Methodik sowie der optischen Spektrometerbauteile und der Detektortypen ist in dem Kap. 5 enthalten.

Die Elektronenstrahl-Mikroanalyse ist ein weitverbreitetes Verfahren zur weitgehend zerstörungsfreien, ortsaufgelösten chemischen Materialuntersuchung. Zur Anregung dient ein Elektronenstrahl, der auf die Probe fokussiert wird. Durch Wechselwirkung mit den Atomen in dem Material werden Prozesse ausgelöst, die analytisch verwertet werden können. Diese lassen sich in zwei Kategorien einteilen: Elektronenstrahlung und elektromagnetische Strahlung. Erstere wird – wie bei der Rasterelektronenmikrosko-

© Der/die Autor(en), exklusiv lizenziert an Springer-Verlag GmbH, DE,
ein Teil von Springer Nature 2024
T. Schirmer, U. Fittschen, *Einführung in die geochemische und materialwissenschaftliche Analytik*, https://doi.org/10.1007/978-3-662-67958-6_8

pie – hauptsächlich zur Visualisierung von Strukturen eingesetzt und entsteht durch Rückstreuung und Herausschlagen von Elektronen. Letztere enthält Informationen über die chemische Zusammensetzung des durch die einfallenden Elektronen zur Röntgenfluoreszenz angeregten Volumens.

Die bei der Anregung zur Röntgenfluoreszenz unvermeidliche Augerelektronenemission (siehe Kap. 5) wird bei der Augerelektronenspektrometrie (AES) analytisch genutzt. Darüber hinaus können Lumineszenzeffekte – bezeichnet als Kathodenlumineszenz oder Kathodoluminszenz – auftreten, die zur Untersuchung von Wachstumsprozessen – beispielsweise mittels Fehlstellen und Fremdionen in Kristallen – dienen. In den Geowissenschaften wird die Mikrosonde bei der Ermittlung von qualitativen und quantitativen Phasenzusammensetzungen polymineralischer Materialien (Gesteine, Erze, Schlacken) verwendet. Dies gilt vor allem wenn diese maßgeblich Mischkristalle (Plagioklas, Amphibol, Biotit u. a.) enthalten und daher – wie z. B. Evaporitgesteine – nicht mit RDA und gesamtchemischen Verfahren berechenbar sind. Weiterhin können einzelne Kristallkörner bezüglich Zonarbau, Reaktions- oder Diffusionshorizonten sowie Um- oder Neubildungen (Pseudomorphosen) genau untersucht werden. Technische Anwendungsbereiche sind die Analyse von Baustoffen, Gläsern und Legierungen auf Phasenbestand, Grenz- und Verbindungsschichten (Beschichtungen, Schweißnähte) oder Fehlstellen.

8.1.1 Elektronenstrahlung

Wenn Elektronen auf Materie treffen, gibt es prinzipiell zwei Mechanismen der Elektronenstreuung: Elastisch und unelastisch (s. Abb. 8.1). Im ersteren Fall ändert sich die

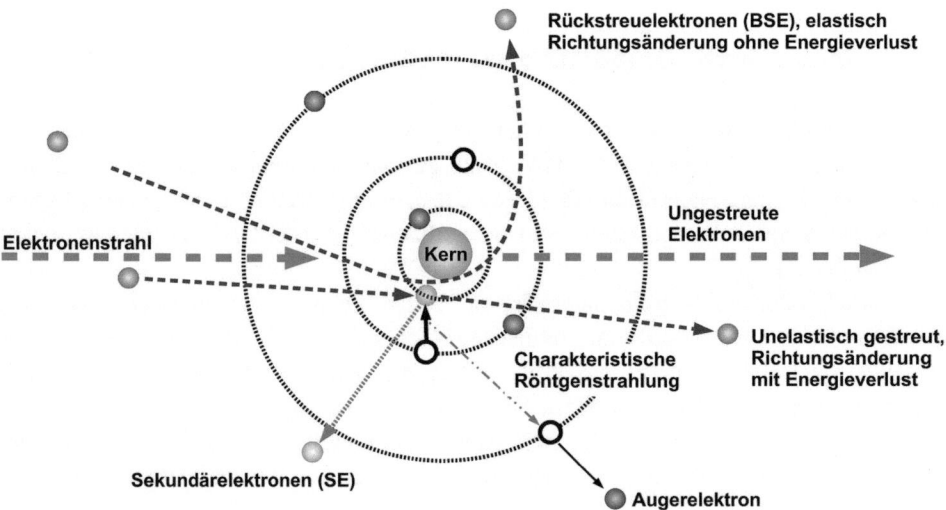

Abb. 8.1 Prozesse bei der Elektronenanregung I

Richtung, aber nicht die Energie. Diese Elektronen werden als „Rückstreuelektronen" (engl. „Back Scattered Electrons", BSE) bezeichnet. Grund ist u. a. der große Masseunterschied zwischen dem jeweiligen Atomkern und dem gestreuten Elektron. BSE sind damit abhängig von der mittleren Masse des Materials bzw. der Matrix. So steigt der Anteil an BSE von 10 % bei Kohlenstoff bis auf > 50 % bei Uran bei einem Energiegehalt von > 50 eV und einer relativ breiten Energieverteilung.

Im zweiten Fall ändert sich die Richtung relativ wenig; durch Interaktion mit den Orbitalelektronen des Atoms ändert sich aber die Energie und es kommt zu Sekundäreffekten. Herausgeschlagene Elektronen werden als „Sekundärelektronen" (engl. „Secondary Electrons", SE) bezeichnet und verfügen über eine relativ geringe Energie unterhalb von 50 eV mit einer engen Energieverteilung. Augerelektronen entstehen bei Aussendung von Elektronen äußerer Schalen (s. Kap. 5).

8.1.2 Elektromagnetische Strahlung

Da es bei der Interaktion von Elektronenstrahlung und Atomen zur Ionisierung innerer Elektronenschalen kommt, entstehen auch charakteristische Röntgenstrahlung (Röntgenfluoreszenz) und Bremsstrahlung. Beides wurde in Kap. 5 bereits näher erläutert. Die ortsaufgelöste chemische Analytik bei der ESMA basiert auf der wellenlängen- und energiedispersiven RFA.

Die Kathodenlumineszenz (engl. „Cathodoluminescence", CL) ist eine Emission im sichtbaren Licht, ausgelöst durch Energieübergänge im Valenzband (s. Abb. 8.2).

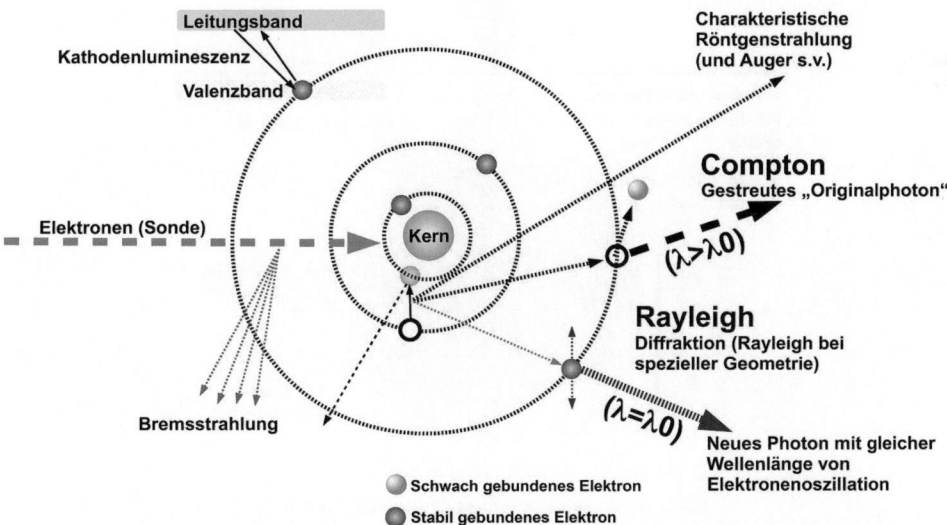

Abb. 8.2 Prozesse bei der Elektronenanregung II

Auch Gitterschwingungen werden durch die Anregung mit dem Elektronenstrahl ausgelöst. Diese Phononanregung kann mit infrarotsensitiven Detektoren analysiert werden und dient zur Untersuchung der Ausbreitung von Schwingungen in Kristallen [66].

8.1.3 Grundprinzip

Wie aus Abb. 8.2 ersichtlich ist, können beschleunigte Elektronen mit ausreichender Energie (= Elektronenstrahl) Ionisierungsprozesse in tieferen Elektronenschalen von Atomen (Elementen) auslösen. Diese Prozesse sind vergleichbar mit den durch energiereiche Primärstrahlung (= Röntgenröhre) ausgelösten Ionisierungsprozessen bei der RFA (s. Abschn. 5.4). Auch hier kommt es nach der Ionisierung zu einer Reorganisation der Elektronenhülle, um den Grundzustand wiederherzustellen. Da energiereichere Elektronen aus höheren Schalen die durch die Ionisierung entstandenen leeren Plätze auffüllen, muss die überschüssige Energie abgegeben werden. Dies geschieht – wie bei der RFA – durch Abgabe von Photonen mit einer Energie, die charakteristisch für den Übergang (= Röntgenfluoreszenz o. „charakteristische Röntgenstrahlung") ist. Neben diesem Übergang tritt auch hier vor allem bei leichteren Elementen der Augerübergang als konkurrierender Prozess auf. Im Gegensatz zu Röntgenstrahlung geht die Anregung mit Elektronen eher punktuell in die Tiefe der Probe und ermöglicht damit eine ortsaufgelöste Analyse (s. Abb. 8.3). Wie bei der RFA kann die Röntgenstrahlung mit energiedispersiven (ED) oder wellenlängendispersiven (WD) Spektrometern analysiert werden.

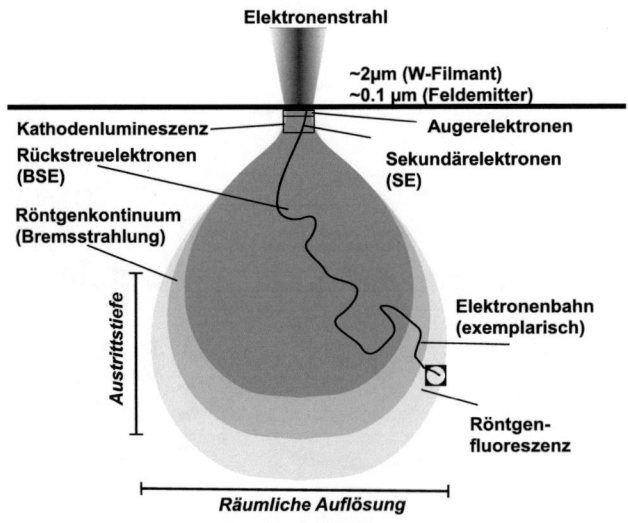

Abb. 8.3 Anregungsbereiche bei Elektronenbeschuss

8.1.4 Eindringtiefe

Weniger der Strahldurchmesser als die Anregungsspannung ist ausschlaggebend für die Größe der Anregungsbirne, d. h., in welchem Volumen und bis in welche Tiefe die für die chemische Analyse wichtige charakteristische Röntgenstrahlung (Röntgenfluoreszenz) angeregt wird.

Weiterhin wesentlich ist die Energie der entstehenden charakteristischen Röntgenstrahlung, da dieser Faktor maßgeblich die Analysentiefe (AT) bestimmt (siehe Kap. 5). Beide Faktoren bestimmen die chemische Auflösung. Eine Annäherung an die Eindringtiefe (ET) eines Elektronenstrahls in eine Probe mit einer bestimmten mittleren Dichte gibt [212] (S. 336) (s. Abb. 8.4) mit $0, 1 \cdot E(kV)^{1,5}/D(\text{g/cm}^3)$.

Aus dieser Abschätzung geht hervor, dass die Eindringtiefe von der Dichte des Materials und der Beschleunigungsspannung abhängt. Gleichermaßen hängt die Analysentiefe der charakteristischen Röntgenstrahlung von dessen Energie und der Dichte des Materials ab. Besonders stark wirkt sich dabei der Wechsel von energiereichen K-Linien auf die energieärmeren L-Linien aus (s. Abb. 8.5). Damit kann folgende Regel aufgestellt werden:

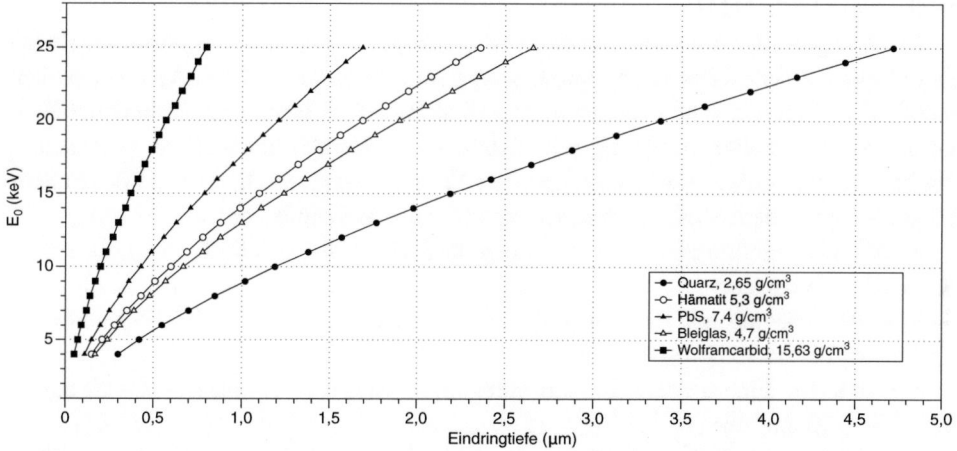

Abb. 8.4 Theoretische Eindringtiefe der Elektronenstrahlung für verschiedene Materialien

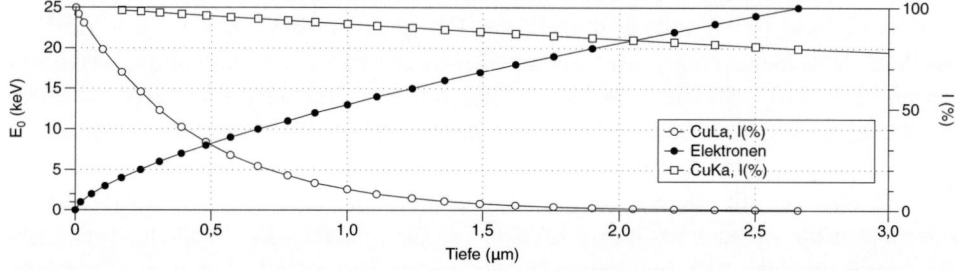

Abb. 8.5 Theoretische Eindringtiefe des Elektronenstrahls (links), theoretische Signalstärke charakteristischer Röntgenstrahlung (%, CuK_α, CuL_α) (rechts) in Bleiglas mit der Dichte $4,7\,\text{g/cm}^2$

Je geringer die Beschleunigungsspannung und die Energie der zu messenden charakteristischen Röntgenstrahlung, desto besser die chemische Auflösung.

Als Beispiel zur Abschätzung der chemischen Auflösung kann die Analyse von Cu in Bleiglas (Dichte 4,7 g/cm^2) betrachtet werden (s. Abb. 8.5). Wird zur Anregung von $CuK\alpha$(8,04 keV) in Bleiglas eine Anregungsspannung 20 kV verwendet, dringen die Elektronen etwa 2 µm in die Probe ein (ET). $CuK\alpha$ kann aus einer Tiefe von etwa 50 µm bis an die Oberfläche der Probe gelangen (AT).

Wird dagegen zur Anregung der energiearmen $CuL\alpha$(0,93 keV) eine Anregungsspannung von nur 5 kV verwendet, dringen die Elektronen nur etwa 0,2 µm in die Probe ein (ET). $CuL\alpha$ kann aus einer Tiefe von etwa 2 µm bis an die Oberfläche der Probe gelangen (AT). Die Eindringtiefe der Elektronen stellt in beiden Fällen das limitierende Kriterium dar.

Für $CuLL$(0,811 keV), die weniger empfindlich auf die Bindungszustände der Valenzelektronen reagiert (s. Abschn. 8.4.1) ergibt sich eine etwas geringere Eindringtiefe. Das Ausweichen auf energieärmere Linien bei geringerer Anregungsspannung erfordert Spektrometer mit besserer Auflösung und eine Anregungsquelle (Elektronenstrahl) mit größerer Lichtdichte (Strahlstrom). Dies ist mittlerweile in modernen Geräten mit Feldemitter verwirklicht [111].

Die Anregung der Röntgenfluoreszenz ist ortsaufgelöst und sehr viel effektiver als mit einer Röntgenröhre; daher reicht eine Leistung im mW-Bereich (kV · nA) aus. Das Verhältnis $V = E(\text{cm})/P(\text{cm}^2)$ von maximaler Eindringtiefe zu bestrahlter Probenoberfläche ist bei der punktuellen Anregung mit Elektronen wesentlich höher. Eine Abschätzung ergibt bei kreisförmiger Anregungsfläche bei einer Anregung mit Elektronen der Energie 20,165 kV und einem Strahldurchmesser von 1µm ein Verhältnis von:

$e(20kV)Cu$: Eindringtiefe: 1,0 µm Anregungsfläche: $1E-04$ cm/$3,14E-08$ cm$^2 = 3,18 \cdot E+03$ cm/cm^2

Eine Abschätzung mit Röntgenstrahlung der Energie $RhK\alpha$ (20,165 kV) und einer bestrahlten Fläche von 40 mm ergibt:

$r(RhK\alpha)Cu$: Eindringtiefe: 145 µm Anregungsfläche: $4E-01$ cm/$5,02E-01$ cm$^2 = 2,89 \cdot E-02$ cm/cm^2

Die Elektronenstrahlung dringt bezogen auf den Durchmesser auf der Probenoberfläche (wenige µm) also wesentlich tiefer in die Probe ein. Daraus resultiert ein Anregungsbereich der anstelle einer flächigen Ausdehnung räumlich in die Tiefe reicht. Gleichzeitig wird bei gleicher Leistung ($V \cdot A$) eine deutlich höhere Energiedichte ($mW/\mu m^2$ vs. $\mu W/\mu m^2$) in das Analysenvolumen eingebracht. Daher wird bei der ESMA mit wesentlich geringeren Stromstärken (nA statt mA) gearbeitet. Dies führt zu Besonderheiten, die vor allem bei der Matrixkorrektur beachtet werden müssen. Die auf die Oberfläche einer Probe fokussierten, primären Elektronen breiten sich in der Probe in verschiedenen Richtungen aus und erzeugen die sogenannte „Anregungsbirne" (siehe z. B. [65]). Diese umfasst sowohl primäre wie auch sekundäre Effekte. Die Eindringtiefe der Primärelektronen und die Austrittstiefe der BSE-Elektronen können mittels Monte-Carlo-Simulation berechnet werden. Diese Simulation kann auch den Anteil der an der Oberfläche austretenden charakteristischen Röntgenstrahlung (z. B. $CuK\alpha$) ermitteln. Die Größe dieses angeregten

Bereichs hängt von der Beschleunigungsspannung und von der mittleren Ordnungszahl (bzw. der Matrix) des Probenmaterials ab. Die verschiedenen Strahlungsanteile werden mit Detektorsystemen aufgefangen, die um den Eintrittsbereich des Elektronenstrahl angeordnet sind, und analysiert. Für SE, BSE, EBSD (s. Abschn. 8.10.9), EDRFA, WDRFA (s. Abschn. 8.4.4), KL (s. Abschn. 8.10.8) und AES (s. Abschn. 8.10.2) stehen getrennte Detektorensysteme zur Verfügung. Durch momentane Messung des Stroms, der beim Abrastern der Probe mit dem Elektronenstrahl vom Probenhalter zur Erde abgeleitet wird, lassen sich auch Probenstromverteilungsbilder erstellen. Die Höhe des Probenstroms hängt von Zusammensetzung und Topographie der Probe ab. Bedingt durch den Verlust von Elektronen durch Rückstreuung und sekundäre Emission entsteht – verglichen mit den Elektronenbildern – ein Negativbild.

8.2 Probenaufbereitung

Eine der wichtigsten Anforderungen an die Probe ist die Vakuumstabilität. Die Probe darf unter Vakuumeinfluss nicht zerfallen oder größere Mengen an verdampfbaren Substanzen abgeben, die das Erreichen des erforderlichen Vakuums verhindern und/oder eine oberflächliche Verunreinigung der Bauteile (z. B. der Spektrometerkristalloberflächen) verursachen. Es gibt auch die Möglichkeit, bei Normalbedingungen flüchtige Substanzen (Flüssigkeiten, Gase) mittels eines Kühltisches so weit herunterzukühlen, dass eine Analyse mit ESMA durchgeführt werden kann.

Für die quantitative Analyse muss die Probe über eine geeignete Oberfläche verfügen. Diese darf nicht verunreinigt sein (z. B. Fingerabdrücke u. a.) und sollte so gut wie möglich poliert sein, da sonst Abschattungs- und Absorptionseffekte vor allem bei der weicheren Röntgenfluoreszenzstrahlung der leichteren Elemente auftreten. Für die halbquantitative und topographische Betrachtung kann die Probe variablere Abmessungen haben, solange sie in einem der verfügbaren Probenträger montiert werden kann.

8.2.1 Schliffe

Für die hochpräzise chemische Analyse ist eine optimal flachpolierte Oberfläche erforderlich. Daher werden fein geschliffene Oberflächen hergestellt. Dafür werden dünne Plättchen oder dickere Stücke aus der Probe herausgeschnitten und poliert. Ein Dünnschliff wird mit einem Einbettungsmittel und ohne das bei der Durchlichtmikroskopie übliche Deckglas hergestellt. Zum Einbetten sind Zweikomponentenharze auf Methacrylat-, Epoxid- oder Polyurethanbasis (z. B. : Araldit®) geeignet. Diese dürfen nach dem Aushärten im Vakuum keine flüchtigen Substanzen mehr abgeben („ausgasen"). Die Dicke des Dünnschliffs ist nur dann wichtig, wenn Durchlichtmikroskopie durchgeführt werden muss. Optische Mikroskopie sollte vor der Untersuchung mit der Mikrosonde stattfinden, da nach der Bedampfung mit Kohlenstoff eine korrekte Mikroskopie (Absorptions- und Interferenzfarben) erschwert ist. Für einen Anschliff wird ein Stück der Probe

(~ $3 \times 3 \times 1 \, cm^3$) in Harz eingegossen und anpoliert. Das Schleifen erfolgt in der ersten Stufe mit einer Schleifpaste aus Korund, Cr_2O_3 oder SiC. Die Prozedur wird mit einer Feinpolitur mit Diamantpaste (0,25 µm) abgeschlossen. Bei Komponenten unterschiedlicher Härte bildet sich ein Relief, dessen Ausprägung bei Verwendung einer Pb-Polierplatte verringert werden kann. Legierungen ohne Reliefbildung können auf einem Tuch poliert werden. Die Probenpunkte können nach mikroskopischer Analyse im Durchlicht oder Auflicht mit einem Diamantaufsatz eingekreist werden. Auch ein hochaufgelöster Scan mit entsprechend markierten Stellen (s. Abb. 8.6, unten links) ist verwendbar. Mit geeigneter Software können lichtmikroskopisch ermittelte x/y-Koordinaten auf die entsprechenden Koordinaten der Probenbühne umgerechnet und eingelesen werden („Pointlogger").

Bei einem Anschliff oder „Dickschliff" wird ein rechteckiges Stück aus einer Probe in einem Harz eingebettet an einer Fläche anpoliert. Da das Schleifen und Polieren im Allgemeinen in wässrigem Medium durchgeführt wird, ist vorher die Stabilität des Probenmaterials gegenüber Wasser (Wasserlöslichkeit, Hydratation) zu prüfen. Bei stark wasserlöslichen Verbindungen (z. B. Evaporite) muss die Herstellung der Schliffe ohne Wasser (z. B. in Öl) erfolgen.

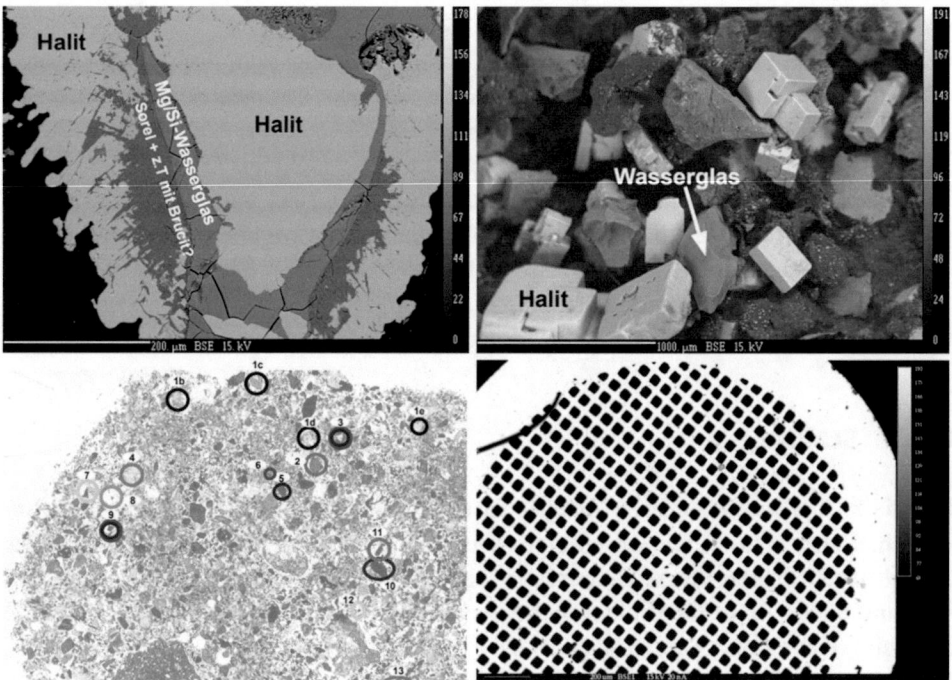

Abb. 8.6 Dünnschliff eines mit Wasserglas imprägnierten Halitkörpers (BSE, oben links), Kornpräparat eines Gemisches aus Wasserglas und Halit (BSE, oben rechts), Streupräparat-Schliff eines Haldensandes, eingescannt und markiert (unten links), sowie ein Bauteil (Cu-Gitter, BSE, unten rechts)

8.2.2 Pulver

Auch Körner- oder Pulverpräparate können untersucht werden (s. Abb. 8.6). Ein grobkörniges Pulver – 125–630 µm oder gröber – kann auf einen Dünnschliffglasträger aufgestreut und mit einem geeigneten Bindemittel verklebt und poliert werden. Es ist darauf zu achten, dass sich das Material nicht vollständig mit dem Kleber oder Harz vollsaugt. Pulver können mit Araldit verfestigt und dann als Dick- oder Dünnschliff präpariert werden.

8.2.3 FIB und GIS

Die direkte Bearbeitung einer Probe in der Sonde wird mit einem System aus einem fokussierten Ionenstrahl (engl. „Focused Ion Beam", FIB) und einem Gasinjektionssystem (GIS) realisiert.

Dabei wird die Oberfläche der Probe mit einem Partikelstrahl ablatiert (z. B. Ga^+). Bei Hochspannungen von beispielsweise 30 kV bietet diese Technik eine Oberflächenauflösung von wenigen nm. So können kontrolliert Beschichtungen durch schräge Schnitte zur Analyse freigelegt werden (s. Abb. 8.7). Es können auch Probenlamellen herausgeschnitten werden, die dann an anderer Stelle im Mikroskop analysiert werden (z. B. mit Elektronentransmission, s. Abb. 8.8).

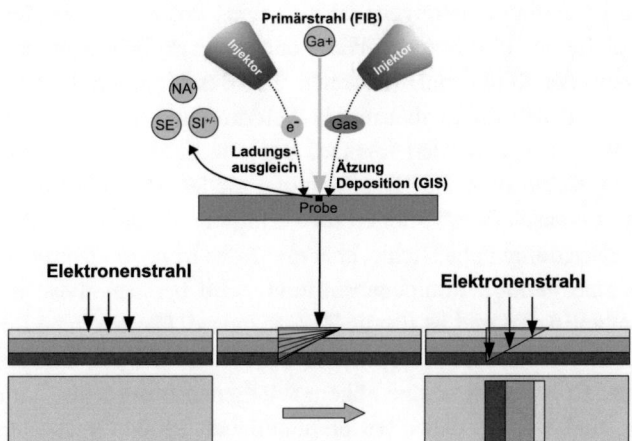

Abb. 8.7 Prinzip FIB/GIS. Der primäre Ionenstrahl (FIB) löst neutrale Atome (NA^0), positiv oder negativ geladene Sekundärionen ($SI^{+/-}$) und Sekundärelektronen (SE^-) aus der Probenoberfläche. Optional kann eine Elektronenquelle für Ladungsausgleich sorgen. Zusätzlich kann mittels des Gasinjektionssystems (GIS) Material ablatiert oder aufgetragen werden. Durch schräge Ablation können Schichten freigelegt und gezielt mit ESMA analysiert werden

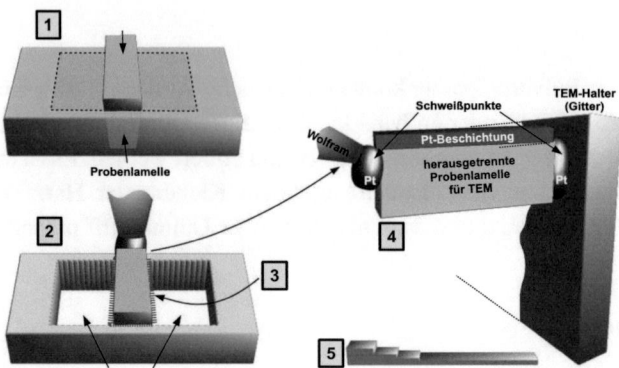

Abb. 8.8 Herstellung einer Probenlamelle. 1: Pt-Beschichtung anbringen (Oberflächenschutz), 2: Lamelle freilegen, 3: Mikromanipulator anschweißen und Lamelle mit FIB heraustrennen, 4: Lamelle an Probengitter für TEM anschweißen, Mikromanipulator abtrennen, 5: Lamelle mit FIB auf < 50 nm ausdünnen

8.2.4 Beschichtung

Um Aufladungseffekte zu vermeiden, die als Bildverzerrung oder weiße Fehlstellen bei der elektronenoptischen Bilderfassung erkennbar sind, ist zu gewährleisten, dass die auftreffenden Elektronen von der Probenoberfläche abfließen können. Entweder das Material selbst ist leitend (Metalle/Legierungen) oder es wird mit einer leitenden Beschichtung versehen. Zusätzlich muss eine leitende Verbindung vom Probenträger zur Probenbühne – z. B. mit Leitsilber oder Kohleband – bestehen. Zur Beschichtung der Probenoberflächen gibt es Geräte, mit denen durch thermische Verdampfung verschiedene Schichten auf die Oberfläche aufgebracht werden können. Bei der Kohlenstoffbeschichtung ist dies beispielsweise ein Kohleband. Zur Beschichtung stehen verschiedene Materialien mit unterschiedlichen Eigenschaften/Vorteilen zur Verfügung. Au hat eine gute Signalausbeute bei Elektronenbildern durch hohe Dichte, aber eine hohe Röntgenabsorption. Der ungiftige Kohlenstoff hat eine geringe Röntgenabsorption, wird bei den meisten Anwendungen nicht chemisch quantifiziert und ist für die RFA Standard. Das toxische Be wird aufgrund der besonders geringen Röntgenabsorption in der ESMA bei der Leichtelementanalytik eingesetzt. Al oder Cr haben zwar eine höhere Röntgenabsorption als C, aber eine bessere Wärmeableitung, und werden daher bei empfindlichen Proben verwendet. Die Schicht sollte möglichst konstant, durchgehend und dünn (C: 10–20 nm) sein, um den durch die Absorption der charakteristischen Fluoreszenzlinien verursachten Fehler besonders bei leichten Elementen möglichst gering und konstant zu halten.

Vor allem bei ultraleichten Elementen ($Z \leq 10$) oder besonders energiearmen Fluoreszenzlinien (L-Linien der Elemente ≤ 26) können ab einer Schichtdicke von 40 nm an Kohlenstoff bereits erhebliche Anteile der charakteristischen Röntgenstrahlung absorbiert werden (Bis zu 30 % bei $NK\alpha$).

8.3 Die Elektronstrahlsonde

Eine Elektronenstrahlmikrosonde besteht vereinfacht aus vier Komponenten: Elektronenkanone, (WDS: Wellenlängendispersiv)-Spektrometer, (EDS: Energiedispersiv)-Spektrometer mit optionaler Flüssigstickstoff-Kühleinheit und Probenschleuse. Darüber hinaus verfügt das System über eine komplexe Vakuumsteuerung, mit der einzelne Bereiche der Sonde getrennt evakuiert oder geöffnet werden können.

8.3.1 Elektronenkanone

Die Elektronenkanone dient zur Erzeugung, Beschleunigung und Fokussierung der zur Anregung der Probe erforderlichen Elektronenstrahlung. Im oberen Bereich (Abb. 8.9a) befindet sich der Elektronengenerator. Es gibt zwei Arten der Elektronenerzeugung: thermionisch und Feldemission. Thermionische Anregung arbeitet mit einem Filament aus Wolfram oder LaB_6 bzw. CeB_6, das bei Erhitzung auf ca. 2600 °K thermische Elektronen abgibt (s. Abb. 8.10). In letzter Zeit wird die thermische Elektronenerzeugung zunehmend

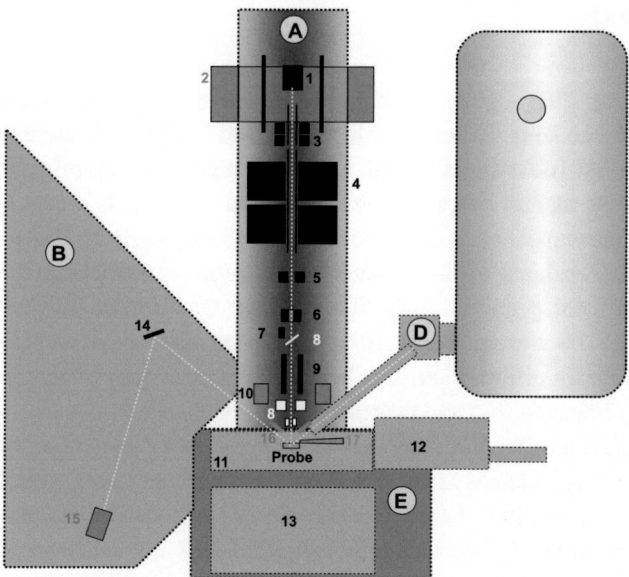

Abb. 8.9 Aufbauskizze einer Standard W-Filament-Elektronenstrahlmikrosonde, A: Elektronenquelle, B: WDS-Spektrometer, C: N2-Reservoir, D: EDS-Detektor, E: Probenbereich. 1: Wehnelt-Zylinder, 2: Ionen-Getterpumpe, 3: Spulen zur Strahljustierung, 4: Kondensorlinsen, 5: Aperturen, 6: Strahlstromregulator, 7: Faraday'scher Käfig als Strahlstopp, 8: Spiegel für Lichtoptik, 9: Stigmator, 10: Objektivlinse, 11: Probenkammer, 12: Probenschleuse, 13: Probenbühnensteuerung, 14: Analysatorkristall, 15: Ar-Me-Gasdurchflusszähler, 16: Detektor für Rückstreuelektronen („BSE"), 17: Detektor für Sekundärelektronen („SE")

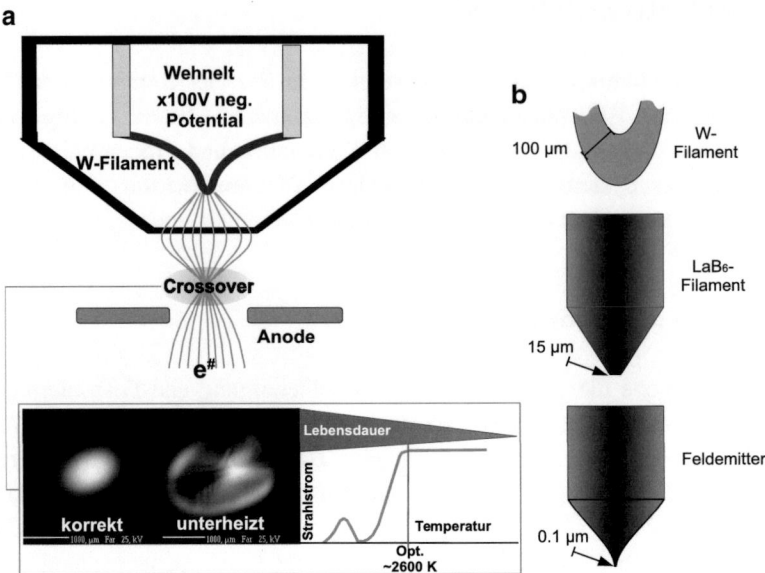

Abb. 8.10 (**a**) Wehnelt-Zylinder und „Crossover" bei Wolframfilament, (**b**) Durchmesser verschiedener Filamenttypen

durch Feldemission (FE) abgelöst. Dabei wird zwischen kalter und warmer Feldemission unterschieden. Bei ersterer Variante hat der aktive Teil der Kathode einem Krümmungsradius im Bereich von 100 nm und besteht meist aus einem speziell orientierten Einkristall aus Wolfram. Diese extrem dünne Spitze in Kombination mit einem starken elektrischen Feld ermöglicht die zum kalten Austritt der Elektronen erforderliche Feldstärke im Bereich von 10^7 V/cm. Der dadurch bedingte Nachteil des geringen erreichbaren Strahlstroms ist heutzutage nicht mehr gegeben. Auftreffende Ionen oder andere Teichen verschmutzen oder beschädigen die extrem dünne Einkristallspitze. Daher ist ein Ultrahochvakuum (UHV) von $< 10^{-7}$ Pa erforderlich. Der heiße Feldemitter oder Schottky-Emitter ist ein Kompromiss aus Feldemission und thermischer Emission. Die Spitze der Kathode ist nicht so fein und beschichtet. Die Beschichtung besteht aus einer dünnen Lage aus Zr-Atomen, die von einem ZrO_2- Reservoir am Schaft des Emitters geliefert wird. Dies verringert zusätzlich die Austrittsarbeit der Elektronen bei der Arbeitstemperatur von $\sim$ 1800 °C. Das dieses Reservoir mit der Zeit aufgebraucht wird, ist einer der limitierenden Faktoren für die Lebensdauer dieser Emitter.

Die Auflösung der Emitter hängt von den kV-Einstellungen ab und liegt minimal bei 0,025 μm (W-Filament, 1kV) bis zu 0,002 μm (FE, 1 kV), wobei die maximale Auflösung der Schottky-FE etwas schlechter ist als bei der kalten FE (s. Abb. 8.11).

Alle Filamenttypen haben besondere Eigenschaften und Nachteile. Wolframfilamente sind vergleichsweise billig, robust gegen Vakuumschwankungen sowie An- und Ausschalten, haben aber eine vergleichsweise geringe Leuchtdichte und sind instabiler im Betrieb.

8.3 Die Elektronstrahlsonde

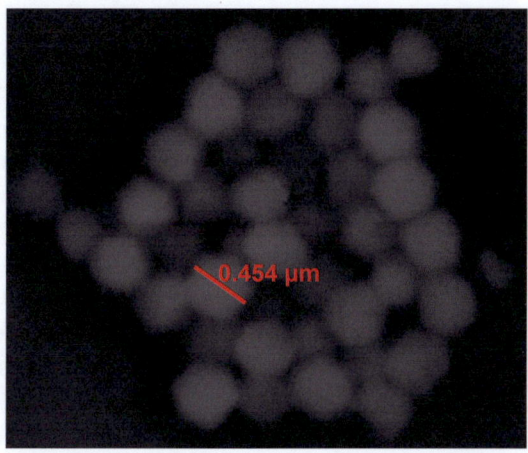

Abb. 8.11 BSE(Z)-Aufnahme von Pyrit-Kristalliten (Framboidalstruktur) bei 15 kV mit Schottky-Feldemitter. Die Auflösung liegt bei 0,015 μm

LaB_6-Filamente sind teurer, haben aber eine längere Lebensdauer und eine etwa 10-mal höhere Leuchtdichte, sind aber weniger robust gegen Vakuumschwankungen sowie An- und Ausschalten. Feldemissionskathoden sind wesentlich teurer, haben aber eine vielfach längere Lebensdauer, einen scharfen Brennfleck bei geringer Energiebreite und können mittlerweile in der Schottky-Version auch für die ESMA verwendet werden. Im Gegensatz zu LaB_6- und Wolframfilamenten ist der Austausch von FE-Filamenten sehr aufwendig.

Nachfolgend wird die Fokussierung der Elektronen am Beispiel des Wolframfilamentes erklärt. Die aus der Filamentspitze eines Wolframfilamentes unfokussiert austretenden Elektronen werden in dem sogenannten „Wehnelt-Zylinder", in dem ein negatives Potenzial von einigen hundert Volt anliegt, nach unten abgelenkt. Zwischen Filament und Anode liegt eine regelbare Hochspannung an, welche die Elektronen beschleunigt. Die Anode verfügt über eine Durchtrittsöffnung, durch die die Elektronen in die Optik gelangen können. In diesem Bereich tritt der sogenannte „Crossover" auf, in dem sich die Bahnen der Elektronen überschneiden. Die Form dieses „Crossovers" bestimmt später die Qualität des Brennflecks auf der Probe, da dieser als Ausgangspunkt für die Fokussierung dient. Je kleiner der Abstand von Filamentspitze zur Oberfläche des Wehnelt-Zylinders, desto kleiner ist der Strahldurchmesser – es verringert sich aber auch die maximale Strahlstromstärke des Strahls (Kompromiss Stärke – Auflösung). Das Abbild des Crossover kann mit einem Scan der oberen Strahljustierungsspulen angezeigt werden. Es sollte ein gleichmäßiger mehr oder weniger elliptischer Fleck sichtbar sein. Wird kein Abbild angezeigt, muss das Filament ausgebaut, neu justiert oder getauscht werden. Bei einem neuen Filament zeigt sich mit den Standardeinstellungen meist ein unregelmäßiger unterbrochener Fleck (Abb. 8.10) – ein Indiz für eine Unterheizung. Für optimale Leistung und Lebensdauer wird der Heizstrom erhöht bis die letzten Flecken gerade verschwunden sind.

Die erzeugten Elektronen müssen nun ausgehend vom „Crossover" zu einem möglichst symmetrischen und scharfen Strahl gebündelt werden. Ähnlich wie in einem

Lichtmikroskop dienen dazu Linsensysteme – nur das hier die Linsen aus Kupferdrahtspulen, die den Elektronenstrahl symmetrisch umfassen und von einem Eisenmantel mit einem schmalen Spalt umgeben sind, bestehen. Diese projizieren ein verkleinertes Abbild des „Crossovers" auf die Probe.

Es gibt normalerweise zwei Kondensorlinsen zur Kontrolle des Strahlstroms, austauschbare Aperturblenden und eine Objektivlinse. Für scharfe Fokussierung und Minimierung des Linsenfehlers wird das Objektiv so dicht wie möglich über der Probenoberfläche positioniert. Zwischen Objektiv- und Kondensorlinsen befindet sich eine Apertur in Form einer oder zwei Lochplatten, die den Strahl eingrenzen und damit weiter fokussieren. Diese Apertur muss (eventuell manuell) zentriert werden, um ein optimale Bildschärfe zu erreichen. Die Zentrierung wird am besten auf einem im sichtbaren Licht lumineszierenden Material wie Willemit (Zn_2SiO_4), Periklas (MgO), Quarz oder Graphit durchgeführt. Dazu wird der Strahl abwechselnd nach unten und oben defokussiert (engl. „Wobbeln") und die Apertur solange nachgeregelt, bis der Strahl nach oben und unten gleichmäßig vom Mittelpunkt aus auf- und zugeht.

Eine stärkere Deplatzierung von Elektronen- und Normaloptik kann durch manuelle Justierung (Inbusschrauben am Gerät) erreicht werden. Bei geringen Abweichungen kann eine Zentrierung der Normaloptik auch softwaregesteuert ablaufen.

Bei quantitativer Analytik spielt eine leichte Defokussierung des Strahls keine Rolle. Für empfindliche Proben kann dies sogar die Methode der Wahl sein, um den Auftreffpunkt des Strahls auf die Probe aufzuweiten, um die Strahlenbelastung bei gleicher eingebrachter Strahlleistung zu verringern – dies natürlich zulasten der spatialen Auflösung. Für eine reproduzierbare und präzise Elementanalytik ist die Konstanz des Strahlstroms besonders wichtig. Diese wird mit einem Faraday'schen Käfig, der zwischen den Punktanalysen in den Strahlengang geschwenkt wird, effektiv gemessen. Da während der Messung der Faraday'sche Käfig nicht verwendet werden kann, kann die Überprüfung des Strahlstroms indirekt über die Stromdifferenz in einer doppelten Aperturblende („Regelblende") erfolgen, wobei die obere Blende einen größeren Durchmesser hat als die untere. Strahlstromschwankungen während der Messung können elektronisch ausgeglichen werden.

Auch in der Elektronenoptik sind Linsenfehler zu beachten. Die chromatische oder sphärische Aberation – also die Abhängigkeit der Brennweite von der Energie der Strahlung oder vom Abstand zum Linsenmittelpunkt ist bei der ESMA im Allgemeinen nicht korrigierbar. Der Astigmatismus – also die Abhängigkeit der Brennweite vom Richtungswinkel – führt zu einer elliptischen Verzerrung des Elektronenstrahls und wird mit einem speziellen optischen Element, dem Stigmator, korrigiert.

Die Justierung eines Feldemitters oder eines LaB_6 bzw. CeB_6 verläuft ähnlich wie im Falle des W-Filaments. Da der Feldemitter normalerweise im Dauerbetrieb läuft, reduziert sich hier die Strahljustage im Normalfall auf die Aperturzentrierung (engl. „Wobbeln") und die Beseitigung des Astigmatismus. Ab und zu ist eine Ausrichtung des Strahlengangs über eine Regelung der der oberen (engl. „Gun Scan High") oder aber unteren (engl. „Gun Scan Low") Strahljustierungsspulen durchzuführen.

8.3.2 Optisches Mikroskop

Die Mikrosonde verfügt über ein normales Mikroskop für Auf- und Durchlichtbetrachtung (häufig: Auflicht). Dieses dient zur Orientierung und Scharfstellung von Punkten in der Z(-Höhen)-Achse („Z-Fokus"), ohne die Probe dem Elektronenstrahl auszusetzen und zur Justierung des Elektronenstrahls mit lumineszierenden Proben. Die geometrische Anordnung ist ein Kompromiss. Daher ist die Bildqualität mit „echten" Lichtmikroskopen nicht vergleichbar. Das Licht des optischen Mikroskops stört die anderen Detektorsysteme der Sonde. Daher ist das Licht bei Verwendung der Röntgen- oder Elektronendetektoren immer auszuschalten.

8.3.3 Röntgenoptik/Detektion

Die Röntgenoptik ist vergleichbar mit normalen ED- oder WDRFA-Spektrometern, jedoch kompakter (Grundlagen s. Kap. 5), damit möglichst viele Spektrometer bei möglichst geringem Arbeitsabstand um die Elektronensäule angeordnet werden können. Bis zu fünf Spektrometer zur Analyse der charakteristischen Röntgenstrahlung der Probe sind kreisförmig um die Elektronenkanone herum angeordnet (s. Schnitt in Abb. 8.9). Darüber hinaus verfügen die meisten Sonden zusätzlich über ein ED-Spektrometer. Die Funktionsweise der WDS ist vergleichbar mit der wellenlängendispersiven RFA (s. Kap. 5) und verwendet die gleichen Kristalle, z. B. LiF, TLAP TAP), PET und Multilayer. Die Spektrometer sind aber deutlich kompakter aufgebaut und enthalten weniger Analysenkristalle, die wegen des kürzeren Strahlenganges in fokussierendem Johansson-Schliff ausgeführt sind (s. Kap. 7). Als Detektoren werden Ar/Me-Durchflusszähler verwendet. Bei der EDS wird, außer optionalen Kollimatoren, keine aufwendige Röntgenoptik verwendet (Vergleich der Performance s. Tab. 8.1). Zur Detektion werden Si(Li)- und Si-Drift-Detektoren eingesetzt.

Tab. 8.1 Vergleich EDS – WDS für die ESMA

Parameter	EDS	WDS
Spektrale Auflösung	Gering (65–150 eV)	Hoch (3–20 eV)
Signal/Rausch-Verhältnis	Klein (~100)	Hoch (~1000)
Zählrate	Hoch	Gering
Probenstrom	0,1–20 nA	1–100 nA
Probenbeschaffenheit	Nahezu jede	Polierte Oberflächen
Spektrenaufnahme	Simultan	Sequenziell
Analysendauer	Kurz	Lang
Elementbereich	5B–92U	4Be–92U
Abnahmewinkel	Variabel	Fix
Genauigkeit	2–10 %	1–2 %

8.3.4 Elektronenoptik/Detektion

Für die elektronenoptische Bildgebung werden SE und BSE verwendet (s. Abb. 8.12). Prinzipiell gibt es die Möglichkeit, die Topographie oder den Z-Kontrast (BSE(Z), mittlere Ordnungszahl) in den Mittelpunkt zu stellen. Dabei liefert SE aufgrund der niedrigeren Energie und Energieverteilung bessere Topographieauflösung und kaum Z-Kontrast. BSE dagegen liefert einen besseren Z-Kontrast bei schlechterer Auflösung. Die Art und Anordnung zur Detektion von SE und BSE unterscheiden sich aufgrund der unterschiedlichen Energie der Elektronen. SE-Detektoren sind in der Regel seitlich neben der Probe und neben der Objektivlinse angebracht. Die niederenergetischen SE können dicht über der Oberfläche durch eine geringe Saugspannung (0,3 kV) in Richtung des Detektors abgelenkt werden (s. auch [69]). BSE-Detektoren dagegen müssen einen möglichst großen Raumwinkel abdecken, da BSE aufgrund der höheren Energie und der breiten Energieverteilung nicht durch eine Saugspannung abgelenkt werden können. BSE-Detektoren sind darum meistens schwenkbar zwischen Probe und Objektiv angebracht. Für maximalen Z-Kontrast kann der Szintillator direkt über die Probe geschoben werden, sodass er den einfallenden Elektronenstrahl umfasst („Robinson-Detektor"). Als Detektorelemente dienen Photomultiplier, Szintillationszähler und Feststoffzähler (Halbleiterdetektoren).

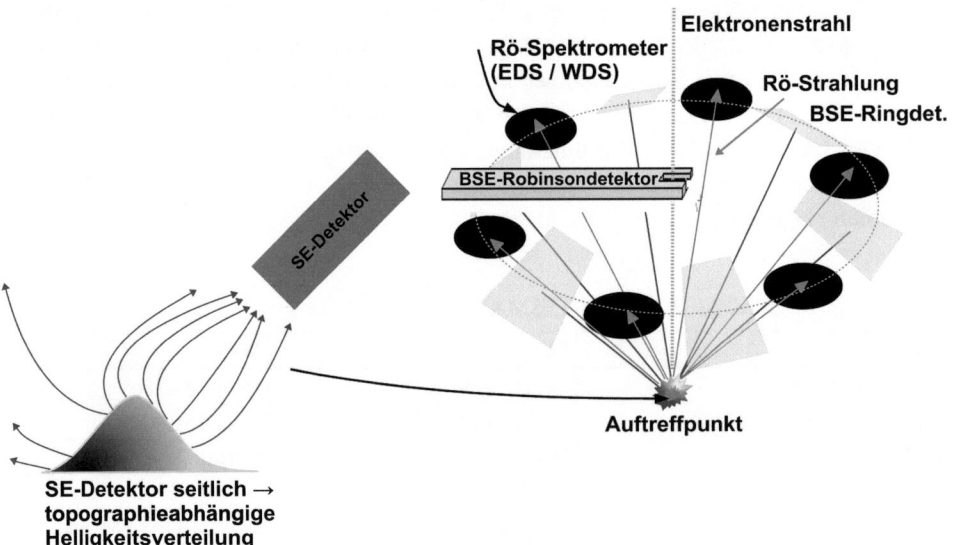

Abb. 8.12 BSE- und SE-Detektoranordnungen

8.4 Chemische Analyse

Die chemische Analyse kann halbquantitativ, quantitativ, punktuell, eindimensional (Linienprofil, s. Abb. 8.13) oder zweidimensional (Elementverteilungsbilder, s. Abb. 8.14) durchgeführt werden. Alle polierten Proben enthalten Reste der zum Schleifen oder zur Politur verwendeten Materialien, wie Korund, Diamant, SiC, aber auch Blei von der Polierplatte. Diese Körner gehören nicht zur Probe und können Linienüberlagerungen auf Analyseelementen hervorrufen, die zu Falschinterpretationen führen. Wird beispielsweise ein Linienscan oder ein Elementverteilungsbild zur Verteilung von Au in einem Erz durchgeführt, liefert ein Pb-Korn beim Überfahren einen erhöhten Untergrund im Bereich von Au$L\alpha$ und Au$L\beta$ durch entsprechende L-Linien des Pb in diesem Energie- bzw. Wellenlängenbereich. Dies führt eventuell zu einer Fehlinterpretation der Au-Verteilung in der Probe.

8.4.1 Chemische Ortsauflösung

Die chemische Ortsauflösung hängt von der Eindringtiefe der Elektronen in die Probe, der Tiefenverteilung der Elektronen in der Probe („Anregungsbirne") und der energieabhängigen Austritts- oder Analysentiefe der charakteristischen Röntgenstrahlung ab. Damit ist die chemische Auflösung nicht konstant, sondern variiert mit Matrix (mittlerer Ordnungszahl) und Elementlinie. Daher kann durch die Messung auf energieärmeren Linien (z. B. L-Linien anstatt K-Linien) die chemische Auflösung verbessert werden. Da $L\alpha$- und $L\beta$-Linien aufgrund der Herkunft der Sprungelektronen aus d-Orbitalen einer deutlichen chemischen Verschiebung (s. Kap. 5) unterliegen, ist die Verwendung der Ll-Linien, bei denen die Sprungelektronen aus einem 3s-Orbital stammen, sehr interessant. Mit modernen Elektronenmikroskopen mit Feldemitter können Schichten einer Dicke von 100 nm chemisch aufgelöst werden (s. Abb. 8.13).

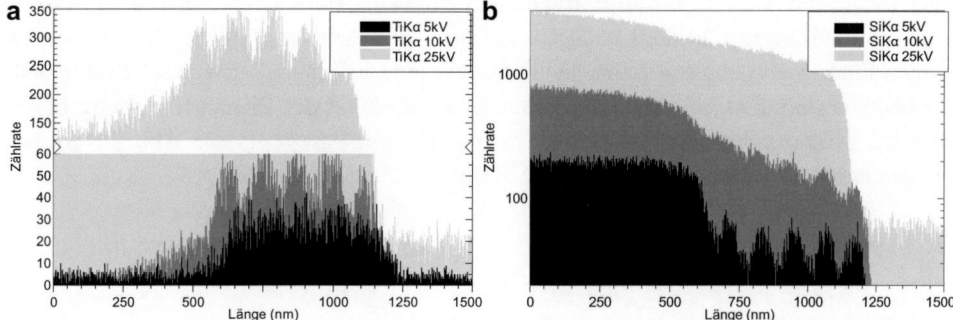

Abb. 8.13 Linienprofil, gemessen mit EDS an einer Si-Ti-Wechsellagerung auf einem Si-Substrat. Die chemische Auflösung für $TiK\alpha$ (**a**) und $SiK\alpha$ (**b**) ist an der Trennung der einzelnen Schichten (insgesamt 5) abzuschätzen. Weitere Erläuterungen im Text

Aus der Abb. 8.13 ist zu erkennen, dass die Wahl der Anregungsspannung für die ortsaufgelöste Messung der Elementverteilung ausschlaggebend ist. Die Ergebnisse für $TiK\alpha$ (s. Abb. 8.13a) zeigen, dass eine Anregung im Spannungsbereich der Fluoreszenzlinie ($TiK\alpha$ = 4,508 eV) kaum Intensitätsunterschiede liefert. Gute Ergebnisse liefert bereits die Anregung mit etwa der doppelten Spannung (10 kV). Bei einer Anregung mit deutlich höherer Spannung (25 kV) steigt die Untergrundzählrate im Substrat sehr stark an, ohne dass eine Verbesserung der Empfindlichkeit erkennbar ist (Abb. 8.13a, Bereich 0–500 nm). Die chemische Auflösung – in diesem Fall die Trennung des Elementsignals zwischen den Schichten – hängt nicht von der Anregungsstromstärke ab. Die Messungen von $SiK\alpha$ (s. Abb. 8.13b) zeigen eine gute analytische Trennung der Schichten schon bei 5 kV, da damit die minimale Anregungsspannung von 1,739 für diese Linie fast um mehr als das Zweifache überschritten wird. Bei höheren Anregungsspannungen (10 bzw. 25 kV) verliert sich das Signal mehr und mehr im Untergrund.

8.4.2 Elementverteilung

Die Verteilung von Elementen kann sowohl als Linienprofil wie auch flächig als Bild aufgenommen werden. Zur Erstellung eines Linienprofils wird zunächst ein SE- oder BSE-Bild des ausgewählten Bereiches auf der Probenoberfläche erzeugt. Auf diesem kann dann eine Messstrecke einer bestimmten Länge mit einer bestimmten Anzahl an Messpunkten festgelegt werden (s. Abb. 8.13). Bei der Aufnahme zweidimensionaler Elementverteilungsbilder ist die Vorgehensweise vergleichbar, nur dass hier auf einem BSE-Bild ein Quadrat oder eine beliebige Form mit einem Grafikwerkzeug platziert wird.

Indem der Probentisch unter dem Elektronenstrahl hindurchbewegt wird oder der Elektronenstrahl in einem TV-ähnlichen Raster über einen definierten Bereich bewegt wird, können Elementverteilungsbilder mittels WD- oder EDRFA aufgenommen werden. Ersteres ermöglicht eine konstante Fokussierung, Letzteres hat den Vorteil einer besseren räumlichen Auflösung. Der Elementgehalt kann mit einer entsprechenden Farbkodierung visualisiert werden. Durch Extrapolation der Farbverteilung zwischen dem Bereich mit dem niedrigsten und dem höchsten Gehalt – beispielsweise durch Quantifizierung ausgewählter Messpunkte – kann der Farbskala eine halbquantitative oder quantitative Elementkonzentration hinzugefügt werden. Die Auflösung der Elementverteilungsbilder liegt bei Mikrosonden mit W-Filament im unteren μm-Bereich (siehe Abb. 8.14b), bei Feldemittersonden bei 100 nm (s. Abb. 8.14a).

8.4.3 Qualitative Analyse (EDRFA)

Zur Identifikation vorhandener Elemente in unbekannten Materialien oder Phasen und zur Suche von geeigneten Phasen für die quantitative Analyse bietet sich die EDRFA an. Diese ermöglicht die Aufnahme eines Gesamtspektrums der anregbaren Elemente innerhalb

8.4 Chemische Analyse

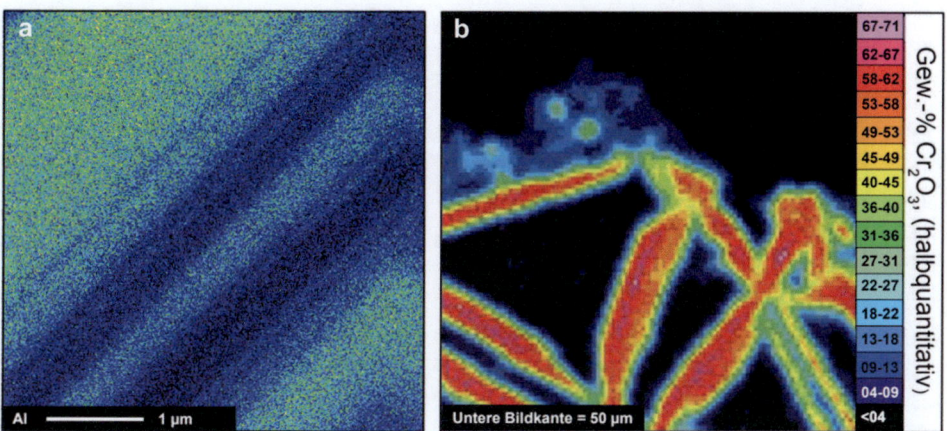

Abb. 8.14 Zonierte Verteilung von Al in einem Granatkorn (**a**), Verteilung von Cr in einem Ca-Cr-Oxidpartikel einer Klärschlammasche (**b**) mit halbquantitativer Farbskala

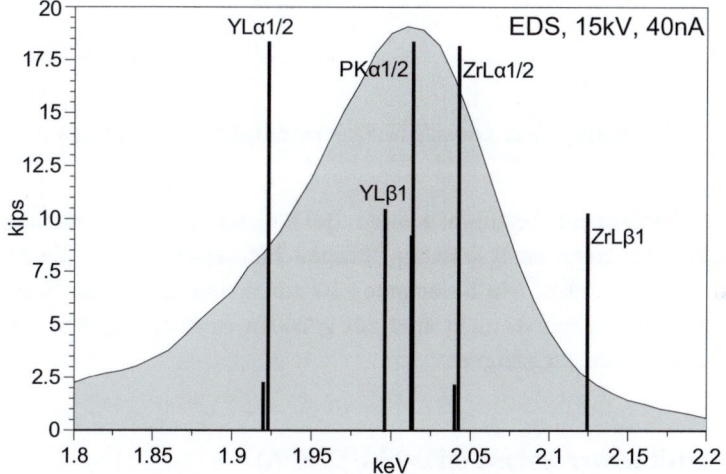

Abb. 8.15 Gesamtpeak von Y und P im EDRFA-Spektrum

weniger Sekunden. Weitere Anwendungen sind Elementprofile und -verteilungen bzw. die Visualisierung von Diffusionsvorgängen, Zonarbau und Reaktionshorizonten (Alterationen). Normalerweise wird hier EDRFA verwendet. Die WDRFA kommt zum Einsatz, wenn die Auflösung des EDRFA-Spektrums nicht ausreicht. In Abb. 8.15 zeigt sich, dass mit der begrenzten Auflösung des EDRFA-Spektrums die Gefahr einer Falschinterpretation von Xenotim (YPO_4) und Baddeleyit (ZrO_2) besteht. Mit WDRFA kann dieses Problem aber eindeutig gelöst werden (siehe Abb. 8.16 am Beispiel von Ba und Ti).

Eine halbquantitative und standardlose Analyse mit (siehe Abschn. 5.1.9) wird mithilfe der Fundamentalparametermethode durchgeführt. Das Ergebnis wird auf 100 % normiert,

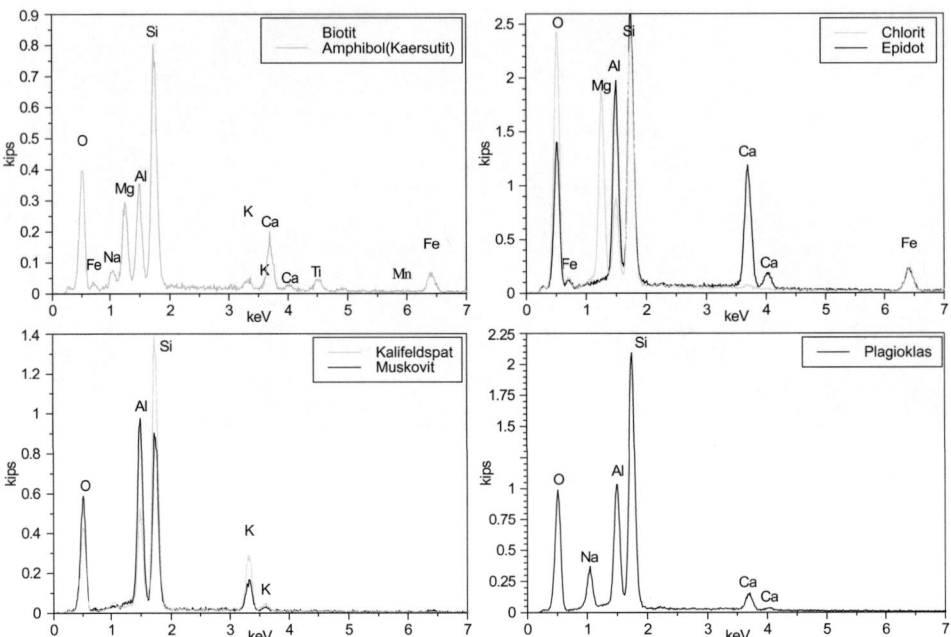

Abb. 8.16 EDRFA-Spektren einer Auswahl häufiger silikatischer Mineralphasen

daher müssen alle Elemente bestimmt werden. Bei hohen Gehalten an „dunkler Matrix" – mit RFA nicht oder kaum analysierbaren leichten Elementen – kann die Methode nur schwer angewendet werden. Die Berechnung ist zur Abschätzung des Elementgehaltes oder zur Mineralidentifikation, nicht aber zur genauen Bestimmung von Mineral- oder Phasenzusammensetzungen geeignet.

8.4.4 Quantitative Analyse (WDRFA/EDRFA)

Für die genaue Quantifizierung des Elementbestandes darf die Intensität der charakteristischen Röntgenstrahlung aus der Probe nur von der Elementkonzentration in der Probe abhängen. Die Probe muss in dem vom Elektronenstrahl angeregten Bereich homogen sein und bezüglich der Anregungsbirne eine unbegrenzte (infinite) Dicke besitzen. Der Durchmesser des zu analysierenden Bereichs (Korns) muss deutlich größer sein als der Durchmesser des Elektronenstrahls. Bei horizontal liegenden, plattigen Körnern (z. B. Tonmineral- oder Schichtsilikatplättchen) kann ein Testspektrum mit EDS dabei helfen abzuschätzen, ob das Korn dick genug ist.

Bei geringeren Konzentrationen und bei ausgeprägten spektralen Interferenzen wird bei der ESMA für die chemische Quantifizierung aufgrund der überlegenen spektralen Auflösung der Kristallspektrometer die WDRFA eingesetzt. Dabei verbessert sich die

8.4 Chemische Analyse

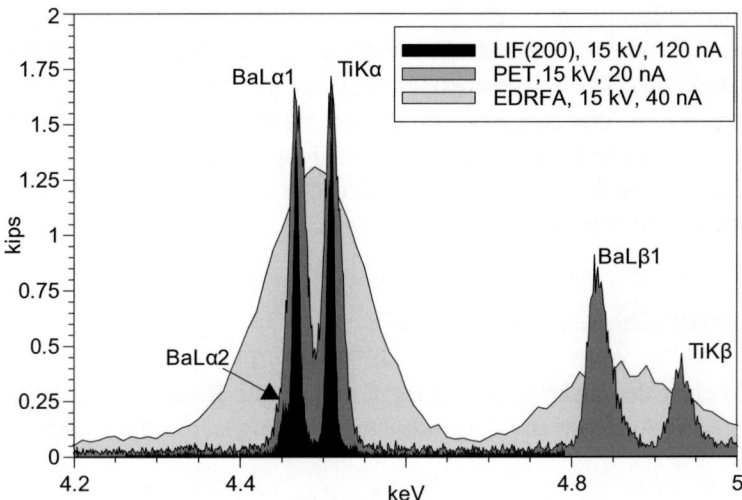

Abb. 8.17 Auflösungsvermögen von EDS und WDS anhand von Ba und Ti ($BaTiSi_3O_9$). LiF(200) mit $2d = 0,4$ nm zeigt die beste, PET mit $2d = 0,87$ nm die zweitbeste und EDRFA (hier Si(Li)) die schlechteste Auflösung. Die Empfindlichkeit der Analysenkristalle steht reziprok dazu, sodass bei der Aufnahme mit LiF(200) für vergleichbare Peakintensitäten die Stromstärke von 20 auf 120 nA erhöht werden muss

spektrale Auflösung der eingesetzten Analysenkristalle mit Abnahme des Gitterabstandes (s. Abb. 8.17 und Kap. 5). In Abb. 8.17 hat bei $TiK\alpha$ der LiF(200) eine Auflösung von 12 eV, der PET von 30 eV und der Si(Li) von 175 eV. Die Empfindlichkeit der Analysenkristalle steht dabei reziprok zu der Winkelauflösung. EDRFA kommt nur bei der Analyse von Hauptkomponenten zum Einsatz und wenn die spektrale Auflösung ausreichend ist.

Bezüglich der Interelementeffekte, Kristallfluoreszenz, Beugungen höherer Ordnung, Linienüberlagerungen, Untergrundmessungen und Messzeiten sind prinzipiell die gleichen Regeln wie bei der in Kapitel 5.1.11 vorgestellten RFA-Spektrometrie (EDRFA und WDRFA) zu beachten. Auch die Methodenentwicklung inklusive der Überprüfung der Winkellagen und der Pulshöhenverteilung ist ähnlich. Auch die Kristallspektrometer und die Detektoren der Mikrosonde entsprechen vom Aufbau denen der RFA-Spektrometer mit Röntgenanregung (s. Kap. 5).

Für den Wellenlängenbereich von O bis U kommen bei der ESMA die Kristalle TAP, PET und LIF(200) mit Gitterabständen von 2,576, 0,874 und 0,402 nm zum Einsatz. Dabei wird der TAP im langwelligeren, der PET im mittleren und der LiF im kurzwelligeren Bereich des analytisch genutzten Röntgenspektrums eingesetzt:

- TAP: O – P (K-Linien), Cr – Nb (L-Linien), Pd – Hg (M-Linien)
- PET: Al – Mn (K-Linien), Sr – Tb (L-Linien), ab Yb (M-Linien)
- LiF(200): K – Rb (K-Linien), ab Cd (L-Linien)

Für den langwelligen Bereich mit Be – F (K-Linien) und entsprechenden analytisch verwertbaren L- und M-Linien schwererer Elemente werden je nach analytischem Einsatzgebiet zusätzliche Mulitlayerstrukturen eingesetzt.

Im Gegensatz zu normalen RFA-Spektrometern, die nur über ein Goniometer verfügen, sind für Mikrosonden verschiedene, auf bestimmte Elementbereiche optimierte Spektrometertypen verfügbar. Zur Erhöhung der Intensitätsausbeute können Spektrometer zusammengeschaltet werden.

8.4.5 Beschleunigungsspannung

Als Besonderheit der Elektronenanregung bestimmt die Beschleunigungsspannung die Eindringtiefe und Ausbeute an Röntgenstrahlung Wichtig ist dabei das Verhältnis U mit:

$$U = E_0/E_C \tag{8.1}$$

E_0: Energie der einfallenden Elektronen E_C: kritische Anregungsenergie der betreffenden charakteristischen Röntgenstrahlung. Für den Zusammenhang zwischen der Intensität I und dem Verhältnis U gilt annäherungsweise:

$$I = (U - 1)^{1,67} \tag{8.2}$$

Eine höhere Beschleunigungsspannung (> 25 kV) bedeutet eine höhere Eindringtiefe, einen längeren Absorptionsweg und damit eine höhere Untergrundzählrate, eine geringere Auflösung und eine komplexere Matrixkorrektur. Eine niedrige Beschleunigungsspannung (< 10 kV) führt zu einem starken Einfluss der Bedampfungsdicke. Als Faustregel für die Anregung gilt:

$$E_0 \approx 3 E_c \tag{8.3}$$

Damit ergibt sich, dass mit der Verwendung energieärmerer Linien (z. B. $L\alpha$ statt $K\alpha$) die räumliche Auflösung zunimmt. 15 kV und 30–40 nA ist eine Standardeinstellung, die für die meisten Applikationen einsetzbar ist.

8.4.6 Matrixkorrektur

Aufgrund der Besonderheiten der Elektronenanregung unterscheidet sich die Matrixkorrektur von der RFA mit Röntgenanregung.

Die einfallende Elektronenstrahlung hat eine im Vergleich zur bestrahlten Fläche hohe Eindringtiefe, die nicht nur von der Beschleunigungsspannung, sondern auch davon abhängt, wie stark die Elektronen im Material – abhängig von Dichte/mittlerer

8.4 Chemische Analyse

Ordnungszahl – abgebremst werden („Stopping Power"). Damit verändert sich die Größe der Anregungsbirne und das Verhältnis und die Intensitäten der charakteristischen Röntgenstrahlung. Darüber hinaus gibt es den Rückstreuungseffekt, der zur Aussendung von Rückstreuelektronen („BSE") führt. Die BSE stehen nur in begrenztem Umfang zur Anregung von charakteristischer Röntgenstrahlung zur Verfügung. Wie bei der normalen RFA treten Absorptionseffekte auf, da die entstandene charakteristische Röntgenstrahlung selbst ionisierend auf die in der Probe enthaltenen Elemente wirken kann.

Dies steht im Zusammenhang mit der sekundären Fluoreszenz der dabei angeregten Elemente (siehe Abschn. 5.2.4, Matrixkorrektur). Aus der im Vergleich mit der angeregten Oberfläche höheren Eindringtiefe resultiert eine stärkere Verminderung der gemessenen Röntgenintensitäten durch Absorption von Röntgenstrahlung noch innerhalb der Probensubstanz als bei der normalen RFA.

Die Korrektur nach Bence-Albee basiert auf der Ermittlung von empirischen oder teilweise empirischen Alpha-Korrekturfaktoren in der Art wie es auch bei der normalen RFA üblich ist:

$$Korr = \sum C_i \cdot \alpha_i \tag{8.4}$$

(siehe Abschn. 5.2.4, Matrixkorrektur). ZAF-Algorithmen haben die Verfahren nach Bence-Albee heutzutage weitgehend abgelöst.

Der klassische ZAF-Algorithmus, erstmals entwickelt von [46], ist aufgeteilt in: Z: Ordnungszahl (inkl. „Stopping Power" und Rückstreuung), A: Absorption und F: Fluoreszenz, wobei die Anteile „A" und „F" in ähnlicher Weise auch bei der normalen RFA Verwendung finden. Vereinfacht dargestellt entwickelt sich die Beziehung aus:

$$\frac{C_{ip}}{C_{iSt}} = \frac{I_{ip}}{I_{iSt}} \tag{8.5}$$

und damit

$$C_{ip} = C_{iSt} \cdot \frac{I_{ip}}{I_{iSt}} \tag{8.6}$$

wobei C: Gewichtsanteil, I: Zählrate; i: Element; p: Probe; St: Standard

Da aber die Zusammensetzung der Probe bei der ESMA einen starken Einfluss auf die gemessenen Intensitäten hat, müssen die Korrekturfaktoren Z, A, und F in die Gleichung integriert werden:

$$C\frac{p}{i} = \frac{I_i^p}{I_i^{St}} \cdot \frac{ZAF_i^p}{ZAF_i^{St}} \cdot C\frac{St}{i}; \tag{8.7}$$

Der klassische Algorithmus ist allerdings auf den Energiebereich zwischen 20–30 keV optimiert und eignet sich nicht so gut für die Analyse energieschwächerer Linien leichterer

Elemente [83], sodass auf der Basis dieses Ansatzes die Matrixkorrekturalgorithmen stetig weiterentwickelt [29, 192, 237] und in die Auswertungssoftware aller modernen ESMA-Geräte z. B. unter dem Namen „PAP" (Cameca und [213]) integriert wurden. Besonders der Absorptionsterm A ist bei der Berechnung kritisch, da er für den größten Fehler bei der Korrekturberechnung sorgt. Moderne Verfahren nutzen sogenannte $\Phi(\varrho z)$-Algorithmen, die ständig weiterentwickelt werden. Das Φ in dieser Funktion beschreibt die Verteilung der durch die Anregungsbirne entstehenden charakteristischen Strahlung, die zur Quantifizierung der Elemente notwendig ist. Diese Funktion ist davon abhängig, aus welcher Tiefe z die Röntgenstrahlung aus der Birne dringt. Diese ist wiederum von der Dichte ϱ des Materials abhängig. Die PAP-Korrektur nutzt einen $\Phi(\varrho z)$-Algorithmus, ist sonst aber mit der klassischen ZAF-Korrektur identisch.

8.4.7 Anregungsbedingungen

Bei silikatischer Matrix und Elementen bis Ti (Fe) reichen 15 kV zur Anregung aus. Für die Analyse von Erzmineralen mit schweren Elementen und dichter Matrix ist eine höhere Spannung von 25 kV oder mehr erforderlich.

Bei gleicher Beschleunigungsspannung steigt die Zählrate mit der Stromstärke. Zur Messung leichter Elemente (z. B. P) oder bei geringen Konzentrationen kann der Strom erhöht werden (z. B. 100–200 µA). Je höher die Energie des Elektronenstrahls, desto höher ist aber auch die Zerstörung/Alteration des Probenpunktes. Der größte Teil der Energie des einfallenden Elektronenstrahls wird in Wärme umgewandelt und führt zur Verdampfung oder Durchlöcherung empfindlicher Proben während der Messung und einer Abnahme der analytischen Präzision. Mobile Elemente wie Alkalielemente in Feldspäten oder Gläsern tendieren dazu, vom Messpunkt wegzudiffundieren. Damit unterliegen die Zählraten einer zeitlichen Variation (Drift) und die Berechnung der Zusammensetzung wird verfälscht. Eine Lösung ist die Integration über Messpunkte auf einem entsprechend großen und homogenen Korn, eine niedrigere Anregungsenergie, ein größerer Strahldurchmesser (z. B. 10 µm) und eine geringere Messdauer. Elemente, deren Zählraten aus den vorgestellten Gründen einer zeitlichen Variation unterliegen, sollten zuerst gemessen werden. Besonders anfällig für Alteration während der Messung sind wasserhaltige Minerale, Karbonate, Phosphate, Sulfate, Feldspäte und Gläser.

Wichtig ist in diesem Zusammenhang auch die sinnvolle Verteilung der Elemente auf die einzelnen Spektrometer, sodass diese möglichst gleichmäßig ausgelastet werden. Elemente, die einer starken zeitlichen Veränderung der Zählraten im Verlaufe der Anregung unterliegen (s. o.), sollten zuerst analysiert werden. Hauptelemente wie Si oder Al bei Silikaten können natürlich simultan zur Analyse der geringer konzentrierten Elemente mit WDS auch mit EDS gemessen werden. Da mit der Mikrosonde Einzelphasen mit ungewöhnlichen Elementzusammensetzungen analysiert werden, muss besonders auf Linienüberlagerungen untergeordneter Linien geachtet werden. Ein gutes Beispiel ist die Elementserie der Lanthanoiden, welche eine sich überlappende Serie an Röntgenlinien

8.4 Chemische Analyse

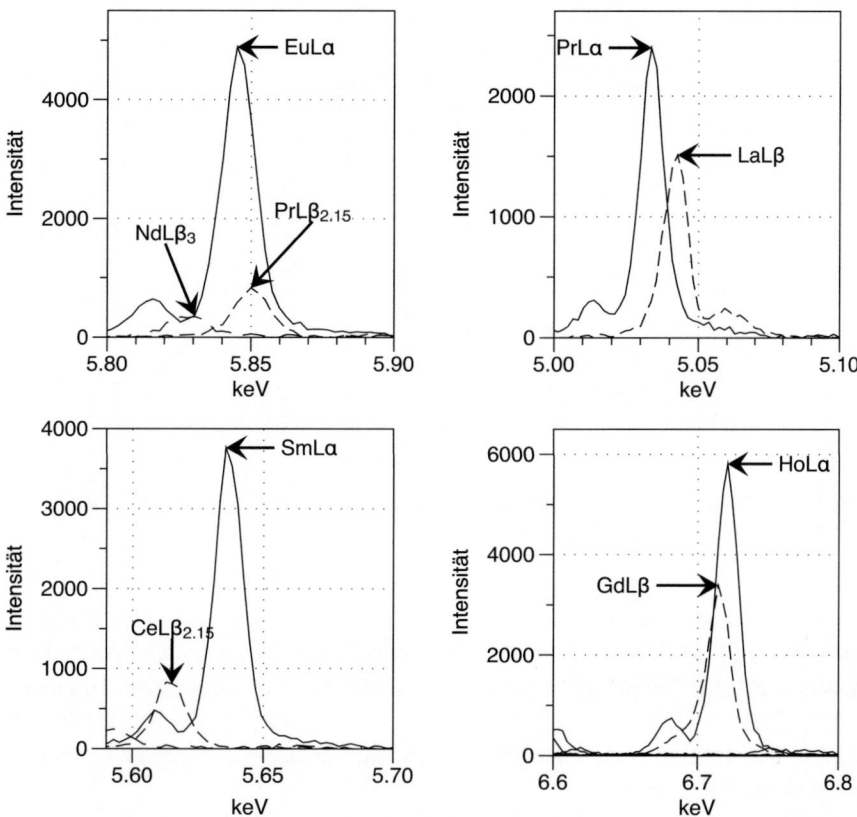

Abb. 8.18 Beispiele für Linienüberlagerungen bei Lanthanoiden

erzeugen (s. Abb. 8.18). Da die K-Linien aufgrund der hohen Anregungsenergie nicht effektiv anregbar sind, werden die L-Linien zur Quantifizierung verwendet. Bei La und Ce geht dieses problemlos. $PrL\alpha$ wird bereits stark von $LaL\beta_1$ überlagert. Bei $SmL\alpha$ stört $CeL\beta_{2,15}$. Das relativ seltene Eu ($EuL\alpha$) kann von $PrL\beta_{2,15}$ gestört werden. $HoL\alpha_1$ wird fast vollständig von $GdL\beta_1$ überdeckt [217]. Auch die Linien häufigerer Elemente wie Mn, Fe und Ba sind zu beachten (s. Abschn. 8.8.1).

8.4.8 Chemische Energieverschiebung

Die Abhängigkeit der Energie einer Röntgenlinie vom Bindungszustand des betrachteten Elementes am Beispiel des stark unterschiedlichen Oxidationszustandes des S in S^{2-} und SO_4^{2-} wird im Kapitel 5.5.7 zur Röntgenfluoreszenzanalyse am Beispiel „Sulfat neben Sulfid in Zementrohmehl" betrachtet. Auch bei der Mikrosondenanalytik müssen Energieverschiebungen, die im Zusammenhang mit dem Bindungszustand des betrachteten

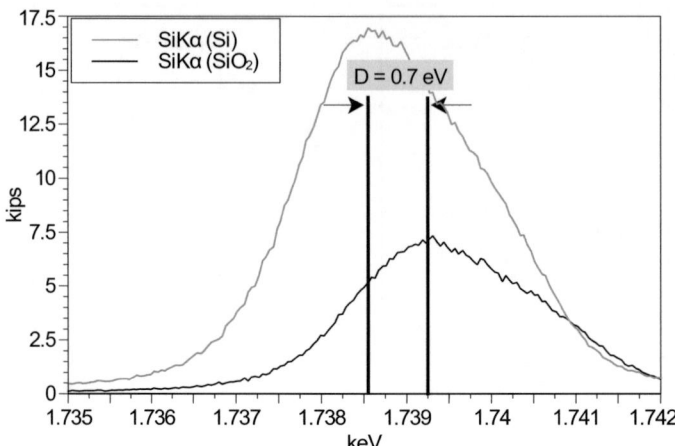

Abb. 8.19 Chemische Energieverschiebung von $SiK\alpha$ bei dem Vergleich der Winkelpositionen nach Messungen auf einem Si-Wafer und auf Quarz

Elementes stehen, beachtet werden (s. Abb. 8.19). Die $OK\alpha$-Peaks von CuO und Cu_2O oder MgO und Cr_2O_3 können beispielsweise analytisch getrennt werden. Auch die Peaks von $SiK\alpha$ von Si (Si-Wafer) und SiO_2(Quarz) sind eindeutig voneinander trennbar.

Werden Peakverschiebungen solcher Art bei der Kalibration, die bei der ESMA nur auf einem Standard erfolgt, übersehen, kann eine schlechte Reproduzierbarkeit und Genauigkeit die Folge sein.

8.4.9 Analyse weicher Röntgenstrahlung

Für die spektrale Auftrennung energiearmer (weicher) Röntgenstrahlung (engl. „Soft X-Ray Emission Spectroscopy, SXES") im Bereich ab 33 eV dienen Gitter wie bei der optischen Emissionsspektrometrie (z. B. [86]). Aufgrund der vergleichbar geringen Wellenlängen ist die Effizienz konventioneller Gitter niedrig. Daher werden Gitter mit variabler Linienbreite verwendet (engl. „VLS (Variable Line Spacing) Grating"). Es wird mit sehr geringem Winkel zwischen Detektor und Gitter gearbeitet (streifender Einfall, engl. „Grazing Incindence"), die Fokussierungskurve ist mehr oder weniger linear [263]. Daher ist diese Geometrie sehr gut für flache CCD-Detektoren geeignet, die – wenn überhaupt – nur linear verfahren werden müssen (kein Fokussierungskreis wie bei WDS-Detektoren mit Analysenkristallen). Mit einer CCD-Kamera kann das Spektrum simultan aufgenommen werden (z. B. [86]). Die Energieauflösung liegt deutlich unter 1 eV und ist mehr als 10-fach besser als bei konventionellen WDRFA-Spektrometern mit Analysenkristallen. Damit kann neben den L-Linien oder höheren Ordnungen primärer Analysenlinien (z. B. bis zu $SiK\alpha$[9] [86] der Elemente Al oder Si auch die eigentlich schon im harten UV-Bereich liegende $LiK\alpha$ erfasst werden. Eine weitere Stärke dieses Verfahrens liegt in der Auflösung der Speziation (des Bindungszustandes) von Elementen. Bei komplex zusammengesetzten Proben sind die spektralen Interferenzen höherer Ordnungen energiereicherer Linien zu beachten.

8.5 Elektronenbilder

Die Elektronenstrahlmikrosonde kann wie ein Rasterelektronenmikroskop (REM) verwendet werden, um elektronenoptische Aufnahmen zu erstellen. Es können Sekundärelektronenbilder und Rückstreuelektronenbilder, aber auch Mischungen beider Aufnahmemethoden aufgenommen werden. Wie bei der REM spielen für die Auflösung und die Qualität des Bildes der Elektronenstrahldurchmesser, die Tiefenschärfe, die Beschleunigungsspannung, die Vergrößerung, der Arbeitsabstand, der Blendendurchmesser, Vibrationen vom Gerät oder vom Gebäude und die auftretenden elektrischen und magnetischen Felder eine Rolle. Zu beobachtende Artefakte sind weiß erscheinende Aufladungen, Kontamination mit Partikeln und Strahlenschäden. Bei der Auflösung spielen auch wieder die optischen Fehler der Elektronenlinsen eine Rolle: Aberration und Astigmatismus, wobei letzteres standardmäßig korrigiert werden kann. Die Korrektur der Aberration ist bis jetzt nur in wenigen Geräten vorgesehen. In diesem Fall zeigt sich der Vorteil eines energetisch homogenen und scharf ausgebildeten Crossovers, wie er von einer Feldemissionskathode erzeugt wird.

Ausschlaggebend für die maximale Auflösung ist die De-Broglie-Wellenlänge:

$$\lambda_{DB} = \frac{h}{\sqrt{2m_0 E_{kin}}}, \tag{8.8}$$

h = Plank'sches Wirkungsquantum, m = Masse des betrachteten Teilchens (hier Elektron), K_{kin} = kinetische Energie der Elektronen

Das bedeutet: Je höher die kinetische Energie der Elektronen (K_{kin}), desto kleiner die De-Broglie-Wellenlänge. Daher wird auch für die hochauflösende Transmissionselektronenmikroskopie (TEM) die höchste Beschleunigungsspannung benötigt (s. Tab. 8.2).

Tab. 8.2 Auflösungsbereiche verschiedener optischer Systeme

Auflösungen optischer Systeme im Vergleich		
System	Strahlungsart (nm)	Auflösung
Lichtmikroskop	Sichtbar (770–440)	lateral 1–2 µm
Laser-Lichtmikroskop	UV-Laser (375)	Lateral < 100 nm
RDA	Röntgen, CuKa, 8,04 keV, (0,14)	Gitter, d: 0,1–1,0 nm
REM	Elektronen, 10 keV, l(DB) = 0,01	Lateral < 1 nm
TEM	Elektronen, 100 keV, l(DB) = 0,004	Lateral < 0,02 nm

350　8　Elektronenstrahl-Mikroanalyse (ESMA)

Der „Beleuchtungseffekt" eines Elektronenbildes (BSE/SE) entsteht durch den Topographiekontrast, der für eine höhere Ausbeute an exponierten Flächen sorgt.

8.5.1 Sekundärelektronenbilder (SE)

Aufgrund der geringen Energie liegt die Entstehungs- und Austrittstiefe der SE im nm-Bereich (maximal einige 10er nm). Daher liefern Sekundärelektronenbilder eine bessere topographische Auflösung, beinhalten aber aufgrund der geringeren Interaktion mit den Atomkernen weniger Information zu Matrix oder mittlerer Ordnungszahl („Z-Kontrast"). SE-Bilder werden meist mit niedrigen kV (< 5) und nA (< 5) aufgenommen (s. Abb. 8.20).

8.5.2 Rückstreuelektronenbilder (BSE)

Die Entstehungs- und Austrittstiefe der Rückstreuelektronen („Back Scattered Electron", BSE-Images) reicht je nach Matrix bis in den 0,1-μm-Bereich – daher ist die topographische Auflösung etwas schlechter als bei SE. BSE liefert reinen matrixabhängigen, also mit der mittleren Ordnungszahl zusammenhängenden Kontrast („Z-Kontrast", „Compo"),

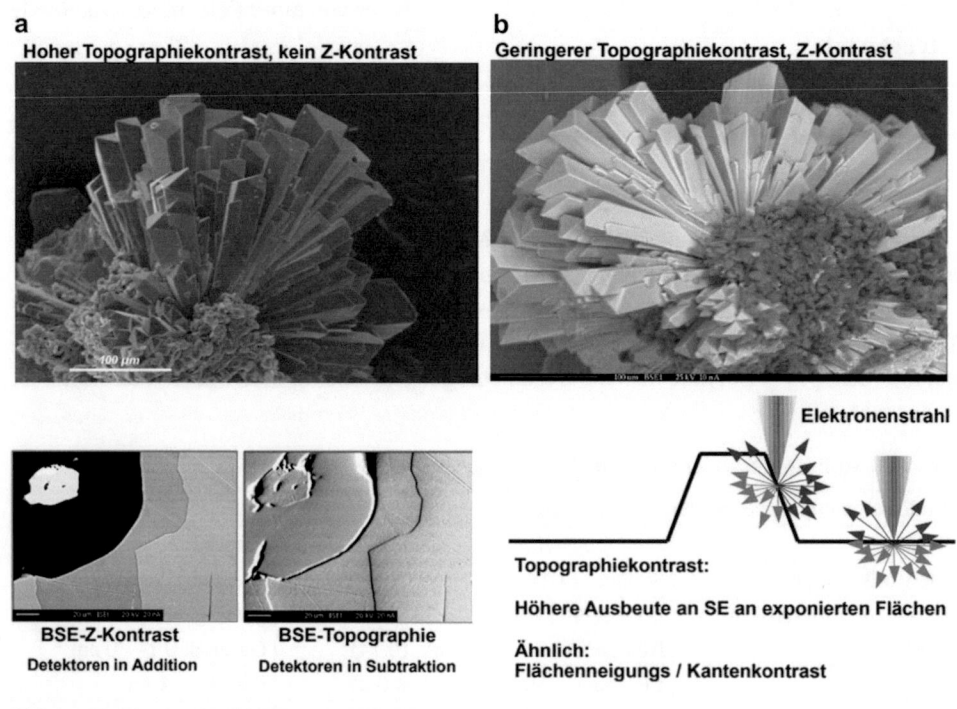

Abb. 8.20 Unterschied BSE (**a**) zu SE (**b**)

wenn die Detektoren in Addition geschaltet werden. Bei anderer Einstellung enthält das Bild topographische Informationen und Z-Kontrast – also zwei Informationen. Zum Auffinden der in der Probe enthaltenen Phasen für die qualitative und/oder quantitative Analytik eignet sich im Allgemeinen das BSE-Bild mit Z-Kontrast besser (8.20). BSE-Aufnahmen werden bei höheren Spannungen (5, 10, 25 kV) und Stromstärken (5–15 nA) aufgenommen.

8.5.3 Kombinationsbilder

SE- und BSE-Informationen können auch kombiniert werden. Damit ist die höhere Auflösung der SE-Bilder mit dem Z-Kontrast zu vereinen. Es ist ein Szintillationsdetektor auf Basis von Everhart-Thornley [69] erforderlich, der niederenergetische Elektronen (< 50 eV, SE) ansaugt, die höherenergetischen Elektronen (BSE) dabei aber unbeeinflusst erfassen kann.

8.6 Methodik

Da die Elementanalyse bei der ESMA auf der RFA (s. Kap. 5) basiert, ist die Methodenentwicklung bezüglich der Auswahl der Analysenlinien sehr ähnlich. Die Unterschiede ergeben sich aus dem individuellen Aufbaus des Gerätes und aus der Anregungsquelle, dem Elektronenstrahl, der im Gegensatz zu einer Röntgenröhre vor der Messung neu zu justieren ist. Da bis zu fünf wellenlängendispersive RFA-Spektrometer um die Elektronenkanone angeordnet sind, müssen die Elemente vor der Messung auf die einzelnen Spektrometer sortiert werden. Beim Erstellen dieses „Belegungsplans" für die Spektrometer bzw. beim Zusammenstellen der Kalibrationsdateien ist darauf zu achten, dass zwischen den Messung möglichst keine Kristalle gewechselt („geflipt") werden müssen, da nach jedem Kristallwechsel die Winkelposition neu verifiziert werden muss.

8.6.1 Kalibration und Referenzmaterialien

Bei der ESMA wird sowohl bei WDRFA als auch bei EDRFA eine Einpunktkalibration durchgeführt. Das bedeutet, dass die Zählrate des Analysenelementes in der Probe nur mit der Zählrate eines Referenzmaterials verglichen wird. Die Erstellung einer linearen Kalibrationsgerade mit vielen Referenzmesswerten wie bei der normalen RFA mit Röntgenröhre (s. Kap. 5) ist möglich, aber wegen der sehr unterschiedlichen Probenmatrizes aufgrund fehlenden Referenzmaterials schwer umsetzbar. Bei einer Einpunktkalibration muss die Matrix des Referenzmaterials möglichst der Matrix der Probe ähneln. Die Referenzmaterialien dürfen keine chemischen Gradienten (Einschlüsse, Zonarbau) zeigen (s. Abb. 8.21). Aus diesem Grund sind natürliche Minerale der Granatgruppe zur

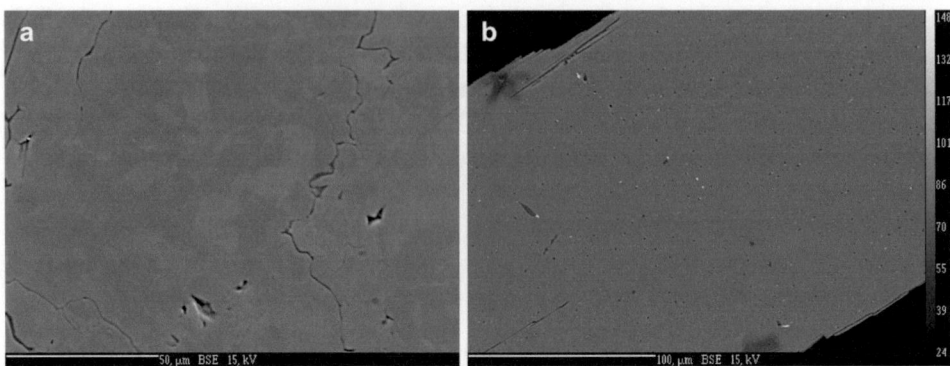

Abb. 8.21 BSE-Aufnahmen von Referenzmaterialien mit chemischen Gradienten (Jadeit (**a**)) und Einschlüssen (Kaersutit (**b**)). Materialien dieser Art sind zur Kalibration ungeeignet

Kalibration kaum geeignet. Für silikatische Phasen mit den Hauptelementen Si, Al, (O), Ca, Mg, Na und Ti ist beispielsweise der Kaersutit für viele Mineralphasen gut geeignet. Na, K, Ca, Al und Si lassen sich gut auf Feldspäten (Albit, Kalifeldspat, Anorthit) kalibrieren.

Für die Auswahl der zur Analyse der Elemente zu verwendenden Röntgenfluoreszenzlinien gelten ähnliche Regeln wie bei der RFA mit Röntgenanregung (s. Kap. 5). Die leichten Elemente bis Ca werden normalerweise mit der $K\alpha$-Linie analysiert. Ab Ti stehen dann auch die L-Linien zur Verfügung. Da mit der Mikrosonde häufig spezielle Phasen – z. B. Erzminerale mit seltenen Elementen (z. B. FeAsS) – untersucht werden, treten untypische Interferenzen auf. in diesem Fall sind bei schweren Elementen aber häufig Linien verwendbar, die bei den geringen Gesamtgehalten in Gesteinen bei der Gesamtanalyse normalerweise nicht genug Intensität liefern (z. B. Pb M-Linien).

Moderne Mikrosonden mit Feldemissionsanregung bei hoher Elektronenstrahldichte und verbesserter Röntgenoptik für WDRFA ermöglichen es, im Elementbereich ab Ti L-Linien zu verwenden. Da die $L\alpha$-Linien einer deutlichen chemischen Energieverschiebung (engl. „Chemical Shift") – und damit Schwankungen in der Winkelposition auf dem Kristall – unterliegen, können die Ll-Linien trotz geringerer Intensität eine bessere analytische Reproduzierbarkeit liefern. Der Ll-Übergang hat seinen Ursprung aus einem s-Orbital der M-Schale und unterliegt daher nicht so stark einer chemischen Verschiebung, da dieses Orbital weniger an den Bindungsorbitalen beteiligt ist. Die relative Intensität des Ll-Übergangs innerhalb der Linienserie eines Elementes nimmt allerdings steigender Ordnungszahl immer weiter ab ($TiLl$: 46 %, $FeLl$: 10 %, $CuLl$: 7 %, $ZrLl$: 5 %). Inwieweit noch andere niedrigenergetische Linien schwerer Elemente mit der strahlintensiveren Feldemissionsanregung analytisch genutzt werden können wird Gegenstand zukünftiger analytischer Forschung sein.

Die Nachweisgrenze bei der ESMA liegt bei WDS mit x·100 ppm deutlich höher als bei der gesamtchemischen WDRFA mit Röntgenanregung. Dies ist auf die Art der Kalibration und den höheren Untergrund durch den in der Probe entstehenden Bremsstrahlungsanteil zurückzuführen. Bei EDRFA ist die Nachweisgrenze bei 0,1 Gew.% außer bei C, O, F (> 0,5 Gew.%) und B, N (> 2–5 Gew.%).

8.6.2 Grundeinstellungen

Vor dem Beginn der Arbeit an der Mikrosonde steht immer die Kontrolle der Vakuumwerte in der Probenkammer und Elektronenkanone. Auch die Vakuumwerte der Spektrometer – sofern diese mit Fenstern abgetrennt sind – ist wichtig. Zeigt sich dort ein mit der Probenkammer vergleichbares Vakuum, ist aller Wahrscheinlichkeit nach das Fenster undicht. Der Probenhalter wird nun mit den Proben und den benötigten Standards bestückt. Auf dem Standardträger sollte sich jeweils ein Material zur Verifizierung der Winkelpositionen auf den WD-Spektrometern (z. B. Andradit, Si, Ca, Fe, O) und ein phosphoreszierender Kristall wie Willemit (Zn_2SiO_4) zur Strahleinstellung befinden. Auf der Probe muss neben einer leitenden Oberfläche (z. B. durch Beschichtung) zur Ableitung der Elektronen mit Kohleband oder Leitsilber eine leitende Verbindung zum Probenträger hergestellt werden. Vor dem Einschleusevorgang ist sicherzustellen, dass sich kein Probenshuttle in der Messkammer befindet. Der Probenhalter kann dann in die Probenschleuse eingesetzt werden. Individuelle Vakuumwerte sind zu beachten. Nachdem die vorgeschriebenen Vakuumwerte erreicht sind, wird das Filament hochgefahren (nur bei W-Filament). Für diese einfachen Wolframfilamente mit einer vergleichbar geringen Haltbarkeit von X00 Stunden beispielsweise wird das Filament zunächst auf Standby gestellt. Nach etwa 5 min kann dann die Heizleistung („Heat") langsam hochgefahren werden. Nach weiteren 5 min können dann die für die Analyse benötigten Leistungswerte (kV/nA) eingestellt werden. Danach ist eine Überprüfung der Winkelpositionen auf den verschiedenen Spektrometern und eine Justierung des Strahls auf dem jeweils geeigneten Material (z. B. Andradit) erforderlich. Eventuell kann auch eine Kontrolle der Pulshöhenverteilung (vor allem vor der Analyse leichte Elemente) durchgeführt werden. Wichtig ist auch die Kontrolle der Höhenachse („Z-Fokus"), die mit dem Lichtmikroskop durchzuführen ist. Durch diese Einstellung liegt die Oberfläche der Probe am Messpunkt genau auf dem Fokussierungskreis („Rowlandkreis") der Spektrometer. Bei einer Defokussierung verschiebt sich der Peak erheblich (s. Abb. 8.22). Feldemitter werden nur bei längeren Stillstandzeiten ausgeschaltet.

Vor dem Start der Kalibration sollte das Messprogramm (Elemente, Kristalle u. a.) schon bekannt sein. Die Elemente sollten so gleichmäßig wie möglich auf die verschiedenen Spektrometer verteilt werden, ohne dass ein Kristallwechsel erforderlich ist. Anderenfalls ist eine Winkelüberprüfung („Verify") während der Messung erforderlich.

Die Messpunkte alterieren während der Messung. Dies gilt vor allem für die leichteren oder beweglicheren Elemente (z. B. die Alkalielemente), die daher am Anfang gemessen werden sollten. Die optimale Diffraktionsstellung der Kristalle bezüglich des Kompromisses aus Auflösung und Empfindlichkeit liegt im mittleren Winkelbereich. Durch hohe

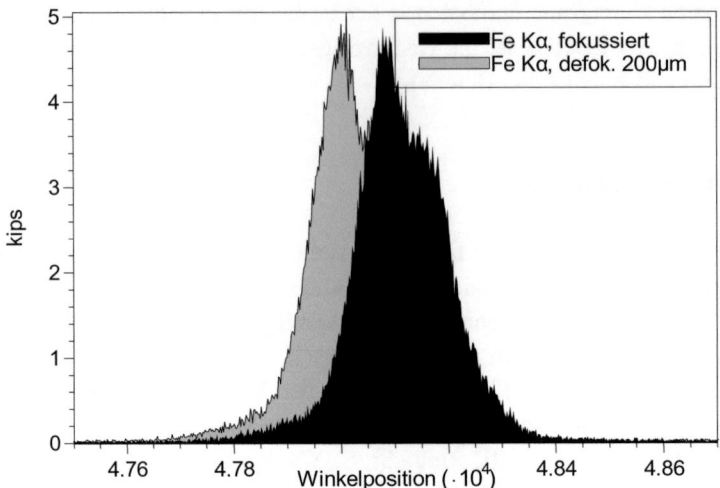

Abb. 8.22 Peakverschiebung durch Defokussierung

Winkeleinstellungen wird ein langer Strahlengang erzeugt. Dieser liefert bei höherer Winkeldispersion weniger Intensität im Detektor. Bei niedrigeren Winkeln gelangt bei höheren Zählraten viel Streustrahlung in den Zähler.

Beim Wechsel der Spannung während der Messung (z. B. von 10 auf 15 kV) ist eine Neujustierung des Strahls erforderlich.

Vor der Abspeicherung der Einstellung sollte jetzt der Strahl fokussiert, der Strahldurchmesser für die Analyse eingestellt und die Vergrößerung (z. B. 300-fach oder 600-fach) festgelegt sein. Die Einstellung für den Heizstrom, die Hochspannung und die Stromstärke sind von den aktuellen Justierungen der Elektronenkanone in das Messprogramm zu übernehmen. Der Strahl wird fixiert. Das Licht vom Lichtmikroskop muss während der Messung ausgeschaltet sein.

Nun muss für jedes Element ein geeigneter Standard angefahren, ein unversehrter und möglichst homogener Bereich gesucht und mehrere Messpunkte festgelegt werden. Es ist zu überprüfen, ob bei der Messung die aktuellen Einstellungen der Elektronenkanone verwendet werden. Der Strahl wird fixiert und auf die für die Messung erforderliche Größe (0–10 µm) eingestellt. Für alle Messelemente müssen adäquate Untergrundpositionen festgelegt werden (s. Kap. 5). Dazu ist ein geeigneter Punkt auf der Probe festzulegen und der Untergrundverlauf der Zählrate im Bereich des Messsignals zu analysieren. Mögliche Linienüberlagerungen sind zu beachten (s. Kap. 5). Auf jedem Standard sollten mindestens 3, besser aber 7–10 Analysen durchgeführt werden. Nach der Messung können stark abweichende Messwerte („Ausreißer") entfernt werden. Die Standardabweichung sollte bei Hauptelementen 0,5 Gew.% und bei Neben- und Spurenelemente 2 Gew.% nicht überschreiten.

8.6.3 Analyse

Für die Analyse sind allen Elementen in der Methode geeignete Referenzmessungen aus Kalibrationen zuzuordnen. Die Zuordnung kann bei der Auswertung nach der Messung aber noch geändert werden. Danach sind Punkte auf der Probenoberfläche festzulegen. Im günstigsten Fall liegen bereits markierte Bereiche, z. B. mit einem Diamantstichel markierte Messkreise vor. Bei Einsatz eines Positionstransfersystems („Point-Logger") sind alle Punkte anzufahren, die Position zu überprüfen und die Höhenachse (Z-Fokus) nachzustellen. Die Höhenversetzung auf der Probe kann durch ein Point-Logging-System nicht aufgezeichnet werden.

Zur Überprüfung der Punkte kann stichprobenweise ein EDX-Spektrum aufgenommen werden. Die infinite (unendliche) Dicke des Messpunktes hinsichtlich der Anregungsbirne ist sicherzustellen. Ist ein Korn nicht dick genug für eine repräsentative Messung, erscheinen im EDS-Spektrum Linien von Elementen, die die Phase nicht enthält (s. Abb. 8.23). Für die Suche kann die Vergrößerung verändert und für ein klares Elektronenbild der Strahldurchmesser verringert werden.

Da die Matrixkorrektur nur homogene Analysenvolumina berücksichtigt, kann es bei der Quantifizierung einer Messung sehr kleiner Körner zusätzlich zu Artefakten bei der

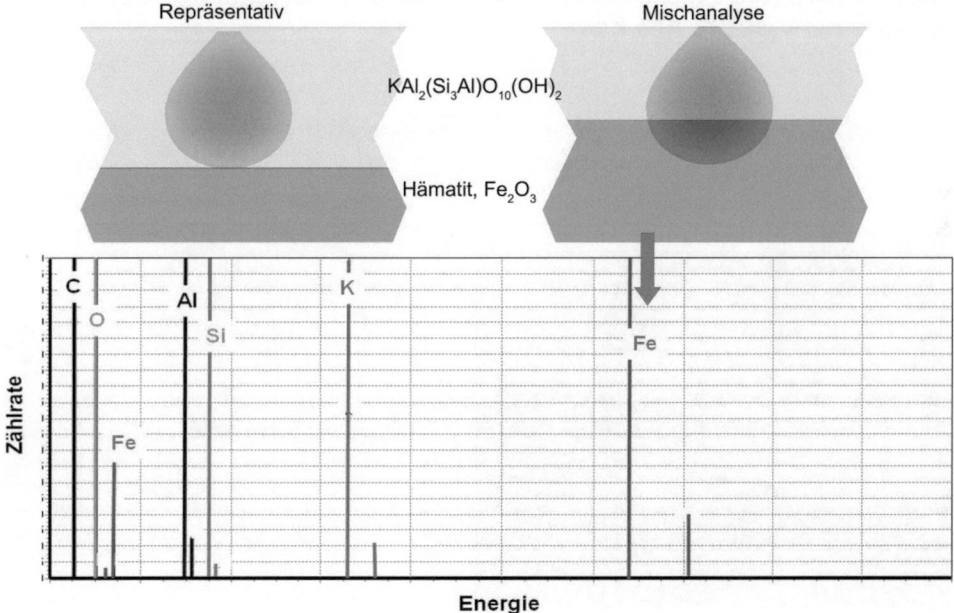

Abb. 8.23 Ist die Dicke eines Mineralkorns geringer als die Eindringtiefe des Elektronenstrahls, erscheinen im EDS-Spektrum zusätzliche Elementlinien. In diesem Beispiel zeigt das aufgenommene EDS-Spektrum bei der Analyse eines Muskovitkorns Elementlinien von Eisen. Diese Linien stammen aus dem darunterliegenden Hämatitkorn

Berechnung der Konzentrationen kommen, wenn das Korn während der Messung durch den Elektronenstrahl beschädigt wird. Dies ist bei der Analyse empfindlicher Minerale wie Karbonaten zu beachten, in denen bei der Messung relativ schnell ein Loch entsteht (z. B. [5]). Abhilfe schafft hier eine Minimierung/Optimierung der Messzeiten und die Festlegung einer geeigneten Messsequenz für die Elemente.

Die chemische Ortsauflösung kann durch die Präparation dünner Probenlamellen deutlich verbessert werden. Zu beachten ist, dass die Probe nicht infinit dick ist. Zur Präparation wird eine Probe auf einem Substrat (z. B. Si, BC, Al_2O_3), welches keine für die Messung relevante Elemente enthält, so dünn präpariert, dass nur der schmale „Hals"-Bereich der Anregungsbirne (s. Abb. 8.3) zur Anregung der Elemente in der Probe dient. Der Bauch – also der Bereich, in dem sich die Elektronen lateral weit im Material ausbreiten – liegt dann im Substrat. Die Beschleunigungsenergie der Elektronen muss dann derart optimiert werden, dass die Probenlamelle zwar durchschlagen wird, die Elektronen aber noch in Interaktion mit den Elementen der Probe treten können. Für diese Methode sind geeignete Referenzmaterialien bereitzustellen.

Zur automatischen Messung der festgelegten Messpunkte (z. B. über Nacht) dient ein Batch-Programm („Taskliste"), welches nach Beendigung der Messung zur Schonung des Filamentes die Elektronenquelle abschaltet.

Um Konzentrationsgradienten (z. B. Zonierungen) innerhalb von Körnern festzustellen, können Elementprofile („Line Scans") oder zweidimensionale Elementverteilungsbilder aufgenommen werden (s. Abb. 8.24).

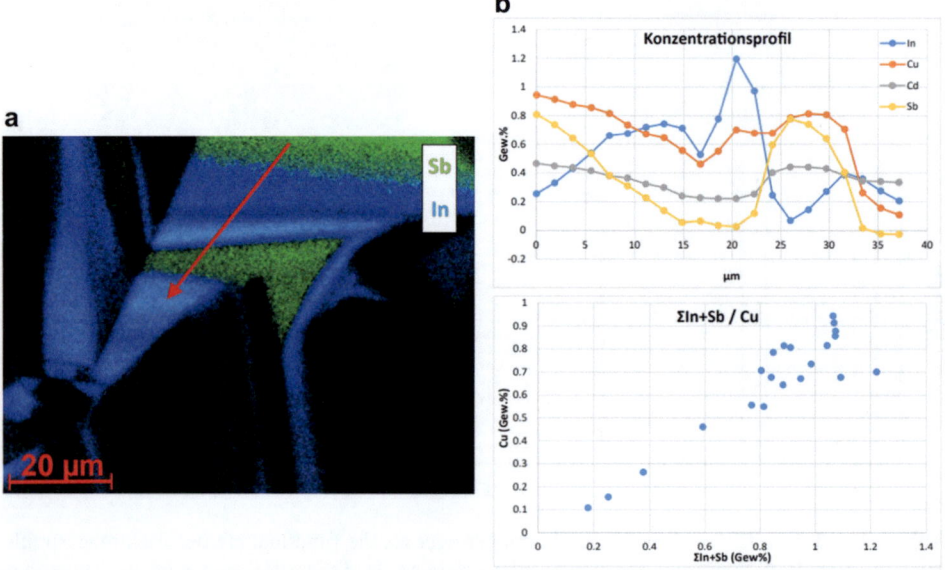

Abb. 8.24 Elementverteilungsbild (**a**), Elementprofile und Elementkorrelationen (**b**) in einem ZnS-Korn mit den Spurenelementen Cu, Cd, In und Sb (z. B. [230])

8.7 Datenauswertung

Eine typische Anwendung der ESMA liegt in der Quantifizierung einzelner Phasen in einem Material (z. B. Gestein) und der anschließenden Verrechnung mit der Gesamtanalyse zu einem Gesamtphasenbestand. In vielen analytischen Methoden werden nicht die gemessenen Elemente, sondern umgerechnete Werte oder fiktive Komponenten – z. B. Oxide – angegeben, die in der Form in der Probe nicht vorliegen. Wird zum Beispiel in der Analyse eines Orthoklases ($K(AlSi_3)O_8$) Si als SiO_2 angeben, bedeutet dies nicht, dass Si in dieser Form vorliegt. Tatsächlich besteht die Struktur aus einem Netzwerk von AO_4^{n-}-Tetraedern (A = Al oder Si), in denen 25 % der Zentralatome aus Al und 75 % aus Si bestehen. Auch K liegt nicht in der Form K_2O in der Struktur vor. Werden oxidisch gebundene Elemente in der richtigen Oxidationsstufe berechnet und können alle Elemente (außer O) analysiert werden, muss bei einer korrekten Analyse eine Gesamtsumme von nahe 100 Gew.% (± 1 Gew.%) berechnet werden. Gehalte an nicht analysierbaren Elementen außer O (z. B. H, C) verringern diese Gesamtsumme. Dies ist bei Verbindungen wie Biotit ($K(Mg, FeII)_3[AlSi_3O_{10}(OH, F)_2$) oder Calcit ($CaCO_3$) der Fall.

Am Beispiel verschiedener Eisenverbindungen wird ein damit verbundenes Problem deutlich. In einer Applikation würde Fe als Fe_2O_3 angegeben und damit von der Annahme ausgegangen, dass Fe dreiwertig vorliegt. Eisenoxide können Fe aber in unterschiedlichen Oxidationsstufen enthalten (z. B. Magnetit: Fe^{2+}/Fe^{3+}). Bei der Umrechnung der gemessenen Eisenkonzentration als Fe_2O_3 ergeben sich für verschiedene Fe-haltige Phasen ähnliche Summen, die zu Verwechslungen führen können, z. B. Ferrihydrit (Fe_2O_3 · $0,5H_2O$, 94,7 Gew.%) ↔ Hämatit (Fe_2O_3, 100 Gew.%) ↔ Magnetit (FeO · Fe_2O_3, 103,4 Gew.%). Das enthaltene Wasser (bzw. H und O) wird nicht bestimmt. Daher liefern H_2O-haltige Phasen häufig Summen deutlich unterhalb von 100 %. Fehlen Elemente wie z. B. S in der Methode, können ebenfalls Summen weit unterhalb von 100 % entstehen. Als Lösung für diese Probleme sollten alle relevanten Elemente in die Applikation aufgenommen werden (S für Pyrit). Eine weitere Möglichkeit ist die Umrechnung des analysierten Fe in andere Verbindungen, z. B. Wüstit (FeO), Goethit ($FeOOH$), Ferrihydrit (s. o.), Magnetit (s. o.) oder Siderit ($FeCO_3$). Es kann aber auch als weitere Methode die RDA eingesetzt werden, mit der – zumindest in der Gesamtprobe – die Unterscheidung von Ferrihydrit, Hämatit und Magnetit möglich ist. Auch hier helfen Kenntnisse zu Chemismus, Paragenese, Bildungsbedingungen oder Herkunft der Probe. Auch der Umstand, dass Poliermittel, Verunreinigungen und Fremdkörper in der Probe vorhanden sein können, darf nicht außer Acht gelassen werden.

8.7.1 Mineralformelberechnung

Eine einfache Berechnung von Mineralformeln ist in Tab. 8.3 aufgeführt.

Die Berechnung von Mineralformeln kann sowohl auf der Basis von Oxidgewichtsprozent als auch mit Elementgewichtsprozent durchgeführt werden. Das Beispiel in Tab. 8.3

Tab. 8.3 Beispiel zur Mineralberechnung auf der Basis von Oxiden. Molm: Molmasse, x = $\sum$Elementgewichtsprozent, y = $\sum$(Gew%/Molm), N=(x/y)·(Gew%/Molm), FE: Formeleinheiten, (N·F), F: Faktor (FE(O)/N. Erläuterungen im Text

	Sp1	Sp2	Sp3	Sp4	Sp5
Element	Gew%	Molmasse	Gew%/Molm	N	FE
K	14,05	39,1	0,36	7,69	1
Al	9,69	26,98	0,36	7,69	1
Si	30,27	28,09	1,08	23,07	3
O	45,99	16	2,87	61,54	8
Σ	100		4,670		
	x		y		Formel
	Normierung		Anzahl	F	
	Sauerstoff, O		8	0,13	KAlSi$_3$O$_8$

basiert auf der Punktanalyse eines Mineralkorns, z. B. mit ESMA, angegeben in Elementgewichtsprozent der Summe („x"). Zur Berechnung der Formeleinheiten muss die Molmasse (s. Tab. 8.3, Sp2) der beteiligten Elemente in die Berechnung einfließen. Dazu sind zunächst alle Quotienten aus Elementanteil (Gew.%) und Molmasse zu bilden und daraus die Summe (s. Tab. 8.3, Sp3: „y") zu berechnen. Danach sind alle Elementanteile auf die Molmasse zu normieren (s. Tab. 8.3, Sp4: „N"):

$$N = \left(\frac{\sum El_{Gew\%}}{\sum El_{Molm}}\right) \cdot \left(\frac{El_{Gew\%}}{El_{Molm}}\right) \tag{8.9}$$

Aus dem Quotienten aus der Anzahl an Formeleinheiten („FE", hier 8) und dem Normwert „N" des Elementes (hier Sauerstoff, O, 61.54), auf das die Mineralformel bezogen werden soll, ergibt sich der Faktor „F" (s. Tab. 8.3, Sp4 unten):

$$F = \frac{FE_{Sauerstoff}}{N} \tag{8.10}$$

Die Formeleinheiten der anderen Elemente ergeben sich dann zu (Abb. 8.3, Sp5):

$$FE = N \cdot F \tag{8.11}$$

8.7.2 Mineralbestand

Multilineare Regression
Eine Abschätzung der Phasenzusammensetzung kann auf einfache Weise mit der RGP-Funktion in einem Tabellenkalkulationsprogramm durchgeführt werden (s. Tab. 8.4).

8.7 Datenauswertung

Tab. 8.4 Ergebnis einer einfachen multilinearen Regression zur Abschätzung des Phasenbestandes eines alterierten Diorits. Q: Quarz, Kf: Kalifeldspat, Pl: Plagioklas, HBl: Hornblende, Bt: Biotit, Ept: Epidot, Tit: Titanit, Mag: Magnetit, Cc: Calcit. Q und Cc wurden nicht mit ESMA bestimmt

Gew.%	Q	Kf	Pl	HBl	Bt	Ept	Tit	Mag	Cc	RFA	RGP	d (RFA-RGP)	d^2
SiO_2	100	61,31	58,81	43,75	35,26	36,12	28,21	0,06	0	57,77	57,02	0,75	0,57
TiO_2	0	0,01	0,02	0,91	1,87	0,06	38,41	0,04	0	0,89	0,27	0,62	0,38
Al_2O_3	0	18,95	24,79	7,61	14,52	22,44	1,22	0,09	0	18,06	17,63	0,43	0,19
Fe_2O_3	0	0,17	0,16	16,72	18,22	13,24	1,54	94,97	0	5,8	5,52	0,28	0,08
MnO	0	0	0,01	0,48	0,34	0,25	0,12	0,1	0	0,08	0,09	−0,01	0,00
MgO	0	0	0,04	12,02	13,62	0,01	0,03	0,01	0	2,51	2,52	−0,01	0,00
CaO	0	0,15	5,81	11,59	0,29	22,6	26,82	0,02	55,6	5,43	4,74	0,69	0,47
Na_2O	0	0,82	7,97	0,98	0,09	0,05	0,03	0,02	0	4,47	4,47	0,00	0,00
K_2O	0	14,72	0,53	0,85	8,79	0,03	0,04	0,01	0	2,91	2,91	0,00	0,00
P_2O_5	0	0,01	0,01	0	0,01	0	0,05	0	0	0,38	0,01	0,37	0,14
CO_2	0	0	0	0	0	0	0	0	44,4	0,05	0,04	0,01	0,00
Summe	100	96,14	98,15	94,91	93,01	94,8	96,47	100	100	98,35	97,71	0,64	
												Standardabweichung:	1,35
	Q	Kf	Pl	HBl	Bt	Ept	Tit	Mag	Cc			Phasenanteile (Gew.%) =	101,0 %
	9,8 %	12,4 %	53,3 %	11,7 %	8,0 %	2,0 %	1,6 %	2,1 %	0,1 %				
	3,1 %	4,6 %	2,6 %	7,8 %	7,0 %	4,0 %	0,7 %	0,7 %	0,6 %			Fehler der Quotienten (%)	
	0,99											Bestimmtheitsmaß	

Dabei liefern ESMA-Analysen der einzelnen Phasen die x-Werte für die Berechnung der Gesamtzusammensetzung Y, bestimmt mit RFA; in diesem Fall:

$$Y = m1[Q] + m2[Kf] + m3[Pl] + m4[HBl] + m5[Bt] + m6[Ept] + m7[Tit]$$
$$+ m8[Mag] + m9[Cc]$$
(8.12)

Y wird für alle Komponenten der Gesamtanalyse von SiO_2 bis CO_2 berechnet und dann von der Gesamtanalyse (RFA) abgezogen. Die Differenz „d" wird quadriert und daraus die Wurzelsumme gebildet

Schrittweise Berechnung

Aus der Gesamtanalyse und den Einzelanalysen der Phasen lässt sich auch eine schrittweise Berechnung der Phasenanteile durchführen, indem die Elemente einzelnen Phasen zugeordnet und die entsprechenden Elementanteile sukzessive abgezogen werden. Dies kann auf Basis der Stöchiometrie oder der prozentualen Zusammensetzung (Gew.%) der analysierten Phase geschehen.

Eine stöchiometrische Berechnung funktioniert nur, wenn die Formel der Phase eindeutig ist, also keine Mischkristalle gebildet werden (z. B. bei Evaporiten). Handelt es sich um Mischkristalle, kann eine eindeutige Bestimmung der Zusammensetzungen mittels ESMA durchgeführt werden. Die Berechnung auf Basis der prozentualen Zusammensetzung ist im Folgenden ausgeführt:

Als Erstes wird ein Datensatz mit Gesamtanalyse und Punktanalysen der gefundenen Phasen erstellt. Bei den Punktanalysen ist zu beachten, dass alle Ergebnisse repräsentativ für die Phase im Gesamtgestein sind. Es sollten also zuverlässige Mittelwerte aus einer Anzahl von Messungen einer Phase auf verschiedenen Körnern, verteilt über die gesamte Probe, gebildet werden. Danach ist festzulegen, in welcher Reihenfolge und mit welcher Elementkomponente die Phasen von der Gesamtanalyse abzuziehen sind. In dem in Tab. 8.5 gezeigten Beispiel steht der Biotit am Anfang, weil dieser die einzige Phase mit MgO (und Fe_2O_3) ist. Danach folgen Titanit (Ti), Albit (Na), Muskovit (H_2O), Orthoklas (K), Anorthit (Ca). Der (H_2O)-Wert im Muskovit lässt sich nicht direkt aus der ESMA ablesen, sondern ergibt sich als Balancekomponente (100 − $\sum$ Phasen). Aus dem verbliebenen SiO_2 ergibt sich dann der Gehalt an Quarz. Mithilfe der Konzentrationen von MgO (oder Fe_2O_3) können die auf den Biotit entfallenen Anteile der anderen Elementkomponenten abgezogen werden. Die Formel (8.13) zeigt dies exemplarisch an SiO_2:

$$K_{BioSiO_2} = \%SiO_2 - (SiO_{2Bio} \cdot (\%MgO/\%MgO_{Bio}))$$
(8.13)

8.7 Datenauswertung

Tab. 8.5 Beispiel für manuelle Berechnung der prozentualen Phasenzusammensetzung auf Basis der Gesamtanalyse (RFA, Gesamt) und Einzelanalysen (ESMA). Erläuterungen im Text

Phase	RFA Gesamt	Elektronenstrahlmikroanalyse (ESMA) Punktanalysen:						
		Biotit	Titanit	Albit	Muskovit	Orthoklas	Anorthit	Quarz
SiO2	56,36	38,22	30,44	68,74	45,87	43,19	64,76	100,00
TiO2	5,06	2,96	39,66	0,00	0,00	0,00	0,00	0,00
Al2O3	20,57	14,71	0,00	19,44	38,69	36,65	18,32	0,00
Fe2O3	1,74	17,37	0,00	0,00	0,00	0,00	0,00	0,00
MnO	0,06	0,52	0,05	0,00	0,00	0,00	0,00	0,00
MgO	1,36	13,45	0,00	0,00	0,10	0,00	0,00	0,00
CaO	7,44	1,46	27,20	0,00	0,00	20,16	0,00	0,00
K2O	3,45	7,90	0,00	0,00	10,08	0,00	16,92	0,00
Na2O	2,57	0,50	0,37	11,82	0,64	0,00	0,00	0,00
H2O	1,15	3,64	0,00	0,00	4,07	0,00	0,00	0,00
CO2		0,00	0,00	0,00	0,00	0,00	0,00	0,00
Summe	99,8	100,7	97,7	100,0	99,5	100,0	100,0	100,0
		Rest aus der Gesamtanalyse nach Abzug von:						
Phase		Biotit	Titanit	Albit	Muskovit	Orthoklas	Anorthit	Quarz
SiO2		52,48	48,83	34,42	25,61	22,88	14,86	0,00
TiO2		4,76	0,00	0,00	0,00	0,00	0,00	0,00
Al2O3		19,08	19,08	15,00	7,58	6,80	0,00	0,00
Fe2O3		−0,02	−0,02	−0,02	−0,02	−0,02	−0,02	−0,02
MnO		0,01	0,00	0,00	0,00	0,00	0,00	0,00
MgO		0,00	0,00	0,00	−0,02	−0,02	−0,02	−0,02
CaO		7,29	4,03	4,03	4,03	4,03	0,29	0,29
K2O		2,65	2,65	2,65	0,72	0,00	0,00	0,00
Na2O		2,52	2,48	0,00	−0,12	−0,12	−0,12	−0,12
H2O		0,78	0,78	0,78	0,00	0,00	0,00	0,00
Sum		89,55	77,83	56,86	37,77	33,55	0,13	0,13
		Komponente zur Berechnung des Phasenanteils						
		MgO	TiO2	Na2O	H2O	K2O	CaO	SiO2
Phasenanteil		**10,13 %**	**11,99 %**	**20,97 %**	**19,19 %**	**4,23 %**	**18,56 %**	**14,86 %**

Eingesetzt ergibt sich:

$$56,4 - (38,22 * (1,4/13,45)) = 52,48 \tag{8.14}$$

(s. Tab. 8.5, SiO_2, 3. Spalte unten)

Der auf den Biotit entfallende Anteil an SiO_2 ist dann: $56,4 - 52,48 = 3,9 \, Gew.\%$. Werden die auf den Biotit anfallenden Anteile der anderen Komponenten auf die gleiche Weise berechnet, ergibt sich nach Summierung der berechneten Einzelergebnisse ein Gehalt von 10,13 Gew.% Biotit mit der gemittelten Zusammensetzung der ESMA (s. Tab. 8.5, oben, Spalte „Biotit").

Aus der Differenz nach Abzug des aus der Berechnung der Elementanteile des Biotits ergibt sich eine neue Datenspalte, welche als Eingabe für die nächste Rechnung verwendbar ist. In dieser Spalte ist die bereits zur Berechnung des Biotits verwendete Elementkomponente MgO genau gleich 0. Im nächsten Schritt kann der Titanit über die Elementkomponente TiO_2 in gleicher Weise abgezogen werden. Nach Abzug der letzten Komponente – in diesem Fall Quarz – sollte sich eine Datenspalte mit Werten nahe 0 für alle Komponenten ergeben (s. Tab. 8.5, letzte Spalte unten). Die Summe der berechneten Phasen sollte in diesem Fall nahe bei 100 % liegen. In dem vorgestellten Beispiel (s. Tab. 8.5) bleibt eine geringe Menge an CaO übrig. Dies deutet darauf hin, dass in der Probe geringe Mengen einer weiteren calciumhaltigen Phase (Apatit, Karbonat) enthalten sind.

8.7.3 Analyse von Verbindungen mit leichten Elementen

Die direkte Messung leichter Elemente mittels Röntgenfluoreszenzanregung ist aufgrund der geringen Energie der charakteristischen Röntgenstrahlung und der schlechten Fluoreszenzausbeute wenig präzise bei schlechten Nachweisgrenzen. In diesem Fall bietet sich die Berechnung des Gehaltes leichter Elemente über virtuelle Komponenten an. Das bekannteste Beispiel hierfür ist die Angabe der Elemente als Elementoxide. Aus dieser Berechnung resultiert automatisch ein Gesamtsauerstoffgehalt. Die ermittelten Konzentrationen an Sauerstoff aus dieser Berechnung sind zuverlässiger und genauer als die direkte Messung, vorausgesetzt die Verbindung enthält keine anderen Anionen (z. B. Chlorid oder Sulfid) oder redoxsensitive Elemente wie Eisen und die Speziation aller Elemente ist eindeutig bekannt. Die meisten Auswertungsprogramme führen diese Berechnung routinemäßig aus. Daher ist zu prüfen, ob die Gesamtsumme inklusive des Sauerstoffgehaltes auch nahe 100 Gew.% liegt. Sind neben Sauerstoff andere leichte, schwer messbare Elemente enthalten, oder befindet sich ein redoxsensitives Element mit unterschiedlichen Speziationen in der Probe, muss eine andere Strategie zur Ermittlung der Konzentrationen angewendet werden. In diesem Abschnitt wird diese Strategie am Beispiel des Leichtelementes Lithium und des redoxsensitiven Elementes Mangan vorgestellt.

Berechnung von Lithiumgehalten

Da die Verwendung von Lithium aus der Elektromobilität derzeit nicht wegzudenken ist, stellt sich auch für die Analyse die Herausforderung Li-haltige Verbindungen zu analysieren. Ein Beispiel ist die Untersuchung des Verhaltens von Lithium bei der Solidifikation Li-haltiger Schmelzen (Schlacken) aus dem pyrometallurgischen Recycling verbrauchter Li-Akkus. Mittlerweile gibt es natürlich spezielle Spektrometer, mit denen auch die extrem

8.7 Datenauswertung

energiearme $LiK\alpha$-Linie gemessen werden kann. Die Nachweisgrenze ist aber aufgrund der schlechten Fluoreszenzausbeute sehr hoch. Ein anderer Ansatz ist die Berechnung des Lithiums mit virtuellen Komponenten (VK). So kann die Verbindung $LiAlO_2$, welche oft in lithiumhaltigen, Calciumalumosilikat-Schlacken auftritt über eine möglichst genaue Bestimmung des Elementes Al berechnet werden. Aus dieser Berechnung ergibt sich dann automatisch die Li-Konzentration (z. B. [233]).

Eukryptit, ein häufiges Alumosilikat in diesen Schlacken kann zum Beispiel auf Basis der SiO_2-Struktur (Quarz) abgeleitet werden, indem die stöchiometrisch angemessene Anzahl von SiO_2-Einheiten durch $LiAlO_2$-Einheiten ersetzt wird, um $LiAlSiO_4$ ($LiAlO_2$ x SiO_2) zu bilden. Damit reicht eine präzise Bestimmung von Al und Si für die Berechnung dieser Phase aus. Eukryptit kann aber auch zusätzlich noch Mg in die Struktur einbauen und bildet $Li_{1-x}Mg_y(Al)(Al_{2y-x}Si_{2-(2y-x)})O_6$. Damit erweitern sich die zur Berechnung der stöchiometrischen Formel benötigten virtuellen Komponenten auf $LiAlO_2$, $Mg_{0.5}AlO_2$ und SiO_2. Die Berechnung mittels virtueller Komponenten erfolgt in diesem Beispiel dann gemäß:

$\sum(C_{VK} \cdot F) \cdot 100/C_A = 100$, ($C_{VK}$ = Elementkonzentrationen der virtuellen Komponenten, F = Multiplikationsfaktor, C_A = Gemessene Konzentration

Die Tab. 8.6 enthält Daten, die für eine Berechnung des Li-Gehaltes eines Eukryptitkorns erforderlich sind (links) und das Ergebnis der Berechnungen (rechts).

In diesem Fall kann die Berechnung mit einer Optimierung der theoretisch aus der Berechnung resultierenden Werte auf die gemessenen Werte mittels Zielwertsuche durch-

Tab. 8.6 Elementkonzentrationen (Gew.%) der virtuellen Komponenten C_{VK} und die gemessenen Konzentrationen C_A eines Eukryptitkorns. Opt: Ergebnis der Zielwertoptimierung, Li*: Li wird später als berechneter Wert geführt. Links die Ausgangssituation, rechts die berechneten Werte

F				0		0
C_{VK}	LiAlO$_2$	SiO$_2$	Mg$_{0.5}$AlO$_2$	$\Sigma(C_{VK} \cdot F)$	C_A	Opt.
Al	40,9	0,0	37,9	0,00	21,2	0,0
Mg	0,0	0,0	17,1	0,00	0,3	0,0
Si	0,0	46,7	0,0	0,00	22,7	0,0
Li*	10,5	0,0	0,0	0,00	0,0	n.a.
O	48,5	53,3	45,0	0,00	0,0	n.a.
sum	100,0	100,0	100,0	0,0	44,2	
F	0,502	0,485	0,018	1,004		
C_{VK}	LiAlO$_2$	SiO$_2$	Mg$_{0.5}$AlO$_2$	$\Sigma(C_{VK} \cdot F)$	C_A	Opt.
Al	40,9	0,0	37,9	21,2	21,2	100,0
Mg	0,0	0,0	17,1	0,3	0,3	100,0
Si	0,0	46,7	0,0	22,7	22,7	100,0
Li*	10,5	0,0	0,0	5,3	0,0	n.a.
O	48,5	53,3	45,0	51,0	0,0	n.a.
sum	100	100	100	100,4	44,2	

geführt werden. Mg ist nur in $Mg_{0,5}AlO_2$ enthalten. Somit lässt sich der Gehalt dieser VK als in einem ersten Schritt über diesen Wert berechnen. Durch diese Berechnung ergibt sich automatisch ein neuer Al-Differenzbetrag, da die VK $Mg_{0,5}AlO_2$ auch Al enthält. Dieser neue Al-Wert kann dann zur Berechnung des $LiAlO_2$-Gehaltes dienen. Der Gehalt an SiO_2 wird dann im letzten Schritt mit der gemessen Si-Konzentration berechnet. Aus der Berechnung ergibt sich ein Li-Gehalt von 5,3 Gew.%. Die Bilanz der Berechnung von 100,4 Gew. (bzw. $\sum F = 1{,}004$) zeigt, dass das Ergebnis plausibel ist. Zusätzlich ergibt sich aus der Berechnung auch der Sauerstoffgehalt.

Berechnung von Lithium- und Mangangehalten

Auch zur Berechnung des Verhältnisses von Speziationen redoxsensitiver Elemente können virtuelle Komponenten nützlich sein. Eine Beispiel dafür ist die chemische Charakterisierung von Li-Mn-Spinellen (z. B. [286]). Wieder steht am Anfang eine Punktanalyse, diesmal eines Spinellkorns. Die Zusammensetzung dieses Spinells lässt sich mit der Formel $(Li_{(2x)}Mn^{2+}_{(1-x)})_{1+x}(Al_{(2-z)}, Mn^{3+}_z)O_4$ beschreiben. Um diese Formel zu berechnen (s. Abschn. 8.7.1) muss sowohl der Li-Gehalt wie auch das Verhältnis von Mn^{2+}/Mn^{3+} vorliegen. Dazu kann die virtuelle Komponente $LiMnO_2$ dienen. Allerdings funktioniert dies nur mit der Einschränkung, dass es in den Spinellen nur die Paarungen Mn^{2+}/Mn^{3+} und Mn^{3+}/Mn^{4+} und unter der Annahme von Kom(Syn-)proportionierung nicht Mn^{2+}/Mn^{4+} gibt (s. Tab. 8.7).

Tab. 8.7 Elementkonzentrationen (Gew.%) der virtuellen Komponenten C_{VK} und die gemessenen Konzentrationen C_A eines Spinellkorns. Opt: Ergebnis der Zielwertoptimierung, Li*: Li wird später als berechneter Wert geführt. $C \sum F$: Summe aller F, $C \sum Mn$: Gesamt-Mn, $CMn2/3$: Bedingung: Mn^{3+} vorhanden. Links die Ausgangssituation, rechts die berechneten Werte

F				C ΣF			
C_{VK}	$Mn_{0,5}AlO_2$	$LiMnO_2$	$Mn_{0,5}MnO_2$	Check	$\Sigma(C_{VK} \cdot F)$	C_A	Opt.
Al	31,2	0,0	0,0		0,0	0,7	0,0
Mn^{2+}	31,8	0,0	24,0	C ΣMn	0,0	69,7	0,0
Mn^{3+}	0,0	58,5	48,0	C Mn2/3	0,0	0,0	0,0
Li	0,0	7,4	0,0		0,0	0,0	n.a.
O	37,0	34,1	28,0		0,0	0,0	n.a.
sum	100	100	100		0,0	71,5	
F	**0,021**	**0,11**	**0,87**	**1,00**			
C_{VK}	$Mn_{0,5}AlO_2$	$LiMnO_2$	$Mn_{0,5}MnO_2$	Check	$\Sigma(C_{VK} \cdot F)$	C_A	Opt,
Al	31,2	0,0	0,0		0,7	0,7	100,0
Mn^{2+}	31,8	0,0	24,0	69,7	21,5	69,7	100,0
Mn^{3+}	0,0	58,5	48,0	1	48,2	0,0	n,a,
Li	0,0	7,4	0,0		0,8	0,0	n.a.
O	37,0	34,1	28,0		28,8	0,0	n.a.
sum	100	100	100		100,0	71,5	

Für die Berechnung kann ein Problemlösungsalgorithmus verwendet werden. Algorithmen dieser Art sind in normalen Tabellenkalkulationsprogrammen zu finden. Der Ablauf ist dann wie folgt:

1. Erster zu optimierender Wert, Gesamt-Mn: 69,7
2. Variablen: F (3) mit der Bedingung $\sum F = 1$
3. Zweiter zu optimierender Wert, Al: 0,7
4. Bedingung zur Mn-Speziation: $Mn^{3+} \neq 0$ = wahr (Prüfung (wahr oder falsch))

Aus dieser Berechnung ergibt sich dann eine Li-Konzentration von 0,8 Gew.% und ein Verhältnis von Mn^{2+}/Mn^{3+} von 21.5/48.2.

Mithilfe dieser Ergebnisse lässt sich dann auch die oben angegebene komplexe stöchiometrische Formel $(Li_{(0,26)}Mn^{2+}_{(0,87)})_{1,13}(Al_{0,05}Mn^{3+}_{(1,95)})O_4$ ermitteln.

8.8 Beispiele

Das Einsatzgebiet ESMA reicht von der Materialanalytik bis hin zu speziellen geochemischen Fragestellungen. Dafür werden genaue Punktanalysen, aber auch qualitative oder halbquantitative Linien- und Flächenprofile der Elementverteilung eingesetzt („Line Scan", „Element Mapping"). Dieser Abschnitt kann daher nur eine Übersicht über den Anwendungsbereich dieser Methode geben. Die Einstellungen für eine Standardmethode, mit der die meisten Fragestellungen bearbeitet werden kann sind in Tab. 11.8 gelistet.

8.8.1 Geochemische Fragestellungen

In der Geochemie spielen Elementverhältnisse eine wichtige Rolle bei der Untersuchung und Beschreibung von Prozessen. Neben der Untersuchung der Hauptphasen in Gesteinen zur Klassifizierung, Entstehung und Alteration sind auch Konzentrationen oder Konzentrationsverhältnisse der Spurenelemente geochemisch verwertbar. Von Interesse sind beispielsweise die HFSE („High Field Strength Elements") und REE („Rare Earth Elements") – d. h. die Elemente Zr, Hf, Nb, Ta und die Lanthanoiden. Für die Verhältnisse Zr/Hf und Nb/Ta werden aufgrund des äußerst ähnlichen chemischen Verhaltens von Zr und Hf beziehungsweise Nb und Ta aufgrund gleicher Ladung und einem Ionenverhältnis nahe 1 in den meisten magmatischen Gesteinen konstante Ergebnisse erwartet. Da sich die Elemente Nb und Ta lithophil und refraktär verhalten, sollte der Erdmantel ein chondritisches Nb/Ta-Verhältnis aufweisen. Gesteine der kontinentalen Kruste und des verarmten Mantels zeigen subchondritische Nb/Ta-Verhältnisse ([132], enthaltene Referenzen). Interessant in diesem Zusammenhang ist die Verarmung dieser Elemente gegenüber anderen Spurenelementen und deren Variation in manchen aus dem Mantel differenzierten Gesteinen zur Beschreibung geochemischer Prozesse. Wichtige Phasen sind Zirkon (Hafnon) und Rutil. [132] beschreiben die Analyse von HFSE-Elementen in Rutil (TiO_2) mit Nachweisgrenzen von < 100 ppm mit einer Cameca SX100, ausgerüstet mit 5 WDS-Spektrometern. Um Vibrationen durch die Bewegung der Spektrometermechanik während der Messung zu vermeiden, wurde auf jedem Spektrometer nur eines der analytisch wichtigen Elemente gemessen. Um die analytische Genauigkeit zu optimieren, wurden auf jedem Punkt 20 Messungen a 400 s jeweils mit der $M\alpha$-Linie des Ta und den $L\alpha$-Linien von Nb, Ti, Hf sowie der $M\alpha$-Linie des Zr und den $L\alpha$-Linien von Zr, Ti und Ta durchgeführt. Si $K\alpha$ wurde beide Male mitgemessen, da Linienüberlagerungen auf den M-Linien auftreten. Bei dieser Art der Messung werden besondere Anforderungen an die Genauigkeit der Strahlpositionierung und die Vermeidung von Kontaminationen auf der Kornoberfläche während der langen Messzeiten gestellt. Die Messungen wurden mit 15, 20 und 25 kV bei 40 nA durchgeführt. Mit dieser Methodik konnte die Nachweisgrenze für Ta auf 24 ppm verringert und Nb/Ta ab Konzentrationen oberhalb 320 ppm mit genügender Genauigkeit bestimmt werden.

Die Lanthanoiden werden in in höheren Konzentrationen in akzessorischen Phasen wie Titanit, Xenotim, Allanit, Apatit und Monazit eingebaut. Für die ortsaufgelöste Analytik mittels ESMA bedeuten diese Elemente eine besondere Herausforderung, da die analytisch interessanten L-Linien dicht beieinanderliegende Serien bilden (s. Abb. 8.25). Eine Analyse REE-haltiger Minerale ist mit EDS nur im Prozentbereich möglich. Dies ist für viele geochemische Fragestellungen nicht ausreichend, da die Konzentrationen in vielen Phasen im ppm-Bereich liegen. Normalerweise sollte der höchstmögliche Probenstrom und eine hohe Beschleunigungsspannung verwendet werden (z. B. 20–25 kV/100–200 nA). Für die Messung der REE eignen sich am besten die $L\alpha 1$-Linien auf LiF, wobei in Falle von Interferenzen anderer REE auf die $L\beta 1$-Linie ausgewichen werden kann (z. B. $LaL\beta 1$ auf $PrL\alpha 1$) [217]. Bei Untergrundmessungen reicht eventuell nur ein Punkt, falls auf einer Seite des Peaks Interferenzen weiterer Probenelemente auftauchen. Die verschiedenen Absorptionskanten der Probenelemente verursachen einen ungleichmäßigen Verlauf der Untergrundlinie. Den L-Absorptionskanten der REE muss keine besondere Beachtung geschenkt werden. Stärkere Auswirkungen haben eher die Absorptionskanten anderer Elemente; z. B. $BaL_2 \rightarrow SmL\alpha 1$, $BaL_3 \rightarrow NdL\alpha 1$ oder $MnK \rightarrow DyL\alpha 1$ [217]. [217] geben für 25 kV, 100 nA und 100 s (jeweils auf Peak und Untergrund) für eine Probe mit $\overline{Z}=30$ eine Nachweisgrenze (NWG) von 150 ppm an. Für schwerere Matrizes kann die NWG höher sein (< 200 ppm). Auch der Wechsel auf eine $L\beta$-Linie – bei etwa 25 % geringerer Intensität – erhöht die NWG, die im ungünstigen Fall auf etwa 300 ppm ansteigt. Für weitere Einzelheiten siehe [217]. Zur Analyse der seltenen Erden gibt es Phosphat-Standards (z. B. Astimex Standards Ltd., Toronto, ON, Canada) oder es können synthetische Gläser hergestellt werden. Die Einstellungen für eine Methode, mit der die Lanthaniden analysiert werden können sind in Tab. 11.9 gelistet.

8.8 Beispiele

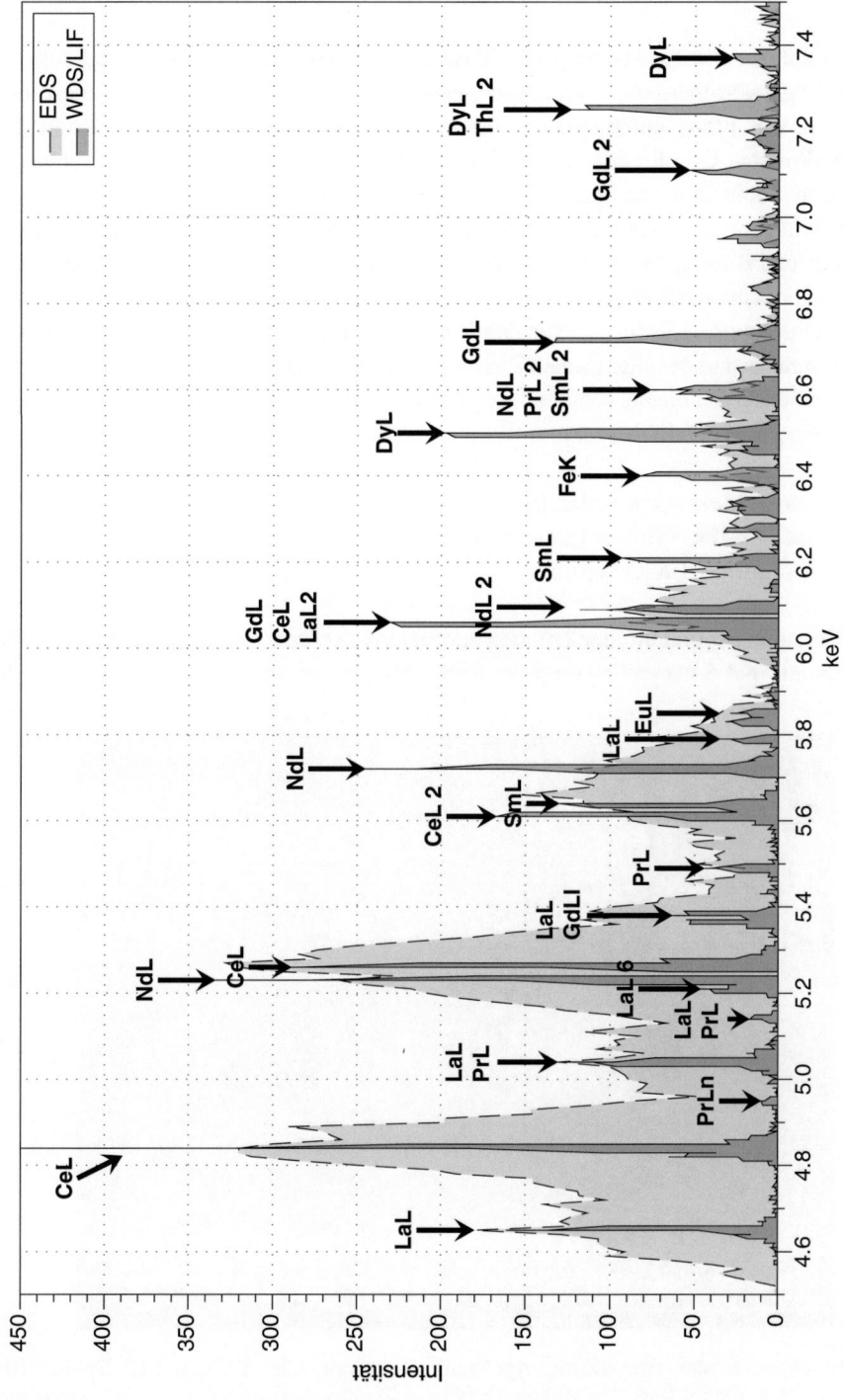

Abb. 8.25 L-Linien der Lanthaniden, Monazit, EDS vs. WDS

8.8.2 Petrologische Fragestellungen

Eine Beispiel für die Anwendung der Mikrosondenanalytik in der Petrologie ist die Untersuchung hydrothermaler Alteration magmatischer Gesteine. Untersuchung dieser Art wurden von [254] unter anderem an schwach bis stark alterierten Dioriten des Smaland-Värmland-Granitoidgürtels in der Region um die Insel Äspö in Südschweden durchgeführt. Nicht alterierte Diorite enthalten als hellen Gemengteil vor allem Plagioklas und geringere Anteile an Kalifeldspat und Quarz. Dunkle Gemengteile sind dunkelgrüne Hornblende und Biotit. Als Akzessorien treten vor allem Titanit, Magnetit und Apatit auf. Gegenstand der Untersuchungen war die Ermittlung des hydrothermalen Alterationsgrades durch Verwitterungsprozesse und der damit verbundenen Veränderung der Struktur, des Mineralbestandes und der chemischen Zusammensetzung. Nach [254] kann der hydrothermale Alterationsgrad anhand von chemischen Reaktionen der häufigen gesteinsbildenden Minerale Plagioklas, Kalifeldspat und Biotit klassifiziert werden:

- Plagioklas → Muskovit + Calcit (Serizitisierung)
- Plagioklas → Albit + Epidot (Saussuritisierung)
- Biotit → Chlorit + Titanit + Rutil

Die Alteration beginnt mit der Trübung der Plagioklaskörner, gefolgt von zunehmender Serizitisierung und Saussuritisierung (s. Abb. 8.26). In einem weiteren Stadium ist der

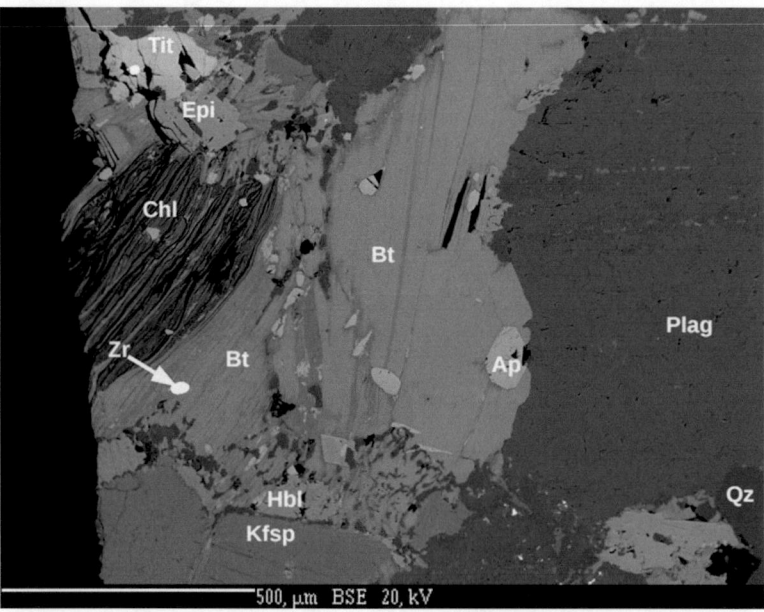

Abb. 8.26 Schwach alterierter Diorit. Ap:Apatit, Bt: Biotit, Chl: Chlorit, Epi: Epidot, Hbl: Hornblende, Kfsp: Kalifeldspat, Tit: Titanit, Qz: Quarz, Zr: Zirkon. (Mit freundlicher Genehmigung von Dr. Hagen Stosnach, [254])

8.8 Beispiele

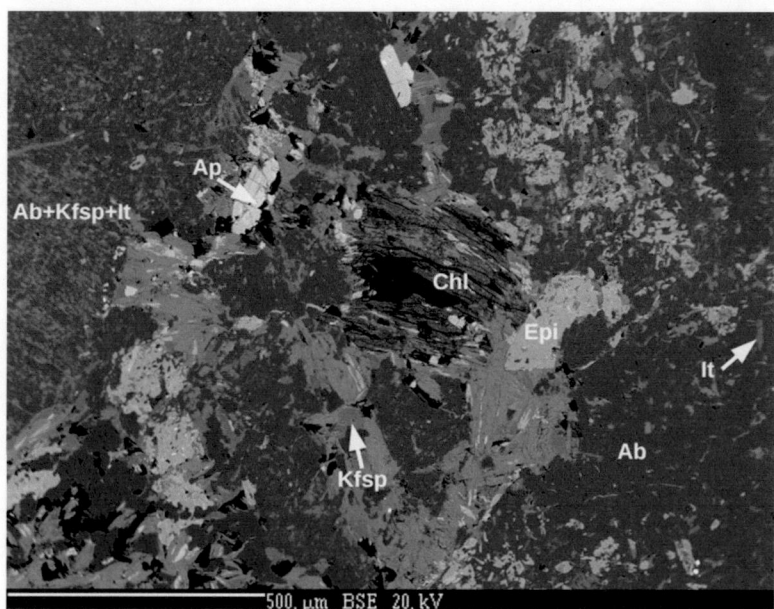

Abb. 8.27 Hochgradig alterierter Diorit, Bild1. Ab: Albit, Ap: Apatit, Chl: Chlorit, Epi: Epidot, It: Tonminerale/Illit, Kfsp: Kalifeldspat. (Mit freundlicher Genehmigung von Dr. Hagen Stosnach, [254])

Plagioklas vollständig umgebildet und es beginnt auch die Alteration der Biotitkörner. Die Kalifeldspatkörner bleiben zunächst unbeeinflusst. Im Endstadium befindet sich an der Stelle der Plagioklaskörner ein Gemisch aus Albit, Epidot und Calcit und anstelle der Biotitkörner Chlorit, Titanit, Rutil und Tonmineralneubildungen (s. Abb. 8.27 und 8.28).

Obwohl der Alterationsgrad grundlegend auch mit dem Lichtmikroskop festgestellt werden kann, liefert eine chemische Charakterisierung der beteiligten Mineralphasen genauere Informationen. Mit Einschränkungen durch die Nachweisgrenze des Verfahrens, die im 10^2-ppm-Bereich liegt, sind in Mineralkörnern von Zirkon, Apatit oder Epidot auch seltenere Elemente wie Hf, Y und Lanthanoide analysierbar. Da viele dieser Elemente sich geochemisch ähnlich verhalten wie radioaktive Nuklide aus Reststoffen der Atomenergienutzung, ermöglichen Verteilungsmuster dieser Elemente es auch, das Rückhaltevermögen eines Gesteinstyps für diese Nuklide abzuschätzen.

Auch der quantitative Mineralbestand lässt sich mittels chemischer Gesamt- und Punktanalysen berechnen (s. Abschn. 8.7).

Für die gesamtchemischen Analysen ist zunächst ein Pulver (mind. < 125 µm) anzufertigen (s. Kap. 2). Am besten eignet sich hierfür die Scheibenschwingmühle mit Achateinsatz, da durch Abrieb fast nur Si als Kontaminant eingetragen wird. Da in diesen Proben Si die Hauptkomponente mit der höchsten Konzentration darstellt, ist dieser Einfluss auf das Messergebnis vernachlässigbar. Die Kontamination aus Abrieb von *WC*-Mühleneinsätzen ist vor allem an einem erhöhten W-Gehalt in der Analyse eindeutig feststellbar. Ähnlich verhält es sich mit Stahllegierungen (Ni, Cr).

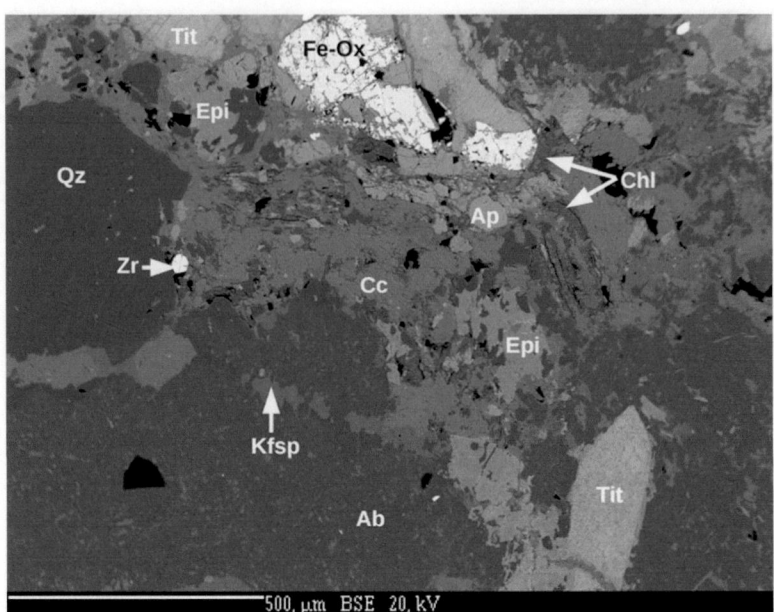

Abb. 8.28 Hochgradig alterierter Diorit, Bild 2. Ab: Albit, Ap: Apatit, Cc: Calcit, Chl: Chlorit, Epi: Epidot, Fe-Ox: Hämatit oder Magnetit, Kfsp: Kalifeldspat, Qz: Quarz, Tit: Titanit, Zr: Zirkon. (Mit freundlicher Genehmigung von Dr. Hagen Stosnach, [254])

Das Pulver wird dann verwendet, um Schmelztabletten und Säuredruckaufschlüsse herzustellen. An diesen Präparaten werden dann die Hauptkomponenten und zusätzlich CO_2, H_2O und Spurenelemente wie Li, Be, Co, Rb, Sr, Y, Zr, Cs, Ba, Hf, Th, U und die Lanthanoiden analysiert.

Für die Punktanalytik wird ein Dünnschliff (30 µm) ohne Deckglas angefertigt. Dieser Dünnschliff kann zunächst mit Polarisationsmikroskopie untersucht werden, um die interessanten Bereiche aufzufinden. Diese werden entweder direkt markiert (Diamantstichel) oder mit einem Pointlogger gespeichert. Nach der mikroskopischen Untersuchung wird der Schliff mit Kohlenstoff bedampft. Die Messbedingungen für die Elemente sind in Tab. 11.8 aufgelistet. Für die Messung der Lanthanoiden sind die Messbedingungen für das Element Y ausreichend. Als Standard sind dotierte synthetische Standards verwendbar, die selbst hergestellt werden können. Für Th und U können die Messbedingungen für Pb (Tab. 11.8) verwendet werden.

In der Sonde sind im Rückstreuelektronenbild („BSE") und mit energiedispersiver Röntgenfluoreszenz („EDS") die interessanten Messpunkte nochmals verifizierbar.

8.8 Beispiele

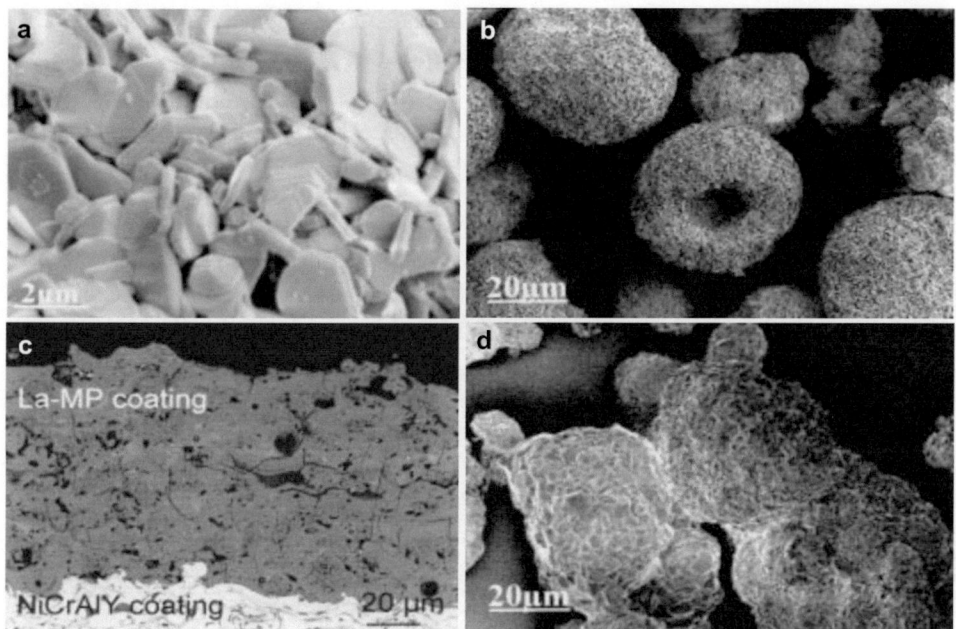

Abb. 8.29 Oben links: Lanthan-Hexaluminat – Plättchenstruktur der Kristallite (**a**), verschiedene Sprühgranulate (**b**, **d**), Unten links: Lanthan-Hexalauminatbeschichtung (**c**) [85]

8.8.3 Materialanalytik

Auch in der Materialanalytik gibt es sehr viele Anwendungsbereiche für die ESMA, sodass im Rahmen dieses Buches nur ein Einblick möglich ist.

Bei der Entwicklung neuer Keramiken kann die chemische Zusammensetzung von Beschichtungen oder die Phasenvergesellschaftung vor und nach der thermischen Behandlung untersucht werden. [85] beschreiben die Entwicklung eines Materials für thermisch widerstandsfähige Beschichtungen ausgehend vom Rohmaterial über das daraus hergestellte Sprühgranulat bis hin zu der durch atmosphärisches Plasmaspritzen (APS) aufgebrachten Schicht (s. Abb. 8.29). Der Phasenbestand bzw. die Änderungen des Phasenbestandes beim Sintern von Ziegelmaterial unter Zugabe von Klärschlammasche – aber vor allem auch die Fixierung der umweltrelevanten Schwermetalle – ist Bestandteil der Untersuchungen von [229], siehe auch Abb. 8.14.

8.8.4 Tailings

Weltweit werden viele Lagerstätten schon über längere Zeit abgebaut. Eine große Anzahl davon sind bereits ausgebeutet. Da zu der Zeit des Abbaus viele heute technologisch relevante Elemente noch nicht im Fokus lagen, können die Abbaurückstände Elemente (z. B. Ga, Ge, In) enthalten, die mittlerweile von großen Wert sind.

8.8.5 Indium in Zinkblende

Bis in das Jahr 1990 war das Element eher uninteressant. Mit dem ansteigenden Bedarf an leistungsfähigen Dioden, LEDs und transparenten Stromleitern in LCD-Bildschirmen wurde diese seltene Element sehr wertvoll und technologisch relevant. Indium kann sich unter bestimmten Umständen in Zinkblende (ZnS) stark anreichern, obwohl normales ZnS mit dem immer vorhandenen Nebenelementen Fe und Cd nur wenige 100 µg/g (max. 800, z. B. [126]) Indium einbaut. Bei der Anwesenheit von Cu können die Gehalte an Indium (und Antimon) jedoch wesentlich höher werden [231]. Für diese Anreicherung kann ein diodocher Ersatz gemäß $4Zn^{2+} \leftrightarrow X^+ + Y^{3+} + Z^{4+}$ mit $4Zn^{2+} \leftrightarrow 2Cu^+ + In^{3+} + Sb^{4+}$ verantwortlich sein. Für die Untersuchung solcher Zinkblenden ist die ESMA eine gute Methode. Um bei den Elementverteilungsbildern möglichst gute Übereinstimmungen zu erzielen, ist die Messung der energetisch ähnlicheren L-Linien der Übergangsmetalle und Schwefel zusammen mit den L-Linien von Cd, In und Sb vorteilhaft (s. Tab. 8.8).

Mit den Ergebnissen aus den Messungen konnte eine Beziehung $Cu = 0{,}98 In + 1{,}81 Sb + 0{,}03$ für Zinkblende aus dem Burgstätter Gangzug in Clausthal-Zellerfeld aufgestellt werden.

8.8.6 Aufbereitung

Im Bereich der Aufbereitung sind ebenfalls oft chemische Punktanalysen notwendig. Das Anwendungsgebiet reicht von der Analyse von Tailings über Müllverbrennungsaschen bis hin zu Schlacken. Ein aktuelles Anwendungsgebiet ist die Modifizierung pyrometallurgischer Schlacken. Das Konzept dahinter ist die Anreicherung technologisch relevanter Elemente in möglichst einfach zusammengesetzten Verbindungen, die einfach

Tab. 8.8 Anregungsbedingungen für die Analyse der Zinkblende

25 kV/100 nA	Crystal	Peak (s)	Bkg1 (s)	Bkg2 (s)	DL 25 kV, wt.%	Ref
SKa	LPET	20	10	10	0,02	ZnS
FeLl	LTAP	60	10	10	0,49	FeS2
CuLa	TAP	180	90	90	0,01	CuFeS2
ZnLa	TAP	60	10	10	0,03	ZnS
CdLa	LPET	30	15	15	0,01	CdS
InLa	PET/LPET/LPET	240/204/204	OVL CdLa	120/102/102	0,004	InSb
SbLa	PET/LPET/LPET	240/204/204	120/102/102	120/102/102	0,004	InSb

Tab. 8.9 Verbindungen, die interessant sind für die Extraktion von Technologie-Elementen aus pyrometallurgischen Schlacken

Name	Formel	Element
Lithiumaluminat	$LiAlO_2$	Li
Perovskit	$(Ca,La)(Ti,Al,Ta,Zr)O_3$	Ti,Zr,La,Ta
Pyrochlor	$(La(Ca))2(Zr(Ta))2O_7$	Zr,La,Ta
Zirkonat	$(Ca,La)(Zr,Ti,Ta)_4O_9$	Zr,La,Ta
Oxysilikat	$La_{2-(x+y)}Ca_{3/2x}Si_{1+3/4y}O_5$	La
Britholit	$Ca_{5-v}La_{2/3v}P_{3-(w+x+y+z)}Al_{5/3w}Si_{5/4x}Zr_{5/4y}Ta_zO_{11}$	La

zu fiberieren und in Konzentraten aufzukonzentrieren sind. Beispiele dafür sind Schlacken, die aus der pyrometallurgischen Aufbereitung von Technologieprodukten mit Gehalten an Lithium, Lanthanoiden oder Tantal (Batterien, Elektromotoren, Kondensatoren) anfällt (z. B. [232]). Aufgrund des unedlen Charakters und/oder der Redoxsensitivität dieser Elemente werden sie in der Schlacke angereichert. In den Schlacken lassen sich Verbindungen feststellen, die hohe Affinitäten zu diesen Elementen aufweisen (s. Tab. 8.9).

Bis auf Li können diese Elemente problemlos mit ESMA analysiert werden. Aber auch der Li-Gehalt kann über die in den vorherigen Kapiteln beschriebene Berechnung bestimmt werden. Mit den Einzelphasenanalysen der ESMA können quantitative Phasenzusammensetzungen berechnet und Elementbilanzen berechnet werden (s. Abb. 8.30).

8.9 Justierung und Wartung

Viele Wartungsarbeiten an der Elektronenstrahlmikrosonde werden aufgrund der Komplexität des Systems von Serviceingenieuren durchgeführt. Bei Mikrosonden mit W-Filamenten müssen diese nach 300–500 Betriebsstunden regelmäßig ausgetauscht werden. Das Filament wird aufgrund der begrenzten Laufzeit nur bei Bedarf eingeschaltet. Der Wechsel erfolgt nach Ausbau des Wehnelt-Zylinders aus der Sonde am besten unter einem Binokular. Das Filament ist sorgfältig zu zentrieren. Nach dem Tausch eines W-Filaments ist dieses erst einzubrennen. Dazu ist gemäß der Herstellerangaben im Handbuch am besten eine Methode zu erstellen. Darüber hinaus können die leicht zugänglichen Dichtungen – z. B. an der Probenschleuse – gereinigt oder ggf. ausgetauscht oder die Spektrometermechanik gefettet werden. Sind Ar/Methan-Durchflusszählrohre in den WD-Spektrometern eingebaut, ist ein regelmäßiger Austausch der Gasflaschen erforderlich. Das Gleiche gilt für das regelmäßige Nachfüllen des Stickstofftanks für die Kühlung des EDS-Detektors (Si(Li). Ist kein Stickstoff rechtzeitig verfügbar, ist das Detektorsystem inklusive Elektronik auszuschalten, da sonst der Detektor (Si(Li)) zerstört wird. Zur Justage des Elektronenstrahls siehe Abschn. 8.3.1. Die Betriebsdauer eines Schottky-Feldemitters liegt im Durchschnitt bei 1 Jahr, d. h. etwa 9000 Stunden bei Dauerbetrieb. Dabei wird der Emitter im Normalfall durchgehend in Betrieb gehalten (im

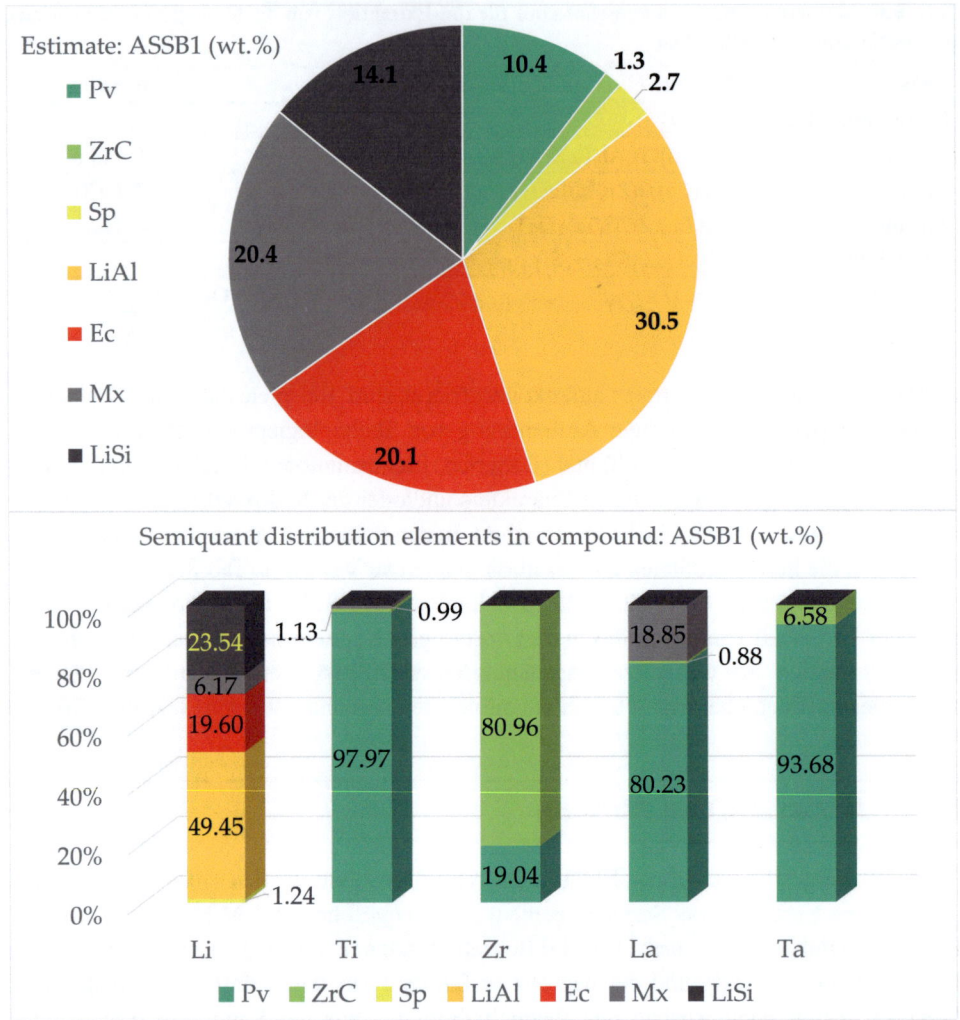

Abb. 8.30 Quantitative Phasenzusammensetzung und Verteilung technologisch relevanter Elemente auf diese Phasen am Beispiel einer synthetischen Schlacke. Pv: Perovskit, ZrC: Zirkonat, Sp: Spinell ($LiAl_5O_8$), LiAl: Lithiumaluminat, Ec: Eucryptit, Mx1: Matrix, LiSi: ($Li_2Si_2O_5$, berechnet)

Gegensatz zum W-Filament). Eine Abschaltung des Emitters bei vorhersehbaren längeren Stillstandszeiten ist aber möglich. Selbst Stromausfälle kann der Emitter eventuell tolerieren. Da aber jeder Abschaltvorgang einen Stressfaktor für das System darstellt, ist der Einsatz einer unabhängigen Stromversorgung (USV) zu empfehlen. Diese kann bei kürzeren Stromausfällen (< 15 min) verhindern, dass das System unnötigerweise heruntergefahren wird. Der Tausch dieses Emitters ist aufwendiger als der Tausch eines

W-Filaments. Beim Einbau muss absolut staubfrei gearbeitet werden (Glovebox). Da der mit Molekularpumpen ausgestattete Hochvakuumbereich zum Einbau des Emitters auf Normalatmosphäre gebracht wird, müssen diese nach dem Einbau erst ausgeheizt werden. Dies dauert mehrere Tage. Nach dem Einbau muss das Filament dann initialisiert werden. Das heißt, dass die Werte für den Aufheizgrad („Heat") und der Extraktorstrom nur langsam erhöht werden dürfen. Dieser Vorgang dauert etwa einen Tag. Danach muss sich das Filament stabilisieren. In dem Zuge der Stabilisierung bildet sich an der Spitze des Emitters eine Kristallfacette parallel zur {100}-Ebene des Wolframkristalls aus. Ein Grund für die Destabilisierung des Emitters ist der sogenannte „Ringing-Effekt". Dieser entsteht, wenn die Anzahl der austretenden Elektronen schwankt, weil die Kristallfacette an der Spitze des Emitters sich nicht stabilisiert. Gründe für diesen Effekt kann ein zu niedriger Extraktorstrom oder eine unvorteilhafte Kombination von Aufheizgrad und Extraktorstrom sein, welches eine eventuelle Nachregelung dieser Werte während der Lebenszeit (vor allem am Ende der Laufzeit) des Emitters erfordert.

8.10 Verwandte Verfahren

In diesem Abschnitt werden Verfahren vorgestellt, die über einen ähnlichen Einsatzbereich verfügen.

8.10.1 Niederenergetische Röntgenemissionsspektroskopie

Wird auch bezeichnet als LEXES (engl. „Light Element X-Ray Emission). Diese Methode verwendet wie die ESMA auch durch Elektronenanregung erzeugte charakteristische Röntgenstrahlung. Der Unterschied ist, dass diese Methode speziell für die Oberflächenanalyse im Nanometerbereich optimiert ist. Für diesen Zweck werden niederenergetische Elektronen im Bereich von 0,2–10 keV bei wesentlich höherer Stromstärke (Elektronendichte bis 100-fach höher als bei ESMA) verwendet [252]. Aufgrund der niedrigen Energie der Elektronen muss ist in der Probenkammer ein besseres Vakuum erforderlich als bei ESMA ($1 \cdot 10^{-6} Pa$). Die Analysentiefe kann mittels der Elektronenenergie zwischen 1–700 nm variiert werden [72]. Das Verfahren wird in der Waferanalytik eingesetzt.

8.10.2 Augerelektronenspektroskopie (AES)

Bei der Augerelektronenspektroskopie (AES) werden die bei dem in Konkurrenz zur Röntgenfluoreszenz stehenden Augerprozess (s. Abb. 8.1) ausgesendeten Elektronen analytisch erfasst. Die Anregung erfolgt wie bei ESMA oder REM (siehe Kap. 8) mit einem fokussierten Elektronenstrahl. Da die Fluoreszenzausbeute mit steigender Ordnungszahl steigt, resultiert daraus im Umkehrschluss ein Anstieg der „Augerelektronenausbeute" mit abnehmender Ordnungszahl und wieder daraus die besondere Empfindlichkeit der AES für leichte Elemente.

Wird beispielsweise ein Elektron aus der K-Schale ($Fe1s$) eines Atoms (z. B. Fe) entfernt, kann ein Elektron von der LII-Schale ($Fe2p_{1/2}$) auf die Leerstelle springen. Dies würde der Fluoreszenzlinie $FeK\alpha_2(K - L_2)$ entsprechen. Mit einer gewissen Wahrscheinlichkeit wird aber ein Elektron aus der LIII-Schale ($Fe2p_{2/3}$) emittiert und folgender Augerprozess stattfinden:

$Fe1s \leftarrow Fe2p_{1/2}| Fe2p_{2/3} \rightarrow$ Auger (KL_2L_3)

Die Bindungsenergiedifferenz $EFe1s - (Fe2p_{2/3} + EFe2p_{1/2})$ wird dem Elektron in erster Näherung als Impuls (K_{Kin}) mitgegeben, sodass es sich aus dem Atom entfernen kann. Verkompliziert wird die exakte Berechnung der Energie dadurch, dass sich durch den Prozess selbst die Energie der Elektronenniveaus der L-Schale verändert, da dort das Sprungelektron (in diesem Beispiel $Fe2p_{1/2}$) bereits fehlt.

Aufgrund der besseren Ortsauflösung wird zur Anregung meist ein Elektronenstrahl bei relativ geringer Energie (einige keV) verwendet. Die Anregung mit Röntgenstrahlung ermöglicht dagegen – allerdings mit einer 10-fach schlechteren Auflösung – eine effizientere Anregung der inneren Elektronenniveaus und andere Effekte wie Sekundärelektronen (SE) oder Rückstreuelektronen (BSE) sind nicht signifikant. Im Gegensatz zur XPS ist die Energie der Augerelektronen vom Anregungsprozess unabhängig, da es sich um einen Relaxationsprozess eines angeregten (ionisierten) Atoms handelt. Aufgrund der geringen Energie der Augerelektronen (0,02–1 keV) ist die Methode sehr oberflächensensitiv (bis 0,3 nm), damit aber auch extrem anfällig für Oberflächenkontamination oder -reaktion (z. B. Oxidation). Oberflächenverunreinigungen können auch im Gerät durch Sputteranlagen entfernt werden. Aus den gleichen Gründen ist auch ein Ultrahochvakuum ($10^{-9} - 10^{-8} Pa$) erforderlich. Da mehrere Elektronenniveaus beteiligt sind, ist ein Augerspektrum komplexer als ein Photoelektronenspektrum (XPS) und auch die chemische Verschiebung ist nicht so einfach zu analysieren. Daher wird die AES nicht in dem Maß wie die XPS (s. Abschn. 8.10.3) für die Speziationsbestimmung oder die quantitative Analytik verwendet. Bei der Quantifizierung muss zusätzlich beachtet werden, dass das Elementsignal nur aus den obersten Atomlagen stammt und daher für die Analyse einer inhomogenen Verbindung (z. B. solid solutions/zonierte Kristalle) nicht geeignet ist. Die Nachweisgrenze liegt im Bereich von 0,1–1 At% (bzw. ~ 1–10 mg/g) wobei die Nachweisgrenze bei abnehmender Ordnungszahl niedriger wird.

8.10.3 Röntgenphotolektronenspektroskopie (R-PES, engl. XPS)

Wird auch bezeichnet als X-Ray Photoelectron Spectroscopy (XPS) oder Electron Spectroscopy for Chemical Analysis (ESCA). Bei dieser Methode wird eine monochromatische Röntgenquelle im Bereich 1,5 keV (z. B. $AlK\alpha$ oder $MgK\alpha$) mit Monochromator zur Ionisierung der Elementatome in der Probe eingesetzt. Zur Erzeugung der Photoelektronen

8.10 Verwandte Verfahren

dient im einfachsten Fall eine Röntgenröhre, deren Strahlung an einem geeigneten Kristall gebeugt, soweit wie möglich monochromatisiert und dann auf die Probe fokussiert wird. Auch Synchrotronstrahlung wird zur Anregung verwendet. Mit dieser kann die Ortsauflösung des Systems erheblich verbessert werden. Das System arbeitet unter Hochvakuumbedingungen (10^{-8}–10^{-9} mbar). Ist die Energie der einfallenden Röntgenstrahlung höher als die Bindungsenergie, wird das Elektron emittiert, dessen Energie durch die Differenz aus der für den Ionisierungsprozess benötigten Energie und der Energie des auslösenden Röntgenquants definiert ist. Auch diese Methode ist im Vergleich mit der ESMA sehr oberflächensensitiv (bis 1 nm), aber nicht ganz so wie die AES. Die gemessenen Bindungsenergien liegen unterhalb von 1,5 keV, sind also deutlich geringer als die Energie der meisten bei der RFA verwendeten Röntgenlinien. Die Methode ist extrem oberflächensensitiv, da die Photoelektronen nur aus den obersten Atomlagen austreten können. Die in den Spektren sichtbaren Linien können direkt einem bestimmten Elektronenorbital zugeordnet werden, z. B. $Fe2p_{2/3}(LIII)$ entspricht $FeK\alpha1$, bzw. $K-L3$.

Mit der XPS sind die durch verschiedene Oxidationsstufen eines Elementes hervorgerufene chemische Verschiebungen der Bindungsenergie in der Größenordnung von einigen eV analysierbar, da die Detektoren der Elektronenspektrometer eine hohe Energieauflösung (meV-Bereich, zum Vergleich SDD: < 125 eV) haben (z. B. [170]). Eine besondere Eigenschaft der XPS ist, dass Speziationen von Elemente in Verbindungen und Strukturen über die chemische Verschiebung der Elementlinien analysiert werden können. Die chemische Verschiebung im Falle der Speziation resultiert aus der Zunahme der Bindungsenergie eines Rumpfelektrons bei Oxidation (also Entfernung) eines äußeren Elektrons (Valenzelektron). Auch Veränderungen der Bindungsenergie von Elektronen aufgrund der äußeren strukturellen (z. B. molekularen) Umgebung des analysierten Elementes (z. B. des Kohlenstoffs in organischen Verbindungen mit unterschiedlichen funktionellen Gruppen) führen zu diesem Effekt. Da auch diese Methode im Gegensatz zur ESMA sehr oberflächensensitiv ist, kommt auch hier das Elementsignal nur aus den obersten Atomlagen und ist daher für die Analyse einer inhomogenen Verbindung (z. B. solid solutions/zonierte Kristalle) nicht geeignet. Die Nachweisgrenze sinkt hier wie bei der RFA mit zunehmender Ordnungszahl ab und reicht von 10 (Li, Be) bis 0,03 (~ ab Nb) At% (bzw. ~ 0,3–100 mg/g). Darüber hinaus besteht auch die Möglichkeit eine Anregung der Valenzelektronen mit ultraviolettem Licht durchzuführen (Ultraviolett-Photoelektronen-Spektroskopie, UPS). Dazu werden He-Gasentladungslampen oder niederenergetische Synchrotronstrahlung verwendet. Damit ist die Empfindlichkeit für die Energieunterschiede, z. B. in Molekülen noch höher als bei der Anregung mit höherenergetischer Röntgenstrahlung.

8.10.4 Rasterelektronenmikroskopie (REM, engl. SEM)

Der grundlegende Aufbau der Elektronenkanone eines REM-Gerätes (engl. „Scanning Electron Microscopy, SEM") gleicht dem der Mikrosonde sehr stark. Diese ist jedoch mehr auf eine Optimierung der Auflösung, d. h. des Durchmessers und der Form des Elektronenstrahls ausgelegt. Das Verfahren dient primär der elektronenoptischen Bildgebung. Für die chemische Charakterisierung sind die Geräte nur mit EDS ausgestattet.

8.10.5 Transmissionselektronenmikroskopie (TEM)

Bei diesem Verfahren werden die Elektronen in Transmission analysiert. Zur Durchführung der Analysen muss die Probe (als Lamelle) dünn genug sein, dass die durch die Elektronenoptik fokussierten Elektronen durch das Material hindurchtreten können (s. auch Abb. 8.8). Da die Beschleunigungsspannung auch das Auflösungsvermögen bestimmt (s. Gl. 8.8) wird diese auf bis zu 300 kV geregelt, um die für diese Verfahren gewünschte Auflösung von 0,2 nm zu erreichen [302]. Zur chemischen Charakterisierung sind EDS und EELS (s. Abschn. 8.10.6) verfügbar. Mit TEM kann – wie auch mit Röntgenbeugung – Strukturaufklärung kristalliner Substanzen durchgeführt werden. Der Vorteil der TEM ist die im Vergleich zu Röntgenstrahlung sehr gute Fokussierbarkeit des Elektronenstrahls und damit eine sehr gute Ortsauflösung der Strukturelemente (z. B. Kristallgitter), in denen die Positionen einzelner Atome im Gitter lokalisierbar sind (z. B. La-Atome in γ-Al_2O_3, [302]).

8.10.6 Energieverlust-Elektronenspektroskopie (EES, engl. EELS)

Diese Methode (engl. „Electron Energy Loss Spectroscopy, EELS") wird bei der TEM eingesetzt. Bei der TEM durchdringt ein großer Teil der Elektronen die Probe ohne Energie- und Richtungsverlust bzw. wird elastisch gestreut. Der Anteil an Elektronen, der mit den Atomen in der Probe interagiert, verliert bei der Transmission einen Teil der Energie und erfährt eine Richtungsänderung. Das Energieverlustspektrum enthält Informationen über Gitterschwingungen ($\Delta e < 1$ eV), Übergänge aus Leitungs- und Valenzbändern der Atome ($\Delta e < 10$ eV) oder zeigt Absorptionskanten der Ionisierung innenliegender Elektronenschalen ($\Delta e < 80$ eV) [26].

8.10.7 Metastabile Einschlag-Elektronenmikroskopie oder -spektroskopie (MEEM, engl. MIEEM, MIES)

Bei dieser Methode wird die Interaktion metastabiler He*-Atome mit den Elektronenhüllen der Atome direkt an der Probenoberfläche genutzt. Bei der Anregung des He wird ein 1s-Elektron auf das 2s-Niveau angehoben (2^3S_1). Dabei wird ein freies inneres Elektronenorbital der He-Atome (1s) frei und kann durch einen umgekehrten Augerprozess mit einem Elektron aus einem Atom an der Probenoberfläche gefüllt werden. Als Folge wird ein 2s-Elektron aus dem He-Atom emittiert. Die Energie des emittierten Elektrons steht im Zusammenhang mit der Energie des Elektrons aus dem inversen Augerprozess. Diese Energie steht in Zusammenhang mit der Zusammensetzung der Probenoberfläche und der Austrittsarbeitt des Elektron aus der Oberfläche [158]. Da nur die oberste Atomlage an dieser Interaktion beteiligt ist, ist diese Methode besonders oberflächensensitiv. Wird diese Methode als bildgebendes Verfahren verwendet (MEEM), können 2-dimensionale Segregationsverteilungen in Oxiden wie ($SrTiO_3$), die nur auf der Oberfläche des Materials entstehen, aufgenommen werden.

8.10.8 Kathodenlumineszenz (KL)

Die Aussendung von Licht bei Beschuss eines Materials mit beschleunigten Elektronen (Elektronenstrahl) wird als Kathodenlumineszenz („Cathodoluminescence, CL") bezeichnet. Dabei werden äußere Elektronen vom Valenzband in das Leitungsband angeregt. Beim Zurückfallen wird die Energie als elektromagnetische Strahlung wieder abgegeben. Neben optischen Kathodenlumineszenzmikroskopen fällt dieser Effekt auch bei der Elektronenstrahl-Mikroanalyse an und kann mit einem geeigneten Detektorsystem ausgewertet werden. Die Lumineszenzfarben hängen von entsprechenden Aktivatorzentren und dem Einbau von Fremdelementen in das Kristallgitter ab und geben Auskunft über bestimmte Dotierungen von Verbindungen oder Phasen. Dies wiederum gibt Hinweise über Genese und Druck-Temperatur-Bedingungen der Kristallite. Dabei können Kristalle gleichen Typs (Apatit, Zirkon u. a.) unterschiedliche Farben hervorrufen.

8.10.9 Elektronenrückstreudiffraktion

Rückstreuelektronen, die nach dem Beschuss eines kristallinen Materials mit einem Elektronenstrahl entstehen, können nach einem bestimmten Muster, welches charakteristisch für die Gitterabstände des Materials und dessen Raumorientierung sind, gebeugt werden (s. Abb. 8.31). Diese Beugung erfolgt nach dem Bragg'schen Gesetz (s. Kap. 7). Dieses Phänomen wird als Elektronenrückstreudiffraktion („Electron Backscatter Diffraction, EBSD") bezeichnet. Zur Aufnahme dieser Beugungsbilder wird die um 70° gekippte Probe mit einem Elektronenstrahl beschossen und die gebeugten Elektronen auf einem fluoreszierenden Bildschirm visualisiert. Das Signal kann mit einer CCD-Kamera digitalisiert und auf einem Computerbildschirm dargestellt werden.

Dieses Verfahren ermöglicht eine Untersuchung nicht nur der Mikrostruktur, sondern auch der Kristallorientierung. So sind die Kristallsymmetrie, der Atomabstand, der Winkel zwischen Kristallebenen und die mikrostrukturelle Kristallorientierung einzelner Körner mit einer Auflösung bis zu 50 nm (bei Feldemissionsanregung) bestimmbar. In monomineralischen bzw. monophasischen Materialien (z. B. Stahl) werden die Korngrenzen und die Kristallorientierung ($\alpha Fe / \gamma Fe$) im normalen BSE-Bild nicht vollständig sichtbar. Mit EBSD kann dieses Problem gelöst werden. Auch Textureffekte können ortsaufgelöst dargestellt werden.

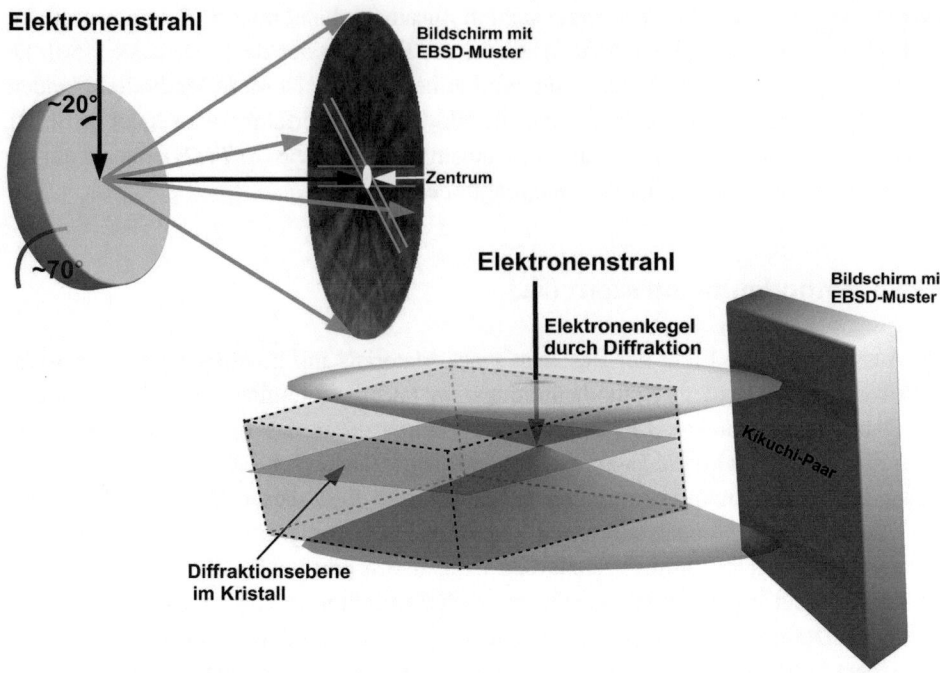

Abb. 8.31 Grundprinzip EBSD

Teil IV
Fehlerberechnung, Referenzen und Materialkunde

In diesem Teil wird nochmals auf die Bewertung der Qualität einer Analyse eingegangen. Messergebnisse beruhen zumeist auf dem Vergleich eines Parameters (z. B. Zählrate) von Probe und Referenzmaterial mit bekannter Zusammensetzung. Aus diesem Vergleich werden dann Metadaten (z. B. eine Konzentration) berechnet. Die Messung sowie die Berechnung sind mit einem Fehler behaftet, der zusammen mit der Messung angegeben werden kann. Nur auf diese Weise gelingt eine Interpretation der Messdaten.

Dieser Teil enthält auch eine Einführung in die Darstellung von Phasenreaktionen als Zustandsdiagramme. Sowohl in den Geo- wie auch den Materialwissenschaften ist ein Verständnis dieser Art der Darstellung sehr wichtig. Die Diagramme können aus empirischen Daten (Analysendaten) und/oder durch thermodynamische Modellierungen erstellt werden.

Auswertung und Überprüfung

Übersicht

9.1	Konzentrationsangaben	383
9.2	Stöchiometrische Umrechnungen	384
9.3	Referenzmaterialien	385
9.4	Interne Standards	386
9.5	Methodenüberprüfung	386

9.1 Konzentrationsangaben

Die vorgestellten Verfahren ermöglichen zwei grundlegende Arten der Analytik:

- Elementanalyse („Die Elemente des Periodensystems": Si, Al, Fe)
- Phasenanalyse (Verbindungen, „Phasen": SiO_2)

Bei der Angabe der Elementkonzentrationen wird in den Geowissenschaften zwischen Haupt-, Neben-, und (Ultra-)Spurenelementen unterschieden, wobei diese Einteilung nicht streng festgelegt ist. Allgemein gilt:

- Hauptkomponenten: 0,1–100 Gew.%; Angabe als Oxid in der höchsten Stufe, z. B. SiO_2, TiO_2, …
- Nebenkomponenten: 1–1000 ppm (0,1 Gew.%); Angabe als Element, z. B. Ni
- Spurenelemente: < 1 ppm (µg/g); Angabe als Element, z. B. Y
- Ultraspurenelemente: < 1 ppb (ng/g); Angabe als Element, z. B. Pt

© Der/die Autor(en), exklusiv lizenziert an Springer-Verlag GmbH, DE, ein Teil von Springer Nature 2024
T. Schirmer, U. Fittschen, *Einführung in die geochemische und materialwissenschaftliche Analytik*, https://doi.org/10.1007/978-3-662-67958-6_9

Die Angabe der Hauptelemente als Oxide der höchsten Oxidationsstufe wird darauf zurückgeführt, dass die meisten Materialien (Proben) in geowissenschaftlichen Fragestellungen aus einem maximal oxidierten Umfeld stammen. Dabei werden die Oxidkomponenten mit absteigender Ladungszahl des Kations und nach Elementgruppe (Metalle, Erdalkalien, Nichtmetalle) angegeben:

$$[Si^{IV}, Ti^{IV}], [Al^{III}, Fe^{III}], [Fe^{II}, Mn^{II}], [Mg^{II}, Ca^{II}, Na^{I}, K^{I}], [P^{V}, C^{IV}, H^{I}]$$

Diese Art der Angabe ist dann nicht sinnvoll, wenn neben Sauerstoff andere Anionen eine wesentliche Rolle spielen, z. B. bei Sulfiden oder Evaporiten. Hier bietet sich die Angabe aller Komponenten als Elemente an. Bei Evaporiten wird nur Schwefel in der maximalen Oxidationsstufe (Sulfat, SO_4) angegeben, da dieser in Evaporiten normalerweise sulfatisch vorliegt (z. B. Anhydrit, $CaSO_4$, oder Kieserit, $MgSO_4 \cdot H_2O$).

Die Nebenkomponenten und (Ultra-)Spurenelemente werden alphabetisch sortiert, wobei bestimmte Elementgruppen (z. B. Lanthanoide, „Seltene Erden", SE, engl. „Rare Earth Elements", REE) oder Platingruppenelemente (PGE) wiederum in eigenen Auflistungen stehen können.

9.2 Stöchiometrische Umrechnungen

Häufig ist es erforderlich, bestimmte Komponenten stöchiometrisch umzurechnen. Ein einfaches Beispiel ist die Analyse eines karbonatisch Gesteins. Die Elemente Mg, Ca und Fe sind in den Karbonatverbindungen (Calcit, $CaCO_3$, Dolomit, $CaMg(CO_3)_2$, Ankerite $Ca(Fe, Mg, Mn)(CO_3)_2$ u. a.) enthalten, andere Elemente wie Na, Al, Si und K in Silikaten. Um die Endsumme der Analyse ohne die Angabe der Elemente C und O stöchiometrisch auf 100 Gew.% umzurechnen, sind die Elemente Mg, Ca und Fe als Karbonat (XCO_3) anzugeben:

$$Gew\%(Z) = Gew.\%(A) * \frac{M(Z)}{M(A)} \qquad (9.1)$$

Gew%(Z): Zielphase, Gew.%(A): Ausgangsphase, M(Z): Molmasse Zielphase, M(A): Molmasse Ausgangsphase

Als Beispiel ergeben 50 Gew.% CaO 35.73 Gew.% Ca bzw. 89.24 Gew.% $CaCO_3$

Dies ist nicht möglich, wenn Elemente in verschiedenen Phasen vorkommen, z. B. Fe in Tonen als Pyrit (FeS_2) oder Siderit ($FeCO_3$).

In den Geowissenschaften sehr weitverbreitet ist die Umrechnung der gemessenen Elementkonzentrationen in Oxide mit den im geologischen Umfeld am häufigsten auftretenden Speziationen. Auch dies führt zu Fehlern, wenn Teile der Elemente in nichtoxidischen Verbindungen oder mit einer anderen Speziation auftreten. Bei Sulfaten und Carbonaten werden die oxidischen Komponenten der sich in den Molekülanionen befindlichen Elemente C (CO_2) und S (SO_3) angegeben (das gilt auch für B, und N).

9.3 Referenzmaterialien

Internationale oder hausinterne Referenzmaterialien können einerseits zur Kalibration, aber auch zur Überprüfung von Methoden Verwendung finden. Bei Verfahren, bei denen die Kalibration direkt vor der Messung mittels (Multi-)Elementstandards durchgeführt wird (z. B. ICP-MS, -OES, AAS), dienen Referenzmaterialien vor allem zur Methodenüberprüfung: Bei einer Serie von Säuredruckaufschlüssen wird ein (internationales) Referenzmaterial als Doppelbestimmung in die Aufschlussserie integriert. Dieses sollte in seiner Zusammensetzung und Matrix der Probenserie ähneln.

Die RFA dagegen ist – wie bereits in den vorherigen Kapiteln erläutert – ein stark matrixabhängiges, vergleichendes Messverfahren. Dies gilt natürlich auch für die Elektronenstrahl-Mikroanalyse (ESMA), da hier ja Röntgenfluoreszenz bei der chemischen Analyse eingesetzt wird. Im Gegensatz zu Messverfahren wie ICP oder AAS müssen daher auch die Kalibrationen meist mit internationalen (oder hausinternen) Referenzmaterialien durchgeführt werden. Die Qualität dieser Referenzmaterialien ist ausschlaggebend für die Genauigkeit der Analysedaten. Für eine Kalibration mit maximaler Genauigkeit sind gut untersuchte und mit verschiedensten Messverfahren („Round Robin") analysierte internationale Referenzmaterialien erforderlich.

Die Verfügbarkeit von entsprechenden Referenzmaterialien ist nicht immer gegeben und häufig rechtfertigt der Preis die Anschaffung nicht. Dann ist es erforderlich, hauseigene (sekundäre „interne") Referenzmaterialien zu etablieren. Es handelt sich hierbei um Proben, welche aus zu analysierenden Produktreihen oder Materialtypen bzw. aus einer Probenahme im Gelände stammen und die mit anderen Verfahren oder gegen geeignete internationale Referenzmaterialien gemessen wurden. Je nach Einsatzgebiet können dies Klinker, Rohmehl, Rohstahl aber auch natürliche Proben wie Basalt, Granit oder Tonschiefer sein. Standards sind auch künstlich herstellbar (z. B. Gläser); dann muss allerdings die Matrix sehr gut simuliert werden. Für die halbquantitative Messung können Standards verwendet werden, deren Matrix nicht mit der Probenmatrix übereinstimmen muss. Aufgrund der benötigten Flexibilität ist dies auch nicht sinnvoll.

Bei der Auswahl der Standards muss neben der Matrix (chemische Hauptzusammensetzung) auch auf Phaseneffekte (bei Pulver, Feststoffen und Presstabletten) und auf eine gleichmäßige Verteilung der Elementgehalte geachtet werden. Eine Korrelation der chemischen Daten (Konzentrationen) macht die Berechnung von Korrekturfaktoren unmöglich.

Bei kommerziell erhältlichen Standards wird meist ein relativer Fehler von 0,1% angegeben. Ohne Fehlerangabe geht man von einem Fehler von der Hälfte der letzten Dezimalstelle aus:

0,5 % → 0,5 % ± 0,05 % → 0,45 % - 0,55 % → ± 10 % relativer Fehler
15,5 % → 15.5 % ± 0.05 % → 15,45 %–15,55 % → ± 0,32 relativer Fehler

Eine Datenbank für eine Vielzahl an internationalen Referenzmaterialien bietet das „Georem" [125].

9.4 Interne Standards

Ein interner Standard ist in diesem Fall ein Element – das nicht (in nennenswerten Konzentrationen) in der Probe enthalten sein darf –, welches der Probe in einer definierten Konzentration hinzugefügt wird. Mit der für dieses Element ermittelten Zählrate können dann die Intensitäten für die zu analysierenden Elemente normiert werden. Vorausgesetzt, der interne Standard verhält sich genauso oder zumindest ähnlich wie die zu messenden Elemente, können verschiedene bei der Messung auftretende Fehler eliminiert werden. Welche Fehlerfaktoren eliminiert werden können, hängt davon ab, in welcher Phase der Probenvorbereitung oder der Analyseprozedur die Zugabe erfolgt. Eine Zugabe vor der Präparation (z. B. dem Säureaufschluss) umfasst den Geräte- und den Methodenfehler. Eine Zugabe direkt vor der Messung beispielsweise dient der Driftkorrektur – also der Variation der Empfindlichkeit des Messgerätes im Verlaufe der Messung. Bei Hochleistungsspektrometern mit Leistung im kW-Bereich ist ein interner Standard aufgrund der Stabilität der Zählraten meist nicht erforderlich. Die Kriterien zur Auswahl des internen Standards sind zusammengefasst:

- Das Element darf in der Probe nur in vernachlässigbaren Gehalten vorliegen: Rh, Re, Ru, Be, Sc, Y
- Das Element sollte sich bei der Messung ähnlich verhalten: z. B. ähnliches Anregungsverhalten (Absorptionskoeffizient, Massenzahl, Anregbarkeit ...)
- Gute Empfindlichkeit
- Keine Interferenzen auf der Elementlinie

Dabei kann eine direkte Normierung auf das Element ($I_{Element}/I_{Interner\,Std}$) oder aber eine Interpolation unter Verwendung mehrerer interner Standards erfolgen (Normierungsfunktion).

9.5 Methodenüberprüfung

Jede Messung unterliegt einem Fehler, der beispielsweise von der Probenahme, der Art der Präparation und der analytischen Methode abhängt. Das bedeutet, dass bei einer Mehrfachmessung einer Probe das Ergebnis innerhalb eines Bereiches – des Fehlerbereiches – schwankt. Der zu erwartende Fehlerbereich ist ermittelbar, indem Mehrfachmessungen an einem internationalen Referenzmaterial durchgeführt werden. Dieser Fehlerbereich wird dann der Konzentrationsangabe nachgestellt:

$$C \pm N \tag{9.2}$$

9.5 Methodenüberprüfung

In Diagrammen wird der Fehlerbereich mit horizontalen oder/und vertikalen Fehlerbalken am Datenpunkt visualisiert. Aus diesem Vertrauensbereich ergibt sich dann auch die Anzahl an signifikanten Stellen. Ist z. B. der Siliziumgehalt einer Probe (meist angegeben als SiO_2) methodenabhängig mit einer Genauigkeit von ± 0,1 bestimmbar, ist die Angabe mit einer Stelle nach dem Komma – z. B. 50,2 ± 0,1 Gew.% SiO_2 – ausreichend. Die Angabe weiterer Stellen wäre nicht sinnvoll.

9.5.1 Genauigkeit – Reproduzierbarkeit

Sinn einer Analyse ist die Erfassung von Daten (hier Elementgehalte). Dabei gibt es grundlegend zwei Parameter zur Beschreibung der Qualität des Ergebnisses: Genauigkeit und Reproduzierbarkeit. Die Genauigkeit (Wiederfindungsrate) ist definiert als der Grad der Abweichung von einem vorgegebenen Wert (z. B. Referenzzertifikat), z. B. angegeben in %.

Die Reproduzierbarkeit (Präzision, (Gesamt)fehler) ist definiert als die Abweichung zwischen Mehrfachbestimmungen einer Probe, angegeben als Standardabweichung (X ± y, Fehlerbalken, s. Abb. 9.1).

Zur Bestimmung des Gesamtfehlers einer Methode werden allgemein 10–20 Proben hergestellt und gemessen. Die Bestimmung des Instrumentfehlers wird über Mehrfachmessungen an einer Probe durchgeführt.

Eine reproduzierbare Messung bedeutet noch nicht, das das Analyseergebnis richtig ist. Ein richtiges Analyseergebnis bedeutet nicht, das das Analyseverfahren reproduzierbare Routinemessungen ermöglicht, bei dem maximal Dreifachbestimmungen durchgeführt werden.

Für ein nichtreproduzierbares und ungenaues Analyseergebnis gibt es eine Anzahl von Gründen:

- Schlechte Statistik
- Zu niedrige Zählraten

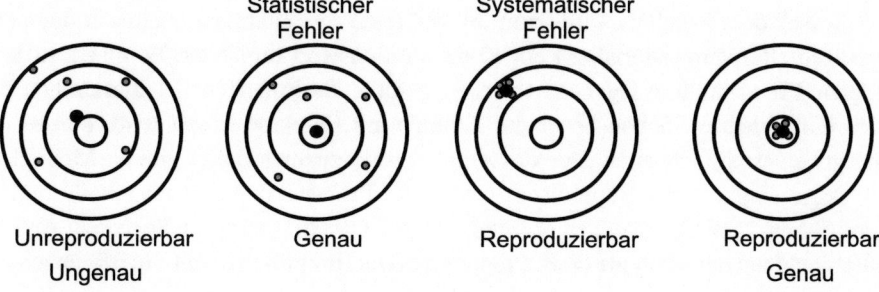

Abb. 9.1 Fehlerarten

- Inhomogenes Probenmaterial
- Zu hohes Untergrundsignal
- Interferenzen
- Kontamination und/oder
- Eine unvollständige Trennung/Anreicherung
- Ausfall von Systemkomponenten

Die ersten drei Punkte führen normalerweise zu einem statistischen Fehler, da es keine vorgegebene Richtung der Entwicklung von Zählraten oder Intensitäten gibt. Die nächsten drei Punkte – wenn nicht korrigiert – täuschen meistens einen höheren Gehalt vor; der letzte Punkt führt häufig zu einem Minderbefund. Ausfall von Systemkomponenten – wie das Durchbrennen eines Filamentes (s. Kap. 8) führen häufig automatisch zum Abbruch der Messung. Detektoren können bei Funktionsstörungen fehlerhafte Signale liefern, die ohne die direkte Analyse eines Referenzmaterials trotzdem zur Berechnung einer Konzentration führen. Bei Proben mit stark schwankenden Gehalten einer Nebenkomponente oder eines Spurenelementes fällt dieses Analyseergebnis zunächst nicht weiter auf.

Statistische Fehler z. B. durch Probenahme, Probenpräparation oder Zählstatistik treten immer in bestimmter Größenordnung auf und kontrollieren die Genauigkeit oder Reproduzierbarkeit einer Messung oder Methode (Abb. 9.2).

Systematische Fehler wie Kontamination, Interferenzen, Berechnungsfehler oder Totzeitverluste können aufgrund ihres immer gleichen Charakters meist korrigiert werden (z. B. Linienüberlagerungskorrektur).

9.5.2 Allgemeine Fehlerquellen

Fehlerquellen resultieren unter anderem aus der Probenahme und -aufbereitung (s. Kap. 2), der Genauigkeit des Instruments, der Qualität der Referenzmaterialien, der Berechnung der Kalibration und der Korrekturverfahren sowie aus der Empfindlichkeit des gesamten Verfahrens (Zählstatistik).

Die Grundlage eines Analyseergebnisses ist zumeist eine Zählrate am Detektor (Rohzählrate). Diese wird durch die Software aufbereitet (Untergrundabzug, Korrekturfaktoren ...). Aus dem Ergebnis wird dann im Vergleich mit Zählraten chemisch definierter Substanzen (Referenzmaterialien) ein Konzentrationswert errechnet. Es gibt also keine absoluten Konzentrationsangaben wie z. B. gefällte Stoffmengen bei klassischen Methoden (Gravimetrie). Schon bevor die Zählrate am Detektor erfasst wird, gibt es eine Reihe an Fehlermöglichkeiten. Die Messung von Referenzmaterialien gibt die Möglichkeit die Messgenauigkeit und Reproduzierbarkeit der Probenaufbereitungsmethode und des Messverfahrens (Messgerätes) zu ermitteln. Dies ist wichtig zur grundlegenden Auswahl und Entwicklung der Methode (z. B. Präparierbarkeit, Empfindlichkeit, Interferenzen ...).

9.5 Methodenüberprüfung

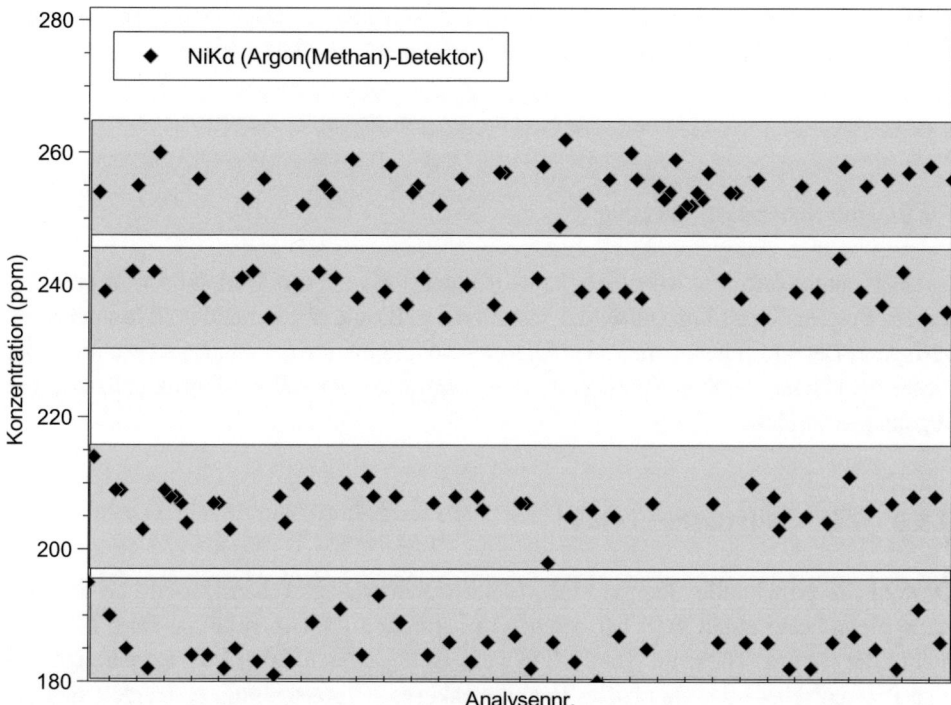

Abb. 9.2 Abweichung der berechneten Ni-Konzentrationen bei vierfacher Präparation (und Analyse) eines Referenzmaterials als Schmelztablette. Die einzelnen grauen rechteckigen Bereiche umfassen den Gerätefehler, die gesamte Abweichung aller vier rechteckigen Bereiche den Gesamtfehler. Der Referenzwert liegt bei 186ś12

Ziel ist aber ein zuverlässiges Messergebnis für die unbekannten Routineproben. Über die Qualität von diesem gibt die Messung von Referenzmaterialien keinen Aufschluss. Daher sind Probenahme und -aufbereitung der unbekannten Substanz eine der am schwierigsten zu kontrollierenden Fehlerfaktoren. Die sich kumulierende Reihe an Fehlern beginnt mit der Probenahme und -aufbereitung, die häufig die größte Fehlerursache sind. Auch die korrekte, reproduzierbare Positionierung (Probenhalter, Optik) ist ein wichtiger Faktor. Die Voraussetzungen die eine Probe erfüllen muss sind bereits erklärt worden: Repräsentativität, Reproduzierbarkeit, Stabilität und Homogenität.

Weiterhin zeigt ein Gerät immer Drifterscheinungen (Komponentenverschleiß, Verstellung, Temperaturempfindlichkeit) im Minutenbereich (Hochfahren), während der Mess(reihen)durchführung (Minuten–Stunden) aber auch über Tage und Wochen. Fehler bei der Kalibration resultieren aus falscher Auswahl der Referenzmaterialien (Qualität, Matrix, Zahl, chemische Korrelation), dem Kalibrationsmodell (Matrix/Untergrundkorrektur, Regressionsanalyse).

Die Kurzzeitgenauigkeit einer Methode lässt sich mit der folgenden Formel – einer Kombination aus Gerätefehler und zählstatistischem Fehler – abschätzen:

$$F_{Gesamt} = \sqrt{F^2_{Zählrate} + F^2_{Gerät}} \qquad (9.3)$$

F = Relative Standardabweichung

Über einen Zeitraum von 24 h kann bei der RFA dieser Wert 0,05 % relativ betragen. Systematische Langzeitfehler resultieren z. B. aus abnehmender Röhrenleistung, geringerer Detektorleistung und/oder Alterung/Kontamination der Analysekristalle. Fehler dieser Art können durch entsprechende Monitorproben oder Kalibrationsaktualisierungen abgefangen werden.

9.5.3 Zählstatistischer Fehler

Obwohl die prinzipielle Energie eines Elektronenübergangs (charakteristische Fluoreszenz) einen bestimmten Wert hat, streuen die erfassten Zählerergebnisse einer Messung mehr oder weniger stark um einen Mittelwert. Es ergibt sich dabei im angenäherten Fall eine Poisson'sche- oder Gauß'sche Verteilungskurve – vorausgesetzt es handelt sich um einen statistischen Vorgang (keine Systematik wie „Peak Tailing" u. a.). Für eine große Anzahl an Vorgängen (Zählraten N > 100) nähern sich Poisson- und Gaußverteilung an – daher wird meist die Erstere betrachtet, da hier die Standardabweichung einfach die Wurzel der erfassten Impulse ist.

Die Wahrscheinlichkeit, dass ein Messwert innerhalb eines bestimmten Bereiches unter- oder oberhalb des Mittelwertes einer Normalverteilung liegt, steht mit der Standardabweichung in Beziehung (s. Abb. 9.3). Der minimale Fehler eines Zählvorgangs (N) lässt sich hiermit also leicht abschätzen:

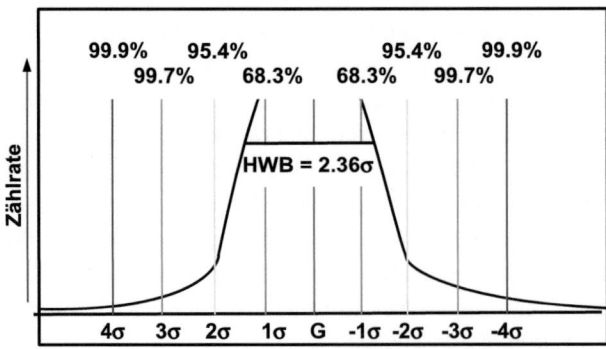

Abb. 9.3 Gauß'sche Normalverteilung, σ = Standardabweichung

$$F = \sqrt{Z(kips)} \qquad (9.4)$$

N = 10.000 (z. B.: 1000 cps, Zähldauer 10 s) → s = $\sqrt{10000}$ = 100
1s: 10.000 ± 100 (9900–10.100): 68,3 %, relativer Messfehler: 1 %
2s: 10.000 ± 200 (9800–10.200): 95,4 %, relativer Messfehler: 2 %
3s: 10.000 ± 300 (9700–10.300): 99,7 %, relativer Messfehler: 3 %
4s: 10.000 ± 400 (9600–10.400): 99,9 %, relativer Messfehler: 4 %
5s: 10.000 ± 500 (9500–10.500): 99,99994 %, relativer Messfehler: 5 %
Bei einer Zählrate (oder Konzentration) wäre die vollständige Angabe also:
N (Gew.%) ± DN (xGew.% Vertrauensbereich)

Zur minimalen Fehlerabschätzung ist z. B. eine Angabe des Wertes für 2s ausreichend. Der zählstatistische Fehler lässt sich durch eine Verlängerung der Zähldauer verringern. Wird im obigen Beispiel die Zähldauer von 10 auf 40 s verlängert, ergibt sich Folgendes:

N = 40.000 (z. B.: 1000 cps, Zähldauer 40 s) s = $\sqrt{40.000}$ = 200
2s: 40.000 +- 400 (39.600–40.400): 95,4 %, relativer Messfehler: 1 %

Mit der vierfachen Zählrate (hier durch 4× längere Zählzeit) halbiert sich der relative zählstatistische Messfehler.

9.5.4 Nachweisgrenze (NG) – Bestimmungsgrenze (BG)

In der Analytik gilt ein Element als nachweisbar, wenn die Intensität (Zählrate) um die dreifache Standardabweichung des Untergrundsignals über dem Untergrund liegt:

$$NWG = N_{Untergrund} + 3 \cdot S_{UG} \qquad (9.5)$$

Die Nachweisgrenze wird durch Faktoren wie den zählstatistischen Fehler, das methodenabhängige Detektorrauschen oder Streuungseffekte sowie spektrale Überlagerungen und Interelementeffekte (Röhrenstrahlung, Probenelemente, Fluoreszenz von Spektrometerkomponenten (Kristalle ...) beeinflusst. Dabei kann der zählstatistische Fehler nicht unterschritten werden, der damit die absolute Nachweisgrenze bestimmt bzw. darstellt.
Dass ein Elementsignal erkennbar über dem Untergrundrauschen liegt, bedeutet aber noch nicht, dass eine einwandfreie Quantifizierung mit genügender Genauigkeit möglich ist. Als Grenze für die Quantifizierbarkeit kann man eine Bestimmungsgrenze festlegen. Allgemein ist dies die dreifache Nachweisgrenze. Zusätzlich muss der Verdünnungsfaktor eingerechnet werden. Bei der Analyse in Abb. 9.4 ist für die durchgeführt Schmelzanalyse ein Verdünnungsfaktor von 1:5 zu beachten. Daher wäre in diesem Fall NG bei $5 \cdot 0,71 = 3,55\,\mu g/g$ und BG bei $3 \cdot 3,55 = 10,65\,\mu g/g$.

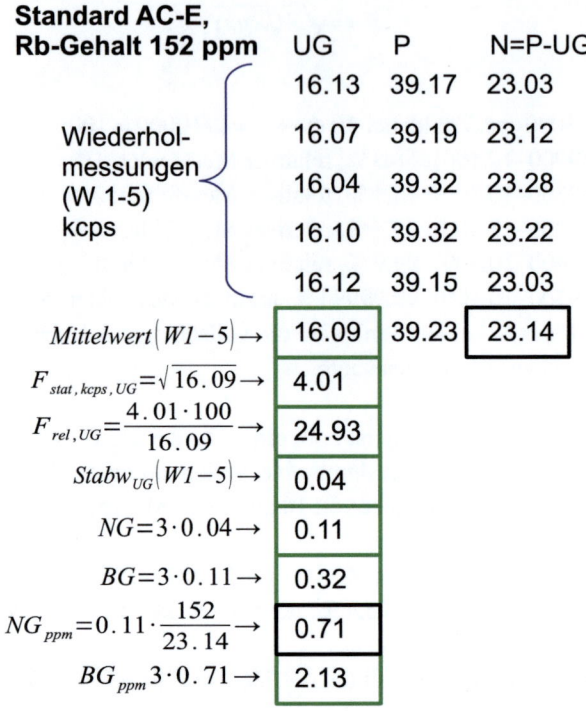

Abb. 9.4 Statistik und Berechnung der Nachweisgrenze für Rb in dem internationalen Referenzmaterial CRNS-AC-E (Granit), Zählraten: UG: Untergrund, P: Messsignal, N: Nettosignal

9.5.5 Fehlerfortpflanzung

Wenn die Methode fertiggestellt ist, muss sie noch auf Genauigkeit und Reproduzierbarkeit getestet werden. Ein Ansatz dazu ist in Abb. 9.5 aufgeführt.

Der Messfehler setzt sich aus einzelnen Fehlern (F) zusammen, die von der Messung (Gerätefehler), der Probenpräparation und der Probenahme gebildet werden:

$$F_{Gesamt} = \sqrt{\sum_{1}^{n} Fn^2} \tag{9.6}$$

Aus welchen Einzelfehlern sich diese drei Fehlerquellen zusammensetzen können, ist unterschiedlich (z. B. bei verschiedenen Probenpräparationen). Der Gerätefehler kann noch einmal in den statistischen und dynamischen Gerätefehler unterteilt werden: Ersterer wird ermittelt, indem die Probe geladen und direkt hintereinander 10-mal gemessen wird (Zählstatistik, Stabilität Elektronik/Röhre). Der dynamische Gerätefehler kann ermittelt werden, indem die Probe zwischen den Messungen entladen und geladen wird. Dieser

9.5 Methodenüberprüfung

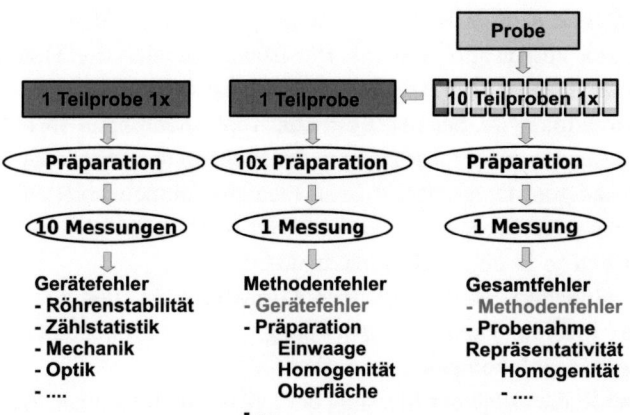

Abb. 9.5 Fehlerfortpflanzung von Probenaufbereitung bis Analyse. Wird eine Teilprobe präpariert und 10-mal analysiert, resultiert der Fehler nur aus der Messgenauigkeit des Gerätes (links). Wird eine Teilprobe 10-mal präpariert und jeweils einmal analysiert ergibt sich ein Summenfehler aus Präparation und Geräteungenauigkeit (Mitte). Werden vom Probenahmeort 10 Proben genommen, diese 1-mal präpariert und 1-mal analysiert, ergibt sich ein Summenfehler (Gesamtfehler) aus Präparation, Geräteungenauigkeit und Probenahme (rechts)

Fehler beinhaltet die durch das Bewegen der Optik und Mechanik hervorgerufenen Abweichungen zwischen einzelnen Messungen.

Auf diese Weise ist herauszufinden, welche Einzelfehler sich am stärksten bemerkbar machen. Der geringstmögliche Fehler ist der zählstatistische Fehler. Liegt der Gesamtfehler in der Nähe dieses Fehlers kann die Methode nur noch durch Verbesserung der Zählstatistik optimiert werden. Dies erfordert längere Messzeiten, oder eine Erhöhung der Empfindlichkeit (Geringere Verdünnung bei der Präparation, anderer Kristall, Kollimator ...). Alle einzelnen Fehler der gesamten Methode von der Probenahme bis zur Messung lassen sich addieren.

9.5.6 Monitor und Nachkalibration für die RFA

Einmal fertiggestellt, kann eine RFA-Kalibration über Monate oder Jahre eingesetzt werden. Selbst nach dem Austausch von Komponenten (z. B. Röhre) kann sie weiterverwendet werden. Voraussetzung dafür ist das Einrichten der Driftkorrektur direkt nach dem Überprüfen und Validieren der Methode. Es sind zwei Arten der Driftkorrektur durchführbar: Monitorkorrektur und Nachkalibration.

Mit einer Monitorprobe wird die Gerätedrift oder die Änderung der Empfindlichkeit nach dem Austausch von Komponenten korrigiert. Ein Monitor kann übergeordnet für alle Applikationen eingesetzt werden. Es werden die Zählraten korrigiert, indem der aktuelle Messwert mit dem Quotienten von Anfangszählrate und aktueller Zählrate multipliziert wird. Die Probenpräparation sollte so einfach wie möglich und die Probe so stabil wie möglich sein (z. B. Gläser Metalle, aber auch Schmelztabletten, solange diese im Eksikkator aufbewahrt werden). Der Elementbereich der Monitorproben sollte alle Elemente (bzw. Linien) aller Applikationen umfassen.

Die Nachkalibration wird bei der Korrektur von Änderungen in einer spezifischen Applikation eingesetzt: z. B. bei Änderungen der Probenpräparation oder bei Verwendung von Proben mit anderem Durchmesser (z. B. kleinere Schmelztabletten). Es werden nur Zählraten verwendet. Die Proben müssen denen der Applikation in Zusammensetzung und Präparation gleichen (z. B. ein Kalibrationsstandard).

Mit einer Kombination aus diesen beiden Korrekturprozeduren könnte der Austausch der Röntgenröhre (Monitor) und die Verwendung kleinerer Probendurchmesser (Nachkalibration) in einem Rutsch kompensiert werden.

Wichtig ist die Reihenfolge der Messung der Driftkorrekturproben. Wird z. B. eine Gerätekomponente ausgetauscht und gleichzeitig ein Detail der Applikation geändert, muss bei vorgestellter Definition zuerst der Monitor gemessen werden. Da dieser übergeordnet für alle Messungen gilt, werden die Messungen aller im Gerät installierten Methoden, inklusive der Probe, für die Nachkalibration bezüglich der geänderten Empfindlichkeit des Gerätes korrigiert. Nach dieser allgemeinen Anpassung an das Gerät wird die applikationsspezifische Nachkalibrationsprobe gemessen, die dann die durch die in der spezifischen Applikation geänderten Parameter veränderten Zählraten berücksichtigt. Bei Änderungen der Probenpräparation muss auch die Nachkalibrationsprobe dementsprechend neu präpariert werden. Wird bei der vorgestellten Definition die Monitorprobe nach der Nachkalibrationsprobe gemessen, würden alle Änderungen, die durch die Nachkalibrationsprobe berücksichtigt werden, wieder zurück korrigiert (Doppelkorrektur) und die Nachkalibration wäre wirkungslos.

Bei der Neuberechnung der Kalibrationsfunktion ist Folgendes zu beachten: Umfasst die Methode einen großen Konzentrationsbereich, müssen Steigung und Achsenabschnitt aktualisiert werden, da sonst entweder der obere (bei fixierter Steigung) oder der untere (bei fixiertem Achsenabschnitt) Konzentrationsbereich nicht korrigiert wird (s. Abb. 9.6, hellgraue Linie). Liegen die Konzentrationen nur im unteren Bereich, muss nur der

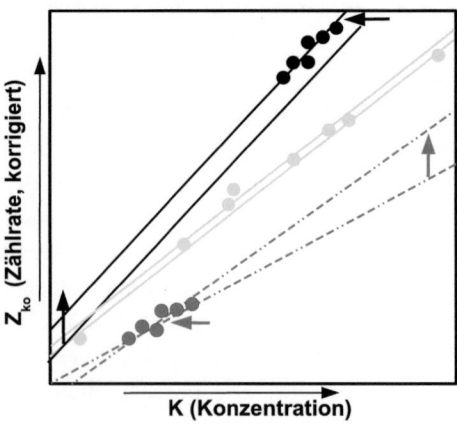

Abb. 9.6 Driftkorrektur der Kalibrationsfunktion. Erläuterungen im Text

9.5 Methodenüberprüfung

Achsenabschnitt korrigiert werden, da die Änderung der Steigung einen sehr starken Effekt (Hebel) hat und es zu großen Fehlern bei höheren oder niedrigeren Konzentrationen kommt (s. Abb. 9.6, gestrichelte Linie). Liegen die Konzentrationen vor allem im oberen Bereich, sollte nur die Steigung aktualisiert werden, da sich die Änderung des Achsenabschnitts sehr stark im unteren Konzentrationsbereich auswirkt (s. Abb. 9.6, schwarze Linie). Zur Korrektur der Steigung sollte eine Probe mit hoher Konzentration verwendet werden; zur Korrektur des Achsenabschnitts eine mit niedriger Konzentration. Das bedeutet, dass optimalerweise immer zwei Driftkorrekturproben eingesetzt werden sollten. Die Nachkalibration ermöglicht das Messen von Proben in verschiedenen Probenhaltern/-größen mit nur einer Kalibration. Eine Kalibration mit Schmelztabletten mit 37-mm-Ø ist mittels Nachkalibration auch für Proben-Ø von 27 und 6 mm verwendbar.

9.5.7 Langzeitkontrolle der Kalibration

Neben der Korrektur der zeitlichen Variation der Zählraten über Monitormessungen sollten die berechneten Konzentrationen regelmäßig mittels Analyse eines Referenzmaterials kontrolliert werden.

Die berechneten Konzentrationen sind in einem Diagramm darstellbar und zeigen sofort an, ob Abweichungen von zertifizierten Konzentrationen auftreten (s. Abb. 9.7). Abb. 9.7, links, zeigt die zeitliche Entwicklung der berechneten Konzentration von Zn in einem hausinternen Standard (Basalt) als Monitor an vier getrennten Präparationen als Schmelztablette (dargestellt als Gesamtheit), analysiert mit einem Szintillationsdetektor. Die Schwankungen resultieren aus Präparations- und Instrumentfehler. Zu beobachten ist eine deutliche Verschlechterung der Reproduzierbarkeit bis zum Ausfall des Detektors (Zählraten = 0). Nach der Reparatur wurden die Konzentrationswerte mittels eines Monitors auf den Wert vor dem Ausfall der Komponente korrigiert. Der hausinterne Referenzwert liegt bei 124 ± 7 ppm. Eine gleichmäßige Langzeitveränderung der berech-

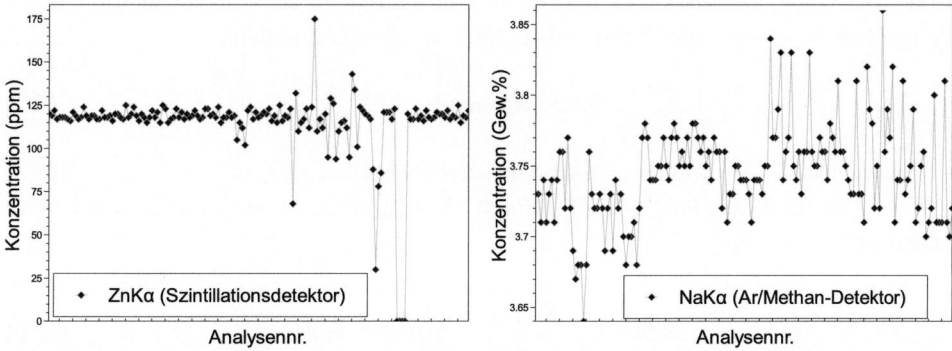

Abb. 9.7 Zeitliche Entwicklung berechneter Konzentrationen aus Analysen an einem Referenzmaterial

neten Konzentrationen am Beispiel von Na in einem hausinternen Standard zeigt Abb. 9.7, rechts. Die Darstellung zeigt einen Anstieg der berechneten Konzentrationen, kombiniert mit einer Abnahme der Reproduzierbarkeit. Diese deutet auf eine langsame Verschlechterung der Leistungsfähigkeit des Detektors (Ar(Me)) und eine Verschlechterung der Korrekturrechnung auf Basis der Monitormessungen hin. Der hausinterne Referenzwert liegt bei 3,8 ± 0,22 Gew.%.

9.5.8 Regressionsanalyse

Die Regressionsanalyse dient der Überprüfung der Kalibrationsfunktion, also des Zusammenhangs zwischen Konzentration und Elementgehalt. Dies ist wichtig, da mit dieser Funktion die gemessene Zählrate in eine Konzentration umgerechnet wird. Die Kalibrationsfunktion umfasst die Berechnung von Steigung und Achsenabschnitt inklusive der Matrixkorrektur (z. B. Alphafaktoren) und der Linienüberlagerungs- und Untergrundfaktoren. Diese Berechnung bestimmt die Genauigkeit des Analyseergebnisses.

Dabei kann zunächst der Korrelationskoeffizient nach Pearson berechnet werden:

$$Korrel(x, y) = \frac{Cov(x, y)}{Stabw(x) \cdot Stabw(y)} \quad (9.7)$$

→

$$Korrel(x, y) = \frac{\frac{1}{n} \sum (x_i - \bar{x})(y_i - \bar{y})}{\sqrt{\frac{1}{n} \sum (x_i - \bar{x})^2} \cdot \sqrt{\frac{1}{n} \sum (y_i - \bar{y})^2}} \quad (9.8)$$

mit $\bar{x} = \frac{1}{n} \sum x_i$ und $\bar{y} = \frac{1}{n} \sum y_i$ (Arithmetischer Mittelwert)

Dieser gibt die Möglichkeit, die Güte des Zusammenhangs zwischen zwei Messreihen zu abzuschätzen. Dabei wird die Kovarianz, die eine Maßzahl für den Zusammenhang zwei statistischer Parameter ist, durch die Summe der Standardabweichungen (Streuungsmaß) dieser Parameter geteilt. Das Bestimmtheitsmaß ist definiert als:

$$Bestm = Korrel(x, y)^2 \quad (9.9)$$

(häufig bez. als R^2) und nimmt keine negativen Werte an.

Die Standardabweichung für die Summe aller Konstanten in der Kalibration wird minimiert:

$$Stabw = \sqrt{\frac{\sum (K_{Zert} - K_{Real})^2}{n - k}} = Min \quad (9.10)$$

9.5 Methodenüberprüfung

n = Anzahl der Kalibrationsproben, k = Anzahl der Parameter (Steigung, Achsenabschnitt, Matrixkorrekturfaktoren) in der Kalibrationsfunktion, K_{Zert} = Zertifizierte Konzentration des Standards („Listenwert"), K_{Real} = Berechnete Konzentration.

Der Summenfaktor unter der Wurzel kann noch durch lineare oder wurzelbasierte Fehlergewichtungsfaktoren geteilt werden, um – falls nötig – den unteren Bereich (niedrige Konzentrationen) der Kalibration stärker zu betonen.

Welche Rückschlüsse sind also aus der Betrachtung dieser Berechnungen zu ziehen?

Die Regressionsfaktoren zeigen nur die mathematische Übereinstimmung der berechneten Daten an. Nur bei korrekter Anwendung des Kalibrationsmodells führt die Berechnung auch zu richtigen Konzentrationswerten.

Aus der Minimierungsfunktion ergibt sich bereits, dass die Anzahl der Standards nicht kleiner als die Anzahl der Parameter in der Kalibrationsfunktion sein darf, da sonst $n - k$ kleiner null wird. Um eine sichere Berechnung zu gewährleisten, sollte die Anzahl der Standards am besten dreimal so hoch wie die Anzahl der zu berechnenden Parameter („Freiheitsgrade") sein („3K-Regel"). Für eine Funktion des Typs $y = mx + b$ wären also bereits 6 Standards erforderlich. Wird ein aus den Analysedaten berechneter Matrixkorrekturterm (z. B. Alphafaktoren) integriert (also keine statischen, theoretischen Werte aus der Datenbank), sind bereits 9 Standards zu empfehlen.

Weiterhin ist eine Abdeckung des gesamten Elementspektrums durch die Standards zu gewährleisten – dies betrifft nicht nur die Analyseelemente, sondern auch Elemente zur Berechnung wichtiger Linienüberlagerungen oder Matrixeffekte.

Es dürfen keine Korrelationen zwischen Elementen in den Standards bestehen (z. B. je niedriger der Fe_2O_3-Gehalt, desto höher der SiO_2-Gehalt in den Kalibrationsstandards).

Standards sollten niemals grundlos aus der Kalilbrationsberechnung entfernt werden.

Theoretische (Fundamentalparameter-)Matrixkorrekturfaktoren sind besser für homogene Proben verwendbar (z. B. Schmelztabletten). Bei inhomogenen Proben (z. B. Presstabletten) können empirische (aus den Messwerten der in der Kalibration befindlichen Standards) Matrixkorrekturfaktoren ein besseres Ergebnis liefern.

Weitergehende Korrekturfaktoren (β, δ, γ) sind nur zu verwenden, wenn der entsprechende Matrix(Interelement-)effekt bekannt ist (z. B. Ni → Fe → Cr).

Eine Kontrolle der Linienüberlagerungen im entsprechenden Spektrenbereich (Spektrenanalyse) sollte durchgeführt werden.

Mehrkomponentensysteme

10

Übersicht

10.1 Binäre Systeme 400
10.2 Ternäre, quarternäre, quinäre Systeme 404

Viele der Verbindungen, die mineralogisch charakterisiert werden, sind Bestandteil von Stoffsystemen, welche meist als X/Y-Diagramm (binäre Systeme, 2 Komponenten) oder Dreiecksdiagramm (Dreistoffsysteme, 3 Komponenten) dargestellt werden. Diese Diagramme können auch noch eine räumliche Komponente zur Darstellung weiterer Eigenschaften (Druck, Temperatur) oder Bestandteile (weitere Komponenten) besitzen. aus diesen Diagrammen kann das Verhalten der Verbindungen, die sich aus den Komponenten bilden, abgelesen werden. Eine sehr häufige Darstellung ist das Solidifikationsverhalten bei der Kristallisation durch Abkühlung. Eine andere Variante ist Kristallisation bei Übersättigung, die bei der Darstellung von Evaporitsystemen eine Rolle spielt. Aufgrund des komplexen Solidifikationsverhaltens vieler Verbindungen können die Systeme sehr kompliziert werden. Für eine weitere Vertiefung dieses Themas wird auf entsprechende Fachliteratur verwiesen (z. B. [190]).

Eine Phase als physikalisch unterscheidbarer Teil eines Systems ist aufgebaut aus Komponenten. Die Komponenten sind die chemischen Bestandteile, die mindestens zum Aufbau der Phasen erforderlich sind. Phasen können Minerale, Modifikationen oder Zustandsformen sein. Die Phasen Andalusit, Sillimanit und Kyanit bestehen aus der Komponente Al_2SiO_5 und werden auch als Modifikationen oder Polymorphe bezeichnet (s. Abb. 10.1). Die Phase $KAlSi_3O_8$ besteht aus den Komponenten K_2O, Al_2O_3 und SiO_2 oder aber aus $KAlSiO_4$ und SiO_2, je nachdem in welchem System diese dargestellt wird.

Abb. 10.1 Phasendiagramm der Al_2SiO_5-Polymorphen. TP: Tripelpunkt, PG: Phasengrenze. Blau: Stabilitätsfeld

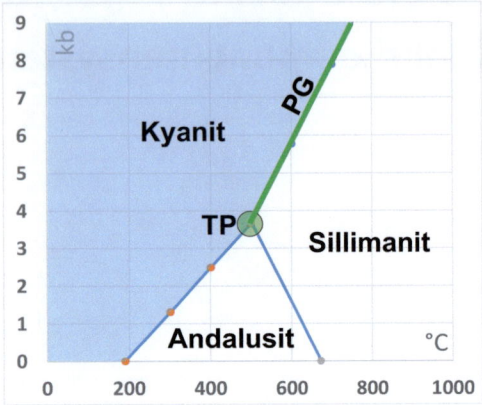

Die Anzahl der im Gleichgewicht miteinander befindlichen Phasen ergibt sich aus der Gibbs'schen Phasenregel:

$$F = K - P + V \tag{10.1}$$

Mit F = Anzahl Freiheitsgrade (Anzahl der Zustandsvariablen), K = Komponente, P = Phase und V = Zustandsvariable, Im Druck-/Temperaturdiagramm ist V = 2

Am Tripelpunkt (Abb. 10.1: TP) sind drei Phasen gleichzeitig stabil: $0 = 1 - 3 + 2$, d. h., weder Druck noch Temperatur als Zustandsvariablen sind veränderbar.

Entlang einer Phasengrenze (Abb. 10.1: PG) sind zwei Phasen gleichzeitig stabil: $1 = 1 - 2 + 2$, d. h., Druck und Temperatur hängen als Zustandsvariablen miteinander zusammen.

Innerhalb eines Stabilitätsfeldes (Abb. 10.1: blauer Bereich) ist jeweils nur eine Phase stabil $2 = 1 - 1 + 2$, d. h., Druck und Temperatur sind von einander unabhängig veränderbar.

10.1 Binäre Systeme

In binären Systemen können Phasen aus zwei Komponenten beschrieben werden, welche z. B. bei der Abkühlung Mischkristalle bilden, Verbindungen mit begrenzter Mischbarkeit bilden oder aber nichtmischbare Phasen ausscheiden.

10.1.1 Eutektisches System

Letzteres wird als eutektisches („gutschmelzendes") System bezeichnet, weil das typische Gefüge aus größeren Einzelkristallen der Phase mit der höheren Konzentration in einer

10.1 Binäre Systeme

Matrix aus einer fein verwachsenen Mischung beider Phasen bestehen und die sich ausscheidenden Phasen eine feste Zusammensetzung haben und das System als Ganzes entweder fest oder flüssig ist (s. Abb. 10.2). Egal bei welchen Verhältnis der Einzelkomponenten entsteht die Erstschmelze immer an einem „Eutektikum", welches die niedrigste Schmelztemperatur des gesamtes Systems aufweist. Die Phasen und Komponenten sind von der Zusammensetzung her gleich (P1/2 = K1/2). Ein Beispiel für ein solches System ist Diopsid ($CaMgSi_2O_6$)/Anorthit ($CaAl_2Si_2O_8$).

10.1.2 Eutektisches System mit begrenzter Mischbarkeit

Liegt eine begrenzte Mischbarkeit der einen in der anderen Komponente vor, verkürzt sich die parallele Linie zur X-Achse (Zusammensetzung) und an den Seiten erscheinen nach oben gekrümmte Kurven, die durch die Mischbarkeit der Komponenten entsteht (s. Abb. 10.3). Dies bedeutet, dass sich ein variables Gleichgewicht zwischen der Schmelze und dem Anteil an in die Hauptkomponente mischbarer Nebenkomponente einstellt. Dabei nimmt, auch abhängig von dem Verhältnis der beiden Komponenten und der Anreicherung der Schmelze, mit der jeweils anderen Komponente der Anteil an mischbarer Nebenkomponente in den Kristallen der Hauptkomponente mit abnehmender Temperatur zu. An der Zusammensetzung des eutektischen Punktes entsteht eine feine Matrix aus beiden Phasen/Komponenten, die nach beiden Seiten hin zunehmend Kristalle der Hauptkom-

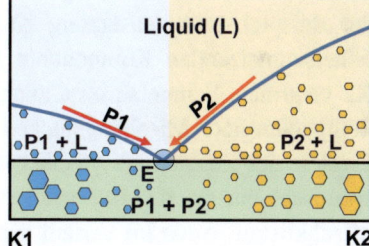

Abb. 10.2 Eutektisches System ohne Mischbarkeit. P1/2: Phasen, E: Eutektikum, K1/2 Komponenten. X-Achse: Verhältnis K1/K2, Y-Achse: Temperatur

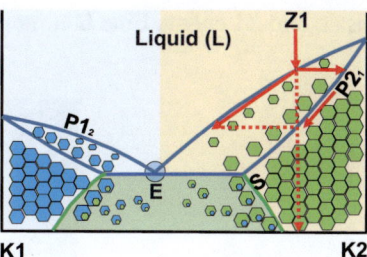

Abb. 10.3 Eutektisches System mit begrenzter Mischbarkeit. $P1_2$, $P2_1$, Mischkristalle, Z1: Beispielzusammensetzung, S: Segregationslinie, E: Eutektikum, K1/2: Komponenten. X-Achse: Verhältnis K1/K2, Y-Achse: Temperatur

ponente enthält. Nach der Verfestigung verringert sich mit abnehmender Temperatur die Aufnahmefähigkeit der Hauptkomponente an der jeweils anderen Komponente und diese (Neben-)Komponente beginnt sich jenseits einer Linie (Segregationslinie) hin zur Mitte des Diagramms in immer größerem Anteil auszuscheiden. Auf der anderen Seite dieser Linie existieren chemisch gleichförmige Mischkristalle der jeweiligen Hauptkomponente mit der Nebenkomponente.

Bei der Ausgangszusammensetzung Z1 (s. Abb. 10.3) steht ein relativ an K2 angereicherter Mischkristall $P2_1$ mit einer relativ an K1 abgereicherten Schmelze im Gleichgewicht. Bei zunehmender Verfestigung reichern sich Schmelze und Mischkristall solange an K1 an, bis der Kristall die Zusammensetzung Z1 erreicht hat. Die Schmelze wäre hier verbraucht. Bei weiterer Abkühlung bleibt der Kristall Z1 unverändert, da die Zusammensetzung auf der rechten Seite der Segregationslinie im Bereich von K2 liegt. Würde die Verlängerung der Zusammensetzung auf die Temperaturachse (gestrichelter Pfeil) die Segregationslinie schneiden, wären Entmischungslamellen in den Kristallen von $P2_1$ sichtbar. Ein Beispiel für diese Art System ist Albit ($NaAlSi_3O_8$/Anorthit ($CaAl_2Si_2O_8$) bei p H_2O = 5 kbar [190].

10.1.3 Binäres Mischkristallsystem

Sind beide Komponenten beliebig mischbar und bilden eine vollständige „Solid Solution" entsteht ein chemisch gleichförmiges Kristallgefüge mit einer Zusammensetzung. Die finale Zusammensetzung nach der Solidifikation im Beispiel (Abb. 10.4) entspricht der Beispielzusammensetzung Z1. Während der Kristallisation steht aber ein mit der höherschmelzenden Komponente K2 relativ angereicherter Mischkristall mit einer an K2 verarmten Schmelze im Gleichgewicht. Verbindungen dieser Art können bei tieferer Temperatur noch Mischungslücken enthalten (ähnlich der Segregationslinie in Abb. 10.3). Erreicht der entstandene Mischkristall eine solche Lücke, so wie in Abb. 10.4 angezeigt, entmischt ein an K1 angereicherter Mischkristall von einem mit K2 angereichertem Mischkristall. Wenn im Verlauf der Kristallisation Anteile der Schmelze aus dem System entfernt werden, würde der Kristallisationsprozess auf dem Wege zwischen der Zusammensetzung der Frühkristallisate und Z1 enden. Eine Inhomogenität in der Schmelze oder

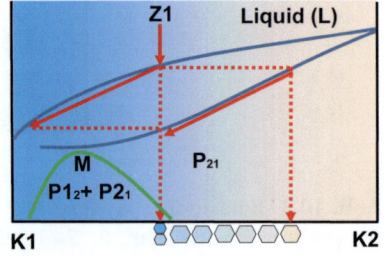

Abb. 10.4 Binäres Mischkristallsystem mit Mischungslücke. $P2_1$, $P1_2$, $P2_1$: Mischkristallphasen, Z1: Beispielzusammensetzung, M: Mischungslücke. X-Achse: Verhältnis K1/K2, Y-Achse: Temperatur

Abb. 10.5 Peritektische Reaktion. Z1: Beispielzusammensetzung, P: Peritektikum, K 1/2/3: Komponenten, P 1/2/3: Phasen

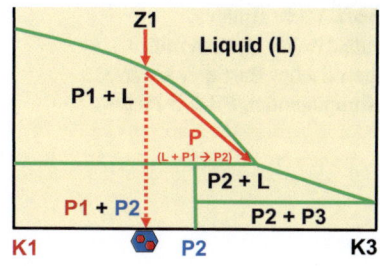

langsame Diffusion würde zu Zonarbau führen. Beispiele für Systeme dieser Art sind Calcit ($CaCO_3$)/Dolomit ($CaMg(CO_3)_2$) mit Mischungslücke oder Albit/Anorthit.

10.1.4 Peritektische Reaktion

Bei inkongruenter Kristallisation (Zusammensetzung Liquid $\neq$ Kristall) kommt es zu Reaktionen, die zu Kristallen mit einem Rand und einem Kern mit unterschiedlichen Phasen führt. Die Reaktionen werden auch als peritektisch („Drumherum-Schmelzen") und das Gefüge als peritektisch bezeichnet. Im Beispiel in Abb. 10.5 mit einer Anfangskonzentration Z1 scheidet sich zunächst die Phase P1 ab. Dabei reichert sich die Schmelze mit der Komponente K3 an. Bei der peritektischen Temperatur P reagiert P1 mit der Schmelze unter Bildung von Phase P2. Da die Zusammensetzung Z1 mehr Komponente K1 enthält als P2 bleibt, ist die Schmelze verbraucht, bevor durch die Reaktion $L + P1 \rightarrow P2$ die Phase P1 verbraucht ist. Daher verbleiben im Kern der Kristalle P2 Reste der Phase P1. Ein Beispiel für dieses System ist Leucit ($KAlSi_2O_6$)/SiO_2. Aufgrund dieser Reaktion kann bei normaler Kristallisation niemals P1 neben P3 auftreten. Das Aufschmelzen von Z1 ist inkongruent, d. h., es entsteht keine Schmelze mit der Zusammensetzung der aufgeschmolzenen Phasen. In diesem Fall wandelt sich der entstandene Kalifeldspat zunächst in Leucit um und es entsteht eine siliziumreiche Schmelze, in der sich nach und nach der Leucit auflöst, bis bei einer Schmelzzusammensetzung von Z1 der gesamte Leucit aufgeschmolzen ist.

10.1.5 Thermische Barriere

Befinden sich in einem binären System zwei eutektische Systeme, sind diese durch eine thermische Barriere getrennt (s. Abb. 10.6). Damit entscheidet das Verhältnis der Komponenten, in welche Richtung die Kristallisation verläuft. Damit kann erklärt werden, warum bestimmte Phasen nicht nebeneinander existieren können. Interessant ist dies im Falle von Gesteinen mit Feldspatoiden, Feldspäten und Quarz. Mit diesem Kristallisati-

Abb. 10.6 Binäres, eutektisches System mit thermischer Barriere. K 1/2/3: Komponenten, P 1/2/3 Phasen

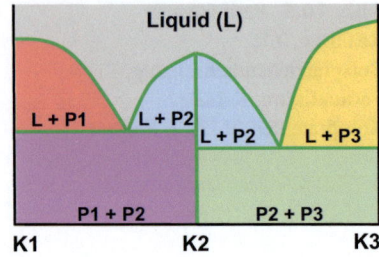

onsmechanismus kann erklärt werden, warum Nephelin ($NaAlSiO_4$) nicht neben Quarz in Gesteinen auftritt.

10.2 Ternäre, quarternäre, quinäre Systeme

Die übliche Darstellung für Systeme mit drei Komponenten ist das Dreiecksdiagramm. Dieses ternäre Diagramm besteht aus drei binären Randsystemen. Das System $Al_2O_3/Li_2O/MgO$ (siehe [146]) hat die binären Randsysteme Li_2O/MgO, Li_2O/Al_2O_3 und Al_2O_3/MgO (Abb. 10.7). Allerdings lassen sich auch beliebige pseudobinäre Schnitte durch dieses Diagramm ziehen (hellgrau gestrichelte Linien) – z. B. das Mischkristallsystem $LiAl_2O_8$, $MgAl_2O_4$. Dreiecksdiagramme zeigen meist Temperatur-Isolinien als Oberfläche der Erstkristallisation, welche angeben in welcher Richtung die Abkühlung verläuft. Alle Punkte in diesem System müssen aus drei auf 100 % (Gew. oder At.) normierten Koordinaten bestehen. In diesen Systemen sind auch Schmelzentwicklungen und Solidifikationsvorgänge darstellbar (Abb. 10.7). Handelt es sich bei den auskristallisierenden Komponenten um stöchiometrisch invariable Verbindungen, reicht es, in einem primären Ausscheidungsfeld einer Verbindung (z. B. MgO) eine Verbindungslinie zwischen dem darstellenden Punkt des Materials (Probe, Z1) und dem darstellenden Punkt der sich ausscheidenden Phase (z. B. MgO) zu ziehen. Die Entwicklung der Schmelzzusammensetzung würde sich dann entlang der Linie in Richtung abnehmender Temperatur unter Ausscheidung von z. B. MgO entwickeln. Trifft die Schmelzzusammensetzung auf eine Feldergrenze (hier $Spinell/MgO$) folgt sie der Feldergrenze unter Ausscheidung der simultan stabilen Phasen (hier $Spinell$ und MgO). Wie weit der Kristallisationspfad verläuft, hängt von der Initialzusammensetzung ab (hier Z1). Würde die Schmelze eine weitere Feldergrenze erreichen (z. B. von $Spinell/MgO$ nach $LiAlO_2/MgO$) kristallisiert $LiAlO_2$ neben MgO bis der Rest der Schmelze verbraucht ist.

Die reale Situation ist aber häufig komplexer. In dem vorgestellten Dreikomponentensystem handelt es sich bei den meisten Verbindungen um Mischkristalle (engl. „Solid Solution"). In Abb. 10.7 sind exemplarisch zwei Mischkristallreihen eingezeichnet (orange Linien): $LiAl_2O_8$–$MgAl_2O_4$ mit vollständiger Mischbarkeit und $LiAlO_2$–MgO mit begrenzter Mischbarkeit (max. 0.3 Molfraktionen $LiAlO_2$ im MgO lösbar) [146]. Bei der Abkühlung einer MgO-reichen Schmelze (Z1) würde sich ein mit dieser Schmelze im

10.2 Ternäre, quarternäre, quinäre Systeme

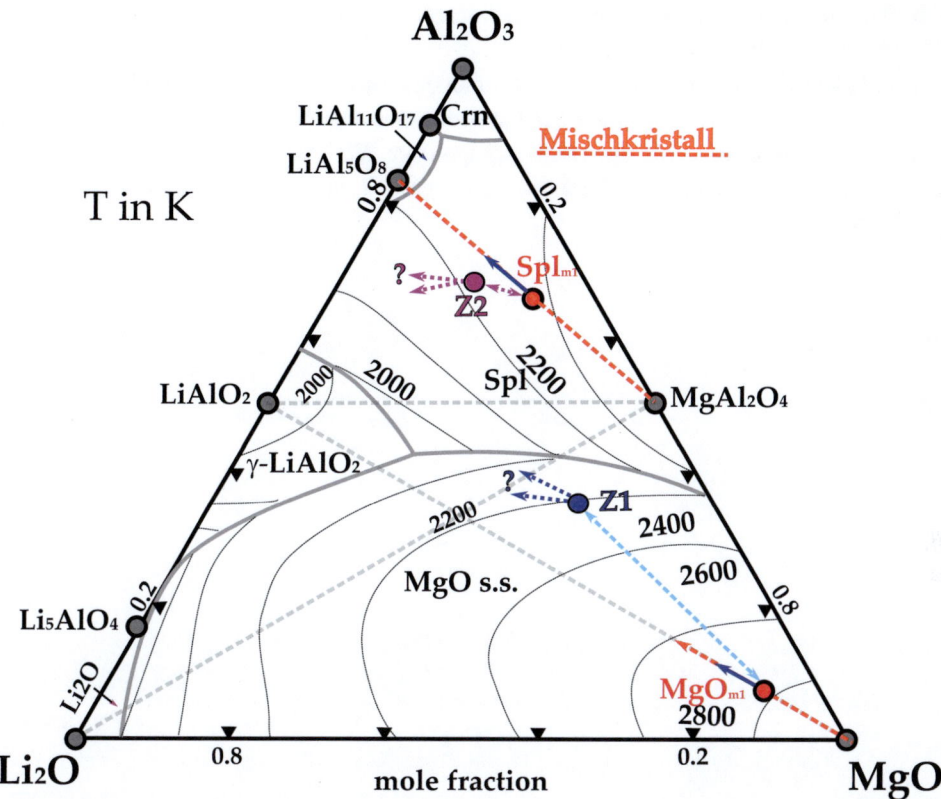

Abb. 10.7 Dreiecksdiagramm des Systems $Al_2O_3/Li_2O/MgO$. Modifiziert nach [146]. Crn: Korund, Spl: Spinell, Spl$_{m1}$: „Solid Solution" $MgAl_2O_4/LiAl_5O_8$

Gleichgewicht stehender Mischkristall $MgO_{m}1$ bilden, dessen Zusammensetzung sich im Verlauf der Solidifikation und in Zusammenhang mit der sich ändernden Schmelzzusammensetzung ändert, bis die maximale Aufnahmefähigkeit für die Komponente $LiAlO_2$ erreicht ist. Abhängig von der Schmelzzusammensetzung würden sich dann wieder Spinell (Spl) und eventuell $LiAlO_2$ bilden. Ähnliches gilt für eine aluminiumreiche Schmelze (Z2). In diesem Falle befindet sich ein Spinellmischkristall $Spl_{m}1$ mit der Schmelze im Gleichgewicht, in dem diesmal die beiden Endglieder ($LiAl_2O_8$ und $MgAl_2O_4$) beliebig mischbar sind. Daher würden die Kristallisationsbahnen der beiden vorgestellten Fällen unterschiedliche Eigenschaften aufweisen. Für die genaue Darstellung der Kristallisationsbahnen sind umfangreiche Versuche und thermodynamische Modellierungen erforderlich.

Vierkomponentensysteme werden auch in Dreiecksdiagrammen dargestellt. Ein Beispiel ist das System $SiO_2/CaO/MgO$ und Al_2O_3, wobei die Koordinaten der ersten drei im Dreiecksdiagramm dargestellt werden. Dieses Diagramm wird dann für verschiedene Gehalte an Al_2O_3 dargestellt (5, 10, 15, 20 25, 30, 35 Gew. %). Eine weitere Darstellung von Vierkomponentensystemen erfolgt im Tetraeder mit dem Nachteil, dass nur isotherme Schnitte dargestellt werden können [6].

Eine bekannte Darstellung eines Fünfkomponentensystems ist das Evaporitsystem nach Jänecke. In diesen System werden die Komponenten Mg^{2+}, $2K^+$ und SO_4^{2-} in einem Basisdreieck dargestellt. Für die vierte Komponente Na^+ wird Sättigung angenommen und die fünfte Komponente H_2O ist das Lösungsmittel, in dem alle Komponenten gelöst sind [118].

Teil V

Anhang

Der Anhang enthält weitere Informationen zu Methoden beziehungsweise Adressen zu Datenbanken, aus denen Elementeigenschaften (Periodensystem), Elementlinien oder MAKs für die Röntgenanalytik, aber auch Zusammensetzungen von Mineralen und Gesteinen wie auch Referenzmaterialien zur Kalibration erhalten werden können.

Beispiele und Internetseiten

11

Übersicht

11.1 Beispielapplikation Geowissenschaften 410
11.2 Beispiele für Mineral-Identifikationskarten bei der RDA 424
11.3 Messprogramme für die ESMA 426
11.4 Internetseiten (Stand 2023) 426

Dieses Kapitel enthält einige weitere Applikationsbeispiele und eine Sammlung interessanter Internetseiten.

11.1 Beispielapplikation Geowissenschaften

Tab. 11.1 Standards für Beispielapplikation Geologie (1)

Standard Name	Art	Sum (%)	SiO_2 Si (%)	Al_2O_3 Al (%)	MnO Mn (%)	MgO Mg (%)	Na_2O Na (%)	CaO Ca (%)	TiO_2 Ti (%)	P_2O_5 P (%)
AC-E	Granite	99.756	70,35	14,7	0,058	0,03	6,54	0,34	0,11	0,014
AGV-1	Andesite	99.531	58,84	17,15	0,09	1,53	4,26	4,94	1,05	0,49
AN-G	Anorthosite	99.959	46,3	29,8	0,04	1,8	1,63	15,9	0,22	0
BCR-1	Basalt	101.362	54,11	13,64	0,18	3,48	3,27	6,95	2,24	0,36
BE-N	Basalt	100.312	38,2	10,07	0,2	13,15	3,18	13,87	2,61	1,05
BHVO-1	Basalt	100.77	49,94	13,8	0,168	7,23	2,26	11,4	2,71	0,273
BM	Basalt	97.126	49,51	16,25	0,14	7,47	4,65	6,47	1,14	0,106
BR	Basalt	100.258	38,2	10,2	0,2	13,28	3,05	13,8	2,6	1,04
DNC-1	Doleriote	101.651	47,04	18,3	0,149	10,05	1,87	11,27	0,48	0,085
DR-N	Diorit	100.252	52,85	17,52	0,22	4,4	2,99	7,05	1,09	0,25
DT-N	Disthene	99.638	36,45	59,2	0,008	0,04	0,04	0,04	1,4	0,09
DTS-1	Dunite	99.922	40,41	0,19	0,12	49,59	0,015	0,17	0,005	0,002
DVM	Olivine	100.196	39,2	4,55	0,17	30	0,18	4,5	0,8	0,1
FK	Feldspare Sand	99.662	88,2	6,18	0,004	0,15	0,25	0,11	0,058	0,077
FK-N	K-Feldspare	100.379	65,02	18,61	0,005	0,01	2,58	0,11	0,02	0,024
G-2	Granit	99.463	69,14	15,39	0,03	0,75	4,08	1,96	0,48	0,14
GH	Granite	99.939	75,8	12,5	0,05	0,03	3,85	0,69	0,08	0,01
GPOS301	Dolom Limest	100.03	2,69	0,43	0,05	20,75	0,07	29,48	0,025	0,011
GPOS302	Dolom Limest	100.042	12,4	1,89	0,28	5,97	0,46	38,46	0,093	0,03
GPOS303	Silt	99.751	19,92	5,48	0,3	12,89	1,38	21,58	0,28	0,06
GS-N	Granite	100.839	65,8	14,67	0,056	2,3	3,77	2,5	0,68	0,28
GSP-1	Granodiorite	99.351	67,22	15,1	0,04	0,96	2,8	2,07	0,65	0,28
GXR3	Deposit	101.758	13,36	12,1	2,88	1,34	1,13	19	0,17	0,25
IF-G	Iron	102.185	41,2	0,15	0,042	1,89	0,032	1,55	0,014	0,063
JLs-1	Limestone	99.596	0,11	0,021	0,002	0,62	0,002	55,02	0	0,029
KH	Limestone	99,775	8,6	2,39	0,088	0,74	0	47,8	0,13	0,121
KH-2	Limestone	99.616	8,67	2,35	0,084	0,67	0,11	47,6	0,13	0
KK	Kaolinite	99.847	47,05	36,75	0,015	0,196	0,03	0,26	0,166	0,092
MAG-1	Marine Mud	98.805	50,36	16,37	0,098	3	3,83	1,37	0,75	0,163
Mica-Mg	Phologopite	97.984	38,3	15,2	0,26	20,4	0,12	0,08	1,63	0,01
MRG-1	Gabbro	102.871	39,12	8,47	0,17	13,55	0,74	14,7	3,77	0,08

(Fortsetzung)

11.1 Beispielapplikation Geowissenschaften

Tab. 11.1 (Fortsetzung)

Standard Name	Art	Sum (%)	SiO_2 Si (%)	Al_2O_3 Al (%)	MnO Mn (%)	MgO Mg (%)	Na_2O Na (%)	CaO Ca (%)	TiO_2 Ti (%)	P_2O_5 P (%)
NIM-D	Dunite	100.885	38,96	0,3	0,22	43,51	0,04	0,28	0,02	0,01
NIM-G	Granite	99.286	75,7	12,08	0,021	−0,06	3,36	0,78	0,09	0,01
NIM-L	Lujavarite	96.658	52,4	13,64	0,77	0,28	8,37	3,22	0,48	0,06
NIM-N	Norite	100.279	52,64	16,5	0,18	7,5	2,46	11,5	0,2	0,03
NIM-P	Pyroxenite	99.458	51,1	4,18	0,22	25,33	0,37	2,66	0,2	0,02
OOKO202	Backgr Sedim	99.651	45,4	11,58	0,074	5,72	0,85	7,09	0,63	0,14
OOKO203	Backgr Sedim	99.748	51,9	16,65	0,07	1,54	1,34	1,11	0,83	0,19
OOKO204	Anom Silt	99.844	25	4,98	0,48	11,7	0,63	17,83	0,26	1,82
OOKO301	Backgr Silt	100.034	60,4	16,49	0,132	1,62	1,57	0,4	0,98	0,19
OOKO302	Anom Silt	104.235	60,3	19,35	0,088	2,54	2,33	2,95	0,62	0,18
OOKO303	Backgr Silt	99.654	46,7	9,45	0,3	6	0,53	7,74	0,5	0,13
PCC-1	Peridotite	100.497	41,71	0,675	0,12	43,43	0,03	0,52	0,01	0,002
QLO-1	Quatrz Latite	99.28	65,55	16,18	0,093	1	4,2	3,17	0,624	0,254
RGM-1	Rhyolite	99.388	73,45	13,72	0,036	0,275	4,07	1,15	0,267	−0,048
SARM39	Kimberlite	88.851	33,44	4,29	0,17	26,24	0,5	9,69	1,58	1,46
SARM47	Serpentinite	84.352	36,3	1,09	0,06	42,09	0,05	0,1	0,01	0,02
SCo-1	Cody Shale	91.719	62,78	13,67	0,053	2,72	0,9	2,62	0,628	0,206
SDC-1	Mica Schist	98.625	65,85	15,75	0,114	1,69	2,05	1,4	1,01	0,158
SDO-1	Ohio Shale	98.648	49,28	12,27	0,042	1,54	0,38	1,05	0,71	0,11
SGR-1	Shale	72.97	28,24	6,52	0,034	4,44	2,99	8,38	0,264	0,328
SO-1	Soil	99.215	54,98	17,59	0,11	3,83	2,7	2,46	0,87	0,15
SO-2	Soil	99.716	53,42	15,1	0,09	0,89	2,48	2,77	1,43	0,69
SO-3	Soil	99.273	33,72	5,8	0,07	8,42	1,01	20,71	0,33	0,11
SO-4	Soil	99.444	68,37	10,22	0,08	0,89	1,33	1,55	0,58	0,2
STM-1	Syenite	98.604	59,64	18,39	0,22	0,101	8,94	1,09	0,135	0,158
SW	Serpentine	100.314	39,04	0,66	0,084	38,5	0,013	0,18	0,016	0
SY-2	Syenite	101.802	60,11	12,04	0,32	2,69	4,31	7,96	0,15	0,43
TB	Glay Shale	96.173	60,23	20,64	0,052	1,93	1,32	0	0,93	0,097
UB-N	Serpentine	100.15	39,43	2,9	0,12	35,21	0,1	1,2	0,11	0,04
W-1	Diabase	100.586	52,51	15,01	0,17	6,62	2,16	10,99	1,07	0,13

Tab. 11.2 Standards für Beispielapplikation Geologie (2)

Standard Name	K_2O K (%)	Fe_2O_3 Fe (%)	Ba Ba (ppm)	Ce Ce (ppm)	Co Co (ppm)	Cr Cr (ppm)	Cu Cu (ppm)	La La (ppm)	Nb Nb (ppm)	Ni Ni (ppm)
AC-E	4,49	2,53	55	154	0,2	3,4	4	59	110	1,5
AGV-1	2,92	6,77	1226	67	15,3	10,1	60	38	15	16
AN-G	0,13	3,36	34	4,7	25	50	19	2,2	0,7	35
BCR-1	1,69	13,41	681	53,7	37	16	19	24,9	14	13
BE-N	1,39	12,84	1025	152	60	360	72	82	105	267
BHVO-1	0,52	12,23	139	39	45	289	136	15,8	19	121
BM	0,2	9,68	250	22	36	121	43	9	0	57
BR	1,4	12,88	1050	151	52	380	72	82	98	260
DNC-1	0,229	9,93	114	10,6	34,7	285	96	3,8	3	247
DR-N	1,7	9,7	385	46	35	40	50	21,5	7	15
DT-N	0,12	0,66	130	134	15	260	7	90	34	14
DTS-1	0,001	8,68	−1,7	0,072	137	3990	7,1	0,029	−2,2	2360
DVM	0,105	12,55	40	20	120	2000	90	12	10	1300
FK	4,23	0,261	700				11			
FK-N	12,81	0,09	200	1	14	5	2	0,95	0,3	1,5
G-2	4,48	2,66	1882	160	4,6	8,7	11	89	12	−5
GH	4,76	1,34	20	60	0,3	3	3	25	85	3
GPOS301	0,35	0,47	30	10	3	6	8	6	5	5
GPOS302	0,49	2,43	50	16	2,3	10	4	8	7	5
GPOS303	2,75	3,15	400	27	12	30	29	13	37	18
GS-N	4,63	3,75	1400	135	65	55	20	75	21	34
GSP-1	5,51	4,29	1310	399	6,6	13	33	184	27,9	8,8
GXR3	0,88	27,2	5000	18	46	19,3	15	8,8	44	60
IF-G	0,012	55,85	1,5	4	29	4	13	2,8	0,1	22,5
JLs-1	0,003	0,015	0	0,93	0	3	0	0,15	0	0,3
KH	0,41	0,92	50	0	5,3	15	10	0	0	21
KH-2	0,44	0,86	0	0	0	0	0	0	0	0
KK	1,07	0,975	30	0	2,7	10	9,6	50,6	0	0
MAG-1	3,55	6,8	479	88	20,4	97	30	43	12	53
Mica-Mg	10	9,46	4000	0,35	24	100	4	0,32	116	110
MRG-1	0,18	17,94	61	26	87	430	134	9,8	20	193

(Fortsetzung)

Tab. 11.2 (Fortsetzung)

Standard	K_2O	Fe_2O_3	Ba	Ce	Co	Cr	Cu	La	Nb	Ni
Name	K	Fe	Ba	Ce	Co	Cr	Cu	La	Nb	Ni
	(%)	(%)	(ppm)	(ppm)	(ppm)	(ppm)	(ppm)	(ppm)	(ppm)	(ppm)
NIM-D	0,01	16,96	10	0	210	2900	10	0,2	0	2050
NIM-G	4,99	2,02	120	195	4	12	12	109	53	8
NIM-L	5,51	9,96	450	240	8	10	13	250	960	11
NIM-N	0,25	8,91	100	6	58	30	14	3	−2	120
NIM-P	0,09	12,76	46	0	110	24000	18	2	0	560
NIM-S	15,35	1,4	2400	11,9	3	12	19	5	−4	7
OOKO202	2,96	4,59	500	50	13	65	44	30	12	31
OOKO203	2,5	6,28	500	50	17	120	50	29	10	55
OOKO204	1,13	10,56	340	500	12	29	240	220	7	18
OOKO301	2,44	8,8	550	60	29	130	49	32	13	72
OOKO302	3,58	5,44	900	70	13	80	190	55	11	36
OOKO303	2,24	5,88	590	50	21	62	37	35	9	40
PCC-1	0,007	8,25	−1,2	0,1	112	2730	10	0,052	−1	2380
QLO-1	3,6	4,35	1370	54	7,2	−3,2	29	27	10,3	−5,8
RGM-1	4,3	1,86	807	47	2	3,7	11,6	24	8,9	−4,4
SARM39	1,04	9,29	1700	85	77	1300	58	0	110	994
SARM47	0,02	4,14	75	20	79	1984	5	0	0	2221
SCo-1	2,77	5,14	570	62	10,5	68	28,7	29,5	11	27
SDC-1	3,28	6,9	630	93	17,9	64	30	42	18	38
SDO-1	3,35	9,34	397	79,3	46,8	66,4	60,2	38,5	11,4	99,5
SGR-1	1,66	3,03	290	36	11,8	30	66	20,3	5,2	29
SO-1	3,18	8,58	870	102	29	170	61	54	11,7	92
SO-2	2,94	7,89	1000	112	7,6	12,3	8	46,5	22	8
SO-3	1,4	2,22	290	34	5,5	27	17	16,9	6,4	14
SO-4	2,07	3,37	700	54	10,4	64	21	28,2	10	24
STM-1	4,28	5,22	560	259	0,9	−4,3	−4,6	150	268	−3
SW	0	7,4	19	0	102	2400	7	0	0	2200
SY-2	4,45	6,31	460	175	8,6	9,5	5,2	75	29	9,9
TB	3,87	6,9	780	104	14	82	49	61	0	40
UB-N	0,02	8,34	27	0,8	100	2300	28	0,35	0,05	2000
W-1	0,64	11,12	162	23,5	47	119	113	11	9,9	75

Tab. 11.3 Standards für Beispielapplikation Geologie (3)

Standard Name	Ga (ppm)	Pb (ppm)	Pr (ppm)	Rb (ppm)	Sr (ppm)	Th (ppm)	V (ppm)	Y (ppm)	Zr (ppm)	Zn (ppm)
AC-E	39	39	22,2	152	3	18,5	3	184	780	224
AGV-1	20	36	7,6	67,3	662	6,5	121	20	227	88
AN-G	18	2	0,6	1	76	0,04	70	7,5	11	20
BCR-1	22	13,6	6,8	47,2	330	5,98	407	38	190	129,5
BE-N	17	4	17,5	47	1370	10,4	235	30	260	120
BHVO-1	21	2,6	5,7	11	403	1,08	317	27,6	179	105
BM	16	13	0	10	220	0	190	27	100	120
BR	19	5	17	47	1320	11	235	30	260	160
DNC-1	15	6,3	1,3	4,5	145	0,2	148	18	41	66
DR-N	22	55	5,7	73	400	5	220	26	125	145
DT-N	30	25	15,5	6	30	12	150	6,6	370	28
DTS-1	−0,5	12	0,0063	0,058	0,32	0,01	11	0,04	−4	46
DVM	6	2	0	12	35	1	90	5	50	85
FK		18		132	545					14
FK-N	23	240	0,09	860	39	3,4	65	13,2	36	38
G-2	23	30	18	170	478	24,7	36	11	309	86
GH	23	45	7,8	390	10	87	5	75	150	55
GPOS301	0	8	0	5	90	1	25	6	30	30
GPOS302	2	13	2	15	440	1,8	23	10	27	30
GPOS303	5	10	3	57	44	15	30	22	70	30
GS-N	22	53	14,5	185	570	41	65	16	235	48
GSP-1	23	55	52	254	234	106	53	26	530	104
GXR3	18	15	0	92	950	2,94	42	15	63	207
IF-G	0,7	4	0,4	0,4	3	0,1	2	9	1	20
JLs-1	0	0	0	0	296	0	0	0	0	2,9
KH	0	0	0	25	545	2,6	24	0	35	22
KH-2	0	0	0	0	0	0	0	0	0	24
KK	0	116	0	164	75	0	0	0	0	48,1
MAG-1	20,4	24	9,3	149	146	11,9	140	28	126	130
Mica-Mg	21	9	0,025	1300	27	0,1	90	−0,04	16	290
MRG-1	17	10	3,4	9,5	266	0,93	526	14	108	191

(Fortsetzung)

11.1 Beispielapplikation Geowissenschaften

Tab. 11.3 (Fortsetzung)

Standard	Ga	Pb	Pr	Rb	Sr	Th	V	Y	Zr	Zn
Name	Ga (ppm)	Pb (ppm)	Pr (ppm)	Rb (ppm)	Sr (ppm)	Th (ppm)	V (ppm)	Y (ppm)	Zr (ppm)	Zn (ppm)
NIM-D	0	7	0	0	3	0,8	40	0	−20	90
NIM-G	27	40	0	320	10	51	2	143	300	50
NIM-L	54	43	0	190	4600	66	81	22	11000	400
NIM-N	16	7	0	6	260	−0,6	220	7	23	68
NIM-P	8	6	0	5	32	−1	230	5	30	100
NIM-S	11	5	0	530	62	1	10	20	33	10
OOKO202	12	14	3	85	250	6	87	20	150	54
OOKO203	17	15	3	95	190	6	140	23	180	86
OOKO204	8	150	60	45	170	40	75	40	70	140
OOKO301	17	24	3	80	130	9	180	30	210	120
OOKO302	18	55	3	110	270	10	110	25	230	94
OOKO303	11	17	3	62	250	7	97	21	130	49
PCC-1	−0,7	10	0,013	0,066	0,4	0,013	31	−0,1	10	42
QLO-1	17	20,4	6	74	336	4,5	54	24	185	61
RGM-1	15	24	4,7	149	108	15,1	13	25	219	32
SARM39	10	25	0	52	1400	10	109	17	239	70
SARM47	5	60	0	0	3	0	16	5	0	45
SCo-1	15	31	6,6	112	174	9,7	131	26	160	103
SDC-1	21,2	25	9,8	127	183	12,1	102	40	290	103
SDO-1	16,8	27,9	8,9	126	75,1	10,5	160	40,6	165	64,1
SGR-1	11	38	3,9	83	420	4,78	128	13	53	74
SO-1	24,1	20	11,8	141	331	12,4	133	24,5	84	144
SO-2	24,3	20	14,3	77	331	3,8	57	40	760	115
SO-3	6,4	13	−4,6	39	222	3,88	36	16,4	156	48,3
SO-4	10,7	14	−7,2	69	168	8,6	85	22	270	94
STM-1	36	17,7	19	118	700	31	−8,7	46	1210	235
SW	0	0	0	0	0	0	20	0	0	58
SY-2	29	85	18,8	217	271	379	50	128	280	248
TB	25	8	0	180	160	18	107	39	180	94
UB-N	3	13	0,12	4	9	0,07	75	2,5	4	85
W-1	17,4	7,5	3,2	21,4	186	2,4	257	26	99	84

Tab. 11.4 Standards für Beispielapplikation Geologie (4)

Standard Name	As As (ppm)	Cd Cd (ppm)	Cl Cl (%)	L.O.I. Lo (%)	Mo Mo (ppm)	Nd Nd (ppm)	S S (ppm)	Sb Sb (ppm)	Sc Sc (ppm)	Sm Sm (ppm)
AC-E	2,3	0,6	0,018	0,37	2,5	92	70	0,4	0,11	24,2
AGV-1	0,88	0,069	0,0119	−1,2	2,7	33	−26	4,3	12,2	5,9
AN-G	0,2	0	0,03	0,65	0,2	2,4	140	0	10	0,7
BCR-1	0,65	0	0,0059	−1,67	1,6	28,8	410	0	32,6	6,59
BE-N	1,8	0,1	0,02	2,45	2,8	67	300	0,26	22	12,2
BHVO-1	−0,4	0	0,0092	0	1,02	25,2	102	0	31,8	6,2
BM	13	0	0	0	0	15	0	2,3	34	3,6
BR	2	0	0,035	3	2,4	65	390	0	25	12,2
DNC-1	0,2	0,182	0,0037	0,6	0,7	4,9	392	0,96	31	1,38
DR-N	3			2,26	0,9	23,5	350		28	5,4
DT-N	0,2	1	0,003	1,43	0,5	52	0	0	22,1	8,4
DTS-1	0,034			0	−0,14	0,029	12		3,5	0,0046
DVM	10	1	0	7,6	1	0	500	2	14	0
FK										
FK-N	0,3	0,018	0,002	0,6	0,03	27	60	0,45	0,05	0,05
G-2	0,25			0	−1,1	55	−100		3,5	7,2
GH	0,4	0	0,01	0,7	2	29	70	0	0,8	9
GPOS301	1	0	0	45,6	1	0	200	0	4	5
GPOS302	2	0	0	37,4	1	10	200	0	2,2	2
GPOS303	3	10	0	31,8	0,8	20	200	1	8	4
GS-N	1,6	0,04	0,045	1,33	1,2	49	140	0,7	7,3	7,5
GSP-1	0,1	0,058	0,033	0	−0,8	196	320	3,2	6,2	26,3
GXR3	3970	1,8	0	15,8	6,6	8,3	2320	38	16,8	1,3
IF-G	1,5	0	0,0025	−1,1	0,7	1,8	700	0,63	0,3	0,4
JLs-1	−0,15	0	0	43,73	0	0,1	135	0	0,03	0,16
KH	0	0	0	38,5	0	0	0	0	3	2,2
KH-2	0	0	0	38,7	0	0	0	0	0	0
KK	15,2	0	0	13,12	0	0	190	0	6,9	0
MAG-1	9,2	0,2	3,1	0	1,6	38	3900	0,96	17,2	7,5
Mica-Mg	0			1,75	0,25	0,08	125		1,2	0,025
MRG-1	0,73	0,168	0,017	1,56	0,87	19,2	610	0,86	55	4,5

(Fortsetzung)

11.1 Beispielapplikation Geowissenschaften

Tab. 11.4 (Fortsetzung)

Standard Name	As As (ppm)	Cd Cd (ppm)	Cl Cl (%)	L.O.I. Lo (%)	Mo Mo (ppm)	Nd Nd (ppm)	S S (ppm)	Sb Sb (ppm)	Sc Sc (ppm)	Sm Sm (ppm)
NIM-D	0	0	0,04	0	−4	0	0	0	7	0
NIM-G	−15	0	0,017	0	3	72	0	0	1	15,8
NIM-L	0	0	0,12	0	4	48	0	0	0,3	5
NIM-N	0	0	0,01	0	−5	3	0	0	38	0,8
NIM-P	0	0	0,01	0	0	0	0	0	29	0
NIM-S	0	0	0,008	0	0	6	0	0	4	1
OOKO202	0	0	0,03	20,3	1	20	400	0	11	3
OOKO203	40		0,03	17,1	1,1	20	400	0	16	4
OOKO204	60	3	0,04	25,1	27	300	500	30	7	20
OOKO301	30	0	0	6,8	2,1	25	300	0	18	4
OOKO302	400	0	0	6,5	6,5	30	800	13	12	5
OOKO303	15	0	0	20	2,1	15	300	0	10	3
PCC-1	0,056	0	0,0071	−5,2	−2	0,041	20	1,28	8,4	0,0066
QLO-1	−3,5	0	0,0219	0	2,6	26	−30	2,1	8,9	4,88
RGM-1	3	0	0,051	0	2,3	19	−54	1,26	4,4	4,3
SARM39	0			0	5	0	1500		0	0
SARM47	0			0	0	0	200		0	0
SCo-1	12,4	0,14	0,0051	0	1,37	26	630	2,5	10,8	5,3
SDC-1	0,22	0	0,0032	0	−0,25	40	650	0,5	17	8,2
SDO-1	68,5	0	0	1,67	134	36,6	53500	0	13,2	7,7
SGR-1	67	0,9	0,0032	0	35,1	15,5	15300	3,4	4,6	2,7
SO-1	2		0,015	4,5	−2	44	103	0,3	17,7	7,9
SO-2	1,17		0,0084	11,7	−2	57	326	0,1	11,3	11,8
SO-3	2,51	0,12	0,021	25,35	−2	17,2	132	0,3	5,2	3,47
SO-4	7,4	0,34	0,003	10,56	1	25	500	0,7	8,4	4,7
STM-1	4,6	0,27	0,046	0	5,2	79	−43	1,66	0,61	12,6
SW	0	0	0	13,66	0	0	0	0	0	0
SY-2	17,3	0,208	0,014	1,08	1,8	73	160	0,25	7	16,1
TB	10,5	0	0	0	0	50	0	3,4	16	8,4
UB-N	10	0	0,08	12,06	0,55	0,6	200	0,3	13	0,2
W-1	2,2	0,15	0,02	0	0,75	14,6	130	1	35	3,68

Tab. 11.5 Standards für Beispielapplikation Geologie (5)

Standard Name	Sn Sn (ppm)	U U (ppm)	W W (ppm)	H_2O O (%)	SO_3 S (%)	CO_2 C (%)	Bi Bi (ppm)	Br Br (ppm)	F F (ppm)	Ge Ge (ppm)
AC-E	13	4,6	1,5	0		0	0	0	0	0
AGV-1	4,2	1,92	0,55	0						
AN-G	1,4	0,12	105		0,035					
BCR-1	2,7	1,75	0,44		0,1025					
BE-N	2	2,4	29		0,075	0,74				
BHVO-1	2,1	0,42	0,27		0,0255					
BM	2	0	0,9	0	0	1,35	0	0	280	16
BR	2	2,5	1,3		0,0975					
DNC-1	0	0,1	0,2	1,01		0,46	0	0	66	1,3
DR-N	2	1,5	130							
DT-N	2,2	2,3	120							
DTS-1	0,55	0,0036	0,021			0,08				
DVM	3	0,3	0							
FK										
FK-N	0,3	0,15	120	0,23		0,09	0,1	0	30	2,5
G-2	$-1,8$	2,07	0,2							
GH	10	18	1,6							
GPOS301	8	1,5	50		0,05	0				
GPOS302	1,3	1	0,5		0,05					
GPOS303	1,7	0,8	4		0,05					
GS-N	3	7,5	450	0,46		0,09	0,18		1050	1,3
GSP-1	6,6	2,54	0,3							
GXR3	1,7	3	10700		0,58	4,7				
IF-G	0,3	0,02	220		0,175					
JLs-1	0	0	0					0,068		
KH	0	0	0	0						
KH-2	0	0	0							
KK	33,4	0	0		0,0475					
MAG-1	3,6	2,7	1,4		0,975	7,88				
Mica-Mg	5	0,15	0,6			0,15		0,3		
MRG-1	3,6	0,24	0,3	1,2		1,07			240	

(Fortsetzung)

11.1 Beispielapplikation Geowissenschaften

Tab. 11.5 (Fortsetzung)

Standard	Sn	U	W	H_2O	SO_3	CO_2	Bi	Br	F	Ge
Name	Sn	U	W	O	S	C	Bi	Br	F	Ge
	(ppm)	(ppm)	(ppm)	(%)	(%)	(%)	(ppm)	(ppm)	(ppm)	(ppm)
NIM-D	2	0	0							
NIM-G	4	15	0							
NIM-L	7	14	0	0						
NIM-N	−1	0,6	0	0						
NIM-P	−2	0,4	0	0						
NIM-S	0	0,6	0							
OOKO202	4	3	0,9	0,1						
OOKO203	4	3	0,9							
OOKO204	3,3	0	25							
OOKO301	3,6	0	0,8							
OOKO302	5	2	12							
OOKO303	3,6	0	2							
PCC-1	1,6	0,0045	−0,02		0	0				
QLO-1	2,3	1,94	0,58		0					
RGM-1	4,1	5,8	1,5		0					
SARM39	0	0	0		0,375	0				
SARM47	0	0	0			0				
SCo-1	3,7	3	1,4					0,59		
SDC-1	3	3,14	0,8		0,1625			0,097		
SDO-1	2,9	48,8	0		13,375					
SGR-1	1,9	5,4	2,57		3,825	11,58				
SO-1	2,6	1,71	−0,7							
SO-2	2,6	0,98	−0,4							
SO-3	0,97	1,11	−0,6		0					
SO-4	2,5	2,38	−1							
STM-1	6,8	9,06	3,6		0					
SW	0	0	0		0	0,28				
SY-2	5,7	284	0,76	0,63		0,5	2		5030	
TB	6	0	2,2							
UB-N	0	0,07	20		0,05	0				
W-1	2,7	0,57	0,46							

Tab. 11.6 Standards für Beispielapplikation Geologie (6)

Standard Name	Hf Hf (ppm)	Hg Hg (ppm)	Pd Pd (ppm)
AC-E	0	0	0
AGV-1			
AN-G			
BCR-1			
BE-N			
BHVO-1			
BM	3		
BR			
DNC-1	1,01	0	
DR-N			
DT-N			
DTS-1			
DVM			
FK			
FK-N	0,04		
G-2			
GH			
GPOS301			
GPOS302			
GPOS303			
GS-N	6,2		
GSP-1			
GXR3			
IF-G			
JLs-1			
KH			
KH-2			
KK			
MAG-1			
Mica-Mg			
MRG-1			

11.1 Beispielapplikation Geowissenschaften

Tab. 11.7 Messparameter für Beispielapplikation Geologie unter Verwendung von Schmelztabletten (oben) und Presstabletten (unten). K: Komponente, Ug: Untergrund, IHV: Impulshöhenverteilung, PSK: Peakverschiebungskontrolle. Für Cd, Sn und Sb ist zusätzlich ein 400 μm Messing Filter vorgesehen

Kanal	K	Linie	Kristall	Kollimator	Detektor	kV	mA	Winkel (°2q)	Offset Ug1 (°2q)	IHV1 UG	IHV1 OG	IHV2 UG	IHV2 OG	PSK	Peak (s)	Untergrund (s)
Na	Na2O	KA	PX1	700 μm	Flow	24	100	27,7148	1,6702	22	78			Yes	16	–
Mg	MgO	KA	TlAp 100 coated	300 μm	Flow	24	100	45,1646	−3,983	23	78			Yes	16	–
Al	Al2O3	KA	PE 002	300 μm	Flow	24	100	144,9426	−1,42	22	78			Yes	16	6
Si	SiO2	KA	PE 002	700 μm	Flow	24	100	109,1682		27	75			Yes	10	–
P	P2O5	KA	PE 002	300 μm	Flow	24	100	89,504	0,75	25	78			Yes	14	6
K	K2O	KA	LiF 200	300 μm	Flow	24	100	136,7094	−2,5	31	69			Yes	14	8
Ca	CaO	KA	LiF 200	300 μm	Flow	30	80	113,1278	−2	32	67			Yes	36	24
Ti	TiO2	KA	LiF 200	300 μm	Flow	40	60	86,158	1,8	10	20	35	66	Yes	28	18
V	V	KA	LiF 220	150 μm	Flow	50	48	123,2234	−0,69	10	64			Yes	36	24
Cr	Cr	KA	LiF 200	300 μm	Flow	60	40	69,363	−0,96	11	28	38	64	Yes	22	16
Mn	Ba	KA	LiF 200	300 μm	Flow	60	40	62,9784	0,92	36	64			Yes	16	10
Fe	Ce	KA	LiF 200	150 μm	Flow	60	40	57,5134	−1,48	35	63			Yes	12	6
Co	Co	KA	LiF 200	300 μm	Flow	60	40	52,7954	0,7588	14	33	38	62	Yes	38	10
Ni	Cr	KA	LiF 200	300 μm	Flow	60	40	48,6618	−0,64	37	66			Yes	46	24
Cu	Cu	KA	LiF 200	300 μm	Flow	60	40	45,0172	−0,66	20	66			Yes	38	22
Zn	La	KA	LiF 200	300 μm	Scint.	60	40	41,7564	−0,52	15	78			Yes	38	22
Ga	Nb	KA	LiF 220	150 μm	Scint.	60	40	56,1666	−0,3	24	66			Yes	22	18
Rb	Ni	KA	LiF 200	300 μm	Scint.	60	40	26,5784	0,603	26	69			Yes	48	38
Sr	Ga	KA	LiF 200	300 μm	Scint.	60	40	25,1108	−0,5	20	78			Yes	48	36
Y	Pb	KA	LiF 220	150 μm	Scint.	60	40	33,8344	0,66	23	73			Yes	22	14
Zr	Pr	KA	LiF 220	150 μm	Scint.	60	40	32,0196	0,54	20	78			Yes	22	12

(Fortsetzung)

Tab. 11.7 (Fortsetzung)

Kanal	K	Linie	Kristall	Kollimator	Detektor	kV	mA	Winkel (°2q)	Offset Ug1 (°2q)	IHV1 UG	IHV1 OG	IHV2 UG	IHV2 OG	PSK	Peak (s)	Untergrund (s)
Nb	Rb	KA	LiF 220	150 µm	Scint.	60	40	30,4024	0,593	24	78			Yes	22	14
Ba	Sr	LA	LiF 200	300 µm	Flow	40	60	87,1696	1,1144	9	20	35	67	Yes	46	24
La	Th	LA	LiF 200	300 µm	Flow	50	48	82,9254	−0,8824	10	21	38	65	Yes	68	36
Ce	V	LB1	LiF 220	150 µm	Flow	60	40	111,7156	−0,76	11	29	37	64	Yes	68	36
Pr	Y	LA	LiF 200	300 µm	Flow	50	48	75,3288	−0,78	11	24	37	65	Yes	50	34
Nd	Zr	LA	LiF 220	150 µm	Flow	60	40	112,7528	−0,5488	11	28	38	65	Yes	68	10
Pb	Zn	LB1	LiF 200	300 µm	Scint.	60	40	28,2098	−0,4554	25	72			Yes	44	34
Th	Nd	LA	LiF 200	300 µm	Scint.	60	40	27,4294	−0,3588	21	67			Yes	30	26
U	U	LA	LiF 220	150 µm	Scint.	60	40	37,2782	−0,5002	22	78			Yes	48	10

Probe: 0,6 g/Li2B4O7: 3,6 g, 1100 °C (4 min), 1300 °C (6 min), Perl'X, Ø 27 mm

Kanal	K	Linie	Kristall	Kollimator	Detektor	kV	mA	Winkel (°2q)	Offset Ug1 (°2q)	IHV1 UG	IHV1 OG	IHV2 UG	IHV2 OG	PSK	Peak (s)	Untergrund (s)
Na	Na2O	KA	PX1	700 µm	Flow	24	100	27,7246	2,3964	22	78			Yes	24	14
Mg	MgO	KA	PX1	700 µm	Flow	24	100	22,9406	1,8378	25	78			Yes	22	16
Al	Al2O3	KA	PE 002	300 µm	Flow	24	100	144,9378		24	78			Yes	8	
Si	SiO2	KA	PE 002	700 µm	Flow	24	100	109,1684		27	75			Yes	8	
P	P2O5	KA	Ge 111	300 µm	Flow	24	100	141,022	−1,4918	28	73			Yes	26	14
S	SiO2	KA	Ge 111	300 µm	Flow	25	96	110,6904	1,7918	27	78			Yes	28	14
Cl	SiO2	KA	Ge 111	300 µm	Flow	24	100	92,8394	1,731	29	72			Yes	28	14
K2	K2O	KA	LiF 200	300 µm	Flow	24	100	136,7072		31	69			Yes	10	
Ca	CaO	KA	LiF 200	300 µm	Flow	30	80	113,1318		32	67			Yes	10	
Ti1	TiO2	KA	LiF 200	300 µm	Flow	40	60	86,1676		10	20	37	65	Yes	12	10
V	V	KA	LiF 220	150 µm	Flow	50	48	123,2328	−0,6678	11	23	37	65	Yes	18	10
Cr	Cr	KA	LiF 200	300 µm	Flow	60	40	69,3652	0,8892	11	28	36	65	Yes	14	6
Mn	MnO	KA	LiF 200	300 µm	Flow	60	40	62,9774	0,832	11	32	36	64	Yes	14	8

11.1 Beispielapplikation Geowissenschaften

Fe	Fe2O3	KB	LiF 200	300 μm	Flow	60	40	51,7508		19	63			Yes	10	
Co	Co	KA	LiF 200	300 μm	Flow	60	40	52,7962	0,6484	20	63	39	65	Yes	18	8
Ni	Ni	KA	LiF 200	300 μm	Flow	60	40	48,6662	0,78	21	35	38	63	Yes	14	8
Cu	Cu	KA	LiF 200	300 μm	Flow	60	40	45,0186	0,8454	21	35			Yes	14	8
Zn	Zn	KA	LiF 200	300 μm	Scint.	60	40	41,7628	0,835	15	62			Yes	14	8
As	As	KB	LiF 220	150 μm	Scint.	60	40	43,5816	0,695	30	78			Yes	24	12
Rb	Rb	KA	LiF 200	300 μm	Scint.	60	40	26,5848	0,623	22	68			Yes	18	10
Sr	Sr	KA	LiF 200	300 μm	Scint.	60	40	25,1116	−0,614	20	70			Yes	18	10
Zr	Zr	KA	LiF 220	150 μm	Scint.	60	40	32,0196	0,6366	20	78			Yes	14	8
Mo	Mo	KA	LiF 200	300 μm	Scint.	60	40	20,2924		25	78			Yes	18	
Cd	Cd	KA	LiF 200	300 μm	Scint.	60	40	15,28	0,5338	30	72			Yes	40	20
Sn	Sn	KA	LiF 200	300 μm	Scint.	60	40	14,0104	0,7112	29	63			Yes	40	10
Sb	Sb	KA	LiF 200	300 μm	Scint.	60	40	13,4298	−0,4808	29	67			Yes	24	12
Ba	Ba	LA	LiF 200	300 μm	Flow	40	60	87,1762	1,304	10	67	37	65	Yes	18	10
La	La	LA	LiF 200	300 μm	Flow	50	48	82,9324	−0,6824	9	21	37	65	Yes	24	10
W	W	LB1	LiF 200	300 μm	Scint.	60	40	37,0884		17	22			Yes	18	
Ta	Ta	LA	LiF 200	300 μm	Flow	60	40	44,4146	−0,4282	22	75			Yes	24	10
Pb	Pb	LB1	LiF 200	300 μm	Scint.	60	40	28,211	0,547	25	66			Yes	22	12

Probe: %g/Hoechstwax: 1 g, 130 kN, 20 s, Herzog-Presse, 40 mm

11.2 Beispiele für Mineral-Identifikationskarten bei der RDA

Name and formula

Reference code: 01-085-0798

Mineral name: Quartz
ICSD name: Silicon Oxide

Empirical formula: O_2Si
Chemical formula: SiO_2

Crystallographic parameters

Crystal system: Hexagonal
Space group: P3221
Space group number: 154

a (Å): 4.9140
b (Å): 4.9140
c (Å): 5.4050
Alpha (°): 90.0000
Beta (°): 90.0000
Gamma (°): 120.0000

Calculated density (g/cm^3): 2.65
Volume of cell (10^6 pm^3): 113.03
Z: 3.00

RIR: 3.34

Subfiles and Quality

Subfiles: Inorganic
Mineral
Alloy, metal or intermetalic
Corrosion
Modelled additional pattern
Quality: Calculated (C)

Comments

ICSD collection code: 027834
Test from ICSD: At least one TF missing.

References

Primary reference: *Calculated from ICSD using POWD-12++, (1997)*
Structure: Young, R.A., Mackie, P.E., Dreele, R.B.von, *J. Appl. Crystallogr.*, **10**, 262, (1977)

Abb. 11.1 ICDD PDF-Karte

11.2 Beispiele für Mineral-Identifikationskarten bei der RDA

Peak list

No.	h	k	l	d [A]	2Theta[deg]	I [%]
1	1	0	0	4.25565	20.857	11.8
2	0	1	1	3.34363	26.639	100.0
3	1	1	0	2.45700	36.542	7.3
4	1	0	2	2.28136	39.467	7.6
5	1	1	-1	2.23674	40.289	1.8
6	2	0	0	2.12782	42.448	2.5
7	0	2	1	1.97992	45.792	1.4
8	1	1	-2	1.81797	50.139	12.3
9	0	0	3	1.80167	50.624	0.3
10	0	2	2	1.67181	54.872	3.0
11	0	1	3	1.65911	55.328	1.2
12	2	1	0	1.60848	57.227	0.7
13	1	2	-1	1.54167	59.954	7.2
14	1	1	-3	1.45291	64.035	1.6
15	3	0	0	1.41855	65.779	0.2
16	2	1	-2	1.38219	67.739	2.7
17	2	0	3	1.37499	68.142	5.3
18	0	3	1	1.37208	68.307	4.9
19	1	0	4	1.28789	73.469	1.1
20	3	0	2	1.25603	75.654	2.1
21	2	2	0	1.22850	77.662	1.2
22	1	2	-3	1.19988	79.879	1.8
23	2	2	-1	1.19795	80.034	1.3
24	1	1	-4	1.18401	81.172	1.5
25	1	3	0	1.18030	81.480	2.5
26	3	1	-1	1.15313	83.827	0.9
27	2	0	4	1.14068	84.955	0.3
28	2	2	-2	1.11837	87.066	0.1
29	3	0	3	1.11454	87.440	0.1

Stick Pattern

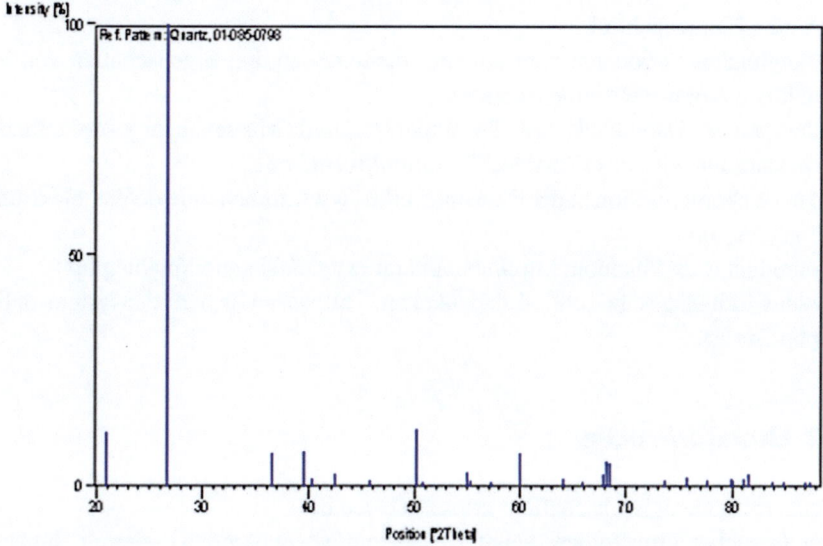

Abb. 11.2 ICDD PDF-Karte (Forts.)

11.3 Messprogramme für die ESMA

In diesem Kapitel sind Beispiele für Messprogramme aufgelistet, mit denen Silikate, Erze und vergleichbare Materialien analysiert werden können (Tab. 11.8).

Mit der Einführung der Feldemissionstechnik kann mehr und mehr auch für leichtere oder mittlere Elemente wie Fe von den energiereichen K-Linien auf energieärmere Linien (z. B. die L-Serie) ausgewichen werden. Damit kann die vertikale und horizontale Eindringtiefe des Elektronenstrahls reduziert und damit die räumliche Auflösung von Elementverteilungsbildern aber auch von Linien- und Punktanalysen erheblich verbessert werden.

Eine besondere Herausforderung ist die Analyse von Lanthanoidverbindungen wie Monazit, Synchysit, Parisit oder Bastnäsit. Ein Ansatz zur Messung dieser Verbindungen sind im Folgenden aufgelistet.

11.4 Internetseiten (Stand 2023)

Internetseiten unterliegen einer ständigen Fluktuation. Daher kann nicht garantiert werden, dass alle Adressen nach Erscheinen des Buches erreichbar bleiben.

11.4.1 Periodensystem

Periodensystem mit Information zu Röntgenlinien: https://xdb.lbl.gov/Section1/Periodic_Table/X-ray_Elements.html

Umfangreiches Periodensystem mit Informationen zu den Eigenschaften von Verbindungen: https://www.webelements.com/

Umfangreiche Datenbank mit Formfaktoren und Massenabsorptionskoeffizienten: https://physics.nist.gov/PhysRefData/FFast/html/form.html

Elektronenkonfigurationen der Elemente: http://www.tomchemie.de/die_elektronenkonfiguration_der_.htm

Ionenradien nach Shannon: http://abulafia.mt.ic.ac.uk/shannon/ptable.php

Massenwirkungsgesetz und Löslichkeiten: https://www.periodensystem-online.de/index.php?id=lists

11.4.2 Literatur/-suche

Themenbereich Geowissenschaften: https://geo-leo.de/

Literatursuche: https://www.webofscience.com/wos/woscc/basic-search, https://scholar.google.de/

Tab. 11.8 Messprogramme für ESMA

Beispielmessprogramm für Silikate
Anregung: 15 kV/15 nA; Strahl 5 µm, fixiert, Rasterlänge 300 µm

Linie	Kristall	Messzeit Peak (s)	Messzeit UG (s)	Standard
F Ka 1	TAP	30	15	Fluorapatit
Na Ka 1	TAP	20	10	Albit
Mg Ka 1	TAP	20	10	Diopsid
Al Ka 1	TAP	20	10	Kaersutit
Si Ka 1	TAP	10	5	Albit
S Ka 1	PET	60	30	Baryt
K Ka 1	PET	20	10	Kaliumfeldspat
Ti Ka 1	LLIF	150	75	Rutil
Mn Ka 1	LIF	20	10	$MgSiO_3$
Fe Ka 1	LIF	20	10	Kaersutit
Sr La 1	TAP	60	30	Cölestin
Y La 1	TAP	60	30	YPO_4
Zr La 1	TAP	90	45	Zirkon
Ba La 1	LLIF	150	75	Baryt
Cl Ka 1	PET	60	30	Chlorapatit
Ca Ka 1	PET	20	10	Fluorapatit
Cr Ka 1	LIF	240	120	Cr_2O_3

Beispielmessprogramm für Erzminerale
Anregung: 20 kV/120 nA; Strahl 5 µm, fixiert, Rasterlänge 300 µm

Linie	Kristall	Messzeit Peak (s)	Messzeit UG (s)	Standard
S Ka 1	PET	14	7	Pyrit
Fe Ka 1	LIF	14	7	Pyrit
Co Ka 1	LLIF	22	11	Co
Ni Ka 1	LLIF	18	9	Ni
Zn Ka 1	LIF	18	9	ZnS
As La 1	TAP	60	30	GaAs
Ag La 1	PET	60	20	Ag
Sb La 1	PET	24	12	Sb
Au La 1	LLIF	80	20	Au
Cu Ka 1	LIF	22	11	Kupferkies
Bi La 1	LIF	26	13	Bi
Pb La 1	LLIF	20	10	Galenit

Beispielmessprogramm für Stahllegierungen
Anregung: 15 kV/40 nA; Strahl 5 µm, fixiert, Rasterlänge 300 µm

Linie	Kristall	Messzeit Peak (s)	Messzeit UG (s)	Standard
C Ka 1	PC2	22	11	C
Fe Ka 1	LIF	10	5	Fe_2O_3
Cr Ka 1	LIF	14	7	Cr_2O_3
V Ka 1	LIF	22	11	Chromit (V)
Mo La 1	LPET	24	12	Mo
Si Ka 1	TAP	22	11	Kaersutit

Tab. 11.9 Messprogramme für ESMA (Lanthaniden)

Beispielmessprogramm für Lanthanidenverbindungen				
Anregung: 15 kV/15 nA; Strahl 5 μm, fixiert, Rasterlänge 300 μm				
Linie	Kristall	Messzeit Peak (s)	Messzeit UG (s)	Standard
F Ka	LPC1	25	15	Topaz
Si Ka	TAP	10	5	Kaersutit
Y La	TAP	30	20	Synth Glas
P Ka	TAP	20	20	Apatit
Ce La	LIF	25	15	Synth Glas
La La	LLIF	25	15	Synth Glas
Pr Lb	LLIF	25	15	Synth Glas
Nd La	LLIF	25	15	Synth Glas
Sm La	LLIF	25	15	Synth Glas
Tb La	LLIF	25	15	Synth Glas
Eu Lb	LLIF	25	15	Synth Glas
Gd Lb	LLIF	25	15	Synth Glas
Dy La	LLIF	25	15	Synth Glas
Er La	LLIF	25	15	Synth Glas
Fe Ka	LIF	15	10	Kaersutit
Yb La	LLIF	25	15	Synth Glas
Mn Ka	LIF	15	10	MnSiO3
Ca Ka	LIF	30	15	Synth Glas
Mg Ka, Al Ka, K Ka	EDS	230	n.a.	Kearsutit

11.4.3 Referenzmaterialien

Umfangreiche Liste verfügbarer internationaler Referenzmaterialien mit zusätzlichen Analysenergebnissen: http://georem.mpch-mainz.gwdg.de/sample_query.asp

11.4.4 Gesteine/Minerale/Strukturen

Informationen zu Tonmineralen: https://pubs.usgs.gov/of/2001/of01-041/htmldocs/clay.htm

Informationen zu Mineralen: https://webmineral.com/, https://www.mineralienatlas.de/index.php, https://www.mindat.org/

Informationen zu Mineralstrukturen + Landoldt-Börnstein (kostenpflichtig): https://materials.springer.com/

Brechungsindizes: https://refractiveindex.info/?group=GLASSES&material=F_GERMANIA

11.4 Internetseiten (Stand 2023)

Gesteinsdatenbank: https://georoc.mpch-mainz.gwdg.de/georoc/, https://www.alexstrekeisen.it/english/

Kristallstrukturen: http://rruff.geo.arizona.edu/AMS/amcsd.php, https://www.crystallography.net/cod/, https://rruff.info, https://next-gen.materialsproject.org/

Kristallographische Daten: https://www.cryst.ehu.es/cryst/wpassign.html

Literatur

1. *Introduction to X-Ray Absorption Fine Structure (XAFS)*, chapter 1, pages 1–8. John Wiley and Sons, Ltd, 2018.
2. Vaitkus A., Merkys, and S. A. Grazulis. Validation of the Crystallography Open Database using the Crystallographic Information Framework. *Journal of Applied Crystallography*, 54(2):661–672, December 2021.
3. Freddy Adams and Carlo Barbante. Chapter 5 – mass spectrometry and chemical imaging. In Freddy Adams and Carlo Barbante, editors, *Chemical Imaging Analysis*, volume 69 of *Comprehensive Analytical Chemistry*, pages 159–211. Elsevier, 2015.
4. Hannes Aiginger and Peter Wobrauschek. A method for quantitative x-ray fluorescence analysis in the nanogram region. *Nuclear Instruments and Methods*, 114(1):157–158, 1974.
5. Jonas Alles, Alexander-Maria Ploch, Thomas Schirmer, Nicole Nolte, Wilfried Liessmann, and Bernd Lehmann. Rare-earth-element enrichment in post-Variscan polymetallic vein systems of the Harz Mountains, Germany. *Mineralium Deposita*, 54(2):307–328, February 2019.
6. M Allibert and Verein Deutscher Eisenhuettenleute. *Slag atlas*. Verlag Stahleisen, Düsseldorf, 1995.
7. Rudolf Allmann. *Röntgenpulverdiffraktometrie : rechnergestützte Auswertung, Phasenanalyse und Strukturbestimmung*. Springer, Berlin; Heidelberg; New York; Barcelona; Hongkong; London; Mailand; Paris; Tokio, 2003.
8. J Alvarez, L.M Marco, J Arroyo, E.D Greaves, and R Rivas. Determination of calcium, potassium, manganese, iron, copper and zinc levels in representative samples of two onion cultivars using total reflection x-ray fluorescence and ultrasound extraction procedure. *Spectrochimica Acta Part B: Atomic Spectroscopy*, 58(12):2183–2189, 2003. 9th Symposium on Total Reflection X-Ray Analysis and Related Methods.
9. P. Andreeva, V. Stoilov, and O. Petrov. Application of x-ray diffraction analysis for sedimentological investigation of middle devonian dolomites from northeastern bulgaria. *GEOLOGICA BALCANICA*, 40(1–3):31–38, 2011.
10. Sebastien Aries, Michel Valladon, Mireille Polve, and Bernard Dupre. A routine method for oxide and hydroxide interference corrections in icp-ms chemical analysis of environmental and geological samples. *Geostandards Newsletter*, 24(1):19–31, 2000.
11. U. W. Arndt, J. V. P. Long, and P. Duncumb. A microfocus x-ray tube used with focusing collimators. *Journal of Applied Crystallography*, 31(6):936–944, December 1998.
12. J. R. Arnold, J. P. Testa, P. J. Friedman, and G. X. Kambic. Computed tomographic analysis of meteorite inclusions. *Science*, 219(4583):383–384, January 1983.

13. A. Atterberg. Die mechanische Bodenanalyse und die Klassifikation der Mineralboeden Schwedens. (II):312–342, 1912.
14. R.E. Ayala, E.M. Alvarez, and P. Wobrauschek. Direct determination of lead in whole human blood by total reflection x-ray fluorescence spectrometry. *Spectrochimica Acta Part B: Atomic Spectroscopy*, 46(10):1429–1432, 1991.
15. V. Balaram, K. V. Anjaiah, and A. Kumar. Microwave digestion for the determination of platinum group elements, silver and gold in chromite ores by ICP-MS. *Asian Journal of Chemistry*, 11:949–956, 1999.
16. D. Bartelmy. Webmineral mineralogy database. 2010.
17. Daniela Bauer, Thomas Vogt, Mathias Klinger, Patrick Joseph Masset, and Matthias Otto. Direct determination of sulfur species in coals from the argonne premium sample program by solid sampling electrothermal vaporization inductively coupled plasma optical emission spectrometry. *Analytical Chemistry*, 86(20):10380–10388, 2014.
18. B. Beckhoff, editor. *Handbook of practical X-ray fluorescence analysis*. Springer, Berlin; New York, 2006.
19. D. L. Bish and S. A. Howard. Quantitative phase analysis using the rietveld method. *Journal of Applied Crystallography*, 21(2):86–91, April 1988.
20. David L Bish and Jeffrey Edward Post. *Modern powder diffraction*. Mineralogical Society of America, Washington, D.C., 1989.
21. Elisa Blanco Gonzalez and Alfredo Sanz-Medel. Chapter 4 liquid chromatographic techniques for trace element speciation analysis. In *Elemental Speciation New Approach for Trace Element Analysis*, volume 33 of *Comprehensive Analytical Chemistry*, pages 81–121. Elsevier, 2000.
22. R Bock. *Handbuch der analytisch-chemischen Aufschlussmethoden*. Wiley-VCH, Weinheim, 2001.
23. U. Bottigli, A. Brunetti, B. Golosio, P. Oliva, S. Stumbo, L. Vincze, P. Randaccio, P. Bleuet, A. Simionovici, and A. Somogyi. Voxel-based monte carlo simulation of x-ray imaging and spectroscopy experiments. *Spectrochimica Acta Part B: Atomic Spectroscopy*, 59(10):1747–1754, 2004. 17th International Congress on X-Ray Optics and Microanalysis.
24. Sergei F. Boulyga, H. J. Dietze, and Johanna Sabine Becker. Performance of icp-ms with hexapole collision cell and application for determination of trace elements in bio-assays. *Microchimica Acta*, 137:93–103, 2001.
25. Christopher J. Brais, Jaime Orejas Ibanez, Andrew J. Schwartz, and Steven J. Ray. Recent advances in instrumental approaches to time-of-flight mass spectrometry. *Mass Spectrometry Reviews*, 40(5):647–669, 2021.
26. K. Breuer and H. Zscheile. Energieverlust-Elektronenspektroskopie. In Otto Brümmer, Johannes Heydenreich, Karl Heinz Krebs, and Helmut Günther Schneider, editors, *Handbuch Festkörperanalyse mit Elektronen, Ionen und Röntgenstrahlen*, pages 281–294. Vieweg+Teubner Verlag, Wiesbaden, 1979.
27. G. W. Brindley and G. Brown. *Crystal structures of clay minerals and their X-ray identification*. Number no. 5 in Monograph/Mineralogical Society. Mineralogical Society, London, new ed. edition, 1980.
28. Peter Brouwer. *Theory of XRF : getting acquainted with the principles*. PANalytical, Almelo, 2003.
29. J. D. Brown and R. H. Packwood. Quantitative electron probe microanalysis using gaussian ?(?z) curves. *X-Ray Spectrometry*, 11(4):187–193, October 1982.
30. P. J. Brown, A. G. Fox, E. N. Maslen, M. A. O'Keefe, and B. T. M. Willis. Intensity of diffracted intensities. In H. Fuess, Th. Hahn, H. Wondratschek, U. Müller, U. Shmueli, E. Prince, A. Authier, V. Kopský, D. B. Litvin, M. G. Rossmann, E. Arnold, S. Hall, B. McMahon, and E. Prince, editors, *International Tables for Crystallography*, volume C, pages 554–595. International Union of Crystallography, Chester, England, 1 edition, October 2006.

31. Bruker. Lab report XRF 23, XRF analysis of fluorine in pressed powder cement samples. February 1998.
32. Bruker. XRF lab report 14 nitrogen analysis by XRF with high performance. 1998.
33. Bruker. XRF lab report 30, analysis of cement samples. 1999.
34. Bruker. Xrf lab report 47, analysis of beryllium in bronze. 2001.
35. Bruker. XRF lab report 47, analysis of beryllium in bronze. 2001.
36. Bruker. XRF lab report 44 ASTM d6443 standard test method for determination of ca, cl, cu, mg, p, s, and zn in unused lubricating oils and additives. 2003.
37. C01 Committee. Test methods for chemical analysis of hydraulic cement. Technical report, ASTM International, 2000.
38. C01 Committee. Practice for sampling and the amount of testing of hydraulic cement. Technical report, ASTM International, 2013.
39. C01 Committee. Specification for blended hydraulic cements. Technical report, ASTM International, 2014.
40. C01Committee. Specification for portland cement. Technical report, ASTM International, 2012.
41. C07Committee. Test methods for chemical analysis of limestone, quicklime, and hydrated lime. Technical report, ASTM International, 2011.
42. R. Campargue. Progress in overexpanded supersonic jets and skimmed molecular beams in free-jet zones of silence. *The Journal of Physical Chemistry*, 88(20):4466–4474, 1984.
43. Canberra. Gamma and x-ray detection.
44. W. D. Carlson and C. Denison. Mechanisms of porphyroblast crystallization: Results from high-resolution computed x-ray tomography. *Science*, 257(5074):1236–1239, August 1992.
45. Martin R. Carter and E. G. Gregorich, editors. *Soil sampling and methods of analysis*. Canadian Society of Soil Science ; CRC Press, [Pinawa, Manitoba] : Boca Raton, FL, 2nd ed edition, 2008.
46. R. Castaing. *Application des sondes electronique a une methode d'analyse ponctuelle chimique et cristallographique*. Theses Universität Paris. 1951.
47. Alfred Cerezo, T. J. Godfrey, S. J. Sijbrandij, George Davey Smith, and Paul J. Warren. Performance of an energy-compensated three-dimensional atom probe. *Review of Scientific Instruments*, 69:49–58, 1998.
48. Roberto Cesareo, Giovanni Ettore Gigante, and Alfredo Castellano. Thermoelectrically cooled semiconductor detectors for non-destructive analysis of works of art by means of energy dispersive x-ray fluorescence. *Nuclear Instruments and Methods in Physics Research Section A: Accelerators, Spectrometers, Detectors and Associated Equipment*, 428(1):171–181, June 1999.
49. Chemie_de. Chemie.de, February 2015.
50. Xiaoshan Chen and R.S. Houk. Spatially resolved measurements of ion density behind the skimmer of an inductively coupled plasma mass spectrometer. *Spectrochimica Acta Part B: Atomic Spectroscopy*, 51(1):41–54, 1996.
51. Z. W. Chen, Walter M. Gibson, and Huapeng Huang. High definition x-ray fluorescence: Principles and techniques. *X-Ray Optics and Instrumentation*, 2008:1–10, 2008.
52. Zewu Chen and Walter M. Gibson. Doubly curved crystal (DCC) x-ray optics and applications. *Powder Diffraction*, 17(2):99, 2002.
53. F. H. Chung. Quantitative interpretation of x-ray diffraction patterns of mixtures. i. matrix-flushing method for quantitative multicomponent analysis. *Journal of Applied Crystallography*, 7(6):519–525, December 1974.
54. F. H. Chung. Quantitative interpretation of x-ray diffraction patterns of mixtures. II. adiabatic principle of x-ray diffraction analysis of mixtures. *Journal of Applied Crystallography*, 7(6):526–531, December 1974.

55. F. H. Chung. Quantitative interpretation of x-ray diffraction patterns of mixtures. III. simultaneous determination of a set of reference intensities. *Journal of Applied Crystallography*, 8(1):17–19, February 1975.
56. Claisse. Glass disks and solutions by fusion for claisse fluxer users. 2003.
57. SEIDEL CM, JAIN J, and OWENS JW. Laser ablation-inductively coupled plasma-atomic emission spectroscopy study at the 222-s laboratory using hot-cell glove box prototype system. 2 2009.
58. V. Cnudde, B. Masschaele, M. Dierick, J. Vlassenbroeck, L. Van Hoorebeke, and P. Jacobs. Recent progress in x-ray CT as a geosciences tool. *Applied Geochemistry*, 21(5):826–832, May 2006.
59. Aloísio J. B. Cotta and Jacinta Enzweiler. Classical and new procedures of whole rock dissolution for trace element determination by ICP-MS. *Geostandards and Geoanalytical Research*, 36(1):27–50, March 2012.
60. Jo Crotty and Mark Smith. Strategic responses to environmental regulation in the u.k. automotive sector: The european union end-of-life vehicle directive and the porter hypothesis. *Journal of Industrial Ecology*, 10(4):95–111, February 2008.
61. B. De Graef, V. Cnudde, J. Dick, N. De Belie, P. Jacobs, and W. Verstraete. A sensitivity study for the visualisation of bacterial weathering of concrete and stone with computerised x-ray microtomography. *Science of The Total Environment*, 341(1–3):173–183, April 2005.
62. R.T. Downs and M. Hall-Wallace. The American Mineralogist Crystal Structure Database. *American Mineralogist*, 88:247–250, December 2003.
63. E11 Committee. Practice for using significant digits in test data to determine conformance with specifications. Technical report, ASTM International, 2013.
64. L. Ebdon and M. R. Cave. A study of pneumatic nebulisation systems for inductively coupled plasma emission spectrometry. *Analyst*, 107:172–178, 1982.
65. Frank Eggert. *Standardfreie Elektronenstrahl-Mikroanalyse : mit dem EDX im Rasterelektronenmikroskop ; ein Handbuch für die Praxis*. Books on Demand, Norderstedt, 2005.
66. R. Eichele, R. P. Huebener, and H. Seifert. Phonon focusing in quartz and sapphire imaged by electron beam scanning. *Zeitschrift f?r Physik B Condensed Matter*, 48(2):89–97, June 1982.
67. Nagmeddin Elwaer and Holger Hintelmann. Selective separation of selenium (IV) by thiol cellulose powder and subsequent selenium isotope ratio determination using multicollector inductively coupled plasma mass spectrometry. *J. Anal. At. Spectrom.*, 23(5):733–743, 2008.
68. Jessica M. Elzea. Tem and x-ray diffraction evidence for cristobalite and tridymite stacking sequences in opal. *Clays and Clay Minerals*, 44(4):492–500, 1996.
69. T E Everhart and R F M Thornley. Wide-band detector for micro-microampere low-energy electron currents. *Journal of Scientific Instruments*, 37(7):246–248, July 1960.
70. F40Committee. Test method for identification and quantification of chromium, bromine, cadmium, mercury, and lead in polymeric material using energy dispersive x-ray spectrometry. Technical report, ASTM International, 2008.
71. L. Fabry, Siegfried Pahlke, and Ludwig Kotz. Accurate calibration of TXRF using microdroplet samples. *Analytical and Bioanalytical Chemistry*, 354(3):266–270, January 1996.
72. Bradley D. Fahlman, editor. *Materials chemistry*. Springer, New York, 2011.
73. C. E. Feather and J. P. Willis. A simple method for background and matrix correction of spectral peaks in trace element determination by x-ray fluorescence spectrometry. *X-Ray Spectrometry*, 5(1):41–48, January 1976.
74. Agnes Fekete and Philippe Schmitt-Kopplin. Chapter 15 – capillary electrophoresis. In Yolanda Pico, editor, *Food Toxicants Analysis*, pages 561–597. Elsevier, Amsterdam, 2007.
75. U.E.A. Fittschen, S. Hauschild, M.A. Amberger, G. Lammel, C. Streli, S. Förster, P. Wobrauschek, C. Jokubonis, G. Pepponi, G. Falkenberg, and J.A.C. Broekaert. A new technique for

the deposition of standard solutions in total reflection x-ray fluorescence spectrometry (txrf) using pico-droplets generated by inkjet printers and its applicability for aerosol analysis with sr-txrf. *Spectrochimica Acta Part B: Atomic Spectroscopy*, 61(10):1098–1104, 2006. TXRF-2005, 11th International Conference on Total Reflection X-ray Fluorescence Spectrometry and Related Methods.
76. U.E.A. Fittschen, F. Meirer, C. Streli, P. Wobrauschek, J. Thiele, G. Falkenberg, and G. Pepponi. Characterization of atmospheric aerosols using synchrotron radiation total reflection x-ray fluorescence and fe k-edge total reflection x-ray fluorescence-x-ray absorption near-edge structure. *Spectrochimica Acta Part B: Atomic Spectroscopy*, 63(12):1489–1495, 2008. A collection of papers presented at the 12th Conference on Total Reflection X-Ray Fluorescence Analysis and Related Methods (TXRF 2007).
77. Ursula Elisabeth Adriane Fittschen and Gerald Falkenberg. Confocal MXRF in environmental applications. *Analytical and Bioanalytical Chemistry*, 400(6):1743–1750, June 2011.
78. Ursula Elisabeth Adriane Fittschen, Christina Streli, Florian Meirer, and Matthias Alfeld. Determination of phosphorus and other elements in atmospheric aerosols using synchrotron total-reflection x-ray fluorescence. *X-Ray Spectrometry*, 42:368–373, 2013.
79. B.H. Flinter. Quantitative mineral analysis by x-ray diffraction using the heavy absorber method. *Neues Jahrbuch Für Mineralogie Abhandlungen*, 125(3), 1975.
80. Erico M.M. Flores, Paola A. Mello, Sindy R. Krzyzaniak, Vitoria H. Cauduro, and Rochele S. Picoloto. Challenges and trends for halogen determination by inductively coupled plasma mass spectrometry: A review. *Rapid Communications in Mass Spectrometry*, 34(S3):e8727, 2020. e8727 RCM-19-0406.R1.
81. Center for Applied isotope Studies. Guide to selecting the most suitable technique, 2023.
82. R. Franke, T. Chassé, B. Al-Araj, P. Streubel, and A. Meisel. Chemical shifts of auger electron and photoelectron binding energies of phosphorus in solid compounds. *physica status solidi (b)*, 160(1):143–151, July 1990.
83. W. Fredriksz, H. Koster, and B. H. Kolster. Quantitative electron probe microanalysis in the system Fe-Sn-C using the Claisse-Quintin relation. *X-Ray Spectrometry*, 14(1):36–42, January 1985.
84. R. Fresenius and G. Jander. *Handbuch der Analytischen Chemie: Elemente der Ersten Hauptgruppe (Einschl. Ammonium)*. Springer, 1994.
85. C. Friedrich, R. Gadow, and T. Schirmer. Lanthanum hexaaluminate — a new material for atmospheric plasma spraying of advanced thermal barrier coatings. *Journal of Thermal Spray Technology*, 10(4):592–598, December 2001.
86. Sei Fukushima, Takashi Kimura, Toshiya Ogiwara, Kazunori Tsukamoto, Toyohiko Tazawa, and Shigeo Tanuma. New model ultra-soft x-ray spectrometer for microanalysis. *Microchimica Acta*, 161(3–4):399–404, June 2008.
87. Graham N. George, Martin L. Gorbaty, Simon R. Kelemen, and Michael J. Sansone. Direct determination and quantification of sulfur forms in coals from the argonne premium sample program. *Energy and Fuels*, 5:93–97, 1991.
88. J. Giner Martinez-Sierra, O. Galilea San Blas, J.M. Marchante Gayon, and J.I. Garcia Alonso. Sulfur analysis by inductively coupled plasma-mass spectrometry: A review. *Spectrochimica Acta Part B: Atomic Spectroscopy*, 108:35–52, 2015.
89. Yohichi Gohshi. Vi iso 14706:2000 – surface chemical analysis – determination of surface elemental contamination on silicon wafers by total reflection x-ray fluorescence (txrf) spectroscopy. *Surface and Interface Analysis*, 33(4):369–370, 2002.
90. Zi-Shan Gong, Ru Yang, Chuan-Qiang Sun, Wen-Nian Han, Xue-Hui Jiang, Shu-Xin Xu, and Yan Wang. Simultaneous determination of p and s in human serum, blood plasma and whole blood by icp-ms with collision/reaction cell technology. *International Journal of Mass Spectrometry*, 445:116193, 2019.

91. Kyle N. Grew, Yong S. Chu, Jaemock Yi, Aldo A. Peracchio, John R. Izzo, Yeukuang Hwu, Francesco De Carlo, and Wilson K. S. Chiu. Nondestructive nanoscale 3d elemental mapping and analysis of a solid oxide fuel cell anode. *Journal of The Electrochemical Society*, 157(6):B783, 2010.
92. R.L. Grob. *Modern Practice of Gas Chromatography*. Chromatography. Wiley, 1995.
93. Robert Lee Grob and Eugene F. Barry, editors. *Modern practice of gas chromatography*. Wiley-Interscience, Hoboken, N.J, 4th ed edition, 2004.
94. J.H. Gross. *Massenspektrometrie*. Springer-Lehrbuch. Springer, 2013.
95. Jürgen H. Gross. *Massenspektrometrie: ein Lehrbuch*. Springer Spektrum, Berlin Heidelberg, 2013.
96. Andreas Gruber, Riccarda Mueller, Alessa Wagner, Silvia Colucci, Maja Vujic Spasic, and Kerstin Leopold. Total reflection x-ray fluorescence spectrometry for trace determination of iron and some additional elements in biological samples. *Analytical and Bioanalytical Chemistry*, 412(24):6419–6429, September 2020.
97. André Guinier. *X-ray diffraction : in crystals, imperfect crystals, and amorphous bodies*. Dover Publications, New York, 1994.
98. O. Hahn, W. Malzer, B. Kanngiesser, and B. Beckhoff. Characterization of iron-gall inks in historical manuscripts and music compositions using x-ray fluorescence spectrometry. *X-Ray Spectrometry*, 33(4):234–239, 2004.
99. Paula Hahn-Weinheimer, Alfred Hirner, and Klaus Weber-Diefenbach. *Röntgenfluoreszenalytische Methoden: Grundlagen und praktische Anwendung in den Geo- Material- und Umweltwissenschaften*. Vieweg, Braunschweig; Wiesbaden, 1995.
100. Haitao Han and Dawei Pan. Voltammetric methods for speciation analysis of trace metals in natural waters. *Trends in Environmental Analytical Chemistry*, 29:e00119, 2021.
101. Olaf Haupt. *Roentgenfluoreszenzanalyse von Aerosolen und Entwicklung eines automatisierten Probenahme- und Analysensystems*. Hamburg Univ Diss, Hamburg Univ., Diss., 1999.
102. H. Heinrichs. Aufschlussverfahren in der analytischen Geochemie (Teil 1). *LaborPraxis Sonderdruck 12/89*, page 6.
103. Hartmut Heinrichs and Albert G Herrmann. *Praktikum der analytischen Geochemie: mit 64 Tab.* Springer, Berlin [u.a.], 1990.
104. R. J. Hill and C. J. Howard. Quantitative phase analysis from neutron powder diffraction data using the rietveld method. *Journal of Applied Crystallography*, 20(6):467–474, December 1987.
105. Edward D Hoegg, Simon Godin, Joanna Szpunar, Ryszard Lobinski, David W. Koppenaal, and R. Kenneth Marcus. Resolving severe elemental isobaric interferences with a combined atomic and molecular ionization source-orbitrap mass spectrometry approach: The 87sr and 87rb geochronology pair. *Analytical chemistry*, 2021.
106. Ricarda Hoehner, Samaneh Tabatabaei, Hans-Henning Kunz, and Ursula Fittschen. A rapid total reflection x-ray fluorescence protocol for micro analyses of ion profiles in arabidopsis thaliana. *Spectrochimica Acta Part B: Atomic Spectroscopy*, 125:159–167, 2016.
107. Andrew Holland. X-ray ccds. *ISSI Scientific Reports Series*, pages 409–418, 01 2010.
108. Arnold F Holleman, Egon Wiberg, and Nils Wiberg. *Lehrbuch der anorganischen Chemie*. de Gruyter, Berlin; New York, 2007.
109. Kurt Hollocher. Can the picotrace system dissolve zircons? answer: yes, but pay attention! http://minerva.union.edu/hollochk/picotrace/zircon_dissolution.htm.
110. Uwe Holzwarth and Neil Gibson. The scherrer equation versus the 'Debye-Scherrer equation'. *Nature Nanotechnology*, 6(9):534–534, August 2011.
111. C. Hombourger and M. Outrequin. Quantitative analysis and high-resolution x-ray mapping with a field emission electron microprobe. *Microscopy Today*, 21(03):10–15, May 2013.

112. C. Horntrich, F. Meirer, C. Streli, P. Kregsamer, G. Pepponi, N. Zoeger, and P. Wobrauschek. Influence of the sample morphology on total reflection x-ray fluorescence analysis. *Powder Diffraction*, 24(2):140–144, 2009.
113. Xiandeng HOU, Keith E. LEVINE, Arthur SALIDO, Bradley T. JONES, Muhsin EZER, Seth ELWOOD, and Josef B. SIMEONSSON. Tungsten coil devices in atomic spectrometry: Absorption, fluorescence, and emission. *Analytical Sciences*, 17(1):175–180, 2001.
114. GERHARD HUBER, GERD PASSLER, KLAUS WENDT, JENS VOLKER KRATZAND, and NORBERT TRAUTMANN. 10 – radioisotope mass spectrometry. In Michael F. L Annunziata, editor, *Handbook of Radioactivity Analysis (Second Edition)*, pages 799–843. Academic Press, San Diego, second edition edition, 2003.
115. Yecheskel Isreal and Ramon Barnes. Flow injection sample-to-standard additions method. spectrophotometric determination of hydrochloric acid and orthophosphate. *The Analyst*, 114:843, 01 1989.
116. J.S Iwanczyk, B.E Patt, Y.J Wang, and A.Kh Khusainov. Comparison of HgI2, CdTe and si (p-i-n) x-ray detectors. *Nuclear Instruments and Methods in Physics Research Section A: Accelerators, Spectrometers, Detectors and Associated Equipment*, 380(1–2):186–192, October 1996.
117. R.E. Jabbour and A.P. Snyder. 14 – mass spectrometry-based proteomics techniques for biological identification. In R. Paul Schaudies, editor, *Biological Identification*, pages 370–430. Woodhead Publishing, 2014.
118. Ernst Jaenecke. Die entstehung der deutschen kalisalzlager. *Naturwissenschaften*, 7:34, 08 1919.
119. Bernd Jähne. *Digitale Bildverarbeitung*. Springer Berlin Heidelberg, Berlin, Heidelberg, 2012.
120. Norbert Jakubowski, Thomas Prohaska, Lothar Rottmann, and Frank Vanhaecke. Inductively coupled plasma- and glow discharge plasma-sector field mass spectrometry: Part i. tutorial: Fundamentals and instrumentation. *Journal of Analytical Atomic Spectrometry*, 26:693, 02 2011.
121. E. Jänecke. *Die Entstehung der deutschen Kalisalzlager*. Verlag Friedrich Vieweg und Sohn, Berlin, 1923.
122. Koen Janssens, Wout De Nolf, Geert Van Der Snickt, Laszlo Vincze, Bart Vekemans, Roberto Terzano, and Frank E. Brenker. Recent trends in quantitative aspects of microscopic x-ray fluorescence analysis. *TrAC Trends in Analytical Chemistry*, 29(6):464–478, 2010. Analytical applications of synchrotron radiation.
123. R. Jenkins, R.W. Gould, and J. Gedcke. *Quantitative x-ray spectrometry*. New York: M. Dekker, 2nd edition edition, 1995.
124. Klaus Peter Jochum, Donald B. Dingwell, Alexander Rocholl, Brigitte Stoll, Albrecht W. Hofmann, S. Becker, A. Besmehn, D. Bessette, H.-J. Dietze, P. Dulski, J. Erzinger, E. Hellebrand, P. Hoppe, I. Horn, K. Janssens, G.A. Jenner, M. Klein, W.F. McDonough, M. Maetz, K. Mezger, C. Münker, I.K. Nikogosian, C. Pickhardt, I. Raczek, D. Rhede, H.M. Seufert, S.G. Simakin, A.V. Sobolev, B. Spettel, S. Straub, L. Vincze, A. Wallianos, G. Weckwerth, S. Weyer, D. Wolf, and M. Zimmer. The preparation and preliminary characterisation of eight geological mpi-ding reference glasses for in-situ microanalysis. *Geostandards Newsletter*, 24(1):87–133, 2000.
125. Klaus Peter Jochum, Uwe Nohl, Kirstin Herwig, Esin Lammel, Brigitte Stoll, and Albrecht W. Hofmann. Georem: A new geochemical database for reference materials and isotopic standards. *Geostandards and Geoanalytical Research*, 29(3):333–338, November 2005.
126. Z. Johan. Indium and germanium in the structure of sphalerite: an example of coupled substitution with Copper. *Mineralogy and Petrology*, 39(3–4):211–229, December 1988.
127. H. H. Johann. Die erzeugung lichtstarker röntgenspektren mit hilfe von konkavkristallen. *Zeitschrift für Physik*, 69(3–4):185–206, May 1931.

128. Tryggve Johansson. Über ein neuartiges, genau fokussierendes röntgenspektrometer: Erste mitteilung. *Zeitschrift f?r Physik*, 82(7–8):507–528, July 1933.
129. John Wiley & Sons. and Tuan Vo-Dinh. *Handbook of spectroscopy*. Wiley-VCH, Weinheim, 2003.
130. Stephen E. Kaczmarek and Duncan F. Sibley. On the evolution of dolomite stoichiometry and cation order during high-temperature synthesis experiments: An alternative model for the geochemical evolution of natural dolomites. *Sedimentary Geology*, 240(1–2):30–40, August 2011.
131. Heike Kahlert and Fritz Scholz. *Säure-Base-Diagramme*. Springer, New York, 2013.
132. Florence Kalfoun, Claude Merlet, and Dmitri Ionov. Determination of nb, ta, zr and hf in Micro-Phases at low concentrations by EPMA. *Microchimica Acta*, 139(1–4):83–91, May 2002.
133. Hai-Yong Kang and Julie M. Schoenung. Electronic waste recycling: A review of u.s. infrastructure and technology options. *Resources, Conservation and Recycling*, 45(4):368–400, December 2005.
134. Birgit Kanngiesser, Wolfgang Malzer, and Ina Reiche. A new 3d micro x-ray fluorescence analysis set-up – first archaeometric applications. *Nuclear Instruments and Methods in Physics Research Section B: Beam Interactions with Materials and Atoms*, 211(2):259–264, 2003.
135. Y. Kataoka. Standardless X-Ray fluorescence spectrometry (Fundamental parameter method using sensitivity library). *The Rigaku Journal*, 6(1):33–40, 1989.
136. Y. Kataoka. Standardless x-ray fluorescence spectrometry (fundamental parameter method using sensitivity library). pages 33–40, 1989.
137. J. Kemmer, G. Lutz, E. Belau, U. Prechtel, and W. Welser. Low capacity drift diode. *Nuclear Instruments and Methods in Physics Research Section A: Accelerators, Spectrometers, Detectors and Associated Equipment*, 253(3):378–381, January 1987.
138. B.R. Kerur, S.R. Thontadarya, and B. Hanumaiah. A novel method for the determination of x-ray mass attenuation coefficients. *International Journal of Radiation Applications and Instrumentation. Part A. Applied Radiation and Isotopes*, 42(6):571–575, January 1991.
139. Will Kleber. *Einführung in die Kristallographie*. Verlag Technik, Berlin, 17., stark bearb. aufl./edition, 1990.
140. R. Klockenkaemper and A. von bohlen. Determination of the critical thickness and the sensitivity for thin-film analysis by total reflection x-ray fluorescence spectrometry. *Spectrochimica Acta Part B: Atomic Spectroscopy*, 44(5):461–469, 1989.
141. Reinhold Klockenkämper. *Total reflection X-ray fluorescence analysis and related methods*. 2015.
142. Reinhold Klockenkamper and Alex von Bohlen, editors. *Principles of Total Reflection XRF*, chapter 2, pages 79–125. John Wiley and Sons, Ltd, 2014.
143. Reinhold Klockenkamper and Alex von Bohlen, editors. *Total-Reflection X-Ray Fluorescence Analysis and Related Methods*. John Wiley & Sons, Inc., Hoboken, New Jersey, December 2014.
144. Reinhold Klockenkämper and Alex von Bohlen. Worldwide distribution of total reflection x-ray fluorescence instrumentation and its different fields of application: A survey. *Spectrochimica Acta Part B: Atomic Spectroscopy*, 99:133–137, September 2014.
145. J. Knoth, H. Schwenke, R. Marten, and J. Glauer. Determination of copper and iron in human blood serum by energy dispersive x-ray analysis. *Clinical Chemistry and Laboratory Medicine*, 15(1–12), 1977.
146. Bikram Konar, Marie-Aline Van Ende, and In-Ho Jung. Critical evaluation and thermodynamic optimization of the li2o-al2o3 and li2o-mgo-al2o3 systems. *Metallurgical and Materials Transactions B*, 49, 07 2018.

147. Tokuzo Konishi, Jun Kawai, Manabu Fujiwara, Tsutomu Kurisaki, Hisanobu Wakita, and Yohichi Gohshi. Chemical shift and lineshape of high-resolution ni kα x-ray fluorescence spectra. *X-Ray Spectrometry*, 28(6):470–477, November 1999.
148. L. Kotz, G. Kaiser, P. Tschöpel, and G. Tölg. Aufschluß biologischer Matrices für die Bestimmung sehr niedriger Spurenelementgehalte bei begrenzter Einwaage mit Salpetersäure unter Druck in einem Teflongefäß. *Fresenius' Zeitschrift für Analytische Chemie*, 260(3):207–209, 1972.
149. Markus Kraemer, Alex von Bohlen, Christian Sternemann, Michael Paulus, and Roland Hergenroeder. X-ray standing waves: a method for thin layered systems. *J. Anal. At. Spectrom.*, 21:1136–1142, 2006.
150. Erich Kranz. Untersuchungen über die optimale erzeugung und förderung von aerosolen für spektrochemische zwecke. *Spectrochimica Acta Part B: Atomic Spectroscopy*, 27(8):327–343, 1972.
151. William Christian Krumbein. *Manual of sedimentary petrography*. Number no. 13 in SEPM reprint series. Society of Economic Paleontologists and Mineralogists, Tulsa, Okla, 1988.
152. Edwin C. Kuehner, Robert. Alvarez, Paul J. Paulsen, and Thomas J. Murphy. Production and analysis of special high-purity acids purified by subboiling distillation. *Analytical Chemistry*, 44(12):2050–2056, October 1972.
153. G. R. Lachance. The family of alpha coefficients in x-ray fluorescence analysis. *X-Ray Spectrometry*, 8(4):190–195, October 1979.
154. G. R Lachance. *Introduction to alpha coefficients*. Corp. Scientifique Claisse Inc., Sainte-Foy, Quebec, Canada, 1984.
155. Gerhard Lammel, Darrel G. Baumgardner, Ursula E. A. Fittschen, and Birgit Peschel. Evolution of anthropogenic aerosols in the coastal town of salina cruz, mexico: part iii size-segregated elemental composition analysed by total-reflection x-ray fluorescence spectrometry. 87(9):659–672, 2007.
156. D. Layton-Matthews, M.I. Laybourne, J. Peter, and S.D. Scotta. Determination of selenium isotopic ratios by continuous-hydidegeneration dynamic-reaction-cell inductively coupled plasma-mass spectrometry. (21):41–49.
157. Daniel Layton-Matthews, Matthew I. Leybourne, Jan M. Peter, and Steven D. Scott. Determination of selenium isotopic ratios by continuous-hydride-generation dynamic-reaction-cell inductively coupled plasma-mass spectrometry. *J. Anal. At. Spectrom.*, 21(1):41–49, 2006.
158. G. Lilienkamp and Y. Suchorski. Metastable impact electron emission microscopy: principles and applications. *Surface and Interface Analysis*, 38(4):378–382, 2006.
159. Kathryn L. Linge and Kym E. Jarvis. Quadrupole icp-ms: Introduction to instrumentation, measurement techniques and analytical capabilities. *Geostandards and Geoanalytical Research*, 33(4):445–467, 2009.
160. Zhenlin Liu, Shouichi Sugata, Koretaka Yuge, Mitsuru Nagasono, Koki Tanaka, and Jun Kawai. Correlation between chemical shift of si kα lines and the effective charge on the si atom and its application in the fe-si binary system. *Physical Review B*, 69(3), January 2004.
161. M. Loubster. *Chemical and physical aspects of Lithium borate fusion*. Dissertation (MSc), University of Pretoria, Pretoria, 2010.
162. A. Loupilov, A. Sokolov, and V. Gostilo. X-ray peltier cooled detectors for x-ray fluorescence analysis. *Radiation Physics and Chemistry*, 61(3–6):463–464, June 2001.
163. Marco P. Lue M. and Edwin A. Hernandez-Caraballo. Direct analysis of biological samples by total reflection x-ray fluorescence. *Spectrochimica Acta Part B: Atomic Spectroscopy*, 59(8):1077–1090, 2004. 10th Symposium on Total Reflection X-Ray Fluorescence Analysis and 39th Discussion Meeting on Chemical Analysis.

164. David F. Lupton, Juergen Merker, and Friedhold Schoelz. The correct use of platinum in the XRF laboratory. *X-Ray Spectrometry*, 26(3):132–140, May 1997.
165. J. Malherbe and F. Claverie. Toward chromium speciation in solids using wavelength dispersive x-ray fluorescence spectrometry cr kβ lines. *Analytica Chimica Acta*, 773:37–44, April 2013.
166. Wolfgang Malzer and Birgit Kanngiesser. A model for the confocal volume of 3d micro x-ray fluorescence spectrometer. *Spectrochimica Acta Part B: Atomic Spectroscopy*, 60(9):1334–1341, 2005.
167. M. Mantler. X-ray fluorescence analysis of multiple-layer films. *Analytica Chimica Acta*, 188:25–35, 1986.
168. Ioanna Mantouvalou, Wolfgang Malzer, Ina Schaumann, Lars Luehl, Rainer Dargel, Carla Vogt, and Birgit Kanngiesser. Reconstruction of thickness and composition of stratified materials by means of 3d micro x-ray fluorescence spectroscopy. *Analytical Chemistry*, 80(3):819–826, 2008. PMID: 18179246.
169. L. M. P. Marco, T. Capote, E.A. Hernandez C., and E.D. Greaves. Feasibility study on in situ microwave digestion prior to analysis of biological samples by total reflection x-ray fluorescence. *Spectrochimica Acta Part B: Atomic Spectroscopy*, 56(11):2187–2193, 2001. 8TH CONFERENCE ON TOTAL REFLECTION X-RAY FLUORESCENCE ANALYSIS AND RELATED METHODS.
170. N. Mårtensson, P. Baltzer, P.A. Brühwiler, J.-O. Forsell, A. Nilsson, A. Stenborg, and B. Wannberg. A very high resolution electron spectrometer. *Journal of Electron Spectroscopy and Related Phenomena*, 70(2):117–128, December 1994.
171. Werner Massa, editor. *Kristallstrukturbestimmung*. Springer, Heidelberg, 2015.
172. Th. Materna, J. Jolie, W. Mondelaers, B. Masschaele, V. Honkimäki, A. Koch, and Th. Tschentscher. Uranium-sensitive tomography with synchrotron radiation. *Journal of Synchrotron Radiation*, 6(5):1059–1064, September 1999.
173. S. Matsuyama, M. Shimura, H. Mimura, M. Fujii, H. Yumoto, Y. Sano, M. Yabashi, Y. Nishino, K. Tamasaku, T. Ishikawa, and K. Yamauchi. Trace element mapping of a single cell using a hard x-ray nanobeam focused by a kirkpatrick-baez mirror system. *X-Ray Spectrometry*, 38(2):89–94, 2009.
174. W H McMaster, N K Del Grande, J H Mallett, and J H Hubbell. Compilation of x-ray cross sections. 1 1969.
175. F. Meirer, G. Pepponi, C. Streli, P. Wobrauschek, V. G. Mihucz, G. Zaray, V. Czech, J. A. C. Broekaert, U. E. A. Fittschen, and G. Falkenberg. Application of synchrotron-radiation-induced txrf-xanes for arsenic speciation in cucumber (cucumis sativus l.) xylem sap. *X-Ray Spectrometry*, 36(6):408–412, 2007.
176. F.A. Mellon. Mass spectrometry | principles and instrumentation. In Benjamin Caballero, editor, *Encyclopedia of Food Sciences and Nutrition (Second Edition)*, pages 3739–3749. Academic Press, Oxford, second edition edition, 2003.
177. Magnus Menzel, Oliver Scharf, Stanislaw H. Nowak, Martin Radtke, Uwe Reinholz, Peter Hischenhuber, Günter Buzanich, Andreas Meyer, Velma Lopez, Kathryn McIntosh, Christina Streli, George Joseph Havrilla, and Ursula Elisabeth Adriane Fittschen. Shading in txrf: calculations and experimental validation using a color x-ray camera. *J. Anal. At. Spectrom.*, 30:2184–2193, 2015.
178. Alain Meunier. *Clays*. Springer, Berlin; New York, 2005.
179. R. H. Millar and J. R. Greenig. Experimental x-ray mass attenuation coefficients for materials of low atomic number in the energy range 4 to 25 keV. *Journal of Physics*, Bd 7:2332–2344, 1974.
180. Thomasin C. Miller, Elizabeth P. Hastings, and George J. Havrilla. Automated printing technology as a new tool for liquid sample preparation for micro x-ray fluorescence (mxrf). *X-Ray Spectrometry*, 35(2):131–136, 2006.

181. Thomasin C. Miller and George J. Havrilla. Nanodroplets: a new method for dried spot preparation and analysis. *X-Ray Spectrometry*, 33(2):101–106, 2006.
182. Thomasin C. Miller, Christopher M. Sparks, George J. Havrilla, and Meredith R. Beebe. Semiconductor applications of nanoliter droplet methodology with total reflection x-ray fluorescence analysis. *Spectrochimica Acta Part B: Atomic Spectroscopy*, 59(8):1117–1124, 2004. 10th Symposium on Total Reflection X-Ray Fluorescence Analysis and 39th Discussion Meeting on Chemical Analysis.
183. A. Montaser. *Inductively Coupled Plasma Mass Spectrometry*. Spectroscopy. Wiley, 1998.
184. Maria Montes-Bayon, Katie DeNicola, and Joseph A Caruso. Liquid chromatography-inductively coupled plasma mass spectrometry. *Journal of Chromatography A*, 1000(1–2):457–476, June 2003.
185. Duane Milton Moore and Robert C Reynolds. *X-ray diffraction and the identification and analysis of clay minerals*. Oxford University Press, Oxford, 1997.
186. Y. Mu-Qing. Determination of trace arsenic, antimony, selenium and tellurium in various oxidation states in water by hydride generation and atomic-absorption spectrophotometry after enrichment and separation with thiol cotton. (30 (No.4)):265–270, 1983.
187. NMP261. *Pruefung oxidischer Roh- und Werkstoffe – Allgemeine Arbeitsgrundlagen zur Roentgenfluoreszenz-Analyse (RFA)*. DIN 51001. 8 edition, 2003.
188. K. Norrish and G. M. Thompson. XRS analysis of sulphides by fusion methods. *X-Ray Spectrometry*, 19(2):67–71, April 1990.
189. National Institute of Standards and Technology (U.S.). *Journal of Research of the National Institute of Standards and Technology*. Number Bd. 107. U.S. Department of Commerce, National Institute of Standards and Technology, 2002.
190. M. Okrusch and S. Matthes. *Mineralogie: eine Einführung in die spezielle Mineralogie, Petrologie und Lagerstättenkunde*. Springer-Lehrbuch. Springer, 2005.
191. E. Öz, E. Baydaş, and Y. Şahin. Chemical shifts of $k\alpha$ and $k\beta 1,3$ x-ray emission spectra for oxygen compounds of ti, cr, fe, co, cu with WDXRF. *Journal of Radioanalytical and Nuclear Chemistry*, 279(2):529–537, February 2009.
192. R. H. Packwood and J. D. Brown. A gaussian expression to describe ?(?z) curves for quantitative electron probe microanalysis. *X-Ray Spectrometry*, 10(3):138–146, July 1981.
193. S Pahlke, L Fabry, L Kotz, C Mantler, and T Ehmann. Determination of ultra trace contaminants on silicon wafer surfaces using total-reflection x-ray fluorescence txrf. *Spectrochimica Acta Part B: Atomic Spectroscopy*, 56(11):2261–2274, 2001. 8TH CONFERENCE ON TOTAL REFLECTION X-RAY FLUORESCENCE ANALYSIS AND RELATED METHODS.
194. C. Palmer and E. Loewen. *DIFFRACTION GRATING HANDBOOK*. THERMO RGL, Richardson Grating Laboratory, 2002.
195. PANalytical. Rohs + weee compliance analysis of poly vinyl chloride pvc and acrylonitrile-butadiene styrene abs polymers. *PANalytical*, PE0906(3), 2007.
196. PANalytical. Trace analysis of pt, pd and rh in automotive catalysts using axios. *PANalytical*, (5), 2009.
197. PANalytical. Analysis of boron in glass using px7 multi-layer. *PANalytical*, 949870730811 PN4527(2), 2017.
198. PANalytical. Calibration low alloy steels. *PANalytical*, PN6566(4), 2017.
199. Galina V. Pashkova, Victor M. Chubarov, Timur F. Akhmetzhanov, Alena N. Zhilicheva, Maria M. Mukhamedova, A. L. Finkelshtein, and Olga Belozerova. Total-reflection x-ray fluorescence spectrometry as a tool for the direct elemental analysis of ores: Application to iron, manganese, ferromanganese, nickel-copper sulfide ores and ferromanganese nodules. *Spectrochimica Acta Part B: Atomic Spectroscopy*, 168:105856, 2020.

200. Vitaly K. Pecharsky, editor. *Fundamentals of Powder Diffractometry*. Springer, Heidelberg, 2008.
201. G. Peng, F. M. F. deGroot, K. Haemaelaeinen, J. A. Moore, X. Wang, M. M. Grush, J. B. Hastings, D. P. Siddons, and W. H. Armstrong. High-resolution manganese x-ray fluorescence spectroscopy. oxidation-state and spin-state sensitivity. *Journal of the American Chemical Society*, 116(7):2914–2920, April 1994.
202. G. Pepponi, C. Streli, P. Wobrauschek, N. Zoeger, K. Luening, P. Pianetta, D. Giubertoni, M. Barozzi, and M. Bersani. Nondestructive dose determination and depth profiling of arsenic ultrashallow junctions with total reflection x-ray fluorescence analysis compared to dynamic secondary ion mass spectrometry. *Spectrochimica Acta Part B: Atomic Spectroscopy*, 59(8):1243–1249, 2004. 10th Symposium on Total Reflection X-Ray Fluorescence Analysis and 39th Discussion Meeting on Chemical Analysis.
203. V. Perez-Belis, M. Bovea, and V. Ibanez-Fores. An in-depth literature review of the waste electrical and electronic equipment context: Trends and evolution. *Waste Management & Research*, 33(1):3–29, January 2015.
204. periodensystem-online. Periodensystem, September 2022.
205. D.A. Peru and R.J. Collins. Comparison of cold digestion methods for elemental analysis of a y-type zeolite by inductively coupled plasma (icp) spectrometry. *Fresenius Journal of Analytical Chemistry*, 346:909–913, 1993.
206. Emily M. Peterman, Steven M. Reddy, David W. Saxey, David R. Snoeyenbos, William D. A. Rickard, Denis Fougerouse, and Andrew R. C. Kylander-Clark. Nanogeochronology of discordant zircon measured by atom probe microscopy of pb-enriched dislocation loops. *Science Advances*, 2(9), 2016.
207. T. Pfeifer. Eine neue niedrigfluss-ionenquelle fuer die induktiv gekoppelte plasma-massenspektrometrie (icp-ms), 2010.
208. F. Pfeiffer, C. David, J. F. van der Veen, and C. Bergemann. Nanometer focusing properties of fresnel zone plates described by dynamical diffraction theory. *Phys. Rev. B*, 73:245331, Jun 2006.
209. Sandra Piazolo, Alexandre La Fontaine, P. W. Trimby, Simon L. Harley, Limei Yang, R. A. Armstrong, and Julie M. Cairney. Deformation-induced trace element redistribution in zircon revealed using atom probe tomography. *Nature Communications*, 7, 2016.
210. Sandra Poehle, Katja Schmidt, and Andrea Koschinsky. Determination of ti, zr, nb, v, w and mo in seawater by a new online-preconcentration method and subsequent icp-ms analysis. *Deep Sea Research Part I: Oceanographic Research Papers*, 98:83–93, 2015.
211. L.J. Poppe, V.F. Paskevich, J.C. Hathaway, and D.S. Blackwood. A Laboratory Manual for X-Ray Powder Diffraction. *U. S. Geological Survey*, December 2022. https://pubs.usgs.gov/of/2001/of01-041/index.htm, besucht am 08.2024.
212. P. J. Potts. *A handbook of silicate rock analysis*. Blackie ; Chapman and Hall, Glasgow : New York, 1987.
213. JL. Pouchou and F. Pichoir. PAP (Z) procedure for improved quantitative microanalysis. *Armstrong, J.T. (ed): Microbeam Anal. 1985*, pages 104–106, 1985.
214. M.J. Powell, D.W. Boomer, and R.J. McVicars. Introduction of gaseous hydrides into an inductively coupled plasma mass spectrometer. *American Chemical Society*, 58:4, 11 1989.
215. Andreas Prange. Speziesanalyse mit gekoppelten systemen: das beispiel ce/icp-ms. *Nachrichten aus der Chemie*, 50(6):728–732, 2002.
216. R. Rausch. Das Periodensystem der Elemente online, 2015.
217. S. J. B. Reed and A. Buckley. Rare-earth element determination in minerals by electron-probe microanalysis: application of spectrum synthesis. *Mineralogical Magazine*, 62(1):1–8, February 1998.

218. A. Richard, N. Bukowiecki, P. Lienemann, M. Furger, M. Fierz, M. C. Minguillon, B. Weideli, R. Figi, U. Flechsig, K. Appel, A. S. H. Prevot, and U. Baltensperger. Quantitative sampling and analysis of trace elements in atmospheric aerosols: impactor characterization and synchrotron-xrf mass calibration. *Atmospheric Measurement Techniques*, 3(5):1473–1485, 2010.
219. Hermann org Römpp and Jürgen Falbe, editors. *Römpp-Chemie-Lexikon*. Thieme, Stuttgart; New York, paperback-ausg., 9., erw. & neubearb. aufl. 1989–92 edition, 1995.
220. M. E. Rose and M. M. Shapiro. Statistical error in absorption experiments. *Phys. Rev.*, 74:1853–1864, Dec 1948.
221. M. Rousseau. Detection limit and estimate of uncertainty of analytical xrf results. *The Rigaku Journal*, 18(2):33–47, 2001.
222. Richard M. Rousseau. Fundamental algorithm between concentration and intensity in XRF analysis 1—theory. *X-Ray Spectrometry*, 13(3):115–120, March 1984.
223. Richard M. Rousseau. Fundamental algorithm between concentration and intensity in XRF analysis 2—practical application. *X-Ray Spectrometry*, 13(3):121–125, March 1984.
224. Richard M. Rousseau and Marcel Bouchard. Fundamental algorithm between concentration and intensity in XRF analysis. 3—experimental verification. *X-Ray Spectrometry*, 15(3):207–215, July 1986.
225. K.L. Rowley. *Fundamental Studies of Interferences in ICP-MS*. PHD. VG Elemental, Winsford, Cheshire, 2013.
226. Kaushik Sanyal, Sankararao Chappa, J. Bahadur, Ashok. K. Pandey, and Nand Lal Mishra. Arsenic quantification and speciation at trace levels in natural water samples by total reflection x-ray fluorescence after pre-concentration with n-methyl-d-glucamine functionalized quartz supports. *J. Anal. At. Spectrom.*, 35:2770–2778, 2020.
227. B. S. R. Sastry and F. A. Hummel. Studies in Lithium Oxide Systems: I, Li2o B2o3-B2o3. *Journal of the American Ceramic Society*, 41(1):7–17, January 1958.
228. JEAN-PIERRE SCHERMANN. 3 – experimental methods. In JEAN-PIERRE SCHERMANN, editor, *Spectroscopy and Modeling of Biomolecular Building Blocks*, pages 129–207. Elsevier, Amsterdam, 2008.
229. Thomas Schirmer. *Mineralogische Untersuchungen an Klärschlammasche und an Ziegeln mit Zusatz von Klärschlammasche : Phasenbestand, Sinterprozesse und Schwermetallfixierung*. PhD thesis, Shaker, Aachen, 1998.
230. Thomas Schirmer, Wilfried Liessmann, Chandra Macauley, and Peter Felfer. Indium and Antimony Distribution in a Sphalerite from the "Burgstaetter Gangzug" of the Upper Harz Mountains Pb-Zn Mineralization. *Minerals*, 10(9):791, September 2020.
231. Thomas Schirmer, Wilfried Ließmann, Chandra Macauley, and Peter Felfer. Indium and Antimony Distribution in a Sphalerite from the "Burgstaetter Gangzug" of the Upper Harz Mountains Pb-Zn Mineralization. *Minerals*, 10(9):791, September 2020.
232. Thomas Schirmer, Hao Qiu, Daniel Goldmann, Christin Stallmeister, and Bernd Friedrich. Influence of P and Ti on Phase Formation at Solidification of Synthetic Slag Containing Li, Zr, La, and Ta. *Minerals*, 12(3):310, February 2022.
233. Thomas Schirmer, Hao Qiu, Haojie Li, Daniel Goldmann, and Michael Fischlschweiger. Li-Distribution in Compounds of the Li2O-MgO-Al2O3-SiO2-CaO Systemâ "A First Survey. *Metals*, 10(12):1633, December 2020.
234. D.M. Schlosser, P. Lechner, G. Lutz, A. Niculae, H. Soltau, L. Strüder, R. Eckhardt, K. Hermenau, G. Schaller, F. Schopper, O. Jaritschin, A. Liebel, A. Simsek, C. Fiorini, and A. Longoni. Expanding the detection efficiency of silicon drift detectors. *Nuclear Instruments and Methods in Physics Research Section A: Accelerators, Spectrometers, Detectors and Associated Equipment*, 624(2):270–276, December 2010.

235. C. G. Schroer, B. Benner, T. F. Günzler, M. Kuhlmann, C. Zimprich, B. Lengeler, C. Rau, T. Weitkamp, A. Snigirev, I. Snigireva, and J. Appenzeller. High resolution imaging and lithography with hard x rays using parabolic compound refractive lenses. *Review of Scientific Instruments*, 73(3):1640–1642, 03 2002.
236. Robert H. Scott, Velmer A. Fassel, Richard N. Kniseley, and David E. Nixon. Inductively coupled plasma-optical emission analytical spectrometry. *Analytical Chemistry*, 46(1):75–80, 1974.
237. V. D. Scott and G. Love. Formulation of a universal electron probe microanalysis correction method. *X-Ray Spectrometry*, 21(1):27–35, January 1992.
238. Stefan Seeger, Janos Osan, Otto Czompoly, Armin Gross, Hagen Stosnach, Luca Stabile, Maria Ochsenkuehn-Petropoulou, Lamprini Areti Tsakanika, Theopisti Lymperopoulou, Sharon Goddard, Markus Fiebig, Francois Gaie-Levrel, Yves Kayser, and Burkhard Beckhoff. Quantification of element mass concentrations in ambient aerosols by combination of cascade impactor sampling and mobile total reflection x-ray fluorescence spectroscopy. *Atmosphere*, 12(3), 2021.
239. Nasrullah Shah, Muhammad Balal Arain, and Mustafa Soylak. Chapter 2 – historical background: milestones in the field of development of analytical instrumentation. In Mustafa Soylak and Erkan Yilmaz, editors, *New Generation Green Solvents for Separation and Preconcentration of Organic and Inorganic Species*, pages 45–73. Elsevier, 2020.
240. H.Z. Shan, S.J. Zhuo, R.X. Shen, and C. Sheng. Mineralogical effect correction in wavelength dispersive X-ray florescence analysis of pressed powder pellets. *Spectrochimica Acta Part B: Atomic Spectroscopy*, 63(5):612–616, May 2008.
241. Jacob Sherman. The theoretical derivation of fluorescent x-ray intensities from mixtures. *Spectrochimica Acta*, 7:283–306, 1955.
242. Ankit Sinha and Matthias Mann. A beginners guide to mass spectrometry based proteomics. *The Biochemist*, 42(5):64–69, 09 2020.
243. Vanaja Sivakumar, Laszlo Ernyei, and Ralph H. Obenauf. Guide for determining icp/icp-ms method detection limits and instrument performance. *Atomic Spectroscopy*, 13:1, September 2006.
244. Douglas A. Skoog, James J. Leary, and Douglas A. Skoog. *Instrumentelle Analytik: Grundlagen – Geräte – Anwendungen*. Springer-Lehrbuch. Springer, Berlin Heidelberg, 1996.
245. Z. Smit, K. Janssens, K. Proost, and I. Langus. Confocal m-xrf depth analysis of paint layers. *Nuclear Instruments and Methods in Physics Research Section B: Beam Interactions with Materials and Atoms*, 219–220:35–40, 2004. Proceedings of the Sixteenth International Conference on Ion Beam Analysis.
246. Deane K Smith and Ron Jenkins. The powder diffraction file: Past, present, and future. *Journal of research of the National Institute of Standards and Technology*, 101(3):259–271, 1996.
247. V.A. Sole, E. Papillon, M. Cotte, Ph. Walter, and J. Susini. A multiplatform code for the analysis of energy-dispersive x-ray fluorescence spectra. *Spectrochimica Acta Part B: Atomic Spectroscopy*, 62(1):63–68, January 2007.
248. Chris M. Sparks, Ursula E.A. Fittschen, and George J. Havrilla. Picoliter solution deposition for total reflection x-ray fluorescence analysis of semiconductor samples. *Spectrochimica Acta Part B: Atomic Spectroscopy*, 65(9):805–811, 2010.
249. Chris M. Sparks, Carolyn H. Gondran, George J. Havrilla, and Elizabeth P. Hastings. Automated nanoliter solution deposition for total reflection x-ray fluorescence analysis of semiconductor samples. *Spectrochimica Acta Part B: Atomic Spectroscopy*, 61(10):1091–1097, 2006. TXRF-2005, 11th International Conference on Total Reflection X-ray Fluorescence Spectrometry and Related Methods.

250. Lothar Spieß. *Moderne Röntgenbeugung: Röntgendiffraktometrie für Materialwissenschaftler, Physiker und Chemiker*. Teubner, Wiesbaden, 2008.
251. Lothar Spiess. *Moderne Röntgenbeugung Röntgendiffraktometrie für Materialwissenschaftler, Physiker und Chemiker*. Vieweg + Teubner, Wiesbaden, 2009.
252. Pierre-François Staub. The low energy x-ray spectrometry technique as applied to semiconductors. *Microscopy and Microanalysis*, 12(4):340, 2006.
253. E. A. Stern and K. Kim. Thickness effect on the extended-x-ray-absorption-fine-structure amplitude. *Phys. Rev. B*, 23:3781–3787, Apr 1981.
254. Hagen Stosnach. *Eine Einschätzung der Verteilung von Spurenelementen in Äspö-Granitoiden und ihrer Bedeutung für die Verwendung von Graniten als geologische Barriere*. Berichte aus der Geowissenschaft. Shaker, Aachen, 1999.
255. C. Streeck, S. Brunken, M. Gerlach, C. Herzog, P. Hönicke, C. A. Kaufmann, J. Lubeck, B. Pollakowski, R. Unterumsberger, A. Weber, B. Beckhoff, B. Kanngießer, H.-W. Schock, and R. Mainz. Grazing-incidence x-ray fluorescence analysis for non-destructive determination of in and ga depth profiles in cu(in,ga)se2 absorber films. *Applied Physics Letters*, 103(11):113904, 2013.
256. Christina Streli. Development of total reflection x-ray fluorescence analysis at the atominstitute of the austrian universities. *X-Ray Spectrometry*, 29(3):203–211, 2000.
257. V. N. Strocov, T. Schmitt, U. Flechsig, L. Patthey, and G. S. Chiuzbăian. Numerical optimization of spherical variable-line-spacing grating x-ray spectrometers. *Journal of Synchrotron Radiation*, 18(2):134–142, March 2011.
258. Cristian Sunrez-Oubina, Paloma Herbello-Hermelo, Pilar Bermejo-Barrera, and Antonio Moreda-Pineiro. Exploiting dynamic reaction cell technology for removal of spectral interferences in the assessment of ag, cu, ti, and zn by inductively coupled plasma mass spectrometry. *Spectrochimica Acta Part B: Atomic Spectroscopy*, 187:106330, 2022.
259. Walter Swoboda, Burkhard Beckhoff, Birgit Kanngießer, and Jens Scheer. Use of al2o3 as a barkla scatterer for the production of polarized excitation radiation in EDXRF. *X-Ray Spectrometry*, 22(4):317–322, July 1993.
260. Robert Thomas. A beginners guide to icp-ms part i – xiv. *S P E C T R O S C O P Y*, 16(4)–18(2):75, 01 2001–2003.
261. R.J. Thompson and D. Vaughan. *X-Ray Data Booklet*. Lawrence Berkeley National Laboratory University of California Berkeley, California 94720, second edition edition, 2001.
262. Timothy N. Tiambeng, Trisha Tucholski, Zhijie Wu, Yanlong Zhu, Stanford D. Mitchell, David S. Roberts, Yutong Jin, and Ying Ge. Chapter fifteen – analysis of cardiac troponin proteoforms by top-down mass spectrometry. In Benjamin A. Garcia, editor, *Post-translational Modifications That Modulate Enzyme Activity*, volume 626 of *Methods in Enzymology*, pages 347–374. Academic Press, 2019.
263. T. Tokushima, Y. Harada, M. Watanabe, Y. Takata, E. Ishiguro, A. Hiraya, and S. Shin. DESIGN OF a FLAT FIELD SPECTROMETER FOR SOFT x-RAY EMISSION SPECTROSCOPY. *Surface Review and Letters*, 09(01):503–508, February 2002.
264. Laura Torrent, Monica Iglesias, Manuela Hidalgo, and Eva Margui. Determination of silver nanoparticles in complex aqueous matrices by total reflection x-ray fluorescence spectrometry combined with cloud point extraction. *J. Anal. At. Spectrom.*, 33:383–394, 2018.
265. C Q Tran, C T Chantler, Z Barnea, M D de Jonge, B B Dhal, C T Y Chung, D Paterson, and J Wang. Measurement of the x-ray mass attenuation coefficient of silver using the x-ray-extended range technique. *Journal of Physics B: Atomic, Molecular and Optical Physics*, 38(1):89–107, January 2005.
266. Walter Ehrenreich Tröger. *Optische Bestimmung der gesteinsbildenden Minerale. 2. Auflage*. E. Schweizerbart'sche Verlagsbuchhandlung, Stuttgart, 1969.

267. P. Tschoepel. P. w. j. m. boumans (ed.): Applications and fundamentals, part ii aus:- inductively coupled plasma emission spectroscopy, john wiley & sons, new york, brisbane, toronto, singapore 1987. 486 seiten, preis: £ 64.20. *Berichte der Bunsengesellschaft für physikalische Chemie*, 92(1):102–102, 1988.
268. Kenjiro Tsutsumi. The x-ray non-diagram lines $K\ \beta$' of some compounds of the iron group. *Journal of the Physical Society of Japan*, 14(12):1696–1706, December 1959.
269. Maurice E Tucker. *Methoden der Sedimentologie: 38 Tabellen*. Enke, Stuttgart, 1996.
270. Kristian Ufer, Georg Roth, Reinhard Kleeberg, Helge Stanjek, Reiner Dohrmann, and Jörg Bergmann. Description of x-ray powder pattern of turbostratically disordered layer structures with a rietveld compatible approach. *Zeitschrift für Kristallographie-Crystalline Materials*, 219(9):519–527, 2004.
271. USGS. A Laboratory Manual for X-Ray Powder Diffraction.
272. C.M.G. van den Berg and S.H. Khan. Determination of selenium in sea water by adsorptive cathodic stripping voltammetry. *Analytica Chimica Acta*, 231:221–229, 1990.
273. T. Van der Maten and PANalytical. X-Ray fluorescence analysis of additives and wear metals in used lubricating oils. *Petro Industry News*, (6), 2006.
274. Hans A van Sprang. Fundamental parameter methods in xrf spectroscopy. *Advances*, 42(C):1–10, 2000.
275. F Vanhaecke. The use of internal standards in ICP-MS. *Talanta*, 39(7):737–742, July 1992.
276. Marvin L. Vestal. Modern maldi time-of-flight mass spectrometry. *Journal of Mass Spectrometry*, 44(3):303–317, 2009.
277. Laszlo Vincze, Bart Vekemans, Imre Szaloki, Frank E. Brenker, Gerald Falkenberg, Karen Rickers, Katrien Aerts, Rene Van Grieken, and Freddy Adams. X-ray fluorescence microtomography- and polycapillary-based confocal imaging using synchrotron radiation. page 220, Denver, CO, October 2004.
278. Alex von Bohlen, Markus Krämer, Christian Sternemann, and Michael Paulus. The influence of X-ray coherence length on TXRF and XSW and the characterization of nanoparticles observed under grazing incidence of X-rays. *Journal of Analytical Atomic Spectrometry*, 24(6):792, 2009.
279. I. Voß. Sequentielle Spurenelementextraktion an quartären Sedimenten aus M-V zur Klärung von Urankonzentrationen im Grundwasser, 2013.
280. Ivar Waller. Die Einwirkung der Wärmebewegung der Kristallatome auf Intensität, Lage und Schärfe der Röntgenspektrallinien. *Annalen der Physik*, 388(10):153–183, 1927.
281. J. Wang, Marjorie K. Balazs, Piero A. Pianetta, and K. Baur. Analytical techniques for trace elemental analyses on wafer surfaces for monitoring and controlling contamination. 2000.
282. B. E Warren. *X-ray diffraction*. Dover Publications, New York, 1990.
283. D. B. Wiles and R. A. Young. A new computer program for rietveld analysis of x-ray powder diffraction patterns. *Journal of Applied Crystallography*, 14(2):149–151, April 1981.
284. James P. Willis and Andrew R. Duncan. *Understanding XRF Spectrometry*, Volume 1 + 2. PANalytical B.V., Almelo, 2008.
285. Scott Wilschefski and Matthew Baxter. Inductively coupled plasma mass spectrometry: Introduction to analytical aspects. *The Clinical biochemist. Reviews*, 40:115–133, 08 2019.
286. Alena Wittkowski, Thomas Schirmer, Hao Qiu, Daniel Goldmann, and Ursula E. A. Fittschen. Speciation of Manganese in a Synthetic Recycling Slag Relevant for Lithium Recycling from Lithium-Ion Batteries. *Metals*, 11(2):188, January 2021.
287. Peter. Wobrauschek and Hannes. Aiginger. Total-reflection x-ray fluorescence spectrometric determination of elements in nanogram amounts. *Analytical Chemistry*, 47(6):852–855, 1975.
288. R. Woldseth. *X-ray energy spectrometry*. Kevex Corp, 1973.

289. A. C. Wright. A compact representation for atomic scattering factors. *Clays and Clay Minerals*, 21(6):489–490, 1973.
290. Robin Wright. The RoHS and WEEE directives: An update on environmental requirements affecting the electrical and electronic products sector. *Environmental Quality Management*, 17(2):37–44, 2007.
291. Robin Wright and Karen Elcock. The RoHS and WEEE directives: Environmental challenges for the electrical and electronic products sector. *Environmental Quality Management*, 15(4):9–24, 2006.
292. Min Wu and Gary M. Hieftje. A new spray chamber for inductively coupled plasma spectrometry. *Appl. Spectrosc.*, 46(12):1912–1918, Dec 1992.
293. Shitou Wu, Ming Yang, Yueheng Yang, Liewen Xie, Chao Huang, Hao Wang, and Jinhui Yang. Improved in situ zircon u-pb dating at high spatial resolution () by laser ablation-single collector-sector field-icp-ms using jet sample and x skimmer cones. *International Journal of Mass Spectrometry*, 456:116394, 2020.
294. H. S. Yoder and Th. G. Sahama. Olivine X-Ray Determinative Curve. *The American Mineralogist*, (Vol 42):475–491, 1957.
295. T. Yokoyama, H. Takahashi, and H. Yamazaki. 142nd isotope anomaly in chondrite revisited. *Goldschmidt Abstracts 2013*, 77(5):2534–2573, July 2013.
296. Y. Yoneda and T. Horiuchi. Optical flats for use in x-ray spectrochemical microanalysis. *Review of Scientific Instruments*, 42(7):1069–1070, 11 2003.
297. M Yu. Determination of trace arsenic, antimony, selenium and tellurium in various oxidation states in water by hydride generation and atomic-absorption spectrophotometry after enrichment and separation with thiol cotton. *Talanta*, 30(4):265–270, April 1983.
298. W. H. Zachariasen. ATOMIC ARRANGEMENT IN GLASS. *Journal of the American Chemical Society*, 54(10):3841–3851, October 1932.
299. Roberta Zanini, Marco Roman, Elti Cattaruzza, and Arianna Traviglia. High-speed and high-resolution 2d and 3d elemental imaging of corroded ancient glass by laser ablation-icp-ms. *Journal of Analytical Atomic Spectrometry*, 38(4):917–926, 2023.
300. Beata Zawisza. Indirect determination of trace amounts of lithium via complex with iron by x-ray fluorescence spectrometry. *Journal of Analytical Atomic Spectrometry*, 25(1):34, 2010.
301. F. Zereini and H. Urban. Anwendung der Nickelsulfid-Dokimasie zur Bestimmung von Platingruppenelementen (PGE) in Umweltmaterialien mittels Graphitrohr-AAS. In Fathi Zereini and Friedrich Alt, editors, *Emissionen von Platinmetallen*, pages 97–104. Springer Berlin Heidelberg, Berlin, Heidelberg, 1999.
302. Weili Zhou and Zhong Lin Wang, editors. *Scanning microscopy for nanotechnology: techniques and applications*. Springer, New York, 2007.

Stichwortverzeichnis

Zahlen und Indexbegriffe
(Q)-ICP-MS 83
3D-Optik 151, 159
3D-RFA 160
3K-Regel 397
060-Peak 315
[Charge Coupled Device] CCD-Kameras 174

A
Aberation, chromatische 336
Aberation, sphärische 336
Abkühlungsverhalten 42
Abschattungseffekt 329
Absorption, photoelektrische 137, 138
Absorptionseffekt 329
Absorptionskante 136
Absorptionskoeffizient, linearer 137
Absorptionskurve 138
Absorptionsraten 138
Absorptionsspektrum 201
Additive 37
Aerosolflussrate 113
AES 375
Aktivatorzentrum 171
Alphafaktor 199
Alphafaktor, empirisch 201
Alphafaktor, theoretisch 201
Alteration 346
Alterationsprozesse 77
Ammoniumnitrat 39
Analyse, halbquantitativ 339
Analyse, quantitativ 339
Analysenmedium 180
Analysentiefe 140, 327
Analytik, halbquantitative 129
Anglesit 65
Anode 152
Anodenmaterial 285
Anodenmaterialien 155
Anregung 285
Anregung, gegenseitige 204
Anregungsbedingungen 155
Anregungsbirne 158, 328
Anregungseffekt, sekundär 199
Anregungseffekt, tertiär 199
Anregungskaskade 199
Anregungsspannung 155
Anregungsstrahlung, sekundär 158
Anschliff 20, 329
Ansprechvermögen 169
Antibase 33
Antibenetzungsmittel 41
Antibenetzungsmitteln 40
Anwendungsbeispiele-(Q)ICP-MS 120
Apertur 333
Aperturblende 336
Argonflussraten 112
Astigmatismus 336
Atomabsorptionsspektroskopie 124
Atomemissionspektroskopie 124
Atomformfaktor 274
Atommodell, Bohr'sches 130
Atomsonden-Tomographie 122
Atterbergverfahren 317
Auflösung 162

Auflösung, spektrale 343
Auflösung, topographische 350
Auflösungsvermögen 86
Aufladungseffekte 332
Aufnahme, elektronenoptisch 349
Aufschlüsselung 58
Aufschluss-(Q)-ICP-MS 115
Aufschlussmittel 33
Aufschlusssäuren 52
Auger-Effekt 143
Augereffekt 146
Augerelektronenspektroskopie 375
Ausgleichskomponente 207
Auslöschung 278
Ausreißer 183, 208
Austauscherharz, Dowex 60
Austauschkopplung 146
Austrittstiefe 140, 350
Autoklaven, teilummantelt 53
Autoklaven, vollummantelt 53
Axialdivergenz 298

B
Back Scattered Electrons 325
Backenbrecher 10
Baryt 65
Barytocoelestin 65
Base 33
Basislinie 176
Basispeak 281
Beschichtung 241
Beschleunigungsspannung 153
Bestimmtheitsmaß 396
Betafaktor 199
Beugung 270
Beugungsordnung 272
Bildauflösung 251
Bildelement 251
Bildfehler 332
Bildmatrix 250
Bildpunkte 250
Bildspeicherplatten 290
Bildverzerrung 332
Blankprobe 77
Bleifilter 180
Blindprobe 77, 193
Bragg'sche Gleichung 278
Bragg, Gesetz 160

Bragg-Brentano-Geometrie 283
Braggwinkel 148
Bremsstrahlung 129
Bremsstrahlungsspektrum 153
Brennerkaskade 46
Brennfleck 158

C
$CaCO_3$-Komponente 303
Calcitanteil 304
CD-RW 241
Charakteristische Röntgenstrahlung 129
Chemische Verschiebung 135
Chromatographie 123
Chromatographie-(Q)-ICP-MS 108
Chromiterz 66
Clay Mineral Identification Flow Diagram 315
Coelestin 65
Comptonmatrixkorrektur 145
Comptonstreuung 143
Crossover 335
Crystallographic Information File 300
Crystallography Open Database 300
CT 250

D
Dünnschliff 20
De-Broglie-Wellenlänge 349
Debye-Scherrer-Kegel 291
Dehydrierung 31
Deltafaktor 200
Desolvator 103
Detektor, 2d 291
Detektor, CCD 291
Detektor, Durchfluss 168
Detektor, elektrooptisch 168
Detektor, geschlossen 168
Detektoren-(Q)ICP-MS 106
Detektorgas 170
Detektorkalibration-(Q)ICP-MS 114
Detektorkanal 174
Diffraktion 161
Diffraktionskegel 281
Diffraktionswinkel 160
Diffraktogramm 281
Dispersion 162

Displacement 298
Distanzring 179
Divergenzblende 287
Dokimasie 48
Drehvorrichtung 179
Driftdetektor 171
Driftkorrektur 184, 393
DRZ 114
Dunkle Matrix 50, 207
Durchlichtmikroskopie 329
Durchstrahlungsmessung 251
Dynode 171

E
EDRFA 148
EDS-Spektrometer 333
Eigenspannung 318
Einbettungsmittel 20
Eindringtiefe 327, 344
Einfallwinkel 163
Einflussfaktor 198, 201
Einflussfaktor, spezifischer 201
Einkreisdiffraktometer 283
Einzelkanäle 148
Elektronen, Feldemission 333
Elektronen, thermionisch 333
Elektronenanregung 344
Elektronengenerator 333
Elektronenkanone 333
Elektronenspektroskopie 252
Elektronenstrahl 158
Elektronenstrahl-Mikroanalyse 134, 158, 323
Elektrophorese-(Q)ICP-MS 108
Elektrothermische Verdampfung 103
Elementanalyse 383
Elemente, leicht flüchtige 34
Elemente, ultraleichte 128
Elementpeak 174
Elementverteilungsbild, dreidimensional 251
Elementverteilungsbilder 340
ELV 256
Empfangsblende 284
Empfindlichkeit 162, 208
Energieauflösung 167
Energieauswahlfenster 176
Energiefenster 176
Energieproportionalität 168

Energietrennvermögen 150, 169
Entnahmemenge 6
Escape-Peak 175
ESMA 158
Europiumanomalie 97
Eutektikum 38
Eutektikumstemperatur 38
EXAFS 243

F
Fällungsprodukte 64
Fackel 113
Faraday'scher Käfig 333
Feather-and-Willis-Ansatz 145, 193
Fehler, statistisch 388
Fehler, systematisch 388
Fehlergewichtungsfaktor 397
Feinfokusröhre 287
Feldemission, kalt 334
Feldemission, warm 334
Fenstermaterial 170
FET 173
Filament 152, 333
Filter 153, 158
Filter, Al 158
Filter, Messing 158
Flacher Monochromator 288
Fließinjektionssystem 102
Flotation 11
Flugzeitmassenspektrometrie 121
Fluor-Kohlenstoff-Polymer 60
Fluoreszenz 127, 296
Fluoreszenz, primäre 136
Fluoreszenz, sekundäre 136
Fluoreszenzausbeute 143
Fluoreszenzspektrum 147
Fokussierblende 284
Fokussierender Monochromator 289
Fokussierungskreis 284
Forsteritanteil 302
Freiheitsgrad 201
Fundamentalparameter 129, 205
Fundamentalparameteransatz 205

G
Göbelspiegel 289
Gammafaktor 199

Gangunterschied 161, 277, 279
Gasbrennersystem 42
Gaschromatographie 263
Gasinjektionssystem 331
Gaußverteilung 390
Geiger-Müller-Zähler 169
Genauigkeit 387
Gerätedrift 393
Gerätefehler, dynamisch 392
Gerätefehler, statistisch 392
Gesamtfehler 387
Gesamtglühverlust 43
Gesamtphasenbestand 357
Gesamtzählrate 191
Gesteinssäge 10
Gitter 348
Gitterabstand 160
Gitteralteration 318
Gittergleichung 166
GIXRD 320
GIXRF 240
Glühverlust 43
Glasbildner 36
Glasbildungsvermögen 36
Glykolsättigung 31
Goniometerkreis 284
Grenzwellenlänge 153
Grundrauschen 296

H
Höhendivergenz 298
Höhenfehler 298
Halbleiter 172
Halbwertsbreite 163
Handstück 26
Hauptkomponenten 383
Hauptpeak 281
Heizbank 62
Heizschrank 62
Hilfsgas 168
Hochleistungsspektrometer 148
Hochtemperatur-Sauerstoffpyrolyse 263
Hochtemperatur-Schmelzaufschluss 35
Hofmann-Klemen-Test 317
Homogenisierung 12
Hydridbildner 76
Hydridgenerator 102

I
Induktionsofen 42
Induktionsspule 113
Infinite Dicke 342
Informationstiefe 241
Innere Spannung 318
Instrumentfaktor 129, 205, 206
Intensität, gemessen 205
Intensität, theoretisch 205
Intensitätsverhältnisse 134
Interelementeffekt 189
Interelementfaktor 199
Interface 104
Interferenz 161
Interferenz, konstruktive 278
Interferenzelement 188
Interferenzen durch mehrfach geladene Ionen 89
International Centre for Diffraction Data 298
Interner Standard-(Q)ICP-MS 117
Intrinsische Zone 172
Ionen-Getterpumpe 333
Ionenoptik 105
Ionenstrahl, fokussiert 331
Ionenzyklotronresonanz-Massenfilter 122
Ionisierung-(Q)ICP-MS 104
Ionisierungseffizienz 87
IR-Spektroskopie 263
Isobare Interferenzen 88
Isotope 84
IUPAC: International Union of Pure and Applied Chemistry 132

J
J-FET 173
Johanngeometrie 165
Johannsongeometrie 165

K
Königswasser 57
Kühlung, Flüssigstickstoff 173
Kühlung, thermoelektrisch 172
Kalibration-(Q)-ICP-MS 115
Kalibrationsfunktion 184, 208, 396
Kalibrationslinie 210
Kalibrationsmodell 184
Kalibrationsstandards-(Q)-ICP-MS 116

$K\alpha2$-Anteil 297
Kapillarelektrophorese 123
Kapillaren 290
Katalysatoren 257
Kathodenlumineszenz 324
$K\beta$-Filter 288
Klein-/Weitwinkelstreuung 319
Kohleband 332
Kohlenstofftiegel 41
Kokille 36, 41
Kollimator 148
Kollimatormaske 148
Kollisionszelle 105
Komplexierung 54
Kondensorlinsen 333
Kontaminanten 12
Kontamination 12, 41, 77
Kopplungen-(Q)-ICP-MS 107
Korngrößeneffekt 23
Korrekturmessung 193
Korrelationskoeffizient 208
Kovarianz 396
Kristallfluoreszenz 178
Kristallisation 42
Kristalloptik 167

L

Lachance-Traill-Algorithmus 200
Lambert-Beer'sche Beziehung 136
Lambert-Beer-Gesetz 234
Lanthanoide 98
Lanthanoidelementoxid 98
Laserablation 109
Lastspannung 318
Leitsilber 332
Lewis-Säure 33
Li-Drift-Detektor 172
Linearbeschleuniger 158
Lineare Interpolation 191
Lineare Kalibration 303
Linearität 321
Linien, charakteristische 138
Linienüberlagerung, höhere Ordnung 162
Linienüberlagerungsfaktor 194
Liniengruppen 133
Linienprofil 339, 340
Lithiumkarbonat 39
Lithiummetaborat 36

Lithiummetaphosphat 38
Lithiumnitrat 39
Lithiumtetraborat 36
Lorentzfaktor 279

M

Magnetscheider 11
Manganometrie 262
Massenabsorption 136
Massenabsorptionskoeffizient 137, 296
Massenabsorptionskoeffizient, effektiver 138
Massenabsorptionsverhalten 198
Massenauflösung 86
Massendefekt 85
Massenfilter 106
Massenkalibration 114
Massenspektrometrie 86
Matrixeffekt 189
Matrixeffekte (Q)ICP-MS 93
Matrixnivellierung 306
Maximalenergie 153
Memory Effekte-(Q)-ICP-MS 118
Messbereich 128
Messkanal 183
Messlösung 58
Messserie-(Q)ICP-MS 117
Messung, halbquantitativ 129
Messverfahren, vergleichend 385
Messzeit 292
Methode kleinster Fehlerquadrate 202
Micro-RFA 212
Mikro-CT 251
Mikroabsorptionseffekte 276
Mikrosonde 158
Mineralogical Association of Canada 300
Mineralogical Society of America 300
Mineralogischer Effekt 23
Minimierungsfunktion 397
Mischkristallverhältnisse 302
Mobilisierbarkeit 77
Molekülion 92
Monitor 184
Monochromator 284
MRFA, konfokale 214
MRFA, Raster-Mikro 213
Muffelofen 39
Multilayer 148
Multiplizitätsfaktor 276

N

Nachweisempfindlichkeit 128
Nachweisgrenzen-(Q)ICP-MS 98
Nano-CT 251
Natriummetaphosphat 38
Natriumtetraborat 38
Nebenkomponenten 383
Nebenquantenzahlen 133
Netzwerkbildner 36
Netzwerkwandler 36
Neueinschmelzen 43
NEXAFS 243
Ni-Filter 288
Normalfokus 286
Normalverteilung 390
Notation, IUPAC 132
Notation, Siegbahn 131
Nuklide 85

O

Objektivlinse 333
Optimierung-(Q)-ICP-MS 111
Orbitrap 122
Ordnungen 272
Ordnungsgrad 303
Ortsaufgelöste Analytik-(Q)-ICP-MS 108
Ortsempfindliche Detektor 290
Oxidant 40
Oxidation 40
Oxidation, direkte 39
Oxidationsmittel 39, 57
Oxidationsschritt 39
Oxidationsstufen 357
Oxide, leicht flüchtige 34
Oxidinterferenzen 96
Oxidkorrekturlösungen 97
Oxidrate 90

P

PAP-Algorithmus 346
Partikelanregung 158
PDF-Datenbank 298
PDF-Kategorien 299
PDF-Nummer 299
Peak Hopping 188
Peaksuche 293
Peltierelement 172

Phasenanalyse 383
Phaseneffekt 23
Phasenverschiebung 274
PhiRhoZ-Algorithmus 346
Phononanregung 326
Photoelektron 376
Photographische Filme 290
Photometrie 125
PHV 176
PHV-Diagramm 178
Physikalische Interferenzen 93
Pipettierverfahren 11
PIXE 158, 251
Pixel 174, 251
Platingift 34, 39
Platingruppenelemente 48
Pointlogger 330
Poissonverteilung 390
Polarisationsfaktor 274
Polarisationstargets 159
Polfigur 319
Polyatomische Interferenzen 89
Polycarbonat 50
Polyester 50
Polyimide 50
Polykapillaroptik 213
Polynominterpolation 192
Polypropylen 50
Positionstransfersystem 355
Powder Diffraction File 269
PRDA 268
Presstablette, Standardprozedur 24
Presstabletten 21
Primärkollimator 148, 167
Probenaufbereitungsstrategie 183
Probendrehvorrichtung 290
Probenmaske 287
Probenstromverteilungsbild 329
Probenteiler 11
Probenvolumen 140
Probenzuführungssystem 100
Probenzugangssystem-(Q)ICP-MS 113
Protoneninduzierte Röntgenemission 158
Protonenstrahl 158
Pulshöhenanalysator 204
Pulshöhendiskriminierung 168
Pulshöhenverteilung 174, 321
Pulsstärke 168
Pulsverschiebungskorrektur 176

Stichwortverzeichnis

Pulverdiffraktometer 283
Pulverdiffraktometrie 283
Punktanalyse 339
Punktfokus 286

Q

Quantenausbeute 168
Quantenzustand 131
Quantifizierung-(Q)-ICP-MS 119
Quantitative PRDA 301
Quarz-Triplett 297
Quarzgehalt 306
Quench Gas 169
Querkontamination 41

R

Röhrenfenster 153
Röngenemissionspektrometrie,
    partikelinduziert 251
Röntgen-Computertomographie 250
Röntgen-Nahkanten-Absorptions-
    Spektroskopie 243
Röntgen-Nahkanten-Absorptions-
    Spektroskopie, erweiterte 243
Röntgenabsorption 198, 332
Röntgenabsorptionsspektroskopie 243
Röntgenemissionsspektroskopie,
    niederenergetisch 375
Röntgenfluoreszenz 131
Röntgenfluoreszenzanalyse 146
Röntgenmikrosonde 212
Röntgenröhre 152, 285
Röntgenröhre, Endfenster 153
Röntgenröhre, Mikrofokus 157
Röntgenröhre, Seitenfenster 153
Röntgenröhre, Target Transmission 153
Röntgenspektrum 131
Röntgenstrahl, polychromatisch 205
Röntgenstrahlen, Fokussierung 212
Röntgenstrahlen, Totalreflexion 219
Röntgenstrahlung 129
Röntgenstrahlung, polarisiert 160
Rückstellprobe 79
Rückstreuelektronen 325
Rückstreuelektronenbilder 349
Radioisotope 157
Rasterelektronenmikroskop 158

Rayleighstreuung 143, 273
Real-Time Multiple Strip 291
Realstruktur 279
Redoxindikator 262
Redoxzustand 261
Reference Intensity Ratio 307
Referenzdatenbank 298
Referenzelement 201
Referenzelement, Eliminierung 201
Referenzintensität 307
Referenzkonzentration 208
Referenzmaterial 183, 203, 208
Referenzmaterial, international 385
Referenzmaterial, sekundär 385
Referenzsubstanz 303, 307
Reflektometrie 320
Reflektometriekurve 320
Reflexion, harmonische 177
Region of Interest 176, 201
Regressionsfaktor 397
Reinigungsschmelze 41
Rekombination 168, 169
Relaxationsprozesse 130
REM 377
Reorganisation 131
Reproduzierbarkeit 387
Reststreuung 208
RFA 127
Rietveldverfeinerung 309
RIR-Wert 307
Robinson-Detektor 338
RoHS 255
RoHS, Grenzwerte 256
ROI 176

S

Säuren, anorganische 52
Säuren, Eigenschaften 55
Satellitenlinien 146
Saugspannung 338
SAXS 319
Scheinbare Konzentration 195
Scherrer-Gleichung 280
Scherrer-Kegel 281
Schicht 241
Schichtdicke, minimal 242
Schichtdickenbestimmmung 241
Schmelzaufschluss 33

Schmelzgerät 42
Schmelzmittel 33
Schmelzmittel, basisch 38
Schmelzmittel, sauer 38
Schmelzschritt 43
Schmelztablette, Standardprozedur 43
Schmelztabletten 36
Schmelztemperatur 38
Schottky-Emitter 334
Schutter 321
Schwere Absorber 37
Schweretrennung 11
Schwingungsrichtung 159
SDD 173
Secondary Electrons 325
Sektorfeld-Massenspektrometrie 122
Sekundärelektronen 325
Sekundärelektronenbilder 349
Sekundärelektronenvervielfältiger 171
Sekundärionenmassenspektrometrie 122
Sekundärkollimator 167
Selbstanregung 136
Selbstverstärkung 171
Sensor, photoaktiv 174
Si(Li)-Detektor 172
Si-Drift-Detektor (SDD) 173
Si-PIN-Diode 172
Signal-Untergrund-Verhältnis 158
Simon-Müller-Ofen 263
Sollerblende, Sekundäre 284
Sollerblenden 287
Sorption 64
Spannungsanalyse 318
Spektrale Überlagerung 135
Spektrale Interferenz 189
Spektrenabtastung 188
Spektrenentfaltung 201
Spektrometer 147
Sperrvorspannung 172
Speziation 261
Speziation, sekundäre 68
Spinelle 66
Sprühkammer 101
Sprungelektron 131
Spurenelement-ICP-MS 84
Spurenelementanalyse 145, 150
Spurenelemente 383
Störsignal 177
Standard, intern 386

Standard, Interner 306
Standardabweichung 208, 390
Stickoxide 263
Stigmator 333
Strahlabschwächer 148
Strahlenschutzverordnung 320
Strahlstromregulator 333
Strahlung, charakteristisch 129
Strahlung, elektromagnetisch 129
Strahlung, kontinuierlich 129
Strahlung, monochromatische 271
Strahlungsausbeute 153
Strahlverschluss 180
Streifender Einfall 320
Streublende 287
Streuung 130, 143
Streuung, elastisch 324
Streuung, unelastisch 324
Streuungsmaß 396
Strichfokus 286
Stromstärke 153
Strontiumnitrat 40
Strukturamplitude 276
Strukturfaktor 276
Sub-Boiling-Prinzip 58
Substrat 241
Sulfidverbindung 46
Summenpeak 178
Synchrotron 157
Szintillation 170
Szintillationsmedium 171
Szintillator 170

T
Target 160
Target, Barkla 160
Target, Fluoreszenz 160
Target, HOPG 160
Temperaturfaktor 276
Temperaturkurve 42
Texturanalyse 318
Texturpräparat 31
TFRA, Detektorartefakte 233
TFRA, Massenschwächungskoeffizient 234
$\theta/2\theta$-Geometrie 284
θ/θ-Geometrie 284
Thiolgruppen, Trennung 71
Tiegel 41

Tiegelmaterial 34
Titer 262
Titrimetrie 262
Tonmineralanalyse 315
Tonminerale, dioktaedrisch 31
Tonminerale, quellfähig 31
Tonminerale, trioktaedrisch 31
Tonmineralfraktion 317
Tonmineralpräparation 317
Topographiekontrast 350
Totalreflexion 320
Totzeit 169
Transitionswahrscheinlichkeit 134
Transmissionselektronenmikroskopie 315
Transversalwelle 159
TRFA 217
TRFA, Dickenberechnung 234
TRFA, Flächenbelegung, kritische 235
TRFA, Impaktoren 238
TRFA, Kaffeering, Fehlerquelle 236
TRFA, Kalibrierung 228
TRFA, Massenflächenbelegung 235
TRFA, Messung 232
TRFA, Nachweisgrenzen 230
TRFA, Niederdruckimpaktor 239
TRFA, Probenpräparation 226
TRFA, Schichtdicke, kritische 235
TRFA, Si-Waferproduktion 231
TRFA-Spektrometer, Aufbau 222
Trisulfatgruppen, Trennung 72
Trocknung 103
Tropfpräparate 31

U
Übermahlen 16
Übermahlung 26
Ultrahochvakuum 334
Ultraspurenelemente 383
Umschlagpunkt 263
Untergrund 296
Untergrundmessungen 192
Untergrundrauschen 190
Untergrundverlauf 192
Untergrundzählrate 191

V
Vakuumstabilität 329
Verarmungszone 172

Verbrennungsgase 263
Verfahren, vergleichend 203
Verschleisselement 257
Verteilungsdiagramm 177
Verteilungskoeffizienten 79
Verteilungskurve 390
Voltammetrie 123
Voroxidation 39
Vorzugsorientierung 318
Voxel 251

W
WAXS 319
WDRFA 148
WDS-Spektrometer 333
Webmineral 300
Wechsellagerung 315
WEEE 255
Wehnelt-Zylinder 333
Weitwinkelstreuung 319
Wellenlängenbereich, RFA 130
Winkelbereich 292
Winkeldispersion 281
Winkeldivergenz 298

X
XAFS Wirkungsquerschnitt,
    photoelektrischer 246
XAFS, laborbasiert 245
XANES 243
XANES, leakage 249
XANES, Oxidationsstufe 246
XANES, Post-Edge-Line 246
XANES, Pre-Edge-Line 246
XANES, Verluststrahlung 249
XANES, Whiteline 246
XRR 320

Z
Zählrate 203
Zählraten und Messzeiten-(Q)ICP-MS 110
ZAF-Algorithmus 345
Zentrifugenverfahren 11
Zersetzungstemperatur 39
Zerstäuber 100
Zwischenverdünnung-(Q)-ICP-MS 116

If you have any concerns about our products,
you can contact us on
ProductSafety@springernature.com

In case Publisher is established outside the EU,
the EU authorized representative is:
**Springer Nature Customer Service Center GmbH
Europaplatz 3, 69115 Heidelberg, Germany**

Printed by Libri Plureos GmbH
in Hamburg, Germany